SHUXUEJINGSHI PINGMIANJIHE DIANXINGTI JI XINYINGJIE

数学竞赛平面几何典型题及新颖解

万喜人 著

哈爾濱工業大學出版社

内 容 简 介

本书从国内外各级数学竞赛中精选提炼出百余道具有典型性的平面几何试题，分为十种题型，各题型由易到难分为A，B，C三类. 每道题都有多种解法. 在解题方法的使用上，更注重于常规的平面几何方法，每道题都有作者首创的解法，突出了“新颖”一词. 本书以大量的具体的事例说明：可以采用常规的而又灵活的方法，简洁地解决平面几何难题，有利于拓展读者的视野，开启读者的思维，扎实地训练读者的基本功.

本书适合于优秀的初高中学生尤其是数学竞赛选手、初高中数学教师和中学数学奥林匹克教练员使用，也适合于平面几何爱好者使用.

图书在版编目(CIP)数据

数学竞赛平面几何典型题及新颖解/万喜人著. —哈尔滨：哈尔滨工业大学出版社，2010.5(2025.4重印)

ISBN 978-7-5603-3033-4

Ⅰ.①数… Ⅱ.①万… Ⅲ.①平面几何-中学-解题 Ⅳ.①G634.635

中国版本图书馆CIP数据核字(2010)第101235号

策划编辑　刘培杰　张永芹
责任编辑　尹　凡
封面设计　孙茵艾
出版发行　哈尔滨工业大学出版社
社　　址　哈尔滨市南岗区复华四道街10号　邮编150006
传　　真　0451-86414749
网　　址　http://hitpress.hit.edu.cn
印　　刷　哈尔滨市石桥印务有限公司
开　　本　787×960　1/16　印张24　字数421千字
版　　次　2010年7月第1版　2025年4月第8次印刷
书　　号　ISBN 978-7-5603-3033-4
定　　价　48.00元

前　言

平面几何是训练学生严格、简洁、灵活的演绎推理能力的最好课程.在各种类别、层次的数学竞赛活动中,平面几何试题始终占据着重要的地位.全国高中数学联赛加试中规定有一道平面几何题,近十多年的IMO试题中,平面几何试题甚至占到了总量的三分之一.因此,对于有志在数学竞赛中取得好成绩的学生来说,过好平面几何这一关显得非常必要,同时也特别重要.

本书从上千道平面几何试题中精选提炼出具有典型性的试题一百余道,分为十种题型,各题型由易到难分为A,B,C三类.A类题指全国初中联赛级试题;B类题指全国高中联赛、省市高中竞赛、全国女子竞赛、西部竞赛、东南竞赛试题等;C类题指IMO试题或预选题、世界各国数学奥林匹克试题、中国国家队选拔赛试题或训练题等.

每道题都有多种解法,部分题目还在前面有分析,后面有以总结归纳解题方法为主要内容的评注.在解题方法的使用上,更注重于常规的平面几何方法,突出了"新颖"一词,每道题都有作者首创的简洁、灵活的解法,而没有把推理过程冗长、运算量较大或者广为流传的解法全部罗列上.

有些平面几何试题,尽管已有多年的历史,但标准答案和其后各种书刊中的解法都是三角法、解析法等非几何解法,而本书给出了"纯几何法",且解法并不复杂(请参阅第21题、第35题,第66题等).

之所以注重使用常规的平面几何方法,是因为平面几何方法极富技巧性、趣味性,能更好地拓展学生的视野,开启学生的思维,扎实地训练学生的基本功,更有利于揭示几何试题的神秘性,消除学生的畏惧心理,从而渡过平面几何难关,这正是编写本书要达到的目的.

本书适合于初高中学生尤其是数学竞赛选手、初高中数学教师和中学数学奥林匹克教练员使用,也适合于平面几何爱好者使用.

本书的编写,得到了湖南师范大学沈文选教授的大力支持和热情帮助,他对全书作了认真仔细的校正,并提供了一些精美的解法,在内容的整理编排过程中,自始至终给予作者技术指导.本书内容主要取材于1993年至2009年的《中等数学》杂志,在编写中参考了沈文选教授的相关著作.在此特向沈教授及书中问题的提出者、解答者、翻译者表示衷心的感谢.

本书是作者近二十年学习研究的成果,因为资料的积累经历多年,加之作者水平有限,书中难免有疏漏与不足之处,敬请同行和读者斧正(电话:13467566578,E-mail:wanxiren@yeah.net).

万喜人

2009年9月于长沙

目　　录

1

线段、角相等或图形全等、相似

A 类题

❶ 过$\triangle ABC$顶点A,在$\angle A$内任引一射线,过B,C作射线的垂线BP,CQ,P,Q为垂足;又M为BC的中点.证明:$MP = MQ$.

(1995年安徽省部分地区初中数学竞赛)

证法1 如图1.1,作$MD \perp AP$于D.因为

$$CQ \perp AP, BP \perp AP$$

所以
$$CQ // DM // BP$$

所以
$$\frac{QD}{DP} = \frac{CM}{MB} = 1, QD = DP$$

所以MD垂直平分PQ,从而$MP = MQ$.

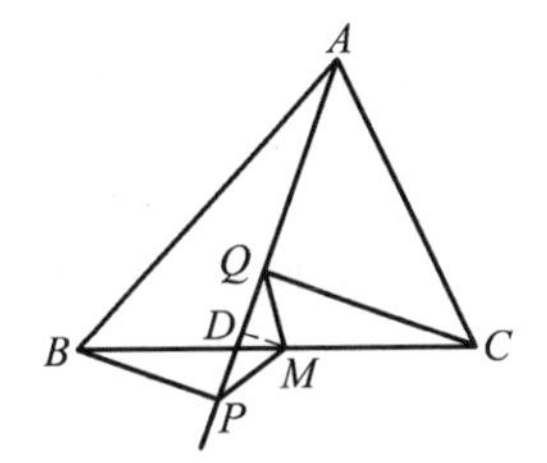

图1.1

证法2 如图1.2,延长PM交CQ于D.因为

$$CQ \perp AP, BP \perp AP$$

所以
$$CQ // BP$$

所以
$$\frac{DM}{MP} = \frac{CM}{MB} = 1$$

即
$$DM = MP$$

在$Rt\triangle DQP$中,M为斜边PD的中点.所以

$$MP = MQ$$

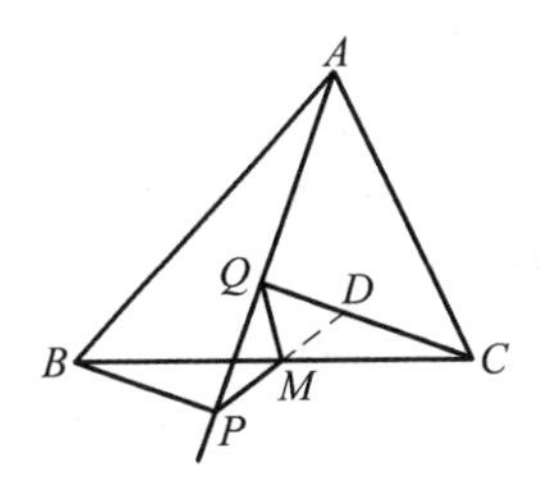

图1.2

证法3 如图1.3,过M作$FE \perp CQ$,FE交直线BP,CQ分别于F,E.因为

$$CQ \perp AP, BP \perp AP$$

所以$QPFE$为矩形,$QE = PF$.因为

$$CQ // BF$$

所以 $$\frac{EM}{FM}=\frac{CM}{BM}=1$$

即 $$EM=FM$$

又 $$\angle QEM=\angle PFM=90^\circ$$

所以 $$\triangle QEM\cong\triangle PFM$$

所以 $$MP=MQ$$

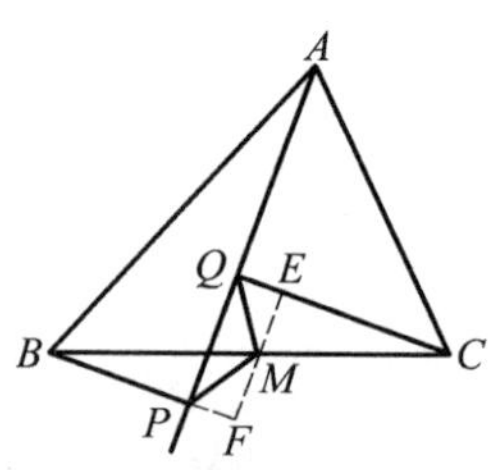

图 1.3

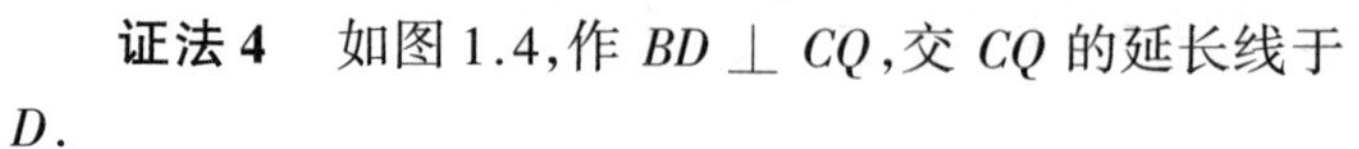

证法 4 如图 1.4,作 $BD\perp CQ$,交 CQ 的延长线于 D.

易知 $DBPQ$ 为矩形,$BP=DQ$.

因为 M 为 Rt$\triangle BDC$ 的斜边 BC 的中点,所以

$$MB=MD$$

$$\angle DBM=\angle BDM\Rightarrow\angle MBP=\angle MDQ$$

所以 $$\triangle MBP\cong\triangle MDQ$$

所以 $$MP=MQ$$

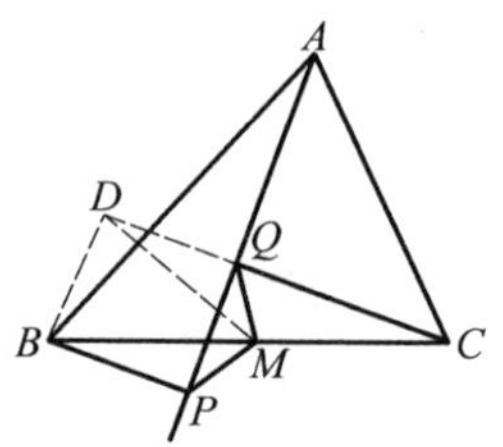

图 1.4

证法 5 如图 1.5,作 B,C 关于 AP 的对称点 E,F,连 BF,CE.则 BF,EC 是关于 AP 的对称线段,所以

$$EC=BF$$

因为 P,M,Q 分别为 BE,BC,CF 的中点.所以

$$MP=\frac{1}{2}EC=\frac{1}{2}BF=MQ$$

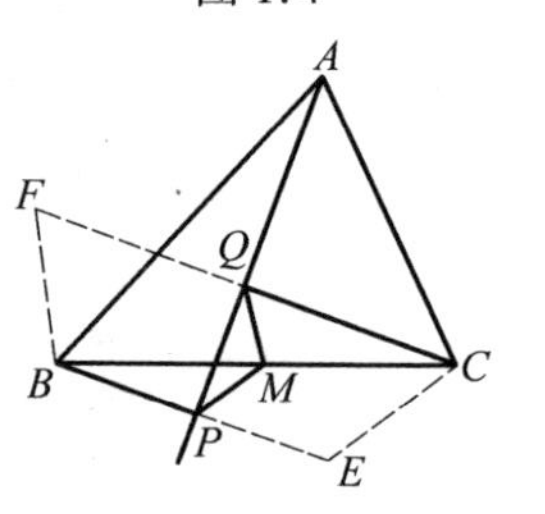

图 1.5

证法 6 如图 1.6,设 $\angle QCB=\angle PBC=\alpha$,$\angle PQM=\beta$,$\angle QPM=\gamma$.

在 $\triangle BPM$ 中

$$\frac{MP}{\sin\alpha}=\frac{BM}{\sin(90^\circ\pm\gamma)}=\frac{BM}{\cos\gamma}$$

在 $\triangle QMC$ 中

$$\frac{MQ}{\sin\alpha}=\frac{CM}{\sin(90^\circ\mp\beta)}=\frac{BM}{\cos\beta}$$

所以 $$\frac{MP}{MQ}=\frac{\cos\beta}{\cos\gamma}$$

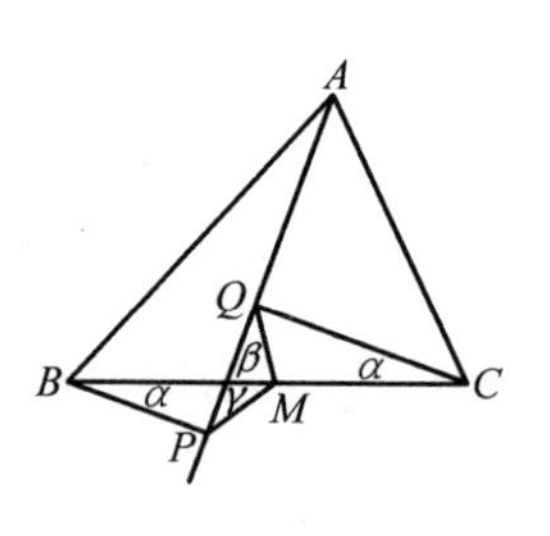

图 1.6

在 $\triangle MPQ$ 中

$$\frac{MP}{MQ}=\frac{\sin\beta}{\sin\gamma}$$

所以 $$\frac{\cos\beta}{\cos\gamma}=\frac{\sin\beta}{\sin\gamma}$$

即 $$\tan\beta = \tan\gamma$$

又 $0° \leqslant \gamma, \beta \leqslant 90°$，所以 $\beta = \gamma$，故 $MP = MQ$.

证法 7 如图 1.7，以 Q 为原点，CQ 所在直线为 x 轴，建立直角坐标系，则可设 $A(0, a)$，$B(b, c)$，$C(d, 0)$. 于是

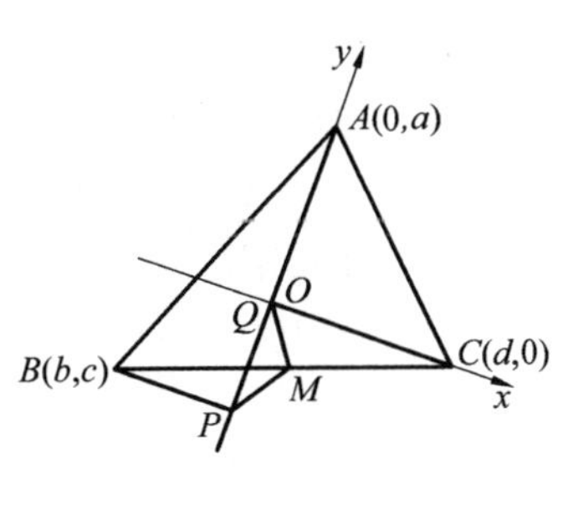

图 1.7

$$P(0, c), M\left(\frac{b+d}{2}, \frac{c}{2}\right)$$

所以

$$|MP|^2 = \left(\frac{b+d}{2} - 0\right)^2 + \left(\frac{c}{2} - c\right)^2 = \left(\frac{b+d}{2}\right)^2 + \left(\frac{c}{2}\right)^2$$

$$|MQ|^2 = \left(\frac{b+d}{2}\right)^2 + \left(\frac{c}{2}\right)^2$$

故 $$|MP| = |MQ|$$

❷ 在 $\triangle ABC$ 中，若 $AB = 2BC$，$\angle B = 2\angle A$，则 $\triangle ABC$ 是（　　）.

A. 锐角三角形　　B. 直角三角形

C. 钝角三角形　　D. 不能确定

（1994 年湖北黄冈市初中数学竞赛）

解法 1 如图 2.1，因 $AB > BC$，则 $\angle C > \angle A$. 可以在 AB 上取点 D，使 $\angle 1 = \angle A$. 则

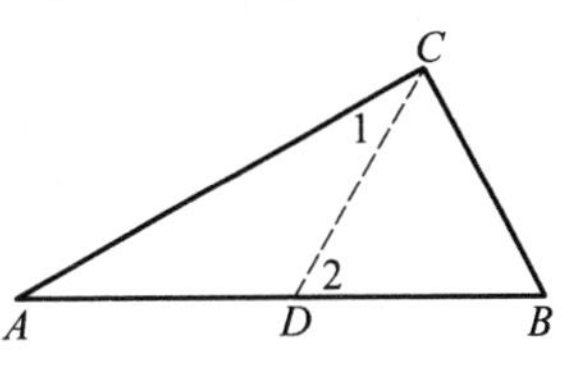

图 2.1

$$\angle 2 = 2\angle A = \angle B$$

所以 $$AD = CD = BC = \frac{1}{2}AB$$

故 $$AD = CD = DB$$

于是 $\angle C = 90°$，$\triangle ABC$ 是直角三角形. 选 B.

解法 2 如图 2.2，取 AB 的中点 D，作 $\angle B$ 的平分线交 AC 于 E，连 ED. 则

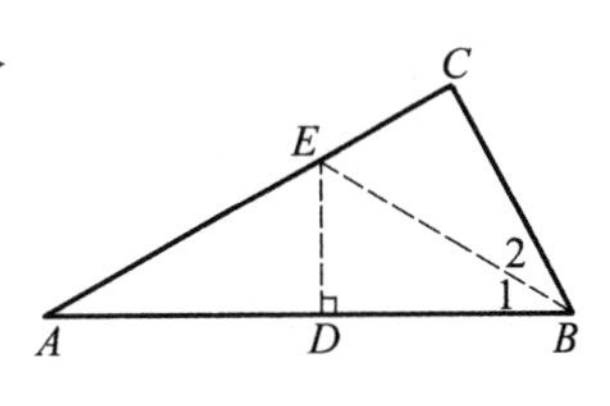

图 2.2

$$\triangle BCE \cong \triangle BDE (\text{SAS})$$

因为 $$\angle 1 = \frac{1}{2}\angle B = \angle A$$

所以 $\triangle EAB$ 是等腰三角形，有 $ED \perp AB$. 故

$$\angle C = \angle EDB = 90°$$

$\triangle ABC$ 是直角三角形,选 B.

解法 3 如图 2.3,因 $\angle 1 < \angle B$,则 $\angle 1$ 必为锐角,可以在 BC 的延长线上取点 D,使 $\angle 2 = \angle 1$.则

$$\angle DAB = 2\angle 1 = \angle B$$

$$AD = BD$$

由三角形内角平分线定理得

$$\frac{AD}{DC} = \frac{AB}{BC} = 2$$

即 $$AD = 2DC$$

所以 $$BD = 2DC$$

从而 $$BC = DC$$

又 $$\angle 1 = \angle 2$$

所以 $$AC \perp BD, \angle ACB = 90^\circ$$

所以 $\triangle ABC$ 是直角三角形,选 B.

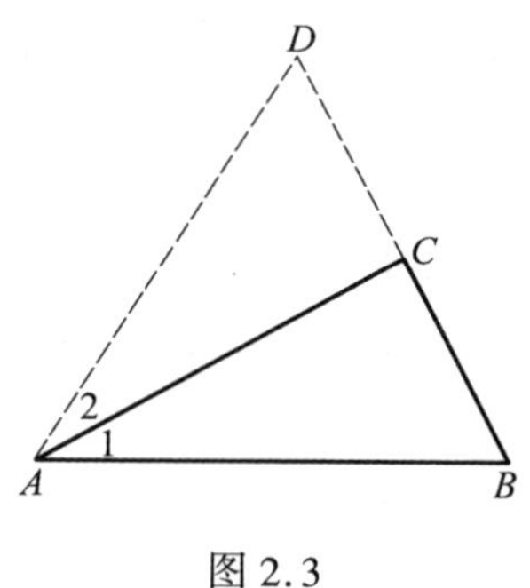

图 2.3

解法 4 如图 2.4,延长 BC 至 D 使 $BD = 2BC$,作 $BE \perp AD$ 于 E,交 AC 于 O,连 DO.则 $AB = BD$,所以 BE 是 AD 的中垂线.所以

$$OD = OA$$

$$\angle 2 = \frac{1}{2}\angle B = \angle 1$$

$$OB = OA$$

所以 $$OD = OB$$

又 $$BC = CD$$

所以 $$\angle BCA = 90^\circ$$

$\triangle ABC$ 是直角三角形,故选 B.

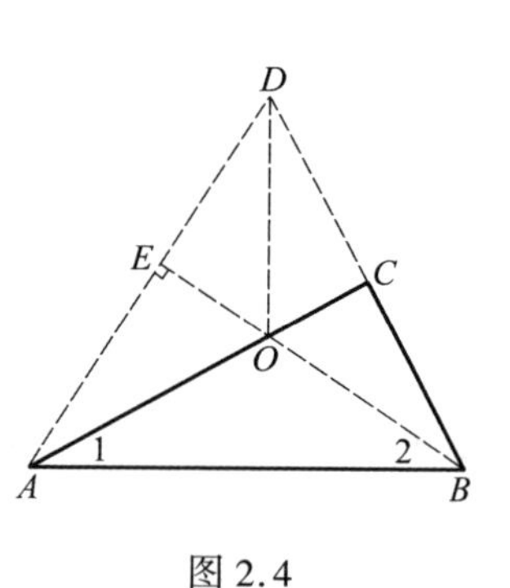

图 2.4

解法 5 如图 2.5,由熟知命题(参看 28 题)有

$$\angle B = 2\angle A \Leftrightarrow b^2 = a^2 + ac$$

又 $$c = 2a$$

所以 $$b^2 = 3a^2$$

有 $$c^2 = a^2 + b^2$$

故 $\triangle ABC$ 是直角三角形.选 B.

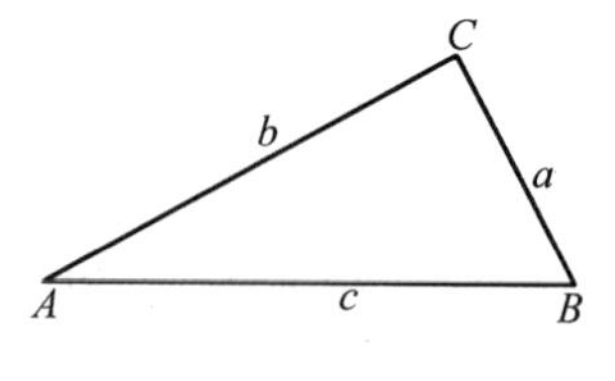

图 2.5

评注 此题是以我们熟悉的直角三角板为模型编拟出来的.下面,我们仿编了一组问题,供读者练习.

① 在 $\triangle ABC$ 中，$\angle C = 3\angle A, AB = 2BC$，求证：$\angle C = 90°$.

② 在 $\triangle ABC$ 中，$3\angle B = 2\angle C, AB = 2BC$，求证：$\angle C = 90°$.

③ 在 $\triangle ABC$ 中，$\angle C - \angle A = 60°, AB = 2BC$，求证：$\angle C = 90°$.

④ 在 $\triangle ABC$ 中，$\angle B - \angle A = 30°, AB = 2BC$，求证：$\angle C = 90°$.

⑤ 在 $\triangle ABC$ 中，$\angle C - \angle B = 30°, AB = 2BC$，求证：$\angle C = 90°$.

⑥ 将上面各题中的条件 $AB = 2BC$，更换为 $AC = \sqrt{3}BC$ 或 $AC = \frac{\sqrt{3}}{2}AB$，命题还成立吗？

❸ 已知在 $\triangle ABC$ 中，$\angle A = 90°, AB = AC, D$ 为 AC 中点，$AE \perp BD$ 于 E，延长 AE 交 BC 于 F. 求证：$\angle ADB = \angle CDF$.

（1999 年天津市初二数学竞赛）

证法 1 如图 3.1，作 $\angle BAC$ 的平分线交 BD 于 G. 因为

$$\angle GAB = 45° = \angle C, AB = AC$$

又 $\angle 1 = \angle 2(AB \perp AD, AE \perp BD)$

所以 $\triangle AGB \cong \triangle CFA, AG = CF$

又 $AD = CD$

$$\angle GAD = 45° = \angle C$$

所以 $\triangle ADG \cong \triangle CDF$

故 $\angle ADB = \angle CDF$

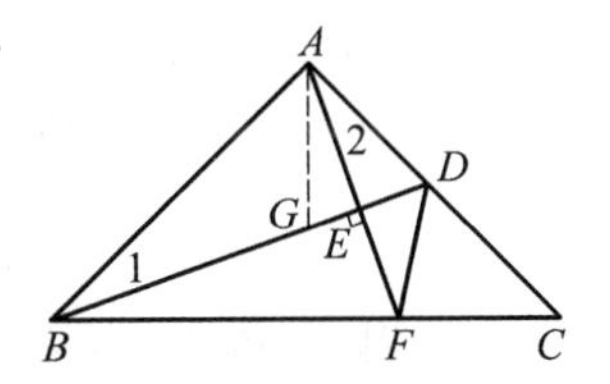

图 3.1

证法 2 如图 3.2，作 $CG /\!/ AB$ 交 AF 的延长线于 G. 因为

$$AB = AC, \angle 1 = \angle 2$$

所以 $Rt\triangle ABD \cong Rt\triangle CAG, \angle ADB = \angle G$

又 $DC = AD = CG$

$$\angle DCF = 45° = \angle GCF$$

CF 公有，所以

$$\triangle DCF \cong \triangle GCF$$

$$\angle CDF = \angle G$$

所以 $\angle ADB = \angle CDF$

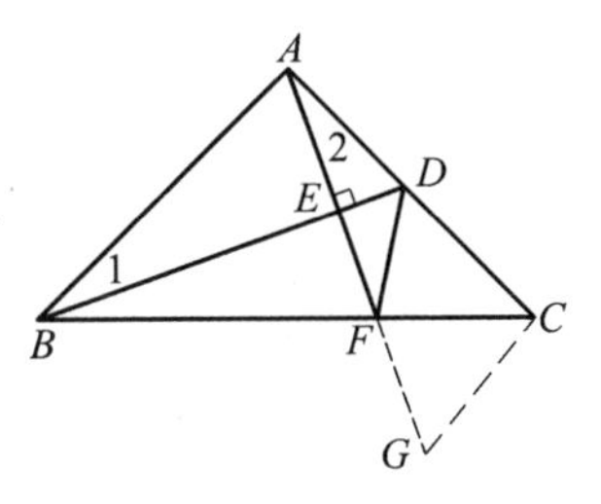

图 3.2

证法 3 如图 3.3，作 $FG \perp CD$ 于 G，设 $AB = 2$，

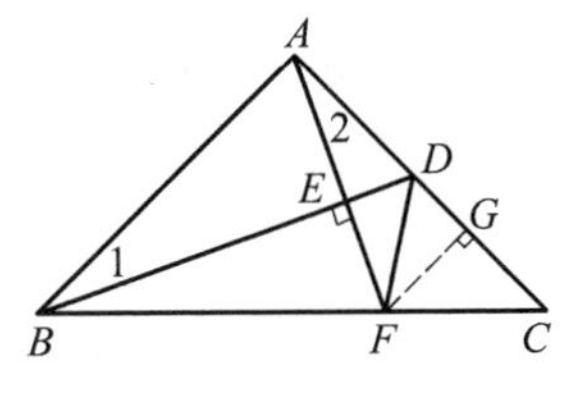

图 3.3

则 $AD = DC = 1$.因为

$$\angle 1 = \angle 2$$

所以 $$\text{Rt}\triangle ABD \backsim \text{Rt}\triangle GAF$$

所以 $$AG = 2FG$$

在 $\text{Rt}\triangle CGF$ 中,$FG = GC$,所以

$$AG = 2GC$$

又 $$AG + GC = 2$$

可知 $$AG = \frac{4}{3}, GC = \frac{2}{3} = FG, DG = \frac{1}{3}$$

所以 $$\frac{FG}{DG} = 2 = \frac{AB}{AD}$$

所以 $$\text{Rt}\triangle ABD \backsim \text{Rt}\triangle GFD$$

所以 $$\angle ADB = \angle CDF$$

证法 4 在 $\text{Rt}\triangle ABD$ 中,因为 $AE \perp BD$,所以

$$DE \cdot BD = AD^2, EB \cdot BD = AB^2$$

所以 $$\frac{DE}{EB} = \left(\frac{AD}{AB}\right)^2 = \frac{1}{4}$$

考虑直线 AEF 截 $\triangle BCD$,由梅涅劳斯(Menelaus)定理得

$$\frac{DE}{EB} \cdot \frac{BF}{FC} \cdot \frac{CA}{AD} = 1$$

又 $$\frac{CA}{AD} = 2$$

所以 $$\frac{BF}{FC} = 2$$

又因为 $$\frac{AB}{CD} = 2$$

所以 $$\frac{BF}{FC} = \frac{AB}{CD}$$

又 $$\angle ABF = \angle C = 45^\circ$$

所以 $$\triangle ABF \backsim \triangle DCF$$

所以 $$\angle ADB = \angle BAF = \angle CDF$$

证法 5 可设 $\angle DAE = \angle ABE = \alpha, \angle BAE = \angle ADE = \beta$.

在 $\triangle ABD$ 中,由正弦定理知

$$\frac{AB}{AD} = \frac{\sin\beta}{\sin\alpha}$$

又 $$\frac{BF}{CF} = \frac{S_{\triangle ABF}}{S_{\triangle ACF}} = \frac{BC \cdot CF\sin\beta}{AC \cdot CF\sin\alpha} = \frac{\sin\beta}{\sin\alpha}$$

所以 $$\frac{AB}{AD}=\frac{BF}{CF}$$

即 $$\frac{AB}{CD}=\frac{BF}{CF}$$

以下同证法 4.

4 如图 4.1,等腰 $\triangle ABC$ 中,P 为底边 BC 上任意一点,过 P 作两腰的平行线分别与 AB,AC 相交于 Q,R 两点,又 P' 是 P 关于直线 RQ 的对称点.证明:$\triangle P'QB\backsim\triangle P'RC$.

(2002 年全国初中数学联赛第二试(A))

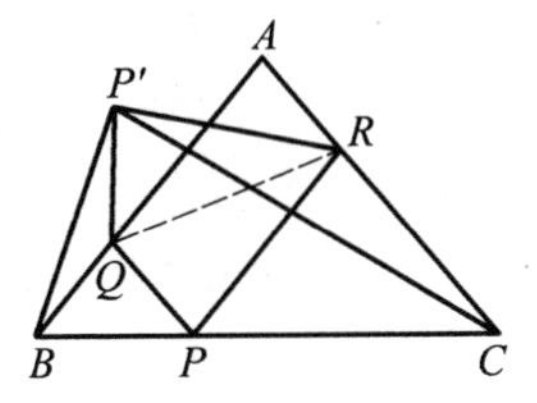

图 4.1

证法 1 利用全等三角形.

如图 4.1,联结 RQ.

因为 $AQPR$ 是平行四边形,P,P' 关于 QR 对称,所以
$$\triangle AQR\cong\triangle PRQ\cong\triangle P'RQ$$

所以 $$\angle AQR=\angle P'RQ,\angle P'QR=\angle ARQ$$

从而 $$\angle AQP'=\angle ARP'$$
$$\angle P'QB=\angle P'RC$$

又因为 $$PQ\parallel AC$$

所以 $$QB=QP=QP'$$

同理 $$RC=RP=RP'$$

即 $$\frac{QB}{RC}=\frac{QP'}{RP'}$$

所以 $$\triangle P'QB\backsim\triangle P'RC$$

证法 2 如图 4.1,联结 RQ.因为
$$PQ\parallel AC,PR\parallel AB$$

所以 $$\angle BQP=\angle A=\angle PRC=\angle QPR$$

设 $$\angle PRQ=\alpha$$

则 $$\angle QRP'=\alpha$$
$$\angle RQP'=\angle RQP=180^\circ-\angle A-\alpha$$

所以 $$\angle BQP'=360^\circ-\angle BQP-\angle RQP'-\angle RQP=360^\circ-\angle A-2(180^\circ-\angle A-\alpha)=\angle A+2\alpha=\angle CRP'$$

又 $$QB=QP=QP',RC=RP=RP'$$

所以 $$\triangle P'QB \backsim \triangle P'RC$$

证法 3 利用圆的知识.如图 4.2,联结 $P'P$.

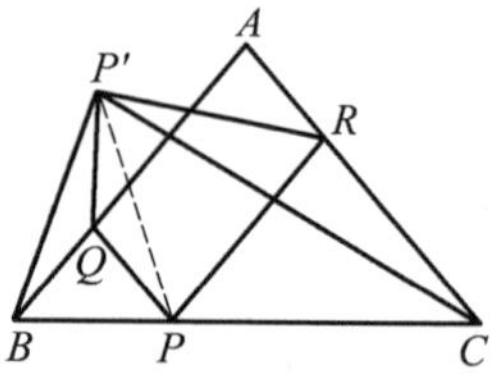

因为 $PQ \parallel AC$,P',P 关于 QR 对称,所以

$$QB = QP = QP'$$

即 Q 是 $\triangle P'BP$ 的外心.所以

$$\angle BQP' = 2\angle BPP'$$

图 4.2

同理 R 是 $\triangle P'CP$ 的外心.所以

$$\angle CRP' = \angle CRP + \angle PRP' = 2\angle CP'P + 2\angle PCP' = 2\angle BPP'$$

所以 $$\angle BQP' = \angle CRP'$$

又 $$QB = QP', RC = RP'$$

故 $$\triangle P'QB \backsim \triangle P'RC$$

❺ 如图5.1,在 $\triangle ABC$ 中,D 是边 AC 上一点.下面四种情况中,$\triangle ABD \backsim \triangle ACB$ 不一定成立的情况是(　　).

A.$AD \cdot BC = AB \cdot BD$　　B.$AB^2 = AD \cdot AC$

C.$\angle ABD = \angle ACB$　　D.$AB \cdot BC = AC \cdot BD$

(2001 年全国初中数学联赛)

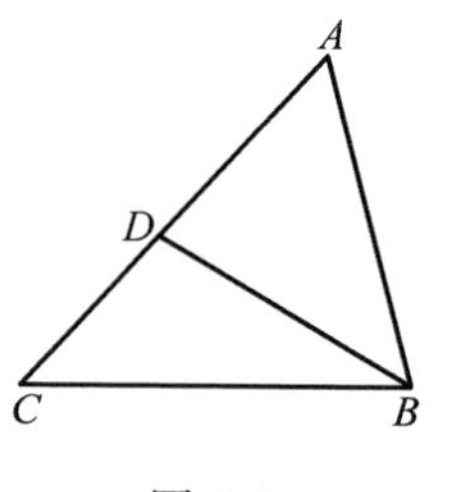

图 5.1

解 应选 D.

易知 B,C 一定成立.下面用多种方法证明 A 成立,即证明:若 $AD \cdot BC = AB \cdot BD$,则 $\triangle ABD \backsim \triangle ACB$.

证法 1 如图 5.2,因 $\angle BDC + \angle C < 180°$,作 $\angle DBE = \angle C$,则边 BE 一定与 DC(或其延长线)相交于一点 E.这时

$$\triangle DBE \backsim \triangle DCB$$

所以 $$\frac{BE}{ED} = \frac{BC}{BD}$$

又 $$AD \cdot BC = AB \cdot BD \Rightarrow \frac{BC}{BD} = \frac{AB}{AD}$$

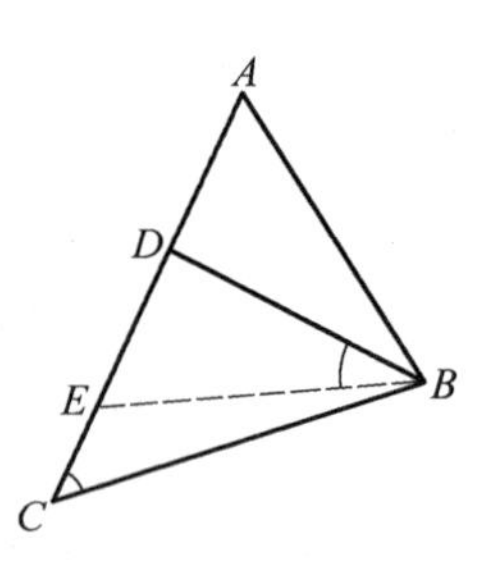

图 5.2

所以 $$\frac{BE}{ED} = \frac{AB}{AD}$$

由三角形内角平分线性质定理的逆定理知

$$\angle DBE = \angle ABD$$

所以　　$\angle ABD=\angle ACB$

从而　　$\triangle ABD \backsim \triangle ACB$

证法2　如图5.3,作$\triangle ABC$的外接圆,延长BD交圆于E,联结CE.因为

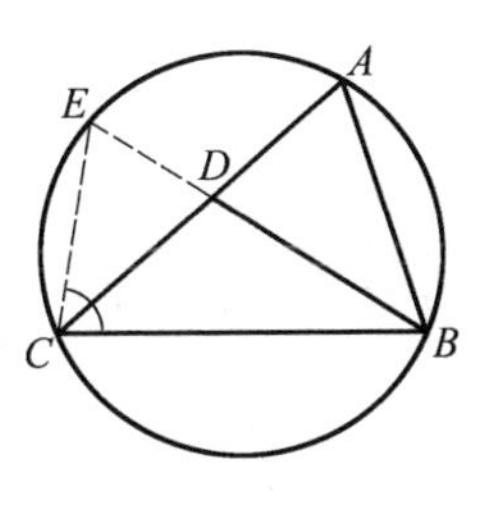

图5.3

$$\triangle ECD \backsim \triangle ABD$$

所以　　$\dfrac{CE}{ED}=\dfrac{AB}{AD}$

又　　$AD\cdot BC=AB\cdot BD\Rightarrow \dfrac{AB}{AD}=\dfrac{BC}{BD}$

所以　　$\dfrac{CE}{ED}=\dfrac{BC}{BD}\Rightarrow \angle ECD=\angle BCD$

又因为　　$\angle ECD=\angle ABD$

所以　　$\angle ABD=\angle BCD$

从而　　$\triangle ABD \backsim \triangle ACB$

证法3　如图5.4,作$BE\perp AC$于E,作$DF\perp AB$于F,则

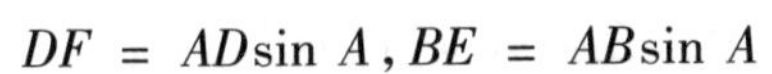

$$DF=AD\sin A, BE=AB\sin A$$

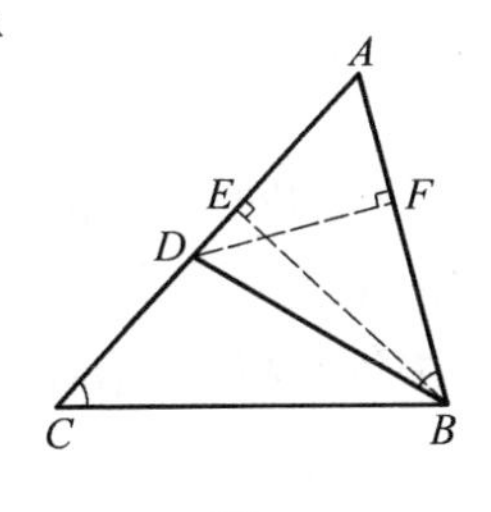

图5.4

又因为　　$AD\cdot BC=AB\cdot BD$

则　　$DF\cdot BC=BE\cdot BD$

所以　　$\mathrm{Rt}\triangle BDF \backsim \mathrm{Rt}\triangle CBE$

从而　　$\angle ABD=\angle ACB$

得　　$\triangle ABD \backsim \triangle ACB$

证法4　如图5.5,作$\angle ABD'=\angle C$,BD'交AC于D'.假设$AD'>AD$.作$D'E\parallel BD$交AB的延长线于E.因为

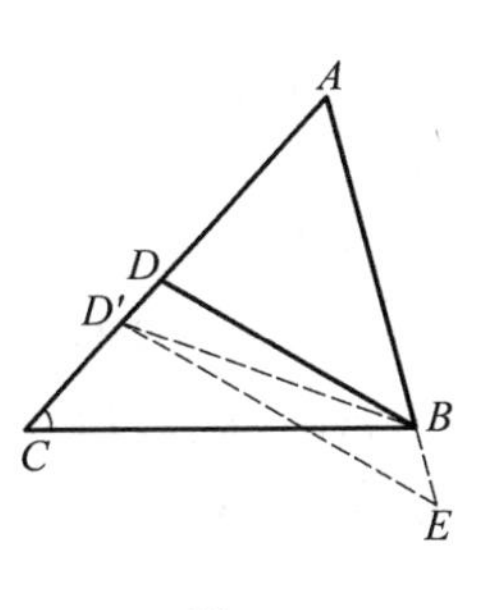

图5.5

$$\triangle ABD' \backsim \triangle ACB$$

所以　　$AD'\cdot BC=AB\cdot BD'$

又　　$AD\cdot BC=AB\cdot BD$

所以　　$\dfrac{AD}{AD'}=\dfrac{BD}{BD'}$

又由$D'E\parallel BD$,知

$$\frac{AD}{AD'}=\frac{BD}{D'E}$$

所以　　$BD'=D'E$

但 $$\angle D'BE > \angle AD'B = \angle ABC > \angle ABD = \angle E$$
所以 $D'E > BD'$.前后结论矛盾.所以

$$AD' \ngtr AD$$

同理 $$AD \ngtr AD'$$

故 $$AD' = AD$$

即 BD' 与 BD 重合.从而

$$\triangle ABD \backsim \triangle ACB$$

证法 5 因为

$$\frac{AD}{\sin\angle ABD} = \frac{BD}{\sin\angle A}, \frac{BC}{\sin\angle A} = \frac{AB}{\sin\angle C}$$

又 $$AD \cdot BC = AB \cdot BD$$

所以 $$\sin\angle ABD = \sin\angle C$$

但 $$0° < \angle ABD + \angle C < \angle ABC + \angle C < 180°$$

所以 $$\angle ABD = \angle C$$

从而 $$\triangle ABD \backsim \triangle ACB$$

评注 有的同学不相信A也成立.A为什么会成立呢?这是因为在 $\triangle ABD$ 与 $\triangle ACB$ 中,除有明显的"边边角"条件外,还隐含有 $\angle ADB + \angle C < 180°$ 等条件.五种证法各有特色,请仔细体会.

❻ 设 P 为 $\square ABCD$ 内一点,$\angle BAP = \angle BCP$.求证:$\angle PBC = \angle PDC$.

(1979年青岛市初中数学竞赛)

证法 1 如图6.1,因 $\angle BAP = \angle BCP$,在 BC 上取点 E,使 $PE = PC$,构造等腰 $\triangle PCE$,连 AE,则 A,B,E,P 四点共圆.所以

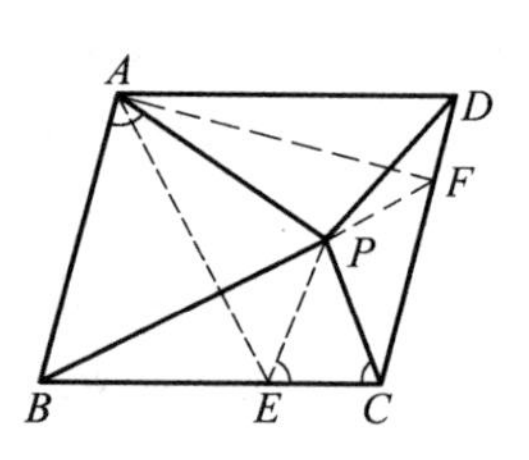

图6.1

$$\angle PBC = \angle PAE$$

易知 $\angle PAD = \angle PCD$,在 CD 上取点 F,使 $PF = PC$,构造等腰 $\triangle PCF$,连 AF,则 P,A,D,F 四点共圆.所以

$$\angle PDC = \angle PAF$$

因为 $$\angle APE = 180° - \angle ABC = 180° - \angle ADC = \angle APF$$

$$PE = PC = PF$$

AP 为公共边,所以

$$\triangle APE \cong \triangle APF, \angle PAE = \angle PAF$$

故 $$\angle PBC=\angle PDC$$

证法2 如图6.2,作 $PN \mathrel{\underline{\underline{\parallel}}} BC$,则 $PN \mathrel{\underline{\underline{\parallel}}} AD$,$BCNP$ 和 $PNDA$ 都是平行四边形,由此得

$$\angle 2=\angle 7,\angle 1=\angle 6(\text{两边平行且同向})$$

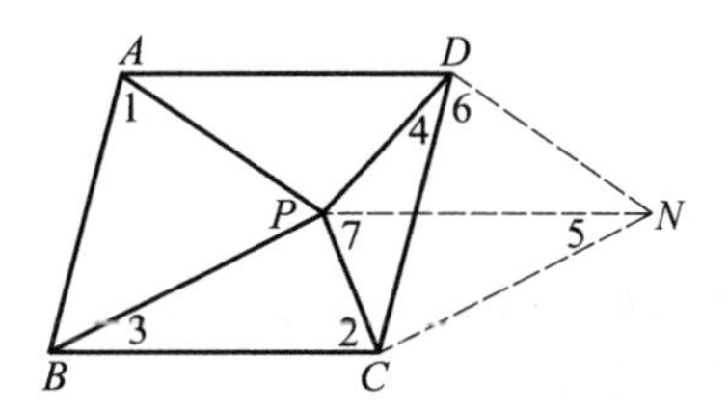

图6.2

又 $$\angle 1=\angle 2$$

所以 $$\angle 6=\angle 7$$

所以 P,C,N,D 四点共圆,故 $\angle 3=\angle 5=\angle 4$.

证法3 如图6.3,过 P 作 $EF\perp BC$ 和 AD,过 P 作 $GH\perp AB$ 和 CD,则 A,G,P,F;G,B,E,P;E,C,H,P;H,D,F,P 分别四点共圆.所以

$$\angle 5=\angle 1=\angle 2=\angle 6$$

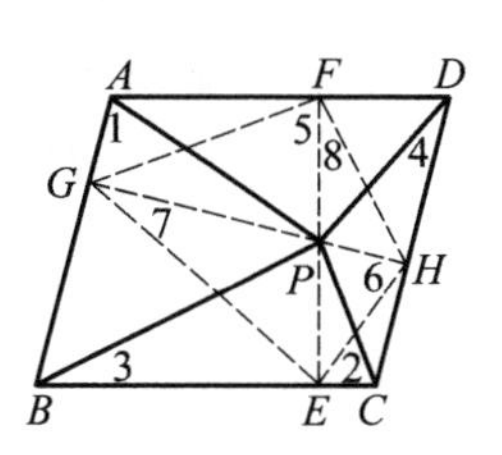

图6.3

所以 G,E,H,F 四点共圆.故

$$\angle 3=\angle 7=\angle 8=\angle 4$$

证法4 如图6.4,作圆 ABP 交 BC 于 E,延长 EP 交 AD 于 F,延长 AP 交 CD 于 G,连 AE,EG,GF.因为

$$\angle 1=\angle 2$$

则 $$\angle 5=\angle 6$$

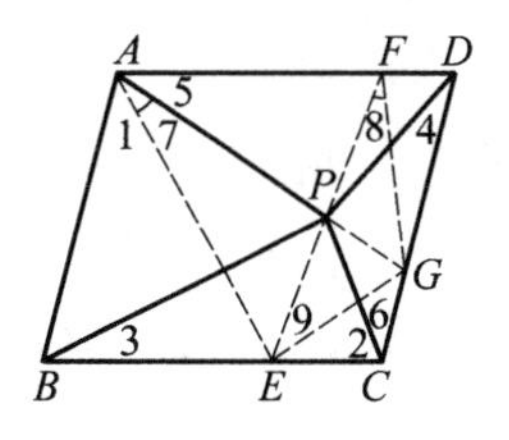

图6.4

因为 $\angle GPE+\angle GCE=\angle ABE+\angle GCE=180^\circ$

所以 P,E,C,G 四点共圆,所以 $\angle 9=\angle 6=\angle 5$,所以 A,E,G,F 四点共圆.又

$$\angle GPE=\angle ABE=\angle GDF$$

所以 P,G,D,F 四点共圆.故

$$\angle 3=\angle 7=\angle 8=\angle 4$$

证法5 如图6.5,作 $\triangle ABP$ 的外接圆分别交 BC,AD 于 E,F,连 PE,PF,EF.因为

$$AF\parallel BE$$

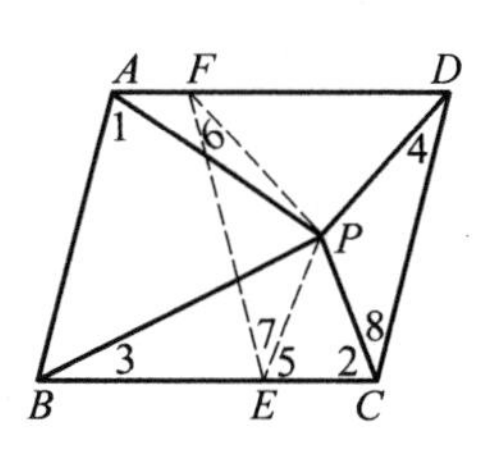

图6.5

所以 $$\overset{\frown}{EF}=\overset{\frown}{AB}$$

所以 $$EF=AB=DC$$

因此 $ECDF$ 为等腰梯形,所以

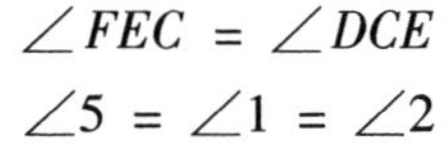

$$\angle FEC=\angle DCE$$

又因为 $$\angle 5=\angle 1=\angle 2$$

所以 $$PE=PC$$

且 $\angle 7 = \angle 8$

所以 $\triangle PEF \cong \triangle PCD, \angle 6 = \angle 4$

又 $\angle 3 = \angle 6$

所以 $\angle 3 = \angle 4$

证法6 如图6.6,过 P 作 $EF \parallel AB$ 交 AD, BC 分别于 E, F.因为

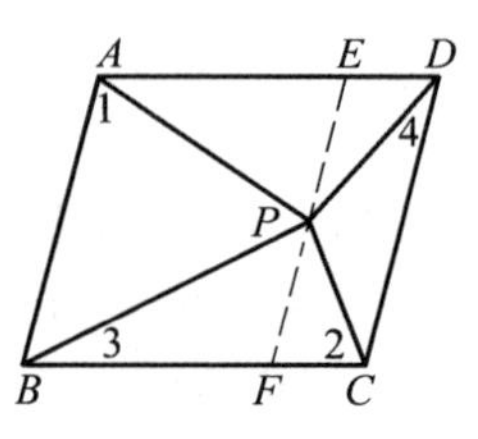

图6.6

$$\angle APE = \angle 1 = \angle 2$$

$$\angle AEP = \angle PFC$$

所以 $\triangle APE \backsim \triangle PCF$

$$\frac{AE}{PF} = \frac{PE}{CF}$$

而 $AE = BF, CF = DE$

所以 $\dfrac{BF}{PF} = \dfrac{PE}{DE}$

又 $\angle BFP = \angle PED$

所以 $\triangle BFP \backsim \triangle PED$

故 $\angle 3 = \angle DPE = \angle 4$

证法7 如图6.7,延长 CP 交 AD 于 E, AP 交 BC 于 F.因为

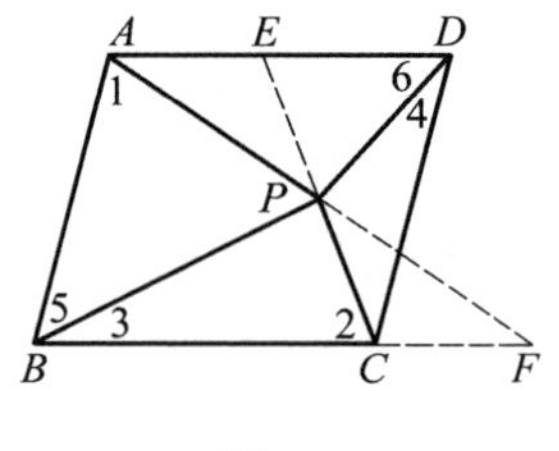

图6.7

$$\angle 1 = \angle 2 = \angle CED, \angle ABC = \angle ADC$$

所以 $\triangle ABF \backsim \triangle EDC$

$$\frac{AB}{DE} = \frac{AF}{CE}$$

又由 $AE \parallel CF$ 得

$$\frac{AP}{PE} = \frac{AF}{CE}$$

所以 $\dfrac{AP}{PE} = \dfrac{AB}{DE}$

又 $\angle 1 = \angle DEP$

所以 $\triangle BAP \backsim \triangle DPE, \angle 5 = \angle 6$

故 $\angle 3 = \angle 4$

❼ 已知 M, N 分别在正方形 $ABCD$ 的边 DA, AB 上,且 $AM = AN$,过 A 作 BM 的垂线,垂足为 P.求证:$\angle APN = \angle BNC$.

（2000年我爱数学初中生夏令营数学竞赛）

证法1 如图7.1，联结 DN. 因为

$$AN=AM, AD=AB$$

所以 $$\text{Rt}\triangle ADN\cong\text{Rt}\triangle ABM$$

所以 $$\angle CDN=\angle AND=\angle AMB=\angle PAN$$

又 $$\frac{CD}{DN}=\frac{AB}{BM}=\frac{AP}{AM}=\frac{AP}{AN}$$

所以 $$\triangle DCN\backsim\triangle APN$$

所以 $$\angle BNC=\angle DCN=\angle APN$$

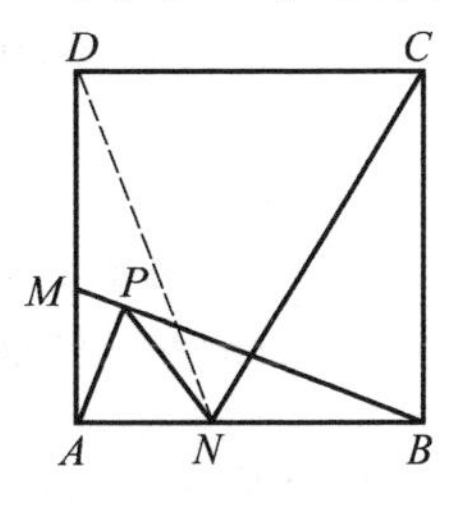

图7.1

证法2 如图7.2，延长 AB 至 E，使 $BE=AM=AN$，联结 CE. 则

$$\text{Rt}\triangle BCE\cong\text{Rt}\triangle ABM$$

所以 $$\angle E=\angle AMB=\angle PAN$$

又 $$\frac{CE}{EN}=\frac{BM}{AB}=\frac{AM}{AP}=\frac{AN}{AP}$$

所以 $$\triangle ENC\backsim\triangle APN$$

所以 $$\angle BNC=\angle APN$$

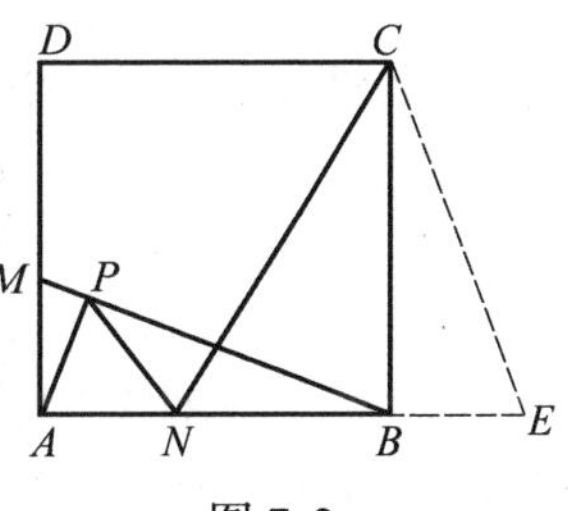

图7.2

证法3 如图7.3，作 $NE\perp AP$ 于 E，则 $NE\parallel BP$. 所以

$$\frac{PE}{BN}=\frac{AP}{AB}=\frac{AP}{BC}$$

易知 $$\text{Rt}\triangle APM\cong\text{Rt}\triangle NEA$$

所以 $$AP=EN$$

所以 $$\frac{PE}{BN}=\frac{EN}{BC}$$

所以 $$\text{Rt}\triangle ENP\backsim\text{Rt}\triangle BCN$$

所以 $$\angle APN=\angle BNC$$

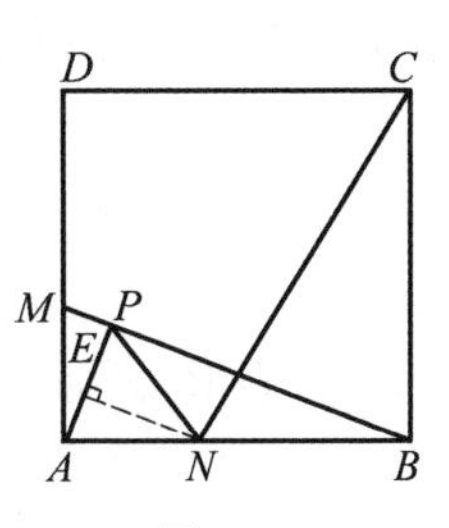

图7.3

证法4 如图7.4，作 $BE\parallel PA$ 交 PN 的延长线于 E. 则

$$\frac{BN}{BE}=\frac{AN}{AP}=\frac{AM}{AP}=\frac{AB}{BP}=\frac{BC}{BP}$$

又 $$\angle PBE=\angle APM=90^\circ$$

所以 $$\text{Rt}\triangle BNC\backsim\text{Rt}\triangle BEP$$

所以 $$\angle BNC=\angle E=\angle APN$$

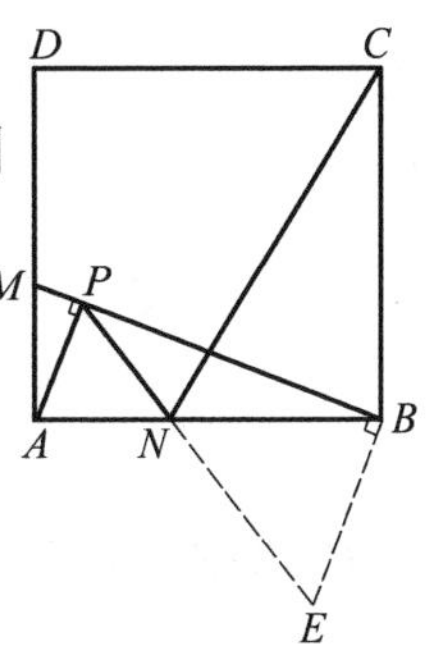

图7.4

证法5 如图7.5，联结 CM，由正方形的对称性知

$$\angle BNC = \angle DMC = \angle BCM$$

因为 $$\mathrm{Rt}\triangle APM \backsim \mathrm{Rt}\triangle BAM$$

所以 $$\frac{AM}{AP} = \frac{BM}{AB}$$

而 $$AM = AN, AB = BC$$

所以 $$\frac{AN}{AP} = \frac{BM}{BC}$$

又 $\angle PAN = \angle CBM$(同为 $\angle ABP$ 的余角)

所以 $$\triangle APN \backsim \triangle BCM$$

故 $$\angle APN = \angle BCM = \angle BNC$$

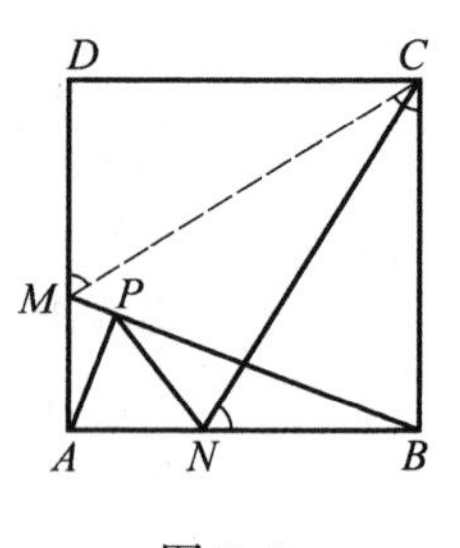

图 7.5

证法 6 如图 7.6,联结 CP,由已知

$$\frac{AP}{AN} = \frac{AP}{AM} = \frac{BP}{AB} = \frac{BP}{BC}$$

又 $$\angle PAN = \angle PBC$$

所以 $$\triangle APN \backsim \triangle BPC$$

有 $\angle ANP = \angle BCP \Rightarrow P, N, B, C$ 四点共圆,所以

$$\angle APN = \angle BPC = \angle BNC$$

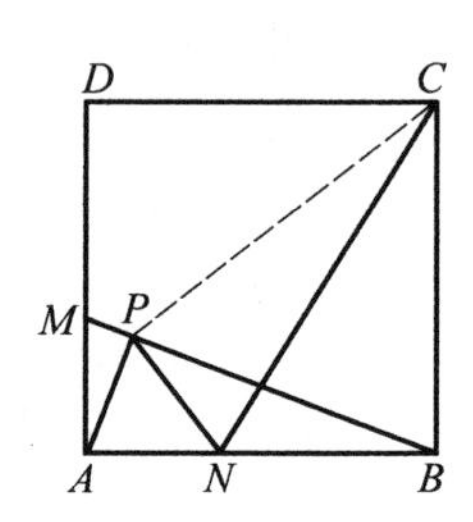

图 7.6

证法 7 如图 7.7,延长 AP 交 CD 于 E,联结 NE.易知

$$\mathrm{Rt}\triangle ADE \cong \mathrm{Rt}\triangle BAM$$

所以 $$DE = AM = AN$$

从而 $$CE = BN$$

所以 $BCEN$ 是矩形(四顶点共圆).因为

$$\angle APB = 90^\circ = \angle BCE$$

所以 P, B, C, E 四点共圆,从而 P, N, B, C, E 五点共圆.故

$$\angle APN = \angle ECN = \angle BNC$$

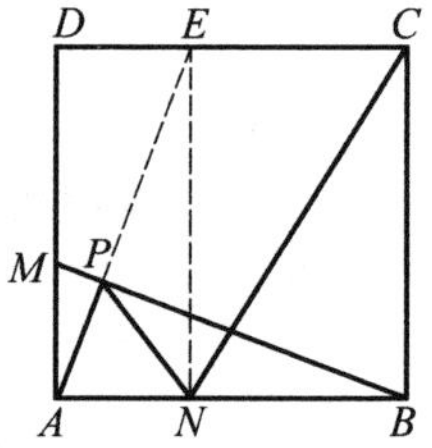

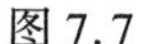

图 7.7

证法 8 设正方形边长为 1,$AM = AN = n$,则 $BN = 1 - n$;设 $\angle APN = \alpha$,$\angle BNC = \beta$.因为

$$\frac{n}{1-n} = \frac{S_{\triangle APN}}{S_{\triangle BPN}} = \frac{AP\sin\alpha}{BP\sin(90^\circ - \alpha)} = \frac{AM}{AB} \cdot \frac{\sin\alpha}{\cos\alpha} = n\tan\alpha$$

所以 $$\tan\alpha = \frac{1}{1-n}$$

又在 $\mathrm{Rt}\triangle CBN$ 中,$\tan\beta = \frac{1}{1-n}$.所以 $\tan\alpha = \tan\beta$,因 α, β 均为锐角,所以 $\alpha = \beta$.

评注 因含有$\angle APN$,$\angle BNC$的三角形没有相等边,所以不宜构造全等三角形证两角相等,宜考虑构造相似三角形.证法1 ~ 6六种方法都比较简捷.证法7利用四点共圆,证法8为三角法,也都是证明两角相等的常用方法.

本题还有其他证法,读者不妨试试.

❽ 设凸四边形$ABCD$的对角线AC,BD的交点为M,过点M作AD的平行线分别交AB,CD于点E,F,交BC的延长线于点O,P是以O为圆心,OM为半径的圆上一点.求证:$\angle OPF = \angle OEP$.

(1996年全国初中数学联赛)

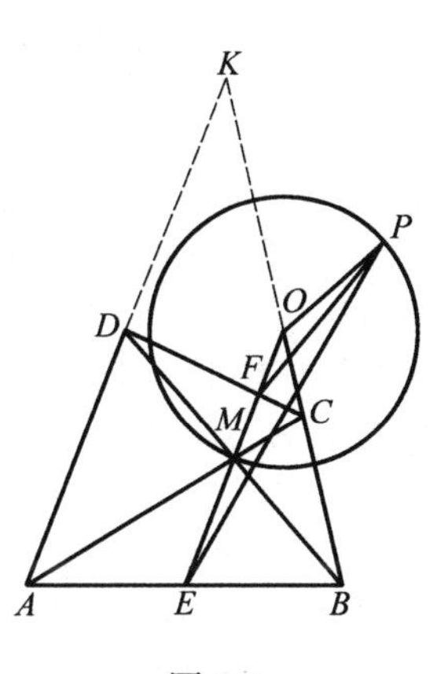

图8.1

证法1 如图8.1,延长AD与BC相交于K.因为

$$OE \parallel KA$$

所以
$$\frac{OF}{OM} = \frac{KD}{KA} = \frac{OM}{OE}$$

因
$$OM = OP$$

则
$$\frac{OF}{OP} = \frac{OP}{OE}$$

又因为
$$\angle POF = \angle EOP$$

所以
$$\triangle POF \backsim \triangle EOP$$

所以
$$\angle OPF = \angle OEP$$

证法2 如图8.2,作$MN \parallel DC$交BC于N,联结EN,则

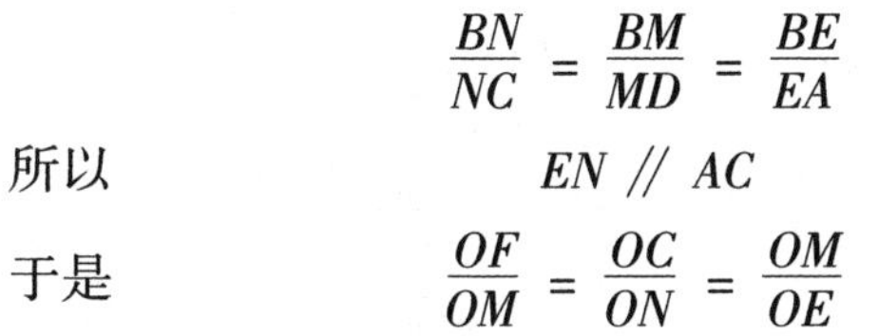

$$\frac{BN}{NC} = \frac{BM}{MD} = \frac{BE}{EA}$$

所以
$$EN \parallel AC$$

于是
$$\frac{OF}{OM} = \frac{OC}{ON} = \frac{OM}{OE}$$

以下同证法1.

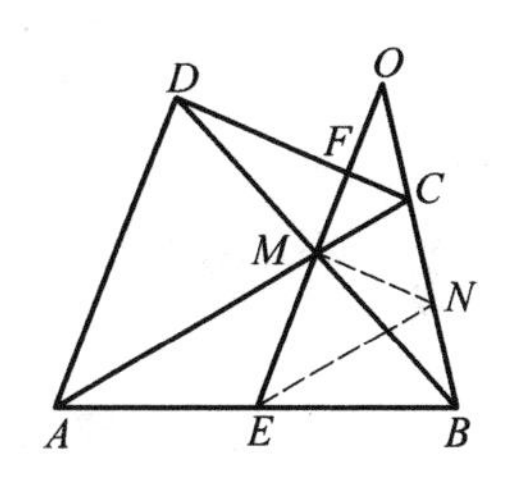

图8.2

证法3 如图8.3,过M作$MG \parallel AB$交OB于G,则

$$\frac{OE}{OM} = \frac{EB}{MG} = \frac{EB}{AB} \cdot \frac{AB}{MG} = \frac{BM}{BD} \cdot \frac{AC}{CM}$$

过M作$MH \parallel DC$交OB于H,则有

$$\frac{OM}{OF} = \frac{MH}{FC} = \frac{MH}{DC} \cdot \frac{DC}{FC} = \frac{BM}{BD} \cdot \frac{AC}{CM}$$

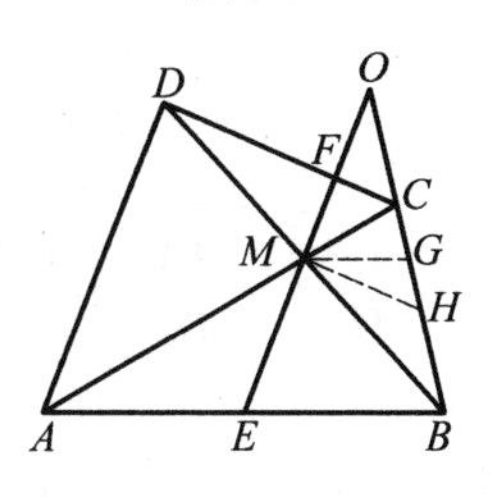

图8.3

于是
$$\frac{OE}{OM}=\frac{OM}{OF}$$
以下同证法 1.

证法 4　如图 8.4,作 $MN /\!/ BO$ 交 DC 于 N,作 $EQ /\!/ BO$ 交 AC 于 Q,联结 QN.有
$$\frac{DN}{NC}=\frac{DM}{MB}=\frac{AE}{EB}=\frac{AQ}{QC}$$
所以
$$QN /\!/ AD /\!/ EO$$
所以
$$\frac{OF}{OM}=\frac{CF}{CN}=\frac{CM}{CQ}=\frac{OM}{OE}$$
以下同证法 1.

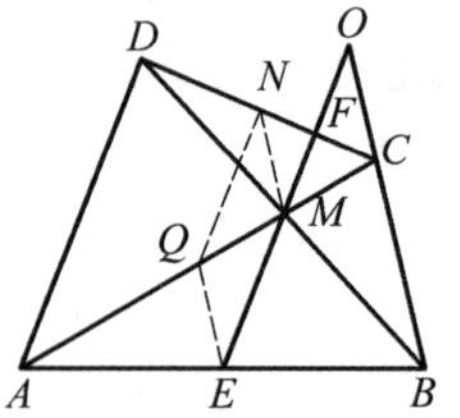

图 8.4

证法 5　如图 8.5,作 $BH /\!/ EO$ 交 AC,DC 的延长线分别于 H,G.则

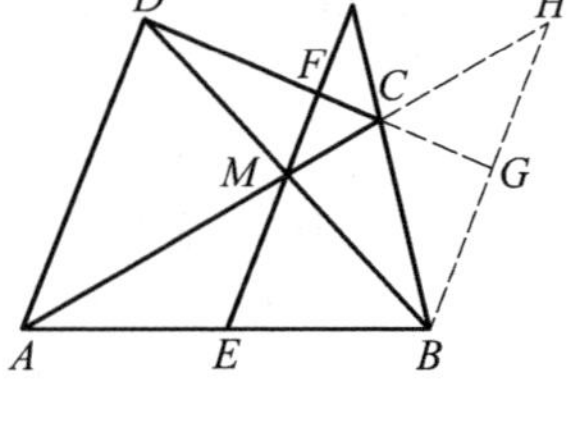

图 8.5

$$\frac{OF}{OM}=\frac{BG}{BH}$$
又
$$\frac{EM}{BH}=\frac{AE}{AB}=\frac{DM}{DB}=\frac{MF}{BG}$$
即
$$\frac{BG}{BH}=\frac{MF}{EM}$$
所以
$$\frac{OF}{OM}=\frac{MF}{EM}=\frac{OM}{OE}\text{(等比性质)}$$
以下同证法 1.

证法 6　如图 8.6,作 $CH /\!/ OE$ 交 BD,BA 分别于 G,H.则

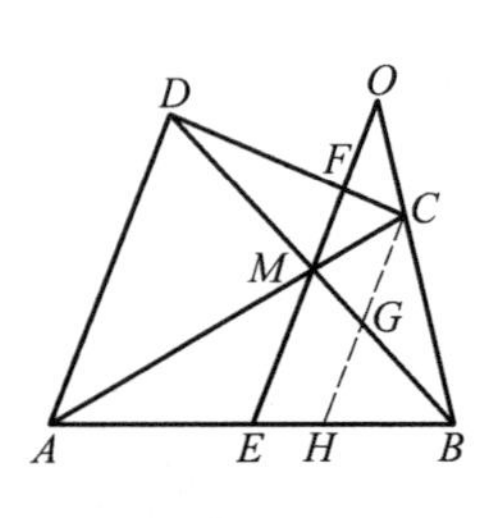

图 8.6

$$\frac{OM}{OE}=\frac{CG}{CH}$$
又
$$\frac{FM}{CG}=\frac{DF}{DC}=\frac{AM}{AC}=\frac{ME}{CH}$$
即
$$\frac{FM}{ME}=\frac{CG}{CH}$$
所以
$$\frac{OM}{OE}=\frac{FM}{ME}=\frac{OM-FM}{OE-ME}=\frac{OF}{OM}$$
以下同证法 1.

证法 7　如图 8.7,分别过 M,F,D 作 AB 的平行线,交 BO 分别于 G,H,K.则

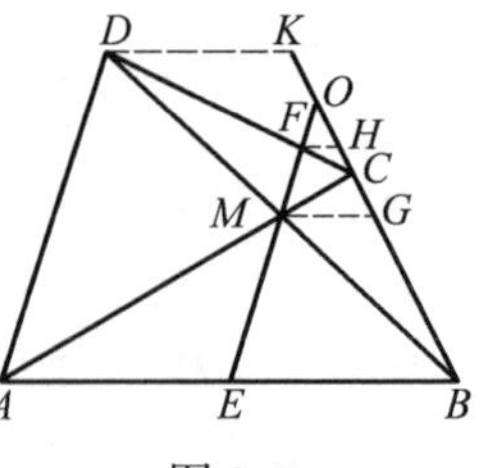

图 8.7

$$\frac{OF}{OM}=\frac{FH}{MG},\frac{OM}{OE}=\frac{MG}{EB}$$

又
$$\frac{FH}{DK}=\frac{CF}{CD}=\frac{CM}{CA}=\frac{MG}{AB}$$
$$\frac{DK}{MG}=\frac{DB}{MB}=\frac{AB}{EB}$$

上面二式相乘,得
$$\frac{FH}{MG}=\frac{MG}{EB}$$

所以
$$\frac{OF}{OM}=\frac{OM}{DE}$$

以下同证法 1.

证法 8 如图 8.8,分别过 D,A 作 OB 的平行线,交 OM 的延长线分别于 G,H.则 $AHGD$ 是平行四边形.所以

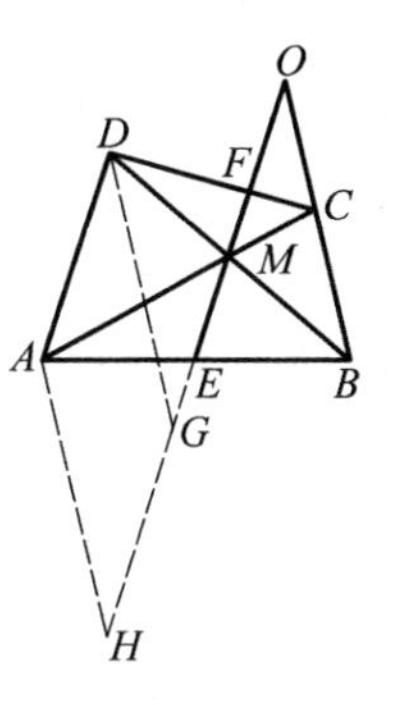

图 8.8

$$DG=AH$$
$$\frac{OF}{FG}=\frac{OC}{DG}\Rightarrow\frac{OF}{OG}=\frac{OC}{OC+DG}$$
$$\frac{OM}{MG}=\frac{OB}{DG}\Rightarrow\frac{OM}{OG}=\frac{OB}{OB+DG}$$

所以
$$\frac{OF}{OM}=\frac{OC}{OC+DG}\cdot\frac{OB+DG}{OB}$$
$$\frac{OM}{MH}=\frac{OC}{AH}\Rightarrow\frac{OM}{OH}=\frac{OC}{OC+AH}$$
$$\frac{OE}{EH}=\frac{OB}{AH}\Rightarrow\frac{OE}{OH}=\frac{OB}{OB+AH}$$

所以
$$\frac{OM}{OE}=\frac{OC}{OC+AH}\cdot\frac{OB+AH}{OB}$$

故
$$\frac{OF}{OM}=\frac{OM}{OE}$$

以下同证法 1.

证法 9 如图 8.9,过 M 作 $GH\ /\!/\ BO$,交 AB,CD 分别于 G,H,则
$$\frac{OF}{OM}=\frac{CF}{CH}=\frac{CF}{CD}\cdot\frac{CD}{CH}=\frac{CM}{CA}\cdot\frac{BD}{BM}=$$
$$\frac{BG}{BA}\cdot\frac{BA}{BE}=\frac{BG}{BE}=\frac{OM}{OE}$$

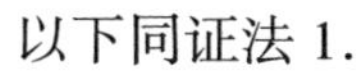
以下同证法 1.

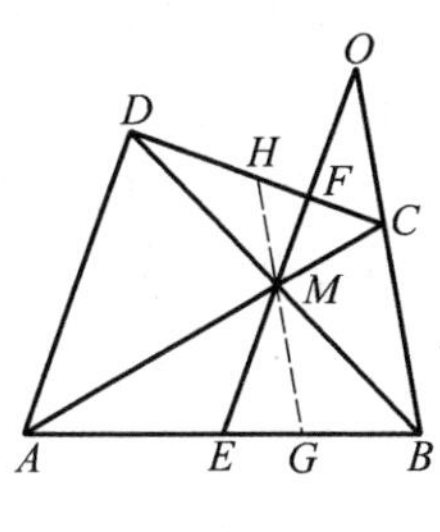

图 8.9

证法 10 用面积法

$$\frac{S_{\triangle OFC}}{S_{\triangle OMC}} \cdot \frac{S_{\triangle OMC}}{S_{\triangle ABC}} \cdot \frac{S_{\triangle ABC}}{S_{\triangle OBE}} \cdot \frac{S_{\triangle OBE}}{S_{\triangle OBM}} \cdot \frac{S_{\triangle OBM}}{S_{\triangle DBC}} \cdot \frac{S_{\triangle DBC}}{S_{\triangle OFC}} = 1$$

即
$$\frac{OF}{OM} \cdot \frac{OC \cdot CM}{CA \cdot CB} \cdot \frac{CB \cdot BA}{BE \cdot BO} \cdot \frac{OE}{OM} \cdot \frac{BO \cdot BM}{CB \cdot BD} \cdot \frac{CB \cdot CD}{OC \cdot CF} = 1$$

$$\frac{OF}{OM} \cdot \frac{CM}{CA} \cdot \frac{BA}{BE} \cdot \frac{BM}{BD} \cdot \frac{CD}{CF} \cdot \frac{OE}{OM} = 1$$

又
$$\frac{CM}{CA} = \frac{CF}{CD}, \frac{BA}{BE} = \frac{BD}{BM}$$

所以
$$\frac{OF}{OM} = \frac{OM}{OE}$$

以下同证法 1.

证法 11　考虑直线 OCB 截 $\triangle DMF$,用梅涅劳斯定理有

$$\frac{FO}{OM} \cdot \frac{MB}{BD} \cdot \frac{DC}{CF} = 1$$

考虑直线 OCB 截 $\triangle AEM$,有

$$\frac{MO}{OE} \cdot \frac{EB}{BA} \cdot \frac{AC}{CM} = 1$$

又
$$\frac{MB}{BD} = \frac{EB}{BA}, \frac{DC}{CF} = \frac{AC}{CM}$$

所以
$$\frac{FO}{OM} = \frac{MO}{OE}$$

以下同证法 1.

评注　此题证明的关键是把命题转化为证 $OF : OM = OM : OE$.题设中的圆只起着圆的半径相等的作用,即 $OM = OP$,显然是命题者有意把图形弄复杂,干扰考生思维.只要思路清晰,始终向着目标,就不会误入歧途,不会走弯路.

❾ 如图9.1,已知 AB 是圆 O 的直径,BC 是圆 O 的切线,OC 平行于弦 AD.过点 D 作 $DE \perp AB$ 于点 E,联结 AC 与 DE 交于点 P.问 EP 与 PD 是否相等?证明你的结论.

(2003 年"TRULY® 信利杯"全国初中数学联赛)

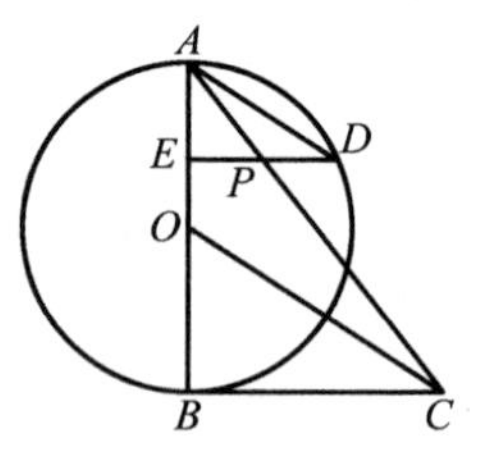

图 9.1

解法 1　$EP = PD$.因 AB 是圆 O 的直径,BC 是切线,则 $AB \perp BC$.

由 $\mathrm{Rt}\triangle AEP \backsim \mathrm{Rt}\triangle ABC$,得

$$\frac{EP}{BC} = \frac{AE}{AB} \qquad ①$$

又 $AD \parallel OC$,则 $$\angle DAE = \angle COB$$

所以 $$Rt\triangle AED \backsim Rt\triangle OBC$$

所以 $$\frac{ED}{BC} = \frac{AE}{OB} = \frac{AE}{\frac{1}{2}AB} = \frac{2AE}{AB} \quad ②$$

由式①,②得 $ED = 2EP$,故 $EP = PD$.

解法 2 $EP = PD$.如图9.2,延长 AD 与 BC 相交于 F.

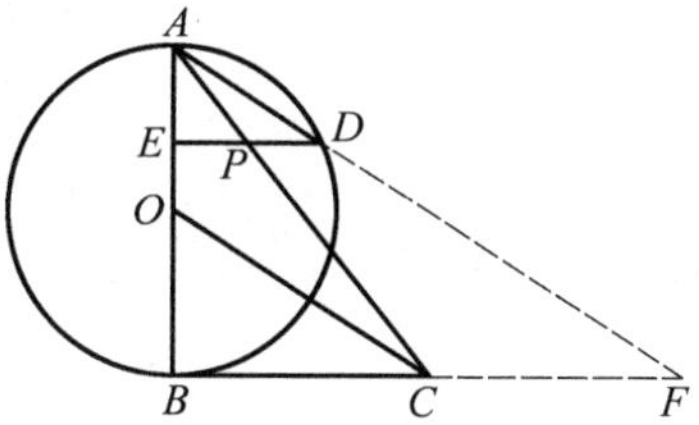

因 $BO = OA$,$OC \parallel AF$,则 $BC = CF$.

又 $$DE \perp AB, FB \perp AB$$

所以 $$DE \parallel FB$$

从而 $$\frac{EP}{BC} = \frac{AP}{AC} = \frac{PD}{CF}$$

故 $$EP = PD$$

图 9.2

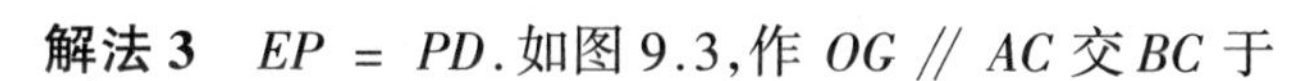
解法 3 $EP = PD$.如图9.3,作 $OG \parallel AC$ 交 BC 于

G.

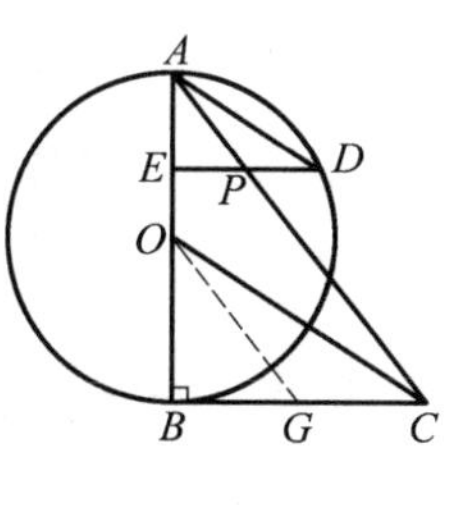

图 9.3

因 $$BO = OA$$

则 $$BG = GC$$

易知 $$CB \perp AB$$

由 $$AD \parallel OC$$

知 $$\angle DAE = \angle COB$$

所以 $$Rt\triangle AED \backsim Rt\triangle OBC$$

由 $$OG \parallel AC$$

知 $$\angle EAP = \angle BOG$$

所以 AP,OG 是上述相似三角形中的对应线段,因 $BG = GC$,则 $EP = PD$.

B 类题

❿ 如图10.1,四边形 $ABCD$ 内接于圆,P 是 AB 的中点,$PE \perp AD$,$PF \perp BC$,$PG \perp CD$,M 是线段 PG 和 EF 的交点.求证:$ME = MF$.

(2006年南昌市高中数学竞赛)

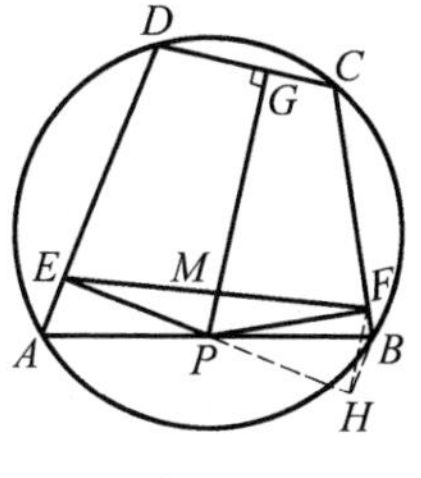

图 10.1

证法 1 如图10.1,延长 EP 至 H,使 $PH = EP$,连

FH,BH,则

$$\triangle PBH \cong \triangle PAE$$

于是 $$\angle BHP = \angle AEP = 90^\circ = \angle BFP$$

所以,B,H,P,F 四点共圆.因此

$$\angle PHF = \angle PBF = 180^\circ - \angle D = \angle EPG$$

故 $$PM \parallel HF$$

又有 $$EP = PH$$

所以 $$EM = MF$$

证法 2 如图 10.2,作 $EK \perp PG$ 于 K,$FN \perp PG$ 于 N.则

$$EK \parallel FN, \frac{EM}{MF} = \frac{EK}{FN} \quad ①$$

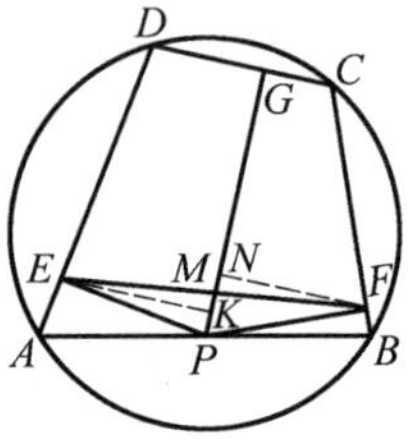

因 $$\angle EPK = 180^\circ - \angle D = \angle B$$

则 $$\mathrm{Rt}\triangle PEK \backsim \mathrm{Rt}\triangle BPF$$

从而 $$\frac{EK}{PF} = \frac{EP}{PB} \quad ②$$

图 10.2

同理 $$\frac{FN}{EP} = \frac{PF}{AP} \quad ③$$

式 ② ÷ ③,并注意 $PB = AP$ 得

$$\frac{EK}{FN} = 1 \quad ④$$

由式 ①,④ 即知 $$EM = MF$$

证法 3 如图 10.3,作 $AK \perp BC$ 于 K,$BN \perp AD$ 于 N,联结 NK 交 PG 于 T.

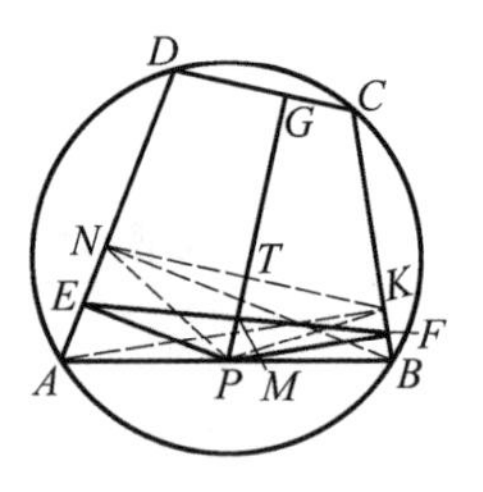

图 10.3

用 $AK \parallel PF$(均垂直 BC),P 为 AB 的中点.则 F 为 BK 的中点.

同理,E 为 AN 的中点,又

$$PN = \frac{1}{2}AB = PK$$

而且 A,B,K,N 四点共圆,有

$$\angle DNK + \angle D = \angle B + \angle D = 180^\circ$$

从而 $$NK \parallel DC \perp PG$$

所以,T 是 NK 的中点,于是四边形 $ABKN$ 四边中点连成的四边形 $PFTE$ 是平行四边形,故

$$EM = MF$$

证法 4 由正弦定理得

$$\frac{EM}{MF} = \frac{\dfrac{PE}{\sin\angle PME}\cdot\sin\angle EPM}{\dfrac{PF}{\sin\angle PMF}\cdot\sin\angle FPM} = \frac{AP\sin\angle A\cdot\sin\angle B}{PB\sin\angle B\cdot\sin\angle A} = 1$$

$$(\angle EPM = 180^\circ - \angle D = \angle B, \angle FPM = 180^\circ - \angle C = \angle A)$$

即
$$EM = MF$$

⓫ 如图 11.1, O, I 分别为 $\triangle ABC$ 的外心和内心, AD 是 BC 边上的高, I 在线段 OD 上,求证: $\triangle ABC$ 的外接圆半径等于 BC 边上的旁切圆半径.

注: $\triangle ABC$ 的 BC 边上的旁切圆是与边 AB, AC 的延长线以及边 BC 都相切的圆.

(1998 年全国高中数学联赛加试)

为方便计,设 $\triangle ABC$ 的三边为 a, b, c, $2p = a + b + c$, $AD = h$, $\triangle ABC$ 的面积为 S,外接圆半径为 R,内切圆半径为 r, BC 边上旁切圆半径为 r_A.

证法 1 如图 11.1,设 AI 的延长线交圆 O 的 $\overset{\frown}{BC}$ 于 M,则 M 为 $\overset{\frown}{BC}$ 的中点.设 OM 交 BC 于 T,则 $OM \perp BC$,且 $BT = CT = \frac{1}{2}a$.联结 CI, CM.作 $IK \perp AC$ 于 K,则

$$AK = p - a$$

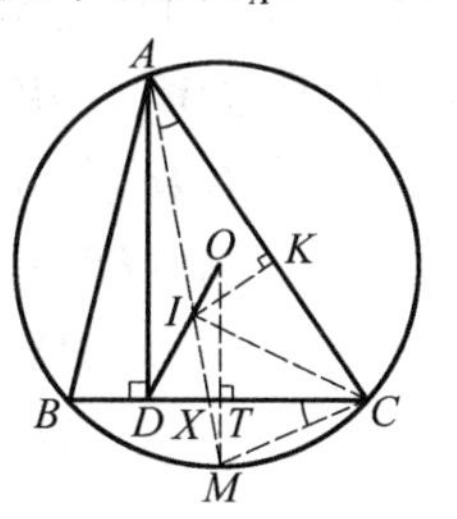

图 11.1

因为
$$\angle MIC = \frac{1}{2}\angle A + \frac{1}{2}\angle C = \angle MCI$$

所以
$$IM = CM$$

易知
$$\text{Rt}\triangle AIK \backsim \text{Rt}\triangle CMT$$

且
$$AD \parallel OM$$

所以
$$\frac{AK}{CT} = \frac{AI}{CM} = \frac{AI}{IM} = \frac{AD}{OM}$$

即
$$\frac{p-a}{\frac{1}{2}a} = \frac{h}{R}$$

所以
$$S = \frac{1}{2}ah = (p-a)R$$

但是
$$S = (p-a)r_A$$

故
$$R = r_A$$

证法 2 如图 11.1,设 AI 交 BC 于 X,因为 AX 平分 $\angle BAC$,所以

$$\frac{c}{b}=\frac{BX}{XC}\Rightarrow BX=\frac{ac}{b+c}$$

因为
$$\triangle ABX\backsim\triangle AMC$$

且
$$AD\parallel OM$$

所以
$$\frac{AB}{BX}=\frac{AM}{MC}$$

即
$$\frac{c}{\frac{ac}{b+c}}=\frac{AM}{IM}\Rightarrow\frac{b+c}{a}=\frac{AM}{IM}$$

所以
$$\frac{b+c-a}{a}=\frac{AM-IM}{IM}=\frac{AI}{IM}=\frac{AD}{OM}=\frac{h}{R}$$

所以
$$S=\frac{1}{2}ah=\frac{1}{2}(b+c-a)R$$

又因为
$$S=\frac{1}{2}(b+c-a)r_A$$

所以
$$R=r_A$$

证法 3 如图 11.2,AI 的延长线交$\overset{\frown}{BC}$于 M,联结 OM,MB,MC,则 $OM\perp BC$,$MB=MC$.作 $MN\perp AB$ 于 N,$MP\perp AC$ 于 P,$IF\perp AB$ 于 F.易知

$$\text{Rt}\triangle BNM\cong\text{Rt}\triangle CPM$$

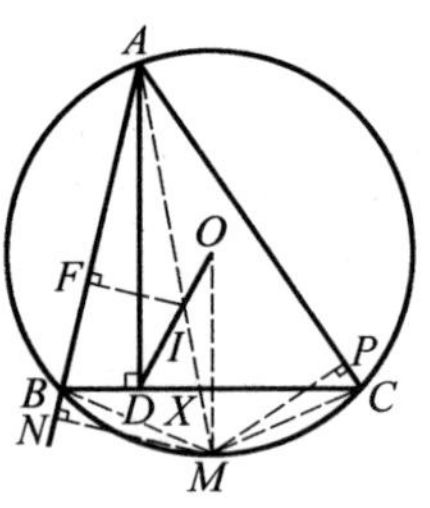

图 11.2

所以
$$BN=CP$$

又
$$AN=AP$$

所以
$$AN=\frac{1}{2}(b+c)$$

又因为
$$AF=\frac{1}{2}(b+c-a)$$

所以
$$FN=AN-AF=\frac{1}{2}a$$

因为
$$AD\parallel OM,IF\parallel MN$$

所以
$$\frac{AD}{OM}=\frac{AI}{IM}=\frac{AF}{FN}$$

即
$$\frac{h}{R}=\frac{\frac{1}{2}(b+c-a)}{\frac{1}{2}a}$$

所以
$$S_{\triangle ABC}=\frac{1}{2}ah=\frac{1}{2}(b+c-a)R$$

又因为 $$S_{\triangle ABC}=\frac{1}{2}(b+c-a)r_A$$

所以 $$R=r_A$$

证法4 如图11.3,从 O,I,D 分别作AB,AC的垂线.则

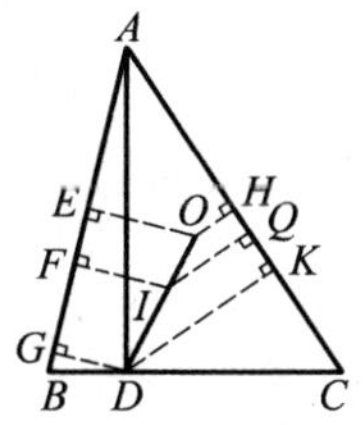

$$BE=\frac{1}{2}a$$

$$BF=\frac{1}{2}(a+c-b)$$

$$BG=BD\cos B=c\cos^2 B=c-c\sin^2 B$$

图11.3

从而 $$EF=BE-BF=\frac{1}{2}(b-a)$$

$$EG=c\sin^2 B-\frac{1}{2}c$$

同理 $$HQ=\frac{1}{2}(c-a)$$

$$HK=b\sin^2 C-\frac{1}{2}b$$

因为 $$OE /\!/ IF /\!/ DG, OH /\!/ IQ /\!/ DK$$

所以 $$\frac{EF}{EG}=\frac{OI}{OD}=\frac{HQ}{HK}$$

即 $$\frac{\frac{1}{2}(b-a)}{c\sin^2 B-\frac{1}{2}c}=\frac{\frac{1}{2}(c-a)}{b\sin^2 C-\frac{1}{2}b}\Rightarrow$$

$$\frac{b-a}{2c\frac{b^2}{4R^2}-c}=\frac{c-a}{2b\cdot\frac{b^2}{4R^2}-b}\Rightarrow$$

$$\frac{abc}{4R}=\frac{b+c-a}{2}\cdot R(b\neq c)$$

即 $$S=(p-a)R$$

又因为 $$S=(p-a)r_A$$

所以 $$R=r_A$$

证法5 如图11.4,AI 的延长线交$\overparen{BC}$于M,OM 交BC于T,则 $OM\perp BC$,且 $BT=TC$,作 $IL\perp BC$于L,则

$$BL=\frac{1}{2}(a+c-b)$$

所以 $DL = BL - BD = \frac{1}{2}(a + c - b) - c\cos B$

$$LT = BT - BL = \frac{1}{2}(b - c)$$

因为
$$AD \parallel IL \parallel OM$$

所以
$$\frac{AD}{OM} = \frac{DI}{IO} = \frac{DL}{LT}$$

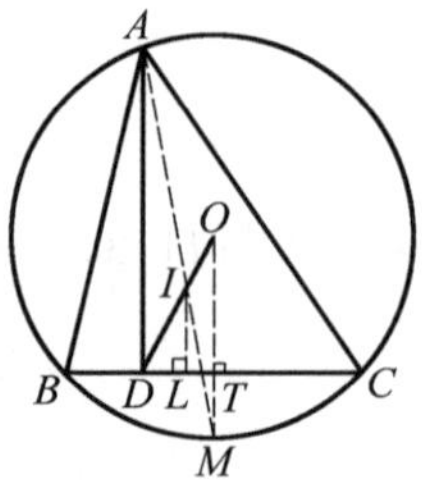

图 11.4

即
$$\frac{h}{R} = \frac{\frac{1}{2}(a + c - b) - c\cos B}{\frac{1}{2}(b - c)} \Rightarrow$$

$$\frac{h}{R} = \frac{a + c - b - \frac{a^2 + c^2 - b^2}{a}}{b - c}\text{(余弦定理)} \Rightarrow$$

$$\frac{h}{R} = \frac{b + c - a}{a}(b \neq c) \Rightarrow$$

$$S = \frac{1}{2}ah = \frac{1}{2}(b + c - a)R$$

又因为
$$S = \frac{1}{2}(b + c - a)r_A$$

所以
$$R = r_A$$

证法6 如图11.5,AI 交 BC 于 X,交 $\overset{\frown}{BC}$ 于 M,旁心 I_A 在 AI 的延长线上,M 为 $\overset{\frown}{BC}$ 的中点,$OM \perp BC$.作 $I_AY \perp BC$ 于 Y,联结 BM,CI_A.因为

$$AD \parallel OM \parallel I_AY$$

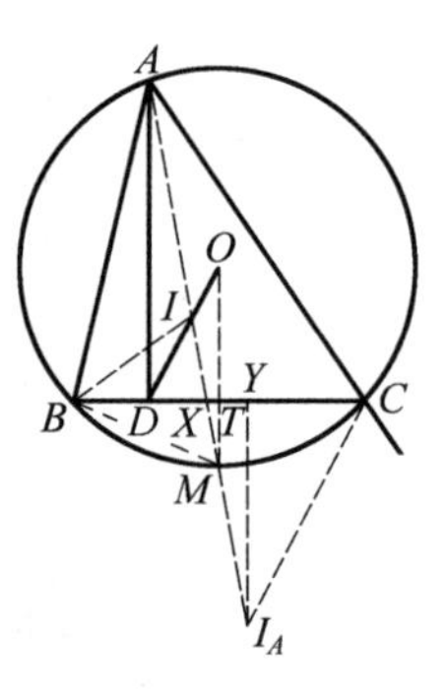

图 11.5

所以
$$\frac{AD}{OM} = \frac{AI}{IM}$$

即
$$\frac{AD}{R} = \frac{AI}{IM}$$

$$\frac{AD}{I_AY} = \frac{AX}{XI_A}$$

即
$$\frac{AD}{r_A} = \frac{AX}{XI_A}$$

要证 $R = r_A$,只要证

$$\frac{AI}{IM} = \frac{AX}{XI_A} \Leftrightarrow \frac{AI}{AX} = \frac{IM}{XI_A} \Leftrightarrow$$

$$\frac{AI}{AX}=\frac{AI+IM}{AX+XI_A}=\frac{AM}{AI_A}\Leftrightarrow$$
$$AI\cdot AI_A=AX\cdot AM$$

因为 $$\angle ACI_A=\angle C+\frac{1}{2}(180^\circ-\angle C)=90^\circ+\frac{1}{2}\angle C$$
$$\angle AIB=180^\circ-\frac{1}{2}\angle A-\frac{1}{2}\angle B=90^\circ+\frac{1}{2}\angle C$$

所以 $$\angle ACI_A=\angle AIB$$

又 $$\angle CAI_A=\angle IAB$$

所以 $$\triangle ACI_A\backsim\triangle AIB$$

所以 $$\frac{AI_A}{AB}=\frac{AC}{AI}\Rightarrow AI\cdot AI_A=AB\cdot AC$$

又 $$\triangle ABM\backsim\triangle AXC$$

所以 $$\frac{AM}{AC}=\frac{AB}{AX}\Rightarrow AX\cdot AM=AB\cdot AC$$

所以 $$AI\cdot AI_A=AX\cdot AM$$

证毕.

评注 本题还有其他证法,用三角法或解析法也比较简便.

⑫ 如图,在四边形 $ABCD$ 中,对角线 AC 平分 $\angle BAD$,在 CD 上取一点 E, BE 与 AC 相交于 F,延长 DF 交 BC 于 G.求证:$\angle GAC=\angle EAC$.

(1999年全国高中数学联赛加试)

证法1 如图12.1,作 $GQ\,/\!/\,CA$ 交 BE,BA 分别于 P, Q,作 $ES\,/\!/\,CA$ 交 DG,DA 分别于 R,S,连 QS 交 AC 于 M.

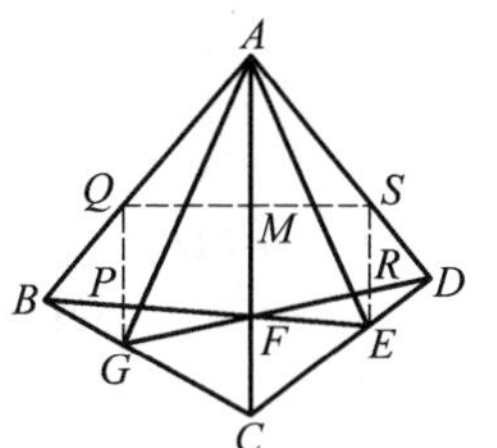

图12.1

因为
$$\angle QAM=\angle SAM,GQ\,/\!/\,CA\,/\!/\,ES$$

所以 $$\frac{AQ}{AS}=\frac{QM}{MS}=\frac{PF}{FE}=\frac{GP}{ER}$$

又 $$\frac{GP}{GQ}=\frac{CF}{CA}=\frac{ER}{ES}$$

即 $$\frac{GP}{ER}=\frac{GQ}{ES}$$

所以 $$\frac{AQ}{AS}=\frac{GQ}{ES}$$

易知 $$\angle AQG=\angle ASE$$

所以 $$\triangle AQG\backsim\triangle ASE\Rightarrow\angle QAG=\angle SAE$$

故 $$\angle GAC = \angle EAC$$

证法2 如图12.2,连 BD 交 AC 于 H,对 $\triangle BCD$ 用塞瓦(Ceva)定理,可得

$$\frac{CG}{GB} \cdot \frac{BH}{HD} \cdot \frac{DE}{EC} = 1$$

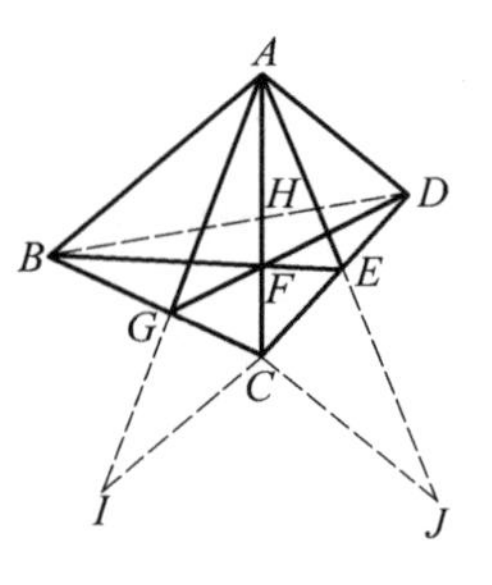

图12.2

因 AH 平分 $\angle BAD$,则

$$\frac{BH}{HD} = \frac{AB}{AD}$$

所以 $$\frac{CG}{GB} \cdot \frac{AB}{AD} \cdot \frac{DE}{EC} = 1$$

作 $CI \parallel AB$ 交 AG 的延长线于 I,作 $CJ \parallel AD$ 交 AE 的延长线于 J,则

$$\frac{CG}{GB} = \frac{CI}{AB}, \quad \frac{DE}{EC} = \frac{AD}{CJ}$$

所以 $$\frac{CI}{AB} \cdot \frac{AB}{AD} \cdot \frac{AD}{CJ} = 1$$

从而 $$CI = CJ$$

又 $$\angle ACI = 180^\circ - \angle BAC = 180^\circ - \angle DAC = \angle ACJ$$

所以 $$\triangle ACI \cong \triangle ACJ$$

故 $$\angle GAC = \angle EAC$$

证法3 如图12.3,连 BD 交 AC 于 H,作 $FM \parallel AD$ 交 AG 于 M,$FN \parallel AB$ 交 AE 于 N.因为

$$\frac{FM}{AD} = \frac{GF}{GD}, \quad \frac{FN}{AB} = \frac{EF}{EB}$$

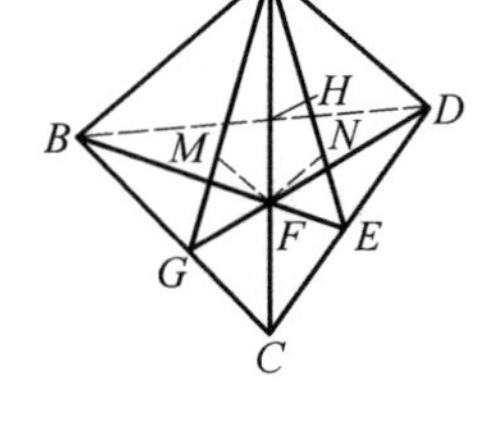

图12.3

所以 $$\frac{FM}{FN} = \frac{GF}{GD} \cdot \frac{AD}{AB} \cdot \frac{EB}{EF}$$

因为 AH 平分 $\angle BAD$,所以

$$\frac{AD}{AB} = \frac{HD}{HB}$$

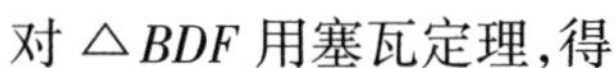
对 $\triangle BDF$ 用塞瓦定理,得

$$\frac{GF}{GD} \cdot \frac{HD}{HB} \cdot \frac{EB}{EF} = 1$$

所以 $$\frac{FM}{FN} = 1$$

即 $$FM = FN$$

又 $$\angle AFM = \angle FAD = \angle FAB = \angle AFN$$

所以 $$\triangle AMF \cong \triangle ANF$$

故 $$\angle GAC=\angle EAC$$

证法4 如图12.4,过 C 作 AC 的垂线交 AB,AD 的延长线分别于 P,Q.延长 AG,AE 交 PQ 分别于 M,N.连 BD 交 AC 于 H.

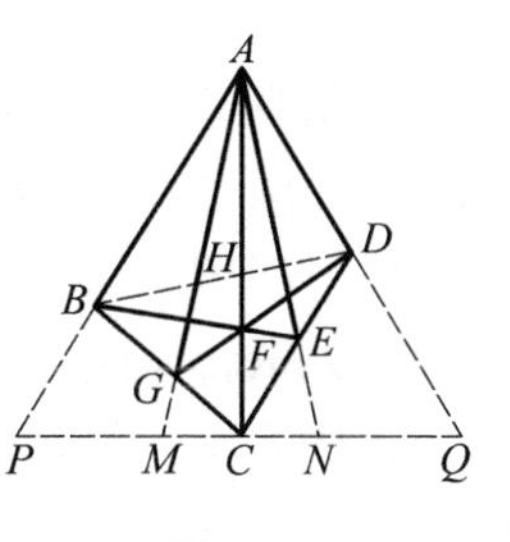

图 12.4

因 AC 平分 $\angle BAD$,则

$$AP=AQ,CP=CQ$$

考虑直线 AGM 截 $\triangle CBP$,直线 AEN 截 $\triangle CDQ$,由梅涅劳斯定理得

$$\frac{CG}{GB}\cdot\frac{BA}{AP}\cdot\frac{PM}{MC}=1=\frac{CE}{ED}\cdot\frac{DA}{AQ}\cdot\frac{QN}{NC}$$

即 $$\frac{CG}{GB}\cdot\frac{BA}{DA}\cdot\frac{ED}{CE}=\frac{MC}{PM}\cdot\frac{QN}{NC}$$

对 $\triangle CBD$ 用塞瓦定理得

$$\frac{CG}{GB}\cdot\frac{BH}{HD}\cdot\frac{ED}{CE}=1$$

又 $$\frac{BA}{DA}=\frac{BH}{HD}$$

所以 $$\frac{MC}{PM}\cdot\frac{QN}{NC}=1$$

即 $$\frac{MC}{PM}=\frac{NC}{QN}$$

所以 $$\frac{MC}{CP}=\frac{NC}{CQ}(\text{合比})$$

所以 $MC=NC$,$\triangle AMN$ 是等腰三角形.故

$$\angle GAC=\angle EAC$$

证法5 如图12.5,在 AD 上取点 B',使 $AB'=AB$,在 CB' 上截取 $CG'=CG$.由四边形 $ABCB'$ 的对称性知

$$G'B'=GB$$

$$\angle G'AC=\angle GAC$$

只需证明 A,E,G' 三点共线,连 BD 交 AC 于 H.

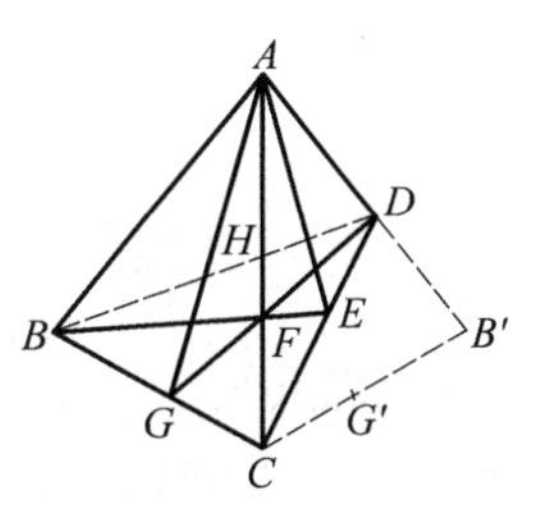

图 12.5

因 AH 平分 $\angle BAD$,则

$$\frac{BH}{HD}=\frac{AB}{AD}=\frac{B'A}{AD}$$

对 $\triangle CBD$ 用塞瓦定理得

$$\frac{DE}{EC}\cdot\frac{CG}{GB}\cdot\frac{BH}{HD}=1$$

所以
$$\frac{DE}{EC}\cdot\frac{CG'}{G'B'}\cdot\frac{B'A}{AD}=1$$
对 $\triangle CDB'$ 用梅涅劳斯定理的逆定理知：A,E,G' 三点共线.

证法6　如图12.6，设 B,G 关于 AC 的对称点分别为 B',G'，易知 A,D,B' 三点共线. 连 FB',FG'. 只需证明 A,E,G' 三点共线.

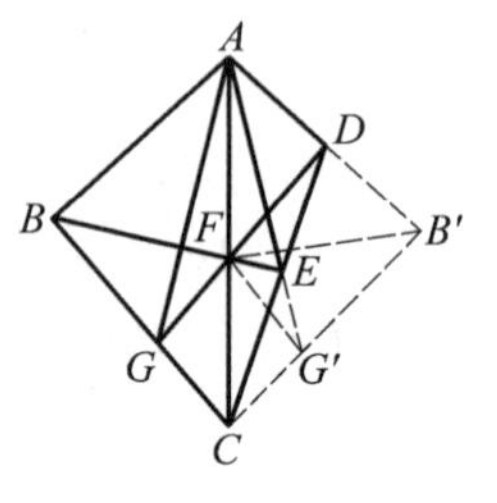

图 12.6

设
$$\angle DFE=\angle BFG=\angle B'FG'=\alpha$$
$$\angle AFD=\angle GFC=\angle G'FC=\beta$$
易知
$$\angle AFB'=\angle EFC$$
$$\frac{DA}{AB'}\cdot\frac{B'G'}{G'C}\cdot\frac{CE}{ED}=\frac{S_{\triangle FDA}}{S_{\triangle FAB'}}\cdot\frac{S_{\triangle FB'G'}}{S_{\triangle FG'C}}\cdot\frac{S_{\triangle FCE}}{S_{\triangle FED}}=$$
$$\frac{FD\sin\beta}{FB'\sin\angle AFB'}\cdot\frac{FB'\sin\alpha}{FC\sin\beta}\cdot\frac{FC\sin\angle EFC}{FD\sin\alpha}=1$$
由梅涅劳斯定理的逆定理知：A,E,G' 三点共线.

证法7　如图12.7，作 $\angle CAG=\angle CAE$，交 BC 于 G. 只需证明 G,F,D 三点共线. 设

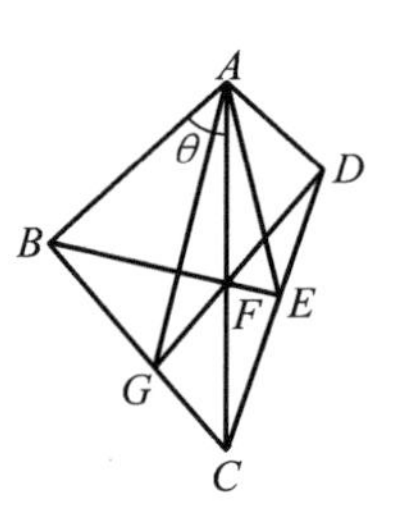

图 12.7

$$\angle BAC=\angle CAD=\theta$$
$$\angle CAG=\angle CAE=\alpha$$
由于 B,F,E；B,G,C；C,E,D 均三点共线，由张角公式，有
$$\frac{\sin(\theta+\alpha)}{AF}=\frac{\sin\alpha}{AB}+\frac{\sin\theta}{AE}$$
$$\frac{\sin\theta}{AG}=\frac{\sin\alpha}{AB}+\frac{\sin(\theta-\alpha)}{AC}$$
$$\frac{\sin\theta}{AE}=\frac{\sin\alpha}{AD}+\frac{\sin(\theta-\alpha)}{AC}$$
从而有
$$\frac{\sin(\theta+\alpha)}{AF}=\frac{\sin\alpha}{AB}+\frac{\sin\theta}{AE}=\frac{\sin\alpha}{AD}+\frac{\sin\theta}{AG'}$$
故 G,F,D 三点共线.

证法8　记 $\angle BAC=\angle DAC=\theta$，$\angle GAC=\alpha$，$\angle EAC=\beta$. 因为
$$\frac{S_{\triangle ABE}}{S_{\triangle BCE}}=\frac{AF}{FC}=\frac{S_{\triangle ADG}}{S_{\triangle DCG}}$$
所以
$$\frac{S_{\triangle ABE}}{S_{\triangle ADG}}=\frac{S_{\triangle BCE}}{S_{\triangle DCG}}=\frac{BC\cdot CE}{CG\cdot CD}=\frac{S_{\triangle ABC}}{S_{\triangle AGC}}\cdot\frac{S_{\triangle AEC}}{S_{\triangle ADC}}=$$

$$\frac{AB\sin\theta}{AG\sin\alpha}\cdot\frac{AE\sin\beta}{AD\sin\theta}=\frac{AB\cdot AE}{AG\cdot AD}\cdot\frac{\sin\beta}{\sin\alpha}$$

又
$$\frac{S_{\triangle ABE}}{S_{\triangle ADG}}=\frac{AB\cdot AE\cdot\sin(\theta+\beta)}{AG\cdot AD\cdot\sin(\theta+\alpha)}$$

所以
$$\frac{\sin\beta}{\sin\alpha}=\frac{\sin(\theta+\beta)}{\sin(\theta+\alpha)}$$

化简,得
$$\tan\alpha=\tan\beta$$

因为 $0°<\alpha,\beta<90°$,所以 $\alpha=\beta$,即

$$\angle GAC=\angle EAC$$

证法 9 记 $\angle BAC=\angle CAD=\theta,\angle GAC=\alpha,\angle EAC=\beta$,直线 GFD 截 $\triangle BCE$,由梅涅劳斯定理得

$$1=\frac{BG}{GC}\cdot\frac{CD}{DE}\cdot\frac{EF}{FB}=\frac{S_{\triangle ABG}}{S_{\triangle AGC}}\cdot\frac{S_{\triangle ACD}}{S_{\triangle ADE}}\cdot\frac{S_{\triangle AEF}}{S_{\triangle AFB}}=$$

$$\frac{AB\sin(\theta-\alpha)}{AC\sin\alpha}\cdot\frac{AC\sin\theta}{AE\sin(\theta-\beta)}\cdot\frac{AE\sin\beta}{AB\sin\theta}=$$

$$\frac{\sin(\theta-\alpha)\cdot\sin\beta}{\sin\alpha\cdot\sin(\theta-\beta)}$$

化简,得 $\tan\alpha=\tan\beta$. 因 $0°<\alpha,\beta<90°$,则 $\alpha=\beta$,即

$$\angle GAC=\angle EAC$$

证法 10 连 BD 交 AC 于 H. 记 $\angle BAC=\angle CAD=\theta,\angle GAC=\alpha$,$\angle EAC=\beta$,对 $\triangle BDC$ 用塞瓦定理得

$$1=\frac{BG}{GC}\cdot\frac{CE}{ED}\cdot\frac{DH}{HB}=\frac{S_{\triangle ABG}}{S_{\triangle AGC}}\cdot\frac{S_{\triangle ACE}}{S_{\triangle AED}}\cdot\frac{AD}{AB}=$$

$$\frac{AB\sin(\theta-\alpha)}{AC\sin\alpha}\cdot\frac{AC\cdot\sin\beta}{AD\cdot\sin(\theta-\beta)}\cdot\frac{AD}{AB}=$$

$$\frac{\sin(\theta-\alpha)\cdot\sin\beta}{\sin\alpha\cdot\sin(\theta-\beta)}$$

以下同证法 9.

证法 11 先证下列引理.

引理 1 如图 12.8,在四边形 $ABCD$ 中,F 为对角线 AC 上任一点,BF 交 CD 于 E,DF 交 BC 于 G. P 为 AC 上任一点,直线 PG 交 AB 于 R,PD 交 AE 于 H,则 R,F,H 三点共线.

证明 因直线 AHE 截 $\triangle DCP$,由梅涅劳斯定理得

$$\frac{DH}{HP}\cdot\frac{PA}{AC}\cdot\frac{CE}{ED}=1 \qquad ①$$

由直线 ABR 截 $\triangle CPG$ 得

$$\frac{PR}{RG} \cdot \frac{GB}{BC} \cdot \frac{CA}{AP} = 1 \quad ②$$

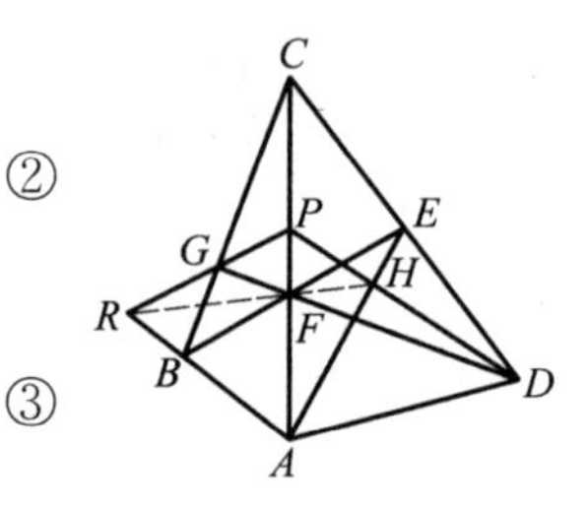

图 12.8

由直线 BFE 截 $\triangle CGD$ 得

$$\frac{GF}{FD} \cdot \frac{DE}{EC} \cdot \frac{CB}{BG} = 1 \quad ③$$

式 ① × ② × ③ 得

$$\frac{DH}{HP} \cdot \frac{PR}{RG} \cdot \frac{GF}{FD} = 1$$

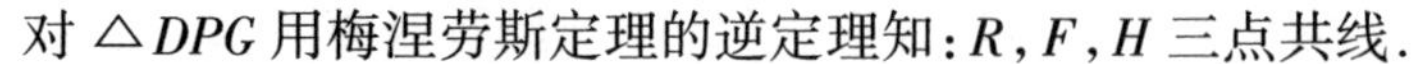
对 $\triangle DPG$ 用梅涅劳斯定理的逆定理知:R,F,H 三点共线.

再证本题:如图 12.9,设 $\triangle AFG$ 的外接圆交 AB 于 R,RG 交 AC 于 P,PD 交 AE 于 H.

由引理 1 知:R,F,H 三点共线.因为

$$\angle PGD = \angle RAF = \angle FAD$$

所以 P,G,A,D 四点共圆,所以

$$\angle FPH = \angle FGA = \angle FRA$$

所以 P,R,A,H 四点共圆,所以

$$\angle EAC = \angle FRP = \angle GAC$$

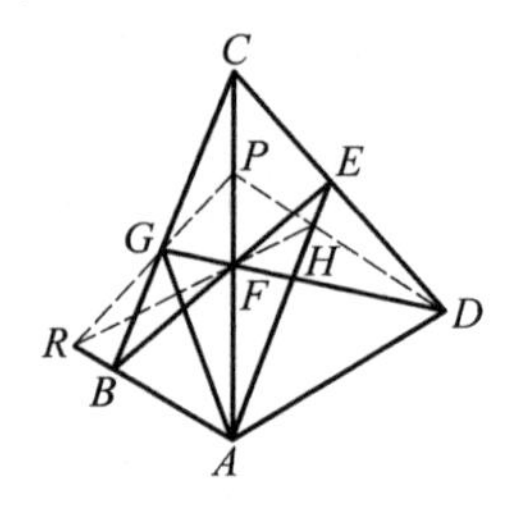

图 12.9

证法 12 先证下列引理.

引理 2 如图 12.10,在四边形 $ABCD$ 中,F 为对角线 AC 上任一点,BF 交 CD 于 E,DF 交 BC 于 G,P 为 AC 上任一点,GP 交 AD 于 H,CH 交 AE 于 K,则 B,P,K 三点共线.

证明 因直线 AKE 截 $\triangle CDH$,由梅涅劳斯定理得

$$\frac{HK}{KC} \cdot \frac{CE}{ED} \cdot \frac{AD}{AH} = 1 \quad ①$$

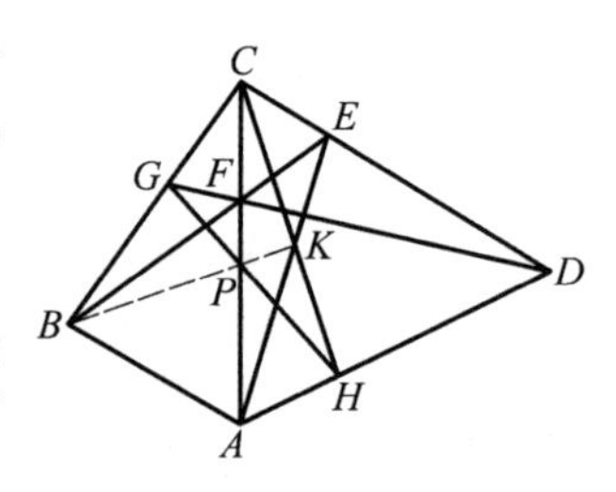

图 12.10

由直线 BFE 截 $\triangle DCG$ 得

$$\frac{CB}{BG} \cdot \frac{GF}{FD} \cdot \frac{DE}{EC} = 1 \quad ②$$

由直线 APF 截 $\triangle GHD$ 得

$$\frac{GP}{PH} \cdot \frac{HA}{AD} \cdot \frac{DF}{FG} = 1 \quad ③$$

式 ① × ② × ③ 得

$$\frac{HK}{KC} \cdot \frac{CB}{BG} \cdot \frac{GP}{PH} = 1$$

对 $\triangle HCG$ 用梅涅劳斯定理的逆定理知：B,P,K 三点共线.

再证本题：如图 12.11，$\triangle ABG$ 的外接圆交 AC 于 P，GP 交 AD 于 H，CH 交 AE 于 K.

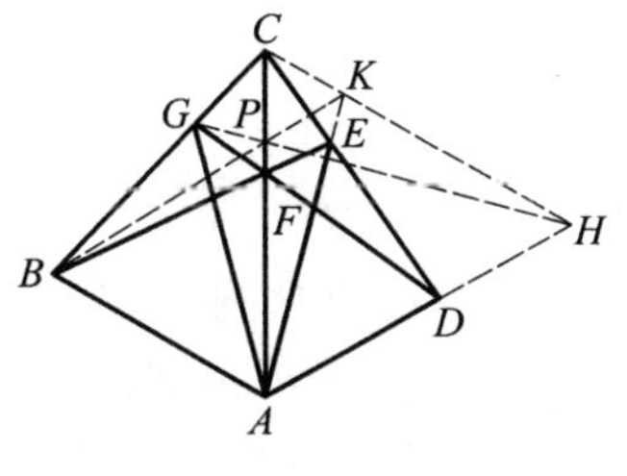

图 12.11

由引理 2 知：B,P,K 三点共线.因为

$$\angle CGP = \angle BAP = \angle CAH$$

所以 C,G,A,H 四点共圆，所以

$$\angle GHC = \angle GAC = \angle PBG$$

所以 G,B,H,K 四点共圆，所以

$$\angle PKH = \angle BGP$$

又

$$\angle BGP + \angle BAP = 180^\circ$$

$$\angle BAP = \angle PAH$$

所以

$$\angle PKH + \angle PAH = 180^\circ$$

所以 P,A,H,K 四点共圆.所以

$$\angle GHC = \angle EAC$$

故

$$\angle GAC = \angle EAC$$

证法 13　先证下列引理.

引理 3　如图 12.12，在四边形 $ABCD$ 中，F 为对角线 AC 上任一点，BF 交 CD 于 E，DF 交 BC 于 G，P 为 AC 上任一点，PB 交 AG 于 T，PD 交 AE 于 H，则 BH,DT,AC 三线共点（三条直线相互平行，视其共点于无穷远点处）.

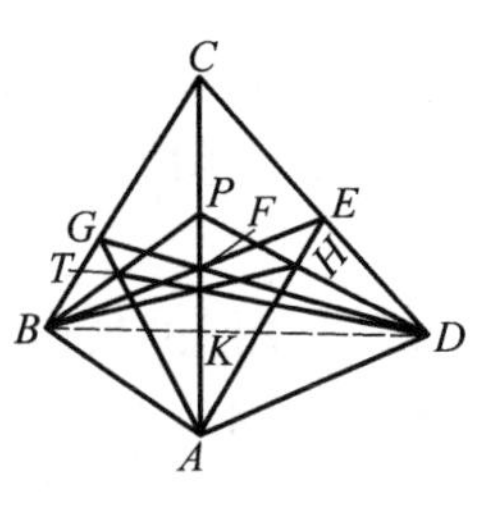

图 12.12

证明　连 BD 交 AC 于 K，对 $\triangle CBD$ 用塞瓦定理得

$$\frac{BK}{KD} \cdot \frac{DE}{EC} \cdot \frac{CG}{GB} = 1 \quad ①$$

由直线 AHE 截 $\triangle DCP$ 得

$$\frac{DH}{HP} \cdot \frac{PA}{AC} \cdot \frac{CE}{ED} = 1 \quad ②$$

由直线 ATG 截 $\triangle BCP$ 得

$$\frac{PT}{TB} \cdot \frac{BG}{GC} \cdot \frac{CA}{AP} = 1 \quad ③$$

式 ① × ② × ③ 得

$$\frac{BK}{KD} \cdot \frac{DH}{HP} \cdot \frac{PT}{TB} = 1$$

由塞瓦定理的逆定理知：BH, DT, AC 三线共点.

再证本题：如图 12.13，在 AG 上取点 T，使 $\angle BTD + \angle BAC = 180°$，$BT$ 交 AC 于 P，PD 交 AE 于 H.

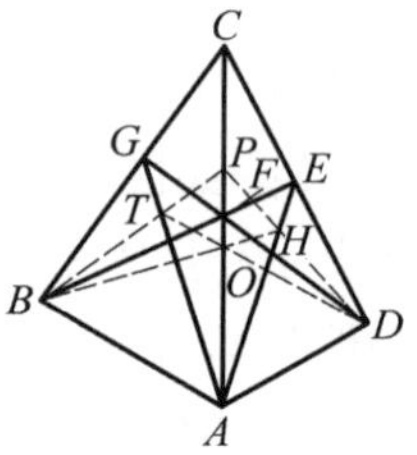

由引理 3 知：BH, DT, AC 三线共点，记此点为 O.

因为 O, A, B, T 四点共圆，所以

$$\angle PTO = \angle OAB = \angle OAD$$

所以 P, T, A, D 四点共圆，所以

$$\angle PDT = \angle PAT = \angle OBT$$

图 12.13

所以 H, D, B, T 四点共圆，所以

$$\angle BHD = \angle BTD$$

从而

$$\angle BHD + \angle OAD = 180°$$

所以 O, A, D, H 四点共圆，故

$$\angle EAC = \angle HDO = \angle GAC$$

评注　本题还有其他证法. 在上面 13 种证法中，证法 1 涉及的知识点最浅，为最佳证法. 最后 3 种证法中，证明了三条引理，这是四边形中三条漂亮的性质定理. 四边形中类似的三点共线或三线共点性质还有很多很多，有兴趣的读者不妨探讨之.

⓭ 如图 13.1，在 $\triangle ABC$ 中，$\angle ABC = 90°$，D, G 是边 CA 上的两点，联结 BD, BG，过点 A, G 分别作 BD 的垂线，垂足分别为 E, F，联结 CF，若 $BE = EF$，求证：$\angle ABG = \angle DFC$.

（2006 年第 3 届中国东南地区数学奥林匹克）

证法 1　如图 13.1，作 $CK \parallel BG$ 交 AB 的延长线于 K，AE 交 BG 于 P，AE 的延长线交 CK 于 M，联结 BM, FM. 因为

$$\frac{KM}{MC} = \frac{BP}{PG} = \frac{BE}{EF} = 1$$

即 M 为 Rt$\triangle KBC$ 斜边 KC 上的中点，所以

$$KM = MC = MB = MF$$

（注意 AM 是 BF 的中垂线）即 B, K, C, F 均在以 M 为圆心，KM 长为半径的圆上，所以

$$\angle ABG = \angle BKC = \angle DFC$$

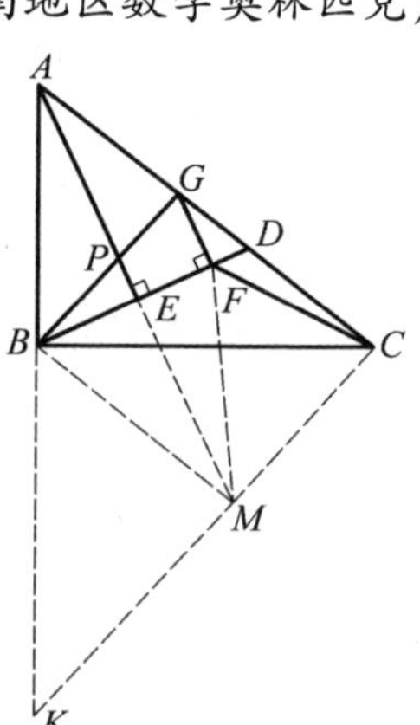

图 13.1

证法 2　如图 13.2，延长 CF 交 AE 于 H，联结 BH，作 $HK \parallel BD$ 交 CB 的延长线 K，联结 AK，因为

$$\angle HKB = \angle DBC = \angle HAB$$

所以 A,K,B,H 四点共圆,所以

$$\angle ABH = \angle AKH$$

又因为 $\dfrac{KB}{BC} = \dfrac{HF}{FC} = \dfrac{AG}{GC}$, $AK \parallel BG$

而 $$HK \parallel BD$$

所以 $$\angle AKH = \angle GBD$$

所以 $$\angle ABH = \angle GBD$$

故 $$\angle ABG = \angle HBF = \angle HFB = \angle DFC$$

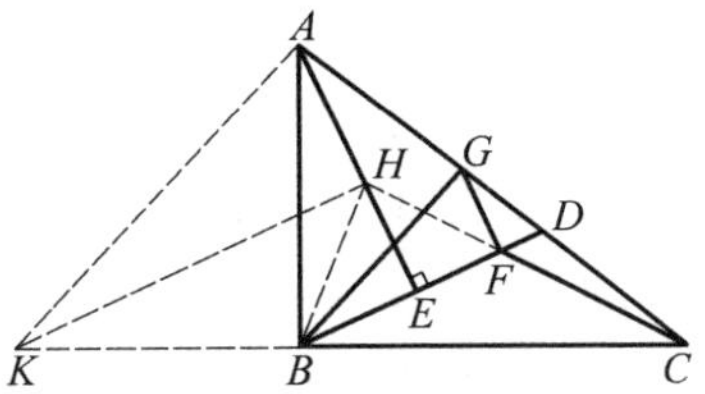

图 13.2

证法3 如图13.3,延长 CF 交 AE 于 H,联结 BH,延长 AE 和 GF,分别交 BC 于 M,N.因为

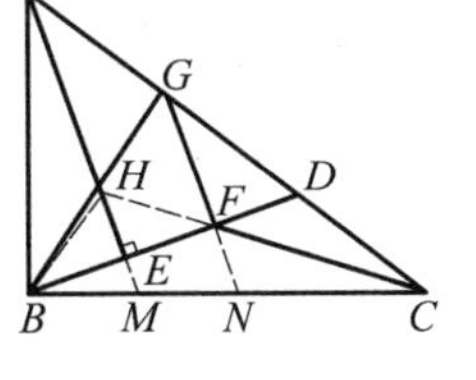

图 13.3

$$AM \parallel GN$$

所以 $$\frac{GN}{FN} = \frac{AM}{HM} \qquad ①$$

易证 $$\triangle BNF \backsim \triangle ABM$$

所以 $$\frac{FN}{BM} = \frac{BN}{AM} \qquad ②$$

式①×②得

$$\frac{GN}{BM} = \frac{BN}{HM}$$

又 $$\angle BNG = \angle HMB$$

所以 $$\triangle BNG \backsim \triangle HMB, \angle GBN = \angle BHM$$

从而 $$\angle ABG = \angle HBE\text{(等角的余角相等)}$$

又因为 $$\angle DFC = \angle HFE = \angle HBE$$

所以 $$\angle ABG = \angle DFC$$

证法4 如图13.4,设 AE 交 BG 于 P,作 $GH \perp AB$ 于 H,联结 HP,易知 P 是 BG 的中点,从而 $PH = PB$, $\angle ABG = \angle BHP$,因为

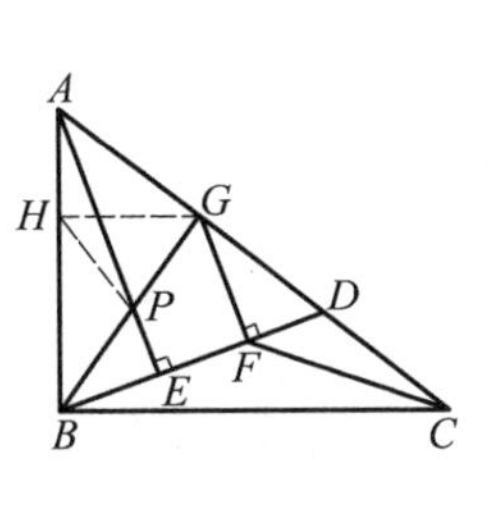

图 13.4

$$AB \cdot HG = 2S_{\triangle ABG} = 4S_{\triangle ABP} = 2AP \cdot BE = AP \cdot BF$$

又 $$\frac{AH}{AB} = \frac{HG}{BC} \Rightarrow AB \cdot HG = AH \cdot BC$$

所以 $$AH \cdot BC = AP \cdot BF \Rightarrow \frac{AH}{BF} = \frac{AP}{BC}$$

又因为 $$\angle HAP = \angle FBC$$

所以 $$\triangle AHP \backsim \triangle BFC$$

所以 $$\angle AHP=\angle BFC \Rightarrow \angle BHP=\angle DFC$$

故 $$\angle ABG=\angle DFC$$

证法5 如图13.5，作 Rt$\triangle ABC$ 的外接圆 ω，延长 BD，AE 分别交 CO 于 K，J。

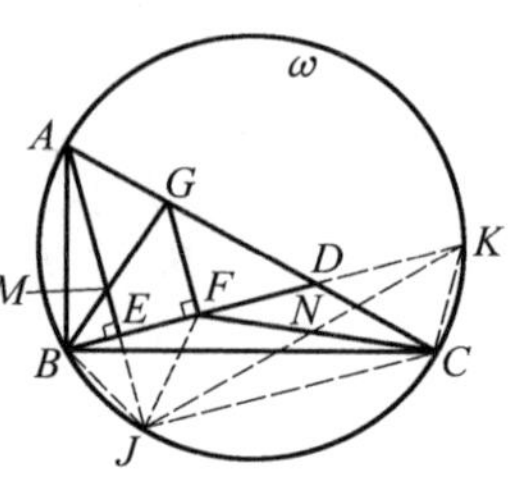

图13.5

联结 BJ，CJ，KJ，FJ，易知 $\angle BAJ=\angle KBC$，故 $BJ=KC$，于是四边形 $BJCK$ 是等腰梯形，又 AJ 垂直平分 BF，故 $BJ=FJ$，从而，四边形 $FJCK$ 是平行四边形。

设 AE 与 BG 的交点为 M，FC 与 JK 的交点为 N，则 M，N 分别是 BG 和 FC 的中点，于是

$$\frac{AB}{AG}=\frac{\sin\angle MAG}{\sin\angle BAM}=\frac{\sin\angle JKC}{\sin\angle BKJ}=\frac{FK}{CK}$$

又 $$\angle BAG=\angle FKC$$

所以 $$\triangle BAG \backsim \triangle FKC$$

所以 $$\angle ABG=\angle DFC$$

证法6 如图13.6，延长 AE 和 GF 分别交 BC 于 M，N，作 $GH\perp BC$ 于 H，联结 FH。作 $HR\perp BD$ 于 R，$CQ\perp BD$ 于 Q，则

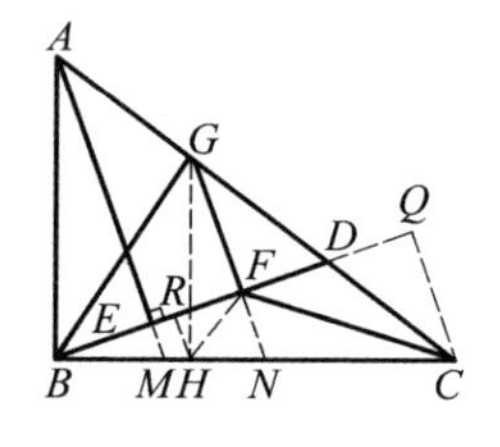

图13.6

$$AM /\!/ GN, AB /\!/ GH$$

所以 $$\frac{HR}{CQ}=\frac{BH}{BC}=\frac{AG}{AC}=\frac{MN}{MC}$$

又因为 $$\triangle ABC \backsim \triangle GHC$$

且 $$\angle CAM=\angle CGN$$

所以 $$\frac{BM}{MC}=\frac{HN}{NC}=\frac{RF}{FQ}$$

又 $$MN=BM$$

所以 $$\frac{HR}{CQ}=\frac{RF}{FQ}$$

所以 $$\text{Rt}\triangle FRH \backsim \text{Rt}\triangle FQC$$

所以 $$\angle HFR=\angle DFC$$

因为 G，B，H，F 四点共圆，所以

$$\angle HFR=\angle HGB=\angle ABG$$

故 $$\angle ABG=\angle DFC$$

⓮ 如图14.1，直角三角形 ABC 中，D 是斜边 AB 的中点，$MB\perp AB$，MD 交

AC 于 N；MC 的延长线交 AB 于 E. 证明：$\angle DBN=\angle BCE$.

（2007 年第 4 届中国东南地区数学奥林匹克）

证法 1 如图 14.1，延长 ME 交 $\triangle ABC$ 的外接圆于 F，延长 MD 交 AF 于 K，作 $CG\parallel MK$，交 AF 于 G，交 AB 于 P，作 $DH\perp CF$ 于 H，则 H 是 CF 的中点，联结 HB，HP.

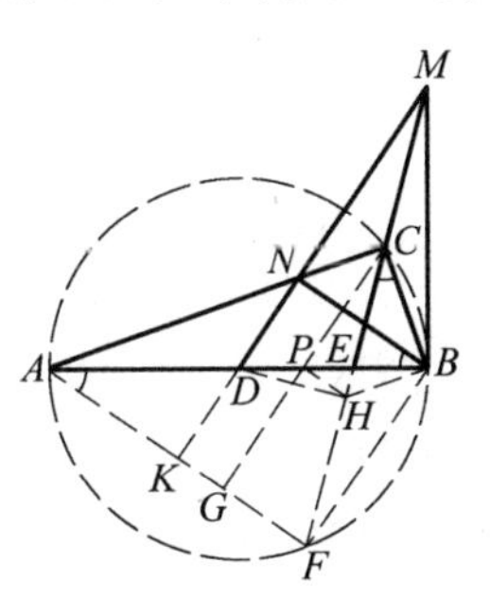

图 14.1

因 D,H,B,M 四点共圆，则

$$\angle HBD=\angle HMD=\angle HCP$$

所以 H,B,C,P 四点共圆，所以

$$\angle PHC=\angle ABC=\angle AFC$$

有 $$PH\parallel AF$$

从而，P 是 CG 的中点，又因 $NK\parallel CG$，则 D 是 NK 的中点，即线段 AB 与 NK 互相平分，所以

$$\angle DBN=\angle DAK=\angle BCE$$

证法 2 如图 14.2，延长 ME 交 $\triangle ABC$ 的外接圆于 F，MD 交圆于 R，延长 MD 交 AF 于 K，交圆于 S，过点 M 作圆的另一切线 MT，T 为切点，联结 TC，TR，TA，DT，AS. 因为

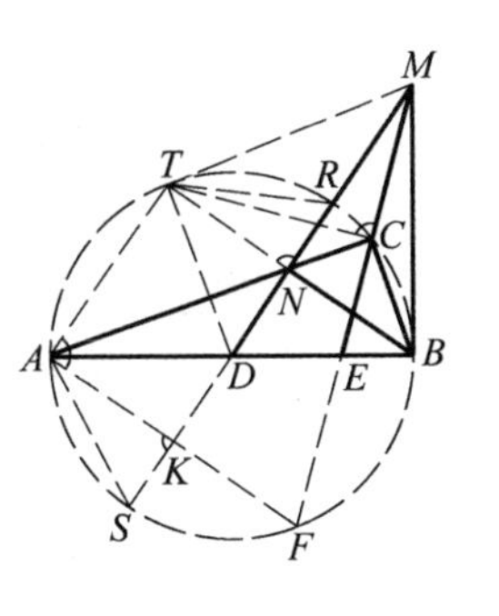

图 14.2

$$\angle TAB=\frac{1}{2}\angle TDB=\angle MDB$$

所以 $$AT\parallel SR$$

则四边形 $ASRT$ 是等腰梯形，有

$$AS=TR,\angle ASK=\angle TRN$$

又因为 $$\angle MNC=\angle TAC=\angle MTC$$

则 M,T,N,C 四点共圆，所以

$$\angle AKS=\angle KAT=\angle TCM=\angle TNR$$

所以 $$\triangle ASK\cong\triangle TRN$$

得 $$SK=RN$$

于是 $$DK=DN$$

即线段 NK 与 AB 互相平分，所以

$$\angle DBN=\angle DAK=\angle BCE$$

证法 3 如图 14.3，延长 ME 交 $\triangle ABC$ 的外接圆于 F，MD 交圆于 R，延长 MD 交 AF 于 K，交圆于 S，过 A 作圆的切线交 MS 的延长线于 H，作 $CG\parallel MH$ 交圆于 G，联结 CR，SG，GK，GH，AG. 易证 $DH=DM$，从而 $SH=RM$，因四边形

$CGSR$ 是等腰梯形,则

$$SG = RC, \angle HSG = \angle MRC$$

所以

$$\triangle SHG \cong \triangle RMC$$

有

$$GH = CM, \angle GHS = \angle CMR$$

从而

$$\angle GAK = \angle GCF = \angle CMR = \angle GHK$$

所以 K, A, H, G 四点共圆,故

$$\angle GKH = \angle GAH = \angle GCA = \angle CNM$$

于是

$$\triangle GHK \cong \triangle CMN (\text{AAS})$$

所以 $KH = NM$,从而 $DK = DN$.即线段 NK 与 AB 互相平分,所以

$$\angle DBN = \angle DAK = \angle BCE$$

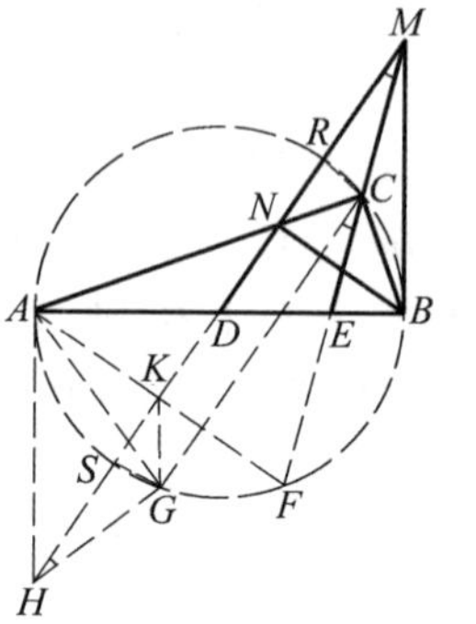

图 14.3

证法4 如图14.4,延长 AC 交 BM 于 K,设 $\angle DBN = \alpha, \angle BCE = \beta$,因直线 ANK 截 $\triangle MDB$,由梅涅劳斯定理得

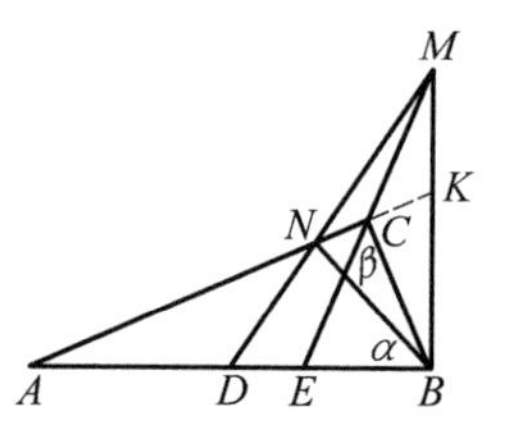

图 14.4

$$\frac{MK}{KB} \cdot \frac{BA}{AD} \cdot \frac{DN}{NM} = 1$$

又

$$\frac{DN}{NM} = \frac{S_{\triangle BDN}}{S_{\triangle BNM}} = \frac{BD\sin \alpha}{BM\sin\left(\frac{\pi}{2} - \alpha\right)} = \frac{BD}{BM} \cdot \tan \alpha$$

由以上两式可得

$$\tan \alpha = \frac{BM}{MK} \cdot \frac{KB}{BA}$$

由直线 ECM 截 $\triangle ABK$ 得

$$\frac{AE}{EB} \cdot \frac{BM}{MK} \cdot \frac{KC}{CA} = 1$$

又

$$\frac{AE}{EB} = \frac{S_{\triangle CAE}}{S_{\triangle CEB}} = \frac{AC\sin\left(\frac{\pi}{2} - \beta\right)}{BC \cdot \sin \beta} = \frac{AC}{BC} \cdot \frac{1}{\tan \beta}$$

由上面两式得

$$\tan \beta = \frac{BM}{MK} \cdot \frac{KC}{BC}$$

又因 $\triangle ABK \backsim \triangle BCK$,则

$$\frac{KB}{BA} = \frac{KC}{BC}$$

所以

$$\tan \alpha = \tan \beta, \alpha = \beta$$

即 $\angle DBN = \angle BCE$

证法 5 如图 14.5,延长 ME 交 $\triangle ABC$ 的外接圆于 F,延长 MD 交 AF 于 K,作 $DH \perp CE$ 于 H,联结 BH,BF.

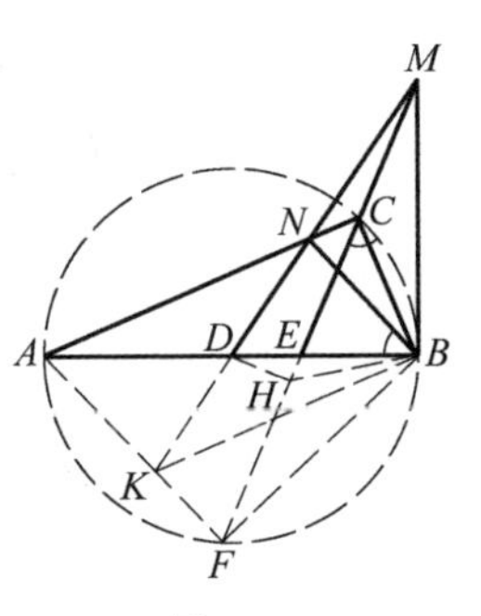

图 14.5

因 D,H,B,M 四点共圆,则

$$\angle BHM = \angle BDM = \angle KDA$$

又 $\angle BCH = \angle KAD$

所以 $\triangle CBH \backsim \triangle AKD$

所以 $$\frac{CB}{AK} = \frac{CH}{AD} = \frac{CF}{AB}$$

从而 $\triangle CBF \backsim \triangle AKB$

所以 $\angle BAC = \angle BFC = \angle ABK$

有 $AN \parallel BK$

又因 D 为 AB 的中点,于是 $AKBN$ 是平行四边形,故

$$\angle DBN = \angle DAK = \angle BCE$$

15 在 $\triangle ABC$ 中,M,N 分别在 AC,AB 上,且 $AM = AN$.D,E 分别为 CM,BN 的中点,且 $BD = CE$.求证:$AB = AC$.

(自编)

证法 1 如图 15.1,作 $MQ \perp AN$ 于 Q,$NP \perp AM$ 于 P,连 BM,CN,则 $AQ = AP$,$MQ = NP$.

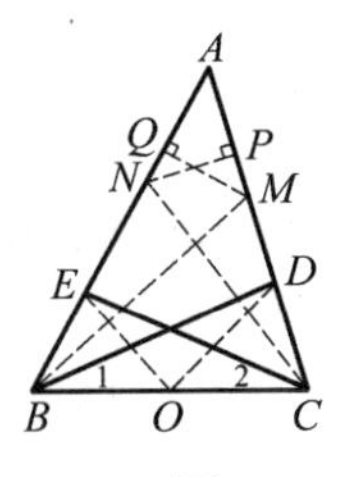

图 15.1

假设 $AB > AC$,则 $BQ > CP$,从而 $BM > CM$.

又设 O 为 BC 的中点,连 OD,OE,则

$$OD = \frac{1}{2}BM > \frac{1}{2}CN = OE$$

在 $\triangle BOD$ 与 $\triangle COE$ 中,因为

$$BD = CE, BO = CO, OD > OE$$

所以 $$\angle 1 > \angle 2 \quad ①$$

在 $\triangle BCE$ 与 $\triangle BCD$ 中,因为 $BD = CE$,BC 公用,$BE > CD$,所以

$$\angle 2 > \angle 1 \quad ②$$

式 ① 与 ② 矛盾,所以 $AB \ngtr AC$.同理 $AC \ngtr AB$,故 $AB = AC$.

证法 2 如图 15.2,连 BM,CN,假设 $AB > AC$,则可在 AB 上取点 F,使 $AF = AC$,连 MF,MN.则

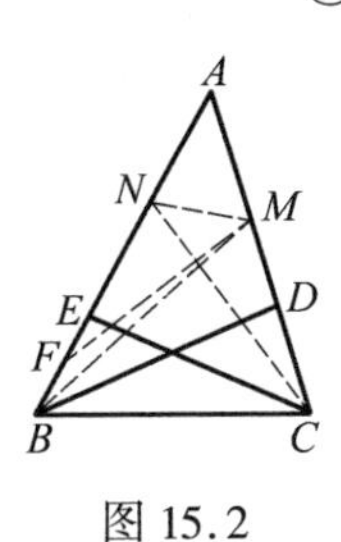

图 15.2

$$\triangle AFM \cong \triangle ACN, MF = CN$$

又
$$\angle BFM > \angle FNM > 90^\circ > \angle FBM$$

所以
$$BM > FM$$

从而
$$BM > CN$$

由中线定理得

$$CE^2 = \frac{1}{2}BC^2 + \frac{1}{2}CN^2 - \frac{1}{4}BN^2 \quad ①$$

$$BD^2 = \frac{1}{2}BC^2 + \frac{1}{2}BM^2 - \frac{1}{4}CM^2 \quad ②$$

比较①和②,因 $BM > CN$, $BN > CM$ 有 $BD > CE$,这与条件 $BD = CE$ 矛盾.

所以 $AB \ngtr AC$.同理 $AC \ngtr AB$.故 $AB = AC$.

证法3 如图15.3,连 BM, CN,假设 $AB > AC$.同证法1或证法2得 $BM > CN$.

作 $BG \parallel CN$ 交 CE 的延长线于 G, $CF \parallel BM$ 交 BD 的延长线于 F.则

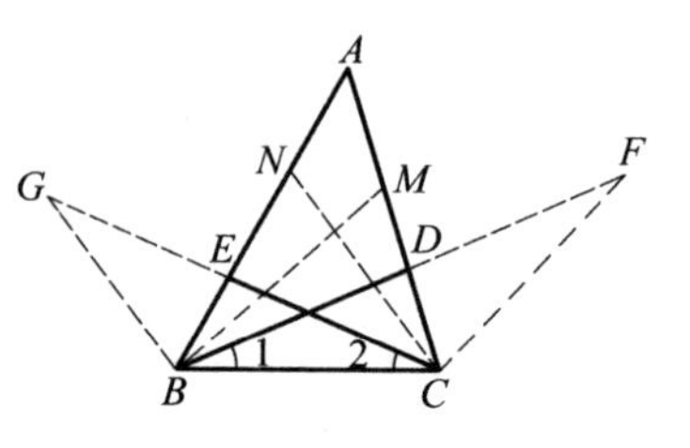

图 15.3

$$\triangle BGE \cong \triangle NCE, \triangle CFD \cong \triangle MBD$$

所以
$$CG = 2CE = 2BD = BF$$
$$BG = CN < BM = CF$$

又
$$BC = BC$$

故
$$\angle 2 < \angle 1 \quad ①$$

又因为 $BE > CD$, $CE = BD$, BC 公共,所以

$$\angle 2 > \angle 1 \quad ②$$

式①与②矛盾,所以 $AB \ngtr AC$.

同理 $AC \ngtr AB$,故 $AB = AC$.

证法4 如图15.4,假设 $AB > AC$,则 $BE > CD$, $AE > AD$.因为

$$\frac{AE}{\sin \angle 5} = \frac{CE}{\sin \angle A} = \frac{BD}{\sin \angle A} = \frac{AD}{\sin \angle 6}$$

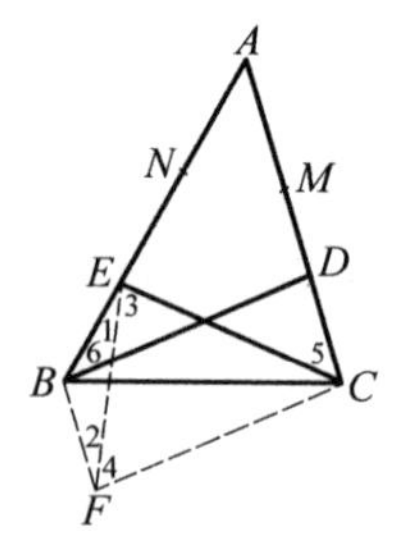

图 15.4

所以
$$\sin \angle 5 > \sin \angle 6$$

但 $0^\circ < \angle 6 < 90^\circ$, $0^\circ < \angle 5 < 180^\circ$,所以 $\angle 5 > \angle 6$,从而 $\angle BEC > \angle BDC$.作 ▱$BDCF$,联结 EF.因为

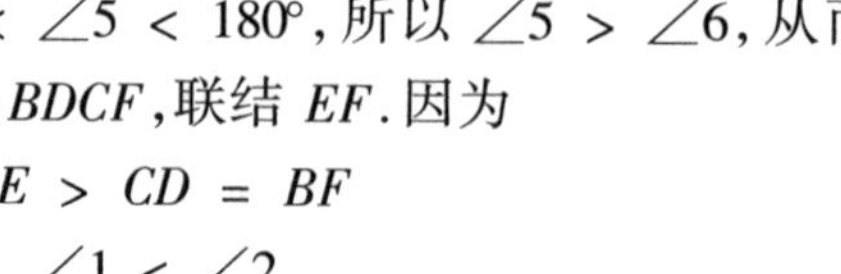

$$BE > CD = BF$$

所以
$$\angle 1 < \angle 2$$

因为 $$CE = BD = CF$$
所以 $$\angle 3 = \angle 4$$
所以 $$\angle BEC < \angle BFC = \angle BDC$$
这与前面结论矛盾.

所以 $AB \ngtr AC$,同理 $AC \ngtr AB$,故 $AB = AC$.

证法 5 设 $AM = AN = x$,则 $AE = \frac{c+x}{2}$,$AD = \frac{b+x}{2}$.

根据余弦定理得

$$BD^2 = c^2 + \left(\frac{b+x}{2}\right)^2 - 2c \cdot \frac{b+x}{2}\cos A$$

$$CE^2 = b^2 + \left(\frac{c+x}{2}\right)^2 - 2b \cdot \frac{c+x}{2}\cos A$$

因为 $$BD = CE$$
所以 $$c^2 + \left(\frac{b+x}{2}\right)^2 - c(b+x)\cos A = b^2 + \left(\frac{c+x}{2}\right)^2 - b(c+x)\cos A$$
即 $$(b-c)[3(b+c) - 2x - 4x\cos A] = 0$$
又 $\cos A < 1$,$b > x$,$c > x$,所以

$$3(b+c) - 2x - 4x\cos A > 3(b+c) - 6x > 0$$

所以 $$b - c = 0$$
即 $$b = c$$

评注 此题是由简单命题——三角形有两条边上的中线相等便是等腰三角形——减弱题设而来,其证明难度比原命题大大增加了.证法 1 至证法 4 是反证法,证法 5 是代数法.此题现在还没有纯几何的直接证法.

证明三角形等腰的命题往往看似简单,其实很难,尤其是用纯几何的直接证法更难.我们熟悉的斯坦纳——雷姆斯定理是其中最著名的例子.

下面一组命题也是由上述简单命题减弱题设而来,供读者试一试.

① 已知 $\triangle ABC$,M,N 分别在 AB,AC 上,$BM = CN$,D,E 分别为 AN,AM 的中点,$BD = CE$.求证:$AB = AC$.

② 已知 $\triangle ABC$,M,N 分别为 AB,AC 的中点,D,E 分别在 CN,BM 上(或分别在 AN,AM 上),$DN = EM$,$BD = CE$.求证:$AB = AC$.

③ 已知 $\triangle ABC$,M,N 分别在 AB,AC 上,$\angle ABN = \angle ACM$,D,E 分别为 CN,BM 的中点,$BD = CE$.求证:$AB = AC$.

④ 已知 $\triangle ABC$,M,N 分别在 AB,AC 上,$\angle CBN = \angle BCM \leqslant \frac{1}{2}\angle A$.$D$,$E$

分别为 AN, AM 的中点, $BD = CE$. 求证: $AB = AC$.

⑤ 已知 $\triangle ABC$ 中, P 为中线 AD 上任意一点, E, F 分别在 BD, CD 上, EP 交 AC 于 H, FP 交 AB 于 G, $EH = FG$. 求证: (1) 若 $BE = CF$, 则 $AB = AC$; (2) 若 $AG = AH$, 则 $AB = AC$.

16 已知 $\triangle ABC$, M, N 分别在 AB, AC 上, $AM = AN$, O 为 BC 的中点, E, F 分别在 OB, OC 上, $BE = CF$, 又 $MF = NE$. 求证: $AB = AC$.

(安徽师大《数学报》第 3 届平面几何公开赛)

证法 1 如图 16.1, 作 $EH \parallel MF$ 交 AB 于 H, $FD \parallel NE$ 交 AC 于 D, 连 HN, DM. 作 $MG \perp AN$ 于 G, $NK \perp AM$ 于 K, 因为

$$\frac{EH}{MF} = \frac{BE}{BF} = \frac{CF}{CE} = \frac{FD}{EN}$$

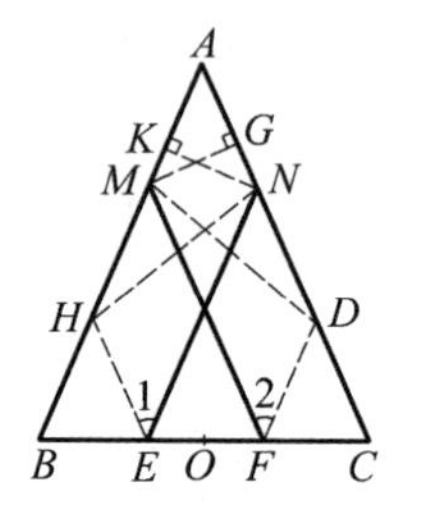

图 16.1

所以 $$EH = FD$$

又 $$\angle 1 = \angle 2 \text{(角的两边平行同向)}$$

所以 $$\triangle EHN \cong \triangle FDM, HN = DM$$

由 $$AM = AN$$

知 $$MG = NK, MK = NG$$

所以 $$HK = DG, HM = DN$$

因为 $$\frac{BH}{HM} = \frac{BE}{EF} = \frac{CF}{EF} = \frac{CD}{DN}$$

所以 $$BH = CD$$

故 $$AB = AC$$

证法 2 如图 16.2, 假设 $AB > AC$, 则 $BM > CN$. 又因为

$$BF = CE, MF = NE$$

所以 $$\beta > \alpha$$

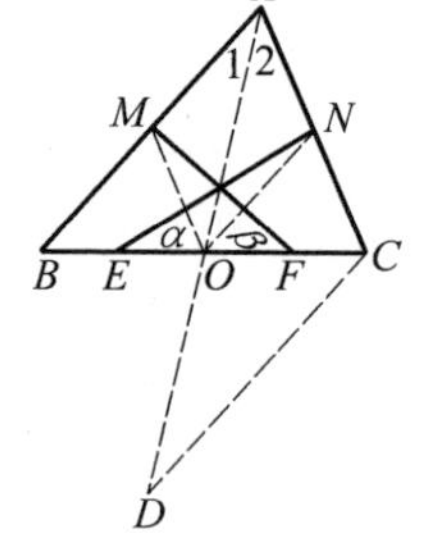

图 16.2

作 $CD \parallel AB$ 交 AO 的延长线于 D, 连 OM, ON, 则 $\triangle COD \cong \triangle BOA$, 所以

$$CD = AB > AC, \angle 2 > \angle D = \angle 1$$

因为 $$AM = AN, AO = AO, \angle 1 < \angle 2$$

所以 $$OM < ON$$

因为 $$MF = NE, OF = OE$$

且 $$OM < ON$$

所以 $\beta < \alpha$, 这与前面结论矛盾. 所以 $AB \not> AC$, 同理 $AC \not> AB$, 故 $AB = AC$.

证法3 可设 $AM = AN = x$, $BF = CE = ka$,则 $\frac{1}{2} < k < 1$.在 $\triangle BFM$ 中

$$MF^2 = (c-x)^2 + (ka)^2 - 2(c-x)ka\cos B \quad ①$$

在 $\triangle CEN$ 中

$$NE^2 = (b-x)^2 + (ka)^2 - 2(b-x)ka\cos C \quad ②$$

因 $MF = NE$,由式 ① 和 ② 得

$$(c-x)^2 - 2(c-x)ka\cos B = (b-x)^2 - 2(b-x)ka\cos C$$

即

$$(b-c)(b+c-2x) - k[2ab\cos C - 2ac\cos B - 2x(a\cos C - a\cos B)] = 0$$

$$(b-c)(b+c-2x) - 2k(b-c)(b+c) + 2xk(b-c)(1+\cos A) = 0$$

$$(b-c)[b+c-2x-2k(b+c)+2xk(1+\cos A)] = 0$$

$$b+c-2x-2k(b+c)+2xk(1+\cos A) < b+c-2x-2k(b+c-2x) = (b+c-2x)(1-2k)$$

但 $b+c-2x > 0$,当 $k > \frac{1}{2}$ 时,$1-2k < 0$,所以

$$b+c-2x-2k(b+c)+2xk(1+\cos A) < 0$$

从而 $b-c=0$,即 $b=c$.

评注 此题中,把条件 $MF = NE$,更换为 $\angle BFM = \angle CEN$ 或 $\angle BMF = \angle CNE$,命题是否成立?

C 类题

⓱ 设 D 为 $\triangle ABC$ 的边 AC 上一点,E 和 F 分别为线段 BD 和 BC 上的点,满足 $\angle BAE = \angle CAF$.再设 P,Q 为线段 BC 和 BD 上的点,使得 $EP \parallel QF \parallel DC$,求证:$\angle BAP = \angle QAC$.

(第 44 届 IMO 中国国家队培训题)

证法1 如图 17.1,作 $QG \parallel AE$ 交 BA 的延长线于 G,联结 GF.因为

$$\angle AGQ = \angle BAE = \angle CAF = \angle AFQ$$

所以 A,Q,F,G 四点共圆,所以

$$\angle QAF = \angle QGF$$

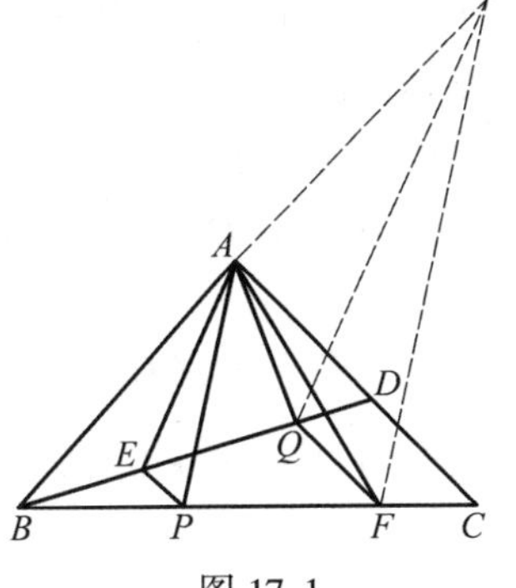

图 17.1

因为 $$\frac{BA}{AG}=\frac{BE}{EQ}=\frac{BP}{PF}$$
所以 $$AP /\!/ GF$$
又 $$AE /\!/ GQ$$
所以 $$\angle EAP=\angle QGF\text{(两边平行且同向)}$$
所以 $$\angle EAP=\angle QAF$$
从而 $$\angle BAP=\angle QAC$$

证法 2 如图 17.2,作 $\angle CAQ'=\angle BAP$,交 BD 于 Q',联结 $Q'F$,则

$$\frac{BE}{ED}=\frac{AB}{AD}\cdot\frac{\sin\angle BAE}{\sin\angle DAE}$$

$$\frac{BF}{FC}=\frac{AB}{AC}\cdot\frac{\sin\angle BAF}{\sin\angle CAF}$$

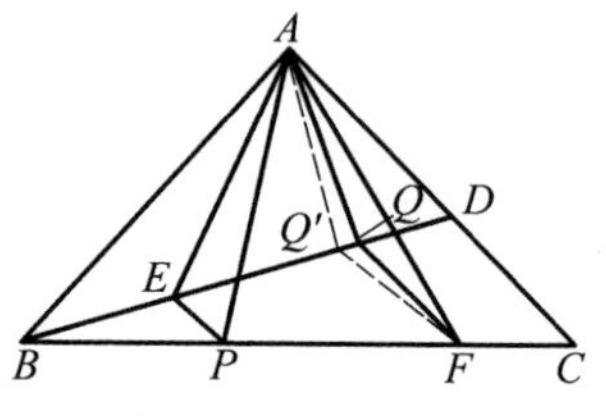

图 17.2

因 $\angle BAE=\angle CAF$,则 $\angle DAE=\angle BAF$,两式相乘得

$$\frac{BE}{ED}\cdot\frac{BF}{FC}=\frac{AB^2}{AD\cdot AC}$$

同理 $$\frac{BP}{PC}\cdot\frac{BQ'}{Q'D}=\frac{AB^2}{AD\cdot AC}$$
又 $$EP /\!/ DC$$
则 $$\frac{BE}{ED}=\frac{BP}{PC}$$
所以 $$\frac{BF}{FC}=\frac{BQ'}{Q'D}$$
从而 $$FQ' /\!/ DC$$

故 Q' 与 Q 重合,$\angle BAP=\angle CAQ$.

证法 3 如图 17.3,分别过点 E,Q,P,F 作 AB 的平行线交 AC 于 G,H,M,N.

则 $EPMG$ 和 $QFNH$ 均为平行四边形,从而

$$EG=PM,FN=QH$$

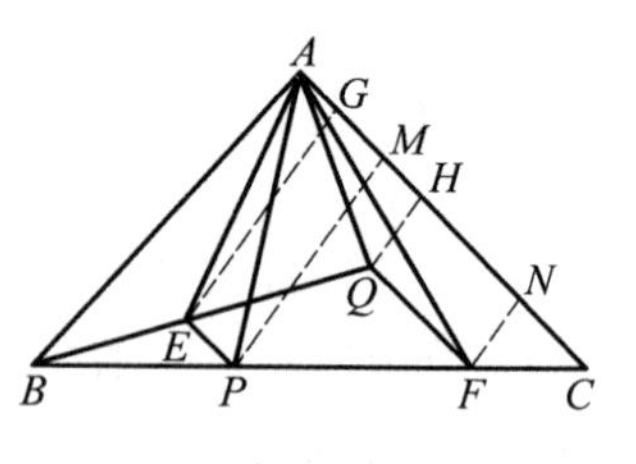

图 17.3

因为

$$\angle AEG=\angle BAE=\angle CAF,\angle AGE=\angle FNA$$

所以 $$\triangle AEG\backsim\triangle FAN,\frac{AG}{FN}=\frac{EG}{AN}$$

所以 $$\frac{AG}{QH}=\frac{PM}{AN}$$

又 $$\frac{AH}{AG}=\frac{BQ}{BE}=\frac{BF}{BP}=\frac{AN}{AM}$$

两式相乘得

$$\frac{AH}{QH}=\frac{PM}{AM}$$

又因为 $$\angle AHQ=\angle PMA$$

所以 $$\triangle AHQ\backsim\triangle PMA$$

所以 $$\angle QAC=\angle APM=\angle BAP$$

证法4 如图17.4,延长 PE 交 AB 于 G,延长 FQ 交 AB 于 H,因为

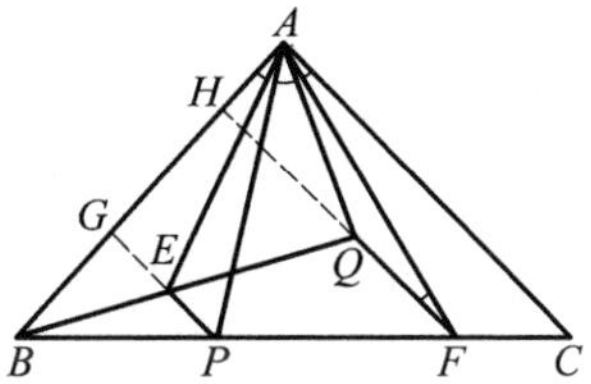

$$\angle GAE=\angle CAF=\angle HFA$$

$$\angle AGE=\angle FHA$$

所以 $$\triangle AGE\backsim\triangle FHA$$

图 17.4

所以 $$\frac{AG}{FH}=\frac{EG}{AH}$$

又 $$\frac{FH}{QH}=\frac{PG}{EG}$$

两式相乘得 $$\frac{AG}{QH}=\frac{PG}{AH}$$

又因为 $$\angle AGP=\angle QHA$$

所以 $$\triangle APG\backsim\triangle QAH$$

所以 $$\angle BAP=\angle HQA=\angle QAC$$

证法 5 如图 17.5,设 $\angle BAE=\angle CAF=\angle AFQ=\alpha$,$\angle EAP=x$,$\angle FAQ=y$,$\angle PAQ=\theta$,则

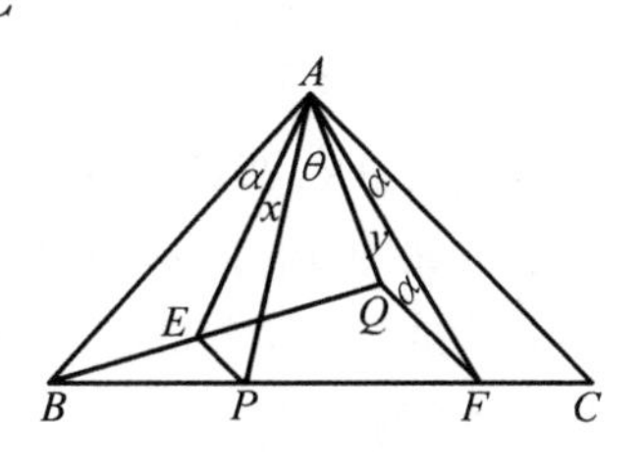

图 17.5

$$\frac{AB\sin\alpha}{AQ\sin(\theta+x)}=\frac{BE}{EQ}=\frac{BP}{PF}=\frac{AB\sin(\alpha+x)}{AF\sin(\theta+y)}$$

在 $\triangle AQF$ 中,由正弦定理得

$$\frac{AQ}{\sin\alpha}=\frac{AF}{\sin(\alpha+y)}$$

两式相乘得

$$\frac{1}{\sin(\theta+x)}=\frac{\sin(\alpha+x)}{\sin(\theta+y)\sin(\alpha+y)}$$

即 $$\sin(\theta+x)\sin(\alpha+x)=\sin(\theta+y)\sin(\alpha+y)$$

$$\cos(\theta+\alpha+2x)=\cos(\theta+\alpha+2y)$$
$$\sin(\theta+\alpha+x+y)\sin(x-y)=0$$
因为 $$0^\circ<\theta+\alpha+x+y<180^\circ,0^\circ\leqslant x-y<180^\circ$$
所以 $$x=y$$
故 $$\angle BAP=\angle QAC$$

⑱ 圆 Γ_1 和圆 Γ_2 相交于点 M 和 N，设 l 是圆 Γ_1 和圆 Γ_2 的两条公切线中距离 M 较近的那条公切线. l 与圆 Γ_1 相切于点 A，与圆 Γ_2 相切于点 B. 设经过点 M 且与 l 平行的直线与圆 Γ_1 还相交于点 C，与圆 Γ_2 还相交于点 D. 直线 CA 和 DB 相交于点 E，直线 AN 和 CD 相交于点 P，直线 BN 和 CD 相交于点 Q. 证明：$EP=EQ$.

（2000 年第 41 届 IMO）

证法 1 如图 18.1，设 MN 和 AB 相交于点 K，连 AM，BM. 由切割线定理知 $AK^2=KN\cdot KM=BK^2$，即 K 是 AB 的中点，因 $PQ /\!/ AB$，则 M 是 PQ 的中点，故只需证明 $EM\perp PQ$.

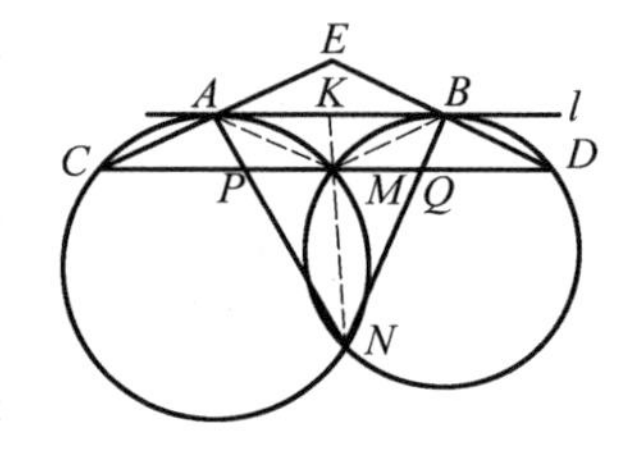

图 18.1

因 $CD /\!/ AB$，则点 A 是 Γ_1 的 $\overset{\frown}{CM}$ 的中点，点 B 是 Γ_2 的 $\overset{\frown}{DM}$ 的中点. 于是，$\triangle ACM$ 与 $\triangle BDM$ 都是等腰三角形，从而

$$\angle BAM=\angle AMC=\angle ACM=\angle EAB$$
$$\angle ABM=\angle BMD=\angle BDM=\angle EBA$$

这意味着 $EM\perp AB$.

再由 $PQ /\!/ AB$，即证 $EM\perp PQ$.

证法 2 如图 18.2，连 NM，延长交 AB 于 K，则 $KA^2=KM\cdot KN=KB^2$，即 K 为 AB 的中点，由 $PQ /\!/ AB$ 知 M 为 PQ 的中点.

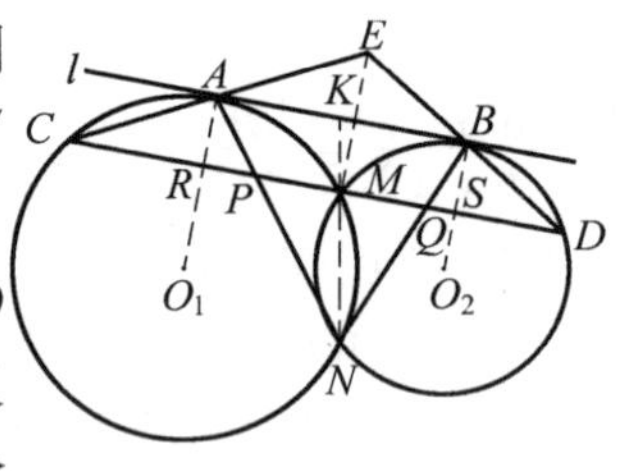

图 18.2

设圆 Γ_1 与圆 Γ_2 的圆心分别为 O_1，O_2，O_1A 交 CD 于 R，O_2B 交 CD 于 S，有 $O_1A\perp AB$，$O_2B\perp AB$，又 $AB /\!/ CD$，则四边形 $ARSB$ 为矩形，故 O_1A 垂直平分 CM，O_2B 垂直平分 MD. 从而 $AB=RS=\dfrac{1}{2}CD$，AB 为 $\triangle ECD$ 的中位线，A 为 CE 的中点.

连 EM，则 $AR \parallel EM$，所以 $EM \perp CD$，即 $EM \perp PQ$，故 $EP = EQ$.

证法3 如图 18.3，连 MN, EN, CN, DN，则

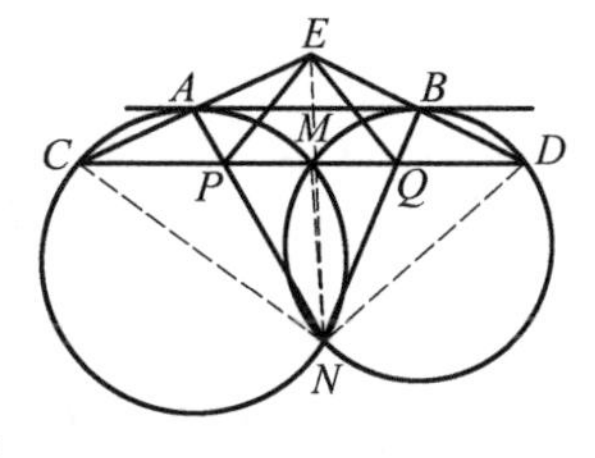

图 18.3

$$\angle ANB = \angle ANM + \angle BNM =$$
$$\angle ACM + \angle BDM = \pi - \angle AEB$$

所以 A, N, B, E 四点共圆. 于是

$$\angle ENQ = \angle EAB = \angle ECQ$$

所以 E, C, N, Q 四点共圆. 同理，E, D, N, P 四点共圆. 因为

$$\angle CNA = \angle CMA = \angle MAB = \angle ACM = \angle EAB$$
$$\angle ANE = \angle ABE$$

所以
$$\angle EQP = \angle ENC = \angle CNA + \angle ANE =$$
$$\angle EAB + \angle ABE = \pi - \angle AEB$$

同理
$$\angle EPQ = \pi - \angle AEB$$

所以
$$\angle EQP = \angle EPQ$$

即
$$EP = EQ$$

19 BC 为圆 Γ 的直径，Γ 的圆心为 O，A 为 Γ 上的一点，$0° < \angle AOB < 120°$，D 是 $\widehat{AB}$（不含 C 的弧）的中点，过 O 平行于 DA 的直线交 AC 于 J，OA 的垂直平分线交 Γ 于 E, F. 证明：J 是 $\triangle CEF$ 的内心.

（2002 年第 43 届 IMO）

证法1 如图 19.1，连 AE, OE, OD, EJ, OF.

因为 EF 垂直平分 AO，所以 $\triangle AEO$ 是正三角形.

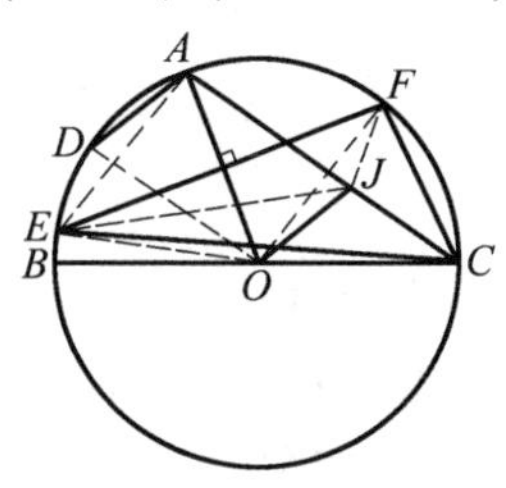

图 19.1

因为 D 为 $\widehat{AB}$ 的中点，所以

$$\angle BOD = \frac{1}{2}\angle AOB = \angle ACB$$

所以
$$OD \parallel AJ$$

又
$$OJ \parallel AD$$

所以 $ADOJ$ 是平行四边形. 所以

$$AJ = OD = AO = AE$$

即 A 为 $\triangle OEJ$ 的外心. 所以

$$\angle OJE = \frac{1}{2}\angle EAO = 30°$$

设 $\angle AOB = 2\alpha$,则

$$\angle OJC = \angle DAC = 90° + \frac{1}{2}\alpha$$

从而 $$\angle EJC = 120° + \frac{1}{2}\alpha$$

易知 $$\angle ECJ = \angle FCJ = 30°$$

所以 $$\angle CEJ = 180° - \angle ECJ - \angle EJC = 30° - \frac{1}{2}\alpha$$

因为 $$\angle BOE = \pm\angle AOB \mp \angle AOE = \pm\alpha \mp 60°$$

(当 $\angle AOB < 60°$ 时取上下符号中的下符号)

所以 $$\angle FOC = 180° - \angle EOF \mp \angle BOE = 120° - 2\alpha$$

所以 $$\angle FEC = \frac{1}{2}\angle FOC = 60° - \alpha$$

从而 $$\angle FEC = 2\angle CEJ$$

EJ 平分 $\angle FEC$,故 J 是 $\triangle CEF$ 的内心.

证法2 如图19.1,由证法1知

$$\angle OJE = 30°$$

易知 $$\angle OFE = 30°, \angle ECJ = \angle FCJ = 30°$$

因为 $$\angle OJE = 30° = \angle OFE$$

所以 E,O,J,F 四点共圆.所以

$$\angle EJF = \angle EOF = 120°$$

设 CA 上一点 J' 是 $\triangle CEF$ 的内心,则

$$\angle EJ'F = 90° + \frac{1}{2}\angle ECF = 120°$$

因为 $$\angle EJF = 120° = \angle EJ'F$$

所以 J 与 J' 重合.

故 J 是 $\triangle CEF$ 的内心.

证法3 如图19.2,设 EF 交 AO,AC 分别于 M,K,作 $JG \perp EF$ 于 G,$JH \perp EC$ 于 H,设 $\angle OCA = \alpha$,圆 O 的半径为 R.因为

$$AM \perp EF, JG \perp EF$$

所以 $$JG \parallel AM, \angle KJG = \angle OAC = \alpha$$

由证法1知:$AJ = R$.所以

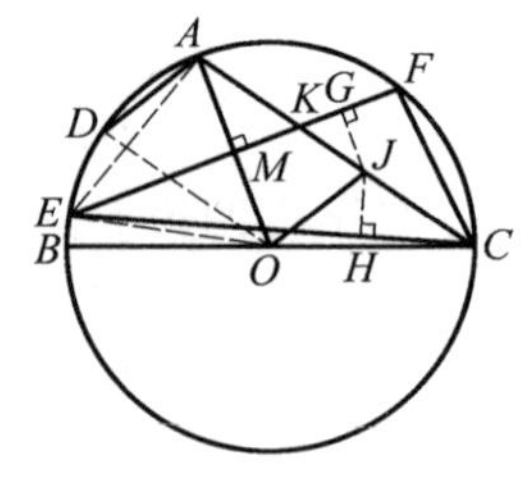

图19.2

$$JK = R - AK = R - \frac{R}{2\cos\alpha}$$

$$JG = JK\cos\alpha = R\cos\alpha - \frac{R}{2}$$

又因为 $$CJ = AC - AJ = 2R\cos\alpha - R$$

易知 $$\angle ECJ = \angle FCJ = 30^\circ$$

所以 $$JH = CJ\sin 30^\circ = R\cos\alpha - \frac{R}{2}$$

所以 $JG = JH$，J 在 $\angle FEC$ 的平分线上.

又因 J 在 $\angle ECF$ 的平分线上，所以 J 是 $\triangle CEF$ 的内心.

证法4 如图 19.2，设 $\angle ACO = \alpha$，圆 O 的半径为 R，EF 交 AO，AC 分别于 M，K.

由证法 1 知：$AJ = R$.

$$KJ = AJ - AK = R - \frac{R}{2\cos\alpha} = \frac{2R\cos\alpha - R}{2\cos\alpha}$$

$$CJ = AC - AJ = 2R\cos\alpha - R$$

所以 $$\frac{CJ}{KJ} = 2\cos\alpha$$

易知 $$\angle ECJ = \angle FCJ = 30^\circ$$

则 $$\frac{FC}{FK} = \frac{\sin\angle FKC}{\sin 30^\circ} = 2\cos\alpha = \frac{CJ}{KJ}$$

所以 FJ 平分 $\angle CFK$.

故 J 是 $\triangle CEF$ 的内心.

评注 此题作为 IMO 试题难度太小.

⑳ 设 A，B，C，D，E 五点中，四边形 $ABCD$ 是平行四边形，四边形 $BCED$ 是圆内接四边形.设 l 是通过点 A 的一条直线，l 与线段 DC 交于点 F（F 是线段 DC 的内点），且 l 与直线 BC 交于点 G.若 $EF = EG = EC$，求证：l 是 $\angle DAB$ 的平分线.

（2007 年第 48 届 IMO）

证法1 如图 20.1，联结 BD，作 $EO \perp BD$ 于 O，$EK \perp FC$ 于 K，$EL \perp CG$ 于 L，因点 E 在 $\triangle DBC$ 的外接圆上，由西姆松（Simson）定理知：L，K，O 三点共线.

又易知 LK 是 $\triangle CFG$ 的中位线，则 LK 与 AC 的交点是 AC 的中点，而 AC 的中点也是 BD 的中点，所以 LK 与 BD 的交点 O 是 BD 的中点，于是

$$BE = DE$$

$$\angle ECD = \angle EBD = \angle EDB = \angle ECG = \angle EGB$$

从而　　$\triangle DEC \cong \triangle BEG, AB = DC = BG$

故　　$\angle BAG = \angle BGA = \angle GAD$

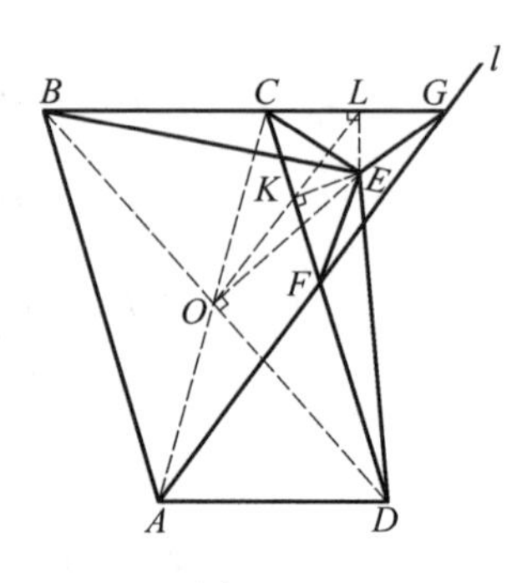

图 20.1

证法 2　如图 20.1,作 $EL \perp CG$ 于 L, $EK \perp CF$ 于 K,易知

$$\triangle ADF \backsim \triangle GCF \Rightarrow \frac{AD}{GC} = \frac{DF}{CF} \Rightarrow \frac{BC}{CL} = \frac{DF}{CK} \Rightarrow$$

$$\frac{BC + CL}{CL} = \frac{DF + FK}{CK} \Rightarrow \frac{BL}{CL} = \frac{DK}{CK} \Rightarrow \frac{BL}{DK} = \frac{CL}{CK} \quad ①$$

又由 $\angle LBE = \angle EDK$ 知

$$\mathrm{Rt}\triangle BLE \backsim \mathrm{Rt}\triangle DKE$$

所以

$$\frac{BL}{DK} = \frac{EL}{EK} \quad ②$$

由式 ① 与 ② 知

$$\frac{CL}{CK} = \frac{EL}{EK} \Rightarrow \mathrm{Rt}\triangle CLE \backsim \mathrm{Rt}\triangle CKE \Rightarrow$$

$$\frac{CL}{CK} = \frac{CE}{CE} = 1 \Rightarrow CL = CK \Rightarrow CG = CF$$

故

$$\angle BAG = \angle GAD$$

证法 3　如图 20.1,联结 BD,假设 $\angle BAG > \angle GAD$,因 E 为 $\triangle CFG$ 的外心,则

$$\angle CEG = 2\angle CFG = 2\angle BAG$$

$$\angle CEF = 2\angle CGF = 2\angle GAD$$

所以

$$\angle CEG > \angle CEF$$

从而

$$\angle ECG < \angle ECF \quad ①$$

因

$$\triangle ABG \backsim \triangle FDA$$

则

$$\frac{BG}{AD} = \frac{AB}{DF}$$

即

$$\frac{BG}{BC} = \frac{DC}{DF}$$

又因

$$\angle BAG > \angle GAD = \angle BGA$$

则

$$BG > AB = DC$$

从而

$$BC > DF$$

因 B 是等腰 $\triangle EGC$ 底边 GC 延长线上一点,则

$$BE^2 = EC^2 + BC \cdot BG$$

同理 $$DE^2 = EC^2 + DF \cdot DC$$

可知 $$BE > DE$$

从而 $$\angle ECG = \angle EDB > \angle EBD = \angle ECF \quad ②$$

式 ① 与 ② 矛盾,故

$$\angle BAG \ngtr \angle GAD$$

同理 $$\angle BAG \nless \angle GAD$$

故 $$\angle BAG = \angle GAD$$

证法 4 假设 $\angle BAG > \angle GAD$,同证法 3 得

$$\angle ECG < \angle EFC \quad ①$$

因 $$\angle DFA = \angle BAG > \angle GAD$$

则 $AD > DF$,即 $BC > DF$,又

$$\frac{BC}{\sin\angle CEB} = \frac{CE}{\sin\angle CBE} = \frac{EF}{\sin\angle FDE} = \frac{DF}{\sin\angle FED}$$

则 $$\sin\angle CEB > \sin\angle FED$$

从而 $$\angle CEB > \angle FED\text{(两角均为锐角)}$$

又 $$\angle CBE = \angle FDE$$

故 $$\angle ECG > \angle EFC \quad ②$$

式 ① 与 ② 矛盾,所以 $$\angle BAG \ngtr \angle GAD$$

同理 $$\angle BAG \nless \angle GAD$$

所以 $$\angle BAG = \angle GAD$$

证法 5 设 $\angle CBE = \angle CDE = \theta$,$\angle ECG = x$,$\angle ECF = y$,则 $\angle CEB = x - \theta$,$\angle FED = y - \theta$,$\angle BEG = \pi - \theta - x$,$\angle CED = \pi - \theta - y$.

因 $$\triangle ABG \backsim \triangle FDA$$

则 $$\frac{AB}{DF} = \frac{BG}{AD}$$

即 $$\frac{DC}{DF} = \frac{BG}{BC}$$

由正弦定理得

$$\frac{BG}{\sin(\pi - \theta - x)} = \frac{EG}{\sin\theta} = \frac{EC}{\sin\theta} = \frac{BC}{\sin(x - \theta)}$$

即 $$\frac{BG}{BC} = \frac{\sin(\theta + x)}{\sin(x - \theta)}$$

同理 $$\frac{DC}{DF} = \frac{\sin(\theta + y)}{\sin(y - \theta)}$$

于是
$$\frac{\sin(\theta+x)}{\sin(x-\theta)}=\frac{\sin(\theta+y)}{\sin(y-\theta)}\Rightarrow$$
$$\sin(\theta+x)\sin(y-\theta)=\sin(\theta+y)\sin(x-\theta)\Rightarrow$$
$$\cos(x-y+2\theta)=\cos(y-x+2\theta)\Rightarrow$$
$$\sin 2\theta\cdot\sin(x-y)=0$$
因 θ,x,y 均为锐角,所以 $x=y$.可证
$$\triangle DEF\cong\triangle BEC,DF=BC=AD$$
故
$$\angle DAF=\angle AFD=\angle FAB$$

㉑已知 A',B',C' 分别是 $\triangle ABC$ 外接圆上不包含 A,B,C 的$\overset{\frown}{BC},\overset{\frown}{CA},\overset{\frown}{AB}$的中点,$BC$ 分别和$C'A',A'B'$ 相交于M,N 两点,CA 分别和$A'B',B'C'$ 相交于P,Q 两点,AB 分别和 $B'C',C'A'$ 相交于 R,S 两点.证明:$MN=PQ=RS$ 的充要条件是 $\triangle ABC$ 为等边三角形.

(1999 年越南数学奥林匹克)

证法 1 如图 21.1,联结 AA',BB',CC',则它们共点于 $\triangle ABC$ 的内心 I.
$$\triangle BRB'\backsim\triangle BIC\Rightarrow\frac{BR}{BI}=\frac{BB'}{BC}$$
$$\triangle ABI\backsim\triangle B'BN\Rightarrow\frac{BI}{BN}=\frac{AB}{BB'}$$

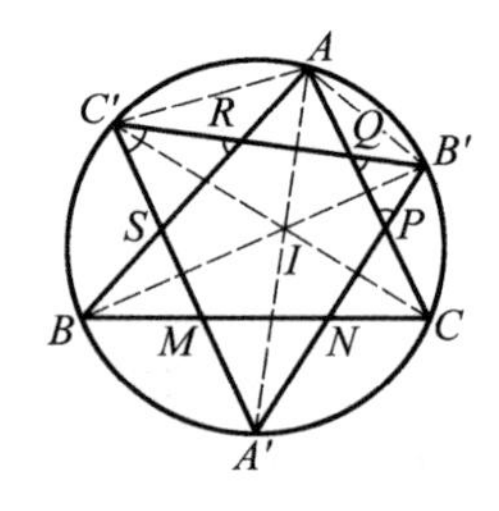

图 21.1

所以
$$\frac{BR}{BN}=\frac{AB}{BC}$$
又 $\angle BSM=\frac{1}{2}\angle A+\frac{1}{2}\angle C=\angle BMS\Rightarrow BM=BS$

所以 $MN=RS\Leftrightarrow BN=BR\Leftrightarrow BC=AB$

同理 $MN=PQ\Leftrightarrow BC=AC$

所以 $MN=PQ=RS\Leftrightarrow BC=AC=AB\Leftrightarrow\triangle ABC$ 是等边三角形.

证法 2 充分性显然成立,下面证明必要性,即证若 $MN=PQ=RS$,则 $\triangle ABC$ 为等边三角形.

如图 21.1,联结 AA',BB',CC',AC',AB',因为
$$\angle C'RS=\angle ARQ=\frac{1}{2}\angle B+\frac{1}{2}\angle C=\angle AQR=\angle PQB'$$
有
$$AQ=AR$$
又
$$\angle RC'S=\frac{1}{2}\angle A+\frac{1}{2}\angle B=\angle QPB'$$

所以 $$\triangle RC'S \backsim \triangle QPB' \Rightarrow \frac{RS}{QB'} = \frac{RC'}{PQ}$$

易知 $$\triangle B'QA \backsim \triangle ARC' \Rightarrow \frac{QB'}{AR} = \frac{AQ}{RC'}$$

所以 $$\frac{RS}{AR} = \frac{AQ}{PQ}$$

即 $$RS \cdot PQ = AR \cdot AQ = AR^2$$

因 $PQ = RS$,则 $RS = AR$,同理 $RS = BS$,所以

$$AB = AR + RS + BS = 3RS$$

同理 $$BC = 3MN, AC = 3PQ$$

因为 $$MN = PQ = RS$$

所以 $$BC = AC = AB$$

即 $\triangle ABC$ 为等边三角形.

证法 3 如图 21.2,联结 AA',BB',CC',则它们共点于 $\triangle ABC$ 的内心 I,联结 SI,AC'.因为

$$\angle SC'I = \angle A'AC = \angle SAI$$

所以 C',S,I,A 四点共圆,所以

$$\angle ASI = \angle AC'I = \angle ABC$$

所以 $$SI \parallel BC$$

同理 $$IP \parallel BC$$

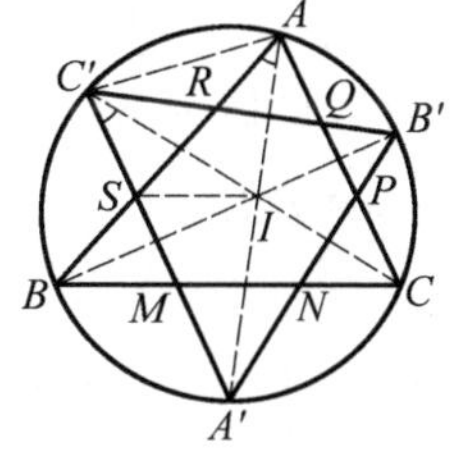

图 21.2

所以 S,I,P 共线,且 $SP \parallel BC$,所以

$$\frac{AS}{AB} = \frac{AP}{AC}$$

又 $$\angle ARQ = \frac{1}{2}\angle B + \frac{1}{2}\angle C = \angle AQR$$

有 $$AR = AQ$$

所以 $$RS = PQ \Leftrightarrow AS = AP \Leftrightarrow AB = AC$$

同理 $$MN = RS \Leftrightarrow BC = AB$$

故 $MN = PQ = RS \Leftrightarrow BC = AC = AB \Leftrightarrow \triangle ABC$ 是等边三角形.

注:证 $SI \parallel BC$ 还可用如下证法:连 $C'B$,易证 $C'B = C'I$,又 $\angle BC'A' = \angle A'C'I$,则 $C'A'$ 是 BI 的中垂线,所以 $\angle SIB = \angle SBI = \angle IBC$,从而 $SI \parallel BC$.

证法 4 将 $\triangle ABC$ 的三内角简记为 A,B,C.

$$\frac{RS}{AR} = \frac{S_{\triangle C'RS}}{S_{\triangle C'AR}} = \frac{C'S \cdot \sin\angle SC'R}{C'A \cdot \sin\angle AC'R} = \frac{\sin\angle C'AS}{\sin\angle C'SA} \cdot \frac{\sin\angle SC'R}{\sin\angle AC'R} =$$

$$\frac{\sin\frac{C}{2}\cdot\sin\left(\frac{A}{2}+\frac{B}{2}\right)}{\sin\left(\frac{A}{2}+\frac{C}{2}\right)\cdot\sin\frac{B}{2}}=\frac{\sin\frac{C}{2}\cos\frac{C}{2}}{\cos\frac{B}{2}\sin\frac{B}{2}}=\frac{\sin C}{\sin B}$$

同理
$$\frac{PQ}{AQ}=\frac{\sin B}{\sin C}$$

又
$$\angle ARQ=\frac{B}{2}+\frac{C}{2}=\angle AQR\Rightarrow AR=AQ$$

所以
$$\frac{RS}{PQ}=\left(\frac{\sin C}{\sin B}\right)^2=\left(\frac{AB}{AC}\right)^2$$

则
$$PQ=RS\Leftrightarrow AC=AB$$

同理
$$MN=PQ\Leftrightarrow BC=AC$$

所以 $MN=PQ=RS\Leftrightarrow BC=AC=AB\Leftrightarrow\triangle ABC$ 为等边三角形.

㉓ 设 R,r 分别是 $\triangle ABC$ 的外接圆半径和内切圆半径,R',r' 分别是 $\triangle A'B'C'$ 的外接圆半径和内切圆半径. 证明:若 $\angle C=\angle C'$,$Rr'=R'r$,则 $\triangle ABC\backsim\triangle A'B'C'$.

(1999 年第 12 届韩国数学奥林匹克)

证法 1 如图 23.1,设 I 为 $\triangle ABC$ 的内心,作 $IP\perp BC$ 于 P,延 BC 至 E,使 $CE=AC$,连 AE,对 $\triangle A'B'C'$ 作相同辅助线.

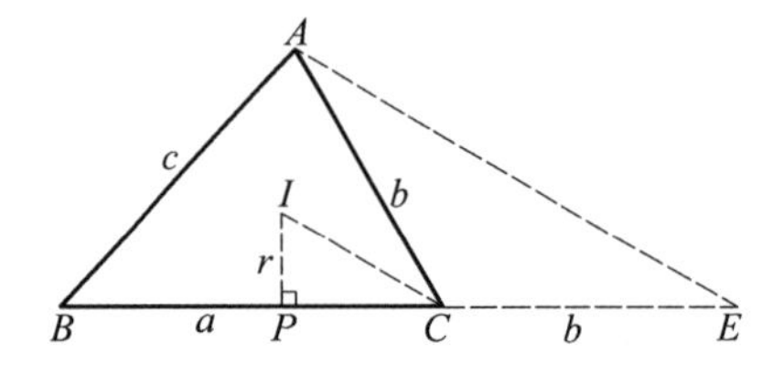

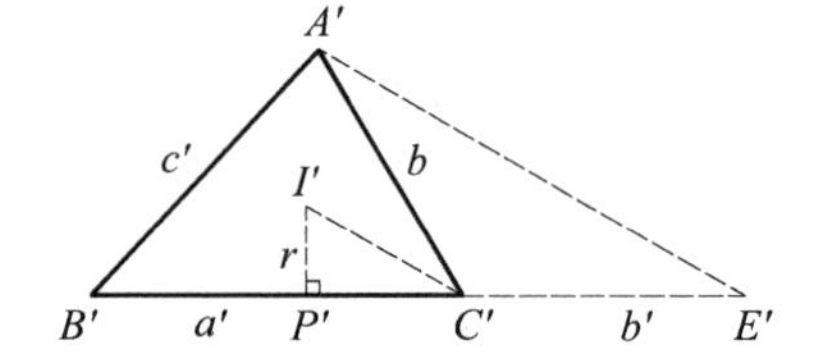

图 23.1

因为
$$\angle ICP=\frac{1}{2}\angle C=\frac{1}{2}\angle C'=\angle I'C'P'$$

所以
$$\mathrm{Rt}\triangle ICP\backsim\mathrm{Rt}\triangle I'C'P'$$

所以
$$\frac{r}{r'}=\frac{CP}{C'P'}=\frac{a+b-c}{a'+b'-c'}$$

又
$$Rr'=R'r$$

则
$$\frac{r}{r'}=\frac{R}{R'}=\frac{\frac{c}{2\sin C}}{\frac{c'}{2\sin C'}}=\frac{c}{c'}$$

所以
$$\frac{c}{c'}=\frac{a+b-c}{a'+b'-c'}=\frac{a+b}{a'+b'}$$
即
$$\frac{AB}{BE}=\frac{A'B'}{B'E'}$$
因为
$$\frac{AB}{BE}=\frac{\sin\angle E}{\sin\angle BAE}=\frac{\sin\frac{C}{2}}{\sin\left(A+\frac{C}{2}\right)}$$
$$\frac{A'B'}{B'E'}=\frac{\sin\angle E'}{\sin\angle B'A'E'}=\frac{\sin\frac{C'}{2}}{\sin\left(A'+\frac{C'}{2}\right)}$$
$$C=C'$$
所以
$$\sin\left(A+\frac{C}{2}\right)=\sin\left(A'+\frac{C'}{2}\right)$$
因为
$$0^\circ<A+\frac{C}{2},A'+\frac{C'}{2}<180^\circ$$
所以
$$A+\frac{C}{2}=A'+\frac{C'}{2}$$
或
$$A+\frac{C}{2}=180^\circ-\left(A'+\frac{C'}{2}\right)$$
即 $A=A'$,或 $A=B'$.故
$$\triangle ABC\backsim\triangle A'B'C'$$

证法2 如图23.2,作 $\angle ACB$ 的平分线交 AB 于 D,I 为 $\triangle ABC$ 的内心,作 $IP\perp BC$ 于 P,对 $\triangle A'B'C'$ 作相同辅助线.

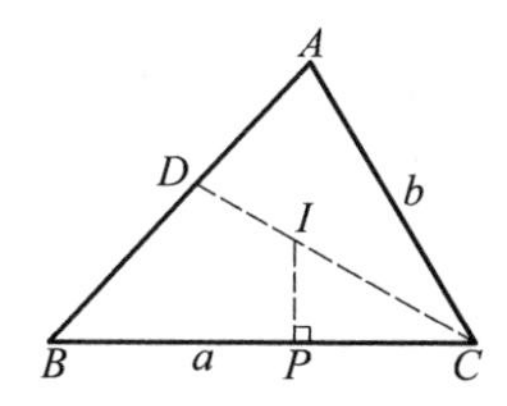

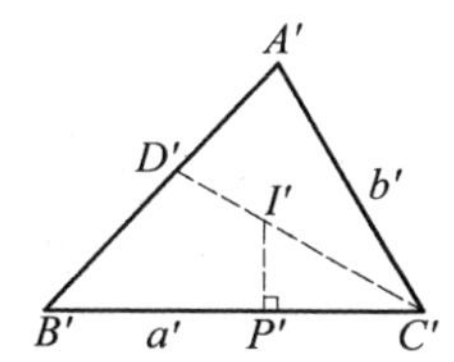

图23.2

由证法1知
$$\frac{c}{c'}=\frac{a+b}{a'+b'} \quad ①$$
又
$$\frac{AD}{BD}=\frac{b}{a}\Rightarrow AD=\frac{bc}{a+b}$$
$$\frac{AD}{\sin\angle ACD}=\frac{AC}{\sin\angle ADC}$$

所以 $$\frac{\frac{bc}{a+b}}{\sin\frac{C}{2}}=\frac{b}{\sin\left(B+\frac{C}{2}\right)}$$

即 $$\frac{c}{a+b}=\frac{\sin\frac{C}{2}}{\sin\left(B+\frac{C}{2}\right)} \quad ②$$

同理 $$\frac{c'}{a'+b'}=\frac{\sin\frac{C'}{2}}{\sin\left(B'+\frac{C'}{2}\right)} \quad ③$$

由式①,②,③及 $C=C'$ 得

$$\sin\left(B+\frac{C}{2}\right)=\sin\left(B'+\frac{C'}{2}\right)$$

因为 $$0^\circ<B+\frac{C}{2},B'+\frac{C'}{2}<180^\circ$$

所以 $$B+\frac{C}{2}=B'+\frac{C'}{2}$$

或 $$B+\frac{C}{2}=180^\circ-\left(B'+\frac{C'}{2}\right)$$

即 $B=B'$,或 $B=A'$,故

$$\triangle ABC\backsim\triangle A'B'C'$$

证法3 由熟知命题 $\frac{r}{R}=4\sin\frac{A}{2}\sin\frac{B}{2}\sin\frac{C}{2}$ 及题设条件知

$$\sin\frac{A}{2}\sin\frac{B}{2}=\sin\frac{A'}{2}\sin\frac{B'}{2}$$

即 $$\cos\frac{A-B}{2}-\cos\frac{A+B}{2}=\cos\frac{A'-B'}{2}-\cos\frac{A'+B'}{2}$$

由 $C=C'$,知 $$\frac{A+B}{2}=\frac{A'+B'}{2}$$

所以 $$\cos\frac{A-B}{2}=\cos\frac{A'-B'}{2}$$

又 $-90^\circ<\frac{A-B}{2},\frac{A'-B'}{2}<90^\circ$,所以

$$\frac{A-B}{2}=\frac{A'-B'}{2}$$

或 $$\frac{A-B}{2}=-\frac{A'-B'}{2}$$

又 $$A+B=A'+B'$$

所以 $A = A'$ 或 $A = B'$,故

$$\triangle ABC \backsim \triangle A'B'C'$$

证法 4　因为 $C = C'$, $R = \dfrac{c}{2\sin C}$, $R' = \dfrac{c'}{2\sin C'}$,所以 $cr' = c'r$,有 $\dfrac{c}{r} = \dfrac{c'}{r'}$,即

$$\cot\frac{A}{2} + \cot\frac{B}{2} = \cot\frac{A'}{2} + \cot\frac{B'}{2}$$

$$\frac{\sin\left(\dfrac{A}{2} + \dfrac{B}{2}\right)}{\sin\dfrac{A}{2}\cdot\sin\dfrac{B}{2}} = \frac{\sin\left(\dfrac{A'}{2} + \dfrac{B'}{2}\right)}{\sin\dfrac{A'}{2}\cdot\sin\dfrac{B'}{2}}$$

由 $C = C'$,知

$$\frac{A}{2} + \frac{B}{2} = \frac{A'}{2} + \frac{B'}{2}$$

所以

$$\sin\frac{A}{2}\cdot\sin\frac{B}{2} = \sin\frac{A'}{2}\cdot\sin\frac{B'}{2}$$

以下同证法 3.

24 设 H 是锐角 $\triangle ABC$ 的高线 CP 上的任一点,直线 AH, BH 分别交 BC, AC 于点 M, N.

(1) 证明:$\angle NPC = \angle MPC$;

(2) 设 O 是 MN 与 CP 的交点,一条通过 O 的任意的直线交四边形 $CNHM$ 的边于 D, E 两点. 证明:$\angle EPC = \angle DPC$.

(2003 年保加利亚数学奥林匹克)

本题(1) 曾多次被选做竞赛题,其证法各种书刊上已讨论很多,这里介绍几种新颖别致的证法.

(1) **证法 1**　如图 24.1,记 AM 交 PN 于 K,作 $\angle CPK' = \angle MPC$,交 AM 于 K'.

因 PH, AB 分别为 $\triangle PMK'$ 中 $\angle MPK'$ 及其外角的平分线,所以

$$\frac{HK'}{HM} = \frac{PK'}{PM} = \frac{AK'}{AM} \quad ①$$

由四边形 $BCNP$ 的调和性质得

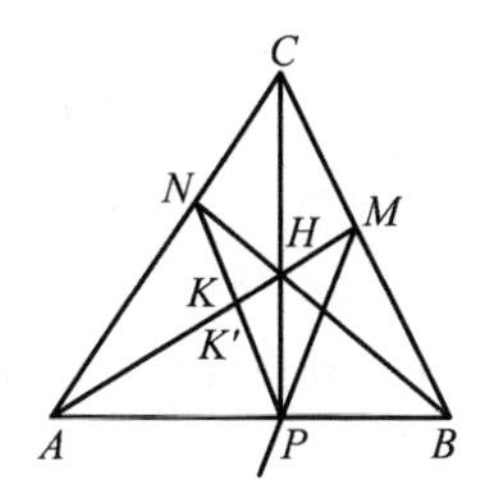

图 24.1

$$\frac{HK}{HM}=\frac{AK}{AM} \qquad ②$$

由式 ① 和 ② 知点 K' 与 K 重合，所以

$$\angle CPK(\text{即} \angle NPC)=\angle MPC$$

注：四边形的调和性质：如图 24.2，四边形 $ABCD$ 中，对角线 AC，BD 相交于 O，对边 BA，CD 的延长线相交于 P，AD，BC 的延长线相交于 Q，PO 交 AD，BC 分别于 E，F。则

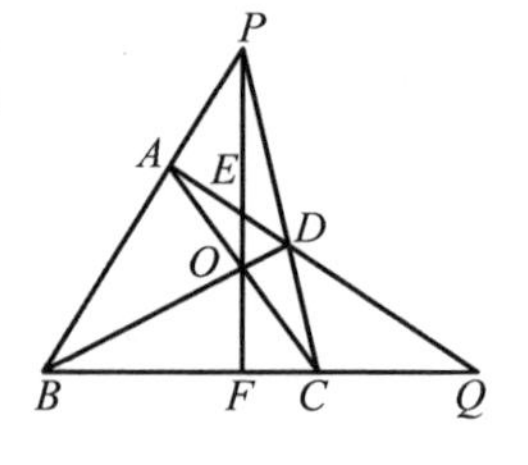

图 24.2

(1) $\frac{PE}{PF}=\frac{OE}{OF}$;

(2) $\frac{BF}{BQ}=\frac{CF}{CQ}$;

(3) $\frac{AE}{AQ}=\frac{DE}{DQ}$.

下面只证明(1)，(2) 与(3) 类似可证.

证明 $\frac{PE}{OE}=\frac{S_{\triangle PAD}}{S_{\triangle OAD}}=\frac{S_{\triangle PAD}}{S_{\triangle PBC}}\cdot\frac{S_{\triangle PBC}}{S_{\triangle OBC}}\cdot\frac{S_{\triangle OBC}}{S_{\triangle OAD}}=$

$$\frac{PA\cdot PD}{PB\cdot PC}\cdot\frac{PF}{OF}\cdot\frac{OB\cdot OC}{OD\cdot OA}=$$

$$\frac{S_{\triangle PAO}}{S_{\triangle PBO}}\cdot\frac{S_{\triangle PDO}}{S_{\triangle PCO}}\cdot\frac{PF}{OF}\cdot\frac{S_{\triangle PBO}}{S_{\triangle PDO}}\cdot\frac{S_{\triangle PCO}}{S_{\triangle PAO}}=\frac{PF}{OF}$$

即

$$\frac{PE}{PF}=\frac{OE}{OF}$$

证法 2 如图 24.3，记 AM 与 PN 相交于 K，过 M 作 $RS // PN$ 交 PC，PB 分别于 R，S.

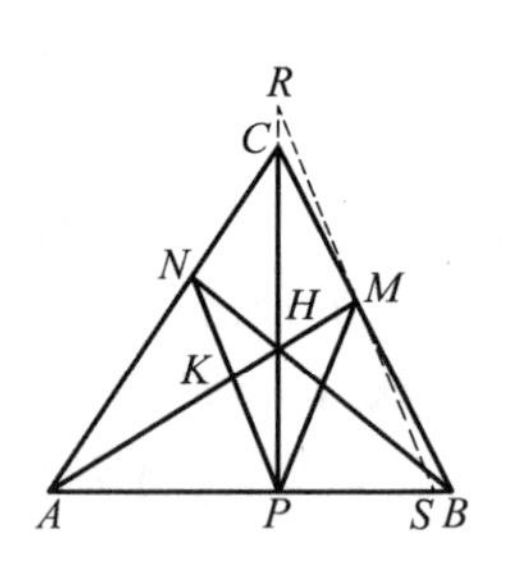

图 24.3

由平行线性质及四边形 $BCNP$ 的调和性质得

$$\frac{PK}{SM}=\frac{AK}{AM}=\frac{HK}{HM}=\frac{PK}{MR}$$

所以

$$SM=MR$$

从而在 Rt$\triangle RPS$ 中有：$MP=MR$，所以

$$\angle NPC=\angle PRM=\angle MPC$$

证法 3 如图 24.4，设 B，M 关于 PC 的对称点分别为 B'，M'，则

$$CM'=CM, M'B'=MB, B'P=BP$$

只需证明 P，M'，N 三点共线，对 $\triangle ABC$ 及点 H 用塞瓦定理得

$$\frac{CM}{MB}\cdot\frac{BP}{PA}\cdot\frac{AN}{NC}=1$$

所以
$$\frac{CM'}{M'B'}\cdot\frac{B'P}{PA}\cdot\frac{AN}{NC}=1$$

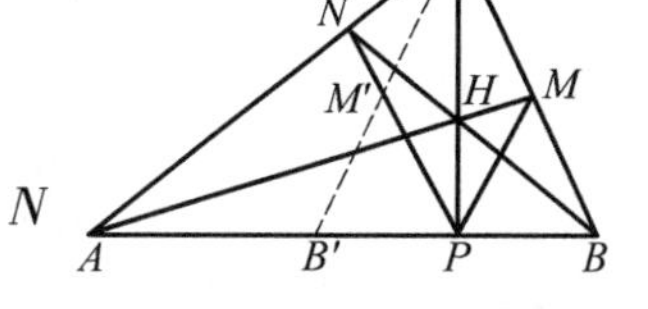

图 24.4

对 $\triangle CAB'$ 由梅涅劳斯定理的逆定理,知 P,M',N 三点共线.

本题(1) 中把 $\angle APC=\angle BPC=90°$,推广为 $\angle APC=\angle BPC$ 等于任意角度,即得1999年全国高中数学联赛加试第一题,即本书第 12 题.因此,本书第 12 题的各种证法当然也适合本题(1).

(2) **证法 1** 如图 24.5,设 $E\in NH,D\in CM$,延长 PE 交 AC 于 F.

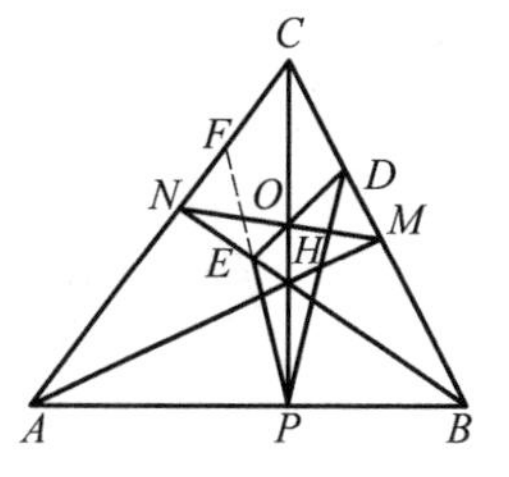

图 24.5

由(1) 知,只需要证明 AD,BF,CP 三线共点,即证

$$\frac{CF}{FA}\cdot\frac{AP}{PB}\cdot\frac{BD}{DC}=1$$

因直线 PEF 截 $\triangle CNH$,由梅涅劳斯定理得

$$\frac{CF}{FN}\cdot\frac{NE}{EH}\cdot\frac{HP}{PC}=1 \qquad ①$$

由直线 PEF 截 $\triangle ABN$ 得

$$\frac{FN}{NA}\cdot\frac{AP}{PB}\cdot\frac{BE}{EN}=1 \qquad ②$$

由直线 DOE 截 $\triangle BCH$ 得

$$\frac{BD}{DC}\cdot\frac{CO}{OH}\cdot\frac{HE}{EB}=1 \qquad ③$$

由四边形 $ABMN$ 的调和性质得

$$\frac{HP}{PC}=\frac{CO}{OH} \qquad ④$$

式 ① × ② × ③ × ④ 即得证.

证法 2 如图 24.6,设 $E\in NH,D\in CM$,联结 CE 并延长交 AB 于 F.

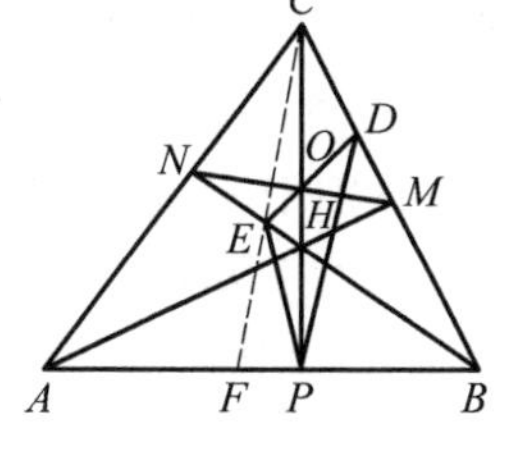

图 24.6

由(1) 知,只要证 FD,BE,CP 三线共点,即证

$$\frac{BD}{DC}\cdot\frac{CE}{EF}\cdot\frac{FP}{PB}=1$$

由直线 DOE 截 $\triangle BCH$ 得

$$\frac{BD}{DC}\cdot\frac{CO}{OH}\cdot\frac{HE}{EB}=1 \qquad ①$$

由直线 EHB 截 $\triangle CFP$ 得

$$\frac{CE}{EF}\cdot\frac{FB}{BP}\cdot\frac{PH}{HC}=1 \qquad ②$$

由直线 CEF 截 $\triangle BHP$ 得

$$\frac{BE}{EH}\cdot\frac{HC}{CP}\cdot\frac{PF}{FB}=1 \qquad ③$$

由四边形 $ABMN$ 的调和性质得

$$\frac{OH}{PH}=\frac{CO}{CP} \qquad ④$$

式 ① × ② × ③ × ④ 即得证.

证法 3 如图 24.7,设 $E\in NH$,$D\in CM$,过 E 作 $KS\perp AB$ 于 S,交 BC 于 K,$DT\perp AB$ 于 T,交 BN 于 X,则 $KS\parallel CP\parallel DT$.所以

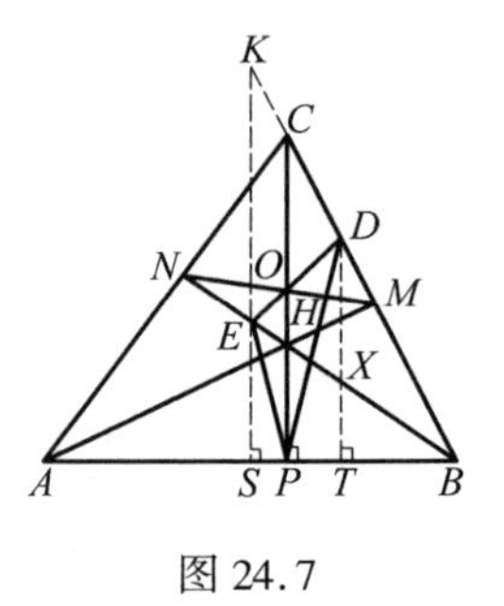

图 24.7

$$\frac{ES}{HP}=\frac{BS}{BP},\frac{DT}{CP}=\frac{BT}{BP}$$

两式相除得

$$\frac{ES}{DT}\cdot\frac{CP}{HP}=\frac{BS}{BT}=\frac{BE}{BX}=\frac{EK}{DX}=$$

$$\frac{CO\cdot\frac{DE}{OD}}{OH\cdot\frac{DE}{OE}}=\frac{CO\cdot OE}{OH\cdot OD}=\frac{CO}{OH}\cdot\frac{PS}{PT}$$

又由四边形 $ABMN$ 的调和性质得

$$\frac{CP}{HP}=\frac{CO}{OH}$$

所以
$$\frac{ES}{DT}=\frac{PS}{PT}$$

所以
$$\text{Rt}\triangle EPS\backsim\text{Rt}\triangle DPT$$

故
$$\angle EPC=\angle DPC$$

证法 4 如图 24.8,假设 $E\in NH$,$D\in CM$,若 $DE\nparallel AB$,设直线 DE 与 AB 相交于 K,过 O 作 $SR\parallel AB$ 交 PE,PD 分别于 S,R,由直线 CDB 截 $\triangle KOP$ 得

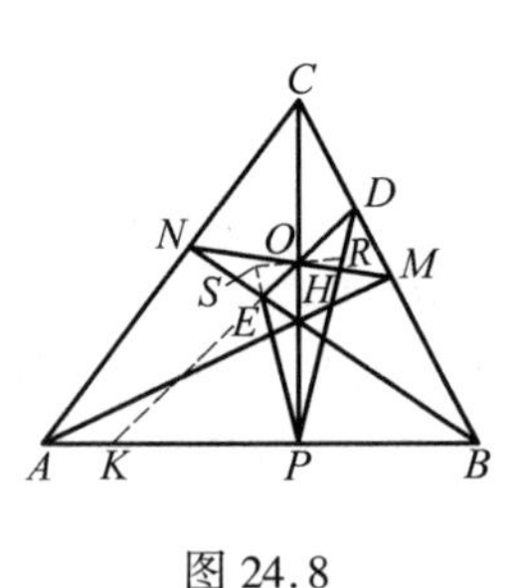

图 24.8

$$\frac{KD}{DO}\cdot\frac{OC}{CP}\cdot\frac{PB}{BK}=1$$

由直线 EHB 截 $\triangle OKP$ 得

$$\frac{OE}{EK}\cdot\frac{KB}{BP}\cdot\frac{PH}{HO}=1$$

由四边形 $ABMN$ 的调和性质得

$$\frac{CP}{OC}=\frac{PH}{HO}$$

三式相乘,可得

$$\frac{DO}{KD}=\frac{OE}{EK}$$

于是
$$\frac{OR}{PK}=\frac{DO}{KD}=\frac{OE}{EK}=\frac{OS}{PK}$$

所以
$$OR=OS$$

又
$$PO\perp RS$$

所以
$$\angle EPC=\angle DPC$$

若 $DE /\!/ AB$,更易证命题成立.

25 在 $\square ABCD$ 中,M,N 分别在 AB,BC 上,且 M,N 不与端点重合,$AM=NC$,设 AN 与 CM 交于点 Q.证明:DQ 平分 $\angle ADC$.

(2002 ~ 2003 年德国数学奥林匹克)

证法 1 如图 25.1,有

$$S_{\triangle AQC}=S_{\triangle AMC}-S_{\triangle AQM}=S_{\triangle CNA}-S_{\triangle CQN}$$

记点 Q 到 AB,BC,CD,DA 的距离分别为 h_a,h_b,h_c,h_d,从而

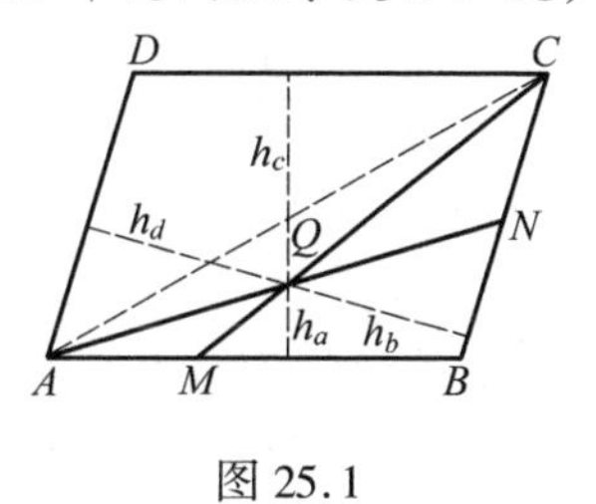

图 25.1

$$\frac{1}{2}\cdot AM(h_a+h_c)-\frac{1}{2}AM\cdot h_a=\frac{1}{2}CN(h_b+h_d)-\frac{1}{2}CNh_b\Leftrightarrow AM\cdot h_c=CN\cdot h_d$$

由 $AM=NC\neq 0$ 知 $h_c=h_d$,即 Q 在 $\angle ADC$ 的平分线上.

证法 2 如图 25.2,延长 DQ 交 AB 于 K,因直线 AQN 截 $\triangle CBM$,由梅涅劳斯定理得

$$\frac{CN}{NB}\cdot\frac{BA}{AM}\cdot\frac{MQ}{QC}=1 \qquad ①$$

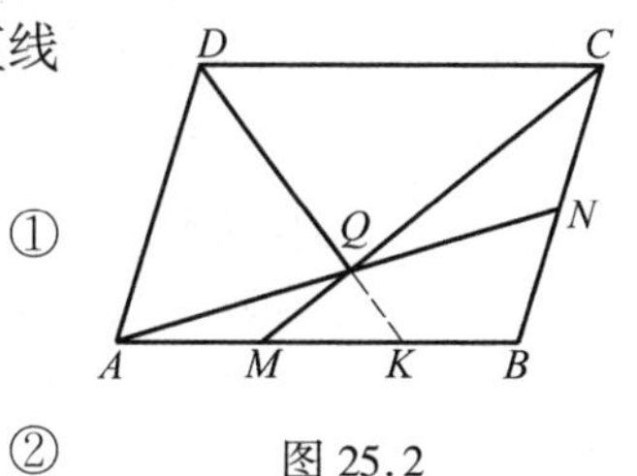

图 25.2

又 $AB /\!/ CD$,有

$$\frac{MQ}{QC}=\frac{MK}{DC} \qquad ②$$

式 ② 代入 ①,并注意 $CN=AM,BA=DC$ 得

$$MK=NB$$

所以
$$AK=BC=AD$$

从而
$$\angle ADK=\angle AKD=\angle KDC$$

即 DQ 平分 $\angle ADC$.

证法 3 如图 25.3,作 $MS \parallel AD$ 交 CD 于 S, $NR \parallel AB$ 交 AD 于 R.

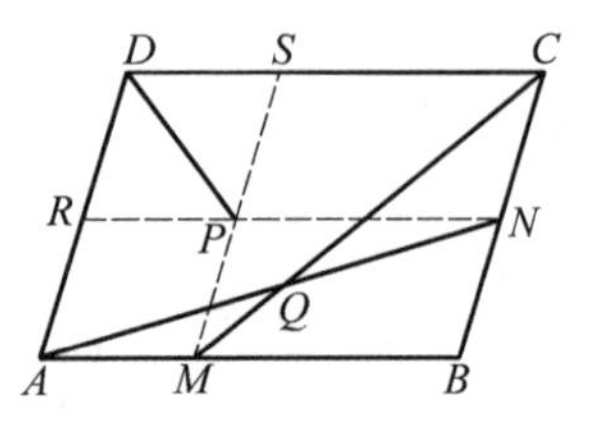

图 25.3

下面证明 D,P,Q 三点共线.易知

$$NC = RD, CB = DA, BM = NP, MA = PR$$

由直线 MQC 截 $\triangle ABN$,由梅涅劳斯定理得

$$\frac{AQ}{QN} \cdot \frac{NC}{CB} \cdot \frac{BM}{MA} = 1$$

所以

$$\frac{AQ}{QN} \cdot \frac{NP}{PR} \cdot \frac{RD}{DA} = 1$$

对 $\triangle ANR$ 用梅涅劳斯定理的逆定理,知 D,P,Q 三点共线,又因为

$$DS = AM = CN = DR$$

所以 ▱$DRPS$ 是菱形,故 DQ 平分 $\angle ADC$.

证法 4 如图 25.4,设 DA, CM 的延长线相交于 E,则

$$\frac{DC}{DE} = \frac{AM}{AE} = \frac{CN}{AE} = \frac{CQ}{QE}$$

所以 DQ 平分 $\angle ADC$.

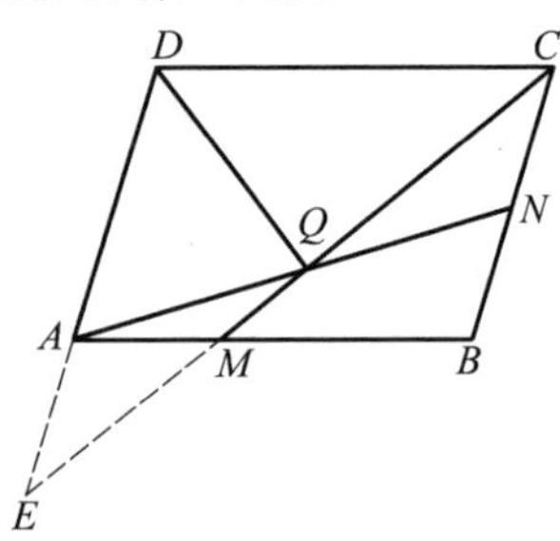

图 25.4

26 已知等腰梯形 $ABCD$ 中, $AB \parallel CD$, $\triangle BCD$ 的内切圆切 CD 于 E, F 是 $\angle DAC$ 的角平分线上一点,且 $EF \perp CD$, $\triangle ACF$ 的外接圆交 CD 于 G.证明: $\triangle AFG$ 是等腰三角形.

(1999 年第 28 届美国数学奥林匹克)

证法 1 如图 26.1,延长 AD 交 FG 于 H,连 DF.

在等腰梯形 $ABCD$ 中,有 $\triangle ADC \cong \triangle BCD$.

易知 E 是 $\triangle ADC$ 的 DC 边上的旁切圆与 DC 的切点.

又 AF 平分 $\angle DAC$, $EF \perp DC$,所以 F 是上述旁切圆圆心.所以

$$\angle CDF = \angle HDF$$

从而

$$\angle FDG = \angle FDA$$

又

$$\angle FGD = \angle FAC = \angle FAD$$

所以

$$\triangle FDG \cong \triangle FDA(\text{AAS})$$

所以 $FG = FA$,即 $\triangle AFG$ 是等腰三角形.

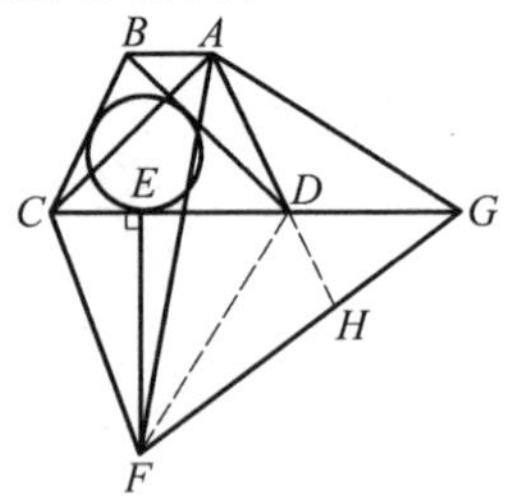

图 26.1

证法 2 如图 26.2,设 AC 与 BD 相交于 O, I 为 $\triangle BCD$ 的内心, BI 交 AF 于 M,连 CI, CM, DM.

由等腰梯形 $ABCD$ 的对称性知, OM 是其对称轴,由

条件易知 I,E,F 共线.

因 $FE\perp CD$，$OM\perp CD$，即 $IF\parallel OM$，又 OM 平分 $\angle IMA$，所以 $\angle MIF=\angle MFI$，有 $MI=MF$.

易知 A,B,C,M,D 五点共圆，可知 $MC=MI$. 所以

$$MC=MF$$

有
$$\angle MCF=\angle MFC$$

又因为 $\angle FAG=\angle FCG$，$\angle MAD=\angle MCD$

所以
$$\angle DAG=\angle MCF=\angle MFC=\angle DGA$$

又有
$$\angle DAF=\angle CAF=\angle DGF$$

所以
$$\angle FAG=\angle FGA$$

故 $\triangle AFG$ 是等腰三角形.

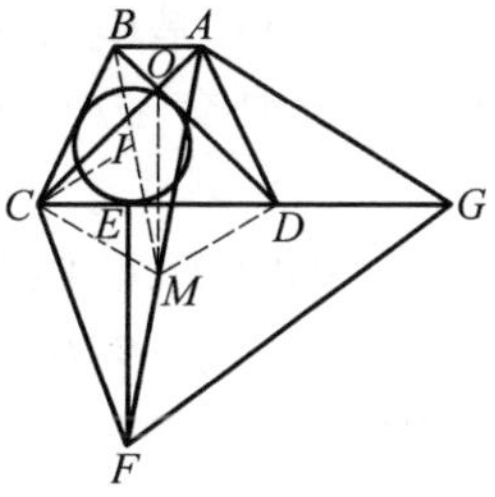

图 26.2

证法3 如图26.3，作 $AH\perp CD$ 于 H，设 AF 交 CD 于 K，设 $BC=AD=c$，$BD=AC=b$，$CD=a$.

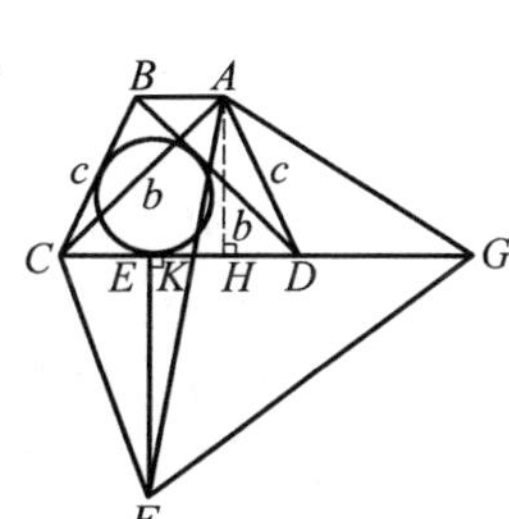

图 26.3

则 $CE=\frac{1}{2}(a+c-b)$，$CK=\frac{ab}{b+c}$，$DK=\frac{ac}{b+c}$

$$DH=c\cos\angle ADC=\frac{a^2+c^2-b^2}{2a}$$

所以
$$KE=CK-CE=\frac{(b-c)(a+b+c)}{2(b+c)}$$

$$KH=DK-DH=\frac{(b-c)[(b+c)^2-a^2]}{2a(b+c)}$$

由斯古登(Schooten)定理知

$$AK^2=bc-CK\cdot DK=\frac{bc[(b+c)^2-a^2]}{(b+c)^2}$$

$$EF\parallel AH\Rightarrow KF=\frac{AK\cdot KE}{KH}$$

因 A,C,F,G 四点共圆，则

$$CK\cdot KG=AK\cdot KF$$

所以
$$KG=\frac{AK\cdot KF}{CK}=\frac{AK^2\cdot KE}{CK\cdot KH}=\frac{c(a+b+c)}{b+c}$$

所以
$$DG=KG-DK=c=AD$$

从而
$$\angle DAG=\angle DGA$$

又因为
$$\angle DAF=\angle CAF=\angle DGF$$

所以
$$\angle FAG=\angle FGA$$

故 $\triangle AFG$ 是等腰三角形.

27 设 $\triangle ABC$ 是锐角三角形,从顶点 A 向 BC 边引垂线,垂足为 D,$\angle B$ 和 $\angle C$ 的平分线分别交 AD 于 E 和 F,若 $BE = CF$.证明 $\triangle ABC$ 是等腰三角形.

(1998 年伊朗第 15 届数学奥林匹克第一轮)

证法 1 如图 27.1,假设 $AB < AC$,则

$$\angle BAD < \angle DAC$$

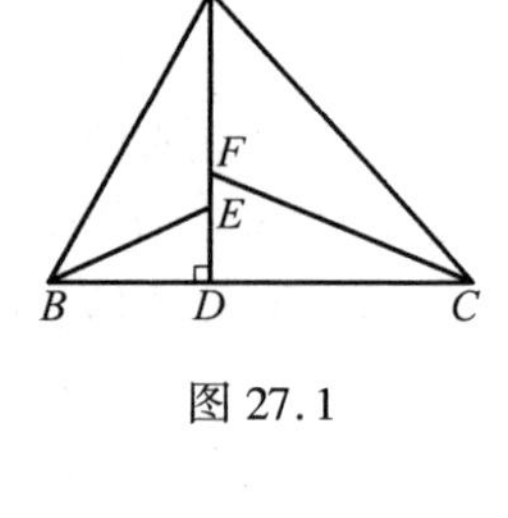

图 27.1

所以 $$\frac{BD}{AB} = \sin \angle BAD < \sin \angle DAC = \frac{DC}{AC}$$

又 $$\frac{BD}{AB} = \frac{DE}{EA}, \frac{DC}{AC} = \frac{DF}{FA}$$

所以 $$\frac{DE}{EA} < \frac{DF}{FA}$$

从而 $$DE < DF$$

由 $$AB < AC$$

知 $$BD < DC$$

所以 $$BE^2 = DE^2 + BD^2 < DF^2 + DC^2 = CF^2$$

即 $BE < CF$.这与条件 $BE = CF$ 矛盾.所以 $AB \not< AC$,同理 $AB \not> AC$,故 $AB = AC$,即 $\triangle ABC$ 是等腰三角形.

证法 2 如图 27.2,假设 $AB < AC$,则 $\angle BAD < \angle DAC$.所以 $\angle BAC$ 的平分线 AG 一定在 $\triangle ADC$ 内.

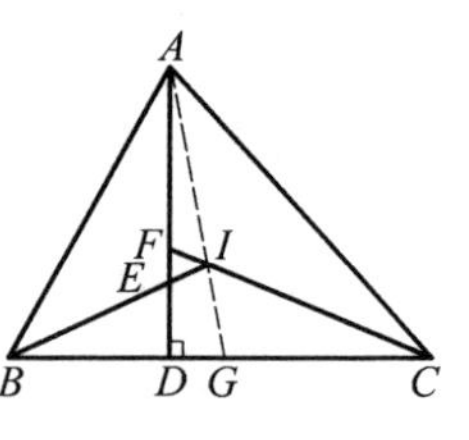

图 27.2

从而 $\triangle ABC$ 的内心 I 在 $\triangle ADC$ 内,即 BE 与 CF 的交点 I 在 $\triangle ADC$ 内,由 $AB < AC$,可知 $\angle IBC > \angle ICB$,所以 $CI > BI$.更有 $CF > BE$,这与条件 $BE = CF$ 矛盾.所以 $AB \not< AC$,同理 $AB \not> AC$,故 $AB = AC$.

证法 3 如图 27.3,假设 $AB < AC$,则 $BD < DC$.又因 $BE = CF$,所以 $DE > DF$.

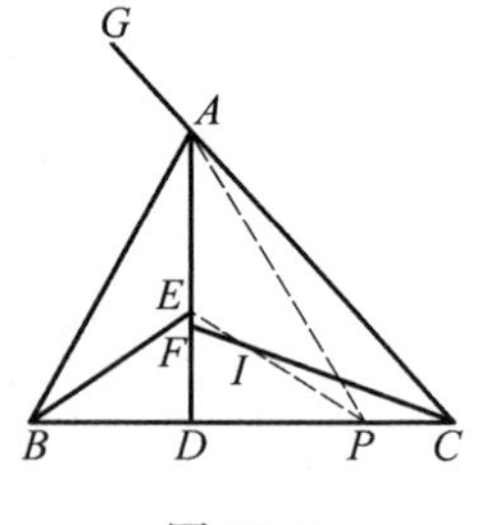

图 27.3

可将 $\triangle ABD$ 以 AD 为折痕翻折至 $\triangle APD$ 位置,则 PE 与 CF 的交点 I 一定在 $\triangle ADP$ 内,延长 CA 至 G.因为 PE 平分 $\angle APD$,CF 平分 $\angle ACD$,所以 I 为 $\triangle ACP$ 的旁心.从而

$$\angle GAI = \angle IAP$$

又 $$\angle GAI > \angle GAE > \angle ADC = 90^\circ$$

$$\angle GAI + \angle IAP = \angle GAP < 180^\circ$$

所以 $\angle GAI > \angle IAP$ 矛盾.所以 $AB \not< AC$,同理 $AB \not> AC$,故 $AB = AC$.

证法 4

$$BE=\frac{BD}{\cos\frac{B}{2}}=\frac{AB\cos B}{\cos\frac{B}{2}}$$

$$CF=\frac{DC}{\cos\frac{C}{2}}=\frac{AC\cos C}{\cos\frac{C}{2}}$$

因为

$$BE=CF$$

所以

$$\frac{AB\cos B}{\cos\frac{B}{2}}=\frac{AC\cos C}{\cos\frac{C}{2}}$$

又因为

$$\frac{AB}{\sin C}=\frac{AC}{\sin B}$$

所以

$$\frac{\sin C\cos B}{\cos\frac{B}{2}}=\frac{\sin B\cos C}{\cos\frac{C}{2}}\Rightarrow$$

$$\sin\frac{C}{2}\cos^2\frac{C}{2}\cos B=\sin\frac{B}{2}\cos^2\frac{B}{2}\cos C\Rightarrow$$

$$\frac{\sin\frac{C}{2}}{\sin\frac{B}{2}}=\frac{\cos^2\frac{B}{2}\cos C}{\cos^2\frac{C}{2}\cos B}\Rightarrow$$

$$\frac{\sin\frac{C}{2}-\sin\frac{B}{2}}{\sin\frac{B}{2}}=\frac{\cos^2\frac{B}{2}\cos C-\cos^2\frac{C}{2}\cos B}{\cos^2\frac{C}{2}\cos B}$$

又

$$\cos^2\frac{B}{2}\cos C-\cos^2\frac{C}{2}\cos B=$$

$$\left(1-\sin^2\frac{B}{2}\right)\left(1-2\sin^2\frac{C}{2}\right)-\left(1-\sin^2\frac{C}{2}\right)\left(1-2\sin^2\frac{B}{2}\right)=$$

$$\sin^2\frac{B}{2}-\sin^2\frac{C}{2}=\left(\sin\frac{B}{2}-\sin\frac{C}{2}\right)\left(\sin\frac{B}{2}+\sin\frac{C}{2}\right)$$

所以

$$\frac{\sin\frac{C}{2}-\sin\frac{B}{2}}{\sin\frac{B}{2}}=\frac{-\left(\sin\frac{C}{2}-\sin\frac{B}{2}\right)\left(\sin\frac{B}{2}+\sin\frac{C}{2}\right)}{\cos^2\frac{C}{2}\cos B}\Rightarrow$$

$$\sin\frac{C}{2}-\sin\frac{B}{2}=0\Rightarrow C=B(B,C\text{ 均为锐角})$$

所以 $\triangle ABC$ 是等腰三角形.

2

线段、角的和差倍分

A 类题

❷❽ 设 a,b,c 分别是 $\triangle ABC$ 的三边的长，且 $\frac{a}{b}=\frac{a+b}{a+b+c}$，则它的内角 $\angle A,\angle B$ 的关系是(　　).

A. $\angle B>2\angle A$　　　　B. $\angle B=2\angle A$

C. $\angle B<2\angle A$　　　　D. 不确定

(2000 年全国初中数学竞赛)

解法 1　$\frac{a}{b}=\frac{a+b}{a+b+c}\Leftrightarrow\frac{a}{b}=\frac{b}{a+c}$.

考虑构造相似三角形，如图 28.1，延长 CB 至 D，使 $BD=c$，连 AD，则

$$\frac{BC}{AC}=\frac{AC}{DC}$$

所以　$\triangle ABC\backsim\triangle DAC,\angle A=\angle D$

显然　$\angle B=2\angle D$

所以　$\angle B=2\angle A$

选 B.

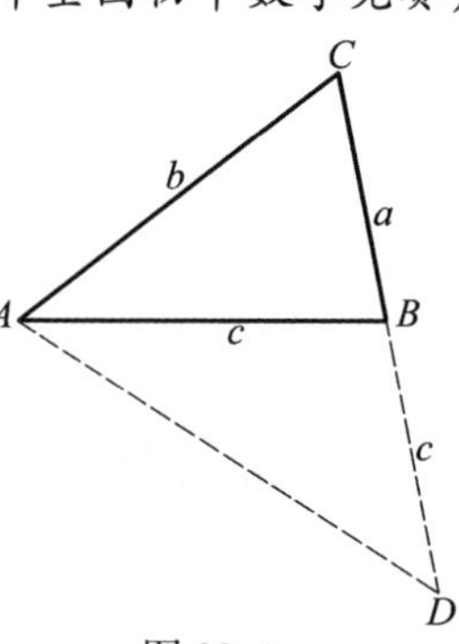

图 28.1

解法 2　$\frac{a}{b}=\frac{a+b}{a+b+c}\Leftrightarrow b^2=a(a+c)$.

联想相交弦定理，如图 28.2，延长 AC 至 E，使 $CE=b$，延长 BC 至 F，使 $CF=a+c$. 作 $EG\parallel AB$ 交 CF 于 G.

易知　$\triangle EGC\cong\triangle ABC$

所以　$CG=a,EG=c=GF$

所以　$\angle B=\angle CGE=2\angle F$

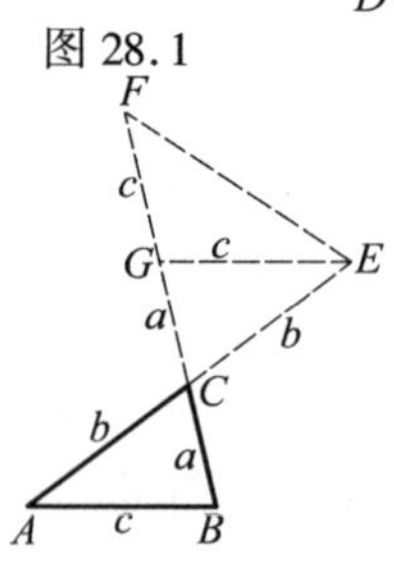

图 28.2

又 $$b^2=a(a+c)$$
即 $$AC\cdot CE=BC\cdot CF$$
所以 A,B,E,F 四点共圆,故
$$\angle F=\angle A,\angle B=2\angle A$$
选 B.

解法 3 $\frac{a}{b}=\frac{a+b}{a+b+c}\Leftrightarrow ac=(b+a)(b-a)$.

联想相交弦定理,如图 28.3.以 C 为圆心,作半径为 b 的圆,延长 AB 交圆于D,直线 CB 交圆于E,F,连 CD.则

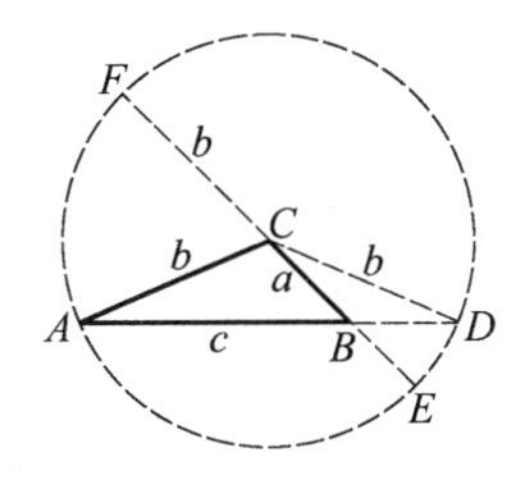

图 28.3

$$AB\cdot BD=BF\cdot BE$$
即 $$c\cdot BD=(b+a)(b-a)$$
所以 $$BD=a=BC$$
从而 $$\angle B=2\angle D$$
又因为 $$CA=CD=b,\angle A=\angle D$$
所以 $$\angle B=2\angle A$$
选 B.

解法 4 $\frac{a}{b}=\frac{a+b}{a+b+c}\Leftrightarrow b^2=a^2+ac$.

联想托勒密定理,如图 28.4.作 $\triangle ABC$ 的外接圆,作 $CD\parallel AB$ 交圆于另一点D,连 AD,BD,则 $AD=a,BD=b$.

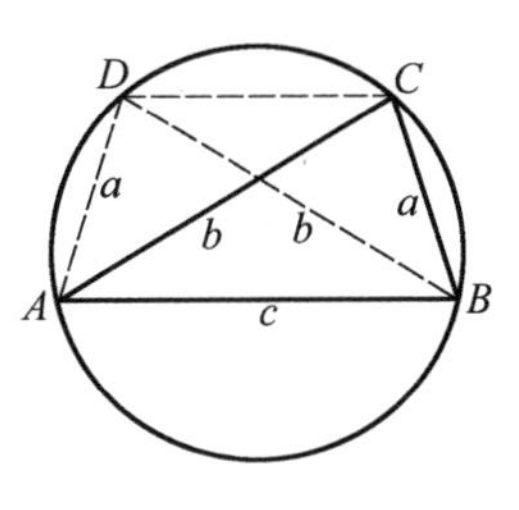

图 28.4

$$AC\cdot BD=AD\cdot BC+AB\cdot CD$$
即 $$b^2=a^2+c\cdot CD$$
所以 $$CD=a$$
于是 $$\overset{\frown}{AD}=\overset{\frown}{DC}=\overset{\frown}{CB}$$
故 $$\angle B=2\angle A$$
选 B.

解法 5 $\frac{a}{b}=\frac{a+b}{a+b+c}\Leftrightarrow b^2-a^2=ac$.

联想勾股定理,由条件知 $b>a$,作 $CD\perp AB$ 于D,则垂足 D 在AB 上,或在 AB 的延长线上,或合于 B.

① 若垂足 D 在AB 上,如图 28.5(甲)
$$b^2-a^2=AD^2-BD^2=(AD+BD)(AD-BD)=$$

$$c\cdot(AD-BD)$$

所以 $$AD-BD=a$$

在 AD 上取 $DE=BD$,连 CE,则 $\triangle CBE$ 是等腰三角形,有

$$CE=CB=a, AE=AD-BD=a$$

所以 $$AE=CE$$

所以 $$\angle B=\angle CEB=2\angle A$$

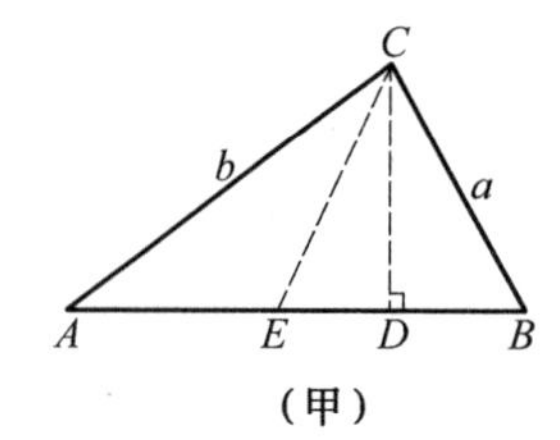

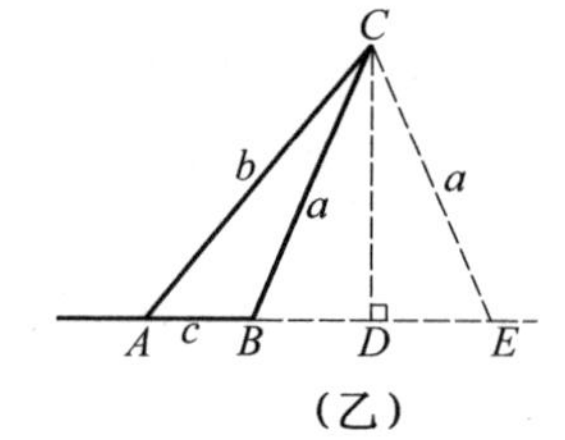

图 28.5

② 若垂足 D 在 AB 的延长线上,如图 28.5(乙),类似可证 $\angle B=2\angle A$.

③ 若垂足 D 合于 B,易证 $\angle B=2\angle A$.

选 B.

解法 6 由结论中的倍角关系,考虑作 $\angle ABC$ 的平分线 BD 交 AC 于 D(图 28.6).

则 $$\frac{CD}{AD}=\frac{a}{c}\Rightarrow\frac{CD}{a}=\frac{b}{a+c}$$

又 $$\frac{a}{b}=\frac{a+b}{a+b+c}\Leftrightarrow\frac{a}{b}=\frac{b}{a+c}$$

所以 $$\frac{CD}{a}=\frac{a}{b}$$

所以 $$\triangle BDC\backsim\triangle ABC$$

故 $$\angle B=2\angle CBD=2\angle A$$

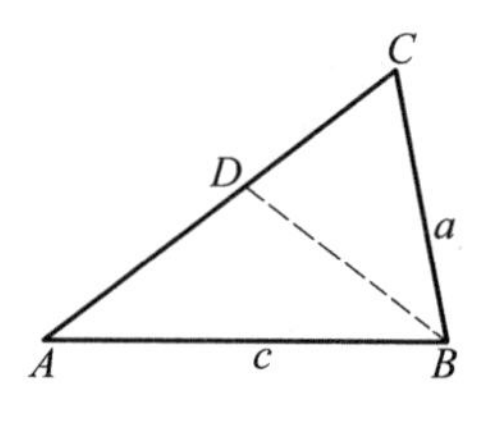

图 28.6

选 B.

解法 7 如图 28.7,作 $\angle ACB$ 的平分线交 AB 于 D,延长 CB 至 E,使 $BE=BD$,连 DE.则

$$\angle B=2\angle E$$

因为 $$\frac{BD}{AD}=\frac{a}{b}\Rightarrow BD=\frac{ac}{a+b}$$

所以 $$CE=a+BE=a+\frac{ac}{a+b}=\frac{a(a+b+c)}{a+b}$$

又 $$\frac{a}{b}=\frac{a+b}{a+b+c}$$

所以 $$CE=b$$

从而 $\triangle CAD\cong\triangle CED$，$\angle A=\angle E$，所以

$$\angle B=2\angle A$$

选 B.

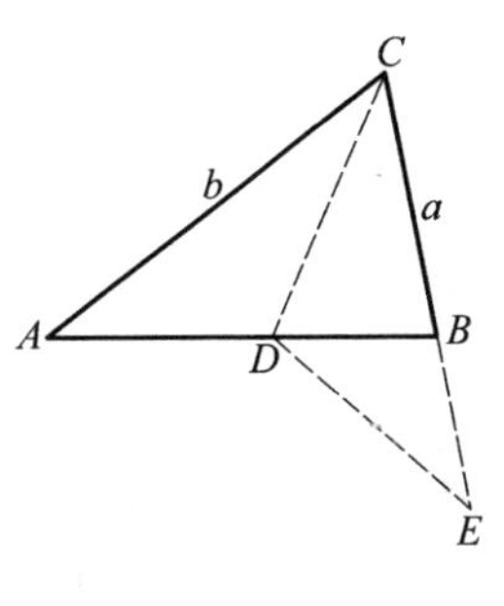

图 28.7

评注 该题还可用余弦定理或正弦定理来解，但超出了初中生的知识范畴.

㉙ 如图，在 $\triangle ABC$ 中，$AB=AC$，D 是底边 BC 上一点，E 是线段 AD 上一点，且 $\angle BED=2\angle CED=\angle BAC$. 求证：$BD=2CD$.

（1992 年全国初中数学联赛）

证法 1 如图 29.1，因 $AB=AC$，则可将 $\triangle ABE$ 绕 A 旋转至 $\triangle ACF$ 位置，延长 BE 和 CF 相交于 G，联结 EF.

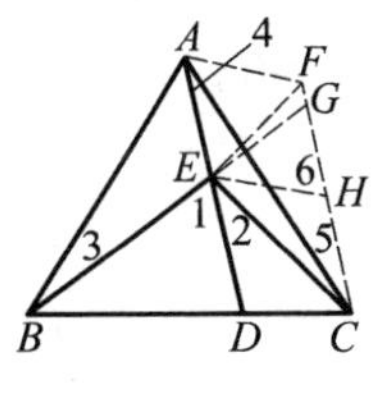

图 29.1

在等腰 $\triangle AEF$ 中，顶角 $\angle EAF=\angle A$，所以

$$\angle AEF=90°-\frac{\angle A}{2}$$

从而 $$\angle FEC=180°-\angle AEF-\angle DEC=90°$$

在 $Rt\triangle FEC$ 中，作斜边 CF 上的中线 EH，则

$$EH=CH=FH,2EH=CF=BE$$

又因为 $$\angle 4=\angle A-\angle BAE=\angle 3=\angle 5,AD\ /\!/\ CG$$

所以 $$\angle 6=2\angle ECH=2\angle 2=\angle 1=\angle EGH$$

所以 $$EG=EH$$

从而 $$BE=2EG$$

但 $$\frac{BD}{CD}=\frac{BE}{EG}$$

所以 $$BD=2CD$$

证法 2 如图 29.2，将 $\triangle ACE$ 绕 A 旋转至 $\triangle ABF$ 位置，联结 EF 交 AB 于 G，连 DG. 则

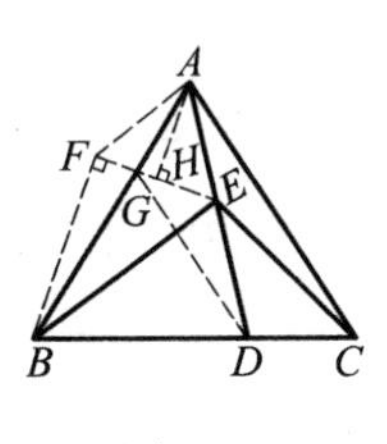

图 29.2

$$\angle AFE=\angle AEF=90°-\frac{\angle A}{2}=\angle BEF$$

$$\angle BFE=\angle AFB-\angle AFE=\angle AEC-\left(90°-\frac{\angle A}{2}\right)=90°$$

作 $AH\perp EF$ 于 H，因 $AE=AF$，则 H 为 EF 的中点. 因为

$$AH \parallel BF$$

$$\text{Rt}\triangle AHE \backsim \text{Rt}\triangle BFE$$

所以
$$\frac{AG}{BG}=\frac{AH}{BF}=\frac{EH}{EF}=\frac{1}{2}$$

又
$$\angle AEF=90^\circ-\frac{\angle A}{2}=\angle ABD$$

所以 G,B,D,E 四点共圆.

$$\angle BGD=\angle BED=\angle A, GD \parallel AC$$

所以
$$\frac{CD}{BD}=\frac{AG}{BG}=\frac{1}{2}$$

即
$$BD=2CD$$

证法3 如图29.3,作 $BF \parallel CE$ 交 ED 的延长线于 F,将 $\triangle ACE$ 绕点 A 旋转 $\angle A$ 至 $\triangle ABE'$ 位置.延长 BE' 和 EA 使它们相交于 G,联结 EE'.易知

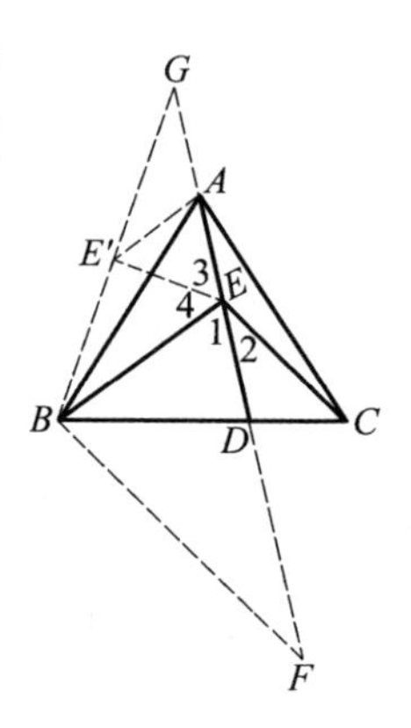

图29.3

$$\angle 3=90^\circ-\frac{\angle A}{2}=\angle 4$$

$$\angle EBG=\frac{\angle A}{2}=\angle G$$

所以
$$BG=2BE'=2CE$$

又
$$\angle G=\frac{\angle A}{2}=\angle 2=\angle F$$

所以
$$BF=BG=2CE$$

但
$$\frac{BD}{CD}=\frac{BF}{CE}$$

所以
$$BD=2CD$$

证法4 如图29.4,将 $\triangle ABD$ 以 AD 为折痕翻折至 $\triangle AB'D$ 的位置,连 EB',CB'.则

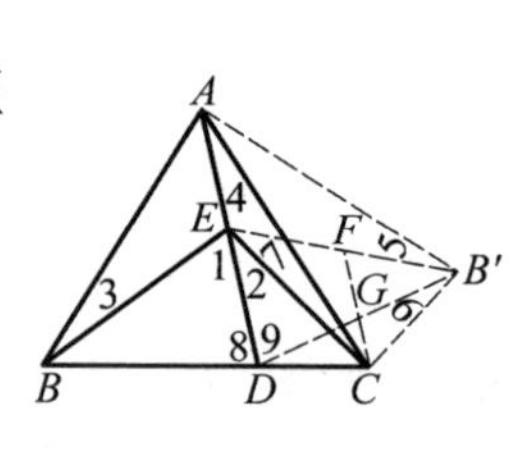

图29.4

$$\angle 7=\angle 1-\angle 2=\frac{\angle A}{2}$$

$$\angle AB'D=\angle ABD=\angle ACD=90^\circ-\frac{\angle A}{2}$$

所以 A,D,C,B' 四点共圆.所以

$$\angle 6=\angle 4=\angle A-\angle BAE=\angle 3=\angle 5$$

从而
$$\angle EB'C=\angle AB'D=90^\circ-\frac{\angle A}{2}$$

$$\angle ECB'=180^\circ-\angle 7-\angle EB'C=90^\circ$$

作 $\mathrm{Rt}\triangle B'CE$ 斜边上的中线 CF 交 DB' 于 G,则

$$CF = EF = B'F$$

$$\angle FCE = \angle 7 = \frac{\angle A}{2} = \angle 2, CF \parallel DE$$

所以 $$DG = B'G, BD = B'D = 2DG$$

但 $$\angle DCG = \angle 8 = \angle 9 = \angle DGC$$

所以 $$CD = DG$$

故 $$BD = 2CD$$

注:类似地,亦可将 $\triangle ACD$ 以 AD 为折痕翻折证明.

证法5 如图29.5,作 $AF \perp BC$ 于 F,再将 $\triangle AFC$ 以 AC 为折痕翻折至 $\triangle AGC$ 位置,连 BG 交 AC 于 M,连 DM. 则

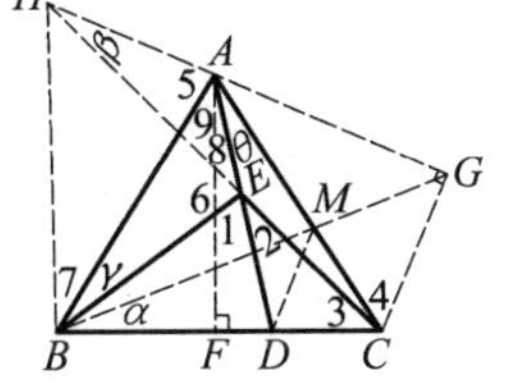

图 29.5

$$\angle 3 = \angle 4, BC = 2CF = 2CG$$

从而 $$\frac{BM}{GM} = \frac{BC}{CG} = 2$$

要证 $$\frac{BD}{CD} = 2$$

只要证明 $DM \parallel CG$ 即可.

延长 CE 与 GA 交于 H,连 BH. 因为

$$\angle 5 = \angle 6$$

所以 B,E,A,H 四点共圆,所以

$$\angle 7 = \angle 8 = \frac{\angle A}{2}$$

$$\angle HBC = \angle 7 + \angle ABC = 90^\circ = \angle AGC$$

所以 H,B,C,G 四点共圆. 所以

$$\alpha = \beta = \gamma = \angle A - \angle BAE = \theta$$

从而 A,B,D,M 四点共圆. 所以

$$\angle DMC = \angle ABD = \angle 3 = \angle 4, DM \parallel CG$$

故 $$\frac{BD}{CD} = \frac{BM}{GM} = 2$$

即 $$BD = 2CD$$

证法6 如图29.6,作 $AF \perp BC$ 于 F,将 $\triangle AFC$ 以 AC 为折痕翻折至 $\triangle AGC$ 位置,连 BG 交 AC 于 M,连 DM;延长 AD 和 GC 相交于 H,连 BH. 因为

$$\angle 3 = 180^\circ - \angle 4 - \angle 5 = \angle A = \angle 1$$

所以 E,B,H,C 四点共圆，所以

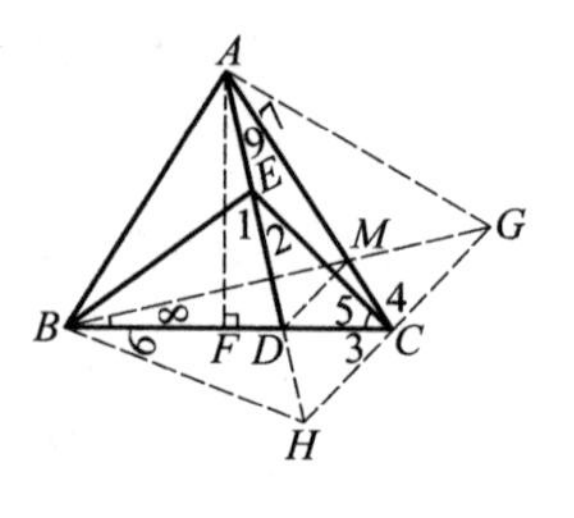

图 29.6

$$\angle 6 = \angle 2 = \frac{\angle A}{2}$$

$$\angle ABH = \angle ABC + \angle 6 = 90°$$

又 $$\angle AGC = 90°$$

所以 A,B,H,G 四点共圆.

$$\angle HBG = \angle HAG$$

但 $$\angle 6 = \frac{\angle A}{2} = \angle 7$$

所以 $\angle 8 = \angle 9, A,B,D,M$ 四点共圆，所以

$$\angle DMC = \angle ABC = \angle 5 = \angle 4$$

所以 $$DM = CD, DM \parallel CG$$

所以 $$\frac{BD}{DM} = \frac{BC}{CG}$$

但 $$BC = 2CG$$

所以 $$BD = 2DM$$

故 $$BD = 2CD$$

证法 7 如图 29.7，作 $DF \parallel AC$ 交 AB 于 F，作 $\angle BFD$ 的平分线交 BD 于 H.易知

$$FB = FD, BD = 2DH$$

作 $FG \parallel BC$ 交 AC 于 G，联结 EF,EG,DG.因为

$$\angle BFD = \angle A = \angle 1$$

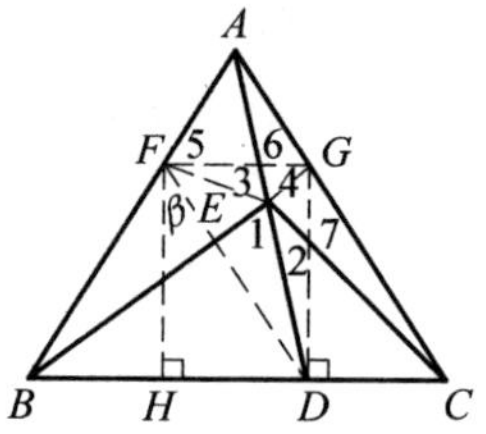

所以 F,B,D,E 四点共圆.所以

$$\angle 3 = \angle FBD = \angle GCD = \angle 6$$

图 29.7

所以 A,F,E,G 四点共圆.所以

$$\angle 4 = \angle 5 = \angle ABC = \angle ACB$$

所以 G,E,D,C 四点共圆.所以

$$\angle FDG = \angle 7 = \angle 2 = \frac{\angle A}{2} = \angle 8, DG \parallel FH$$

从而 $FGCD$ 和 $FHDG$ 均为平行四边形.所以

$$CD = FG = DH$$

所以 $$BD = 2CD$$

证法 8 如图 29.8，作 BD 的中垂线，交 AB,BD 分别于 M,F，连 DM，又作 $DN \perp DC$ 交 AC 于 N.因为

$$\angle BMD = \angle A = \angle BED$$

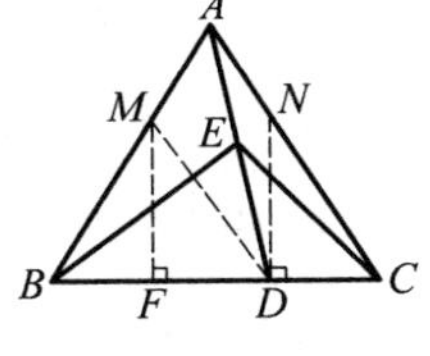

图 29.8

所以 M,B,D,E 四点共圆,所以

$$AM \cdot AB = AE \cdot AD \quad ①$$

又 $$\angle DNC = \frac{1}{2}\angle A = \angle DEC$$

所以 E,D,C,N 四点共圆,所以

$$AN \cdot AC = AE \cdot AD \quad ②$$

由 ① 与 ② 可得

$$AM = AN$$

从而 $$MB = NC$$

于是 $$\text{Rt}\triangle MFB \cong \text{Rt}\triangle NDC, BF = CD$$

故 $$BD = 2BF = 2CD$$

证法 9 如图 29.9,延长 ED 交圆 EBC 于 F,$\angle BED$ 的平分线交圆 EBC 于 G,连 BG,GF,CF. H,P 分别为直线 GF 与 AB,AC 的交点,因为

图 29.9

$$\angle BEG = \angle FEG = \angle CED$$

所以 $$BG = GF = CF$$

且 $$BC \parallel GF$$

又 $$\angle H = \angle ABC = 90^\circ - \frac{\angle A}{2}$$

$$\angle HBG = 180^\circ - \angle GBC - \angle ABC = 90^\circ - \frac{\angle A}{2}$$

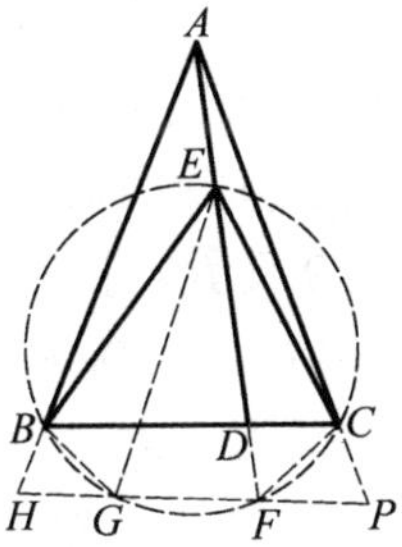

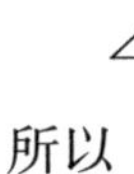

所以 $$\angle H = \angle HBG$$

所以 $$BG = HG$$

同理 $$CF = PF$$

从而 $$HF = 2PF$$

但 $$\frac{BD}{HF} = \frac{CD}{PF}$$

所以 $$BD = 2CD$$

证法 10 如图 29.10,作 $DF \perp AB$ 于 F,$FG \parallel BE$ 交 AE 于 G,$GH \parallel CE$ 交 AC 于 H,连 FH. 因为

$$\frac{BF}{AB} = \frac{EG}{AE} = \frac{CH}{AC}$$

所以 $$BF = CH$$

且 $$FH \parallel BC$$

所以 $$\angle 3 = \angle 4 = \frac{\angle A}{2} = \angle 2 = \angle 5$$

所以 G,F,D,H 四点共圆,所以

$$\angle 8 = \angle 7 = \angle 6 = \angle 1 = \angle A$$

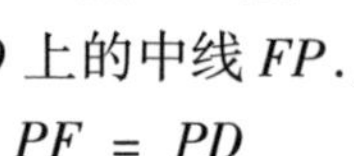

作 Rt$\triangle BFD$ 的斜边 BD 上的中线 FP.则

$$PF = PD$$

所以 $$\angle 9 = 2\angle 4 = \angle A$$

所以 $$\angle 8 = \angle 9$$

又 $$\angle HCD = \angle FBP, BF = CH$$

所以 $$\triangle CHD \cong \triangle BFP$$

所以 $$CD = BP = PD$$

故 $$BD = 2CD$$

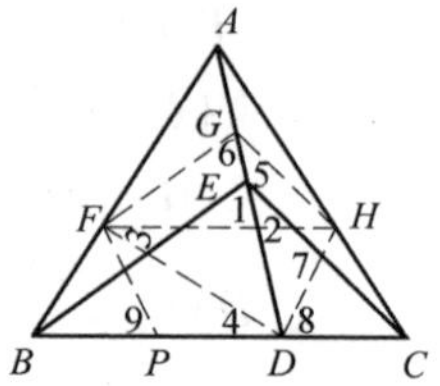

图 29.10

证法 11 如图 29.11,作 $DF \perp AC$ 于 F,延长 DF 至 G,使 $FG = DF$;延长 GC 和 AD 使它们相交于 H,连 BH;又作 $DP \parallel AB$ 交 BH 于 P,$DQ \parallel AC$ 交 CH 于 Q.则

$$\angle 7 = \angle DCF = \angle FCG = \angle 5$$

所以 $$CQ = CD = CG$$

从而 $$GQ = 2CD$$

因为 $$\angle 3 = \angle A = \angle 1$$

所以 E,B,H,C 四点共圆.所以

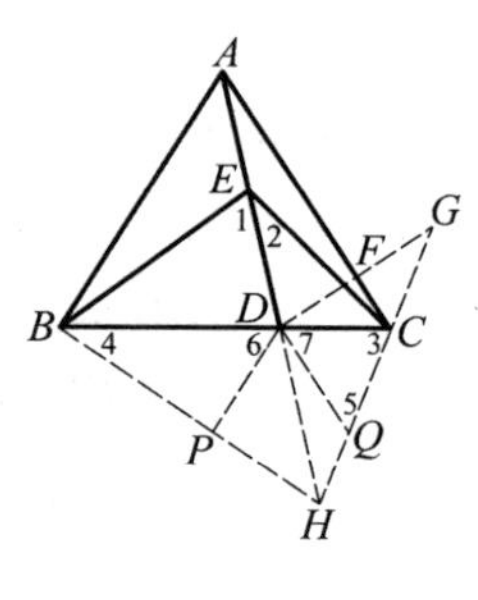

图 29.11

$$\angle 4 = \angle 2 = \frac{\angle A}{2} = \angle G$$

又 $$\angle 6 = \angle ABD = \angle DCF = \angle 5$$

$$\frac{DP}{AB} = \frac{DH}{AH} = \frac{DQ}{AC}$$

所以 $$DP = DQ$$

所以 $$\triangle BPD \cong \triangle GDQ$$

所以 $$BD = GQ = 2CD$$

证法 12 如图 29.12,$\triangle EBC$ 的外接圆与 ED 的延长线相交于 F,连 BF,CF.作 $DG \parallel BF$ 交 AB 于 G,$DK \parallel CF$ 交 AC 于 K.因为

$$\angle KDC = \angle 3 = \angle 1 = \angle A$$

所以 $$\angle DKC = 180° - \angle KDC - \angle KCD =$$

$$180° - \frac{\angle A}{2} = \angle KCD$$

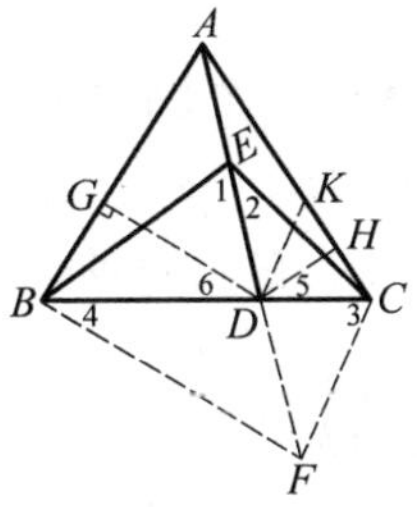

作 $\angle KDC$ 的平分线 DH，则 $CK = 2CH$. 且 $DH \perp CK$

图 29.12

又因为 $$\frac{BG}{AB} = \frac{DF}{AF} = \frac{CK}{AC}$$

所以 $$BG = CK = 2CH$$

因为 $$\angle GBD = \angle HCD$$

所以 $$\mathrm{Rt}\triangle BGD \backsim \mathrm{Rt}\triangle CHD$$

所以 $$\frac{BD}{CD} = \frac{BG}{CH}$$

故 $$BD = 2CD$$

证法 13 如图 29.13，$\triangle EBC$ 的外接圆交 ED 的延长线于 F，过 A 作 $GH \parallel BC$ 交 FB，FC 的延长线分别于 G，H.

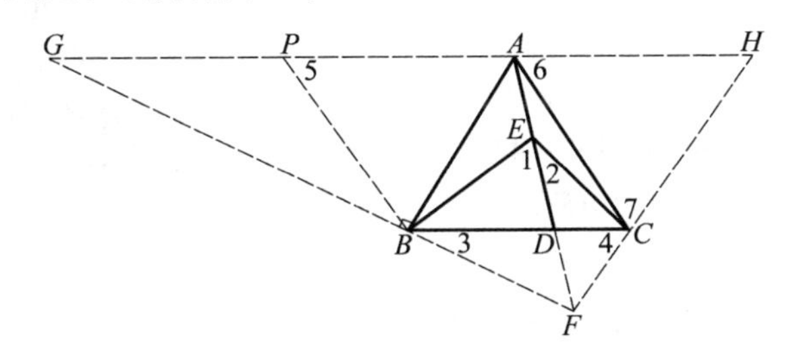

图 29.13

因为 $$\angle 3 = \angle 2 = \frac{\angle A}{2}$$

$$\angle ABC + \angle 3 = (90° - \frac{\angle A}{2}) + \frac{\angle A}{2} = 90°$$

所以 $\triangle ABG$ 为直角三角形，作斜边 AG 上之中线 BP. 则

$$AG = 2BP, \angle 5 = 2\angle G = 2\angle 3 = \angle A$$

又 $$\angle H = \angle 4 = \angle 1 = \angle A$$

所以 $\angle 5 = \angle H$，$BCHP$ 为等腰梯形. 所以

$$CH = BP$$

易知 $$\angle 6 = 90° - \frac{\angle A}{2} = \angle 7$$

所以 $$AH = CH = BP$$

故 $$AG = 2AH$$

但 $$\frac{CD}{BD} = \frac{AH}{AG}$$

所以 $$BD = 2CD$$

证法 14 如图 29.14，ED 的延长线交 $\triangle EBC$ 的外接圆于 F，任作 $GH \parallel BC$ 交 FB，FC，AB，AC，AD（或它们的延长线）分别于 G，H，M，N，E'．P 为 GM 的中点．

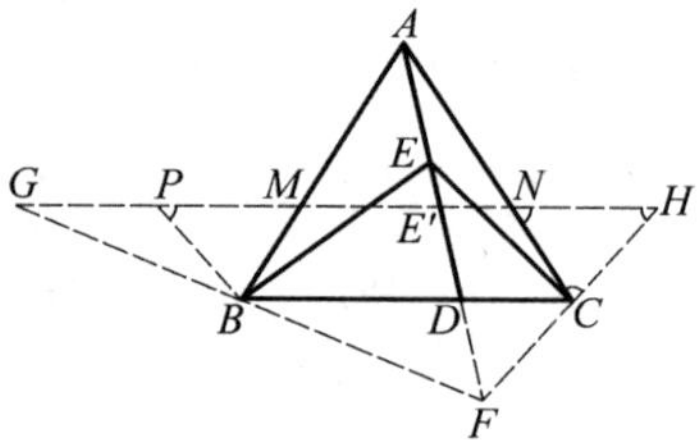

同证法 13 可得

$$GM = 2NH$$

所以

图 29.14

$$\frac{NE'}{ME'} = \frac{CD}{BD} = \frac{HE'}{GE'} = \frac{HE' - NE'}{GE' - ME'} = \frac{NH}{GM} = \frac{1}{2}$$

故 $$BD = 2CD$$

证法 15 如图 29.15，作 $BF \parallel AC$ 交 AD 的延长线于 F，连 CF．因为

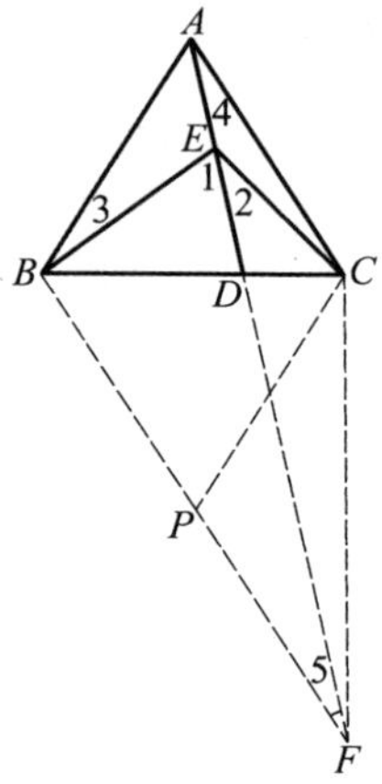

$$\angle 3 = \angle A - \angle BAE = \angle 4 = \angle 5$$

所以 $$AC^2 = AB^2 = AE \cdot AF$$

于是 $$\triangle ACF \backsim \triangle AEC$$

所以 $$\angle ACF = \angle AEC$$

从而 $$\angle BCF = \angle AEC - \angle ACB = \left(180^\circ - \frac{\angle A}{2}\right) - \left(90^\circ - \frac{\angle A}{2}\right) = 90^\circ$$

设 P 为 BF 的中点，连 CP，则

$$CP = BP = PF$$

所以 $$\angle BCP = 90^\circ - \frac{\angle A}{2} = \angle ABC$$

图 29.15

所以 $CP \parallel AB$，又 $BP \parallel AC$，所以 $ABPC$ 为平行四边形

$$2AC = 2BP = BF$$

但 $$\frac{BD}{CD} = \frac{BF}{AC}$$

所以 $$BD = 2CD$$

证法 16 如图 29.16，过 B 作 BC 的垂线交 CA，DA 的延长线分别于 F，G．作 $GH \parallel AF$ 交 BA 的延长线于 H，连 FH 交 AG 于 K．则

$$\angle BFC = 90^\circ - \angle ACB = \frac{\angle A}{2} = \angle ABF$$

所以 $$AF = AB = AC$$

又 $$\angle GHA=\angle FAB=180^\circ-\angle A=\angle AEB$$

$$\angle GFA=180^\circ-\frac{\angle A}{2}=\angle AEC$$

所以 G,H,E,B 和 G,F,E,C 分别四点共圆.所以

$$AH\cdot AB=AE\cdot AG=AF\cdot AC$$

故 $$AH=AF=AB=AC,FH/\!/BC$$

所以 $$FK=CD$$

又 $$\left.\begin{matrix}AB=AH\\AF/\!/GH\end{matrix}\right\}\Rightarrow\left.\begin{matrix}BF=FG\\FH/\!/BC\end{matrix}\right\}\Rightarrow BD=2FK$$

所以 $$BD=2CD$$

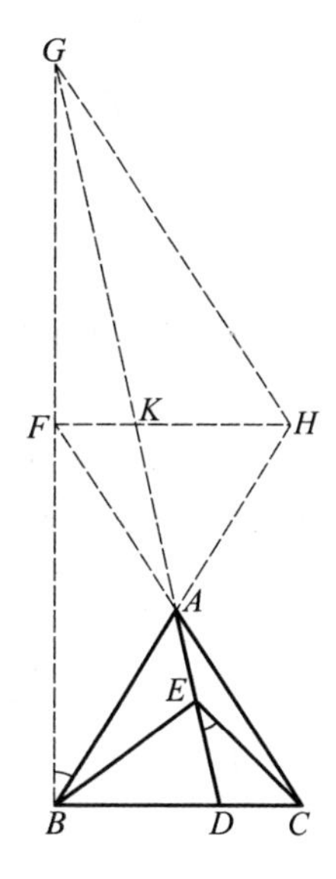

图 29.16

证法 17 如图 29.17,作 $CF/\!/AB$ 交 AD 的延长线于 F, $FG/\!/AC$ 交 AB 于 G,又作 $FH\perp BC$ 交 BC,AC 分别于 N,H.则

$$\angle BGF=\angle A=\angle BEF$$

$$\angle CHF=90^\circ-\angle HCN=\frac{\angle A}{2}=\angle CEF$$

所以 G,B,F,E 和 H,C,F,E 分别四点共圆.所以

$$AG\cdot AB=AE\cdot AF=AH\cdot AC$$

所以 $$AG=AH$$

从而 $$BG=CH$$

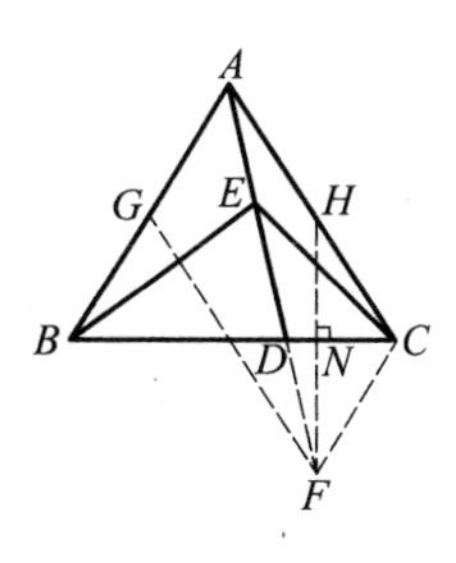

图 29.17

又 $$\angle CFN=90^\circ-\angle NCF=\frac{\angle A}{2}=\angle CHF$$

$AGFC$ 为平行四边形,所以

$$CH=CF=AG$$

于是 $$BG=CF=AG,AB=2CF$$

但 $$\frac{BD}{CD}=\frac{AB}{CF}$$

故 $$BD=2CD$$

证法 18 如图 29.18,F 为直线 AD 上任一点,$FG/\!/AC$ 交 AB,BC 分别于 G,M,$FH\perp BC$ 交 BC,AC 分别于 N,H. GH 交 AD 于 K.

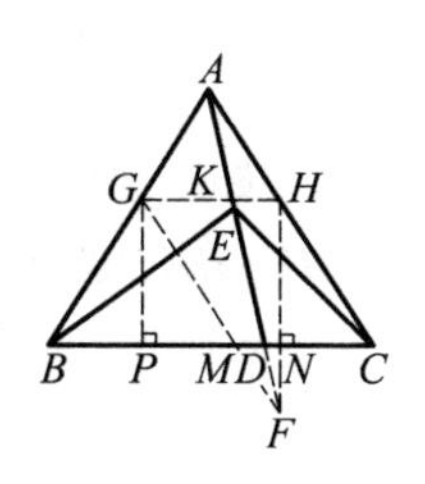

图 29.18

同证法 17 得:$BG=CH$.作 $GP\perp BM$ 于 P,则

$$\triangle GBP\cong\triangle HCN$$

所以 $$BM=2BP=2CN$$

又易知 $GH/\!/BC$,所以

$$\frac{CD}{BD}=\frac{HK}{GK}=\frac{ND}{DM}=\frac{CD-DN}{BD-DM}=\frac{CN}{BM}=\frac{1}{2}$$

所以 $$BD=2CD$$

证法 19 如图 29.19,作 $CF /\!/ AD$ 交 BA 和 BE 的延长线分别于 F,H,连 AH,又作 $\angle PEC=\frac{\angle A}{2}$,边 EP 交 AC,CF 分别于 G,P,连 FG,AP.因为

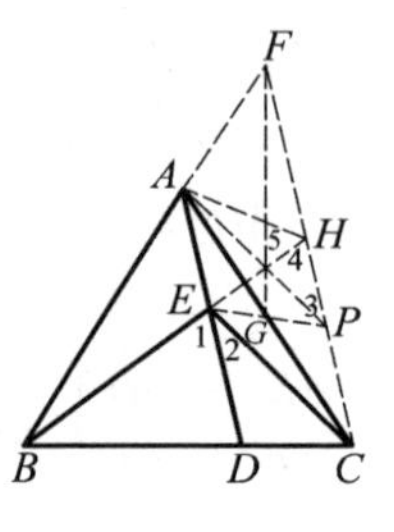

图 29.19

$$\angle 4=\angle 1=\angle A$$

所以 A,B,C,H 四点共圆.所以

$$\angle 5=90^\circ-\frac{\angle A}{2}=\angle EAH,AE=EH$$

又 $$\angle 4=\angle A=\angle DEP=\angle 3,EH=EP$$

所以 $AE=EP$,从而

$$\angle PAE=\frac{1}{2}\angle DEP=\angle 2$$

所以 $AP /\!/ CE$.所以 $AECP$ 为平行四边形.所以

$$AG=\frac{1}{2}AC=\frac{1}{2}AB$$

因为 $$\angle BAC=\angle 3$$

所以 A,G,P,F 四点共圆,又

$$\angle APG=\angle CEP=\frac{\angle A}{2}=\angle APF$$

所以 $$AF=AG=\frac{1}{2}AB$$

又因为 $$\frac{BD}{CD}=\frac{AB}{AF}$$

所以 $$BD=2CD$$

证法20 如图29.20,以 D 为圆心,DC 长为半径画弧交 AC 于 F,连 BF,DF,则 $\angle FDC=\angle A,A,B,D,F$ 四点共圆.所以

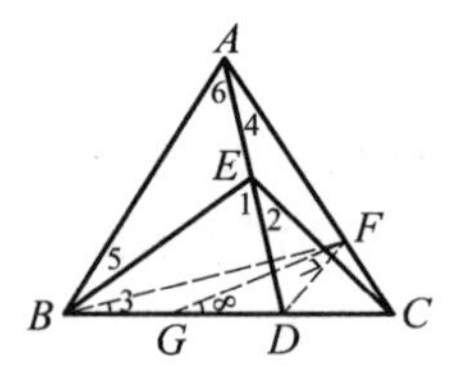

图 29.20

$$\angle 3=\angle 4=\angle 5,\angle 7=\angle 6$$

所以 $$\triangle FBD\backsim\triangle ABE$$

$$\frac{DF}{AE}=\frac{BF}{AB} \quad ①$$

在 BD 上取点 G,使 $DG=DF$,联结 FG,则

$$\angle 8 = \frac{1}{2}\angle FDC = \frac{\angle A}{2} = \angle 2$$

从而 $$\angle BGF = \angle AEC$$

又 $$\angle 3 = \angle 4$$

所以 $$\triangle BFG \backsim \triangle ACE$$

$$\frac{BG}{AE} = \frac{BF}{AC} \quad ②$$

由式①和②及 $AB = AC$,得

$$BG = DF$$

又 $$DC = DF = DG$$

所以 $$BD = 2CD$$

注:将 BD 作一旋转变换,同样可以获证.

证法21 如图29.21,作 $BF \parallel AD$ 交 CA 的延长线于 F,要证 $BD = 2CD$,只要证明 $AF = 2AC$ 即可.

在 AF 上取点 G,使 $AG = AB = AC$,联结 BG.因为

$$\angle FAB = 180° - \angle A = \angle BEA$$

$$\angle FBA = \angle BAE$$

所以 $$\triangle ABF \backsim \triangle EAB$$

$$\frac{AB}{AE} = \frac{BF}{AB} \quad ①$$

又 $$\angle F = \angle 3$$

$$\angle 5 = \frac{\angle A}{2} = \angle 2 \Rightarrow \angle FGB = \angle AEC$$

所以 $$\triangle FGB \backsim \triangle AEC$$

$$\frac{FG}{AE} = \frac{BF}{AC} \quad ②$$

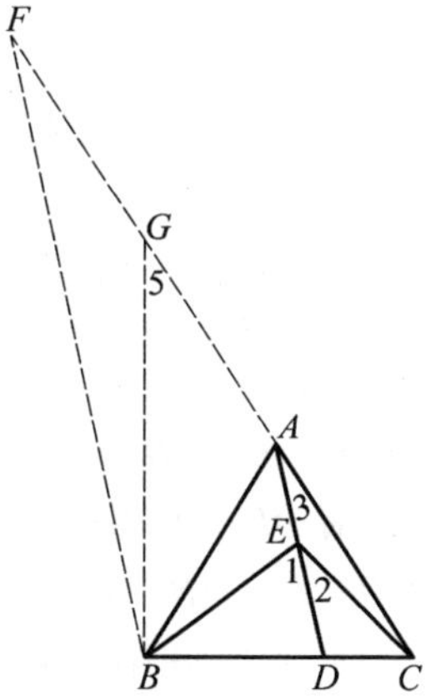

图29.21

由式①与②,可得

$$FG = AB = AC = AG$$

从而 $AF = 2AC$,故 $BD = 2CD$.

注:过 B 作 AC 的平行线,或过 D 作 AB 或 AC 的平行线,或过 C 作 AD 或 AB 的平行线,均可用此方法证明本题.

证法22 如图29.22,从 A 引 AB 的垂线交 BC(或其延长线)于 F.设 G 为 BF 的中点,以 A 为圆心,AG 长为半径画弧交 BC 于另一点 H,联结 AH.因为

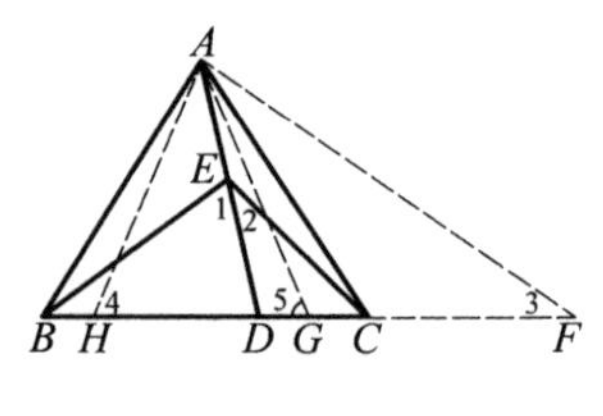

图 29.22

$$\angle 3 = 90° - \angle ABC = \frac{\angle A}{2} = \angle 2$$

所以 A, E, C, F 四点共圆. 又

$$AG = GF = BG$$

所以 $\angle 5 = 2\angle 3 = \angle A = \angle 1$

而 $\angle 4 = \angle 5$

所以 $\angle 4 = \angle 1 \Rightarrow A, H, B, E$ 四点共圆. 故

$$CD \cdot DF = DE \cdot DA = BD \cdot DH$$

即 $$\frac{CD}{BD} = \frac{DH}{DF}$$

又 $$\angle HAC = 180° - \angle 4 - \angle ACB = 90° - \frac{\angle A}{2} = \angle ACB$$

所以 $$CH = AH = AG = \frac{1}{2}BF$$

$$DH = CH - CD = \frac{1}{2}BF - CD$$

所以 $$\frac{CD}{BD} = \frac{\frac{1}{2}BF - CD}{DF} = \frac{CD + \frac{1}{2}BF - CD}{BD + DF} = \frac{1}{2}$$

所以 $$BD = 2CD$$

证法 23 如图 29.23, ED 的延长线交 $\triangle EBC$ 的外接圆于 F, 联结 BF, CF. 则

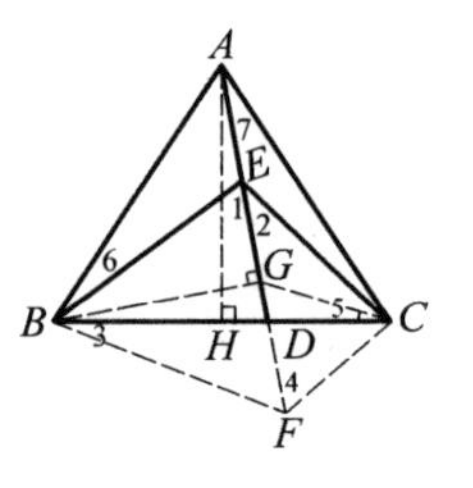

图 29.23

$$\angle ABF = \angle ABC + \angle 3 = \angle ABC + \angle 2 = 90°$$

作 $BG \perp AF$ 于 G, 联结 CG. 则

$$AC^2 = AB^2 = AG \cdot AF$$

所以 $\angle ACG = \angle 4 = \angle EBD$

从而 $\angle 5 = \angle 6 = \angle 7$

所以 $$CD^2 = DG \cdot DA$$

作 $AH \perp BC$ 于 H, 则 H 为 BC 的中点.

因为 A, B, H, G 四点共圆, 所以

$$DG \cdot DA = DH \cdot BD$$

所以 $$CD^2 = DH \cdot BD$$

即 $$\frac{CD}{BD} = \frac{DH}{CD} = \frac{CD + DH}{BD + CD} = \frac{CH}{BC} = \frac{1}{2}$$

故 $$BD = 2CD$$

证法 24 如图 29.24, 在 BE 上取 $BF = AE$, 联结 AF.

易知　$\triangle ABF \cong \triangle CAE, BF = AE = EF$

所以　$S_{\triangle ABE} = 2S_{\triangle ABF} = 2S_{\triangle CAE}$

又　$$\frac{BD}{CD} = \frac{S_{\triangle ABE}}{S_{\triangle CAE}}$$

所以　$BD = 2CD$

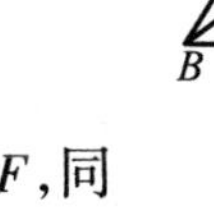

图 29.24

注：在 AE 的延长线上取点 F，使 $AF = BE$，联结 CF，同样可获证.

证法 25　如图 29.25，延长 BA 至 F，使 $AF = AC = AB$，联结 EF，CF，延长 BE 至 G. 因为

$$\angle AFC = \frac{\angle A}{2} = \angle 2$$

所以 A，E，C，F 四点共圆. 所以

$$\angle 6 = \angle 5 = \frac{\angle A}{2} = \angle 7$$

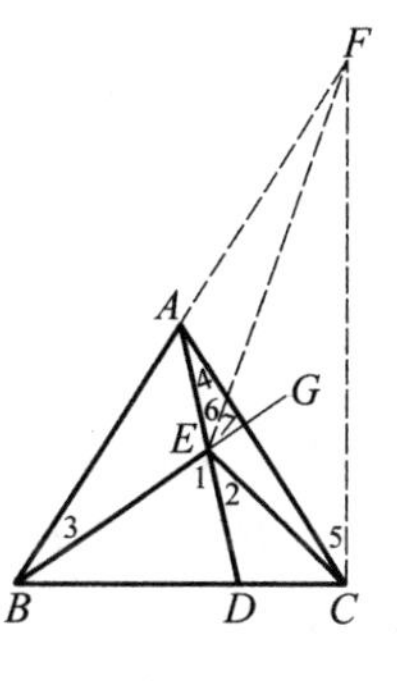

图 29.25

所以　$$\frac{BE}{AE} = \frac{BF}{AF} = 2$$

又　$\angle 3 = \angle A - \angle BAE = \angle 4$

所以　$$\frac{BD}{CD} = \frac{S_{\triangle ABE}}{S_{\triangle AEC}} = \frac{AB \cdot BE}{AC \cdot AE} = 2$$

即　$BD = 2CD$

证法 26　如图 29.26，过点 B 作 AB 的垂线交 AD 的延长线于 F，联结 CF. 则

$$\angle 3 = \frac{\angle A}{2} = \angle 2$$

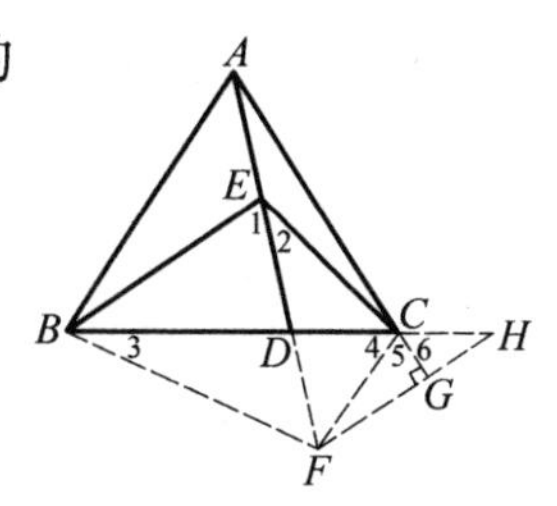

图 29.26

所以 E，B，F，C 四点共圆. 所以

$$\angle 4 = \angle 1 = \angle A$$

从 F 引 AC 的垂线交 BC 的延长线于 H，G 为垂足. 因为

$$\angle 5 = 180° - \angle 4 - \angle ACB = 90° - \frac{\angle A}{2} = \angle 6$$

所以 G 为 FH 的中点，从而 $FH = 2FG$. 又

$$\angle H = \frac{\angle A}{2} = \angle 3$$

所以　$BF = FH = 2FG$

故　$$\frac{BD}{CD} = \frac{S_{\triangle ABF}}{S_{\triangle ACF}} = \frac{AB \cdot BF}{AC \cdot FG} = 2$$

即 $$BD = 2CD$$

证法 27 如图 29.27,作 $CF \parallel BE$ 交 ED 的延长线于 F. 在 AF 上取点 G,使 $AG = BE$,连 CG. 因为

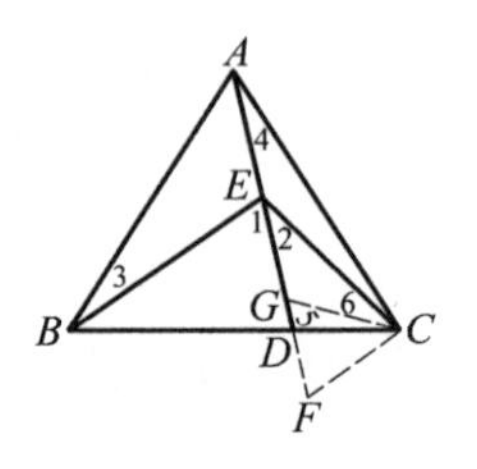

图 29.27

$$\angle 3 = \angle A - \angle BAE = \angle 4, AB = AC$$

所以 $$\triangle ABE \cong \triangle ACG$$

所以 $$AE = CG$$

$$\angle 5 = \angle 1 = 2\angle 2 \Rightarrow \angle 2 = \angle 6 \Rightarrow CG = EG$$

又 $$\angle 5 = \angle 1 = \angle F \Rightarrow CF = CG$$

所以 $$BE = AG = AE + EG = 2CF$$

但 $$\frac{BD}{CD} = \frac{BE}{CF}$$

所以 $$BD = 2CD$$

证法 28 如图 29.28,延长 CE 和 BE 交 $\triangle ABC$ 的外接圆分别于 F,H. 联结 BF 并延长交 DA 的延长线与 G,联结 AF,AH,CH. 因为

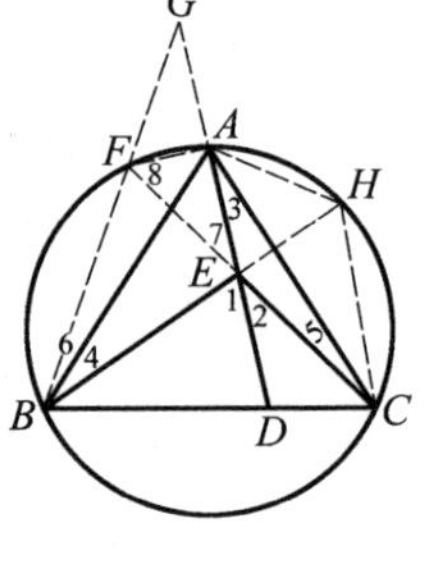

图 29.28

$$\angle 4 = \angle A - \angle BAE = \angle 3$$

所以 $$\angle EBG = \angle 4 + \angle 6 = \angle 3 + \angle 5 = \angle 2 = \frac{\angle A}{2}$$

$$\angle G = \angle 1 - \angle EBG = \frac{\angle A}{2}$$

所以 $$\angle EBG = \angle G, BE = EG$$

又 $$\angle FAE = 180^\circ - \angle 7 - \angle 8 = 90^\circ$$

$$\angle G = \frac{\angle A}{2} = \angle 7$$

所以 $$AE = AG$$

从而 $$BE = EG = 2AE$$

又 $$\angle AHE = \angle ACB = 90^\circ - \frac{\angle A}{2}$$

所以 $$\angle AHE = \angle HAE, AE = EH$$

于是 $$BE = 2EH$$

又 $$\angle EHC = \angle A = \angle 1, CH \parallel DE$$

所以 $$\frac{BD}{CD} = \frac{BE}{EH}$$

故 $$BD = 2CD$$

证法 29 如图 29.29,延长 AD 交 $\triangle ABC$ 的外接圆于 F,联结 BF,CF. 因为

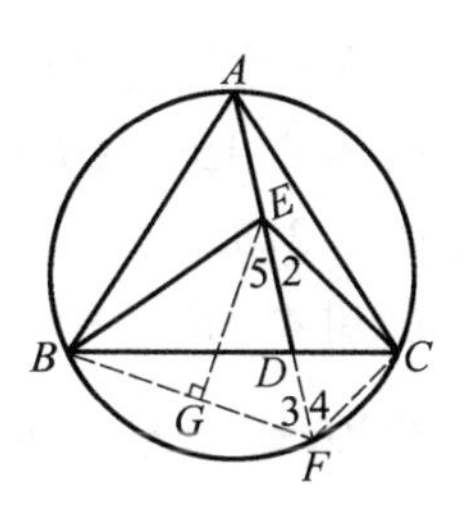

图 29.29

$$\angle 3 = \angle ACB = 90° - \frac{\angle A}{2}$$

$$\angle EBF = 180° - \angle 3 - \angle BED = 90° - \frac{\angle A}{2}$$

所以 $$\angle 3 = \angle EBF$$

作 EG 平分 $\angle BED$ 交 BF 于 G.则

$$BG = GF, BF = 2FG$$

又 $$\angle 5 = \angle 2$$

$$\angle 3 = \angle ACB = \angle ABC = \angle 4$$

所以 $$\triangle EGF \cong \triangle ECF$$

所以 $$BF = 2FG = 2CF$$

但 $$\frac{BD}{CD} = \frac{BF}{CF}\text{(三角形内角平分线性质)}$$

所以 $$BD = 2CD$$

证法30 可设 $\angle ABE = \angle EAC = \alpha$,对 $\triangle ABE$ 和 $\triangle ACE$ 分别应用正弦定理得

$$\frac{AE}{\sin \alpha} = \frac{AB}{\sin A}, \frac{CE}{\sin \alpha} = \frac{AC}{\sin \frac{A}{2}}$$

所以 $$\frac{AE}{CE} = \frac{1}{2\cos \frac{A}{2}}$$

又 $$\frac{AE}{CE} = \frac{\sin (\frac{A}{2} - \alpha)}{\sin \alpha}\text{(对 }\triangle ACE\text{ 用正弦定理)}$$

所以 $$\frac{1}{2\cos \frac{A}{2}} = \frac{\sin (\frac{A}{2} - \alpha)}{\sin \alpha}$$

即 $$\sin \alpha = 2\sin (\frac{A}{2} - \alpha)\cos \frac{A}{2}$$

所以 $$\sin (A - \alpha) = 2\sin \alpha$$

又 $$\frac{BD}{\sin (A - \alpha)} = \frac{AB}{\sin \angle ADB} = \frac{AC}{\sin \angle ADC} = \frac{CD}{\sin \alpha}$$

所以 $$BD = 2CD$$

评注 本题构造巧妙,难度较大,但证明思路宽广,几乎所有平面几何常用证题方法,都可用来证明本题.

下面是一组结构、证法、难度与原题相类似的新题，供读者试一试.

① 已知$\triangle ABC$，$AB = AC$，点D在BC上，$BE \perp AD$于E，且$\angle CED = \angle C$. 求证：$BD = 2DC$.

② 已知$\triangle ABC$，$AC = BC$，点D在BC上，点E在线段AD上，且$\angle BED = \angle A$，$\angle CED = \frac{1}{2}\angle C$. 求证：$BD = 2DC$.

③ 已知$\triangle ABC$，$\angle C = 2\angle B$，点D在BC上，点E在线段AD上，$\angle BED = \angle CED = 90° - \angle B$，求证：$BD = 2DC$.

④ 已知$Rt\triangle ABC$，$\angle C = 90°$，点D在BC上，点E在射线DA上，$\angle BED = \angle CED = \angle B$. 求证：$BD = 2DC$.

⑤ 已知$Rt\triangle ABC$，$\angle A = 90°$，点D在BC上，点E在线段AD上，且$\angle BED = 2\angle B$，$\angle CED = \angle C$. 求证：$BD = 2DC$.

B 类题

㉚ 如图30.1，在$\triangle ABC$中，$\angle A = 60°$，$\triangle ABC$的内切圆圆I'分别切边AB，AC于点D，E，直线DE分别与直线BI，CI相交于点F，G. 证明：$FG = \frac{1}{2}BC$.

（2007年中国东南地区数学奥林匹克）

证法1 如图30.1，联结IE，CF，因为

$$\angle AEF = \frac{1}{2}(180° - \angle A) = 90° - \frac{1}{2}\angle A$$

$$\angle FIC = \angle IBC + \angle ICB = \frac{1}{2}\angle B + \frac{1}{2}\angle C = 90° - \frac{1}{2}\angle A$$

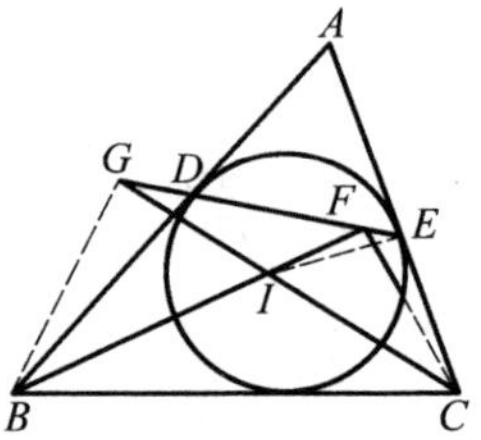

所以
$$\angle AEF = \angle FIC$$
E，F，I，C四点共圆. 所以
$$\angle IFC = \angle IEC = 90°$$
从而
$$\angle FCG = 90° - \angle FBC - \angle ICB = \frac{1}{2}\angle A = 30°$$
又易算出

图30.1

$$\angle GFB = \angle ADE - \angle DBF = \frac{1}{2}\angle C = \angle GCB$$

所以 G,B,C,F 四点共圆,而

$$\angle BFC = 90^\circ$$

所以
$$FG = BC\sin\angle FCB = \frac{1}{2}BC$$

证法 2 如图 30.1,联结 IE,BG.因为

$$\angle FGC = \angle AED - \angle ACG = 90^\circ - \frac{1}{2}\angle A - \frac{1}{2}\angle C = \frac{1}{2}\angle B = \angle FBC$$

所以 F,G,B,C 四点共圆.

又
$$\angle BCG = \angle GCE$$

所以
$$\triangle IBC \backsim \triangle EGC, \frac{BC}{CG} = \frac{CI}{CE}$$

从而
$$\triangle BCG \backsim \triangle ICE, \angle BGC = \angle IEC = 90^\circ$$

又因
$$\angle GBF = 90^\circ - \angle IBC - \angle ICB = \frac{1}{2}\angle A = 30^\circ$$

所以
$$FG = BC\sin\angle GBF = \frac{1}{2}BC$$

31 设 $\triangle ABC$ 是锐角三角形,在 $\triangle ABC$ 外分别作等腰直角三角形 $\triangle BCD$,$\triangle ABE$ 和 $\triangle CAF$.在这三个三角形中,$\angle BDC$,$\angle BAE$,$\angle CFA$ 是直角.又在四边形 $BCFE$ 外作等腰 $\mathrm{Rt}\triangle EFG$,$\angle EFG$ 是直角.求证:

(1)$GA = \sqrt{2}AD$;

(2)$\angle GAD = 135^\circ$. (1994 年上海市高三数学竞赛)

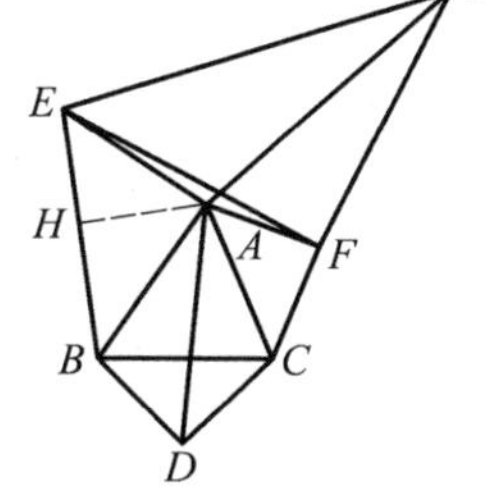

图 31.1

证法 1 如图 31.1,作 $AH \perp BE$ 于 H,则 AD 经位似旋转变换 $S(B,45^\circ,\sqrt{2})$ 变为 EC,EC 经位似旋转变换 $S(A,45^\circ,\frac{1}{\sqrt{2}})$ 变为 HF,HF 再经位似旋转变换 $S(E,45^\circ,$

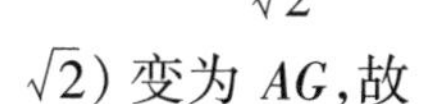
$\sqrt{2})$ 变为 AG,故

$$GA = \sqrt{2}\cdot\frac{1}{\sqrt{2}}\cdot\sqrt{2}AD = \sqrt{2}AD$$

$$\angle GAD = 45^\circ + 45^\circ + 45^\circ = 135^\circ$$

证法 2 如图 31.2,在 $\triangle AEG$ 外作等腰 $\mathrm{Rt}\triangle AGH$,$\angle AHG$ 是直角,在 $\triangle ABC$ 内作等腰 $\mathrm{Rt}\triangle ACK$,$\angle AKC$ 是直角,连 FH,DK.因为

$$\frac{GE}{GF} = \sqrt{2} = \frac{GA}{GH}$$

$$\angle EGA = 45° - \angle AGF = \angle FGH$$

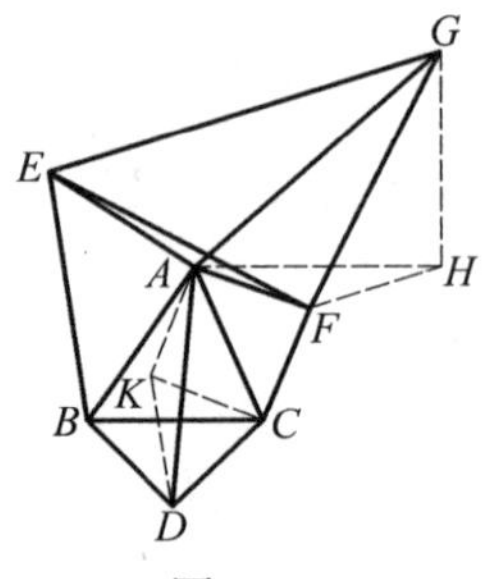

图 31.2

所以 $$\triangle GEA \backsim \triangle GFH$$

所以 $$\frac{AE}{FH} = \sqrt{2}$$

即 $$FH = \frac{AE}{\sqrt{2}} = \frac{AB}{\sqrt{2}}$$

且 $$\angle AEG = \angle HFG$$

从而

$$\angle AFH = \angle AFG + \angle AEG = 360° - \angle EGF - \angle EAF = \angle BAC + 90°$$

又 $$\frac{AC}{CK} = \sqrt{2} = \frac{BC}{CD}$$

$$\angle ACB = \angle KCD$$

所以 $$\triangle ABC \backsim \triangle KDC$$

所以 $$\frac{AB}{DK} = \sqrt{2}$$

即 $$DK = \frac{AB}{\sqrt{2}}$$

且 $$\angle DKC = \angle BAC$$

所以 $$\angle AKD = \angle BAC + 90°$$

于是 $$FH = DK, \angle AFH = \angle AKD$$

又 $AKCF$ 为正方形,$AF = AK$,所以

$$\triangle AFH \cong \triangle AKD$$

所以 $$AH = AD$$

但 $$GA = \sqrt{2}AH$$

所以 $$GA = \sqrt{2}AD$$

又 $$\angle FAH = \angle KAD$$

所以 $$\angle HAD = \angle FAK = 90°$$

从而 $$\angle GAD = 90° + 45° = 135°$$

证法3 如图 31.3,把 $\triangle ABC$ 的三内角,三边及面积简记为 A,B,C,a,b,c 及 $\triangle$,记 $\angle AFE = \theta, \angle GAF = \alpha, \angle DAC = \beta$.

(1) 在 $\triangle AEF$ 中,由余弦定理得

$$EF^2 = AE^2 + AF^2 - 2AE \cdot AF\cos\angle EAF =$$

$$c^2 + \frac{b^2}{2} - 2 \cdot c \cdot \frac{b}{\sqrt{2}}\cos(225° - A) =$$

$$c^2+\frac{b^2}{2}+bc(\cos A+\sin A)$$

又在 $\triangle AEF$ 中,由正弦定理得

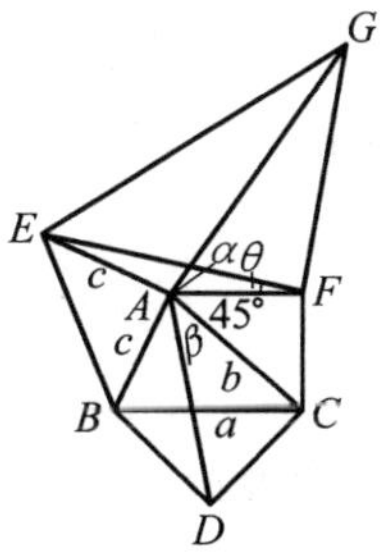

图 31.3

$$\frac{c}{\sin\theta}=\frac{EF}{\sin(225^\circ-A)}\Rightarrow$$

$$\sin\theta=\frac{c(\sin A-\cos A)}{\sqrt{2}EF}$$

在 $\triangle AFG$ 中,由余弦定理得

$$\begin{aligned}AG^2&=AF^2+FG^2-2AF\cdot FG\cos(\theta+90^\circ)=\\&AF^2+EF^2+2AF\cdot EF\sin\theta=\\&\frac{b^2}{2}+c^2+\frac{b^2}{2}+bc(\cos A+\sin A)+\\&2\cdot\frac{b}{\sqrt{2}}\cdot EF\cdot\frac{c(\sin A-\cos A)}{\sqrt{2}EF}=\\&b^2+c^2+2bc\sin A=\\&b^2+c^2+4\triangle\end{aligned}$$

在 $\triangle ACD$ 中,由余弦定理得

$$\begin{aligned}AD^2&=b^2+\frac{a^2}{2}-2b\cdot\frac{a}{\sqrt{2}}\cos(C+45^\circ)=\\&b^2+\frac{a^2}{2}-ab\cos C+ab\sin C=\\&\frac{1}{2}(b^2+c^2+4\triangle)\end{aligned}$$

于是

$$AG=\sqrt{2}AD$$

(2) 在 $\triangle AFG$ 中,由余弦定理得

$$\begin{aligned}\cos\alpha&=\frac{AF^2+AG^2-FG^2}{2AF\cdot AG}=\\&\frac{\frac{b^2}{2}+(b^2+c^2+4\triangle)-\left[c^2+\frac{b^2}{2}+bc(\cos A+\sin A)\right]}{2\cdot\frac{b}{\sqrt{2}}\cdot\sqrt{2}AD}=\\&\frac{1}{2b\cdot AD}(b^2+2\triangle-bc\cos A)=\\&\frac{1}{4b\cdot AD}(a^2+b^2-c^2+4\triangle)\end{aligned}$$

在 $\triangle ACD$ 中,由正弦定理得

$$\sin\beta = \frac{\frac{a}{\sqrt{2}}\sin(C+45°)}{AD} = \frac{1}{4b\cdot AD}(2ab\sin C + ab\cos C) =$$

$$\frac{1}{4b\cdot AD}(a^2+b^2-c^2+4\triangle)$$

所以
$$\cos\alpha = \sin\beta$$

又 α,β 均为锐角

所以
$$\alpha+\beta = 90°$$

所以
$$\angle GAD = \alpha + 45° + \beta = 135°$$

证法4 以 A 为原点建立复平面,设点 B 对应的复数 Z_B,其他点类似,则

$$Z_G = \overrightarrow{AG} = \overrightarrow{AF} + \overrightarrow{FG} = \overrightarrow{AF} + \overrightarrow{EF}\mathrm{i} =$$
$$\overrightarrow{AF} + (\overrightarrow{EA} + \overrightarrow{AF})\mathrm{i} =$$
$$\overrightarrow{AF}(1+\mathrm{i}) + \overrightarrow{BA}$$

$$(-1+\mathrm{i})Z_D = (-1+\mathrm{i})\overrightarrow{AD} = \overrightarrow{DA} + \overrightarrow{AD}\mathrm{i} = \overrightarrow{BA} + \overrightarrow{DB} + (\overrightarrow{AC} + \overrightarrow{CD})\mathrm{i} =$$
$$\overrightarrow{BA} + \overrightarrow{DB} + \overrightarrow{BD} + \overrightarrow{AC}\mathrm{i} =$$
$$\overrightarrow{BA} + (\overrightarrow{AF} + \overrightarrow{FC})\mathrm{i} = \overrightarrow{BA} + \overrightarrow{AF}(1+\mathrm{i})$$

所以
$$Z_G = (-1+\mathrm{i})Z_D$$

所以
$$AG = \sqrt{2}AD$$

且
$$\angle GAD = 135°$$

评注 证法1是位似旋转法,证法2利用构造特殊三角形,证法3利用余弦定理,证法4是复数法,四种方法都是证明此类“形上加形”问题的常用方法.

32 在 Rt$\triangle ABC$ 中,$\angle ACB = 90°$,$\triangle ABC$ 的内切圆圆 O,分别与边 BC,CA,AB 相切于点 D,E,F,联结 AD,与内切圆圆 O 相交于点 P,联结 BP,CP.若 $\angle BPC = 90°$,求证:$AE + AP = PD$.

(2006年中国数学奥林匹克)

注:赛题条件 $\angle ACB = 90°$ 可以去掉.

引理1 $\triangle ABC$ 内切圆圆 O 分别与 BC,CA,AB 相切于点 D,E,F.联结 AD,与圆 O 相交于 P,联结 BP,CP,分别与圆 O 相交于 H,G,则 EH,FG,AD 三线共点.

证明 如图32.1,联结 PE,EG,GD,DH,HF,FP.

$$\triangle CEP \backsim \triangle CGE \Rightarrow \frac{PE}{EG} = \frac{CP}{CE}$$

$$\triangle CGD \backsim \triangle CDP \Rightarrow \frac{GD}{DP} = \frac{CD}{CP}$$

$$\triangle BDP \backsim \triangle BHD \Rightarrow \frac{DP}{DH} = \frac{BP}{BD}$$

$$\triangle BFH \backsim \triangle BPF \Rightarrow \frac{HF}{FP} = \frac{BF}{BP}$$

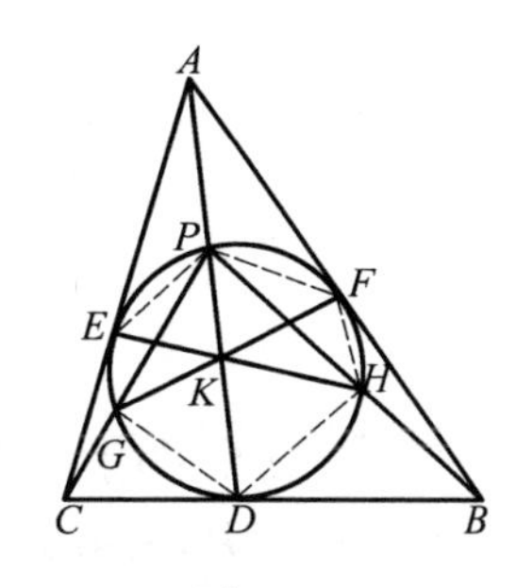

图 32.1

以上四式相乘(注意 $CE = CD, BD = BF$)得

$$\frac{PE}{EG} \cdot \frac{GD}{DH} \cdot \frac{HF}{FP} = 1$$

于是,在圆内接六边形 $PEGDHF$ 中有 EH, FG, AD 三线共点.

赛题证法 1 如图 32.2,辅助线及各点标记如图所示.

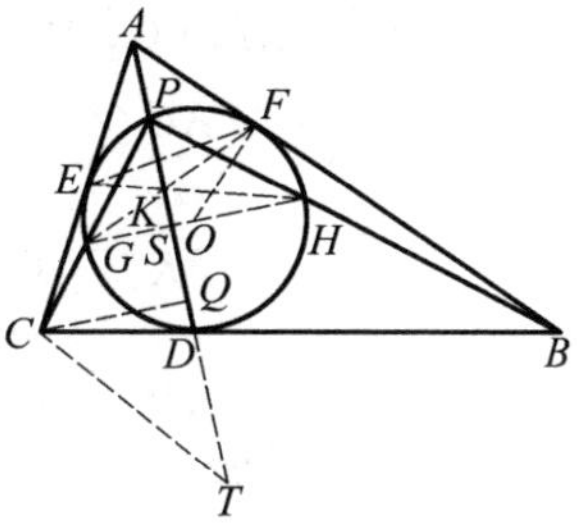

图 32.2

由引理 1 可设 EH, FG, AD 三线共点于 K.

因 $\angle GPH = 90°$,则圆心 O 在 GH 上.因

$$\angle OFG = \angle OGF = \angle HEF$$

则 OF 是 $\triangle KEF$ 外接圆的切线,又 $OF \perp AF$,则圆 KEF 的圆心在 AF 上.

同理,圆 KEF 的圆心在 AE 上.

故 A 即为圆 KEF 的圆心,$AK = AE$.从而

$$\angle AKE = \angle AEH = \angle EGH$$

则 E, G, S, K 共圆

$$\angle OSK = \angle GEK = 90°$$

即 $GH \perp PD$,由此可知点 G 为$\overparen{PED}$ 的中点.

设 $AE = x, AP = m, PD = n, CE = CD = y$,延长 AD 至 T,使 $DT = CD = y$,作 $CQ \perp AT$ 于 Q.易知

$$\angle T = \frac{1}{2}\angle CDP = \angle CPD$$

Q 为 PT 的中点,于是

$$PQ = \frac{1}{2}(n + y), DQ = \frac{1}{2}|n - y|$$

由勾股定理得

$$AC^2 - CD^2 = AQ^2 - DQ^2$$

即 $$(AC + CD)(AC - CD) = (AQ + DQ)(AQ - DQ)$$

即 $$(x + 2y)x = (m + n)(m + y)$$

$$x^2+2xy=m(m+n)+y(m+n)$$

又
$$x^2=m(m+n)$$

由以上两式即可得

$$x+m=n$$

即
$$AE+AP=PD$$

引理 2 $\triangle ABC$ 的内切圆圆 O 分别与 BC,CA,AB 相切于点 D,E,F. 联结 AD,与圆 O 相交于 P,联结 BP,CP,分别与圆 O 相交于 H,G,则 BG,CH,AD 三线共点.

证明 如图 32.3,辅助线如图所示.

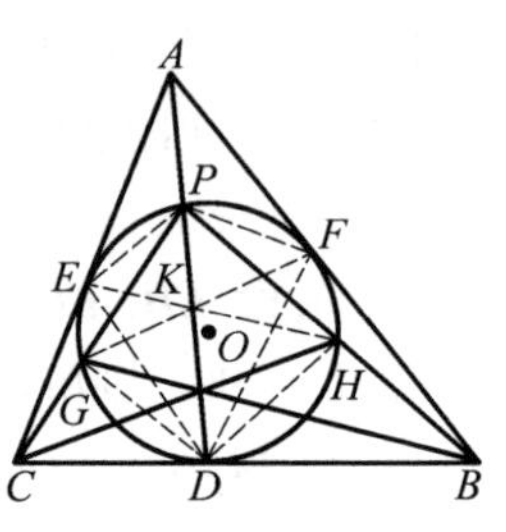

图 32.3

由引理 1 可设 EH,FG,AD 三线共点于 K. 因为

$$\triangle PKG\backsim\triangle FKD$$

则
$$\frac{PK}{FK}=\frac{PG}{FD}$$

同理
$$\frac{FK}{KD}=\frac{PF}{DG}$$

则
$$\frac{PK}{KD}=\frac{PG}{DG}\cdot\frac{PF}{FD}$$

同理
$$\frac{PK}{KD}=\frac{HP}{DH}\cdot\frac{PE}{ED}$$

又
$$\frac{PF}{FD}=\frac{AF}{AD}=\frac{AE}{AD}=\frac{PE}{ED}$$

则
$$\frac{PG}{DG}=\frac{HP}{DH}$$

由
$$\triangle CDG\backsim\triangle CPD$$

得
$$\frac{DG}{GC}=\frac{PD}{CD}$$

同理
$$\frac{PD}{DB}=\frac{DH}{BH}$$

以上三式相乘得

$$\frac{PG}{GC}\cdot\frac{CD}{DB}\cdot\frac{BH}{HP}=1$$

对 $\triangle PCB$ 用塞瓦定理的逆定理,知 BG,CH,AD 三线共点.

赛题证法 2 如图 32.4,辅助线及各点标记如图所示. 由引理 2 可设 BG, CH,AD 三线共点于 R.

由完全四边形 $BHPRCD$ 的调和性质得

$$\frac{BS}{BG}=\frac{RS}{RG}$$

过 G 作 $MN \parallel DH$，MN 交 DC，DP 分别于 M，N，则

$$\frac{DS}{MG}=\frac{BS}{BG}=\frac{RS}{RG}=\frac{DS}{NG}$$

从而 $$MG=NG$$

又因 $$\angle GDH=90^\circ$$

则 $$DG\perp MN$$

图 32.4

故 $\angle MDG=\angle NDG$，由此可知 G 是 $\overset{\frown}{PED}$ 的中点.

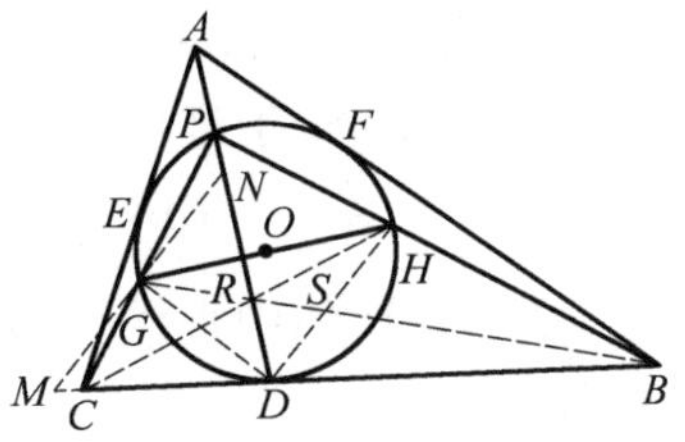

以下同证法 1.

引理 3 $\triangle ABC$ 的内切圆圆 O 分别与 BC，CA，AB 相切于点 D，E，F. 联结 AD，与圆 O 相交于 P，联结 BP，CP，分别与圆 O 相交于 H，G，联结 AG，AH，分别与圆 O 相交于 M，N，则 HM，GN，AD 三线共点.

证明 如图 32.5，辅助线如图所示. 易知

$$\triangle APM\backsim\triangle AGD$$

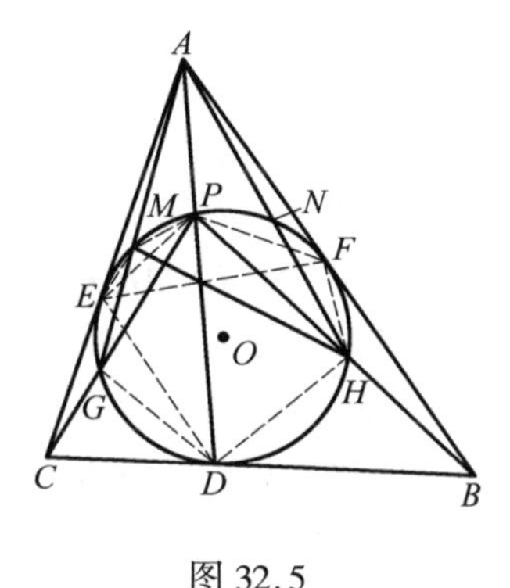

图 32.5

则 $$\frac{PM}{GD}=\frac{AP}{AG}$$

同理 $$\frac{EG}{ME}=\frac{AG}{AE}$$

$$\frac{ED}{EP}=\frac{AD}{AE}$$

$$\frac{EP}{EG}=\frac{CP}{CE}$$

$$\frac{DG}{CD}=\frac{PD}{CP}$$

$$\frac{PD}{DH}=\frac{PB}{BD}$$

$$\frac{HF}{FP}=\frac{BF}{PB}$$

上面七式相乘(注意 $CE=CD$，$BD=BF$，$AE^2=AP\cdot AD$)得

$$\frac{PM}{ME}\cdot\frac{ED}{DH}\cdot\frac{HF}{FP}=1$$

于是，在圆内接六边形 $PMEDHF$ 中有 HM，AD，EF 三线共点.

同理：GN，AD，EF 三线共点. 故 HM，GN，AD 三线共点.

赛题证法 3 如图 32.6，辅助线及各点标记如图所示. 由引理 3 可设 HM，GN，AD 三线共点于 S. 因为

$$\angle GPH=90^\circ$$

则 $$HM \perp AG, GN \perp AH$$

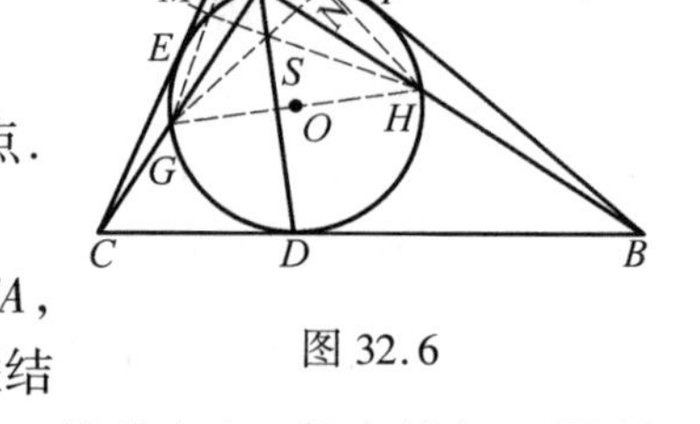

图 32.6

即 S 为 $\triangle AGH$ 的垂心.于是

$$AD \perp GH$$

从而,直径 GH 为 PD 的中垂线,G 为 $\overset{\frown}{PED}$ 的中点.

以下同证法 1.

引理 4 $\triangle ABC$ 的内切圆圆 O 分别与 BC,CA,AB 相切于点 D,E,F.联结 AD 交圆 O 于点 P,联结 PB,PC,分别交圆 O 于点 H,G.则 EG,FH,AD 三线共点(三条直线相互平行,视其共点于无穷远点处),记此点为 K,若 K 在 DA 的延长线上,有 $\frac{AK}{KD}=\frac{AP}{PD}$.

证明 如图 32.7,辅助线如图所示.设圆 O 的直径为 d.因为

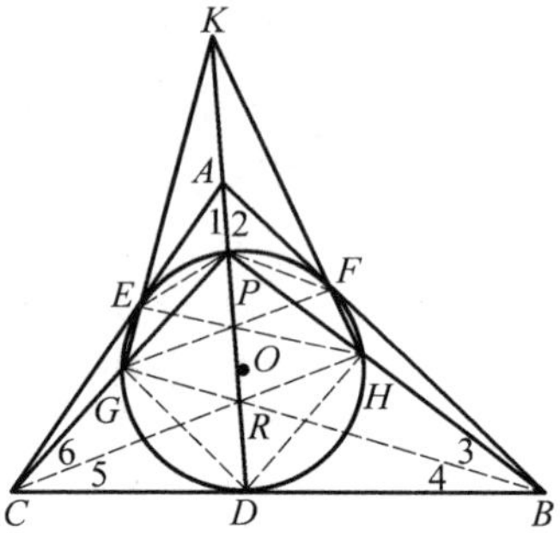

$$\frac{EP}{\sin\angle 1}=\frac{AP}{\sin\angle AEP}=\frac{d\cdot AP}{EP}$$

则 $$EP^2=d\cdot AP\cdot\sin\angle 1$$

同理 $$PF^2=d\cdot AP\cdot\sin\angle 2$$

$$FG^2=d\cdot BG\cdot\sin\angle 3, GD^2=d\cdot BG\cdot\sin\angle 4$$

$$DH^2=d\cdot CH\cdot\sin\angle 5, HE^2=d\cdot CH\cdot\sin\angle 6$$

图 32.7

由引理 2 知可设:BG,CH,AD 三线共点于 R.对 $\triangle ABC$ 及点 R 用角元形式的塞瓦定理得

$$\frac{\sin\angle 1}{\sin\angle 2}\cdot\frac{\sin\angle 3}{\sin\angle 4}\cdot\frac{\sin\angle 5}{\sin\angle 6}=1$$

所以 $$\frac{EP}{PF}\cdot\frac{FG}{GD}\cdot\frac{DH}{HE}=1$$

故对圆内接六边形 $EPFGDH$ 有 EG,FH,AD 三线共点,记此点为 K.

若点 K 在 DA 的延长线上.因

$$\triangle KPE \backsim \triangle KGD$$

则 $$\frac{KP}{KG}=\frac{PE}{GD}$$

同理 $$\frac{KG}{KD}=\frac{PG}{ED},\frac{PE}{ED}=\frac{AE}{AD},\frac{PD}{GD}=\frac{PC}{CD}$$

因直线 GEK 截 $\triangle CPA$,由梅涅劳斯定理得

$$\frac{PG}{GC}\cdot\frac{CE}{EA}\cdot\frac{AK}{KP}=1$$

上面五式相乘,并注意

$$CE = CD, CD^2 = PC \cdot GC, AE^2 = AP \cdot AD$$

得
$$\frac{AK}{KD} = \frac{AP}{PD}$$

赛题证法 4 如图 32.8,设 $AE = AF = x, AP = m, PD = n$.因 $\angle GPH = 90°$,可知 $\angle EGH + \angle FHG < 180°$.由引理 4 知 EG, FH, AD 三线共点.记此点为 K,K 在 DA 的延长线上.

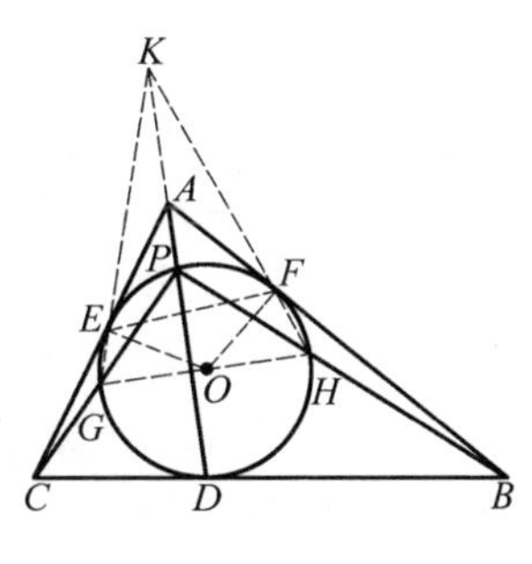

图 32.8

因 $\angle GPH = 90°$,则圆心 O 在 GH 上.易知
$$\angle OEG = \angle OGE = \angle KFE$$
从而
$$\angle OEF = \angle EKF$$
即 EO 是 $\triangle KEF$ 外接圆的切线.又
$$AE \perp EO$$
则 $\triangle KEF$ 外接圆圆心在直线 AE 上.同理,$\triangle KEF$ 外接圆圆心在直线 AF 上.所以,A 即为 $\triangle KEF$ 外接圆圆心.于是,$AK = AE = x$.

由引理 4 知
$$\frac{AK}{KD} = \frac{AP}{PD}$$
即
$$\frac{x}{x + m + n} = \frac{m}{n}$$
$$xn = xm + m(m + n)$$
又
$$x^2 = m(m + n)$$
故
$$n = m + x$$
即
$$AE + AP = PD$$

赛题证法 5 如图 32.9,可设 $\triangle ABC$ 的三边为 $a, b, c, AE = AF = x, CE = CD = y, BD = BF = z, AP = m, PD = n, \angle CPD = \alpha, \angle ADC = \beta$.对 $\triangle CDP$ 和 $\triangle CPA$ 分别用余弦定理得

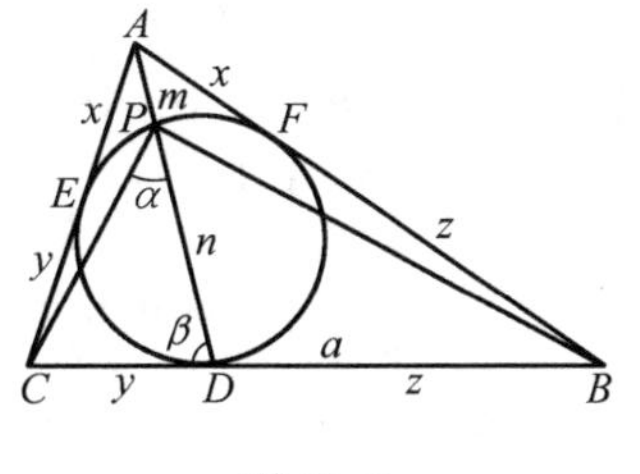

图 32.9

$$y^2 = CP^2 + n^2 - 2 \cdot CP \cdot n\cos\alpha \quad ①$$
$$(y + x)^2 = CP^2 + m^2 + 2 \cdot CP \cdot m\cos\alpha \quad ②$$
由式①与②消去 $\cos\alpha$,并利用 $x^2 = m(m + n)$ 可得
$$CP^2 = y^2 + \frac{2nx}{m + n} \cdot y \quad ③$$
同理
$$BP^2 = z^2 + \frac{2nx}{m + n} \cdot z \quad ④$$
在 $\triangle BCP$ 中,$\angle BPC = 90°$,则

$$CP^2 + BP^2 = a^2 = (y + z)^2 \quad ⑤$$

把式 ③ 和 ④ 代入 ⑤ 中,得

$$yz = \frac{nx}{m + n}a \quad ⑥$$

对 $\triangle ACD$ 和 $\triangle ABD$ 分别用余弦定理得

$$(x + y)^2 = y^2 + (m + n)^2 - 2y(m + n)\cos\beta \quad ⑦$$

$$(x + z)^2 = z^2 + (m + n)^2 + 2z(m + n)\cos\beta \quad ⑧$$

由式 ⑦ 与 ⑧ 消去 $\cos\beta$,可得

$$4xyz + ax^2 = (m + n)^2 a \quad ⑨$$

把式 ⑥ 代入 ⑨ 中,并利用 $x^2 = m(m + n)$,得

$$4mn + x^2 = (m + n)^2$$

即 $x^2 = (n - m)^2$,由于 $x > m$.所以 $x = n - m$,即 $AE + AP = PD$.

C 类题

33 一圆的圆心在顶点共圆的四边形 $ABCD$ 的 AB 边上,其他三边都与该圆相切,证明:$AD + BC = AB$.

(1985 年第 26 届 IMO)

证法 1 如图 33.1,设 AD,BC,CD 分别切圆 O 于 E,F,G,O 在 AB 上,圆 O 的半径为 r,连 OE,OD,OG,OC,OF. 在 $\mathrm{Rt}\triangle AOE$ 中,$AE = OA\cos A$,$r = OA\sin A$;在 $\mathrm{Rt}\triangle BOF$ 中,$BF = OB\cos B$,$r = OB\sin B$;在 $\mathrm{Rt}\triangle OED$ 中

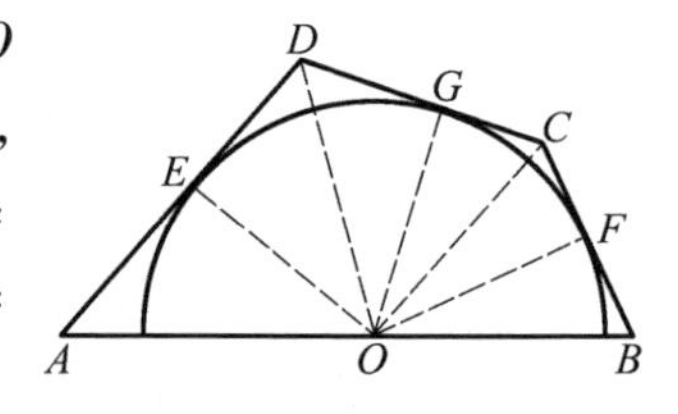

图 33.1

$$DE = r\cot\frac{D}{2} = OB\sin B\cdot\frac{\cos D + 1}{\sin D} = OB(1 - \cos B)(\text{因为 } B + D = 180^\circ)$$

在 $\mathrm{Rt}\triangle OFC$ 中

$$CF = r\cot\frac{C}{2} = OA\sin A\cdot\frac{\cos C + 1}{\sin C} = OA(1 - \cos A)$$

$$(\text{因为 } A + C = 180^\circ)$$

所以 $$AD + BC = AE + DE + BF + CF = OA + OB = AB$$

证法 2 如图 33.2,E,F,G 为切点,设圆 O 的半径为 r.连 OE,OG,OF,并

延长 OF 和 GC 相交于 N. 因为

$$\angle 1 = \angle A$$

所以
$$\mathrm{Rt}\triangle AEO \backsim \mathrm{Rt}\triangle CFN$$

所以
$$CF = \frac{AE \cdot FN}{r}$$

又
$$\angle 2 = \angle 1 = \angle A$$

所以
$$\mathrm{Rt}\triangle OGN \backsim \mathrm{Rt}\triangle AEO$$

所以

$$OA = \frac{AE \cdot ON}{OG} = \frac{AE \cdot (r + FN)}{r} =$$

$$AE + \frac{AE \cdot FN}{r} = AE + CF$$

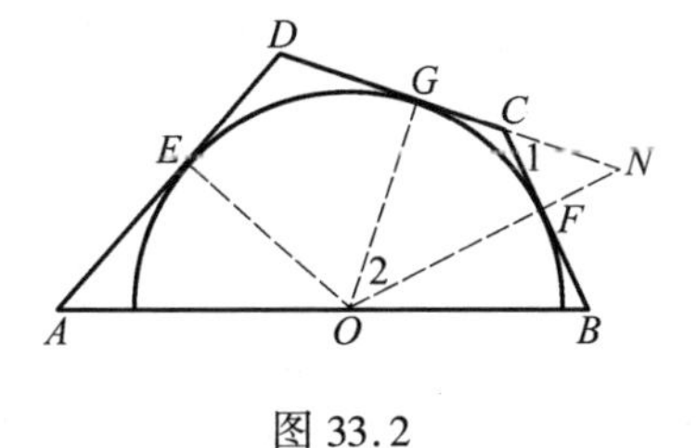

图 33.2

同理
$$OB = BF + DE$$

所以
$$AB = OA + OB = AE + CF + BF + DE = AD + BC$$

证法 3 如图 33.3, 作圆 O 的切线 EF, 使 $EF \parallel AB$, E, F 分别在 AD, BC(或其延长线)上, H, G 为切点; 连 OG, OH, OD, DE, OC, OF. 易知

$$\angle ODC = \angle OFE, \angle OCD = \angle OEF$$

所以
$$\triangle OCD \backsim \triangle OEF$$

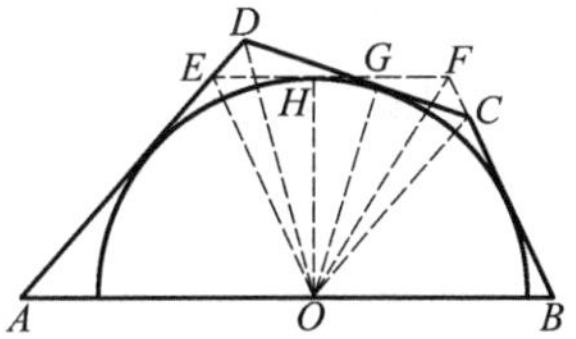

图 33.3

且相似比为 $OG : OH = 1 : 1$(对应边上的高之比), 所以

$$\triangle OCD \cong \triangle OEF$$

所以
$$OD = OF, OC = OE$$

$$\angle DOC = \angle FOE \Rightarrow \angle DOE = \angle FOC$$

所以
$$\triangle DOE \cong \triangle FOC, DE = CF$$

从而
$$AD + BC = AE + BF$$

因为
$$\angle AEO = \angle OEF = \angle AOE$$

所以
$$OA = AE$$

同理
$$OB = BF$$

所以
$$AB = OA + OB = AE + BF = AD + BC$$

证法 4 如图 33.4, E, F 为切点, 在 CF 的延长线上取一点 S, 使 $FS = AE$, 连 OS, OF, OC 和 OE. 则

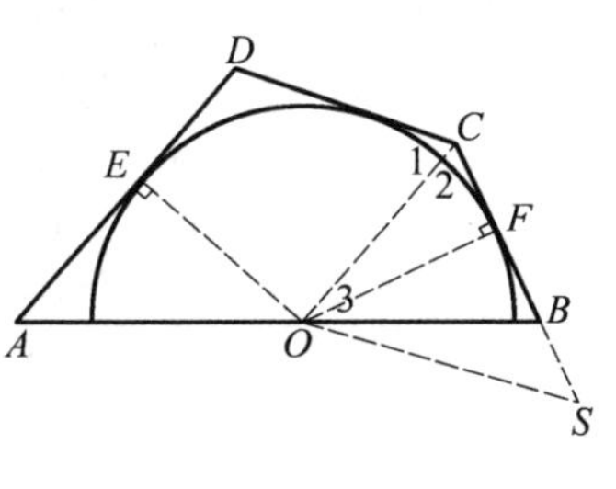

图 33.4

$$\text{Rt}\triangle OFS \cong \text{Rt}\triangle OEA$$

所以 $$OS = OA, \angle S = \angle A$$

又 $$\angle A + \angle DCF = 180^\circ$$

所以 $$\angle S + \angle DCF = 180^\circ, CD \parallel OS$$

所以 $$\angle 2 = \angle 1 = \angle 3, OS = CS$$

所以 $$OA = CS = CF + FS = CF + AE$$

同理 $$OB = DE + BF$$

相加即得 $$AB = AD + BC$$

证法5 如图33.5,在 AB 上截取 $AE = AD$,连接 DE, CE, DO, CO.则

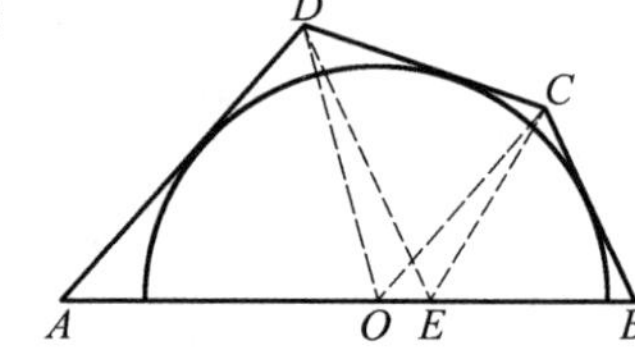

图33.5

$$\angle AED = \frac{1}{2}(180^\circ - \angle A) = \angle DCO$$

所以 D, O, E, C 四点共圆,所以

$$\begin{aligned}\angle BCE &= \angle OEC - \angle B = (180^\circ - \angle ODC) - \\ &(180^\circ - 2\angle ODC) = \\ &\angle ODC = \angle BEC\end{aligned}$$

所以 $$BC = BE$$

故 $$AB = AE + BE = AD + BC$$

证法6 如图33.6,AD, BC 的延长线相交于 P,圆 O 为 $\triangle PCD$ 的旁切圆,设 $PC = a, PD = b, CD = c$,圆 O 的半径为 r.则

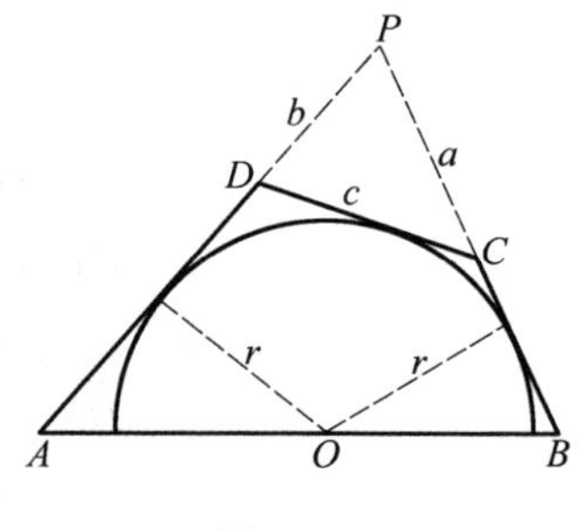

图33.6

$$S_{\triangle PCD} = \frac{1}{2}(a + b - c)r$$

$$S_{\triangle PAB} = \frac{1}{2}(PA + PB)r$$

因为 $ABCD$ 为圆内接四边形,所以

$$\triangle PAB \backsim \triangle PCD$$

所以 $$\frac{PA}{a} = \frac{PB}{b} = \frac{AB}{c} = k(\text{常数})$$

所以 $$PA = ak, PB = bk, AB = ck$$

而 $$\frac{S_{\triangle PAB}}{S_{\triangle PCD}} = k^2$$

即
$$\frac{\frac{1}{2}(PA+PB)r}{\frac{1}{2}(a+b-c)r}=k^2$$

亦即
$$\frac{ak+bk}{a+b-c}=k^2$$

所以
$$a+b=ak+bk-ck=PA+PB-AB$$

所以
$$AB=PA-b+PB-a=AD+BC$$

❸❹ 设$\angle A$是$\triangle ABC$中最小的内角,点B和C将这个三角形的外接圆分成两段弧,设U是落在不含A的那段弧上且不同于B与C的一个点.线段AB和AC的垂直平分线分别交线段AU于V和W.直线BV和CW相交于T.证明:$AU=TB+TC$.

(1997年第38届IMO)

证法1 如图34.1,因为点V在线段AB的垂直平分线上,所以$\angle VAB=\angle VBA$,又因为$\angle A$是$\triangle ABC$的最小内角,且

$$\angle VBA=\angle UAB<\angle CAB\leqslant\angle CBA$$

即V在$\angle ABC$内部.

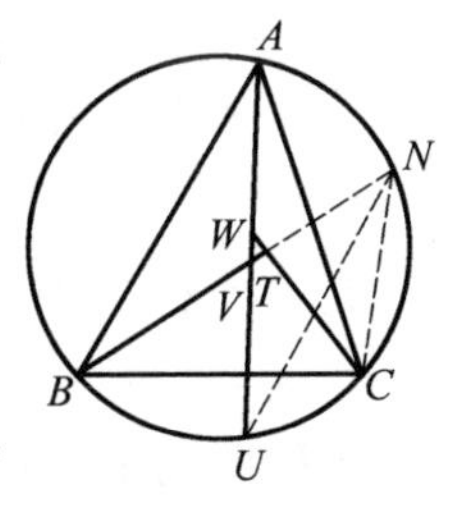

图34.1

同理W在$\angle ACB$内部.延长BT交$\triangle ABC$的外接圆于N,连CN,UN.因为

$$\angle VAB=\angle VBA$$

所以
$$\overset{\frown}{AN}=\overset{\frown}{BU}$$

所以
$$\angle AUN=\angle BNU, VU=VN$$

因为
$$\angle WAC=\angle WCA=\angle CNU, \angle ACN=\angle BNU$$

所以
$$\angle TNC=\angle TCN, TN=TC$$

所以
$$AU=AV+VU=BV+VN=BV+VT+TN=BT+TC$$

证法2 (原解法)V,W分别在$\angle ABC$,$\angle ACB$内部的证明同前.

设$\angle UAB=\alpha$,则$\angle VBA=\alpha$,下面用A,B,C分别表示$\angle CAB$,$\angle ABC$,$\angle BCA$,则有

$$\angle CAV=A-\alpha, \angle CBT=B-\alpha$$

因为W在线段AC的垂直平分线上,所以

$$\angle ACW=\angle CAW=A-\alpha$$
$$\angle BCT=C-\angle ACT=C+\alpha-A$$

于是$\angle BTC = 180° - (B - \alpha) - (C + \alpha - A) = 180° - B - C + A = 2A$

在 $\triangle BCT$ 中使用正弦定理,有

$$\frac{BC}{\sin \angle BTC} = \frac{TB}{\sin \angle TCB} = \frac{TC}{\sin \angle TBC}$$

注意到

$$B - \alpha = 180° - (C + \alpha + A)$$

有

$$TB + TC = \frac{BC}{\sin \angle BTC}(\sin \angle TCB + \sin \angle TBC) =$$

$$\frac{BC}{\sin 2A}[\sin (C + \alpha - A) + \sin (B - \alpha)] =$$

$$\frac{BC}{\sin 2A}[\sin (C + \alpha - A) + \sin (C + \alpha + A)] =$$

$$\frac{BC}{\sin 2A} \cdot 2\sin (C + \alpha)\cos A =$$

$$\frac{BC}{\sin A} \cdot \sin (C + \alpha)$$

设 $\triangle ABC$ 外接圆半径为 R,则由正弦定理知,$\frac{BC}{\sin A} = R$,故得

$$TB + TC = 2R\sin (C + \alpha)$$

连接 CU,由 A,B,U,C 四点共圆可知,$\angle BCU = \angle BAU = \alpha$,故$\angle ACU = C + \alpha$.

在 $\triangle ACU$ 使用正弦定理,有

$$AU = 2R\sin (C + \alpha)$$

所以

$$AU = TB + TC$$

35 在 $\triangle ABC$ 中,已知 $\angle A = 60°$,过该三角形的内心 I 作直线平行于 AC 交 AB 于 F,在 BC 边上取点 P 使得 $3BP = BC$,求证:$\angle BFP = \frac{1}{2}\angle B$.

(第 32 届 IMO 预选题)

证法 1 如图 35.1,连 AI,作 $ID \perp AB$ 于 D.易知

$$\angle AIF = \angle DIF = 30°$$

所以

$$\frac{AF}{DF} = \frac{IA}{ID} = 2$$

即

$$AF = 2DF$$

作 $CE \parallel PF$ 交 BA 的延长线于 E.因为

$$3BP = BC$$

则

$$FE = 2BF$$

所以　　$AE = FE - FA = 2BF - 2DF = 2BD = AB + BC - AC$

延长 AB 至 G，使 $BG = BC$，联结 CG. 在 AB 上取点 H，使 $AH = AC$，连 CH.

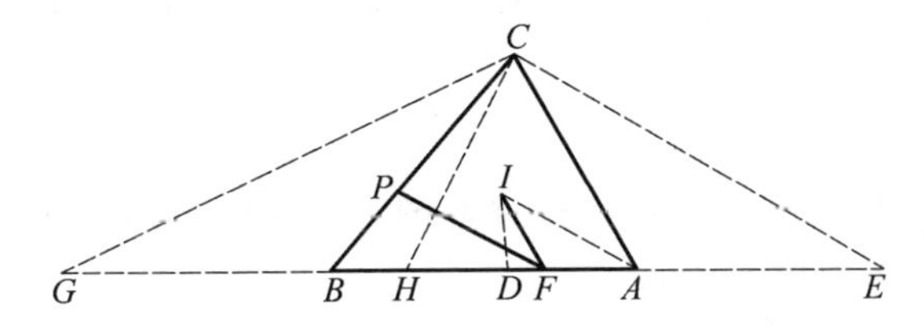

图 35.1

因 $\angle CAB = 60°$，则 $\triangle ACH$ 是正三角形. 所以

$$HG = AB + BG - AH = AB + BC - AC = AE$$

又　　$AC = HC, \angle CAE = 120° = \angle CHG$

所以　　$\triangle CAE \cong \triangle CHG, CE = CG$

故　　$\angle BFP = \angle E = \angle G = \frac{1}{2}\angle ABC$

证法 2　如图 35.2，连 AI，作 $ID \perp AB$ 于 D，作 $CH \perp AB$ 于 H，$PG \perp AB$ 于 G，可将 $\triangle PGB$ 以 PG 为对称轴翻折至 $\triangle PGQ$ 位置.

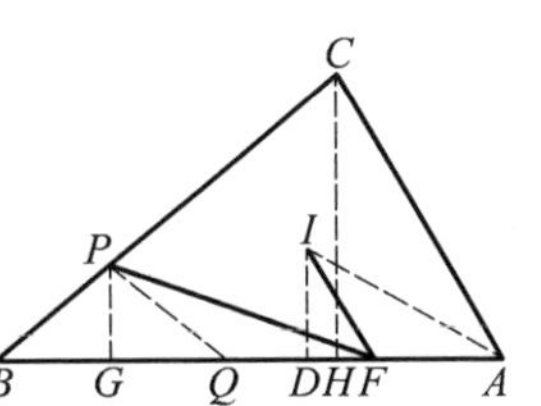

图 35.2

因 $\angle BAC = 60°$，易知

$$\angle AIF = \angle DIF = 30°$$

所以　　$\frac{AF}{DF} = \frac{IA}{ID} = 2$

所以　　$AF = \frac{2}{3}AD = \frac{1}{3}(b + c - a)$

$$BF = c - AF = \frac{1}{3}a + \frac{2}{3}c - \frac{1}{3}b$$

因为　　$AH = \frac{1}{2}AC = \frac{1}{2}b$

所以　　$BH = c - \frac{1}{2}b$

因为　　$PG \parallel CH, 3BP = BC$

所以　　$BG = \frac{1}{3}BH$

$$BQ = 2BG = \frac{2}{3}BH = \frac{2}{3}c - \frac{1}{3}b$$

从而　　$QF = BF - BQ = \frac{1}{3}a = BP = PQ$

故 $$\angle BFP=\frac{1}{2}\angle PQB=\frac{1}{2}\angle B$$

评注 《中等数学》杂志 1992(1)P23,1997(3)P6,1997(4)P7 分别给出了该题的三角法,解析法和复数法,均不见简.

36 圆内接四边形被它的一条对角线分成两个三角形,求证:这两个三角形的内切圆半径之和与对角线的选取无关.

(1982 年第 23 届 IMO 候选题)

证法 1 如图 36.1,设四边形 $A_1A_2A_3A_4$ 内接于以 O 为圆心,以 R 为半径的圆.点 O 在弦 $A_1A_3,A_1A_2,A_2A_3,A_3A_4,A_4A_1$ 上的射影依次为 H_0,H_1,H_2,H_3,H_4.

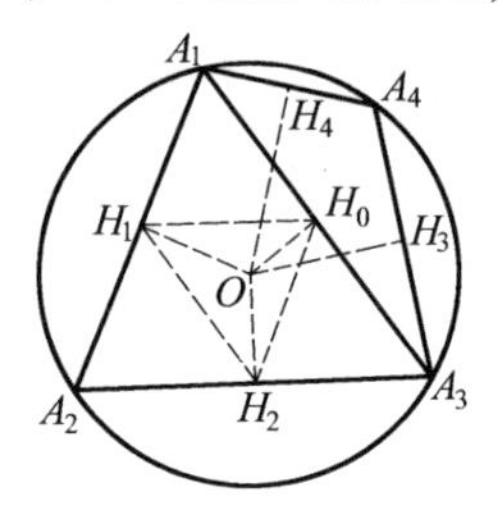

图 36.1

记 $h_i=OH_i,i=0,1,2,3,4$. 且设 $\triangle A_1A_2A_3$ 和 $\triangle A_3A_4A_1$ 的面积为 S_1,S_2,半周长为 P_1 和 P_2,内切圆半径为 r_1 和 r_2.

考虑含点 O 的三角形,设 O 在 $\triangle A_1A_2A_3$ 中,对圆内接四边形 $A_3H_0OH_2,A_1H_1OH_0,A_2H_2OH_1$ 应用托勒密(Ptolemy)定理,并注意到 H_0H_2,H_0H_1,H_1H_2 是 $\triangle A_1A_2A_3$ 的中位线,可以得到

$$\begin{aligned}(R+r_1)P_1={}&R\cdot H_0H_2+R\cdot H_0H_1+R\cdot H_1H_2+S_1=\\&(h_0\cdot H_2A_3+h_2\cdot H_0A_3)+(h_0\cdot H_1A_1+h_1\cdot H_0A_1)+\\&(h_2\cdot H_1A_2+h_1\cdot H_2A_2)+\frac{1}{2}(h_1\cdot A_1A_2+h_2\cdot A_2A_3+h_0\cdot A_3A_1)=\\&(h_1+h_2+h_0)P_1\end{aligned}$$

从而 $$R+r_1=h_1+h_2+h_0$$

如果外接圆圆心 O 在三角形的外部,在这种情况下,恰有一个顶点与点 O 分别在由其对边分成的不同的半平面上,为确定起见,设这个顶点是 $\triangle A_3A_4A_1$ 中的顶点 A_4,则四边形 $A_1H_4H_0O,A_3H_3H_0O,A_4H_4OH_3$ 都是圆内接四边形,由此得

$$\begin{aligned}(R+r_2)P_2={}&R\cdot H_0H_4+R\cdot H_0H_3+R\cdot H_3H_4+S_2=\\&(h_4\cdot H_0A_1-h_0\cdot H_4A_1)+(h_3\cdot H_0A_3-h_0\cdot H_3A_3)+\\&(h_4\cdot H_3A_4+h_3\cdot H_4A_4)+\frac{1}{2}(h_3\cdot A_3A_4+\\&h_4\cdot A_4A_1-h_0\cdot A_1A_3)=\\&(h_3+h_4-h_0)P_2\end{aligned}$$

从而 $$R + r_2 = h_3 + h_4 - h_0$$
所以
$$r_1 + r_2 = h_1 + h_2 + h_3 + h_4 - 2R(\text{如图的情况})$$

对一般情况，所求的内切圆半径之和等于 $h_1, h_2, h_3, h_4, 2R$ 并赋以一定符号之和，这些符号只与点 O 相对于四边形 $A_1A_2A_3A_4$ 的位置有关，因此，这个和与对角线的选择无关.

证法 2 首先证明如下三个引理.

引理 1 四边形 $ABCD$ 内接于圆，$\triangle BCD$，$\triangle ACD$，$\triangle ABD$，$\triangle ABC$ 的内心依次记为 I_A, I_B, I_C, I_D，则 $I_AI_BI_CI_D$ 是矩形.

(1986 年中国数学奥林匹克集训班选拔考试题)

证明 如图 36.2，联结 AI_C, BI_C, AI_D, BI_D，有

$$\angle I_CBI_D = \angle ABI_D - \angle ABI_C = \frac{1}{2}(\angle ABC - \angle ABD)$$

$$\angle I_CAI_D = \angle I_CAB - \angle I_DAB = \frac{1}{2}(\angle BAD - \angle BAC)$$

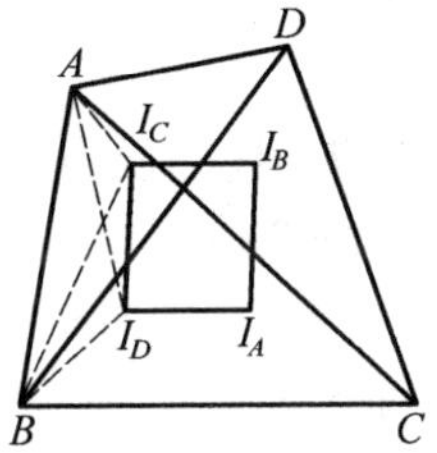

又因 $ABCD$ 内接于圆，则

$$\angle ADB = \angle ACB$$

即 $$\angle ABC + \angle BAC = \angle ABD + \angle BAD$$

则 $$\angle I_CBI_D = \angle I_CAI_D$$

图 36.2

于是 ABI_DI_C 内接于圆，从而有

$$\angle I_CI_DB = \pi - \angle BAI_C = \pi - \frac{1}{2}\angle BAD$$

同理 $$\angle I_AI_DB = \pi - \frac{1}{2}\angle DCB$$

有 $$\angle I_CI_DB + \angle I_AI_DB = 2\pi - \frac{1}{2}(\angle BAD + \angle DCB) = \frac{3}{2}\pi$$

故 $$\angle I_CI_DI_A = \frac{\pi}{2}$$

同理 $$\angle I_DI_AI_B = \angle I_BI_CI_D = \angle I_AI_BI_C = \frac{\pi}{2}$$

故 $I_AI_BI_CI_D$ 为矩形.

引理 2 $\triangle ABC$ 的外接圆圆心为 O，半径为 R，内切圆圆心为 I，半径为 r，则 $OI^2 = R^2 - 2Rr$(欧拉公式).

证明 略.

引理 3 点 P 为矩形 $ABCD$ 所在平面上任意一点，则 $PA^2 + PC^2 = PB^2 +$

PD^2.

证明 如图 36.3,联结 AC,BD 相交于 O,由三角形中线长公式得

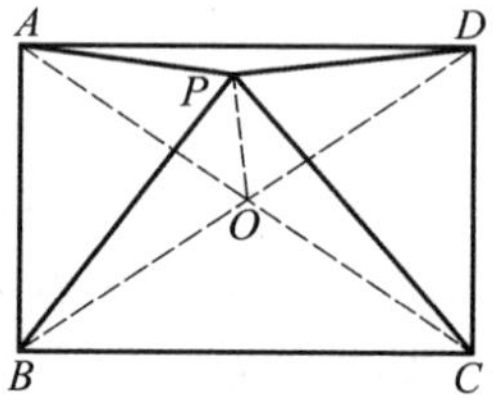

$$PO^2 = \frac{1}{2}(PA^2 + PC^2) - \frac{1}{4}AC^2$$

$$PO^2 = \frac{1}{2}(PB^2 + PD^2) - \frac{1}{4}BD^2$$

图 36.3

由以上二式,并注意 $AC = BD$,立得结论.

下面证明原题.

如图 36.2,四边形 $ABCD$ 内接于圆,$\triangle BCD$,$\triangle ACD$,$\triangle ABD$,$\triangle ABC$ 的内心依次记为 I_A,I_B,I_C,I_D,内切圆半径依次记为 r_A,r_B,r_C,r_D,只要证明 $r_A + r_C = r_B + r_D$ 即可.

由引理 1 知:$I_AI_BI_CI_D$ 是矩形.

根据引理 3 得

$$OI_A^2 + OI_C^2 = OI_B^2 + OI_D^2$$

再应用引理 2 得

$$(R^2 - 2Rr_A) + (R^2 - 2Rr_C) = (R^2 - 2Rr_B) + (R^2 - 2Rr_D)$$

即

$$r_A + r_C = r_B + r_D$$

证法 3 如图 36.4,四边形 $ABCD$ 内接于圆 $\triangle BCD$,$\triangle ACD$,$\triangle ABD$,$\triangle ABC$ 的内心依次记为 I_A,I_B,I_C,I_D,内切圆半径依次记为 r_A,r_B,r_C,r_D,只要证明 $r_A + r_C = r_B + r_D$ 即可.

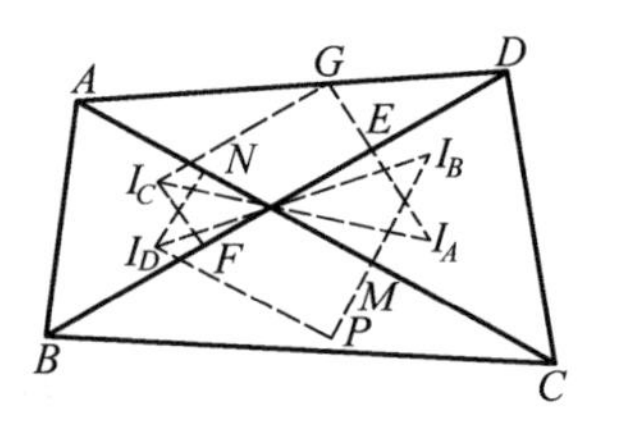

图 36.4

由证法 2 中引理 1 知:$I_AI_BI_CI_D$ 是矩形.于是

$$I_AI_C = I_BI_D$$

作 $I_AE \perp BD$ 于 E,$I_CF \perp BD$ 于 F,$I_CG \perp I_AE$ 于 G,则

$$I_AG = I_AE + EG = r_A + r_C$$

$$I_CG = EF = |BE - BF| = |\frac{1}{2}(BC + BD - CD)| - \frac{1}{2}(AB + BD - AD) = \frac{1}{2}|BC + AD - AB - CD|$$

作 $I_BM \perp AC$ 于 M,$I_DN \perp AC$ 于 N,$I_DP \perp I_BM$ 于 P,则

$$I_BP = I_BM + MP = r_B + r_D$$

$$I_DP = MN = |CN - CM| = |\frac{1}{2}(BC + AC - AB) - \frac{1}{2}(CD + AC - AD)| =$$

$\frac{1}{2}|BC+AD-AB-CD|$

因 $I_AI_C=I_BI_D$，$I_AG=I_DP$，则 $\mathrm{Rt}\triangle I_AGI_C\cong\mathrm{Rt}\triangle I_BPI_D$，于是 $I_AG=I_BP$，即 $r_A+r_C=r_B+r_D$.

证法 4 如图 36.5，四边形 $ABCD$ 内接于圆，$\triangle BCD$，$\triangle ACD$，$\triangle ABD$，$\triangle ABC$ 的内切圆半径依次记为 r_A,r_B,r_C,r_D，只要证明 $r_A+r_C=r_B+r_D$ 即可.

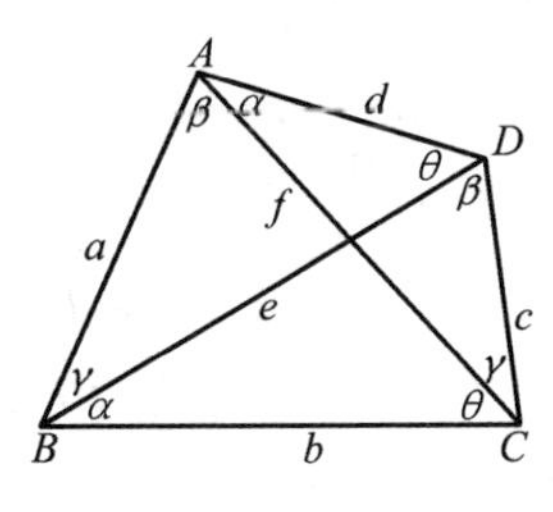

图 36.5

记四边形 $ABCD$ 的四条边依次为 a,b,c,d，$BD=e$，$AC=f$，由余弦定理得

$$e^2=b^2+c^2-2bc\cos\angle C$$
$$e^2=a^2+d^2+2ad\cos\angle C$$

由以上两式消去余弦得

$$e^2=\frac{ab+cd}{ad+bc}(ac+bd)$$

同理
$$f^2=\frac{ad+cd}{ab+cd}(ac+bd)$$

于是
$$ef=ac+bd$$

$$\frac{e}{f}=\frac{ab+cd}{ad+bc}\Leftrightarrow abf+cdf=ade+bce \qquad (*)$$

因 $\frac{1}{2}r_A(b+c+e)=S_{\triangle BCD}=\frac{bce}{4R}$（$R$ 为四边形 $ABCD$ 外接圆半径）

则
$$r_A=\frac{bce}{2R(b+c+e)}$$

同理
$$r_C=\frac{ade}{2R(a+d+e)}$$

于是
$$r_A+r_C=\frac{e}{2R}\left(\frac{bc}{b+c+e}+\frac{ad}{a+d+e}\right)=$$
$$\frac{e}{2R}\cdot\frac{abc+bcd+bce+abd+acd+ade}{(ab+cd)+(ac+bd)+(a+b+c+d+e)e}=$$
$$\frac{ef}{8R^2}\frac{abc+bcd+bce+abd+acd+ade}{S_{四边形ABCD}+(a+b+c+d+e+f)\frac{ef}{4R}}$$

同理
$$r_B+r_D=\frac{ef}{8R^2}\frac{abc+bcd+abd+acd+abf+cdf}{S_{四边形ABCD}+(a+b+c+d+e+f)\frac{ef}{4R}}$$

又有式（*），故

$$r_A+r_C=r_B+r_D$$

证法 5 先证明如下引理.

引理 4 在 $\triangle ABC$ 中,内切圆半径与外接半径分别为 r,R,则

$$r = R(\cos A + \cos B + \cos C) - R$$

证明 $r = \dfrac{2S_{\triangle ABC}}{a+b+c} = \dfrac{ab\sin C}{a+b+c} = \dfrac{2R\sin A\sin B\sin C}{\sin A + \sin B + \sin C} = 4R\sin\dfrac{A}{2}\sin\dfrac{B}{2}\sin\dfrac{C}{2}$

又
$$\cos A + \cos B + \cos C = 1 + 4\sin\frac{A}{2}\sin\frac{B}{2}\sin\frac{C}{2}$$

故
$$r = R(\cos A + \cos B + \cos C) - R$$

下面证明原题.

如图 36.5,可设 $\angle DAC = \angle DBC = \alpha, \angle BAC = \angle BDC = \beta, \angle ABD = \angle ACD = \gamma, \angle BCA = \angle BDA = \theta$.

由引理 4 得

$$r_A = R[(\cos\alpha + \cos\beta + \cos(\theta+\gamma))] - R$$

$$r_C = R[(\cos\gamma + \cos\theta + \cos(\alpha+\beta))] - R$$

又
$$(\theta+\gamma) + (\alpha+\beta) = 180^\circ$$

所以
$$r_A + r_C = R(\cos\alpha + \cos\beta + \cos\gamma + \cos\theta) - 2R$$

同理
$$r_B + r_D = R(\cos\alpha + \cos\beta + \cos\gamma + \cos\theta) - 2R$$

故
$$r_A + r_C = r_B + r_D$$

37 在等腰 $\triangle ABC$ 中,M 为底边 AB 的中点,在 $\triangle ABC$ 内有一点,使得 $\angle PAB = \angle PBC$.求证:$\angle APM + \angle BPC = \pi$.

(2000 年波兰数学奥林匹克)

证法 1 如图 37.1,联结 CM,作 $BE \perp AP$ 于 E,联结 ME.因为

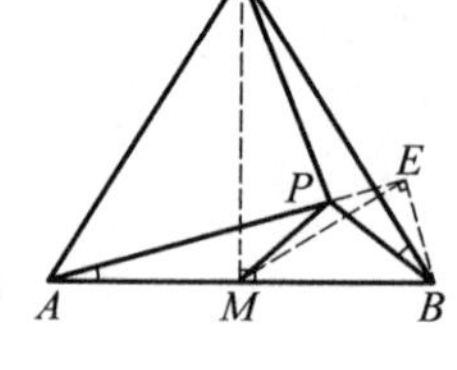

图 37.1

$$\angle PAB = \angle PBC$$

所以
$$\angle BPE = \angle CBM$$

所以
$$\text{Rt}\triangle BPE \backsim \text{Rt}\triangle CBM$$

所以
$$\frac{PE}{PB} = \frac{BM}{BC}$$

又因 M 为 $\text{Rt}\triangle AEB$ 斜边上的中点,所以

$$BM = ME, \angle PEM = \angle PAB = \angle PBC$$

所以
$$\triangle PEM \backsim \triangle PBC, \angle MPE = \angle BPC$$

故 $$\angle APM+\angle BPC=\angle APM+\angle MPE=\pi$$

证法 2 如图 37.2,因 $CA=CB$,则可将 $\triangle CBP$ 绕点 C 旋转 $\angle ACB$ 至 $\triangle CAD$ 位置,联结 PD,作 $AF\mathbin{/\mkern-5mu/}BP$ 交 PM 的延长线于 F.

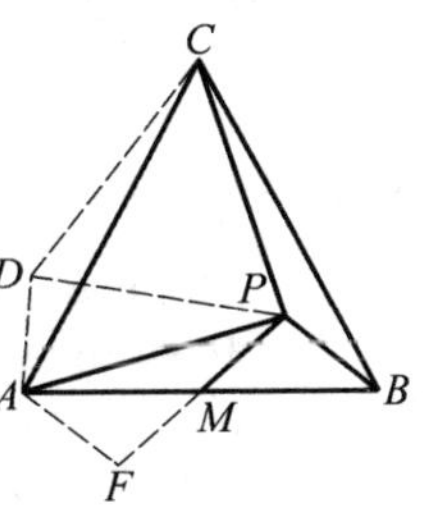

图 37.2

易证 $$\angle CDP=\angle CAB=\angle PAF=\angle PAD$$

又 $$\frac{AF}{BP}=\frac{AM}{BM}=1$$

从而 $$AF=BP=AD$$

所以 $$\triangle APF\cong\triangle APD(\text{SAS})$$

所以 $$\angle APM=\angle APD$$

于是 $$\angle APM+\angle BPC=\angle APM+\angle ADC=\angle APD+\angle ADP+\angle PAD=\pi$$

证法 3 如图 37.3,延长 CP 交 $\triangle ABP$ 的外接圆于 K,联结 AK,BK.

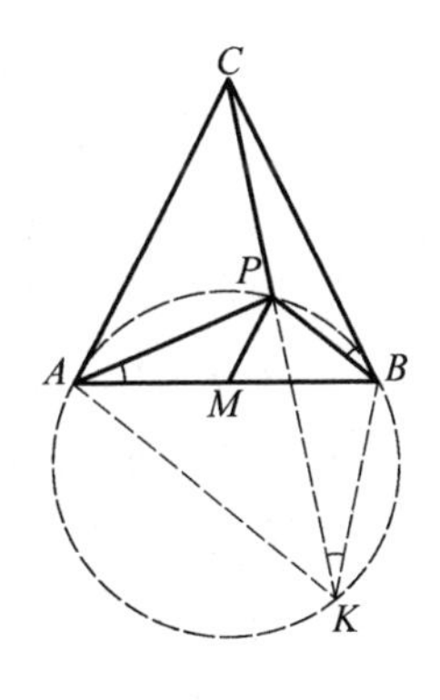

图 37.3

因为 $$\angle BKP=\angle BAP=\angle PBC$$

所以 $$\triangle CBK\backsim\triangle CPB,\frac{BK}{BP}=\frac{CB}{CK}$$

同理 $$\frac{AK}{AP}=\frac{CA}{CK}$$

而 $$CB=CA$$

所以 $$\frac{BK}{BP}=\frac{AK}{AP}$$

即 $$BK\cdot AP=BP\cdot AK$$

由托勒密定理得

$$AB\cdot PK=BK\cdot AP+BP\cdot AK$$

所以 $$2AM\cdot PK=2BK\cdot AP$$

即 $$\frac{AM}{BK}=\frac{AP}{PK}$$

所以 $$\triangle APM\backsim\triangle KPB,\angle APM=\angle KPB$$

因为 $$\angle KPB+\angle BPC=\pi$$

所以 $$\angle APM+\angle BPC=\pi$$

证法 4 证明中将用到如下引理(三角形内角平分线定理的推广——Sceiner 定理):

引理 如图 37.4,点 D,E 为 $\triangle ABC$ 的边 BC 上两点,则

$$\angle BAD = \angle CAE \Leftrightarrow \frac{AB^2}{AC^2} = \frac{BD \cdot BE}{CD \cdot CE}$$

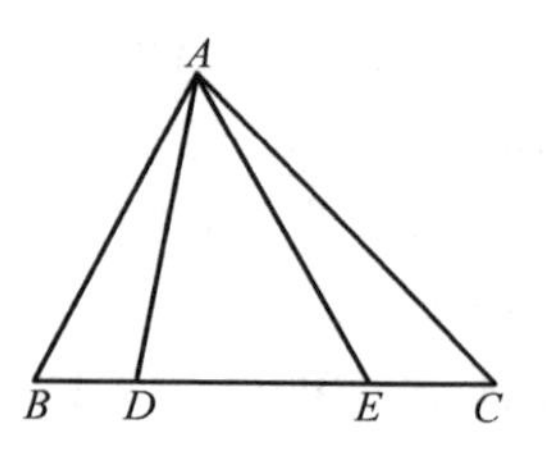

图 37.4

如图 37.5,延长 CP 交 AB 于 G,可设

$$\angle PAB = \angle PBC = \alpha, \angle PAC = \angle PBA = \beta$$

则
$$\frac{AC\sin\beta}{AG\sin\alpha} = \frac{CP}{PB} = \frac{BC\sin\alpha}{BG\sin\beta}$$

即
$$\frac{\sin^2\alpha}{\sin^2\beta} = \frac{BG}{AG}(\text{因为 } AC = BC)$$

在 $\triangle PAB$ 中,由正弦定理得

$$\frac{BP}{AP} = \frac{\sin\alpha}{\sin\beta}$$

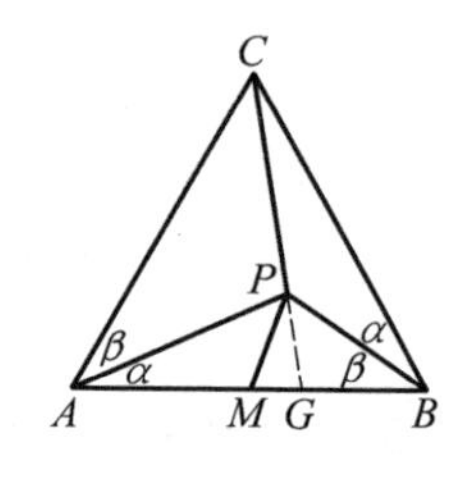

图 37.5

所以
$$\frac{BP^2}{AP^2} = \frac{BG \cdot BM}{AG \cdot AM}(\text{注意 } BM = AM)$$

由引理知
$$\angle BPG = \angle APM$$

故
$$\angle APM + \angle BPC = \pi$$

证法 5 如图 37.6,延长 AP, BP 交 $\triangle ABC$ 的外接圆分别于 D, E,联结 BD, CD, AE, CE.易知

$$\triangle EAP \backsim \triangle DBP \backsim \triangle CAB$$

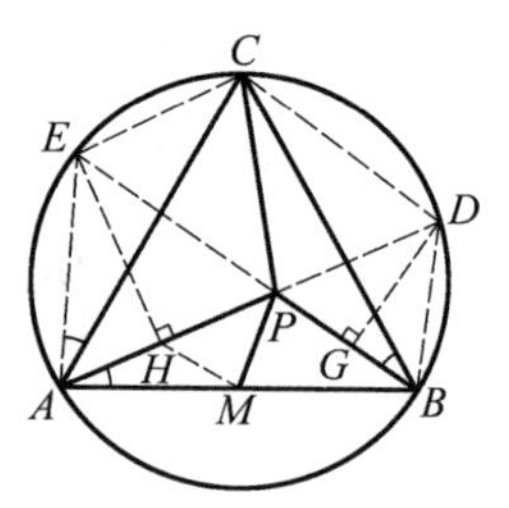

图 37.6

作 $EH \perp AP$ 于 H, $DG \perp BP$ 于 G,联结 HM.

则 H 是 AP 的中点,G 是 BP 的中点.

又 M 是 AB 的中点.所以

$$HM \underline{\underline{\parallel}} PG, \angle MHP = \angle BPD = \angle BAC = \angle BEC$$

从而
$$PD \parallel EC$$

又
$$\angle CDA = \angle CBA = \angle EPA$$

从而
$$PE \parallel CD$$

所以 $CDPE$ 是平行四边形,$PD = EC$,因为

$$\text{Rt}\triangle PEH \backsim \text{Rt}\triangle PDG$$

所以
$$\frac{PE}{PH} = \frac{PD}{PG} = \frac{EC}{HM}$$

所以
$$\triangle PEC \backsim \triangle PHM, \angle EPC = \angle APM$$

所以
$$\angle APM + \angle BPC = \angle EPC + \angle BPC = \pi$$

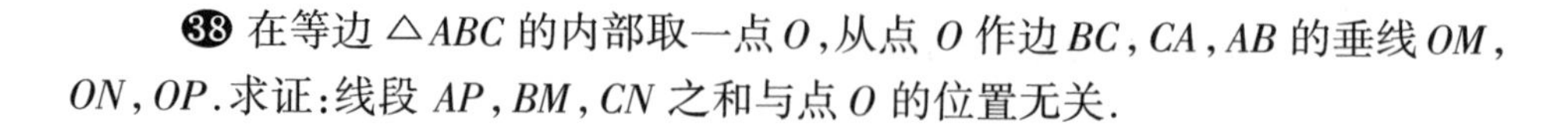

38 在等边 $\triangle ABC$ 的内部取一点 O,从点 O 作边 BC, CA, AB 的垂线 OM, ON, OP.求证:线段 AP, BM, CN 之和与点 O 的位置无关.

(1958年波兰数学奥林匹克)

证法1 如图38.1,过等边$\triangle ABC$的顶点A,B,C分别作边AB,BC,CA的垂线得到$\triangle DEF$,容易证明$\triangle DEF$是等边三角形.过O作$OX\perp DG$于X,$OY\perp DE$于Y,$OZ\perp EG$于Z,于是

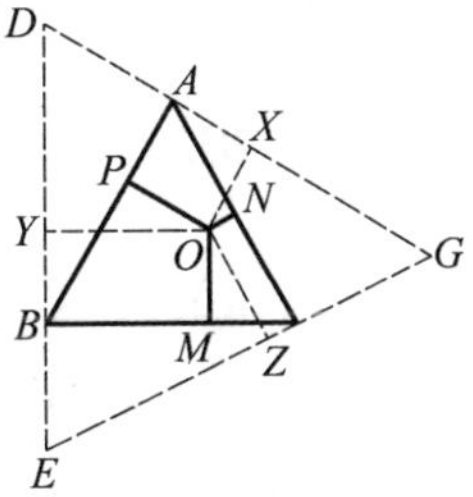

$$OX=AP,OY=BM,OZ=CN$$

连OD,OE,OG,则

$$S_{\triangle ODG}+S_{\triangle ODE}+S_{\triangle OEG}=S_{\triangle DEG}$$

图38.1

设$\triangle DEG$的边长为a',高为h',则

$$(OX+OY+OZ)a'=a'h'$$

有
$$AP+BM+CN=h'=\frac{\sqrt{3}}{2}a'$$

又设$\triangle ABC$的边长为a,容易算出$a'=\sqrt{3}a$.

于是$AP+BM+CN=\frac{3}{2}a$为定值,且它与O的位置无关.

证法2 如图38.2,过O作$DE\parallel BC$交AB,AC分别于D,E,作$OG\parallel AC$交AB于G,$OF\parallel AB$交BC于F,设$\triangle ABC$的边长为a.

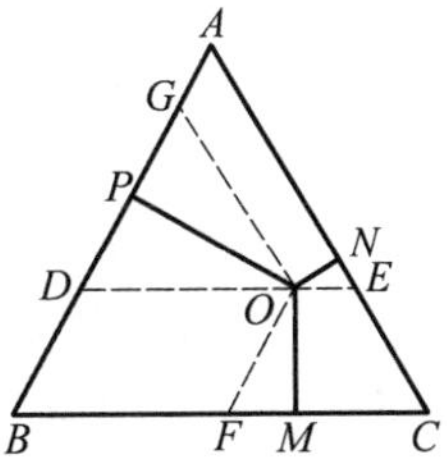

容易证明$\triangle GOD$是等边三角形,且有

$$BF=DO=DG,CE=OF=BD$$

于是
$$AG+BF+CE=AG+DG+BD=a \quad ①$$

图38.2

又
$$GP=\frac{1}{2}OG=\frac{1}{2}BF$$

$$FM=\frac{1}{2}OF=\frac{1}{2}CE$$

$$EN=\frac{1}{2}OE=\frac{1}{2}AG$$

所以
$$GP+FM+EN=\frac{1}{2}(AG+BF+CE)=\frac{1}{2}a \quad ②$$

式①+②得

$$AP+BM+CN=\frac{3}{2}a(定值,且它与O的位置无关)$$

证法3 设等边$\triangle ABC$的高为h,容易证明$OP+OM+ON=h$,如图38.3,延长PO交直线AC于D,则$\angle ADP=30°$,所以

$$AP=\frac{\sqrt{3}}{3}PD=\frac{\sqrt{3}}{3}(OP+OD)=\frac{\sqrt{3}}{3}(OP+2ON)$$

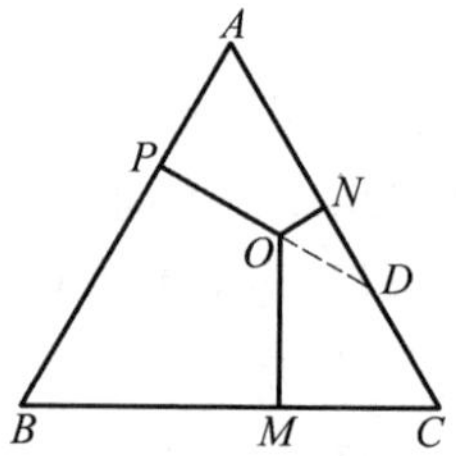

同理 $$BM=\frac{\sqrt{3}}{3}(OM+2OP)$$

$$CN=\frac{\sqrt{3}}{3}(ON+2OM)$$

于是 $AP+BM+CN=\sqrt{3}(OP+OM+ON)=\sqrt{3}h$

(定值,且它与 O 的位置无关)

图 38.3

证法 4　设等边 $\triangle ABC$ 的高为 h,易证 $OP+OM+ON=h$,如图 38.4,作 $PD\perp AC$ 于 D,$OE\perp PD$ 于 E,则

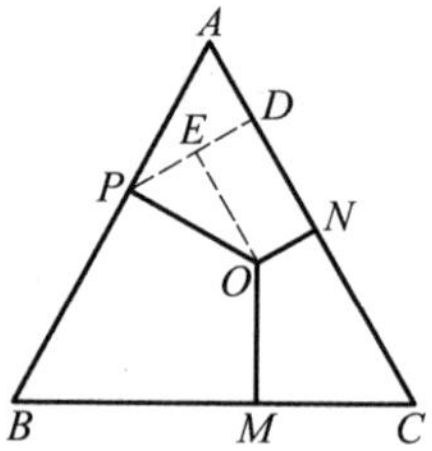

$$AP=\frac{2}{\sqrt{3}}PD=\frac{2\sqrt{3}}{3}(PE+ED)=$$

$$\frac{2\sqrt{3}}{3}(\frac{1}{2}OP+ON)=\frac{\sqrt{3}}{3}(OP+2ON)$$

图 38.4

同理 $$BM=\frac{\sqrt{3}}{3}(OM+2OP)$$

$$CN=\frac{\sqrt{3}}{3}(ON+2OM)$$

于是 $$AP+BM+CN=\sqrt{3}(OP+OM+ON)=\sqrt{3}h$$

(定值,且它与 O 的位置无关)

证法 5　给定 $\triangle ABC$,三边的垂线共点的充要条件是

$$AP^2-BP^2+BM^2-CM^2+CN^2-AN^2=0$$

则 $$a(AB-BP)+a(BM-CN)+a(CN-AN)=0$$

(其中 a 为等边 $\triangle ABC$ 的边长),于是

$$AP+BM+CN=BP+CM+AN=\frac{3}{2}a\text{(定值,且它与 }O\text{ 的位置无关)}$$

㊴ 已知 $\triangle ABC$ 中,$\angle C$ 为直角,D 为边 AC 上一点,K 为边 BD 上一点,且 $\angle ABC=\angle KAD=\angle AKD$.证明:$BK=2DC$.

(2003 年俄罗斯数学奥林匹克)

证法 1　如图 39.1,作 $BE\perp AK$ 交 AK 的延长线于 K,设 F 为 BK 的中点,联结 EF,CE,则 $EF=KF$.因为

$$\angle KAD=\angle AKD=\angle FKE=\angle FEK$$

所以 $$EF\,/\!/\,AC$$

因为 $\angle BEA=90°=\angle BCA$

所以 A,C,E,B 四点共圆.所以

$$\angle CEA=\angle ABC=\angle FKE$$

从而 $CE \mathbin{/\!/} DF$

故四边形 $DCEF$ 是平行四边形,$DC=EF$,于是

$$BK=2EF=2DC$$

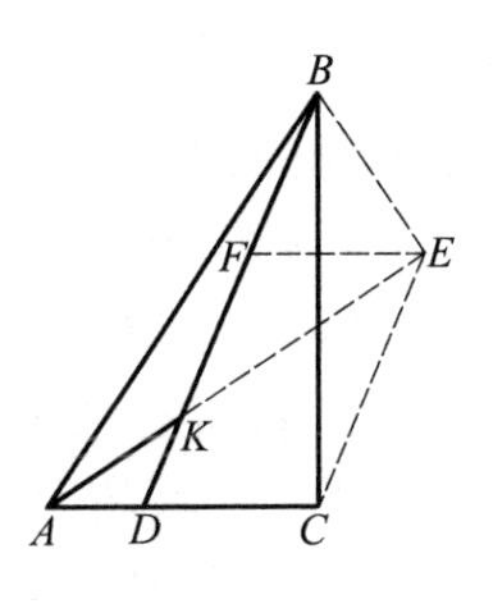

图 39.1

证法 2 如图 39.2,在 Rt△ABC 中,作斜边 AB 上的中线 CE,再作 $DF\perp AK$ 于 F,联结 EF,则 $AF=FK$.从而

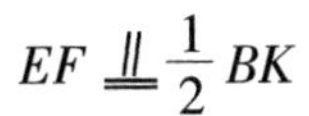

$$EF \underline{\underline{\mathbin{/\!/}}} \frac{1}{2}BK$$

图 39.2

因为 $\angle FAD=\angle ABC$

所以 $\angle FDA=\angle EAC=\angle ECA, DF \mathbin{/\!/} CE$

因为 $\angle EFD=90°+\angle EFK=90°+\angle DKF$

$$\angle FDC=\angle FDK+\angle KDC=$$

$$(90°-\angle DKF)+2\angle DKF=90°+\angle DKF$$

所以 $\angle EFD=\angle FDC$

于是,四边形 $DCEF$ 是等腰梯形,$EF=DC$.故 $BK=2DC$.

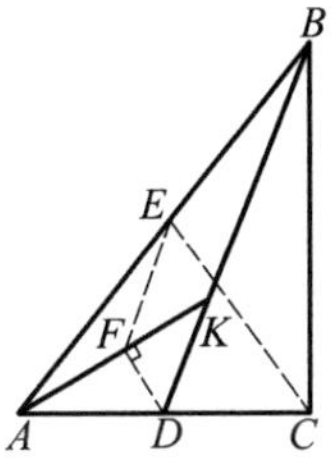

证法 3 如图 39.3,把 △ABC 以 AC 为对称轴翻折至 △AEC 位置,显然,B,C,E 三点共线,作 $EF \mathbin{/\!/} AC$ 交 BD 的延长线于 F,设 AE 与 BF 相交于 G.

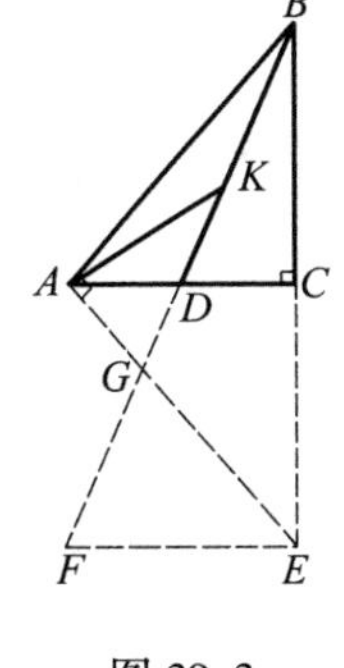

图 39.3

因为 $\angle ABC=\angle KAD=\angle AKD$

所以 $\angle KAG=\angle KAD+\angle DAG=\angle ABC+\angle BAC=90°$

于是 $DG=DA=DK$

从而 $FG=EF$

又 $BD=DF, EF=2DC$

所以 $BK=FG=2DC$

证法 4 设 $\angle ABC=\alpha$,则 $\angle KAD=\angle AKD=\alpha$,$\angle BDC=2\alpha$,从而

$$BK=\frac{AB\cdot\sin(90°-2\alpha)}{\sin\alpha}$$

$$CD=BD\cdot\cos 2\alpha=\frac{AB\cdot\sin(90°-\alpha)}{\sin 2\alpha}\cdot\cos 2\alpha$$

即证 $$\frac{\sin(90°-2\alpha)}{\sin\alpha}=2\cdot\frac{\sin(90°-\alpha)}{\sin 2\alpha}\cdot\cos 2\alpha$$

亦即证 $$\sin 2\alpha = 2\sin\alpha \cdot \cos\alpha$$
这是显而易见的,因此 $BK = 2DC$.

证法 5 如图 39.4,把 $\triangle BCD$ 沿 BC 翻折至 $\triangle BCE$ 位置,因 $\angle BCD = 90°$,则 D,C,E 三点共线.又因为
$$\angle ABC = \angle KAD = \angle AKD$$
所以 $$\angle EBC = \angle DBC = \angle ABC - \angle ABK = \angle AKD - \angle ABK = \angle BAK$$
从而 $$\angle EBA = \angle EAB$$
因此 $$AE = BE = BD$$
又 $$AD = DK$$
故 $$BK = DE = 2DC$$

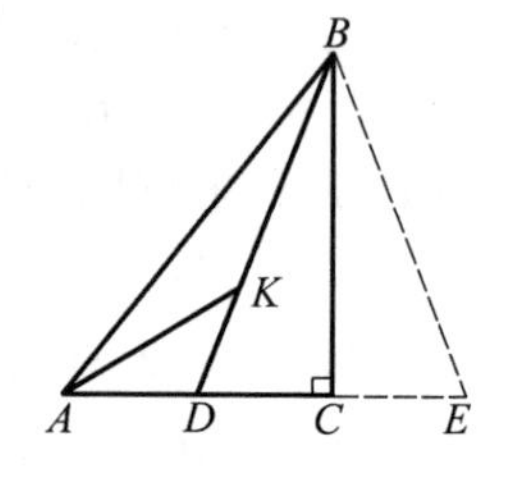

图 39.4

3

直线平行

A 类题

40 在$\triangle ABC$中引出$\angle A$和$\angle C$的平分线，由点B分别作这两条平分线的垂线，垂足分别为点P和Q.证明：$PQ // AC$.

（第57届莫斯科数学奥林匹克（八年级））

证法1 如图40.1，延长BP，BQ交BC分别于D，E.

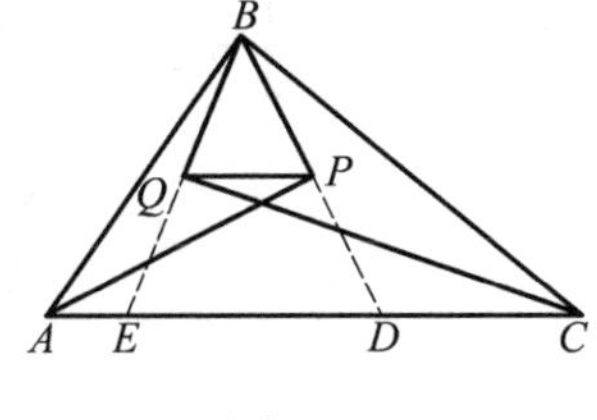

图40.1

因为AP平分$\angle BAD$，$AP \perp BD$，所以

$$BP = PD$$

同理 $$BQ = QE$$

所以 $$PQ // DE$$

即 $$PQ // AC$$

证法2 如图40.2，设AB，BC的中点分别为M，N，联结MN，MP，NQ.

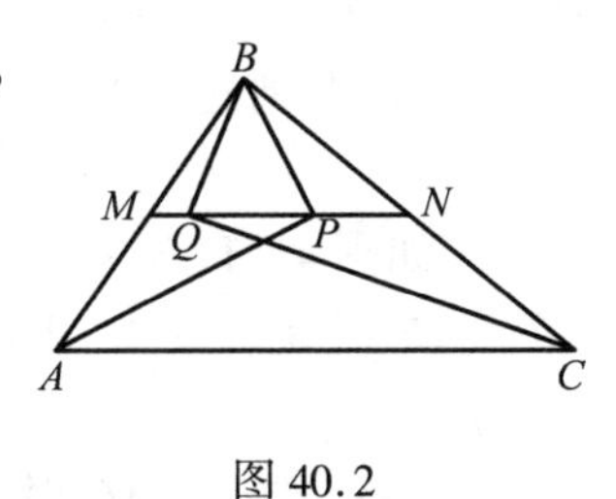

图40.2

在$\mathrm{Rt}\triangle APB$中，M为斜边AB的中点，所以

$$MP = MA, \angle MPA = \angle MAP = \angle PAC$$

所以 $$MP // AC$$

又因为 $$MN // AC$$

所以点P在MN上.

同理点Q也在MN上，故$PQ // AC$.

证法3 如图40.3，设AP与CQ相交于O，联结BO.则O为$\triangle ABC$的内心，OB平分$\angle ABC$，所以

$$\angle BOP = \angle OBA + \angle OAB =$$

$$\frac{1}{2}\angle B+\frac{1}{2}\angle A=90^\circ-\frac{1}{2}\angle C=90^\circ-\angle OCA$$

即
$$\angle OCA=90^\circ-\angle BOP$$

又
$$\angle BPO+\angle BQO=90^\circ+90^\circ=180^\circ$$

所以 B,P,O,Q 四点共圆.

$$\angle OQP=\angle OBP=90^\circ-\angle BOP$$

所以
$$\angle OCA=\angle OQP$$

故
$$PQ\ /\!/\ AC$$

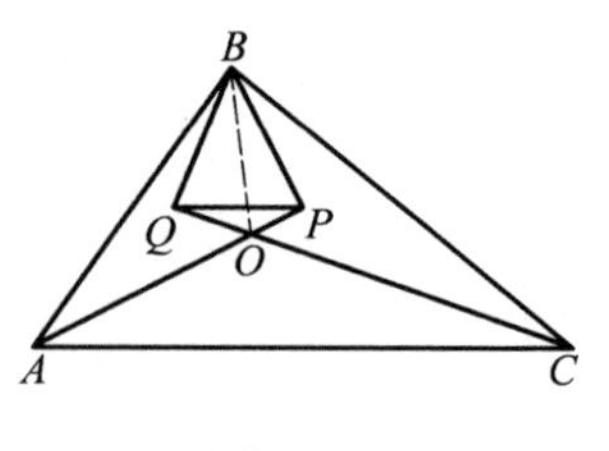

图 40.3

证法 4 如图 40.4,联结 AQ,CP.

$$S_{\triangle ACP}=\frac{1}{2}AP\cdot AC\sin\angle PAC=$$
$$\frac{1}{2}AB\cos\frac{A}{2}AC\sin\frac{A}{2}=$$
$$\frac{1}{4}AB\cdot AC\sin A=$$
$$\frac{1}{2}S_{\triangle ABC}$$

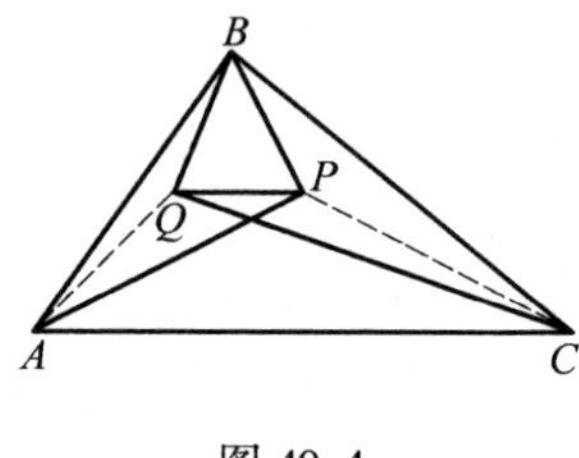

图 40.4

同理
$$S_{\triangle ACQ}=\frac{1}{2}S_{\triangle ABC}$$

所以
$$S_{\triangle ACP}=S_{\triangle ACQ}$$

所以
$$PQ\ /\!/\ AC$$

41 已知 CH 是 $\mathrm{Rt}\triangle ABC$ 的高($\angle C=90^\circ$),且与角平分线 AM,BN 分别交于 P,Q 两点.证明:通过 QN,PM 中点的直线平行于斜边 AB.

(第 52 届白俄罗斯数学奥林匹克(决定 A 类))

证法 1 如图 41.1,令 E,F 分别为 QN,PM 的中点,联结 CE 并延长交 AB 于 K,联结 CF 并延长交 AB 于 T.

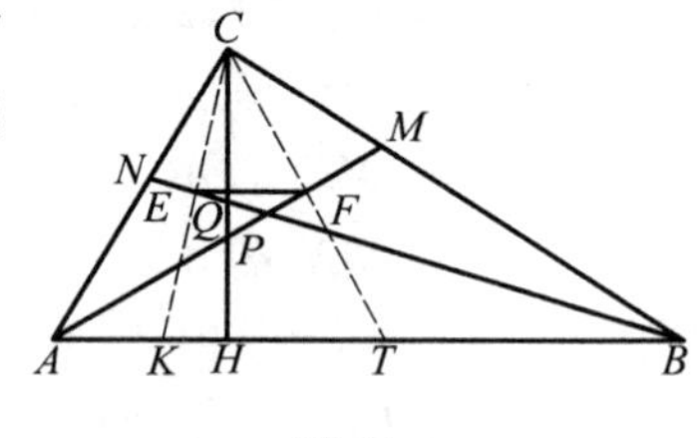

图 41.1

由 $\angle C=90^\circ$,$CH\perp AB$ 得

$$\angle BCH=\angle BAC$$

于是
$$\angle CNQ=\angle BAC+\angle ABN=$$
$$\angle BCH+\angle CBQ=\angle CQN$$

所以
$$CN=CQ$$

而 E 为 QN 的中点,故 $CE\perp NQ$.

又因 BN 平分 $\angle ABC$，所以，E 为 CK 的中点.

同理，F 为 CT 的中点，故 $EF \parallel KT$，即 $EF \parallel AB$.

证法 2 如图 41.2，令 E，F 分别为 QN，PM 的中点，作 $ES \perp AB$ 于 S，$NK \perp AB$ 于 K.

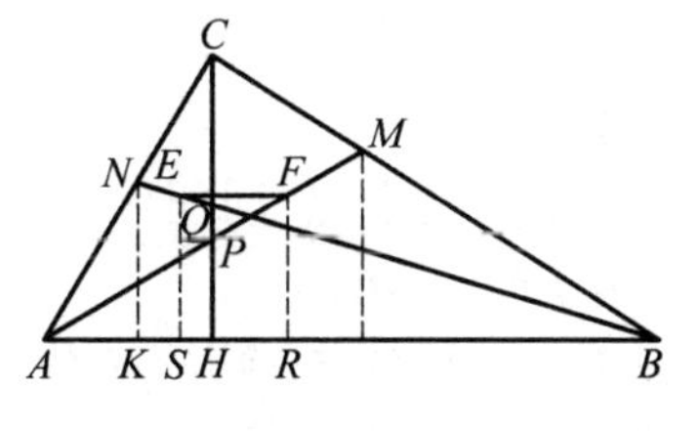

图 41.2

因 ES 是梯形 $NKHQ$ 的中位线，则

$$ES = \frac{1}{2}(NK + QH)$$

因 BN 平分 $\angle ABC$，且 $NK \perp AB$，$NC \perp BC$，则 $NK = CN$. 因

$$\angle CNQ = \angle BAC + \angle ABN = \angle BCH + \angle CBQ = \angle CQN$$

则

$$CN = CQ$$

故

$$ES = \frac{1}{2}(CQ + QH) = \frac{1}{2}CH$$

作 $FR \perp AB$ 于 R，同理可证：$FR = \dfrac{1}{2}CH$，故 $EF \parallel AB$.

证法 3 如图 41.3，令 E，F 分别为 QN，PM 的中点，AM 与 BN 相交于 I，联结 CE，CF，CI. 因

$$\angle CNQ = \angle BAC + \angle ABN = \angle BCH + \angle CBQ = \angle CQN$$

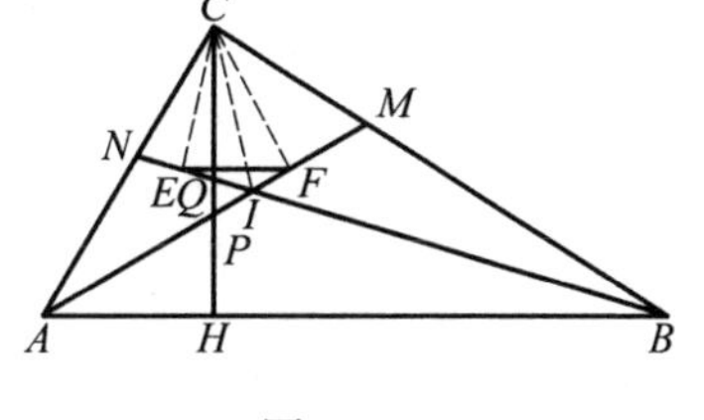

图 41.3

则

$$CN = CQ$$

又 E 为 NQ 的中点，故 $CE \perp NQ$，同理

$$CF \perp MP$$

所以 C，E，I，F 四点共圆，有

$$\angle FEI = \angle FCI$$

又

$$\angle FCI = 90° - \angle CIF = 90° - (\angle ACI + \angle CAI) = 90° - \left(\frac{1}{2}\angle ACB + \frac{1}{2}\angle CAB\right) = \frac{1}{2}\angle ABC = \angle ABI$$

所以

$$\angle FEI = \angle ABI$$

故

$$EF \parallel AB$$

证法 4 如图 41.4，设 X，Y 分别为 CB，CA 的中点，则 $XY \parallel AB$.

令 E 为 QN 的中点，联结 CE，EX. 易证

$$CE \perp BE$$

所以 $$XE=XB$$

有 $$\angle XEB=\angle XBE=\angle ABE$$

$$EX /\!/ AB$$

故点 E 在直线 XY 上.

令 F 为 PM 的中点,同理可证,点 F 在直线 XY 上,于是 $EF /\!/ AB$.

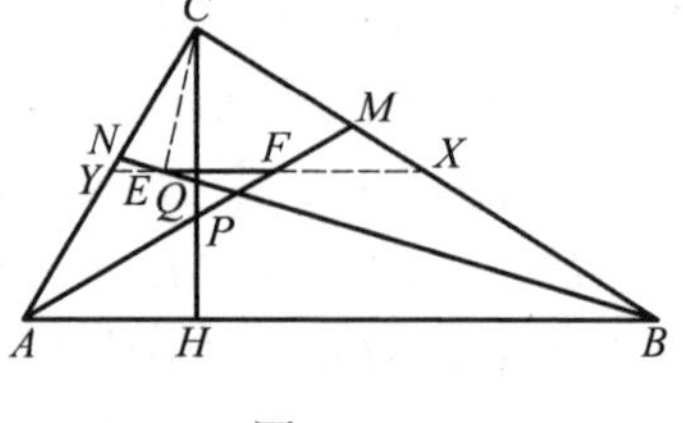

图 41.4

证法 5 如图 41.5,令 E,F 分别为 QN,PM 的中点.易证

$$CE\perp QN$$

由 $$\angle CEB=\angle CHB=90^\circ$$

得 C,E,H,B 四点共圆.

所以 $$CE=EH$$

从而,点 E 在 CH 的中垂线上.

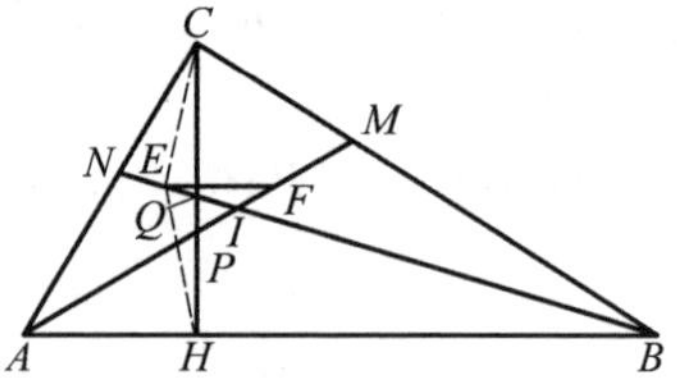

图 41.5

同理,点 F 在 CH 的中垂线上,因此

$$EF\perp CH$$

而 $$CH\perp AB$$

故 $$EF /\!/ AB$$

B 类题

42 如图 42.1,菱形 $ABCD$ 的内切圆 O 与各边分别切于 E,F,G,H,在 $\overset{\frown}{EF}$ 与 $\overset{\frown}{GH}$ 上分别作圆 O 切线交 AB 于 M,交 BC 于 N,交 CD 于 P,交 DA 于 D.求证:$MQ /\!/ NP$.

(1995 年全国高中数学联赛)

证法 1 如图 42.1,联结 AC,则 AC 的中点为菱形内切圆圆心 O,连 OM,ON.设

$$\angle BMN=\alpha,\angle B=\beta$$

则 $$\angle CNO=\frac{1}{2}\angle CNM=\frac{1}{2}(\alpha+\beta)$$

$$\angle AMO=90^\circ-\frac{\alpha}{2},\angle MAO=90^\circ-\frac{\beta}{2}$$

所以 $$\angle AOM=180^\circ-\angle AMO-\angle MAO=$$

$$180° - (90° - \frac{\alpha}{2}) - (90° - \frac{\beta}{2}) = \frac{1}{2}(\alpha + \beta) = \angle CNO$$

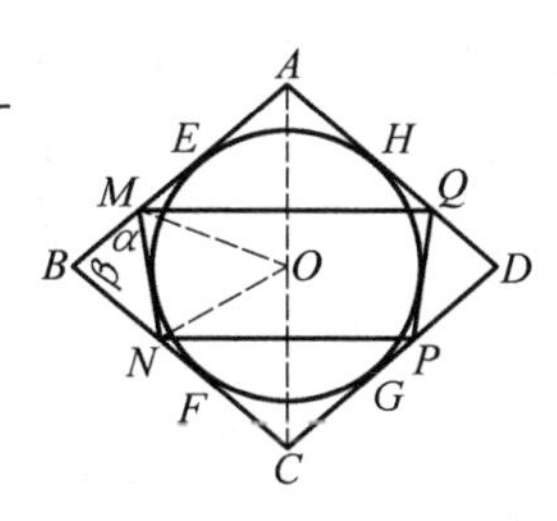

图 42.1

又 $\angle OAM = \angle NCO$

所以 $\triangle AOM \backsim \triangle CNO$

有 $AM \cdot CN = AO \cdot CO$

同理 $AQ \cdot CP = AO \cdot CO$

所以 $AM \cdot CN = AQ \cdot CP$

又 $\angle MAQ = \angle PCN$

所以 $\triangle AMQ \backsim \triangle CPN$

有 $\angle AMQ = \angle CPN$

故 $MQ \parallel NP$

证法2 如图42.2,联结 AC,则 AC 的中点为菱形内切圆圆心 O,也是 $\triangle BMN$ 的旁心.

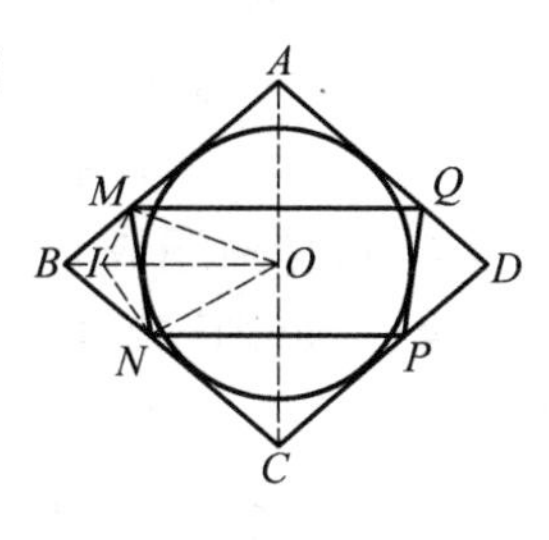

图 42.2

设 $\triangle BMN$ 的内心为 I.

易知 $\angle OMI = \angle ONI = 90°$

所以 O,M,I,N 四点共圆.所以

$\angle AOM = 90° - \angle MOI = \angle MIO = \angle MNO = \angle CNO$

以下同证法1.

证法3 如图42.3,设 $AE = a, BE = b, ME = m, NF = n, GP = s, QH = t$,则

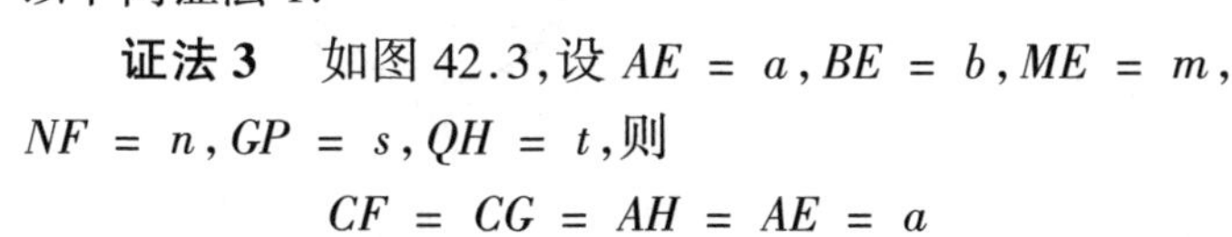

$$CF = CG = AH = AE = a$$

$$DG = DH = BF = BE = b$$

$$MN = ME + NF = m + n$$

$$PQ = PG + QH = s + t$$

$$BM = BE - ME = b - m$$

$$BN = BF - NF = b - n$$

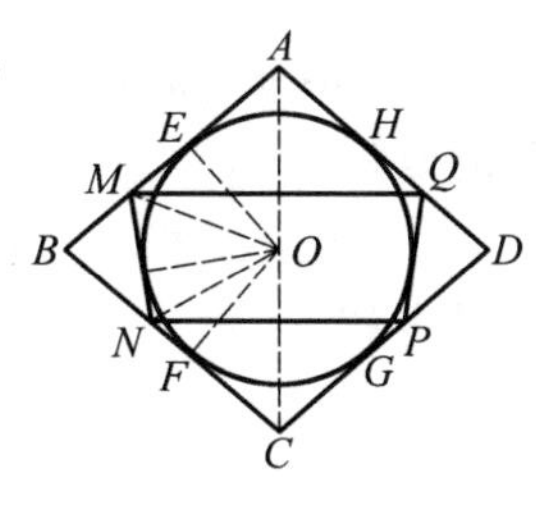

图 42.3

$$MQ \parallel NP \Leftrightarrow \angle AMQ = \angle CPN \Leftrightarrow \triangle AMQ \backsim \triangle CPN \Leftrightarrow \frac{AM}{AQ} = \frac{CP}{CN} \Leftrightarrow$$

$$(a + m)(a + n) = (a + s)(a + t) \Leftrightarrow$$

$$a(m + n) + mn = a(s + t) + st \qquad (*)$$

另一方面,设圆 O 的半径为 r

$$S_{\triangle ABC}=\frac{1}{2}(a+b)^2\sin\angle ABC=r(a+b)$$

即
$$\sin\angle ABC=\frac{2r}{a+b}$$

$$S_{\triangle ABC}=S_{\triangle AMO}+S_{\triangle MNO}+S_{\triangle NCO}+S_{\triangle BMN}=$$

$$\frac{r}{2}(a+m)+\frac{r}{2}(m+n)+\frac{r}{2}(a+n)+\frac{1}{2}(b-m)(b-n)\sin\angle ABC=$$

$$r[(a+m+n)+\frac{(b-m)(b-n)}{a+b}]$$

同理可得

$$S_{\triangle CDA}=r[(a+s+t)+\frac{(b-s)(b-t)}{a+b}]$$

从而 $(a+m+n)+\frac{(b-m)(b-n)}{a+b}=(a+s+t)+\frac{(b-s)(b-t)}{a+b}\Leftrightarrow$

$$a(m+n)+b(m+n)+b^2-bm-bn+mn=$$

$$a(s+t)+b(s+t)+b^2-bs-bt+st\Leftrightarrow$$

$$a(m+n)+mn=a(s+t)+st$$

式(*)成立,故原命题成立.

证法 4 如图 42.4,建立直角坐标系,设 $\angle DOH=\alpha$(定值),$\angle DOI=\alpha_1$,$\angle DOJ=\alpha_2+\pi$,其中,$-\alpha<\alpha_1,\alpha_2<\alpha$,圆 O 的方程为 $x^2+y^2=r^2$,则

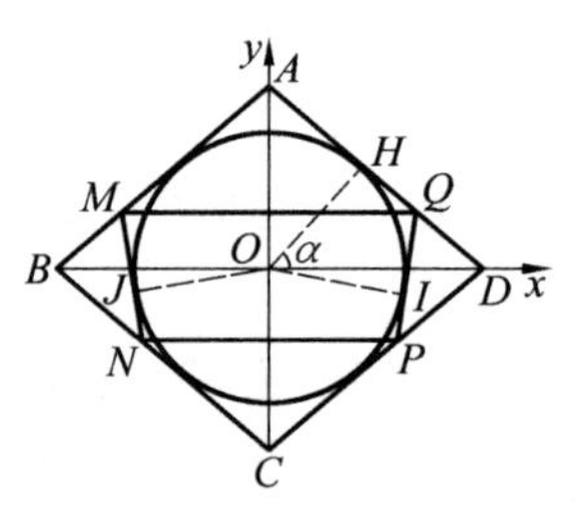

图 42.4

AD 的方程

$$\cos\alpha\cdot x+\sin\alpha\cdot y=r$$

AB 的方程

$$-\cos\alpha\cdot x+\sin\alpha\cdot y=r$$

BC 的方程

$$-\cos\alpha\cdot x-\sin\alpha\cdot y=r$$

CD 的方程

$$\cos\alpha\cdot x-\sin\alpha\cdot y=r$$

PQ 的方程

$$\cos\alpha_1\cdot x+\sin\alpha_1\cdot y=r$$

MN 的方程

$$\cos\alpha_2\cdot x+\sin\alpha_2\cdot y=r$$

由 AD 和 PQ 的方程解得点 Q 的坐标为

$$Q\left(\frac{\cos\frac{\alpha_1+\alpha}{2}\cdot r}{\cos\frac{\alpha_1-\alpha}{2}},\frac{\sin\frac{\alpha_1+\alpha}{2}\cdot r}{\cos\frac{\alpha_1-\alpha}{2}}\right)$$

由 AB 和 MN 的方程解得点 M 的坐标为

$$M\left(\frac{-\cos\frac{\alpha-\alpha_2}{2}\cdot r}{\cos\frac{\alpha+\alpha_2}{2}},\frac{\sin\frac{\alpha-\alpha_2}{2}\cdot r}{\cos\frac{\alpha+\alpha_2}{2}}\right)$$

所以
$$K_{QM}=\frac{Y_M-Y_Q}{X_M-X_Q}=\frac{\sin\frac{\alpha_1+\alpha_2}{2}\cdot\cos\alpha}{\cos\frac{\alpha_1+\alpha_2}{2}\cdot\cos\alpha+\cos\frac{\alpha_1\cdot\alpha_2}{2}}$$

同理
$$K_{PN}=K_{QM}$$

所以
$$QM\parallel PN$$

C 类题

43 AA_1 和 CC_1 是非等腰锐角 $\triangle ABC$ 的高，H 和 O 分别是 $\triangle ABC$ 的垂心和外心，B_0 是边 AC 的中点，直线 BO 交边 AC 于 P，直线 BH 和 A_1C_1 交于 Q. 证明：直线 HB_0 和 PQ 平行.

（2008 年俄罗斯数学奥林匹克）

证法 1 如图 43.1，延长 BP 交 $\triangle ABC$ 的外接圆于 B'，联结 AB'，CB'，因为

$$CH\perp AB,B'A\perp AB$$

所以
$$CH\parallel AB'$$

同理
$$AH\parallel CB'$$

所以 $AB'CH$ 是平行四边形，从而 HB' 与 AC 互相平分，H，B_0，B' 三点共线.

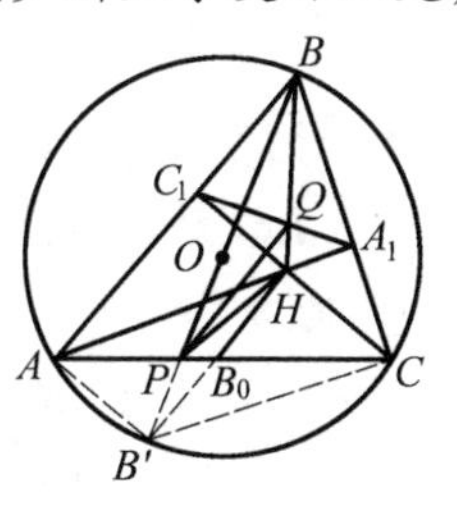

图 43.1

易知
$$\triangle BA_1C_1\backsim\triangle BAC$$

则
$$\frac{BC_1\cdot BA_1}{BC\cdot BA}=\frac{S_{\triangle BA_1C_1}}{S_{\triangle BAC}}=\frac{A_1C_1^2}{AC^2}$$

又 $$\triangle HA_1C_1 \backsim \triangle HAC$$

则 $$\frac{A_1C_1^2}{AC^2}=\frac{S_{\triangle HA_1C_1}}{S_{\triangle HAC}}=\frac{HA_1\cdot HC_1}{HA\cdot HC}=\frac{HA_1\cdot HC_1}{B'C\cdot B'A}$$

所以 $$\frac{BC_1\cdot BA_1}{BC\cdot BA}=\frac{HA_1\cdot HC_1}{B'C\cdot B'A}$$

即 $$\frac{BC_1\cdot BA_1}{HA_1\cdot HC_1}=\frac{BC\cdot BA}{B'C\cdot B'A}$$

于是 $$\frac{S_{\triangle BC_1A_1}}{S_{\triangle HC_1A_1}}=\frac{S_{\triangle ABC}}{S_{\triangle B'AC}}$$

从而 $$\frac{BQ}{QH}=\frac{BP}{PB'}$$

故 $$PQ /\!/ HB_0$$

证法2 如图43.1,延长 BP 交 $\triangle ABC$ 的外接圆于 B',联结 AB',CB'.因为

$$CH\perp AB, B'A\perp AB$$

所以 $$CH /\!/ AB'$$

同理 $$AH /\!/ CB'$$

所以 $AB'CH$ 是平行四边形,从而 HB' 与 AC 互相平分,H,B_0,B' 三点共线.易知

$$\angle AB'B=\angle ACB=\angle BHA_1$$

所以 $$\mathrm{Rt}\triangle ABB' \backsim \mathrm{Rt}\triangle A_1BH$$

又因 A,C,A_1,C_1 四点共圆,则

$$\angle BAP=\angle BA_1Q$$

从而点 P,Q 是上述相似三角形的对应点.

所以 $$\frac{BP}{BQ}=\frac{PB'}{QH}$$

故 $$PQ /\!/ HB_0$$

证法3 如图43.2,设 K 为 BH 的中点,联结 OK,因 $\angle HA_1B=\angle HC_1B=90°$,则 B,A_1,H,C_1 四点共圆,且 K 为其圆心,则 K 为 $\triangle A_1BC_1$ 的外心.又

$$\triangle A_1BC_1 \backsim \triangle ABC$$

所以 $$\frac{BK}{KQ}=\frac{BO}{OP}$$

从而 $$OK /\!/ PQ$$

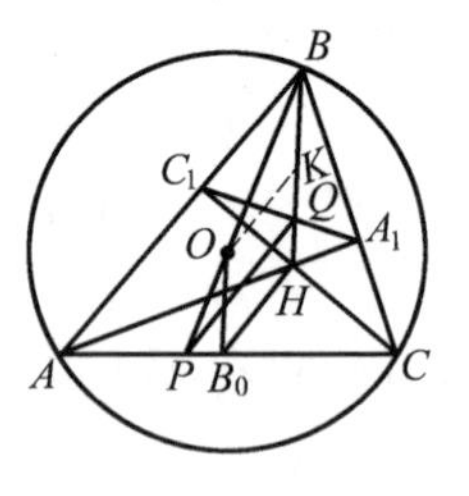

图43.2

由垂外心定理得 $OB_0 \mathrel{\underline{\underline{/\!/}}} \frac{1}{2}BH$,即 $OB_0 \mathrel{\underline{\underline{/\!/}}} KH$,所以 OB_0HK 是平行四边形,$OK /\!/ HB_0$,故 $PQ /\!/ HB_0$.

4

直线垂直

A 类题

44 如图 44.1,设 $\triangle ABC$ 是直角三角形,点 D 在斜边 BC 上,$BD=4DC$.已知圆过点 C 且与 AC 相交于 F,与 AB 相切于 AB 的中点 G.求证:$AD\perp BF$.

(1999 年全国初中数学联赛)

证法 1 如图 44.1,作 $CE /\!/ AB$ 交 AD 的延长线于 E.则

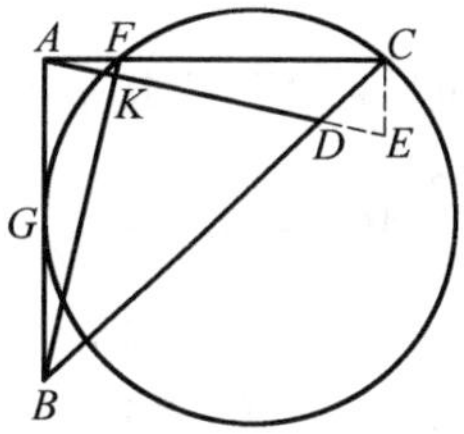

$$\frac{CE}{AB}=\frac{CD}{BD}=\frac{1}{4}$$

从而 $$AB=4CE$$

又 $$\frac{1}{4}AB^2=AG^2=AF\cdot AC$$

即 $$\frac{AB}{AF}=\frac{4AC}{AB}$$

所以 $$\frac{AB}{AF}=\frac{AC}{CE}$$

所以 $$\text{Rt}\triangle ABF\backsim \text{Rt}\triangle CAE,\angle ABF=\angle CAD$$

因为 $$\angle ABF+\angle AFB=90^\circ$$

所以 $$\angle CAD+\angle AFB=90^\circ$$

所以 $$AD\perp BF$$

图 44.1

注:过 C 作 $CE /\!/ DA$ 交 BA 的延长线于 E,或者过 D 或 B 作平行线,均同样可行.

证法 2 设 AD 交 BF 于 K,注意直线 AKD 截 $\triangle BFC$,用梅涅劳斯定理,有

$$\frac{BK}{KF}\cdot\frac{FA}{AC}\cdot\frac{CD}{DB}=1$$

又 $$DB = 4CD$$

所以 $$\frac{BK}{KF} = \frac{4AC}{AF} = \frac{4AF \cdot AC}{AF^2} = \frac{4AG^2}{AF^2} = \frac{AB^2}{AF^2}$$

所以 $$\frac{BK}{BK + KF} = \frac{AB^2}{AB^2 + AF^2}$$

即 $$\frac{BK}{BF} = \frac{AB^2}{BF^2}$$

亦即 $$AB^2 = BK \cdot BF$$

故 $$AD \perp BF$$

证法 3 如图 44.2,联结 DF.设 $DC = n, AG = m$,则 $BD = 4n, BC = 5n, AB = 2m, m^2 = AF \cdot AC, AC^2 = BC^2 - AB^2 = 25n^2 - 4m^2, \cos C = \frac{AC}{BC} = \frac{AC}{5n}$.

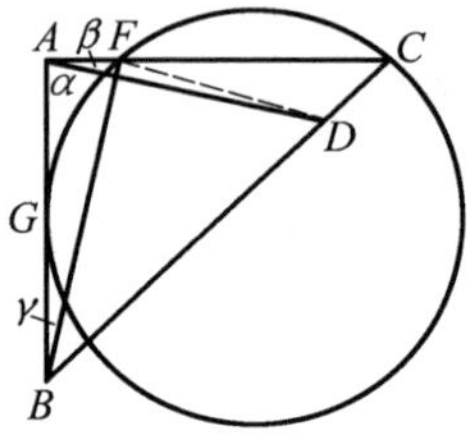

图 44.2

$$\begin{aligned} DF^2 = {} & FC^2 + DC^2 - 2 \cdot FC \cdot DC\cos C = \\ & (AC - AF)^2 + n^2 - 2 \cdot (AC - AF) \cdot n \cdot \frac{AC}{5n} = \\ & AC^2 + AF^2 - 2AC \cdot AF + n^2 - \frac{2}{5}AC^2 + \frac{2}{5}AC \cdot AF = \\ & \frac{3}{5}AC^2 + AF^2 + n^2 - \frac{8}{5}AC \cdot AF = \\ & AF^2 + 16n^2 - 4m^2 = \\ & AF^2 + BD^2 - AB^2 \end{aligned}$$

即 $$DF^2 - AF^2 = BD^2 - AB^2$$

所以 $$AD \perp BF$$

证法 4 如图 44.2,因

$$\frac{BD}{DC} = \frac{S_{\triangle ABD}}{S_{\triangle ACD}} = \frac{AB\sin \alpha}{AC\sin \beta}, BD = 4DC$$

则 $$\tan \beta = \frac{\sin \beta}{\cos \beta} = \frac{\sin \beta}{\sin \alpha} = \frac{AB}{4AC}$$

又 $$\frac{1}{4}AB^2 = AG^2 = AF \cdot AC$$

即 $$\frac{AB}{4AC} = \frac{AF}{AB}$$

所以 $$\tan \beta = \frac{AF}{AB} = \tan \gamma$$

因 β, γ 均为锐角,则 $\beta = \gamma$.

因为 $$\alpha + \beta = 90^\circ$$

所以 $$\alpha+\gamma=90^\circ$$

故 $$AD\perp BF$$

B 类题

㊺ 设 D 是 $\triangle ABC$ 内的一点,满足 $\angle DAC=\angle DCA=30^\circ$,$\angle DBA=60^\circ$,$E$ 是边 BC 的中点,F 是边 AC 的三等分点,满足 $AF=2FC$.求证:$DE\perp EF$.

(2007 年第 6 届中国女子数学奥林匹克)

证法 1 如图 45.1,作 $DM\perp AC$ 于 M,$FN\perp CD$ 于 N,联结 EM,EN.

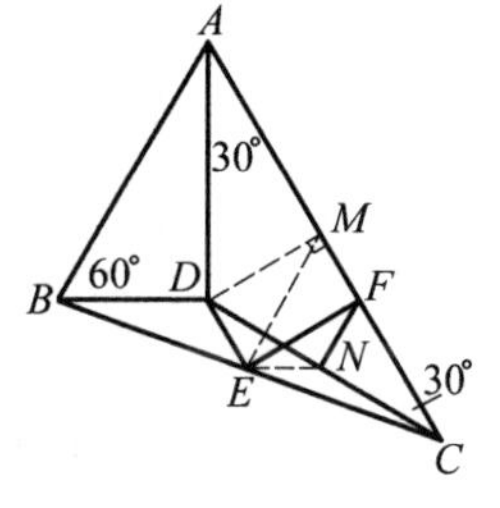

图 45.1

设 $CF=a$,则

$$AF=2a,CN=CF\cdot\cos 30^\circ=\frac{\sqrt{3}}{2}a=\frac{1}{2}CD$$

即 N 是 CD 的中点.

又因 M 是 AC 的中点,E 是 BC 的中点,则

$$EM\parallel AB,EN\parallel BD$$

得 $$\angle MEN=\angle ABD=60^\circ=\angle MDC$$

故 M,D,E,N 四点共圆.

又显然有 D,M,F,N 四点共圆,所以 D,E,F,M,N 五点共圆.从而 $\angle DEF=90^\circ$.

证法 2 如图 45.2,联结 DF,要证 $DE\perp EF$,只要证明

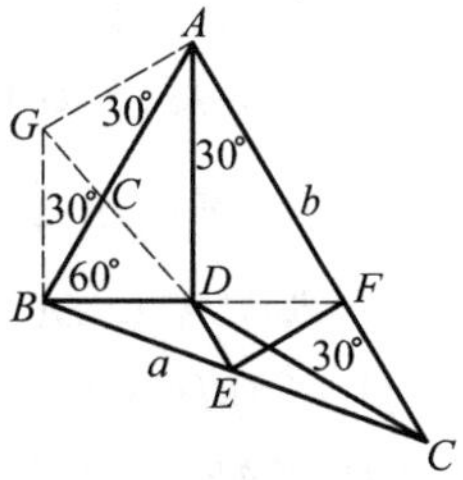

$$DE^2+EF^2=DF^2 \quad ①$$

设 $\triangle ABC$ 的三边长为 a,b,c,则

$$CF=\frac{b}{3},AD=CD=\frac{b}{\sqrt{3}}$$

图 45.2

由中线长公式得

$$DE^2=\frac{1}{2}BD^2+\frac{1}{2}\left(\frac{b}{\sqrt{3}}\right)^2-\frac{1}{4}a^2 \quad ②$$

由余弦定理得

$$EF^2=\left(\frac{a}{2}\right)^2+\left(\frac{b}{3}\right)^2-2\cdot\frac{a}{2}\cdot\frac{b}{3}\cos\angle C \quad ③$$

$$2ab\cos C = a^2 + b^2 - c^2 \quad ④$$

式④代入③得

$$EF^2 = \frac{a^2}{12} - \frac{b^2}{18} + \frac{c^2}{6} \quad ⑤$$

以 AB 为底边,在 $\triangle ABC$ 的外侧作底角为 $30°$ 的等腰 $\triangle ABG$,联结 DG.

易知 $$\frac{AG}{AD} = \frac{AB}{AC}, \angle GAD = \angle BAC$$

则 $$\triangle AGD \backsim \triangle ABC$$

有 $$\frac{DG}{BC} = \frac{AD}{AC}$$

从而 $$DG = \frac{a}{\sqrt{3}}$$

因 $\triangle GBD$ 中

$$\angle GBD = 30° + 60° = 90°, BG = \frac{c}{\sqrt{3}}$$

则 $$BD^2 = DG^2 - BG^2 = \frac{a^2}{3} - \frac{c^2}{3} \quad ⑥$$

把式⑥代入②得

$$DE^2 = \frac{a^2}{12} + \frac{b^2}{6} - \frac{c^2}{6} \quad ⑦$$

在 $\triangle CDF$ 中,易算出

$$DF = \frac{b}{3} \quad ⑧$$

由式⑦,⑤,⑧知,①成立.

证法3 如图45.3,延长 CD 至 K,使 $DK = CD$.联结 AK,BK,则 $DE \mathrel{\underset{=}{\parallel}} \frac{1}{2}BK$,又 $\angle DAC = \angle DCA = 30°$,则 $DA = DC = DK$,$\triangle AKC$ 是直角三角形,且 $\triangle AKD$ 是正三角形.

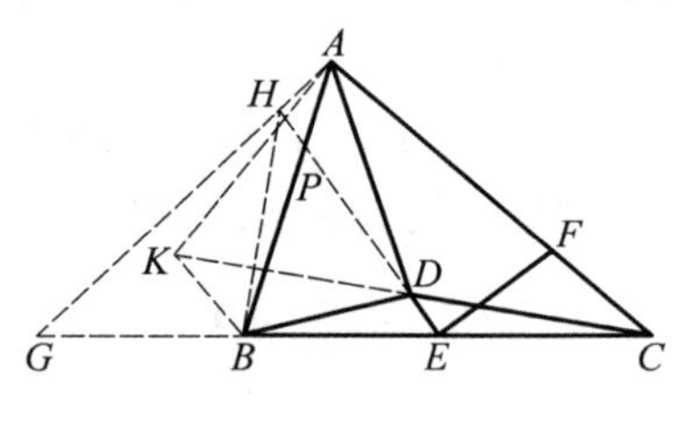

图45.3

延长 ED 交 AB 于 P,过 A 作 EP 的垂线交 EP,CB 的延长线分别于 H,G.因为

$$\angle AKD = 60° = \angle ABD$$

所以 A,K,B,D 四点共圆.所以

$$\angle DPB = \angle KBA = \angle KDA = 60°$$

从而 $\triangle PBD$ 是正三角形.所以

$$BD = PD, \angle BDK = 60° - \angle KDP = \angle PDA$$

又 $$DK = DA$$

所以 $$\triangle BDK \cong \triangle PDA, BK = AP$$

在 Rt$\triangle AHP$ 中,因

$$\angle APH = 60°$$

则 $$PH = \frac{1}{2}AP$$

故 $$DE = \frac{1}{2}BK = \frac{1}{2}AP = PH$$

注意 $\triangle PBD$ 是正三角形,可知 $BH = BE$.

于是在 Rt$\triangle HGE$ 中,有 $BG = BE = EC$.

因此$\frac{GE}{EC} = 2 = \frac{AF}{FC}$,有 $EF \parallel AG$,而 $DE \perp AG$,故 $DE \perp EF$.

46 如图,圆 O_1 和 O_2 与 $\triangle ABC$ 的三边所在的三条直线都相切,E,F,G,H 为切点,并且 EG,FH 的延长线交于点 P.求证:直线 PA 与 BC 垂直.

(1996 年全国高中数学联赛第二试)

为方便计,用 a,b,c 表示 $\triangle ABC$ 的内角 $\angle A,\angle B,\angle C$ 的对边,$2p = a + b + c$.

证法 1 如图 46.1,过 A 作 $RQ \parallel EF$ 交 EG,FH 分别于 R,Q.设 I_A 为 $\triangle ABC$ 的 BC 边上旁切圆圆心,联结 I_AB,I_AC,作 $I_AM \perp BC$ 于 M,则 $BM = p - c$.因为

$$\angle CGE = \angle CEG = \angle ARG$$

所以 $$AR = AG = p - b$$

同理 $$AQ = p - c$$

所以 $$RQ = p - b + p - c = a$$

又

$$\angle I_ACB = \frac{1}{2}(180° - \angle C) = \angle CEG = \angle PRQ$$

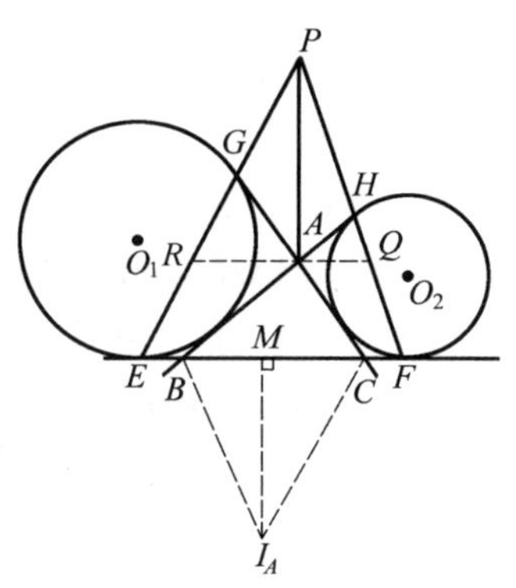

图 46.1

同理 $$\angle I_ABC = \angle PQR$$

所以 $$\triangle PRQ \cong \triangle I_ACB$$

又 $$AQ = p - c = BM$$

所以 A,M 是全等三角形的对应点.

因为 $$I_AM \perp BC$$
所以 $$PA \perp RQ$$
故 $$PA \perp BC$$

证法 2 如图 46.2,过 P 作 $RQ \parallel BC$,交 CG,BH 的延长线分别于 R,Q.因为

$$\triangle AQR \backsim \triangle ABC$$

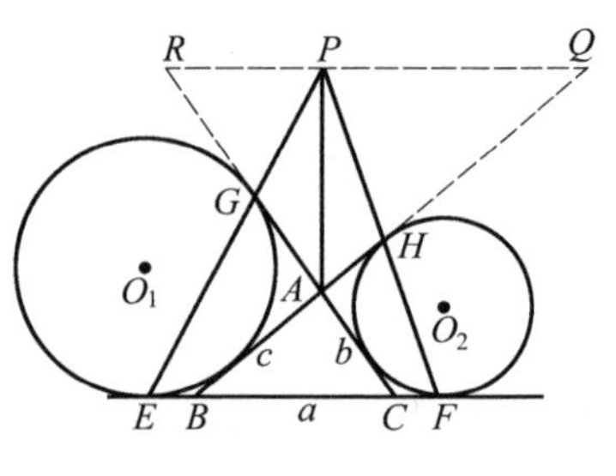

图 46.2

可设 $RQ = ka$,$AR = kb$,$AQ = kc$.因为

$$\angle RPG = \angle CEG = \angle CGE = \angle RGP$$

所以 $RP = RG = AR - AG = kb + b - p$

同理 $$PQ = kc + c - p$$

由 $$RP + PQ = RQ$$

即 $$kb + b - p + kc + c - p = ka$$

得 $$k(b + c) = (k + 1)a$$

所以 $$RP^2 - PQ^2 = RQ \cdot (RP - PQ) = ka \cdot (k + 1)(b - c) = k \cdot k(b + c)(b - c) = (kb)^2 - (kc)^2 = AR^2 - AQ^2$$

故 $$PA \perp RQ$$

从而 $$PA \perp BC$$

证法 3 如图 46.3,设 PA 交 BC 于 D,作 $AN \perp PE$ 于 N,$AQ \perp PF$ 于 Q,$DR \perp PE$ 于 R,$DS \perp PF$ 于 S.则

$$AN \parallel DR, AQ \parallel DS$$

$$\text{Rt}\triangle ANG \backsim \text{Rt}\triangle DRE$$

$$\text{Rt}\triangle AQH \backsim \text{Rt}\triangle DSF$$

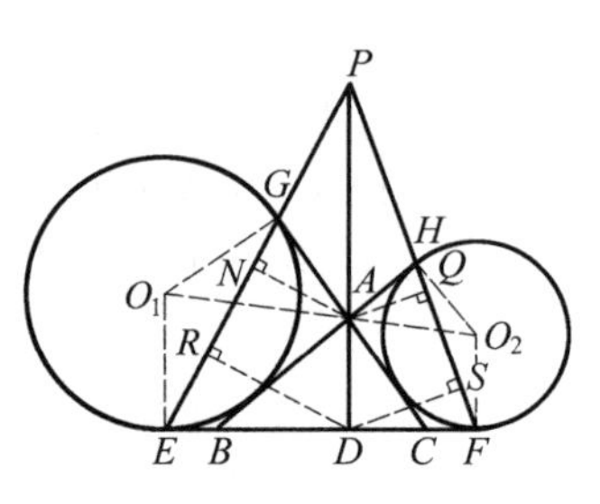

图 46.3

所以 $$\frac{DE}{AG} = \frac{DR}{AN} = \frac{PD}{PA} = \frac{DS}{AQ} = \frac{DF}{AH}$$

即 $$\frac{DE}{DF} = \frac{AG}{AH}$$

联结 O_1G,O_1E,O_1A,O_2F,O_2H,O_2A,则 O_1,A,O_2 三点共线.$O_1E \perp EF$,$O_2F \perp EF$,$O_1E \parallel O_2F$.易知

$$\text{Rt}\triangle O_1GA \backsim \text{Rt}\triangle O_2HA$$

所以 $$\frac{AO_1}{AO_2} = \frac{AG}{AH} = \frac{DE}{DF}$$

所以 $$AD \parallel O_1E \parallel O_2F$$

于是 $$AD \perp EF$$

即 $$PA \perp BC$$

证法4 如图46.4,作 $AD \perp BC$ 于 D,DA 交 EG 于 Q,DA 交 FH 于 R. 联结 O_1G,O_1E,AO_1,AO_2,O_2F,O_2H,CO_1,BO_2.

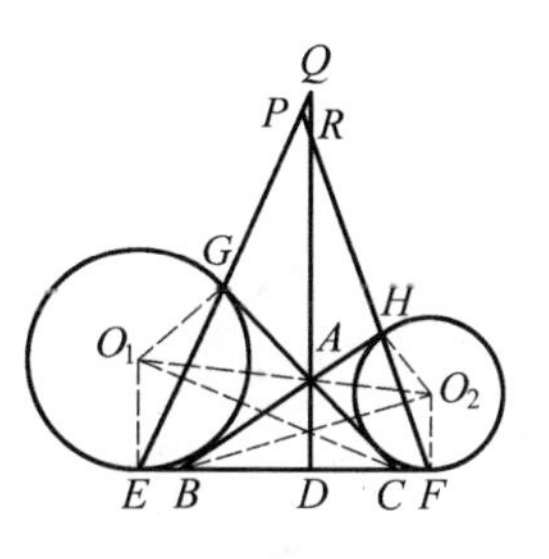

图46.4

因为 O_1,A,O_2 三点共线,且

$$\triangle O_1GA \backsim \triangle O_2HA$$

$$O_1E \parallel AD \parallel O_2F$$

所以 $$\frac{O_1G}{O_2H}=\frac{O_1A}{O_2A}=\frac{ED}{FD}$$

从而 $$\frac{O_1G}{ED}=\frac{O_2H}{FD}$$

易知 $$\mathrm{Rt}\triangle CGO_1 \backsim \mathrm{Rt}\triangle QDE$$

所以 $$\frac{O_1G}{ED}=\frac{CG}{DQ}$$

同理 $$\frac{O_2H}{FD}=\frac{BH}{DR}$$

所以 $$\frac{CG}{DQ}=\frac{BH}{DR}$$

又 $$CG=BH$$

所以 $$DQ=DR$$

故 Q,R 重合,从而 Q,R,P 重合.

所以 $$PA \perp BC$$

证法5 如图46.5,延长 PA 交 BC 于 D,直线 PHF 与 $\triangle ABD$ 的三边延长线都相交,直线 PGE 与 $\triangle ADC$ 的三边延长线都相交,由梅涅劳斯定理,得

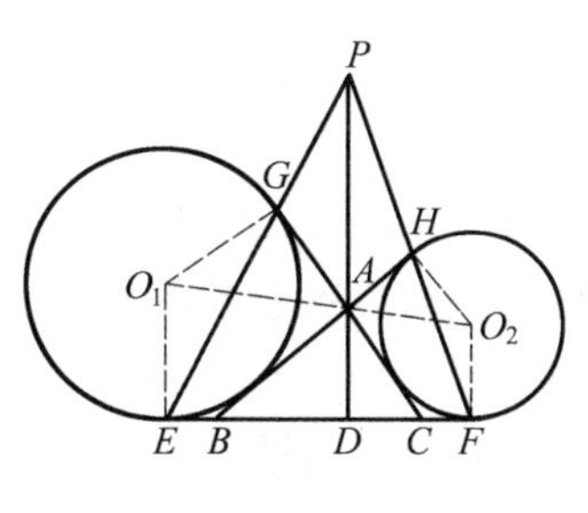

图46.5

$$\frac{AH}{BH}\cdot\frac{BF}{DF}\cdot\frac{DP}{AP}=1$$

$$\frac{DP}{AP}\cdot\frac{AG}{CG}\cdot\frac{CE}{DE}=1$$

所以 $$\frac{AH}{BH}\cdot\frac{BF}{DF}=\frac{AG}{CG}\cdot\frac{CE}{DE}$$

又因为 $$BH=BF,CE=CG$$

所以 $$\frac{AH}{DF}=\frac{AG}{DE}$$

联结 $O_1G, O_1E, O_1A, O_2A, O_2H, O_2F$,则 O_1, A, O_2 三点共线,且

$$\triangle O_1AG \backsim \triangle O_2AH$$

所以 $$\frac{O_1A}{O_2A} = \frac{AG}{AH} = \frac{DE}{DF}$$

又因为 $$O_1E \parallel O_2F$$

所以 $$AD \parallel O_1E$$

故 $$AD \perp EF$$

即 $$PA \perp BC$$

证法6 如图46.6,连 O_1B 交 EG 于 R,连 RA, O_1A, O_1G.因为

$$\angle O_1RG = 180° - \angle REB - \angle RBE = 180° - \frac{1}{2}(180° - \angle C) - \frac{1}{2}(180° - \angle B) = \frac{1}{2}(\angle B + \angle C) = \angle O_1AG$$

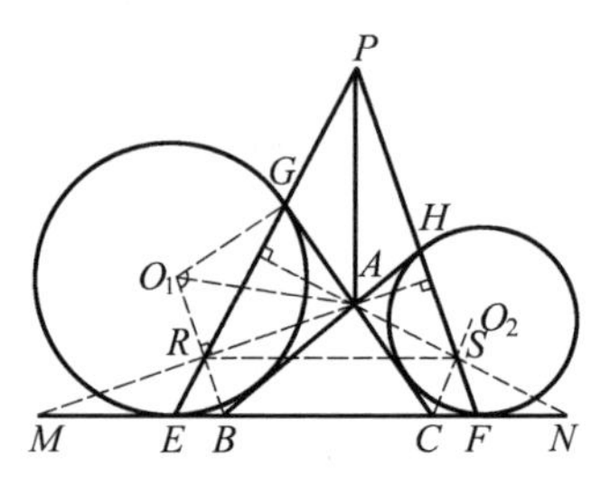

图46.6

所以 O_1, R, A, G 四点共圆.

又因 $O_1G \perp AG$,则 $RA \perp O_1B$.因为

$$\angle EBO_1 = \frac{1}{2}(180° - \angle B) = \angle BFH$$

所以 $$O_1B \parallel PF$$

所以 $$RA \perp PF$$

联结 O_2C 交 FH 于 S,连 RS,同理

$$SA \perp O_2C, SA \perp PE$$

所以 A 为 $\triangle PRS$ 的垂心,从而 $PA \perp RS$.

延长 AR 交 CB 的延长线于 M,延长 AS 交 BC 的延长线于 N,易证 $AR = RM$, $AS = SN$.

所以 $RS \parallel MN$,即 $RS \parallel BC$.所以

$$PA \perp BC$$

证法7 如图46.7,联结 O_1O_2,则 O_1O_2 过点 A,设 AO_1 交 EG 于 K,联结 O_1E, O_1B, KB, KH, O_2F.易证

$$\angle BO_1A = \frac{1}{2}(180° - \angle C) = \angle BEK$$

所以 O_1,E,B,K 四点共圆.所以

$$\angle BKO_2=\angle O_1EB=90^\circ=\angle O_2FB$$

所以 K,B,F,O_2 四点共圆.

易证 B,F,O_2,H 四点共圆.

所以 K,B,F,O_2,H 五点共圆.

所以 $\angle HKA=\angle HFO_2$

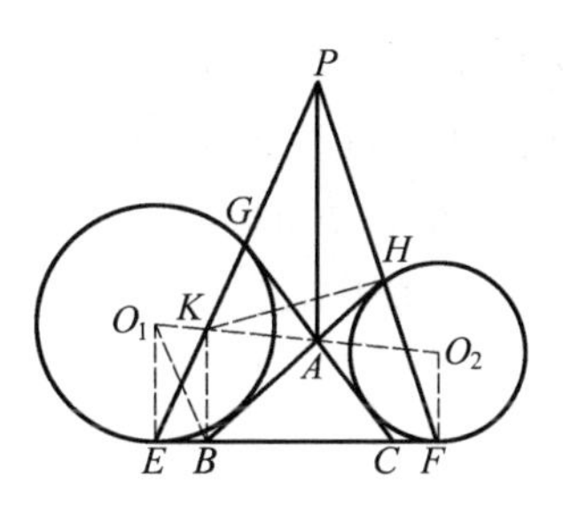

图 46.7

因为 $\angle EPF=180^\circ-\angle CEG-\angle BFH=$

$$180^\circ-\frac{1}{2}(180^\circ-\angle C)-\frac{1}{2}(180^\circ-$$

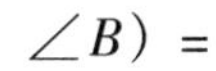
$\angle B)=$

$$\frac{1}{2}(\angle B+\angle C)=\angle HAO_2$$

所以 P,K,A,H 四点共圆.

所以 $$\angle HPA=\angle HKA=\angle HFO_2$$

从而 $$PA\parallel O_2F$$

又因为 $$O_2F\perp BC$$

所以 $$PA\perp BC$$

证法8 如图46.8,作 $AD\perp BC$ 于 D,DA 交 EG 于 Q,DA 交 FH 于 R,作 $GM\perp EF$ 于 M,$HN\perp EF$ 于 N.

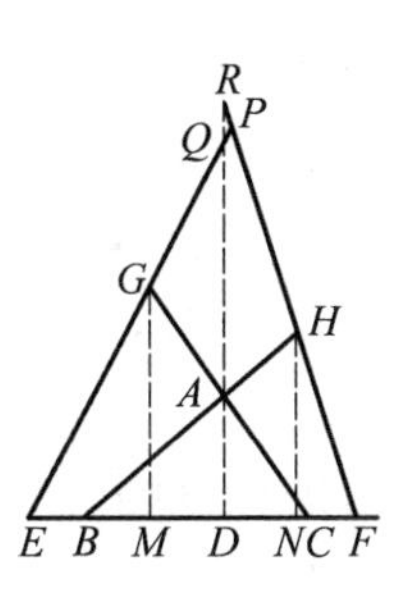

图 46.8

$$BD=c\cos B=\frac{a^2+c^2-b^2}{2a}$$

$$ED=BE+BD=p-a+\frac{a^2+c^2-b^2}{2a}=\frac{b+c}{a}(p-b)$$

$$GM=CG\sin C=\frac{pc}{2R}$$

$$EM=CE-CM=p-p\cos C=\frac{2p}{ab}(p-a)(p-b)$$

因为 $$GM\parallel QD$$

所以 $$\frac{GM}{QD}=\frac{EM}{ED}$$

所以 $$QD=\frac{GM\cdot ED}{EM}=\frac{\frac{pc}{2R}\cdot\frac{(b+c)(p-b)}{a}}{\frac{2p}{ab}(p-a)(p-b)}=\frac{bc(b+c)}{4R(p-a)}$$

同理 $$RD=\frac{bc(b+c)}{4R(p-a)}$$

所以 $QD = RD$,从而 Q,R 重合,Q,R,P 重合,故 $PA \perp BC$.

证法9 如图46.8,作 $AD \perp BC$ 于 D,DA 交 EG 于 Q,DA 交 FH 于 R,只要证明 $Q = R = P$,即 $AQ = AR$ 即可.

在 $\triangle AGQ$ 中,易知

$$\angle AGQ = 90^\circ + \frac{1}{2}\angle C$$

$$\angle AQG = \frac{1}{2}\angle C$$

由正弦定理得

$$AQ = \frac{AG\sin\left(90^\circ + \frac{1}{2}\angle C\right)}{\sin\left(\frac{1}{2}\angle C\right)} = AG \cdot \cot\left(\frac{1}{2}\angle C\right) = (p - b) \cdot \frac{p - c}{\gamma}$$

(其中 r 为 $\triangle ABC$ 内切圆半径)

同理
$$AR = (p - c) \cdot \frac{p - b}{r}$$

所以
$$AQ = AR$$

47 $\triangle ABC$ 中,O 为外心,三条高 AD,BE,CF 交于点 H,直线 ED 和 AB 交于点 M,FD 和 AC 交于点 N,求证:

(1) $OB \perp DF$,$OC \perp DE$;

(2) $OH \perp MN$.

(2001年全国高中数学联赛加试)

(1) 较易,证略.仅证(2),且直接利用(1).

证法1 如图47.1,设 OB 交 CF 于 R,因为

$$OB \perp DF, HF \perp FM$$

所以
$$\angle ORH = \angle DFM$$

又
$$OB \perp DF, OC \perp DE$$

所以
$$\angle COR = \angle MDF$$

所以
$$\triangle ORC \backsim \triangle DFM \Rightarrow RO \cdot FM = RC \cdot DF$$

类似可证

$$\triangle BHR \backsim \triangle NAF \Rightarrow RH \cdot FN = BR \cdot AF$$

$$\triangle BCR \backsim \triangle DAF \Rightarrow RC \cdot DF = BR \cdot AF$$

所以
$$RO \cdot FM = RH \cdot FN$$

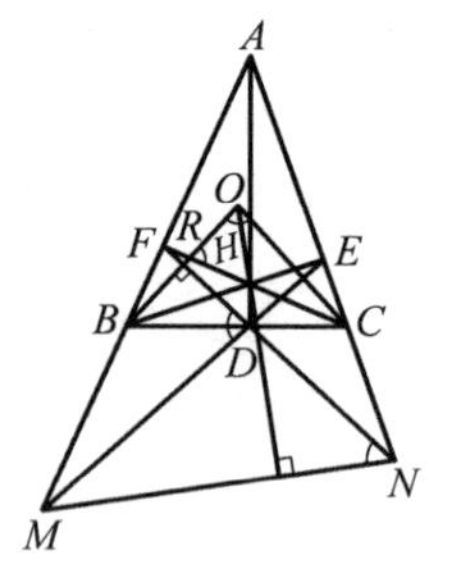

图47.1

又 $$\angle ORH = \angle NFM$$

所以 $$\triangle ORH \backsim \triangle NFM \Rightarrow \angle OHR = \angle FMN$$

因 $$HF \perp FM$$

所以 $$OH \perp MN$$

证法 2 如图 47.2,作 $HQ \perp OB$ 于 Q,$HP \perp OC$ 于 P,连 PQ.作 $DR \perp AB$ 于 R,$DS \perp AC$ 于 S.易知

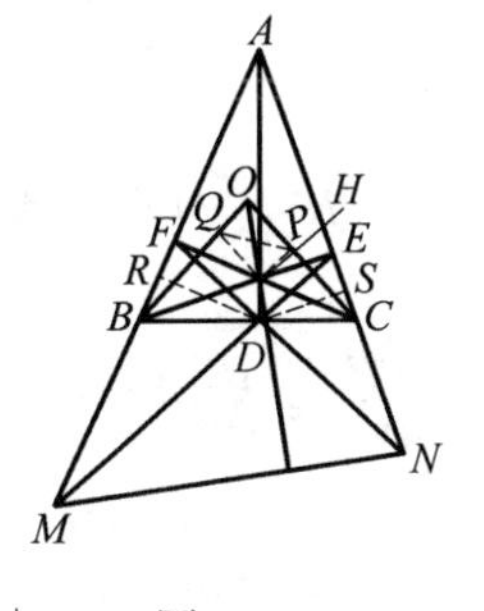

图 47.2

$$\angle QBH = \angle DNS$$

所以 $$\mathrm{Rt}\triangle BQH \backsim \mathrm{Rt}\triangle NSD \Rightarrow HQ \cdot ND = BH \cdot DS$$

同理 $$HP \cdot MD = CH \cdot DR$$

又 $$\mathrm{Rt}\triangle BDH \backsim \mathrm{Rt}\triangle ASD \Rightarrow BH \cdot DS = AD \cdot DH$$

同理 $$CH \cdot DR = AD \cdot DH$$

所以 $$HQ \cdot ND = HP \cdot MD$$

易知 $$HQ /\!/ DN, HP /\!/ DM$$

所以 $$\angle QHP = \angle MDN$$

所以 $$\triangle HQP \backsim \triangle DMN$$

所以 $$\angle DMN = \angle HQP = \angle HOP(O, Q, H, P\text{ 共圆})$$

又因 $$ME \perp OC$$

所以 $$OH \perp MN$$

证法 3 如图 47.3,作 $OP /\!/ AM$ 交 BE 于 P,交 MN 于 R,作 $OQ /\!/ AN$ 交 CF 于 Q.则

$$PH \perp OQ, QH \perp OP$$

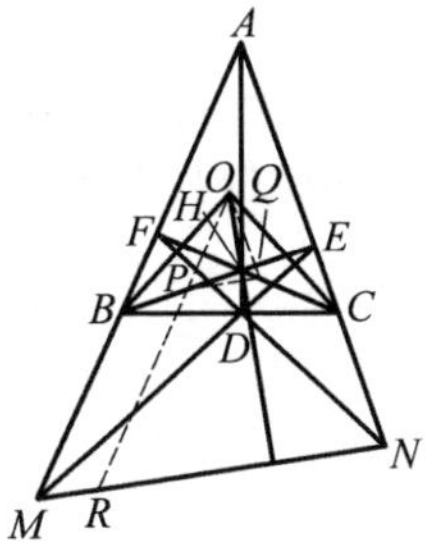

所以 H 为 $\triangle OPQ$ 的垂心,从而 $OH \perp PQ$.因为

$$\angle POB = \angle OBA = 90^\circ - \angle C = \angle DAN$$

又 $$\angle OPH = \angle FBH = \angle FDH(F, B, D, H\text{ 共圆})$$

从而 $$\angle OPB = \angle ADN$$

所以 $$\triangle OPB \backsim \triangle ADN$$

图 47.3

所以 $$\frac{OP}{AD} = \frac{OB}{AN} \quad ①$$

同理 $$\frac{OQ}{AD} = \frac{OC}{AM} \quad ②$$

式 ① ÷ ②,并注意 $OB = OC$ 得

$$\frac{OP}{OQ} = \frac{AM}{AN}$$

又因为 $$\angle POQ = \angle MAN$$

所以 $$\triangle OPQ \backsim \triangle AMN$$

所以 $$\angle OPQ = \angle AMN = \angle PRN$$

所以 $$PQ \parallel MN$$

故 $$OH \perp MN$$

证法 4 如图 47.4,作 $OK \perp MN$ 交 BC, MN 分别于 P, K. 设 OB 交 CF 于 R, OC 交 BE 于 Q.

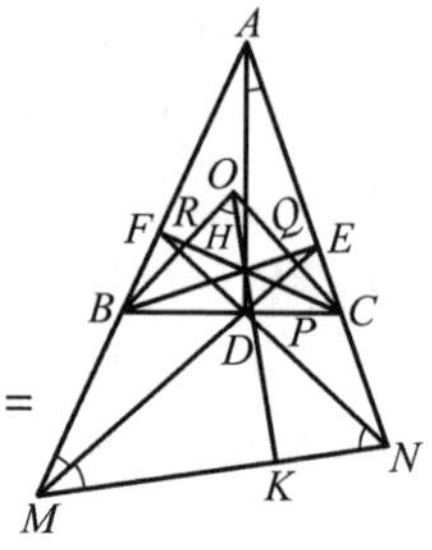

要证 $OH \perp MN$,只要证明 BQ, CR, OP 三线共点即可. 因为

$$\frac{CQ}{QO} \cdot \frac{OR}{RB} \cdot \frac{BP}{PC} = \frac{BC\sin\angle CBQ}{OB\sin\angle OBQ} \cdot \frac{OC\sin\angle OCR}{BC\sin\angle BCR} \cdot \frac{OB\sin\angle BOP}{OC\sin\angle COP} =$$

$$\frac{\sin\angle DAC}{\sin\angle DNA} \cdot \frac{\sin\angle DMA}{\sin\angle DAB} \cdot \frac{\sin\angle DNM}{\sin\angle DMN} =$$

$$\frac{DN}{AD} \cdot \frac{AD}{DM} \cdot \frac{DM}{DN} = 1$$

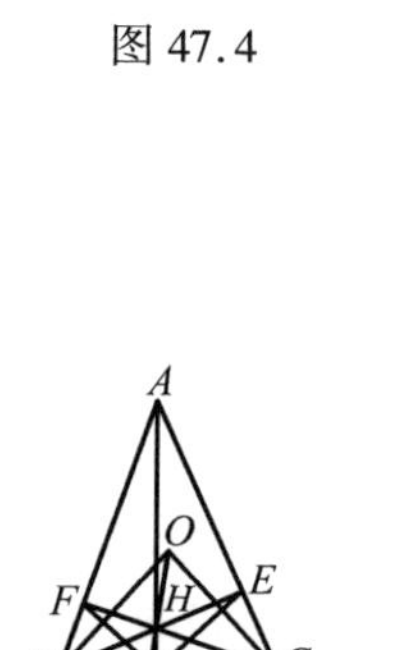

图 47.4

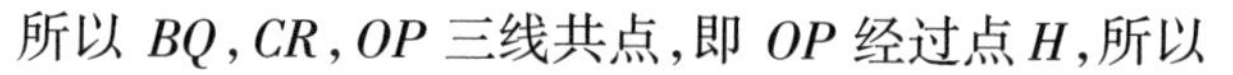

所以 BQ, CR, OP 三线共点,即 OP 经过点 H,所以

$$OH \perp MN$$

证法 5 如图 47.5,作 $DK \parallel MN$ 交 AN 于 K. 下面证明 $\triangle BOH \backsim \triangle NDK$. 易知

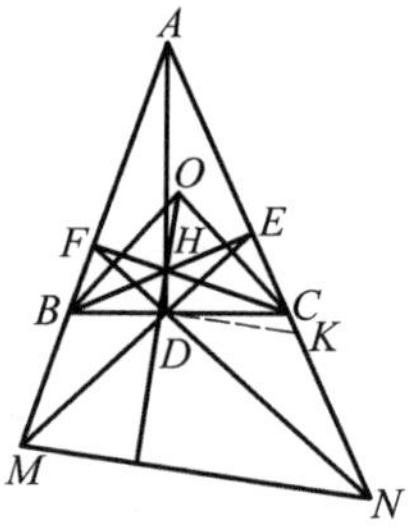

$$\angle OBH = \angle DNK$$

因为 $$BH = \frac{BD}{\cos\angle HBD} = \frac{AB\cos B}{\sin C} = 2R\cos B$$

(R 为 $\triangle ABC$ 外接圆半径)

所以 $$\frac{OB}{BH} = \frac{1}{2\cos B}$$

因为 $$\frac{NK}{NE} = \frac{MD}{ME}$$

即 $$NK = \frac{NE \cdot MD}{ME}$$

所以 $$\frac{DN}{NK} = \frac{DN \cdot ME}{NE \cdot MD} = \frac{DN}{NE} \cdot \frac{ME}{AE} \cdot \frac{BD}{MD} \cdot \frac{AE}{BD} =$$

$$\frac{\sin\angle NED}{\sin\angle NDE} \cdot \frac{\sin A}{\sin\angle BMD} \cdot \frac{\sin\angle BMD}{\sin B} \cdot \frac{AB\cos A}{AB\cos B} =$$

$$\frac{\sin B}{\sin 2A} \cdot \frac{\sin A}{\sin B} \cdot \frac{\cos A}{\cos B} = \frac{1}{2\cos B}$$

图 47.5

所以 $$\frac{OB}{BH} = \frac{DN}{NK}$$

所以 $\triangle BOH \backsim \triangle NDK, \angle BOH = \angle NDK = \angle DNM$

因为 $OB \perp NF$

所以 $OH \perp MN$

证法 6 证明中将利用下列引理.

引理 1 三角形中外心、重心、垂心三点共线(欧拉线(Euler Line)定理).

引理 2 设圆内接四边形的两组对边的延长线分别相交于点 P,Q,两对角线相交于点 R,则圆心恰为 $\triangle PQR$ 的垂心.(梁绍鸿编《初等数学复习及研究(平面几何)》P374,《中等数学》1994 年第 1 期 P40.)

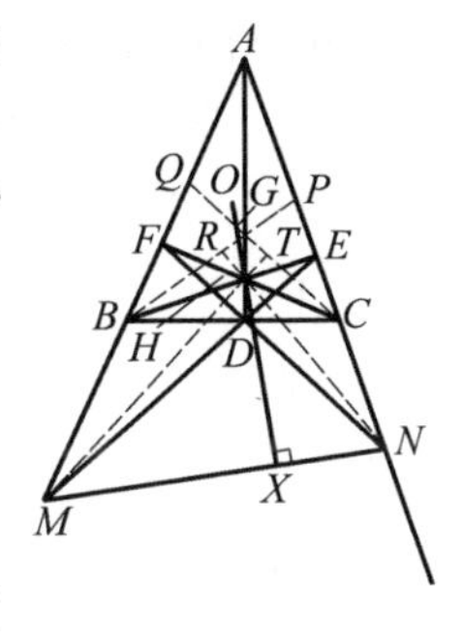

图 47.6

如图 47.6,设 P,Q 分别为 AC,AB 的中点.由引理 1 知 BP,CQ 的交点 G(重心)在 OH 上.

显然 $AFDC$ 为圆内接四边形,其圆心为 P,由引理 2 知 P 为 $\triangle BNH$ 的垂心.

所以 $NH \perp BP$,垂足为 R.

同理 $MH \perp CQ$,垂足为 T.

作 $NX \perp OH$ 于 X,连接 MX,由四点共圆知:

$$TH \cdot HM = CH \cdot HF = BH \cdot HE = RH \cdot HN = GH \cdot HX$$

所以 T,G,M,X 四点共圆.所以

$$\angle MXG = \angle MTG = 90^\circ$$

从而 M,X,N 三点共线.

故 $OH \perp MN$

证法 7 如图 47.7,延长 AD,BE,CF 交圆 O 分别于 P,Q,R. RP 交 AN 于 S, QP 交 AM 于 T.

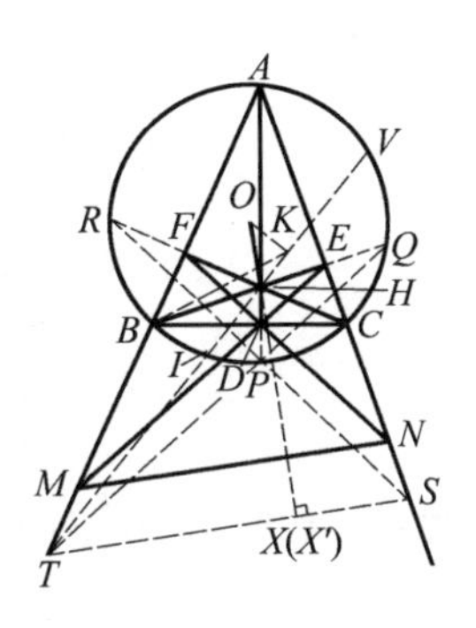

图 47.7

作 $TX \perp OH$ 于 X.

连 TH 并延长交圆 O 于 I,V,作 $\triangle ABH$ 的外接圆交 TV 于 K,连 BK.因为

$$\angle BKH = \angle BAH = \angle BQP$$

所以 B,K,Q,T 四点共圆.所以

$$TH \cdot HK = BH \cdot HQ = IH \cdot HV \Rightarrow$$

$$\frac{TH}{IH} = \frac{HV}{HK} = \frac{TV}{IK}(\text{等比性质})$$

又 $$TH \cdot TK = TB \cdot TA = TI \cdot TV \Rightarrow$$

$$\frac{TH}{TV} = \frac{TI}{TK} = \frac{TH - TI}{TV - TK} = \frac{IH}{KV} \Rightarrow \frac{TH}{IH} = \frac{TV}{KV}$$

所以 $$IK = KV$$
从而 $$OK \perp TV$$
所以 O,K,X,T 四点共圆.所以
$$OH \cdot HX = TH \cdot HK = BH \cdot HQ$$
作 $SX' \perp OH$ 于 X',同理可证:
$$OH \cdot HX' = CH \cdot HR$$
因为 $$BH \cdot HQ = CH \cdot HR$$
所以 $$HX = HX'$$
即 X' 与 X 重合,T,X,S 三点共线,$OH \perp TS$.又
$$\angle BQP = \angle BAP = \angle BED, EM \parallel QT$$
同理 $$FN \parallel RS$$
所以 $$\frac{AM}{AT} = \frac{AD}{AP} = \frac{AN}{AS}$$
所以 $$MN \parallel TS$$
故 $$OH \perp MN$$

证法8 如图47.8,作 $HP \perp OC$,垂足为 P,交 AM 于 R,作 $HQ \perp OB$,垂足为 Q,交 AN 于 S.
作 $RK \perp OH$ 于 K,连 SK.
由四点共圆得
$$OH \cdot HK = PH \cdot HR = AH \cdot HD = QH \cdot HS$$
所以 O,Q,K,S 四点共圆.所以
$$\angle OKS = \angle OQS = 90^\circ$$
从而 R,K,S 三点共线,且 $OH \perp RS$

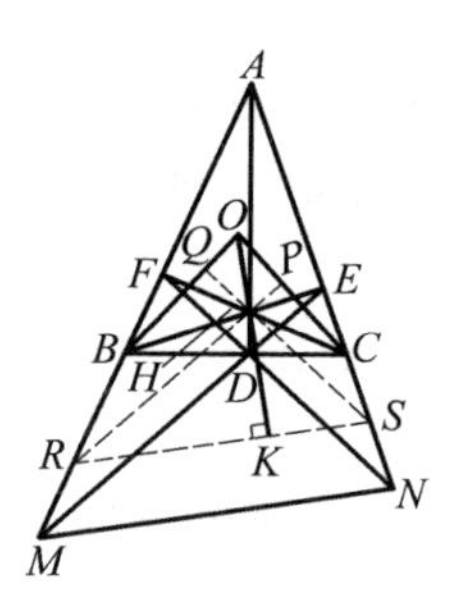

图47.8

又 $$PR \parallel EM, QS \parallel FN$$
所以 $$\frac{AR}{AM} = \frac{AH}{AD} = \frac{AS}{AN}, RS \parallel MN$$
故 $$OH \perp MN$$

证法9 如图47.9,连 MH,并延长交 $\triangle ABH$ 的外接圆于 G,设 $\triangle ABC$ 外接圆半径为 R.

由四点共圆得
$$\angle BGH = \angle BAH = \angle BED$$
所以 B,G,E,M 四点共圆.
$$OM^2 - R^2 = MB \cdot MA = MH \cdot MG(A,B,H,G \text{ 共圆}) =$$

$$MH^2 + HG \cdot MH =$$
$$MH^2 + BH \cdot HE(G,B,M,E\text{ 共圆}) =$$
$$MH^2 + AH \cdot HD(A,B,D,E\text{ 共圆})$$

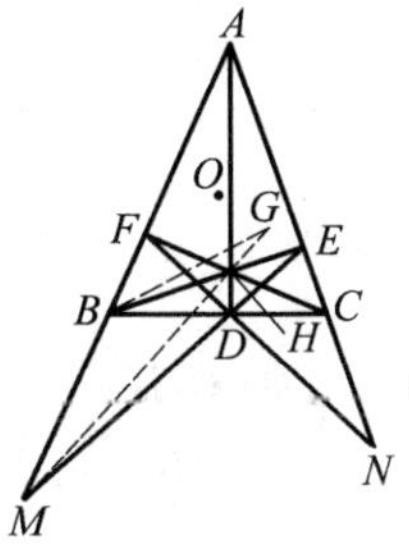

同理 $ON^2 - R^2 = NH^2 + AH \cdot HD$

所以 $OM^2 - MH^2 = ON^2 - NH^2$

故 $OH \perp MN$

图 47.9

证法 10 （标准答案）因为 $CF \perp MA$，所以

$$MC^2 - MH^2 = AC^2 - AH^2 \quad ①$$

因为 $BE \perp NA$

所以 $NB^2 - NH^2 = AB^2 - AH^2 \quad ②$

因为 $DA \perp BC$

所以 $BD^2 - CD^2 = AB^2 - AC^2 \quad ③$

因为 $OB \perp DF$

所以 $BN^2 - BD^2 = ON^2 - OD^2 \quad ④$

因为 $OC \perp DE$

所以 $CM^2 - CD^2 = OM^2 - OD^2 \quad ⑤$

式 ① - ② + ③ + ④ - ⑤，得

$$NH^2 - MH^2 = ON^2 - OM^2$$

即 $OM^2 - HM^2 = ON^2 - HN^2$

所以 $OH \perp MN$

证法 11 如图 47.10，作 $OP \perp AB$ 于 P，则 $AP = PB$. 由勾股定理得

$$MO^2 = MP^2 + OP^2 = (BM + BP)^2 + R^2 - BP^2 =$$
$$BM^2 + BM \cdot AB + R^2$$

（R 为 $\triangle ABC$ 外接圆半径）

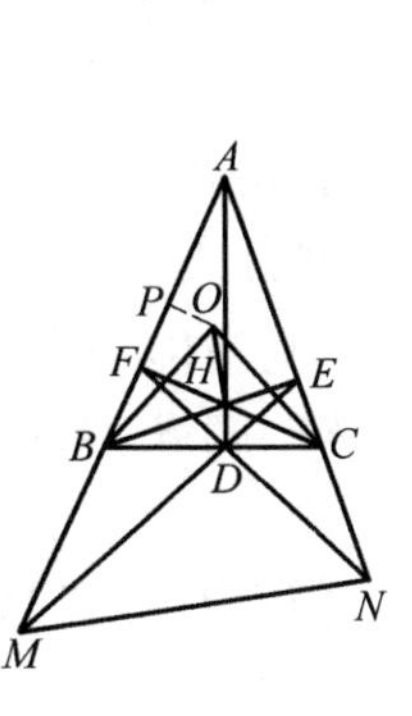

图 47.10

$$MH^2 = MF^2 + HF^2 = (BM + BF)^2 + BH^2 - BF^2 =$$
$$BM^2 + 2BM \cdot BF + BD^2 + HD^2$$

所以

$$MO^2 - MH^2 = BM(AB - 2BF) + R^2 - BD^2 - HD^2 =$$
$$BM \cdot (AF - BF) - BD^2 + R^2 - HD^2$$

易知

$$\angle MDB = \angle FDB, \angle FDA = \angle ADE$$

所以 $$\frac{BM}{BF}=\frac{DM}{DF}=\frac{AM}{AF}=\frac{AM-BM}{AF-BF}$$

即 $$\frac{BM}{BF}=\frac{AB}{AF-BF}$$

所以 $$BM\cdot(AF-BF)=BF\cdot AB=BD\cdot BC$$

(因为 A,F,D,C 共圆)

所以 $$MO^2-MH^2=BD\cdot BC-BD^2+R^2-HD^2=$$
$$BD\cdot DC+R^2-HD^2$$

同理 $$NO^2-NH^2=BD\cdot DC+R^2-HD^2$$

所以 $$MO^2-MH^2=NO^2-NH^2$$

故 $$OH\perp MN$$

C 类题

48 $\triangle ABC$ 是等腰三角形,$AB=AC$,假如:

(1)M 是 BC 的中点,O 在直线 AM 上,使得 OB 垂直于 AB;

(2)Q 是线段 BC 上不同于 B 和 C 的一任意点;

(3)E 在直线 AB 上,F 在直线 AC 上,使得 E,Q,F 是不同的和共线的.

求证:$OQ\perp EF$,当且仅当 $QE=QF$.

(1994 年第 35 届 IMO)

证法 1 先证若 $OQ\perp EF$,则 $QE=QF$.

如图 48.1,联结 OE,OF,OC.

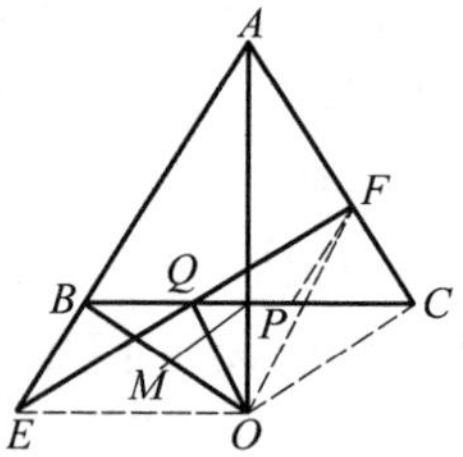

因 $OB\perp AB$,由等腰 $\triangle ABC$ 的对称性知 $OC\perp AC$,又 $OQ\perp EF$,则 B,Q,O,E 与 C,F,Q,O 分别四点共圆.

所以 $$\angle EOQ=\angle ABC=\angle ACB=\angle QOF$$

故 $$QE=QF$$

图 48.1

再证若 $QE=QF$,则 $OQ\perp EF$.

作 $EP /\!/ AE$ 交 BC 于 P,则
$$\triangle BEQ\cong\triangle PFQ\Rightarrow BE=FP$$

又 $$\angle FPC=\angle ABC=\angle ACB\Rightarrow FP=CF$$

所以 $$BE=CF$$

因 $OB \perp AB$,由等腰 $\triangle ABC$ 的对称性知 $OC \perp AC$,且 $OB = OC$.所以

$$\text{Rt}\triangle OBE \cong \text{Rt}\triangle OCF \Rightarrow OE = OF$$

又因 $QE = OF$,故 $OQ \perp EF$.

证法 2　只证若 $QE = QF$,则 $OQ \perp EF$.

如图 48.2,连 OE,作 $EP \perp BC$ 于 P,$FK \perp BC$ 于 K.则

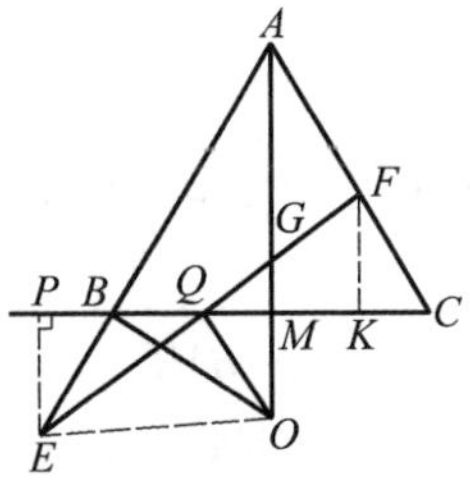

$$\text{Rt}\triangle EPQ \cong \text{Rt}\triangle FKQ$$

所以 $$PQ = QK$$

且 $$EP = FK$$

又 $$\angle EBP = \angle ABC = \angle C$$

所以 $$\text{Rt}\triangle EPB \cong \text{Rt}\triangle FKC \Rightarrow PB = KC$$

从而 $$PK = BC$$

所以 $$PQ = \frac{1}{2}PK = \frac{1}{2}BC = BM, PB = QM$$

于是 $$OE^2 = BE^2 + BO^2 = EP^2 + PB^2 + BM^2 + MO^2 = EP^2 + PQ^2 + QM^2 + MO^2 = EQ^2 + QO^2$$

故 $$\angle EQO = 90^\circ$$

即 $$OQ \perp EF$$

图 48.2

证法 3　只证若 $QE = QF$,则 $OQ \perp EF$.如图 48.2,设 $BC = 2$,$\angle C = \alpha$,$\angle FQC = \beta$,则 $AM = \tan\alpha$,而在 $\text{Rt}\triangle ABO$ 中,$BM^2 = AM \cdot OM$,故 $OM = \cot\alpha$.

在 $\triangle QFC$ 和 $\triangle QEB$ 中,由正弦定理知

$$\frac{QF}{\sin\alpha} = \frac{1 + QM}{\sin(\alpha + \beta)} = \frac{QE}{\sin\alpha} = \frac{1 - QM}{\sin(\alpha - \beta)}$$

有 $$QM = \frac{\sin(\alpha + \beta) - \sin(\alpha - \beta)}{\sin(\alpha + \beta) + \sin(\alpha - \beta)} = \frac{\cos\alpha\sin\beta}{\sin\alpha\cos\beta} = OM \cdot \frac{GM}{QM}$$

所以 $$QM^2 = OM \cdot GM$$

所以 $$\angle OQG = 90^\circ$$

即 $$OQ \perp EF$$

证法 4　只证若 $QE = QF$,则 $OQ \perp EF$,用反证法.

如图 48.3,假设 OQ 不与 EF 垂直,过 Q 作 OQ 的垂线交 AB,AC 分别于 E',F'.由证法 1 知 $QE' = QF'$.又 $QE = QF$.则 $EE' \parallel FF'$.这与 EE' 和 FF' 相交于 A 矛盾,所以假设不成立,故 $OQ \perp EF$.

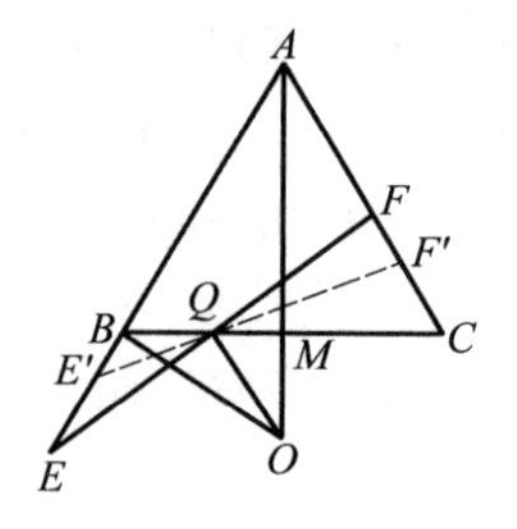

图 48.3

❹❾ 设以 O 为圆心的圆经过 $\triangle ABC$ 的两个顶点 A 和 C，且与边 AB，BC 分别交于 K 和 N，点 K 与 N 不同，又设 $\triangle ABC$ 和 $\triangle KBN$ 的外接圆交于 B 和另一点 M. 求证：$\angle OMB = 90°$.

(1985 年第 26 届 IMO)

证法 1 如图 49.1，联结 MC，MK，OK，OC，CK，因为

$$\angle BMK = \angle BNK = \angle A$$

所以

$$\angle CMK = \angle CMB - \angle BMK = 180° - \angle A - \angle A = 180° - \angle KOC$$

所以 M，C，O，K 四点共圆. 从而

$$\angle CMO = \angle CKO = 90° - \angle A$$

故

$$\angle OMB = \angle CMB - \angle CMO = 180° - \angle A - (90° - \angle A) = 90°$$

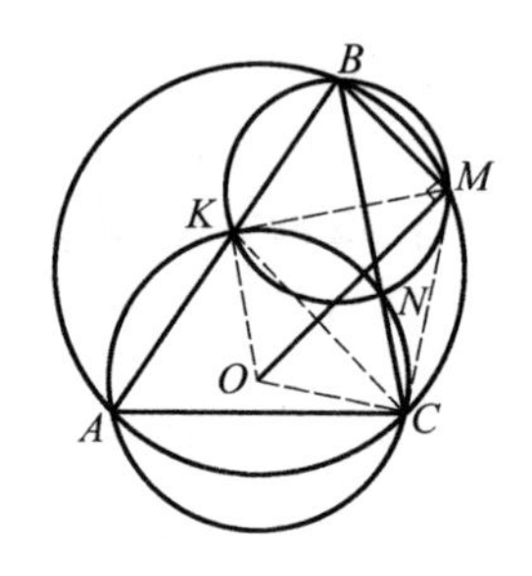

图 49.1

证法 2 如图 49.2，联结 MN，AM，OA，ON，AN，KN. 因为

$$\angle BMN = 180° - \angle BKN = 180° - \angle C$$

所以

$$\angle AMN = \angle BMN - \angle BMA = 180° - \angle C - \angle C = 180° - \angle AON$$

所以 M，A，O，N 四点共圆.

从而

$$\angle OMN = \angle OAN = 90° - \angle C$$

故

$$\angle OMB = \angle BMN - \angle OMN = 180° - \angle C - (90° - \angle C) = 90°$$

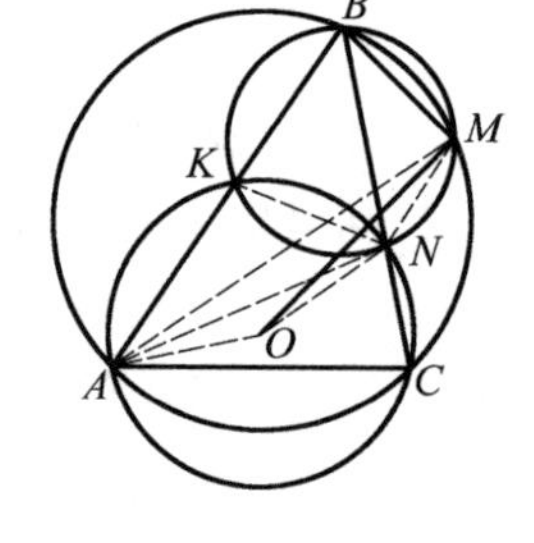

图 49.2

证法 3 如图 49.3，联结 AM，联结 MN 并延长交圆 O 于 D，联结 OA，OD. 因为

$$\angle MBK + \angle KAD = \angle MBK + \angle MNK = 180°$$

则

$$BM \parallel AD$$

要证

$$\angle OMB = 90°$$

只要证 $OM \perp AD$ 即可.

因有 $OA = OD$，所以只要证明 $MA = MD$. 因为

$$\angle MAD = \angle MAC + \angle CAD = \angle MBC + \angle CND = \angle MKN + \angle MKB = \angle NKB = \angle C = \angle NDA$$

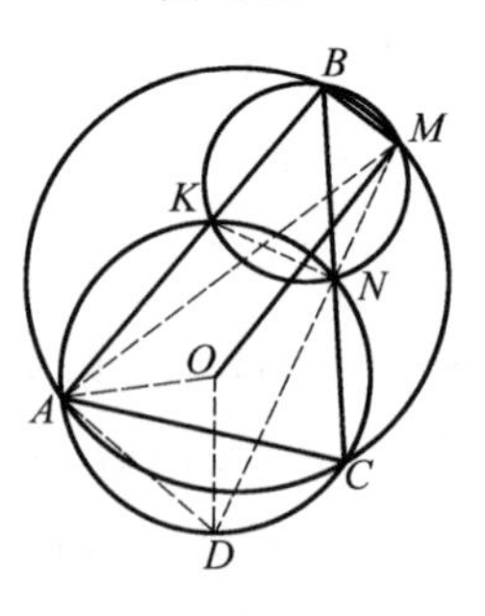

图 49.3

所以 $MA = MD$.证毕.

证法4 如图49.4,设$\triangle ABC$和$\triangle KBN$的外接圆圆心分别为O_1,O_2,辅助线如图所示.

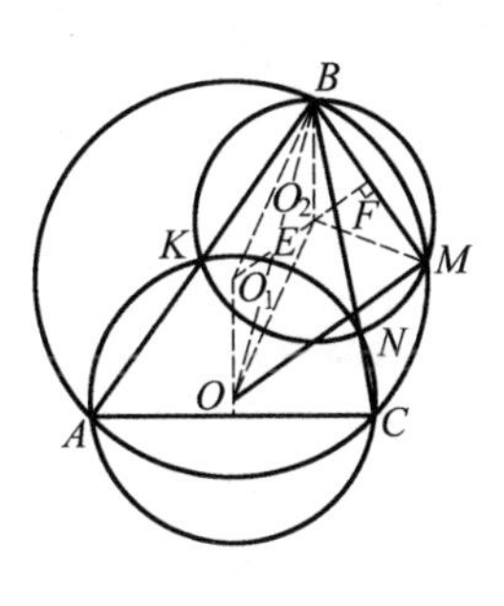

图49.4

因为$\angle NBO_2 = 90° - \angle BKN = 90° - \angle C$

则 $BO_2 \perp AC$,又 $O_1O \perp AC$,所以

$$BO_2 \parallel O_1O$$

同理 $$BO_1 \parallel O_2O$$

所以四边形 BO_2OO_1 是平行四边形.

则 O_1O_2 与 BO 的交点E为BO的中点.

又 O_1O_2 垂直平分 BM.

故 $EF \parallel OM$,$\angle OMB = \angle EFB = 90°$.

50 设I为$\triangle ABC$的内心,M,N分别为AB,AC的中点,点D,E分别在直线AB,AC上,满足$BD = CE = BC$,过点D且垂直于IM的直线与过点E且垂直于IN的直线交于点P,求证$AP \perp BC$.

(2007年中国国家集训队测试)

证法1 如图50.1,过A作$AF \parallel IM$交PE,DP的延长线分别于F,H,作$AG \parallel IN$交PD,EP的延长线分别于G,K,联结GF.作$IX \perp AB$于X,$IY \perp AC$于Y.因

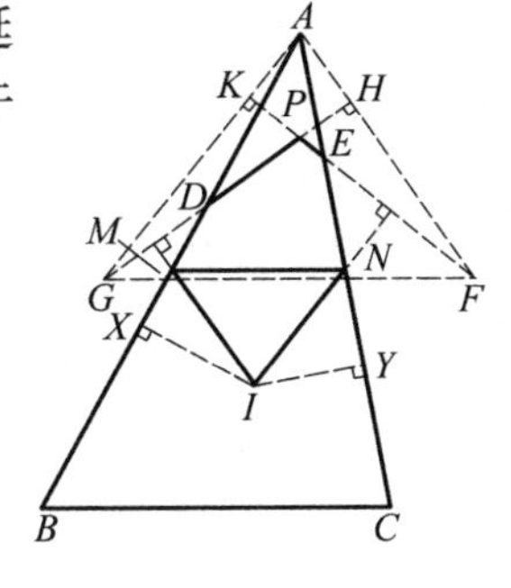

图50.1

$$PD \perp IM, AF \parallel IM$$

则 $$GP \perp AF$$

同理 $$FP \perp AG$$

故P是$\triangle AGF$的垂心,有$AP \perp GF$.

下面证明 $GF \parallel MN$.

设 $BC = a, AB = c, CA = b$,则

$$BD = CE = a, BX = \frac{1}{2}(a + c - b)$$

$$BM = \frac{c}{2}, MX = BM - BX = \frac{1}{2}(b - a)$$

因 $$AD \perp IX, PD \perp IM$$

则 $$\angle ADH = \angle MIX$$

有 $$\text{Rt}\triangle ADH \backsim \text{Rt}\triangle MIX$$

得
$$IM \cdot AH = AD \cdot MX = \frac{1}{2}(c-a)(b-a)$$
同理
$$IN \cdot AK = \frac{1}{2}(c-a)(b-a)$$
于是
$$IM \cdot AH = IN \cdot AK$$
从而
$$\frac{IM}{IN} = \frac{AK}{AH} = \frac{AF}{AG}$$
又因
$$AF \parallel IM, AG \parallel IN$$
有
$$\angle FAG = \angle MIN$$
所以
$$\triangle AFG \backsim \triangle IMN$$
相似三角形有两条对应边平行,则第三条对应边也平行,即有
$$GF \parallel MN$$
故
$$AP \perp MN$$
但
$$MN \parallel BC$$
所以
$$AP \perp BC$$

证法 2 如图 50.2,作 $IX \perp AB$ 于 X, $IY \perp AC$ 于 Y,因 I 为 $\triangle ABC$ 的内心,则 $IX = IY = r$(r 为 $\triangle ABC$ 的内切圆半径),有

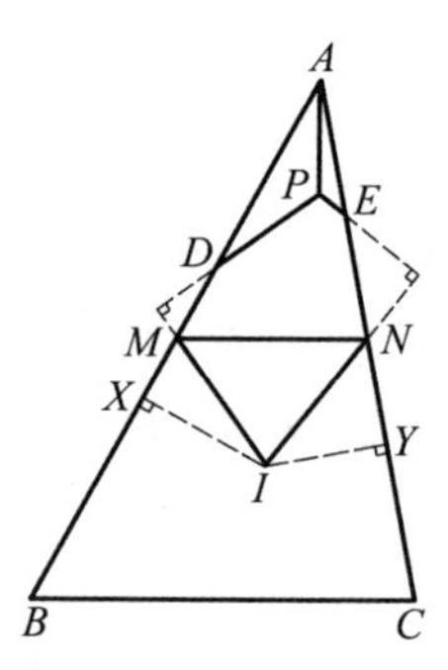

图 50.2

$$BX = \frac{1}{2}(a+c-b)$$
$$CY = \frac{1}{2}(a+b-c)$$
$$DM^2 = (a-\frac{c}{2})^2$$
$$EN^2 = (a-\frac{b}{2})^2$$
$$DI^2 = r^2 + DX^2 = r^2 + \left(\frac{a+b-c}{2}\right)^2$$
$$EI^2 = r^2 + EY^2 = r^2 + \left(\frac{a+c-b}{2}\right)^2$$
又 $PD \perp IM$, $PE \perp IN$,所以
$$PI^2 - PM^2 = DI^2 - DM^2$$
$$PI^2 - PN^2 = EI^2 - EN^2$$
两式相减得
$$PN^2 - PM^2 = DI^2 - EI^2 + EN^2 - DM^2 = \left(\frac{b}{2}\right)^2 - \left(\frac{c}{2}\right)^2 = AN^2 - AM^2$$

故 $AP \perp MN$,即 $AP \perp BC$.

证法 3　证明将用到如下定理:

定理　给定 $\triangle IMN$(图 50.3),设直线 $i \perp MN$ 于 K,$n \perp IM$ 于 R,$m \perp IN$ 于 S,则 i,n,m 三线共点的充分必要条件为

$$SN^2 - SI^2 + RI^2 - RM^2 + KM^2 - KN^2 = 0$$

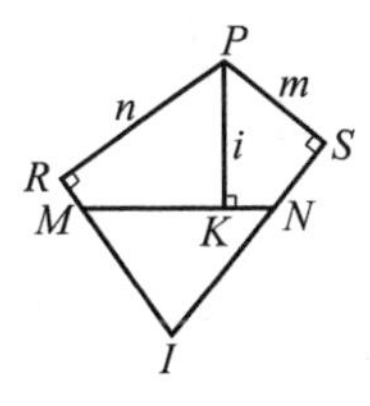

图 50.3

下面证明原题:

如图 50.4,作 $AK \perp MN$ 于 K,设 $PD \perp IM$ 于 R,$PE \perp IN$ 于 S,要证 $AP \perp BC$,即证 $AP \perp MN$,只要证点 P 在直线 AK 上,即证 PS,PR,AK 三线共点.由定理知,这只要证明

$$SN^2 - SI^2 + RI^2 - RM^2 + KM^2 - KN^2 = 0 \quad ①$$

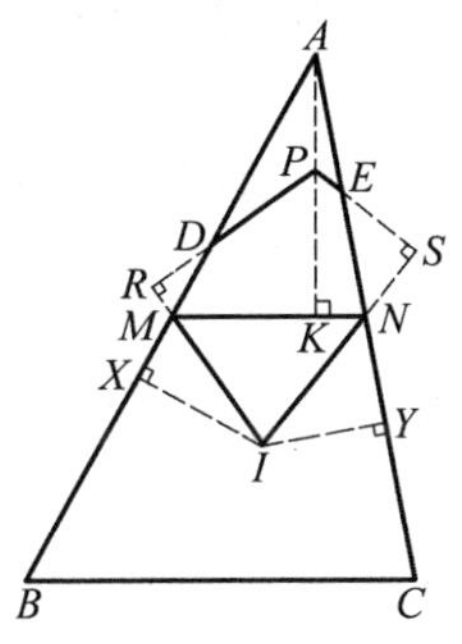

图 50.4

作 $IY \perp AC$ 于 Y,则

$$IY = r(r \text{ 为 } \triangle ABC \text{ 内切圆半径})$$

$$CY = \frac{1}{2}(a + b - c)$$

$$EY = a - \frac{1}{2}(a + b - c) = \frac{1}{2}(a + c - b)$$

于是 $SN^2 - SI^2 = EN^2 - EI^2 = EN^2 - EY^2 - IY^2 =$

$$\left(a - \frac{b}{2}\right)^2 - \left(\frac{a + c - b}{2}\right)^2 - r^2 \quad ②$$

同理

$$RI^2 - RM^2 = \left(\frac{a + b - c}{2}\right)^2 - \left(a - \frac{c}{2}\right)^2 + r^2 \quad ③$$

又

$$KM^2 - KN^2 = AM^2 - AN^2 = \left(\frac{c}{2}\right)^2 - \left(\frac{b}{2}\right)^2 \quad ④$$

式 ② + ③ + ④ 即得 ①.

51 已知 $\triangle ABC$,$\triangle PAB$ 和 $\triangle QAC$ 为 $\triangle ABC$ 外面的两个三角形,满足 $AP = AB$,$AQ = AC$ 以及 $\angle BAP = \angle CAQ$,线段 BQ 与 CP 相交于点 R,设 O 是 $\triangle BCR$ 的外接圆圆心.证明:$AO \perp PQ$.

(2006 年中国国家队培训)

证法 1　如图 51.1,设 $\angle BAP = \angle CAQ = \alpha$,因 $\triangle APC$ 绕点 A 逆时针旋转 α 刚好至 $\triangle ABQ$ 位置,则 $\angle BRP = \alpha$,从而

$$\angle OBC = \angle OCB = 90° - \alpha$$

在 $\triangle ABC$ 内侧作 $\triangle DAC$,使得

$$\angle DAC = \angle DCA = 90^\circ - \alpha$$

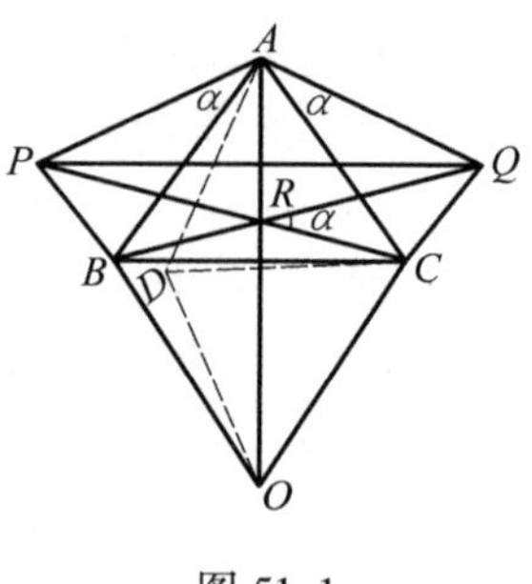

图 51.1

联结 OD,则

$$\triangle DAC \backsim \triangle OBC$$

有
$$\frac{DC}{AC} = \frac{OC}{BC}$$

又
$$\angle DCO = \angle ACB$$

所以

$$\triangle DOC \backsim \triangle ABC, \angle ODC = \angle BAC$$

所以

$$\angle ODA = \angle ODC + 2\alpha = \angle BAC + 2\alpha = \angle PAQ$$

又
$$\frac{DO}{DA} = \frac{DO}{DC} = \frac{AB}{AC} = \frac{AP}{AQ}$$

所以
$$\triangle DAO \backsim \triangle AQP, \angle DAO = \angle AQP$$

又因
$$\angle DAQ = 90^\circ$$

则
$$\angle OAQ + \angle AQP = 90^\circ$$

故
$$AO \perp PQ$$

证法2 如图51.2,设 $\angle BAP = \angle CAQ = \alpha$,因 $\triangle APC$ 绕点 A 逆时针旋转 α 刚好至 $\triangle ABQ$ 位置,则 $\angle BRP = \alpha$,从而

$$\angle OBC = \angle OCB = 90^\circ - \alpha$$

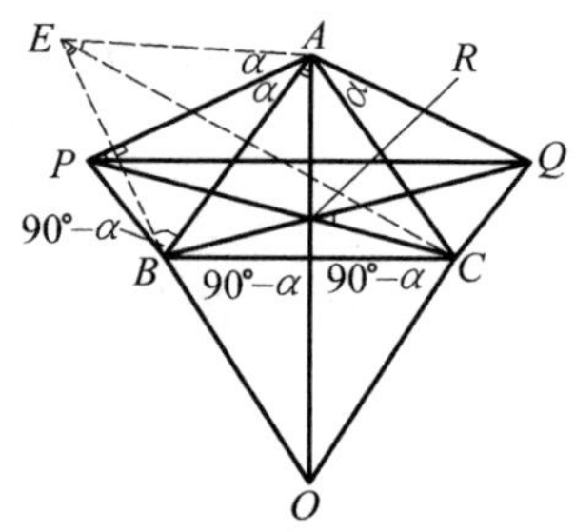

图 51.2

从 B 作 AP 的垂线并延长一倍至 E,联结 AE, CE,则 $AE = AB$, $\angle EAP = \alpha$.因为

$$\frac{AE}{AC} = \frac{AB}{AC} = \frac{AP}{AQ},$$

$$\angle EAC = 2\alpha + \angle BAC = \angle PAQ$$

所以
$$\triangle AEC \backsim \triangle APQ$$

有
$$\angle AEC = \angle APQ$$

易知
$$\frac{BE}{BA} = \frac{BC}{BO}$$

$$\angle EBC = 90^\circ - \alpha + \angle ABC = \angle ABO$$

所以
$$\triangle BEC \backsim \triangle ABO$$

有
$$\angle BEC = \angle BAO$$

所以
$$\angle APQ + \angle PAO = \angle AEC + \angle BEC + \alpha = 90^\circ$$

故 $$AO \perp PQ$$

证法 3 如图 51.3,设 $\angle BAP = \angle CAQ = \alpha$,因 $\triangle APC$ 绕点 A 逆时针旋转 α 刚好至 $\triangle ABQ$ 位置,则 $\angle BRP = \alpha$,从而

$$\angle OBC = \angle OCB = 90° - \alpha$$

在 AP 上取点 E,使 $\angle EBA = \angle EAB = \alpha$,在 AQ 上取点 F,使 $\angle FCA = \angle FAC = \alpha$,联结 EF. 可设

$$EA = EB = m, FA = FC = n, OB = OC = r$$

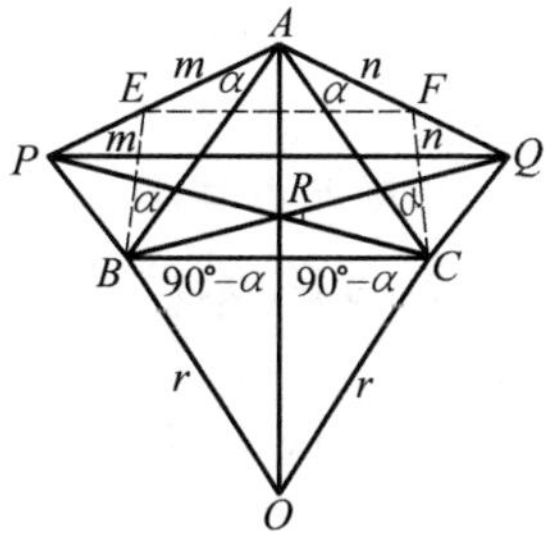

图 51.3

因为 $$\frac{AE}{AF} = \frac{AB}{AC} = \frac{AP}{AQ}$$

所以 $$EF \parallel PQ$$

只要证明 $AO \perp EF$ 即可.

由余弦定理得

$$EO^2 = m^2 + r^2 - 2mr\cos \angle EBO = m^2 + r^2 + 2mr\sin \angle ABC$$

同理 $$OF^2 = n^2 + r^2 + 2nr\sin \angle ACB$$

又 $$\frac{\sin \angle ABC}{\sin \angle ACB} = \frac{AC}{AB} = \frac{n}{m}$$

即 $$m\sin \angle ABC = n\sin \angle ACB$$

所以 $$EO^2 - OF^2 = m^2 - n^2 = AE^2 - AF^2$$

故 $$AO \perp EF$$

52 已知 E,F 是 $\triangle ABC$ 两边 AB,AC 的中点,CM,BN 是 AB,AC 边上的高,连线 EF,MN 相交于点 P,又设 O,H 分别是 $\triangle ABC$ 的外心和垂心,联结 AP,OH. 求证:$AP \perp OH$.

(2005 年中国国家队培训)

证法 1 如图 52.1,联结 AH 交 EF 于 G,AO 交 MN 于 K,联结 KG,因为

$$AH \perp BC, EF \parallel BC$$

所以 $$AH \perp EF$$

由 B,C,N,M 四点共圆,得

$$\angle AMN = \angle ACB$$

由 O,H 分别是 $\triangle ABC$ 的外心和垂心,得

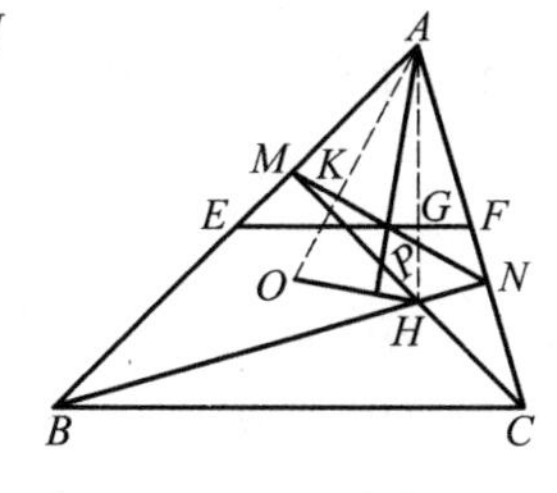

图 52.1

$$\angle BAO = \angle HAC$$

故 $$\angle AMN + \angle BAO = \angle ACB + \angle HAC = 90^\circ$$

因此 $$AO \perp MN$$

所以 A, K, P, G 四点共圆,$\angle PGK = \angle PAK$.

因 M, E, O, K 与 G, H, N, F 分别四点共圆.

又因 $\angle AEF = \angle ABC = \angle ANM$,$M, E, N, F$ 四点共圆,则

$$AK \cdot AO = AM \cdot AE = AN \cdot AF = AH \cdot AG$$

故 $$\frac{AG}{AO} = \frac{AK}{AH}$$

有 $$\triangle AGK \backsim \triangle AOH, \angle AGK = \angle O$$

所以 $$\angle PAK + \angle O = \angle PGK + \angle AGK = 90^\circ$$

于是 $$AP \perp OH$$

证法 2 如图 52.2,联结 AH 交 MN 于 Q,AO 交 EF 于 T,联结 TQ,易证(参看证法 1):$AH \perp EF$,$AO \perp MN$,所以 P 是 $\triangle ATQ$ 的垂心,从而 $AP \perp TQ$.

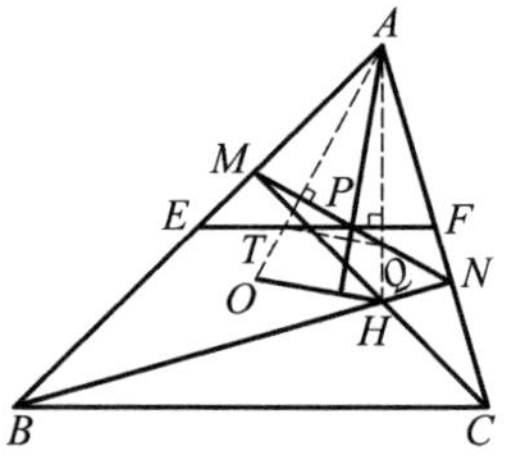

图 52.2

下面证明 $TQ \parallel OH$,因

$$OF \perp AC, OE \perp AB$$

则 $$\frac{AT}{TO} = \frac{S_{\triangle AEF}}{S_{\triangle OEF}} = \frac{AF \cdot AE}{OF \cdot OE} =$$

$$\tan\angle AOF \cdot \tan\angle AOE = \tan B \cdot \tan C$$

因 $$HM \perp AB, HN \perp AC$$

则 $$\frac{AQ}{QH} = \frac{S_{\triangle AMN}}{S_{\triangle HMN}} = \frac{AM \cdot AN}{HM \cdot HN} = \tan\angle AHM \cdot \tan\angle AHN = \tan B \cdot \tan C$$

所以 $$\frac{AT}{TO} = \frac{AQ}{QH}$$

有 $$TQ \parallel OH$$

故 $$AP \perp OH$$

证法 3 如图 52.3,因为

$$AH \perp BC, EF \parallel BC$$

所以 $$AH \perp EF$$

则 $$PH^2 = AP^2 + HF^2 - AF^2 =$$

$$AP^2 + HN^2 + FN^2 - AF^2 =$$

$$AP^2 + HN^2 + (FN + AF)(FN - AF) =$$

$$AP^2 + HN^2 + AN^2 - 2AN \cdot AF =$$

$$AP^2+AH^2-2AN\cdot AF$$

即 $$AH^2-PH^2=2AN\cdot AF-AP^2 \quad ①$$

易证 $$AO\perp MN$$

则

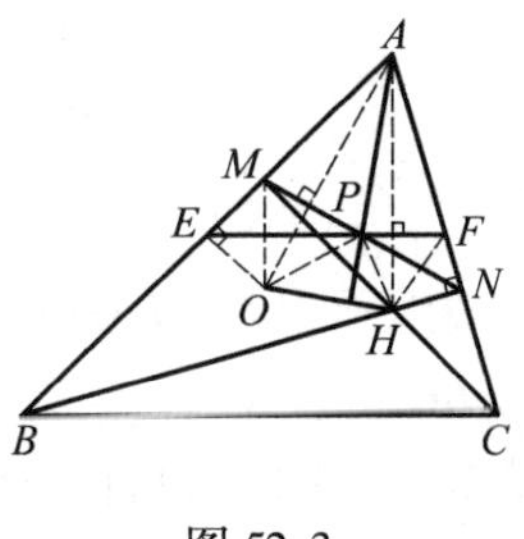

图 52.3

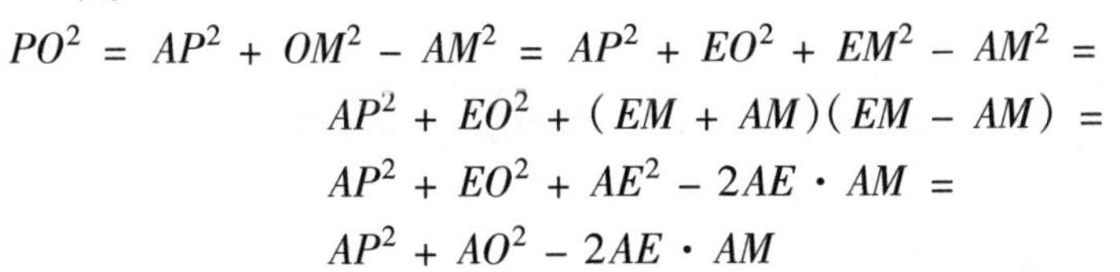

$$PO^2=AP^2+OM^2-AM^2=AP^2+EO^2+EM^2-AM^2=$$
$$AP^2+EO^2+(EM+AM)(EM-AM)=$$
$$AP^2+EO^2+AE^2-2AE\cdot AM=$$
$$AP^2+AO^2-2AE\cdot AM$$

即 $$AO^2-PO^2=2AE\cdot AM-AP^2 \quad ②$$

又因为 $$\angle AEF=\angle EBC=\angle ANM$$

所以 M,E,N,F 四点共圆,所以

$$AN\cdot AF=AE\cdot AM \quad ③$$

由式 ①,② 及 ③ 知

$$AH^2-PH^2=AO^2-PO^2$$

故 $$AP\perp OH$$

53 以 $\triangle ABC$ 的底边 BC 为直径作半圆,分别与边 AB,AC 交于点 D 和 E,分别过点 D,E 作 BC 的垂线,垂足依次为 F,G,线段 DG 和 EF 交于点 M.求证:$AM\perp BC$.

(1996 年第 37 届 IMO 中国国家队选拔赛)

证法 1 如图 53.1,作 $AH\perp BC$ 于 H,联结 BE,CD,则 $BE\perp AC,CD\perp AB$.因为

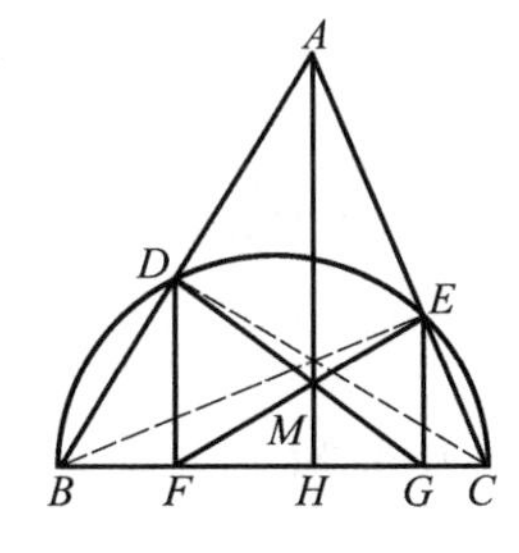

图 53.1

$$DF\ /\!/\ AH\ /\!/\ EG$$

所以 $$\frac{BD}{AB}=\frac{DF}{AH},\frac{AC}{CE}=\frac{AH}{EG}$$

所以 $$\frac{BD\cdot AC}{CE\cdot AB}=\frac{DF}{EG}=\frac{DM}{MG}$$

又 $$\frac{FH}{BF}=\frac{AD}{BD},BF\cdot BC=BD^2$$

所以 $$FH\cdot BC=BD\cdot AD$$

同理 $$HG\cdot BC=CE\cdot AE$$

由 $$\triangle ACD\backsim\triangle ABE$$

得 $$\frac{AD}{AE}=\frac{AC}{AB}$$

所以 $$\frac{FH}{HG}=\frac{BD\cdot AD}{CE\cdot AE}=\frac{BD}{CE}\cdot\frac{AC}{AB}$$

于是$\frac{DM}{MG}=\frac{FH}{HG}$,从而 $MH /\!/ DF$.

但 $AH /\!/ DF$,所以点 M 在 AH 上.

故 $AM\perp BC$.

证法 2 如图 53.1,作 $AH\perp BC$ 于 H,联结 BE,CD,则 $BE\perp AC$,$CD\perp AB$,因为

$$DF /\!/ EG$$

所以 $$\frac{DM}{MG}=\frac{DF}{EG}=\frac{S_{\triangle BDC}}{S_{\triangle CEB}}=\frac{BD\cdot DC}{CE\cdot EB} \quad ①$$

又因为 $DF /\!/ AH$,所以

$$\frac{FH}{HB}=\frac{AD}{AB}$$

由 $\triangle ABH\backsim\triangle CBD$,得

$$\frac{HB}{BD}=\frac{AB}{BC}$$

所以 $$\frac{FH}{BD}=\frac{AD}{BC}$$

即 $$FH=\frac{BD\cdot AD}{BC}$$

同理 $$HG=\frac{CE\cdot AE}{BC}$$

所以 $$\frac{FH}{HG}=\frac{BD\cdot AD}{CE\cdot AE} \quad ②$$

由 $\triangle ADC\backsim\triangle AEB$,得

$$\frac{AD}{AE}=\frac{DC}{EB} \quad ③$$

由式 ①,②,③ 知

$$\frac{DM}{MG}=\frac{FH}{HG}$$

从而 $$MH /\!/ DF$$

又 $AH /\!/ DF$,所以点 M 在 AH 上.

故 $$AM\perp BC$$

证法 3 如图 53.2,联结 BE,CD 相交于 O,AO 交 BC 于 H,则 O 为 $\triangle ABC$ 的垂心,$AH\perp BC$.设 DF 交 BO 于 P,EG 交 CD 于 Q.因为

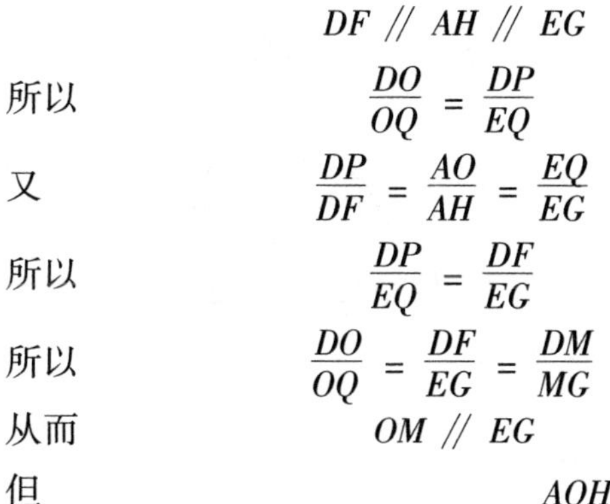

$$DF \parallel AH \parallel EG$$

所以
$$\frac{DO}{OQ}=\frac{DP}{EQ}$$

又
$$\frac{DP}{DF}=\frac{AO}{AH}=\frac{EQ}{EG}$$

所以
$$\frac{DP}{EQ}=\frac{DF}{EG}$$

所以
$$\frac{DO}{OQ}=\frac{DF}{EG}=\frac{DM}{MG}$$

从而
$$OM \parallel EG$$

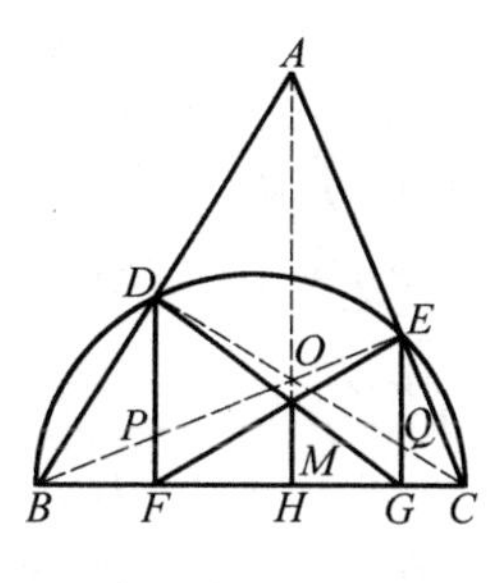

图 53.2

但
$$AOH \parallel EG$$

所以点 M 在 AH 上.

故
$$AM \perp BC$$

证法4 如图53.2,联结 BE,CD 相交于点 O,AO 交 BC 于 H,则 O 为 $\triangle ABC$ 的垂心,$AH \perp BC$,考虑直线 DOC 截 $\triangle ABE$,由梅涅劳斯定理有

$$\frac{EO}{OB}\cdot\frac{BD}{DA}\cdot\frac{AC}{CE}=1 \qquad ①$$

因为
$$DF \parallel AH \parallel EG$$

所以
$$\frac{BA}{AD}=\frac{BH}{HF} \qquad ②$$

又
$$\frac{BD}{BA}=\frac{DF}{AH},\frac{AC}{CE}=\frac{AH}{EG}$$

所以
$$\frac{BD}{BA}\cdot\frac{AC}{CE}=\frac{DF}{EG}=\frac{FM}{ME} \qquad ③$$

把式 ② × ③ 再代入 ① 得

$$\frac{EO}{OB}\cdot\frac{BH}{HF}\cdot\frac{FM}{ME}=1$$

对 $\triangle EBF$ 用梅氏定理的逆定理知:O,M,H 三点共线,即点 M 在 AH 上,故

$$AM \perp BC$$

证法5 如图53.3,联结 BE,CD 相交于 O,AO 交 BC 于 H,则 O 为 $\triangle ABC$ 的垂心,$AH \perp BC$,设 DG 交 AH 于 M_1,EF 交 AH 于 M_2.下面证明 M_1,M_2 重合于 M.由

$$HM_1 \parallel DF,\frac{HM_1}{DF}=\frac{HG}{FG}$$

则
$$HM_1=\frac{HG\cdot DF}{FG}$$

同理 $$HM_2=\frac{HF\cdot EG}{FG}$$

因为 B,D,O,H 四点共圆，C,E,O,H 四点共圆，所以

$$\angle FHD=\angle BOD=\angle COE=\angle GHE$$

所以 $$\mathrm{Rt}\triangle DFH\backsim \mathrm{Rt}\triangle EGH,\frac{DF}{EG}=\frac{HF}{HG}$$

所以 $$HG\cdot DF=HF\cdot EG$$

故 $HM_1=HM_2$，即 M_1,M_2 重合于 M，且 M 在 AH 上，所以 $AM\perp BC$.

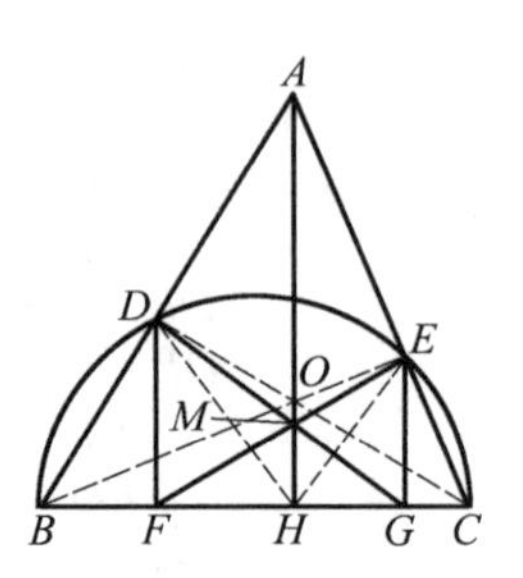

图 53.3

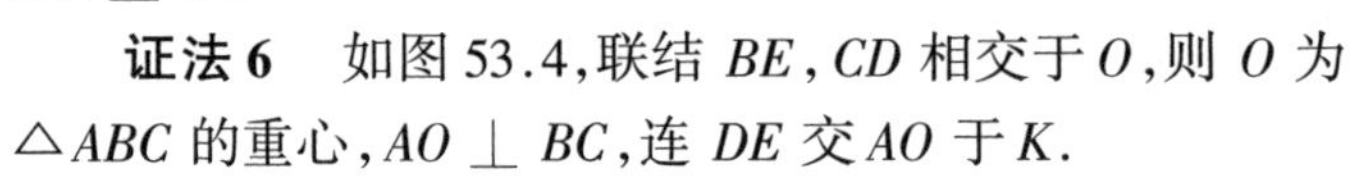

证法 6 如图 53.4，联结 BE,CD 相交于 O，则 O 为 $\triangle ABC$ 的重心，$AO\perp BC$，连 DE 交 AO 于 K.

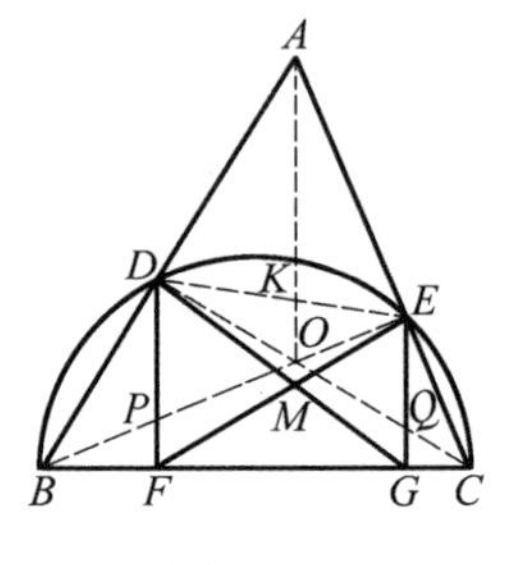

图 53.4

易知 $\triangle AED\backsim\triangle ABC$，所以

$$\frac{AD}{AE}=\frac{AC}{AB}$$

所以 $$\frac{DK}{KE}=\frac{S_{\triangle ADK}}{S_{\triangle AKE}}=\frac{AD\sin\angle BAO}{AE\sin\angle CAO}=\frac{AC\cos B}{AB\cos C}$$

又 $$DF=BD\sin B=BC\cos B\sin B$$

$$EG=CE\sin C=BC\cos C\sin C$$

所以 $$\frac{DM}{MG}=\frac{DF}{EG}=\frac{\cos B\sin B}{\cos C\sin C}=\frac{AC\cos B}{AB\cos C}$$

所以 $$\frac{DK}{KE}=\frac{DM}{MG}$$

从而 $$KM\parallel EG$$

但 $$AKO\parallel EG$$

所以点 M 在直线 AO 上，故 $AM\perp BC$.

证法 7 如图 53.4，联结 BE,CD 相交于 O，则 O 为 $\triangle ABC$ 的垂心，$AO\perp BC$，连 DE 交 AO 于 K. 则

$$DK:KE=S_{\triangle ADO}:S_{\triangle AEO}$$

因为 $$\triangle ADO\backsim\triangle CDB,\triangle AEO\backsim\triangle BEC$$

所以 $$\frac{S_{\triangle ADO}}{S_{\triangle CDB}}=\frac{AO^2}{BC^2}=\frac{S_{\triangle AEO}}{S_{\triangle BEC}}$$

所以 $$\frac{DK}{KE}=\frac{S_{\triangle ADO}}{S_{\triangle AEO}}=\frac{S_{\triangle CDB}}{S_{\triangle BEC}}=\frac{DF}{EG}=\frac{DM}{MG}$$

所以 $$KM\parallel EG$$

但 $AKO\parallel EG$，所以点 M 在直线 AO 上，故 $AM\perp BC$.

证法 8　如图 53.1,设 AM 交 BC 于 H,联结 BE,CD,则 $BE \perp AC$,$CD \perp AB$.

直线 FME 截 $\triangle AHC$,直线 GMD 截 $\triangle ABH$,由梅涅劳斯定理得

$$\frac{AM}{MH} \cdot \frac{HF}{FC} \cdot \frac{CE}{EA} = 1$$

$$\frac{AM}{MH} \cdot \frac{HG}{GB} \cdot \frac{BD}{DA} = 1$$

所以
$$\frac{FH}{HG} = \frac{CF \cdot AE \cdot BD}{CE \cdot BG \cdot AD} \quad ①$$

在 $Rt\triangle DBC$ 与 $Rt\triangle EBC$ 中用射影定理得

$$CD^2 = BC \cdot CF, BE^2 = BC \cdot BG$$

所以
$$\frac{CF}{BG} = \frac{CD^2}{BE^2} \quad ②$$

把式 ② 代入 ①,得

$$\frac{FH}{HG} = \frac{CD^2 \cdot AE \cdot BD}{BE^2 \cdot CE \cdot AD} \quad ③$$

因为
$$\triangle ABE \backsim \triangle ACD$$

所以
$$\frac{CD}{BE} = \frac{AD}{AE} \quad ④$$

把式 ④ 代入 ③,得

$$\frac{FH}{HG} = \frac{CD \cdot BD}{BE \cdot CE} = \frac{S_{\triangle DBC}}{S_{\triangle EBC}} = \frac{DF}{EG} = \frac{DM}{MG}$$

所以
$$MH \parallel DF$$

因为
$$DF \perp BC$$

所以
$$MH \perp BC$$

所以
$$AM \perp BC$$

证法 9　如图 53.2,联结 BE,CD 相交于 O,AO 交 BC 于 H,则 O 为 $\triangle ABC$ 的垂心,$AH \perp BC$.

由塞瓦定理得

$$\frac{BH}{HC} \cdot \frac{CE}{EA} \cdot \frac{AD}{DB} = 1 \quad ①$$

由 $DF \parallel AH \parallel EG$ 可得

$$BH = \frac{BF \cdot AH}{DF} \quad ②$$

$$CE = \frac{EG \cdot CA}{AH} \quad ③$$

$$\frac{AD}{DB}=\frac{FH}{BF} \tag{④}$$

把式 ②,③,④ 代入 ①,整理得

$$\frac{FH}{HC}\cdot\frac{CA}{EA}\cdot\frac{EG}{DF}=1$$

又因为

$$\frac{EG}{DF}=\frac{EM}{MF}$$

所以

$$\frac{FH}{HC}\cdot\frac{CA}{AE}\cdot\frac{EM}{MF}=1$$

对 $\triangle CFE$ 用梅涅劳斯定理的逆定理知:H,M,A 三点共线,即点 M 在 AH 上.

故 $AM\perp BC$.

评注 我们来看证法 9,证题的关键是证得点 M 在 AH 上,证明中仅用了 AH,BE,CD 三线共点于 O,及 $DF\parallel AH\parallel EG$,所以,我们可将命题推广如下:

命题 1 O 为 $\triangle ABC$ 中任一点,AO,BO,CO 分别与边 BC,CA,AB 相交于 H,E,D,作 $DF\parallel AH\parallel EG$,点 F,G 均在 BC 上,则 DG 与 EF 的交点 M 在 AH 上.

考虑到三线相互平行可视为共点于无穷远点,命题 1 可进一步推广如下:

命题 2 如图 53.5,O 为 $\triangle ABC$ 中任一点,AO,BO,CO 分别与边 BC,CA,AB 相交于 H,E,D,P 为直线 AH 上任一点,DP 交 BC 于 F,EP 交 BC 于 G,则 DG,EF,AH 三线共点.

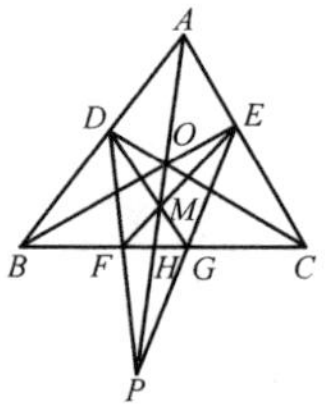

图 53.5

三角形中涉及塞瓦点的三线共点或三点共线命题有很多很多,下面再列出几条供参考.

命题 3 如图 53.6,O 为 $\triangle ABC$ 中任一点,AO,BO,CO 分别与边 BC,CA,AB 相交于 D,E,F.设 DF 交 BE 于 M,DE 交 CF 于 N,AM 交 BC 于 P,AN 交 BC 于 Q,则 BN,CM,AD,PE,QF 五线共点(记此点为 K).

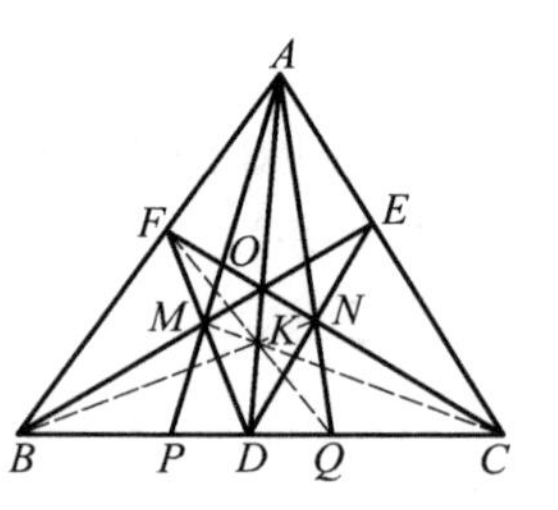

图 53.6

命题 4 如图 53.7,在图 53.6 中,设 CM 交 AQ 于 T,BN 交 AP 于 I,BT 交 AC 于 G,CI 交 AB 于 H.则 ① BG,CH,AD 三线共点;② H,K,G 三点共线.

命题 5 如图 53.8,在图 53.6 中,设 FE 交 AP,AQ 分别于 L,J,CM 交 AB 于 Y,BN 交 AC 于 Z,则 LQ,PJ,YZ 三线共点于 O.

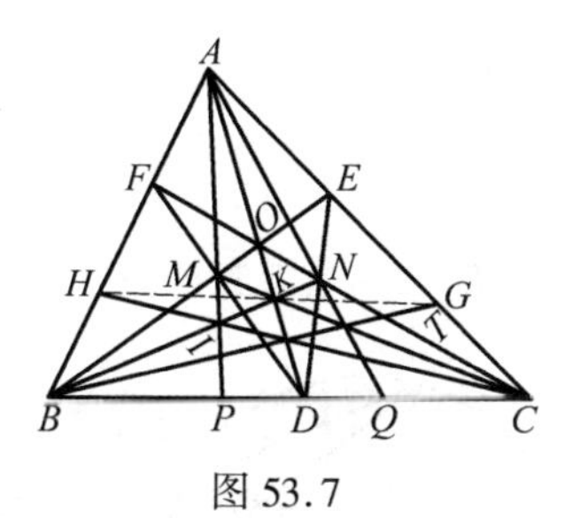

图 53.7

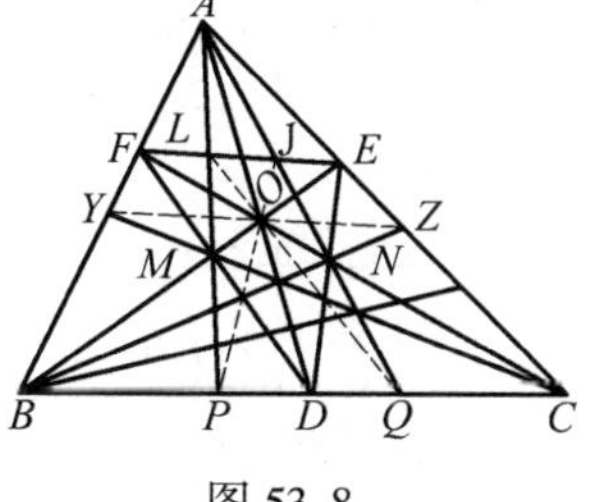

图 53.8

命题 6　如图 53.9,在图 53.6 中,设 AP 交 CF 于 S,AQ 交 BE 于 W,则 SQ,WP,AD,MN 四线共点.

命题 7　如图 53.10,在图 53.6 中,设 FE 交 AD 于 X,AP 交 CF 于 S,CM 交 PF 于 U,CM 交 AB 于 Y,YO 交 DF 于 V,则 X,S,V,U,B 五点共线.

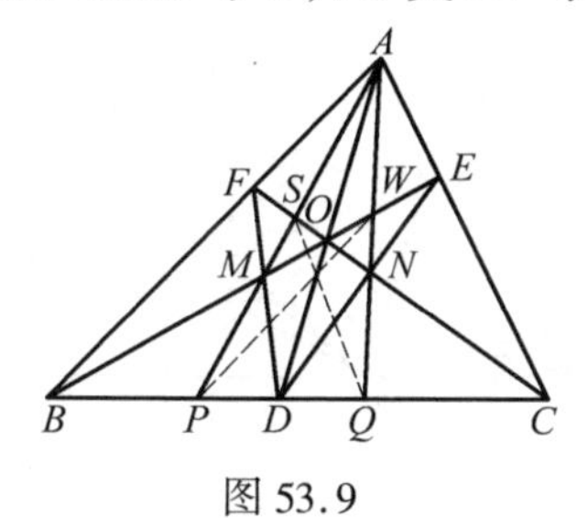

图 53.9

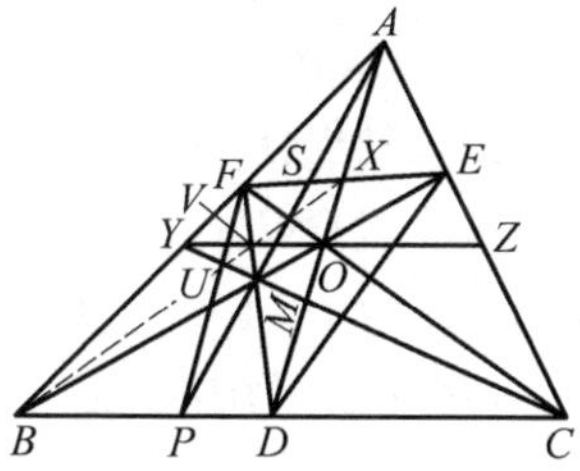

图 53.10

命题 8　如图 53.11,O 为 $\triangle ABC$ 中任一点,AO,BO,CO 分别与边 BC,CA,AB 相交于 D,E,F,P 为直线 AD 上任一点,直线 PF 与 BC 相交于 G,PC 与 DE 相交于 H.则 G,O,H 三点共线.

命题 9　如图 53.12,O 为 $\triangle ABC$ 中任一点,AO,BO,CO 分别交边 BC,CA,AB 于 D,E,F.P 为直线 AD 上任一点,PB 交 DF 于 M,PC 交 DE 于 N,则

①BN,CM,AD 三线共点;

② 设 CM 交 DE 于 T,BN 交 DF 于 S,则 BT,CS,AD 三线共点;

③ 设 BT 交 AC 于 G,CS 交 AB 于 H,BE 交 CM 于 K,CF 交 BN 于 R,则 H,K,R,G 四点共线.

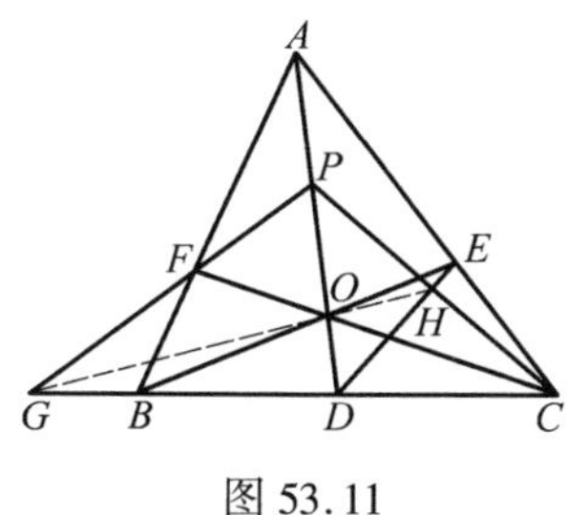

图 53.11

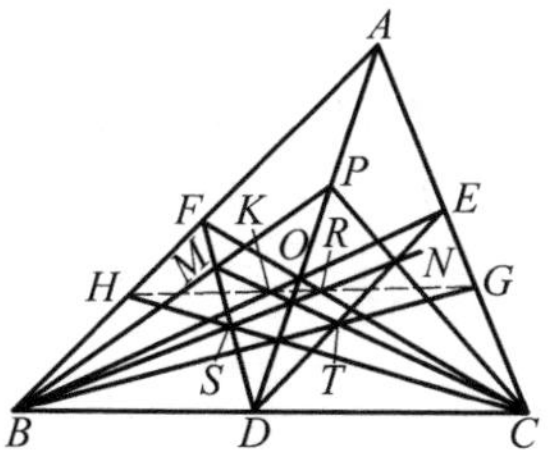

图 53.12

❺❹ 半圆圆心为 O，直径为 AB，一直线交半圆周于 C,D，交 AB 于 M（$MB<MA,MC<MD$）.设 K 是 $\triangle AOC$ 与 $\triangle DOB$ 的外接圆除点 O 外之另一交点.求证：$\angle MKO$ 为直角.

（1994 年第 21 届俄罗斯数学奥林匹克第五阶段十年级）

证法1 如图 54.1，联结 KC,KB,BC.因为

$$\angle OAC=\angle OKC,\angle ODB=\angle OKB$$

所以

$$\angle AMD=\angle ABD-\angle BDC=\angle ODB-\angle OAC=\angle OKB-\angle OKC=\angle BKC$$

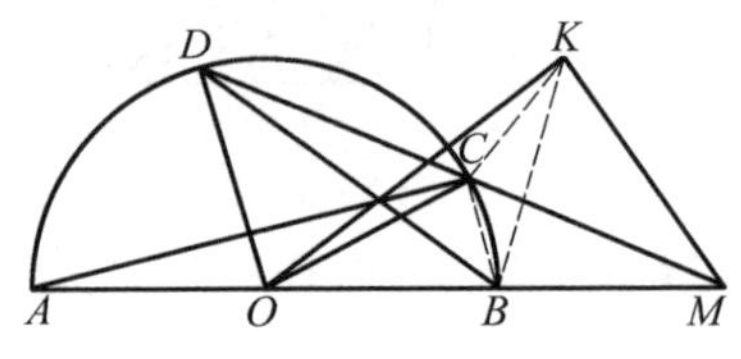

图 54.1

所以 B,C,K,M 四点共圆.所以

$$\angle CKM=\angle ABC$$

所以 $$\angle MKO=\angle CKM+\angle OKC=\angle ABC+\angle OAC=90^\circ$$

证法2 如图 54.2，联结 AK,DK,AD，因为

$$\angle OBD=\angle OKD$$

$$\angle BDM=\angle CAO=\angle OCA=\angle OKA$$

所以 $$\angle AMD=\angle OBD-\angle BDM=\angle OKD-\angle OKA=\angle AKD$$

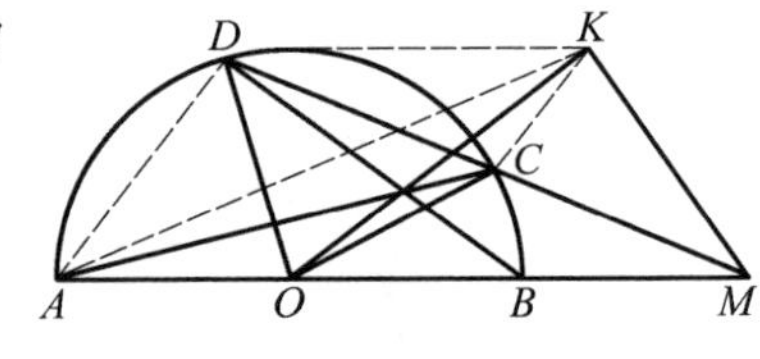

图 54.2

所以 A,D,K,M 四点共圆.所以

$$\angle DAM+\angle DKM=180^\circ$$

因为 $$\angle DAM+\angle DKO=\angle DAB+\angle DBA=90^\circ$$

所以 $$\angle MKO=90^\circ$$

证法3 如图 54.3，作圆 AOC 的直径 OE，圆 DOB 的直径 OF，联结 KE,KF.因为

$$\angle OKE=90^\circ,\angle OKF=90^\circ$$

所以 E,F,K 三点共线，要证 $\angle MKO=90^\circ$，只要证 E,F,M 三点共线即可.

设半圆圆 O 的半径为 R，$OM=m$.设 $\angle OBD=\angle ODB=\alpha$，$\angle OAC=\angle BDC=\beta$，则

$$\angle ODM=\alpha+\beta,\angle BMD=\alpha-\beta$$

易知 $$\angle MOF=90^\circ-\alpha,\angle MOE=90^\circ+\beta$$

从而 $$\angle EOF=\alpha+\beta$$

在圆 AOC 中 $$OE=\frac{R}{\sin\beta}$$

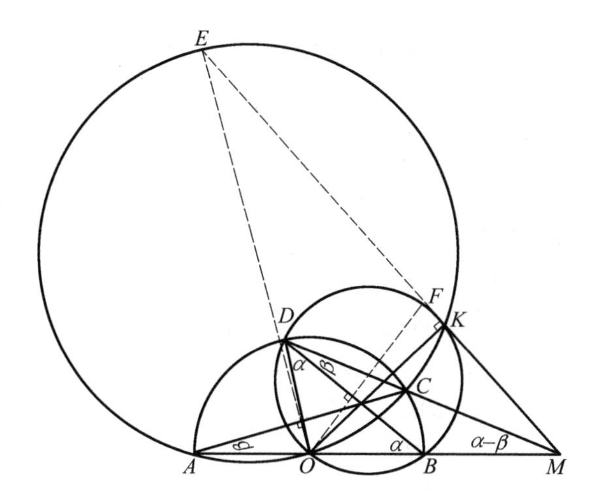

图 54.3

在圆 DOB 中 $$OF=\frac{R}{\sin\alpha}$$

要证 E,F,M 三点共线,只要证

$$S_{\triangle MOF}+S_{\triangle FOE}=S_{\triangle MOE}\Leftrightarrow$$

$$m\cdot\frac{R}{\sin\alpha}\cdot\sin(90^\circ-\alpha)+\frac{R}{\sin\alpha}\cdot\frac{R}{\sin\beta}\cdot\sin(\alpha+\beta)=m\cdot\frac{R}{\sin\beta}\cdot\sin(90^\circ+\beta)\Leftrightarrow$$

$$m(\sin\alpha\cos\beta-\sin\beta\cos\alpha)=R\sin(\alpha+\beta)\Leftrightarrow$$

$$\frac{m}{\sin(\alpha+\beta)}=\frac{R}{\sin(\alpha-\beta)}$$

在 $\triangle OMD$ 中,由正弦定理知最后的等式成立,故命题成立.

55 凸四边形 $ABCD$ 的两条对角线交于点 O,$\triangle AOB$ 和 $\triangle COD$ 的重心分别为 M_1 和 M_2,$\triangle BOC$ 和 $\triangle AOD$ 的垂心分别为 H_1 和 H_2,证明:$M_1M_2\perp H_1H_2$.

(1972 年第 6 届全苏数学奥林匹克,2003 年 IMO 中国国家集训队资料)

证法 1 如图 55.1,设 E,F 分别是 AB,CD 的中点,联结 EF.由重心性质知:

$$\frac{OM_1}{M_1E}=\frac{2}{1}=\frac{OM_2}{M_2F}$$

从而,$M_1M_2 /\!/ EF$,或 E,M_1,O,M_2,F 五点共线.所以,要证 $M_1M_2\perp H_1H_2$,只要证明 $EF\perp H_1H_2$.

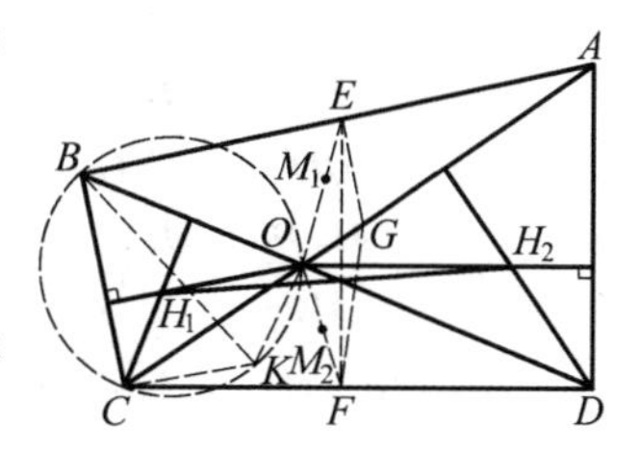

图 55.1

取 AC 的中点 G,联结 EG,GF,则 $EG \mathrel{\underline{\underline{\parallel}}} \frac{1}{2}BC, GF \mathrel{\underline{\underline{\parallel}}} \frac{1}{2}AD$.因为

$$OH_1 \perp BC, OH_2 \perp AD$$

所以
$$GE \perp OH_1, GF \perp OH_2$$

从而
$$\angle EGF = \angle H_1OH_2 \quad ①$$

作 $\triangle OBC$ 的外接圆,从 B 引圆的直径 BK,联结 OK,CK.

易知,OH_1CK 是平行四边形.所以

$$OH_1 = CK = BC\cot\angle BKC = BC\cot\angle BOC$$

同理
$$OH_2 = AD\cot\angle AOD$$

又
$$\angle BOC = \angle AOD$$

所以
$$\frac{OH_1}{OH_2} = \frac{BC}{AD}$$

又因为
$$\frac{EG}{GF} = \frac{BC}{AD}$$

所以
$$\frac{EG}{GF} = \frac{OH_1}{OH_2} \quad ②$$

由 ①,② 知

$$\triangle GEF \backsim \triangle OH_1H_2$$

故 $EF \perp H_1H_2$.(相似三角形有两组对应边垂直,则另一组对应边也垂直)

证法2 如图 55.2,设 E,F 分别是 AB,CD 的中点,由重心性质知:$M_1M_2 \parallel EF$,或者 E,M_1,O,M_2,F 五点共线.所以,要让 $M_1M_2 \perp H_1H_2$,只要证明 $EF \perp H_1H_2$.

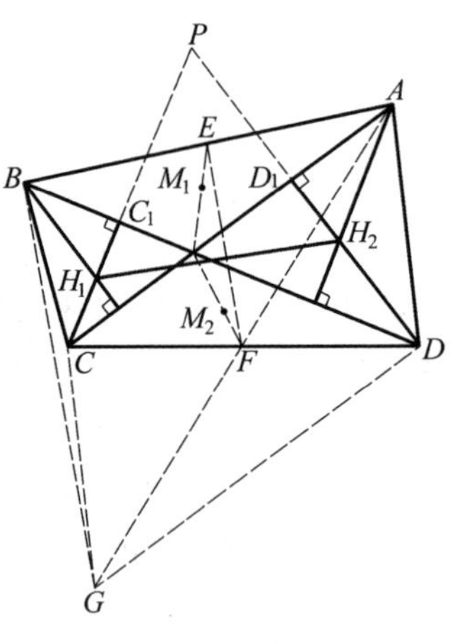

图 55.2

设 $CH_1 \perp BD$ 于 C_1,$DH_2 \perp AC$ 于 D_1,CC_1 与 DD_1 相交于 P.因为

$$BH_1 \perp AC, DP \perp AC$$

所以
$$BH_1 \parallel DP$$

所以
$$\frac{H_1P}{BD} = \frac{H_1C_1}{BC_1}$$

同理
$$\frac{H_2P}{AC} = \frac{H_2D_1}{AD_1}$$

易知
$$\mathrm{Rt}\triangle BC_1H_1 \backsim \mathrm{Rt}\triangle AD_1H_2$$

有
$$\frac{H_1C_1}{BC_1} = \frac{H_2D_1}{AD_1}$$

于是 $$\frac{H_1P}{BD}=\frac{H_2P}{AC}$$

即 $$\frac{H_1P}{H_2P}=\frac{BD}{AC}$$

联结 AF 并延长至 G,使 $AF = FG$,联结 BG,CG,DG,则 $ACGD$ 是平行四边形,$AC \mathrel{\underline{\underline{\parallel}}} DG$.从而

$$\frac{H_1P}{H_2P}=\frac{BD}{DG}$$

又 $$H_1P \perp BD, H_2P \perp DG$$

所以 $$\angle H_1PH_2 = \angle BDG$$

所以 $$\triangle PH_1H_2 \backsim \triangle DBG$$

故 $H_1H_2 \perp BG$.(相似三角形有两组对应边垂直,则另一组对应边垂直)

又在 $\triangle ABG$ 中,$EF \parallel BG$,所以

$$EF \perp H_1H_2$$

注:如图 55.2,也可取 AD 的中点 R,联结 RE,EF,证明 $\triangle REF \backsim \triangle PH_1H_2$,从而 $EF \perp H_1H_2$.

证法3 如图55.3,设 E,F 分别是AB,CD 的中点,由重心性质知:$M_1M_2 \parallel EF$,或者 E,M_1,O,M_2,F 五点共线.所以,要证 $M_1M_2 \perp H_1H_2$,只要证明 $EF \perp H_1H_2$.

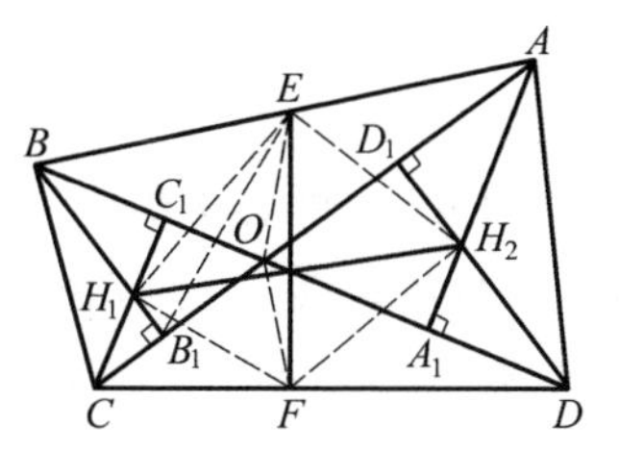

图 55.3

设 $BH_1 \perp AC$ 于B_1,$CH_1 \perp BD$ 于C_1,$AH_2 \perp BD$ 于 A_1,$DH_2 \perp AC$ 于 D_1,联结 EH_1,FH_1,EH_2,FH_2.

在 $\mathrm{Rt}\triangle AB_1B$ 中,因 E 为AB 的中点,联结 EB_1,则 $EB_1 = EB$.

在等腰 $\triangle EBB_1$ 中,H_1 为底边上一点,所以

$$EH_1^2 = EB^2 - BH_1 \cdot H_1B_1 = (\frac{1}{2}AB)^2 - BH_1 \cdot H_1B_1$$

同理 $$FH_1^2 = (\frac{1}{2}CD)^2 - CH_1 \cdot H_1C_1$$

又因 B,C,B_1,C_1 四点共圆,所以

$$BH_1 \cdot H_1B_1 = CH_1 \cdot H_1C_1$$

所以 $$EH_1^2 - FH_1^2 = (\frac{1}{2}AB)^2 - (\frac{1}{2}CD)^2$$

同理 $$EH_2^2 - FH_2^2 = (\frac{1}{2}AB)^2 - (\frac{1}{2}CD)^2$$

所以 $$EH_1^2 - FH_1^2 = EH_2^2 - FH_2^2$$

所以 $$EF \perp H_1H_2$$

证法4 如图55.4,作$\square AOBX$和$\square CODY$,联结OX,OY.由重心和平行四边性质可知:$M_1M_2 /\!/ XY$或X,M_1,O,M_2,Y五点共线.所以,要证$M_1M_2 \perp H_1H_2$,只要证明$XY \perp H_1H_2$.

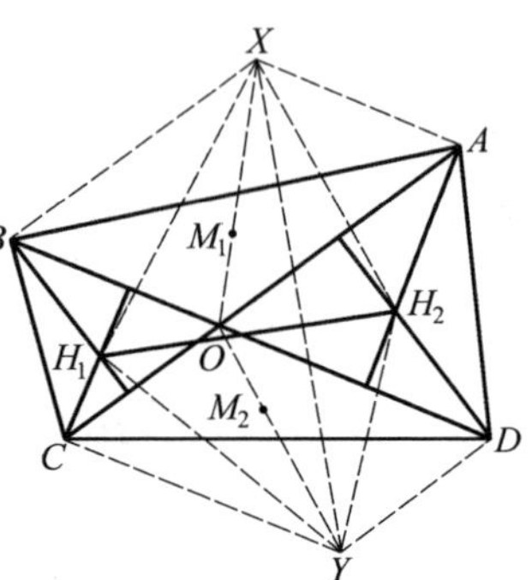

图55.4

因H_1是$\triangle BOC$的垂心,则$BH_1 \perp AC$,又$BX /\!/ AC$,所以$BH_1 \perp BX$.同理

$$CH_1 \perp CY, DH_2 \perp DY, AH_2 \perp AX$$

$$(H_1X^2 + H_2Y^2) - (H_2X^2 + H_1Y^2) =$$
$$(BH_1^2 + BX^2 + DH_2^2 + DY^2) -$$
$$(AH_2^2 + AX^2 + CH_1^2 + CY^2) =$$
$$(BH_1^2 + CO^2 - CH_1^2 - OB^2) +$$
$$(DH_2^2 + OA^2 - AH_2^2 - OD^2) = 0$$

所以 $$H_1X^2 + H_2Y^2 = H_2X^2 + H_1Y^2$$

故 $$XY \perp H_1H_2$$

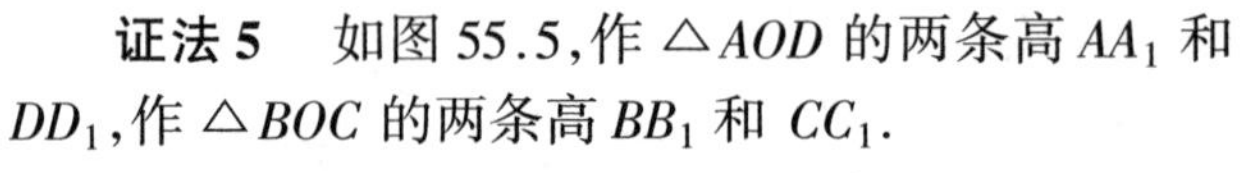

证法5 如图55.5,作$\triangle AOD$的两条高AA_1和DD_1,作$\triangle BOC$的两条高BB_1和CC_1.

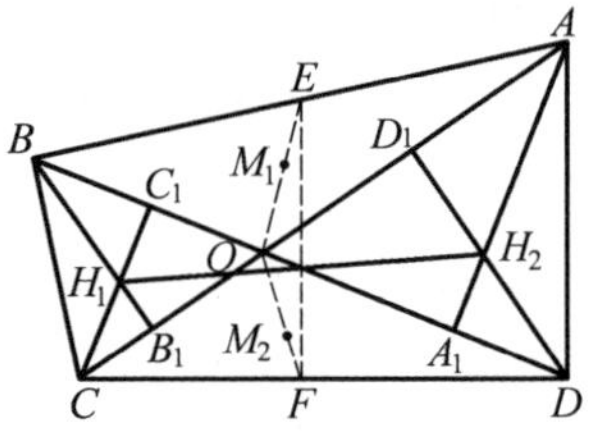

因$\angle AA_1B = 90° = \angle BB_1A$,则$A,B,B_1,A_1$四点共圆且圆心为$AB$的中点$E$.

同理,C,D,D_1,C_1四点共圆且圆心为CD的中点F.

图55.5

因此,EF为圆E和圆F的连心线.

又A,D_1,A_1,D四点共圆,则有

$$H_2A \cdot H_2A_1 = H_2D_1 \cdot H_2D$$

由于$H_2A \cdot H_2A_1$和$H_2D_1 \cdot H_2D$恰分别为点H_2关于圆E和圆F的幂,所以,点H_2在圆E和圆F的根轴上.

同理,点H_1也在这条根轴上.

故直线H_1H_2就是圆E和圆F的根轴.

从而 $$H_1H_2 \perp EF$$

又 $$M_1M_2 /\!/ EF$$

所以 $$M_1M_2 \perp H_1H_2$$

证法 6 以 AC 与 BD 的交点 O 为原点,利用向量证明.

$$\overrightarrow{H_1H_2}\cdot\overrightarrow{M_1M_2}=(\overrightarrow{H_1O}+\overrightarrow{OH_2})(\overrightarrow{OM_2}-\overrightarrow{OM_1})=$$

$$(\overrightarrow{H_1O}+\overrightarrow{OH_2})\cdot\frac{1}{3}\cdot(\overrightarrow{OA}+\overrightarrow{OB}-\overrightarrow{OC}-\overrightarrow{OD})=$$

$$\frac{1}{3}(\overrightarrow{H_1O}+\overrightarrow{OH_2})(\overrightarrow{DA}+\overrightarrow{CB})=$$

$$\frac{1}{3}(\overrightarrow{H_1O}\cdot\overrightarrow{DA}+\overrightarrow{H_1O}\cdot\overrightarrow{CB}+\overrightarrow{OH_2}\cdot\overrightarrow{DA}+\overrightarrow{OH_2}\cdot\overrightarrow{CB})=$$

$$\frac{1}{3}(\overrightarrow{H_1O}\cdot\overrightarrow{DA}+\overrightarrow{OH_2}\cdot\overrightarrow{CB})=$$

$$\frac{1}{3}[|H_1O|\cdot|DA|\cos\alpha+|OH_2|\cdot|CB|\cos(\pi-\alpha)]=$$

$$\frac{1}{3}(|CB|\cot\angle BOC\cdot|DA|-$$

$$|DA|\cot\angle AOD|CB|)\cos\alpha=0$$

(其中 α 为向量 $\overrightarrow{H_1O}$ 与 $\overrightarrow{DA}$ 的夹角),故

$$\overrightarrow{H_1H_2}\perp\overrightarrow{M_1M_2}$$

即
$$H_1H_2\perp M_1M_2$$

56 已知 P 是 $\triangle ABC$ 内一点,过 P 作 BC,CA,AB 的垂线,其垂足分别为 D,E,F,又 Q 是 $\triangle ABC$ 内的一点,且使得 $\angle ACP=\angle BCQ$,$\angle BAQ=\angle CAP$.证明:$\angle DEF=90^\circ$ 的充分必要条件是 Q 为 $\triangle BDF$ 的垂心.

(2004 年泰国数学奥林匹克)

必要性:设 $\angle DEF=90^\circ$.

证法 1 如图 56.1,联结 QD,QF,因为

$$\angle BAQ=\angle CAP$$

所以
$$\angle BAP=\angle CAQ$$

又因为
$$\angle ACP=\angle QCB$$

所以 $\angle QCE=\angle DCP=\angle PED$(由于 P,E,C,D 共圆)$=90^\circ-\angle FEP=\angle FEA=\angle FPA$($P,E,A,F$ 共圆)

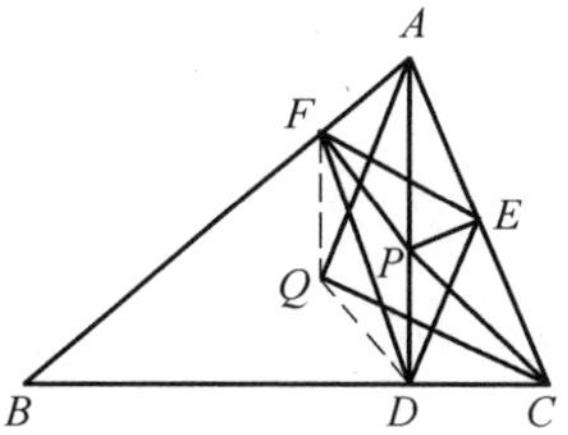

图 56.1

所以
$$\triangle AFP\backsim\triangle AQC$$

所以
$$\frac{AF}{AQ}=\frac{AP}{AC}$$

又
$$\angle FAQ=\angle PAC$$

所以 $$\triangle AFQ \backsim \triangle APC$$

所以 $$\angle AFQ = \angle APC$$

所以 $$\angle BFQ = 180° - \angle AFQ = 180° - \angle APC =$$
$$\angle PAC + \angle PCA = \angle PFE + \angle PDE$$
$$(P,E,A,F\text{ 共圆};P,E,C,D\text{ 共圆}) =$$
$$\angle FPD - \angle FED = (180° - \angle B) - 90° = 90° - \angle B$$

所以 $$FQ \perp BD$$

同理,$DQ \perp BF$,故 Q 为 $\triangle BDF$ 的垂心.

证法 2 如图 56.1,联结 DQ,因 $PD \perp BC$,$PE \perp CA$,则 C,D,P,E 四点共圆,故

$$\angle PDE = \angle ACP = \angle BCQ$$

从而 $$DE \perp CQ$$

同理 $$EF \perp AQ$$

又 $$\angle DEF = 90°$$

所以 $$\angle AQC = 90°$$

因为 $$\frac{CD}{CQ} = \frac{PC\cos\angle PCD}{AC\cos\angle QCA} = \frac{PC}{AC}, \angle QCD = \angle ACP$$

所以 $$\triangle QCD \backsim \triangle ACP$$

所以 $$\angle CQD = \angle CAP = \angle EFP$$

又因 $CQ /\!/ EF$,则 $DQ /\!/ PF$,于是 $DQ \perp BF$.

同理 $FQ \perp BD$,故 Q 是 $\triangle BDF$ 的垂心.

充分性:设 Q 是 $\triangle BDF$ 的垂心.

证法 1 如图 56.2,设直线 FQ,DQ 交边 BC,AB 分别于 X,Y,作 $PT \perp CA$ 于 T,则 $QX \perp BC$,$QY \perp AB$,因为

$$\angle EAP = \angle YAQ, \angle TAQ = \angle FAP$$

所以

$$\text{Rt}\triangle APE \backsim \text{Rt}\triangle AQY, \text{Rt}\triangle AQT \backsim \text{Rt}\triangle APF$$

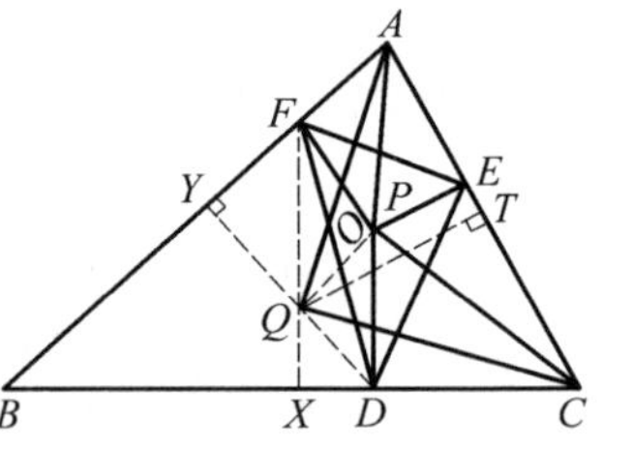

图 56.2

所以 $\dfrac{AE}{AY} = \dfrac{AP}{AQ} = \dfrac{AF}{AT} \Rightarrow AE \cdot AT = AF \cdot AY$

所以 E,T,Y,F 四点共圆,这圆的圆心应是 ET,FY 的中垂线的交点,但这两中垂线显然交于 PQ 的中点 O,于是 O 就是该圆圆心.

同理,E,T,D,X 四点共圆,而且圆心也是 PQ 的中点 O.

以上两圆,圆心相同,半径相等(都等于 OE),则必为同一圆,而 $DEFX$ 是这

个圆的内接四边形,故

$$\angle DEF = 180^\circ - \angle FXD = 90^\circ$$

证法 2 证明中将用到如下引理:

如图 56.3,在 $\triangle APQ$ 的外侧,分别以 AP,AQ 为斜边,作 Rt$\triangle APE$ 和 Rt$\triangle AQY$,满足 $\angle EAP = \angle YAQ$,又 O 为 PQ 的中点,则 $OE = OY$.

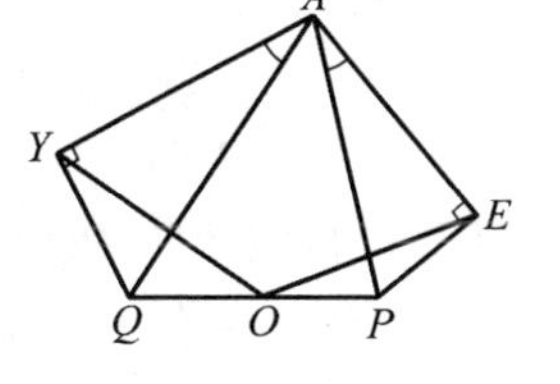

图 56.3

此引理有多种证法,请参阅本书第 64 题.

下面证明充分性.

如图 56.4,设直线 FQ,DQ 交边 BD,BF 分别于 X,Y.则

$$QX \perp BD, QY \perp BF$$

所以 D,F,Y,X 四点共圆,且这圆的圆心应是 DX,FY 的中垂线的交点,但这两中垂线显然交于 PQ 的中点 O,于是 O 就是该圆圆心.由引理知:$OE = OY$.

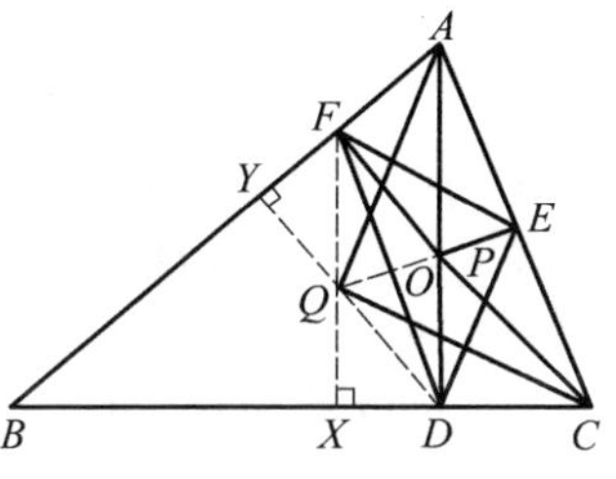

图 56.4

所以 E 也在上述圆上,故

$$\angle DEF = 180^\circ - \angle DYF = 90^\circ$$

证法 3 (反证法)如图 56.5,假设 $\angle AQC < 90^\circ$,则在 AC 的延长线上存在点 G,使 $\angle AQG = 90^\circ$,联结 QG,PG,QF,可设

$$\angle ACP = \angle BCQ = \beta, \angle BAQ = \angle CAP = \alpha$$

因 $\qquad \angle FAP = \angle QAG$

则 $\qquad \text{Rt}\triangle AFP \backsim \text{Rt}\triangle AQG$

所以 $\qquad \dfrac{AF}{AQ} = \dfrac{AP}{AG}$

又 $\qquad \angle FAQ = \angle PAG = \alpha$

所以 $\qquad \triangle AFQ \backsim \triangle APG$

所以 $\qquad \angle FQA = \angle PGA < \angle PCA = \beta$

于是 $\qquad \angle BFQ = \angle FAQ + \angle FQA < \alpha + \beta$

又 $\qquad \angle BFQ = 90^\circ - \angle B =$

$$90^\circ - (\angle AQC - \alpha - \beta) > \alpha + \beta$$

矛盾,故

$$\angle AQC \nless 90^\circ$$

同理 $\qquad \angle AQC \ngtr 90^\circ$

所以 $\qquad \angle AQC = 90^\circ$

因为 A,F,P,E 四点共圆,所以

$$\angle PFE = \angle PAE = \angle FAQ$$

从而 $EF \perp AQ$,同理

$$ED \perp CQ$$

故 $$\angle DEF = 90^\circ$$

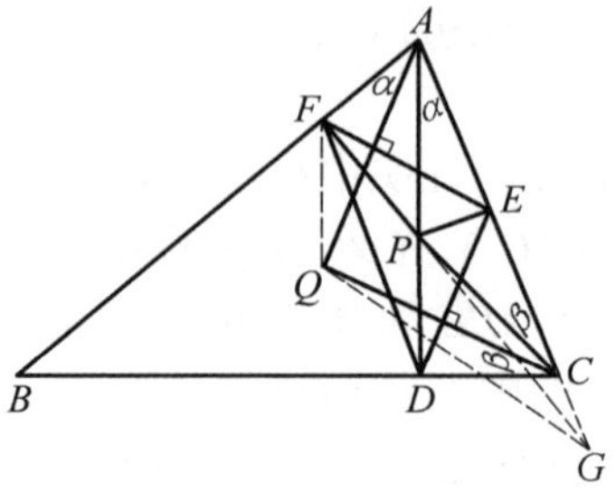

证法4 设直线 FQ,DQ 交边 BC,AC 于 X,Y,易知四边形 $PFQD$ 是平行四边形,设

$$\angle BAQ = \alpha,\angle EDP = \angle ACP = \angle QCD = \beta$$

图 56.5

在 $\triangle AFQ$ 中应用正弦定理得

$$\frac{AF}{\sin(90^\circ - B - \alpha)} = \frac{FQ}{\sin \alpha}$$

由 $AF = AP\cos(A - \alpha)$ 和正弦定理(在 $\triangle APC$ 中)得

$$\frac{AP\cos(A - \alpha)}{\cos(B + \alpha)} = \frac{FQ}{\sin \alpha} = \frac{PD}{\sin \alpha} = \frac{PC\sin(C - \beta)}{\sin \alpha} = \frac{AP\sin(C - \beta)}{\sin \beta}$$

则 $$\sin \beta \cdot \cos(A - \alpha) = \sin(C - \beta)\cos(B + \alpha)$$

由 $$\beta + \angle A - \alpha = 180^\circ - (\angle C - \beta + \angle B + \alpha)$$

得 $$\sin(\beta + A - \alpha) = \sin(C - \beta + B + \alpha)$$

则 $$\sin(\beta - A + \alpha) = \sin(C - \beta - B - \alpha)$$

因为 $$\angle A + \angle B + \angle C = 180^\circ$$

故必有 $$\beta - \angle A + \alpha = \angle C - \beta - \angle B - \alpha$$

$$\alpha + \beta = 90^\circ - \angle B$$

此时,有

$$\angle AQC = (\alpha + \angle ABQ) + (\beta + \angle CBQ) = \alpha + \beta + \angle B = 90^\circ$$

故 $$\angle DEF = \angle DEP + \angle FEP = \angle DCP + \angle FAP =$$

$$\angle QCA + \angle QAC = 180^\circ - \angle AQC = 90^\circ$$

57 在锐角 $\triangle ABC$ 中,$|BC| < |AC| < |AB|$,点 D,E 分别在边 AB,AC 上,满足 $|BD| = |BC| = |CE|$,点 I,O 分别为 $\triangle ABC$ 的内心和外心,$\triangle ADE$ 的外接圆半径长为 k.试证:$IO \perp DE$ 且 $IO = k$.

(2002 年土耳其数学奥林匹克,原试题只要证第二个结论)

证法1 如图 57.1,作 $OM \perp AB$ 于 M,$ON \perp AC$ 于 N,则 M,N 分别为 AB,AC 的中点,过 I 作 $IR \parallel AB$ 交 OM,ON 分别于 S,R,$IQ \parallel AC$ 交 ON,OM 分别于 T,Q.则 $QS \perp IR,RT \perp IQ$,从而 O 为 $\triangle IRQ$ 的垂心,有 $IO \perp RQ$.

$IX \perp AB$ 于 X,$IY \perp AC$ 于 Y,则四边形 $MXIS$ 与 $NYIT$ 均为矩形,而

$$IS = MX = BM - BX = \frac{c}{2} - \frac{a+c-b}{2} = \frac{b-a}{2}$$

$$IT = NY = CN - CY = \frac{b}{2} - \frac{a+b-c}{2} = \frac{c-a}{2}$$

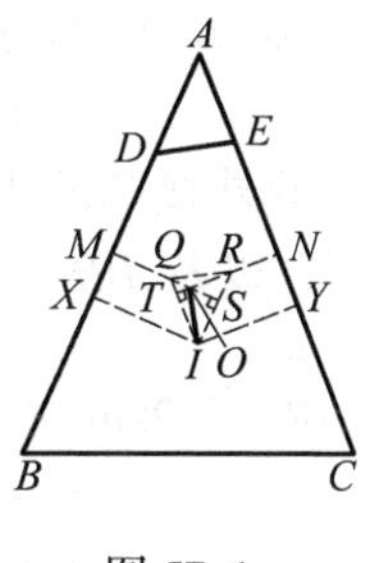

图 57.1

又 $$\text{Rt}\triangle IQS \backsim \text{Rt}\triangle IRT$$

于是 $$\frac{IQ}{IR} = \frac{IS}{IT} = \frac{b-a}{c-a} = \frac{AE}{AD}$$

又有 $$\angle QIR = \angle A$$

故 $$\triangle IRQ \backsim \triangle ADE$$

所以 $RQ \parallel DE$,从而 $IO \perp DE$.设 $\triangle IRQ$ 的外接圆半径为 t,则

$$\frac{k}{t} = \frac{AE}{IQ} = \frac{b-a}{IQ}$$

于是 $$IO = \frac{IS}{\cos\angle OIS} = \frac{IS}{\sin\angle IRQ} = \frac{IS \cdot 2t}{IQ} = \frac{(b-a)\cdot t}{IQ} = k$$

证法2 如图57.2,作 $IX \perp AB$ 于 X,$IY \perp AC$ 于 Y,过 O 作 $OR \parallel AB$ 交 IX,YI 分别于 T,R,作 $OQ \parallel AC$ 交 IY,XI 分别于 S,Q,则 $RS \perp OQ$,$QT \perp OR$,I 为 $\triangle ORQ$ 的垂心,有 $IO \perp RQ$.

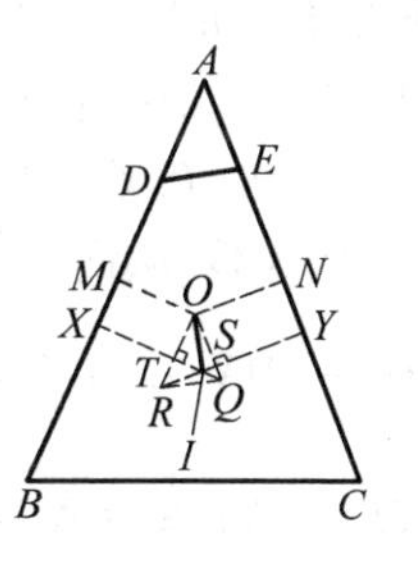

图 57.2

作 $OM \perp AB$ 于 M,$ON \perp AC$ 于 N,则四边形 $MXTO$ 与 $NYSO$ 均为矩形,从而

$$OT = MX = BM - BX = \frac{c}{2} - \frac{a+c-b}{2} = \frac{b-a}{2}$$

$$OS = NY = CN - CY = \frac{b}{2} - \frac{a+b-c}{2} = \frac{c-a}{2}$$

又 $$\text{Rt}\triangle ORS \backsim \text{Rt}\triangle OQT$$

于是 $$\frac{OR}{OQ} = \frac{OS}{OT} = \frac{c-a}{b-a} = \frac{AD}{AE}$$

又有 $$\angle ROQ = \angle A$$

故 $$\triangle ORQ \backsim \triangle ADE$$

所以 $RQ \parallel DE$,从而 $IO \perp DE$.设 $\triangle ORQ$ 的外接圆半径为 t,则

$$\frac{k}{t} = \frac{AD}{OR} = \frac{c-a}{OR}$$

于是 $$IO = \frac{OS}{\cos\angle SOI} = \frac{OS}{\sin\angle OQR} = \frac{OS \cdot 2t}{OR} = \frac{(c-a)\cdot t}{OR} = k$$

证法3 如图57.3,联结 BE,设 CI 交 BE 于 L,交 $\triangle ABC$ 的外接圆于 H,联结 OH 交 AB 于 M,由于 CI 平分 $\angle ACB$,则 $OH \perp AB$,且 M 是 AB 的中点,又因 $BC = CE$,则 $CH \perp BE$.

故 H,B,L,M 四点共圆,有

$$\angle IHO = \angle EBD$$

设 $\triangle ABC$ 的外接圆的半径为 R,由正弦定理,并注意 L 是 BE 的中点,以及 $BH = IH$,有

$$\frac{OH}{BD} = \frac{R}{BC} = \frac{1}{2\sin\angle A} = \frac{1}{2\sin\angle BHC} = \frac{HB}{2BL} = \frac{HI}{BE}$$

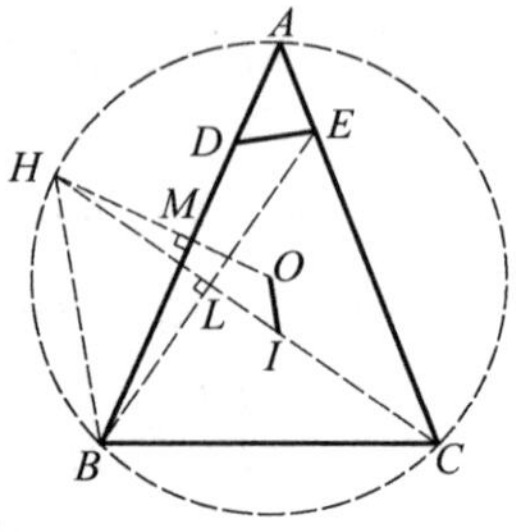

所以 $$\triangle IHO \backsim \triangle EBD$$

再由 $$IH \perp BE, OH \perp BD$$

知 $$IO \perp DE$$

还有 $$\frac{IO}{DE} = \frac{OH}{BD} = \frac{R}{BC} = \frac{1}{2\sin\angle A}$$

故 $$IO = \frac{DE}{2\sin\angle A} = k$$

图 57.3

证法4 如图57.4,作 $IX \perp AB$ 于 X,$IY \perp AC$ 于 Y,$OM \perp AB$ 于 M,$ON \perp AC$ 于 N,则 M,N 分别为 AB,AC 的中点.过 I 作 $IS \perp MO$ 于 S,IS 交 DE 于 P,$IT \perp NO$ 于 T,则四边形 $MXIS$ 与 $NYIT$ 均为矩形,从而

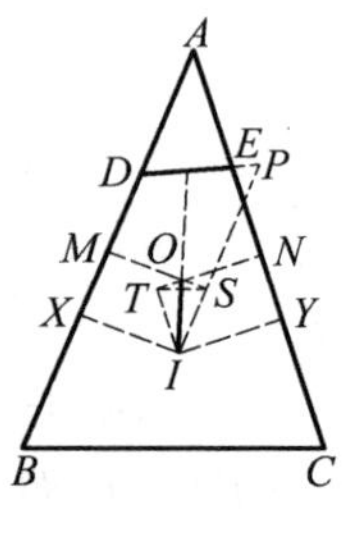

图 57.4

$$IS = MX = BM - BX = \frac{c}{2} - \frac{a+c-b}{2} = \frac{b-a}{2}$$

$$IT = NY = CN - CY = \frac{b}{2} - \frac{a+b-c}{2} = \frac{c-a}{2}$$

于是 $$\frac{IS}{IT} = \frac{b-a}{c-a} = \frac{AE}{AD}$$

又由于 $$IS \parallel AD, IT \parallel AE$$

有 $$\angle SIT = \angle A$$

所以 $$\triangle IST \backsim \triangle AED$$

又有 O,T,I,S 四点共圆,故

$$\angle IOS = \angle ITS = \angle ADE = \angle IPD$$

从而 $$\angle IPD + \angle PIO = \angle IOS + \angle SIO = 90^\circ$$

所以 $$IO \perp DE$$

并且 $$IO = \frac{IS}{\sin\angle ITS} = \frac{b-a}{2\sin\angle ADE} = \frac{AE}{2\sin\angle ADE} = k$$

5

线段的比例式或乘积式

A 类题

58 在 $\triangle ABC$ 中,已知 $\angle A:\angle B:\angle C=4:2:1$,$\angle A,\angle B,\angle C$ 的对边的长分别为 a,b,c.求证:$\frac{1}{a}+\frac{1}{b}=\frac{1}{c}$.

(《中等数学》杂志奥林匹克问题初 78)

思路一 转化为证 $ac=b(a-c)$,作出长为 $a-c$ 的线段,并构造相似三角形或利用有关线段成比例的定理证明.

证法 1 如图 58.1,记 $\angle C=\theta$,在 BC 上取点 D,使 $AD=AB$.延长 BA 至 E,使 $AE=AC$,连 CE.则

$$DC=AD=c,BD=a-c$$

$$\angle E=2\theta=\angle B,CE=a$$

因为 $$\triangle ABD\backsim\triangle ACE$$

所以 $$\frac{AB}{AC}=\frac{BD}{CE}$$

即 $$\frac{c}{b}=\frac{a-c}{a}\Rightarrow\frac{1}{a}+\frac{1}{b}=\frac{1}{c}$$

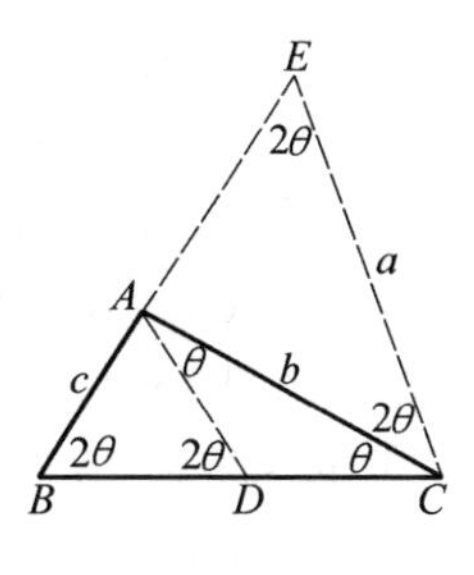

图 58.1

证法 2 如图 58.2,记 $\angle C=\theta$,在 BC 上取点 D,使 $AD=AB$,延长 CA 至 E,则

$$DC=AD=c,BD=a-c$$

$$\angle 1=\angle 2=3\theta$$

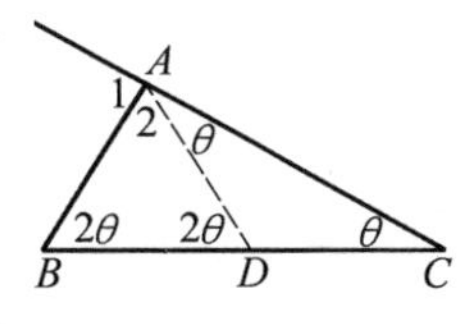

图 58.2

所以 $\frac{AD}{AC}=\frac{BD}{BC}$(三角形外角平分线定理)

即 $$\frac{c}{b}=\frac{a-c}{a}\Rightarrow\frac{1}{a}+\frac{1}{b}=\frac{1}{c}$$

注:也可不用三角形外角平分定理,过 D 或 B,C 作平行线,利用平行线性

质证明.

证法3 如图58.3,记$\angle C=\theta$,延长CA至D,使$AD=AB$,连BD,延长AD至E,使$DE=BD$,连BE.则

$$AE=BE=a,BD=DE=a-c$$

因为
$$\angle DBA=\angle ABC$$

所以
$$\frac{BD}{BC}=\frac{AD}{AC}$$

即
$$\frac{a-c}{a}=\frac{c}{b}\Rightarrow\frac{1}{a}+\frac{1}{b}=\frac{1}{c}$$

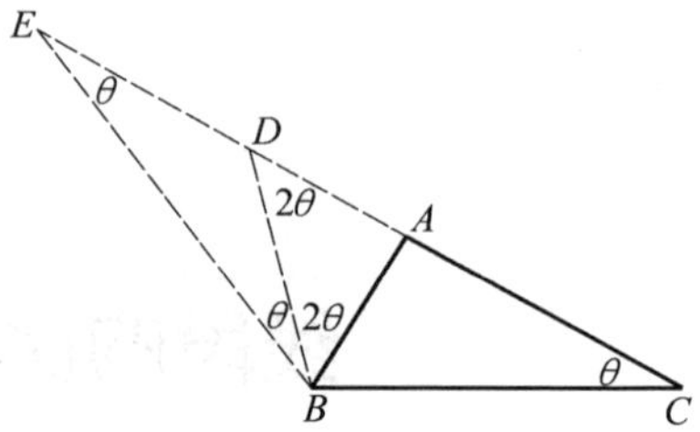

图58.3

证法4 如图58.4,记$\angle C=\theta$,作$\angle B$的平分线BD,在BC上取$BE=AB$,连DE.则

$$\angle DBC=\theta,\triangle BED\cong\triangle BAD$$

所以
$$\angle CED=3\theta=\angle CDE$$

所以
$$BD=DC=CE=a-c$$

因为
$$\triangle ADB\backsim\triangle ABC$$

所以
$$\frac{AB}{AC}=\frac{BD}{BC}$$

即
$$\frac{c}{b}=\frac{a-c}{a}\Rightarrow\frac{1}{a}+\frac{1}{b}=\frac{1}{c}$$

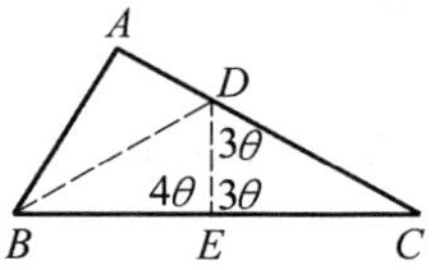

图58.4

思路二 转化为证$a(b-c)=bc$,作出长为$b-c$的线段,并构造相似三角形或利用有关线段成比例的定理证明.

证法5 如图58.5,记$\angle C=\theta$,作$\angle A$的平分线AD,在AC上取$AE=AB$,连DE.则

$$\triangle AED\cong\triangle ABD$$

所以 $\angle AED=2\theta=\angle DAE,\angle EDC=\theta=\angle C$

于是
$$AD=DE=CE=b-c$$

因为
$$\triangle ABC\backsim\triangle DAC$$

所以
$$\frac{AB}{AD}=\frac{BC}{AC}$$

即
$$\frac{c}{b-c}=\frac{a}{b}\Rightarrow\frac{1}{a}+\frac{1}{b}=\frac{1}{c}$$

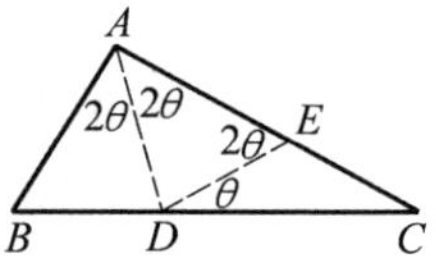

图58.5

证法6 如图58.6,记$\angle C=\theta$,在BC上取$CD=AC$,连DA并延长至E,使$AE=AB$,连CE,则

$$\triangle AEC\cong\triangle ABC(\mathrm{SAS})$$

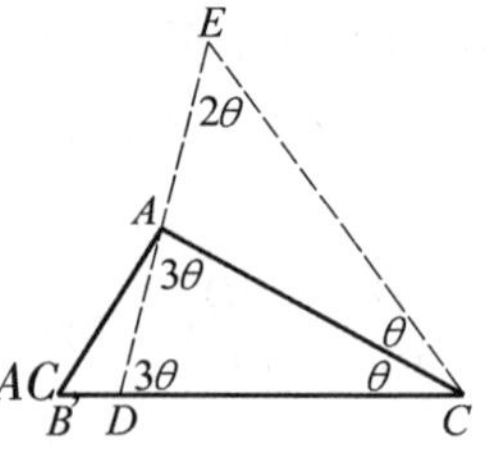

图58.6

所以 $$\angle E=\angle B=2\theta=\angle DCE$$

所以 $$DE=DC=b$$

从而 $$AD=b-c$$

易知 $$\triangle DBA\backsim\triangle ABC$$

所以 $$\frac{AB}{BC}=\frac{AD}{AC}$$

即 $$\frac{c}{a}=\frac{b-c}{b}\Rightarrow\frac{1}{a}+\frac{1}{b}=\frac{1}{c}$$

证法7 如图58.7,记$\angle C=\theta$,作$\angle BCD=\angle B$交BA的延长线于D.则

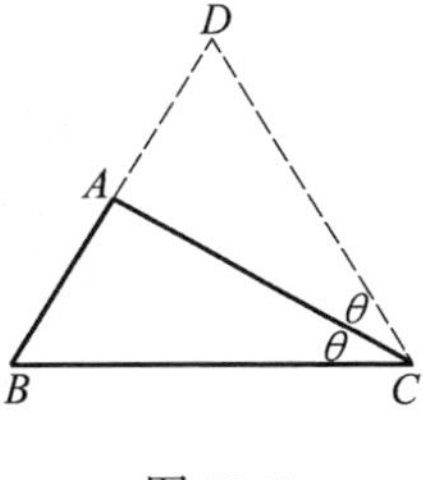

图58.7

$$\angle DAC=3\theta=\angle D$$

所以 $$BD=CD=b,AD=b-c$$

又 $$\angle ACD=\theta=\angle ACB$$

所以 $$\frac{CD}{BC}=\frac{AD}{AB}$$

即 $$\frac{b}{a}=\frac{b-c}{c}\Rightarrow\frac{1}{a}+\frac{1}{b}=\frac{1}{c}$$

思路三 转化为证$ab=(a+b)c$,作出长为$a+b$的线段,并构造相似三角形或利用有关线段成比例的定理证明.

证法8 如图58.8,记$\angle C=\theta$,在CA的延长线上取点D,使$BD=BC$,延长DB至E,则

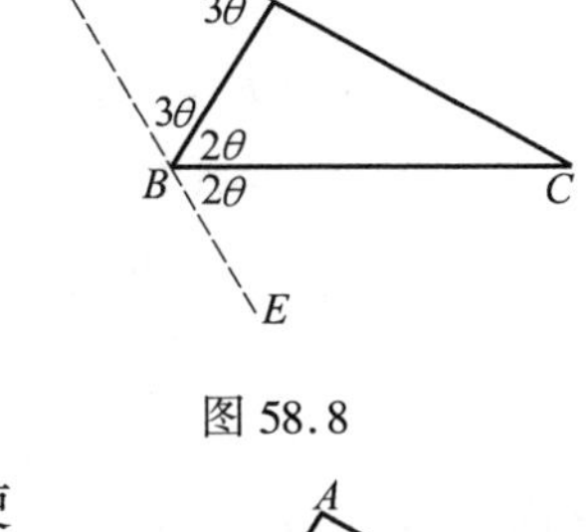

图58.8

$$\angle D=\theta,\angle DAB=3\theta=\angle DBA$$

所以 $$AD=BD=a$$

易知 $$\angle CBE=2\theta=\angle ABC$$

所以 $\dfrac{AB}{BD}=\dfrac{AC}{CD}$(三角形外角平分线定理)

即 $$\frac{c}{a}=\frac{b}{a+b}\Rightarrow\frac{1}{a}+\frac{1}{b}=\frac{1}{c}$$

证法9 如图58.9,记$\angle C=\theta$,延长AB至D,使$BD=BC$,连CD,在CD上取$CE=AC$,连BE.则

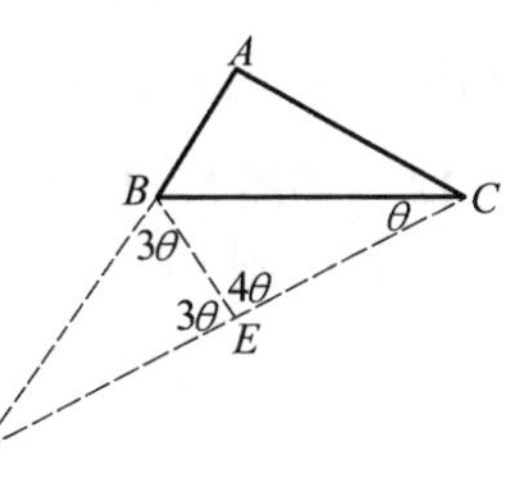

图58.9

$$\angle D=\angle BCD=\theta$$

$$\triangle EBC\cong\triangle ABC$$

从而 $$\angle DEB=3\theta=\angle DBE$$

所以 $$DE=BD=a$$

从而 $$CD=a+b$$

因为 BC 平分 $\angle ACD$,所以

$$\frac{AC}{CD}=\frac{AB}{BD}$$

即
$$\frac{b}{a+b}=\frac{c}{a}\Rightarrow\frac{1}{a}+\frac{1}{b}=\frac{1}{c}$$

证法 10 如图 58.10,记 $\angle C=\theta$,延长 BA 至 D,使 $AD=AC$,连 CD 并延长至 E,使 $DE=AD$,连 AE.则

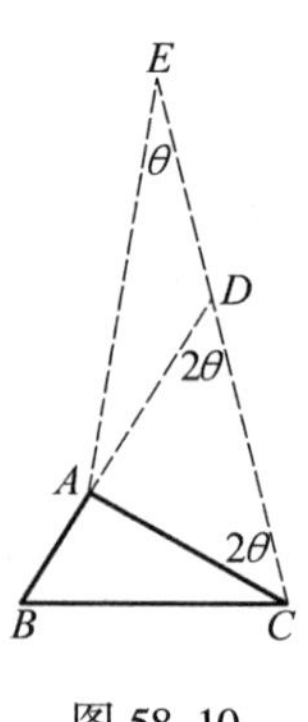

图 58.10

$$\angle BDC=2\theta$$

所以
$$CD=a$$

又
$$DE=AD=b$$

所以
$$CE=a+b$$

易知
$$\triangle ABC\backsim\triangle ACE$$

所以
$$\frac{AB}{AC}=\frac{BC}{CE}$$

即
$$\frac{c}{b}=\frac{a}{a+b}\Rightarrow\frac{1}{a}+\frac{1}{b}=\frac{1}{c}$$

证法 11 如图 58.11,记 $\angle C=\theta$,延长 BA 至 D,使 $AD=b$,连 CD.延长 AD 至 E,使 $DE=DC$.连 CE.则

$$\angle ADC=2\theta=\angle B$$

所以
$$DE=DC=a$$

从而
$$AE=a+b$$

易知
$$\angle ECA=3\theta=\angle EAC$$

所以
$$CE=AE=a+b$$

又
$$\triangle ABC\backsim\triangle CBE$$

所以
$$\frac{AB}{BC}=\frac{AC}{CE}$$

即
$$\frac{c}{a}=\frac{b}{a+b}\Rightarrow\frac{1}{a}+\frac{1}{b}=\frac{1}{c}$$

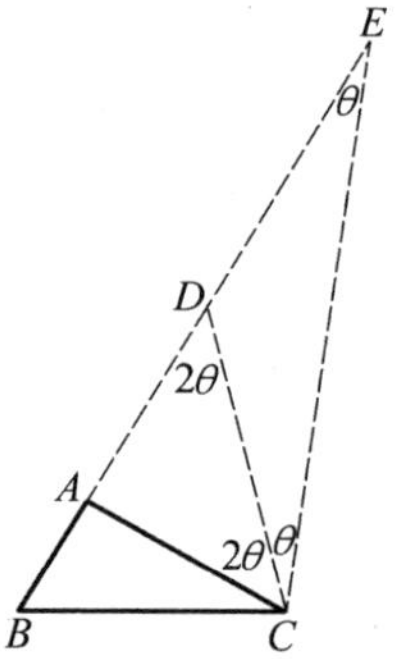

图 58.11

思路四 转化为证 $bc+ac=ab$,利用托勒密定理.

证法 12 如图 58.12,作圆 ABC,在 $\overparen{BmC}$ 上取一点 D,使 $AD=AC$,连 BD,DC.记 $\angle C=\theta$,则

$$\angle DBC=\angle BDC=3\theta$$
$$\angle BCD=\angle ACB=\theta$$

所以
$$CD=a,BD=c$$

因为
$$AC\cdot BD+AB\cdot CD=BC\cdot AD$$

所以 $bc+ac=ab\Rightarrow\frac{1}{a}+\frac{1}{b}=\frac{1}{c}$

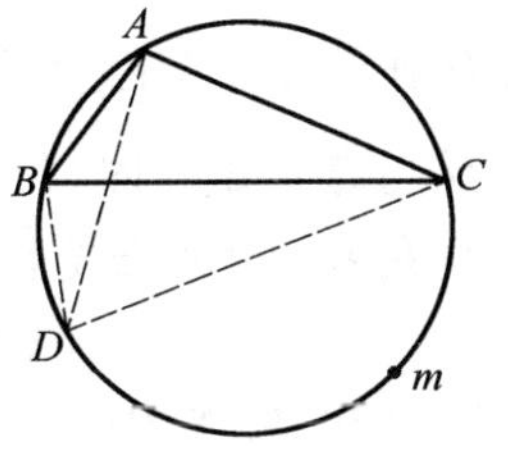

图 58.12

思路五 利用倍角三角形性质.

证法 13 $\angle A=2\angle B\Rightarrow a^2=b^2+bc\Rightarrow\frac{a}{b}=\frac{b+c}{a}$.

$\angle B=2\angle C\Rightarrow b^2=c^2+ac\Rightarrow\frac{c}{b-c}=\frac{b+c}{a}$

所以 $$\frac{a}{b}=\frac{c}{b-c}\Rightarrow\frac{1}{a}+\frac{1}{b}=\frac{1}{c}$$

思路六 利用三角法.

证法 14 记 $\angle C=\theta$,R 为 $\triangle ABC$ 外接圆半径.则

$$\frac{1}{a}+\frac{1}{b}=\frac{1}{2R\sin 4\theta}+\frac{1}{2R\sin 2\theta}=\frac{\sin 4\theta+\sin 2\theta}{2R\sin 4\theta\sin 2\theta}=$$

$$\frac{2\sin 3\theta\cos\theta}{2R\sin 3\theta\cdot 2\sin\theta\cos\theta}=(\text{因为 }\sin 4\theta=\sin 3\theta)$$

$$\frac{1}{2R\sin\theta}=\frac{1}{c}$$

证法 15 记 $\angle C=\theta$,因为

$$\frac{a}{\sin 4\theta}=\frac{b}{\sin 2\theta}=\frac{c}{\sin\theta}$$

所以 $$\cos 2\theta=\frac{a}{2b},\cos\theta=\frac{b}{2c}$$

而 $$\cos 2\theta=2\cos^2\theta-1$$

所以 $$\frac{a}{2b}=2\left(\frac{b}{2c}\right)^2-1$$

即 $$ac^2=b^3-2bc^2\qquad①$$

又 $$a=b\cos\theta+c\cos 2\theta(\text{射影定理})=b\cdot\frac{b}{2c}+c\cdot\frac{a}{2b}$$

所以 $$2abc=b^3+ac^2\qquad②$$

式 ② - ①,整理即得

$$\frac{1}{a}+\frac{1}{b}=\frac{1}{c}$$

评注 此题证法包含了所属题型的常用证法,要仔细体会.

❺❾ 已知在 $\triangle ABC$ 中,$\angle ACB=90°$.

(1) 当点 D 在斜边 AB 上(不含端点)时,求证:$\dfrac{CD^2-BD^2}{BC^2}=\dfrac{AD-BD}{AB}$;

(2) 当点 D 与点 A 重合时,(1) 中的等式是否成立?请说明理由;

(3) 当点 D 在 BA 的延长线上时,(1) 中的等式是否成立?请说明理由.

(2003 年“TRULY® 信利杯”全国初中数学联赛)

解法 1 如图 59.1,作 $DE\perp BC$ 于 E,由勾股定理,得

$$CD^2-BD^2=(CE^2+DE^2)-(BE^2+DE^2)=CE^2-BE^2=(CE-BE)BC$$

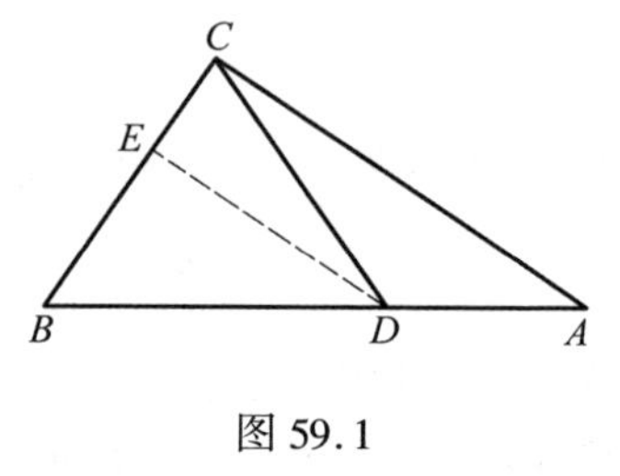

图 59.1

则 $$\frac{CD^2-BD^2}{BC^2}=\frac{CE-BE}{BC}=\frac{CE}{BC}-\frac{BE}{BC}$$

因 $DE\parallel AC$,则

$$\frac{CE}{BC}=\frac{AD}{AB},\frac{BE}{BC}=\frac{BD}{AB}$$

故 $$\frac{CD^2-BD^2}{BC^2}=\frac{AD}{AB}-\frac{BD}{AB}=\frac{AD-BD}{AB}$$

(2) 当点 D 与点 A 重合时,(1) 中等式仍然成立,此时有 $AD=0$,$CD=AC$,$BD=AB$,所以

$$\frac{CD^2-BD^2}{CC^2}=\frac{AC^2-AB^2}{BC^2}=\frac{-BC^2}{BC^2}=-1$$

$$\frac{AD-BD}{AB}=\frac{-AB}{AB}=-1$$

从而(1) 中的等式成立.

(3) 当点 D 在 BA 的延长线上时,(1) 中的等式不成立.

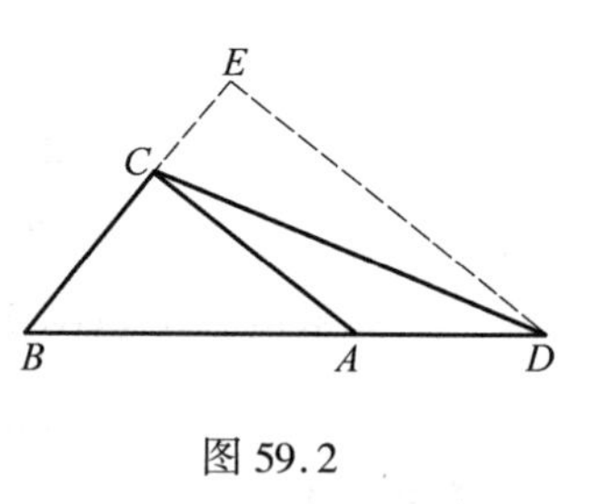

图 59.2

如图 59.2,作 $DE\perp BC$,交 BC 的延长线于点 E,则

$$\frac{CD^2-BD^2}{BC^2}=\frac{CE^2-BE^2}{BC^2}=\frac{-(CE+BE)}{BC}=-1-\frac{2CE}{BC}$$

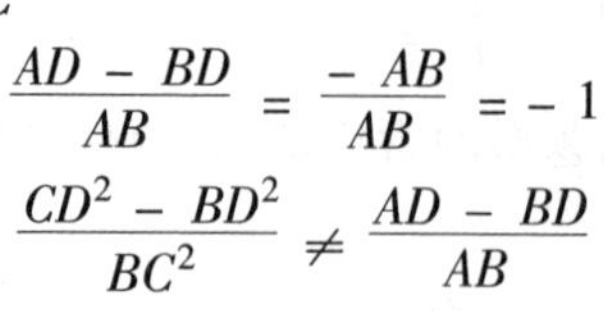

而 $$\frac{AD-BD}{AB}=\frac{-AB}{AB}=-1$$

所以 $$\frac{CD^2-BD^2}{BC^2}\neq\frac{AD-BD}{AB}$$

解法 2 (1) 如图 59.3(甲、乙),作 $CE \perp AB$ 于 E,则

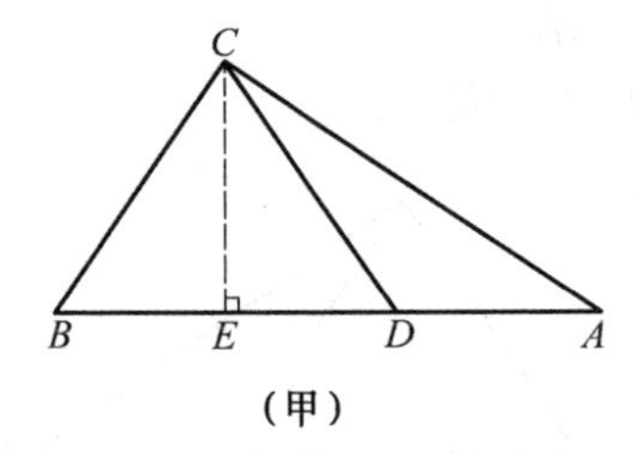

(甲)

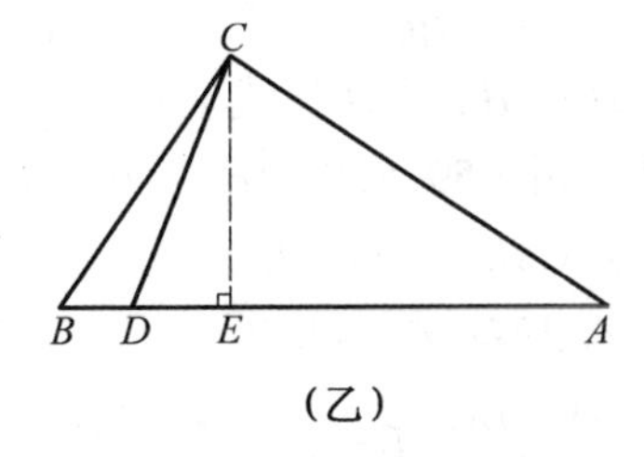

(乙)

图 59.3

$$CE^2 = BE \cdot AE, BC^2 = BE \cdot AB$$

$$CD^2 = CE^2 + DE^2 = BE \cdot AE + DE^2$$

所以

$$\frac{CD^2 - BD^2}{BC^2} = \frac{BE \cdot AE + DE^2 - BD^2}{BE \cdot AB} = \frac{BE \cdot AE + (DE + BD)(DE - BD)}{BE \cdot AB} =$$

$$\frac{BE \cdot AE \mp BE \cdot (DE \pm BD)}{BE \cdot AB} =$$

$$\frac{AE \mp (DE \pm BD)}{AB} = \frac{AD - BD}{AB}$$

(2) 同解法 1.

(3) 当点 D 在 BA 的延长线上时,(1) 中的等式不成立.

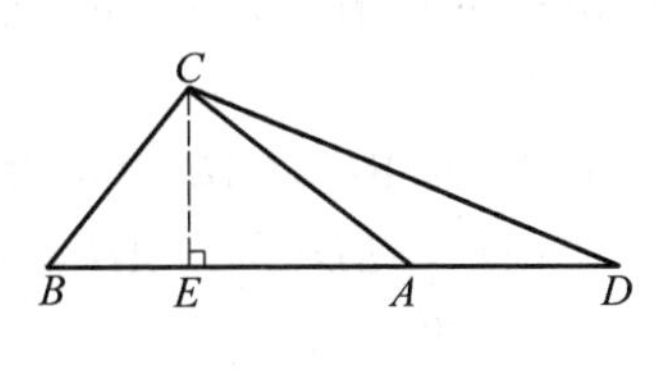

图 59.4

如图 59.4,作 $CE \perp AB$ 于 E,则

$$\frac{CD^2 - BD^2}{BC^2} = \frac{BE \cdot AE + DE^2 - BD^2}{BE \cdot AB} =$$

$$\frac{AE - (DE + BD)}{AB} =$$

$$\frac{-AD - BD}{AB} \neq \frac{AD - BD}{AB}$$

解法 3 (1) 由余弦定理得(图 59.1)

$$CD^2 = BD^2 + BC^2 - 2BD \cdot BC \cdot \cos \angle B =$$

$$BD^2 + BC^2 - 2BD \cdot BC \cdot \frac{BC}{AB}$$

所以
$$\frac{CD^2 - BD^2}{BC^2} = 1 - \frac{2BD}{AB} = \frac{AD - BD}{AB}$$

(2) 同解法 1.

(3) 由余弦定理可得(图 59.2):

所以
$$\frac{CD^2-BD^2}{BC^2}=1-\frac{2BD}{AB}=\frac{-AD-BD}{AB}$$

可见,当点 D 在 BA 的延长线上时,(1) 中的等式不成立.

解法 4 (1) 如图 59.5,作 $AE\,//\,BC$ 交 CD 延长线于 E,则有 $\angle CAE=90°$.由
$$\triangle AED\backsim\triangle BCD$$
得
$$AE=\frac{AD\cdot BC}{BD},DE=\frac{AD\cdot CD}{BD}$$
对 Rt$\triangle CAE$ 用勾股定理得
$$\left(CD+\frac{AD\cdot CD}{BD}\right)^2=AC^2+\left(\frac{AD\cdot BC}{BD}\right)^2\Leftrightarrow$$
$$\frac{CD^2\cdot AB^2}{BD^2}=AB^2-BC^2+\frac{AD^2\cdot BC^2}{BD^2}\Leftrightarrow$$
$$\frac{CD^2\cdot AB^2}{BD^2}=AB^2+\frac{BC^2\cdot AB\cdot(AD-BD)}{BD^2}\Leftrightarrow$$
$$\frac{CD^2-BD^2}{BC^2}=\frac{AD-BD}{AB}$$

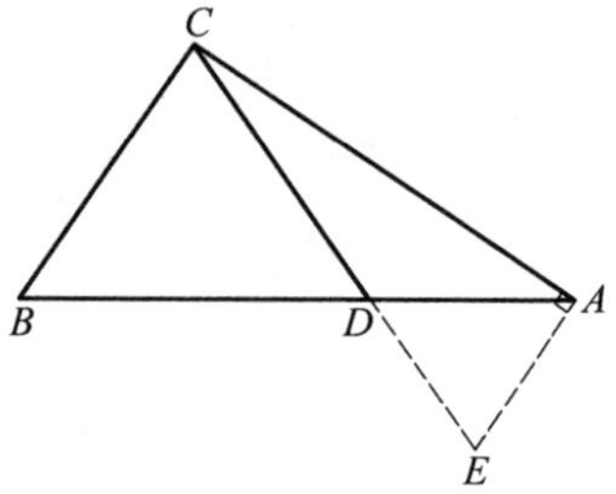

图 59.5

(2) 同解法 1.

(3) 如图 59.6,作 $AE\,//\,BC$ 交 CD 于 E,则有 $\angle CAE=90°$.

类似于(1) 对 Rt$\triangle CAE$ 用勾股定理可得
$$\frac{CD^2-BD^2}{BC^2}=-\frac{AD+BD}{AB}$$

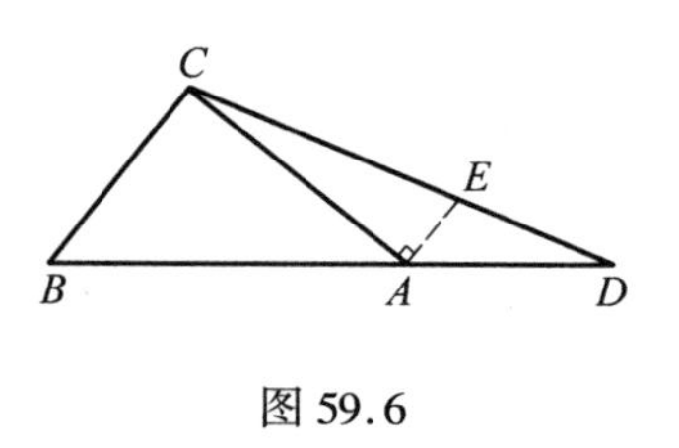

图 59.6

可见,当点 D 在 BA 的延长线上时,(1) 中的等式不成立.

评注 解本题的关键是设法产生 CD^2,得到含有 CD^2 的等式后,向着目标进行恒等变换,总能达到目的.

⑥⓪ 如图 60.1,已知点 P 是圆 O 外一点,PS,PT 是圆 O 的两条切线,过点 P 作圆 O 的割线 PAB,交圆 O 于 A,B 两点,与 ST 交于点 C.求证:$\frac{1}{PC}=\frac{1}{2}\left(\frac{1}{PA}+\frac{1}{PB}\right)$.

(2001 年 TI 杯全国初中数学竞赛)

证法 1　如图 60.1,在 $\triangle PST$ 中,因为 $PS = PT$,所以

$$PS^2 = PC^2 + CS \cdot CT$$

又
$$PS^2 = PA \cdot PB$$

$$CS \cdot CT = CA \cdot CB = (PC - PA)(PB - PC) =$$
$$PC \cdot PB - PC^2 - PA \cdot PB + PA \cdot PC$$

所以
$$2PA \cdot PB = PC \cdot PB + PA \cdot PC \Rightarrow$$
$$\frac{1}{PC} = \frac{1}{2}\left(\frac{1}{PA} + \frac{1}{PB}\right)$$

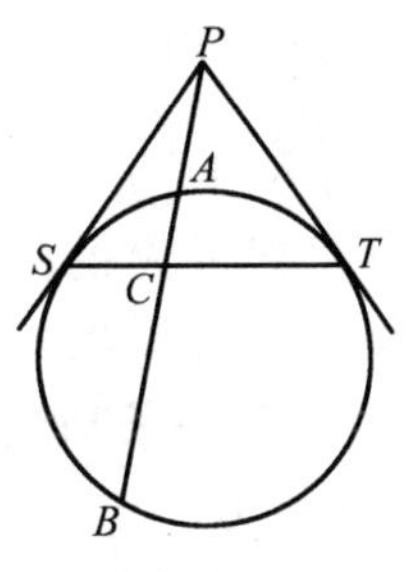

图 60.1

证法 2　如图 60.2,联结 AS, BS, AT, BT.因为

$$\triangle PAS \backsim \triangle PSB$$

所以
$$\frac{PA}{PS} = \frac{PS}{PB} = \frac{AS}{BS} \Rightarrow \frac{PA}{PB} = \frac{AS^2}{BS^2}$$

同理
$$\frac{PA}{PB} = \frac{AT^2}{BT^2}$$

所以
$$\left(\frac{PA}{PB}\right)^2 = \left(\frac{AS \cdot AT}{BS \cdot BT}\right)^2 = \left(\frac{S_{\triangle AST}}{S_{\triangle BST}}\right)^2 = \left(\frac{CA}{CB}\right)^2$$

所以
$$\frac{PA}{PB} = \frac{CA}{CB} = \frac{PC - PA}{PB - PC} \Rightarrow$$
$$\frac{1}{PC} = \frac{1}{2}\left(\frac{1}{PA} + \frac{1}{PB}\right)$$

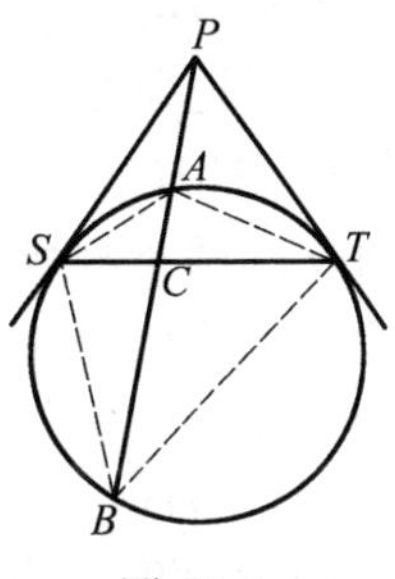

图 60.2

证法 3　如图 60.3,联结 PO 交 ST 于 D,则 $PO \perp ST$,连 OT,作 $OE \perp AB$ 于 E,则 E 为 AB 的中点,于是

$$PE = \frac{1}{2}(PA + PB)$$

因为 C, E, O, D 四点共圆,所以

$$PC \cdot PE = PD \cdot PO$$

又因为
$$OT \perp PT, TD \perp PO$$

所以
$$PD \cdot PO = PT^2 = PA \cdot PB$$

所以
$$PC \cdot \frac{1}{2}(PA + PB) = PA \cdot PB \Rightarrow$$
$$\frac{1}{PC} = \frac{1}{2}\left(\frac{1}{PA} + \frac{1}{PB}\right)$$

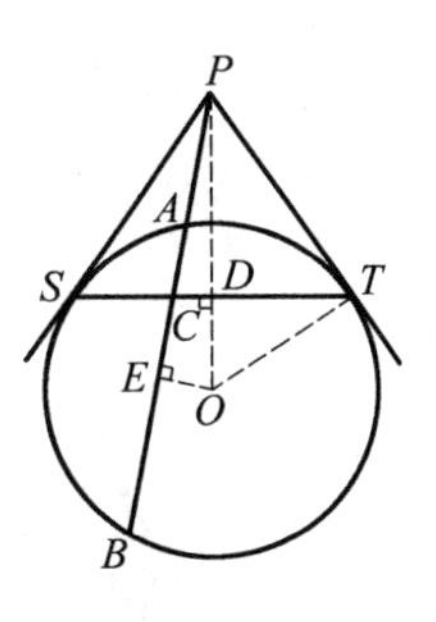

图 60.3

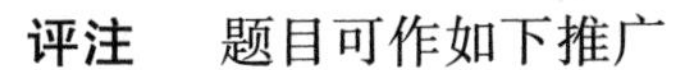

评注　题目可作如下推广

(Ⅰ)可把切线推广为割线.

命题 1　如图 60.4,P 为圆 O 外一点,PDE,PFG 是圆 O 的两条割线,DG 与

EF 相交于圆 O 内一点 C，PC 交圆 O 于 A,B.

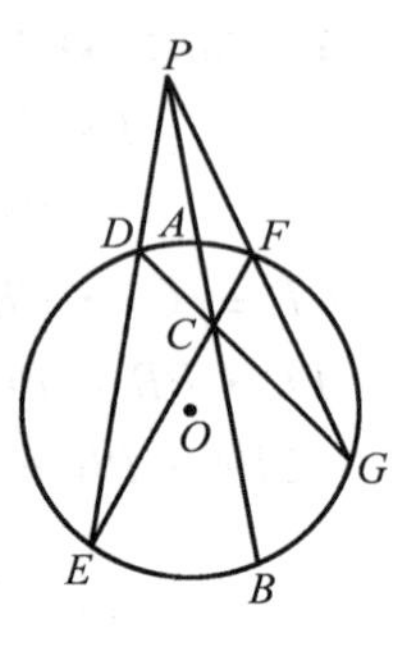

图 60.4

求证：$\dfrac{PA}{PB}=\dfrac{CA}{CB}.\left(\Leftrightarrow \dfrac{1}{PC}=\dfrac{1}{2}\left(\dfrac{1}{PA}+\dfrac{1}{PB}\right)\right)$

（Ⅱ）可把过 P 的割线推广为任意割线.

命题 2　如图 60.5，P 为圆 O 外一点，PS,PT 是圆 O 的两条切线，任意一条割线交 PS,PT 分别于 R,Q，交圆 O 于 A,B，交 ST 于 C.

求证：$\dfrac{RA\cdot QA}{RB\cdot QB}=\dfrac{CA^2}{CB^2}$.

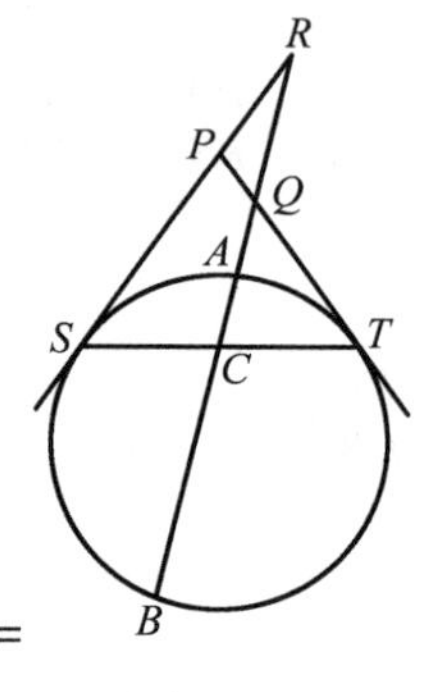

图 60.5

（Ⅲ）还可把命题 1 与命题 2 统一推广.

命题 3　如图 60.6（甲、乙），P 为圆 O 外一点，PDE，PFG 是圆 O 的两条割线，DG 与 EF 相交于圆 O 内一点 C，任意一条直线交圆 O 于 A,B，交 DE,FG 分别于 R,Q，交 DG，EF 分别于 M,N.

求证：$\dfrac{RA\cdot QA}{RB\cdot QB}=\dfrac{MA\cdot NA}{MB\cdot NB}$.

证明　联结 AD,AE,AG,AF,BD,BE,BG,BF.

$$\left(\frac{MA\cdot NA}{MB\cdot NB}\right)^2=\left(\frac{S_{\triangle ADG}}{S_{\triangle BDG}}\cdot\frac{S_{\triangle AEF}}{S_{\triangle BEF}}\right)^2=\left(\frac{AD\cdot AG}{BD\cdot BG}\cdot\frac{AE\cdot AF}{BE\cdot BF}\right)^2=$$

$$\left(\frac{AD}{BE}\right)^2\cdot\left(\frac{AG}{BF}\right)^2\cdot\left(\frac{AE}{BD}\right)^2\cdot\left(\frac{AF}{BG}\right)^2=$$

$$\frac{RD}{RB}\cdot\frac{RA}{RE}\cdot\frac{QA}{QF}\cdot\frac{QG}{QB}\cdot\frac{RA}{RD}\cdot\frac{RE}{RB}\cdot\frac{QA}{QG}\cdot\frac{QF}{QB}=$$

$$\left(\frac{RA\cdot QA}{RB\cdot QB}\right)^2$$

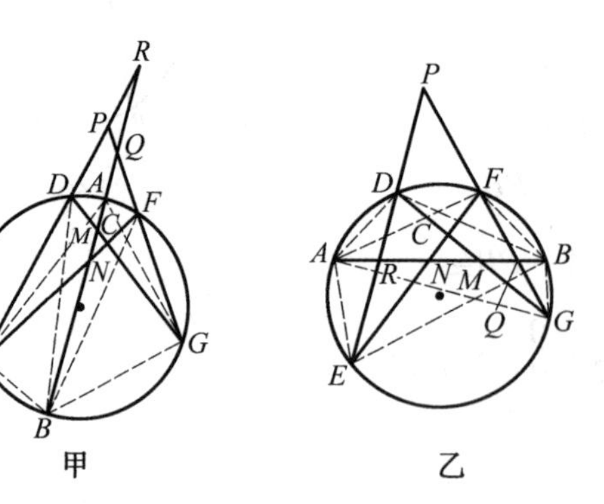

图 60.6

所以 $$\frac{MA \cdot NA}{MB \cdot NB}=\frac{RA \cdot QA}{RB \cdot QB}$$

如图 60.6(丙)是图 60.6(乙)的特殊情形. M,N 与 C 重合,且 C 为 AB 的中点. 由命题 3 可知 $CR = CQ$. 这正是我们熟悉的蝴蝶定理.

所以,命题 3 也是蝴蝶定理的推广.

B 类题

61 圆 O_1 和圆 O_2 相交于 B,C 两点,且 BC 是圆 O_1 的直径. 过点 C 作圆 O_1 的切线,交圆 O_2 于另一点 A,联结 AB,交圆 O_1 于另一点 E,联结 CE 并延长,交圆 O_2 于点 F. 设点 H 为线段 AF 内的任意一点,联结 HE 并延长,交圆 O_1 于点 G,联结 BG 并延长,与 AC 的延长线交于点 D. 求证: $\frac{AH}{HF}=\frac{AC}{CD}$.

(2002 年首届女子数学奥林匹克)

证法 1 如图 61.1,因 BC 是圆 O_1 的直径,AC 与圆 O_1 切于 C,则 $BC \perp AD$, $AB \perp CF$, $CG \perp BD$. 于是

$$\angle HAE = \angle ECB = \angle BAD$$

$$\angle AEH = \angle BEG = \angle BCG = \angle D$$

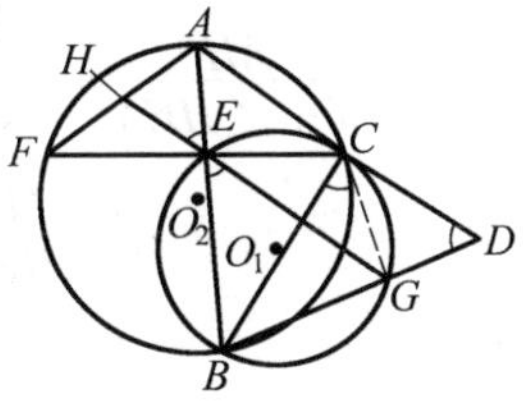

所以 $$\triangle AHE \backsim \triangle ABD$$

有 $$\frac{AH}{AB}=\frac{AE}{AD} \quad ①$$

图 61.1

又 $$Rt\triangle AFE \backsim Rt\triangle ABC$$

有 $$\frac{AF}{AB}=\frac{AE}{AC} \quad ②$$

式 ① ÷ ②,得

$$\frac{AH}{AF}=\frac{AC}{AD} \Rightarrow \frac{AH}{HF}=\frac{AC}{CD}$$

证法 2 如图 61.1,因 BC 是圆 O_1 的直径,AC 与圆 O_1 切于 C,则 $BC \perp AD$, $AB \perp FC$, $CG \perp BD$. 因为

$$\angle F = \angle EBC = \angle EGC, \angle HEF = \angle CEG$$

所以 $$\triangle HFE \backsim \triangle CGE \Rightarrow \frac{FH}{CG}=\frac{HE}{CE} \quad ①$$

因为 $$\angle HAE = \angle FCB = \angle EGB, \angle AEH = \angle GEB$$

所以 $$\triangle AEH \backsim \triangle GEB \Rightarrow \frac{AH}{BG} = \frac{HE}{BE} \quad ②$$

由式 ①,② 得

$$\frac{AH}{FH} = \frac{BG}{CG} \cdot \frac{CE}{BE} \quad ③$$

又 $$\triangle BGC \backsim \triangle BCD \Rightarrow \frac{BG}{CG} = \frac{BC}{CD} \quad ④$$

$$\triangle BCE \backsim \triangle BAC \Rightarrow \frac{CE}{BE} = \frac{AC}{BC} \quad ⑤$$

把式 ④,⑤ 代入 ③ 即得

$$\frac{AH}{FH} = \frac{AC}{CD}$$

证法3 如图61.1,因 BC 是圆 O_1 的直径,AC 与圆 O_1 切于 C,则 $BC \perp AD$,$AB \perp FC$,$CG \perp BD$.

设 $\angle ABC = \alpha$,$\angle CBD = \beta$,则 $\angle AFC = \alpha$,$\angle CEG = \beta$.

根据正弦定理,有

$$\frac{AH}{\sin \angle HEA} = \frac{HE}{\sin \angle HAE}, \frac{HF}{\sin \angle FEH} = \frac{HE}{\sin \angle HFE}$$

即 $$\frac{AH}{HE} = \frac{\cos \beta}{\cos \alpha}, \frac{HF}{HE} = \frac{\sin \beta}{\sin \alpha}$$

两式相除得

$$\frac{AH}{HF} = \frac{\tan \alpha}{\tan \beta} \quad ①$$

在 Rt$\triangle ABC$ 中

$$\frac{AC}{BC} = \tan \alpha$$

在 Rt$\triangle BCD$ 中

$$\frac{CD}{BC} = \tan \beta$$

两式相除得

$$\frac{AC}{CD} = \frac{\tan \alpha}{\tan \beta} \quad ②$$

由式 ①,② 知 $$\frac{AH}{HF} = \frac{AC}{CD}$$

证法4 如图61.2,因 BC 是圆 O_1 的直径,AC 与圆 O_1 切于 C,则 $BC \perp AD$,$AB \perp FC$,联结 FB,过 H 作 $HP \parallel FB$ 交 FC 于 K,交 AB 于 P,连 AK,CP.

则 $AF\perp FB$，$AH\perp HK$，有 A,H,K,E 四点共圆，又

$$\angle APK=\angle AFE=\angle ABC=\angle ACK$$

所以 A,K,P,C 四点共圆.

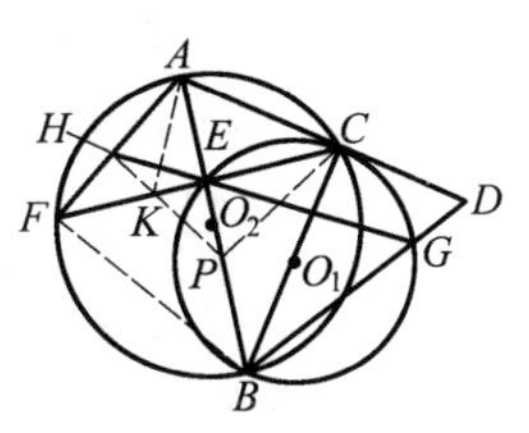

图 61.2

在 $\triangle BEG$ 与 $\triangle HEA$ 中

$$\angle BGE=\angle BCE=\angle BAH,\angle BEG=\angle HEA$$

所以 $$\angle EBG=\angle AHE=\angle AKE=\angle APC$$

所以 $$PC\ /\!/\ BD$$

故 $$\frac{AH}{HF}=\frac{AP}{PB}=\frac{AC}{CD}$$

62 如图 62.1，圆 O 是 $\triangle ABC$ 的外接圆，点 I 是它的内心，射线 AI,BI,CI 各交对边于点 D,E,F，射线 AD,BE,CF 各交圆 O 于点 A',B',C'. 求证：$AA'\cdot ID=BB'\cdot IE=CC'\cdot IF$.

（2002 年安徽省高中数学竞赛）

证法 1 如图 62.1，联结 $A'C$. 因为

$$\angle A'IC=\frac{1}{2}\angle A+\frac{1}{2}\angle C=\angle A'CI$$

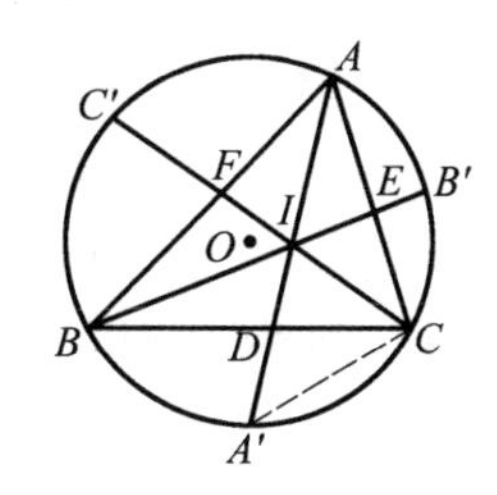

图 62.1

所以 $$A'C=A'I$$

因为 $$\angle A'CD=\angle A'AB=\angle A'AC$$

所以 $$\triangle A'CD\backsim\triangle A'AC$$

有 $$\frac{A'C}{AA'}=\frac{A'D}{A'C}$$

所以 $$\frac{A'I}{AA'}=\frac{A'D}{A'I}=\frac{A'I-A'D}{AA'-A'I}=\frac{ID}{IA}$$

即 $$AA'\cdot ID=A'I\cdot IA$$

同理 $$BB'\cdot IE=B'I\cdot IB$$

$$CC'\cdot IF=C'I\cdot IC$$

因为 $$A'I\cdot IA=B'I\cdot IB=C'I\cdot IC$$

所以 $$AA'\cdot ID=BB'\cdot IE=CC'\cdot IF$$

证法 2 如图 62.2，联结 $AC',A'C'$. 因为

$$\angle C'AI=\frac{1}{2}\angle A+\frac{1}{2}\angle C=\angle C'IA$$

所以 $$AC'=IC'$$

因为 $$\angle AA'C'=\frac{1}{2}\angle C=\angle ICD$$

$$\angle C'AI = \angle CID$$

所以 $$\triangle AA'C' \backsim \triangle ICD$$

所以 $$\frac{AA'}{IC} = \frac{AC'}{ID} = \frac{IC'}{ID}$$

即 $$AA' \cdot ID = IC \cdot IC'$$

同理 $BB' \cdot IE = IA \cdot IA', CC' \cdot IF = IA \cdot IA'$

因为 $$IC \cdot IC' = IA \cdot IA'$$

所以 $$AA' \cdot ID = BB' \cdot IE = CC' \cdot IF$$

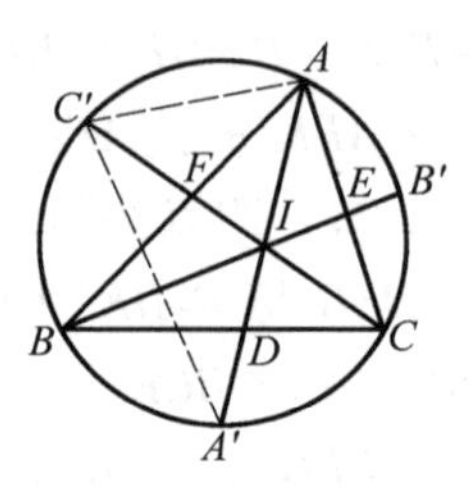

图 62.2

证法 3 如图 62.3,作圆 O 的直径 $A'G$, $IK \perp BC$ 于 K,设圆 O 的半径为 R, $\triangle ABC$ 的内切圆半径为 r,则 $A'G = 2R$, $IK = r$.

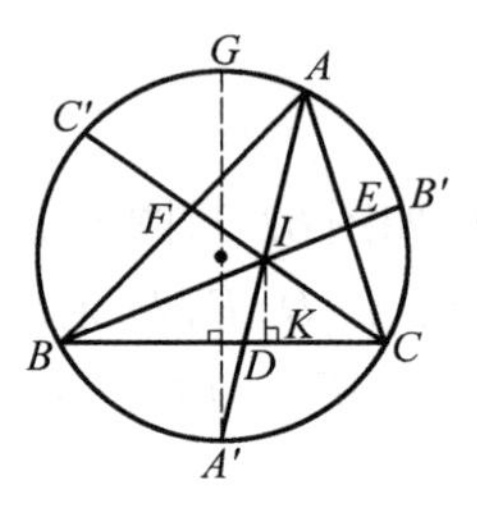

图 62.3

因为 I 是 $\triangle ABC$ 的内心,所以

$$\angle BAA' = \angle CAA' \Rightarrow \overset{\frown}{A'B} = \overset{\frown}{A'C} \Rightarrow A'G \perp BC$$

又 $IK \perp BC$,所以 $IK /\!/ A'G$.从而可知

$$\mathrm{Rt}\triangle IDK \backsim \mathrm{Rt}\triangle A'GA \Rightarrow AA' \cdot ID = A'G \cdot IK = 2Rr$$

同理 $$BB' \cdot IE = 2Rr, CC' \cdot IF = 2Rr$$

故 $$AA' \cdot ID = BB' \cdot IE = CC' \cdot IF$$

证法 4 显然 $\triangle ABD \backsim \triangle AA'C \Rightarrow AA' \cdot AD = bc$.又

$$\frac{b}{CD} = \frac{AI}{ID} = \frac{c}{BD} = \frac{b+c}{a} \Rightarrow$$

$$\frac{AD}{ID} = \frac{a+b+c}{a} \Rightarrow ID = \frac{AD \cdot a}{a+b+c}$$

所以 $$AA' \cdot ID = \frac{AA' \cdot AD \cdot a}{a+b+c} = \frac{abc}{a+b+c}$$

同理 $$BB' \cdot IE = \frac{abc}{a+b+c}, CC' \cdot IF = \frac{abc}{a+b+c}$$

故 $$AA' \cdot ID = BB' \cdot IE = CC' \cdot IF$$

证法 5 在 $\triangle ABA'$ 中,由正弦定理得

$$\frac{AA'}{\sin\left(\frac{A}{2} + B\right)} = \frac{AB}{\sin C}$$

在 $\triangle ABB'$ 中

$$\frac{BB'}{\sin\left(A + \frac{B}{2}\right)} = \frac{AB}{\sin C}$$

所以 $$\frac{AA'}{\sin\left(\frac{A}{2}+B\right)}=\frac{BB'}{\sin\left(A+\frac{B}{2}\right)} \quad ①$$

又在 $\triangle CDI$ 与 $\triangle CEI$ 中

$$\frac{ID}{\sin\frac{C}{2}}=\frac{IC}{\sin\left(\frac{A}{2}+B\right)},\frac{IE}{\sin\frac{C}{2}}=\frac{IC}{\sin\left(A+\frac{B}{2}\right)}$$

所以 $$ID\cdot\sin\left(\frac{A}{2}+B\right)=IC\cdot\sin\frac{C}{2}=IE\cdot\sin\left(A+\frac{B}{2}\right) \quad ②$$

式 ① × ②,得

$$AA'\cdot ID=BB'\cdot IE$$

同理 $$BB'\cdot IE=CC'\cdot IF$$

故 $$AA'\cdot ID=BB'\cdot IE=CC'\cdot IF$$

C 类题

63 在锐角 $\triangle ABC$ 中,AD 是 $\angle A$ 的内角平分线,点 D 在边 BC 上,过点 D 分别作 $DE\perp AC$,$DF\perp AB$,垂足分别为 E,F,联结 BE,CF,它们相交于点 H,$\triangle AFH$ 的外接圆交 BE 于点 G.求证:以线段 BG,GE,BF 组成的三角形是直角三角形.

(2003 年 IMO 中国国家集训队选拔考试)

证法 1 如图 63.1,设 $BF=x,CE=y,AF=AE=n$.因直线 FHC 截 $\triangle ABE$,由梅涅劳斯定理得

$$\frac{BH}{HE}\cdot\frac{y}{b}\cdot\frac{n}{x}=1\Rightarrow BH=\frac{bx\cdot HE}{ny}$$

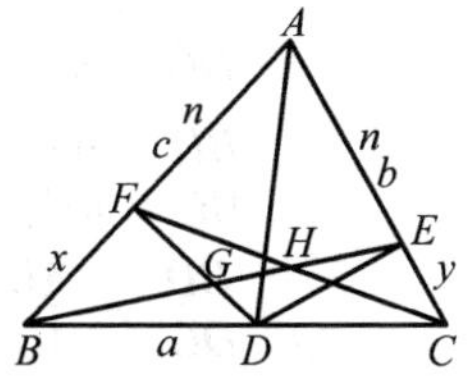

由 A,F,G,H 共圆,得

$$BG\cdot BH=xc$$

图 63.1

所以 $$BG=\frac{xc}{BH}=\frac{cny}{b\cdot HE}$$

所以 $$BG\cdot BE=BG(BH+HE)=\frac{cny}{b\cdot HE}\left(\frac{bx\cdot HE}{ny}+HE\right)=$$

$$cx+\frac{c}{b}\cdot ny=$$

$$c(x+y)-\frac{c}{b}y^2(\text{因为 } n=b-y)$$

$$BE^2 = a^2 + y^2 - 2ay\cos C = a^2 + y^2 - 2ay \cdot \frac{y}{DC} =$$

$$a^2 - y^2 - \frac{2c}{b}y^2 (\text{因为 } DC = \frac{ab}{b+c})$$

又因为

$$x = BD \cdot \cos B = \frac{ac}{b+c} \cdot \frac{a^2 + c^2 - b^2}{2ac} = \frac{1}{2}\left(\frac{a^2}{b+c} + c - b\right)$$

同理
$$y = \frac{1}{2}\left(\frac{a^2}{b+c} + b - c\right)$$

所以
$$x + y = \frac{a^2}{b+c}$$
$$x - y = c - b$$

故
$$BG^2 - GE^2 - BF^2 = BG^2 - (BE - BG)^2 - BF^2 =$$
$$2BE \cdot BG - BE^2 - BF^2 =$$
$$2c(x+y) - \frac{2c}{b}y^2 - \left(a^2 - y^2 - \frac{2c}{b}y^2\right) - x^2 =$$
$$2c(x+y) - a^2 - (x+y)(x-y) =$$
$$\frac{2ca^2}{b+c} - a^2 - \frac{a^2}{b+c}(c-b) = 0$$

即 $BG^2 = GE^2 + BF^2$,命题获证.

证法 2 如图 63.2,作 $AK \perp BC$ 于 K.

因 A,F,D,K 与 A,E,K,D 均四点共圆,则

$$BD \cdot BK = FB \cdot AB$$
$$DC \cdot KC = CE \cdot AC$$

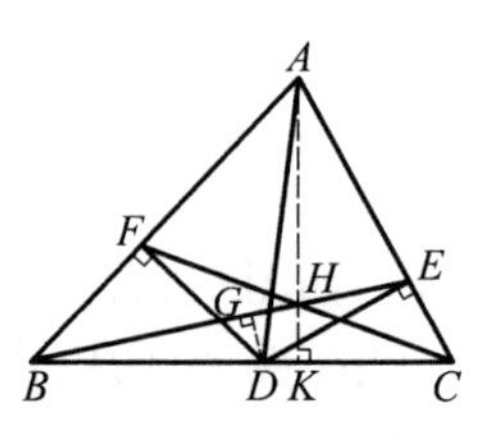

图 63.2

所以
$$\frac{BD}{DC} \cdot \frac{BK}{KC} = \frac{FB}{CE} \cdot \frac{AB}{AC}$$

又
$$\frac{BD}{DC} = \frac{AB}{AC}, EA = AF$$

所以
$$\frac{BK}{KC} \cdot \frac{CE}{EA} \cdot \frac{AF}{FB} = \frac{BK \cdot CE}{KC \cdot FB} = 1$$

由塞瓦定理的逆定理知:AK,BE,CF 三线共点,即 AK 经过点 H.

因 A,F,G,H 与 A,F,D,K 均四点共圆,则

$$BG \cdot BH = BF \cdot BA = BD \cdot BK$$

从而 G,D,K,H 四点共圆.

因 $HK \perp DK$,则 $DG \perp GH$.

所以
$$BG^2 - GE^2 = BD^2 - DE^2 = BD^2 - DF^2 = BF^2$$

即 $$BG^2 = GE^2 + BF^2$$

命题获证.

64 给定锐角 $\triangle PBC$, $PB \neq PC$. 设 A, D 分别是边 PB, PC 上的点, 联结 AC, BD 交于点 O, 过 O 分别作 $OE \perp AB$ 于 E, $OF \perp CD$ 于 F, 线段 BC, AD 的中点分别为 M, N.

(1) 若 A, B, C, D 四点共圆, 求证: $EM \cdot FN = EN \cdot FM$;

(2) 若 $EM \cdot FN = EN \cdot FM$, 是否一定有 A, B, C, D 四点共圆? 证明你的结论.

(2009 年中国数学奥林匹克)

下面先给出(1)的多种证法, 再给出(2)的解法.

(1) **证法 1** 如图 64.1, 设 Q, R 分别是边 OB, OC 的中点, 联结 EQ, MQ, FR, MR, 则

$$EQ = \frac{1}{2}OB = RM$$

$$MQ = \frac{1}{2}OC = RF$$

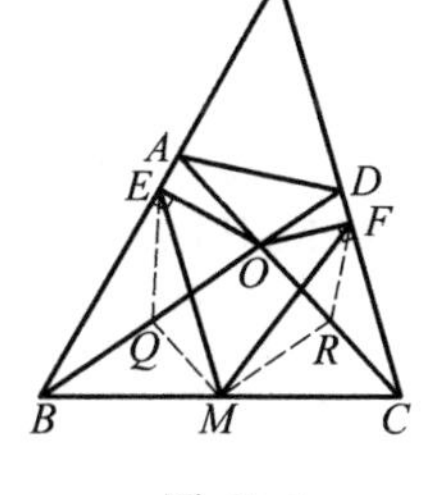

图 64.1

又四边形 $OQMR$ 是平行四边形, 则

$$\angle OQM = \angle ORM$$

由题设 A, B, C, D 四点共圆, 有

$$\angle ABD = \angle ACD$$

从而 $$\angle EQO = 2\angle ABD = 2\angle ACD = \angle FRO$$

于是 $$\angle EQM = \angle EQO + \angle OQM = \angle FRO + \angle ORM = \angle FRM$$

故 $$\triangle EQM \cong \triangle MRF$$

有 $$EM = FM$$

同理 $$EN = FN$$

所以 $$EM \cdot FN = EN \cdot FM$$

证法 2 如图 64.2, 延长 BE 至 G, 使 $EG = BE$, 联结 OG, CG, 延长 CF 至 H 使 $FH = CF$, 联结 OH, BH, 则

$$OB = OG, OH = OC$$

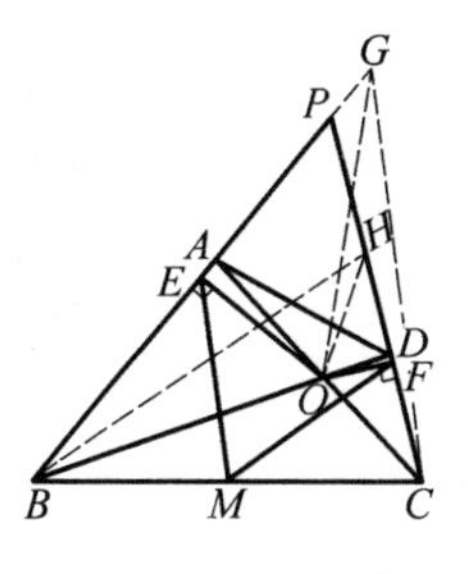

图 64.2

又由题设 A, B, C, D 四点共圆, 有

$$\angle ABD = \angle ACD \Rightarrow$$

$$\angle BOG = \angle COH \Rightarrow \angle BOH = \angle GOC$$

于是 $$\triangle OBH \cong \triangle OGC$$

有 $$BH = CG$$

故 $$EM = \frac{1}{2}CG = \frac{1}{2}BH = FM$$

同理 $$EN = FN$$

所以 $$EM \cdot FN = EN \cdot FM$$

证法 3 如图 64.3,延长 EM 至 K,使 $MK = EM$,联结 FM, CK, EF,则 $CK \underline{\underline{/\!/}} BE$,从而

$$\angle EOF = 180^\circ - \angle P = \angle KCF$$

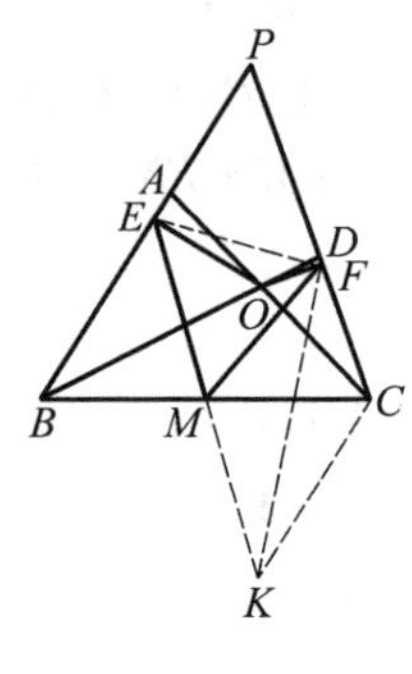

图 64.3

因 $$\mathrm{Rt}\triangle OBE \backsim \mathrm{Rt}\triangle OCF$$

则 $$\frac{OE}{OF} = \frac{BE}{CF} = \frac{CK}{CF}$$

所以 $$\triangle OEF \backsim \triangle CKF$$

有 $$\angle OFE = \angle CFK$$

于是 $$\angle EFK = \angle OFC = 90^\circ$$

故在 $\mathrm{Rt}\triangle EFK$ 中有

$$EM = FM$$

同理 $$EN = FN$$

所以 $$EM \cdot FN = EN \cdot FM$$

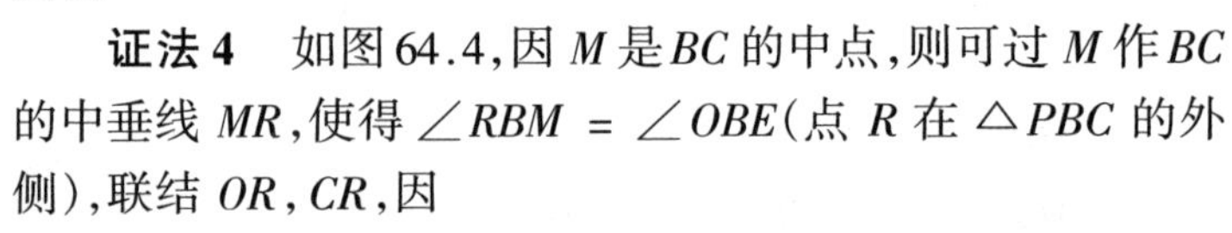

证法 4 如图 64.4,因 M 是 BC 的中点,则可过 M 作 BC 的中垂线 MR,使得 $\angle RBM = \angle OBE$(点 R 在 $\triangle PBC$ 的外侧),联结 OR, CR,因

$$\mathrm{Rt}\triangle OBE \backsim \mathrm{Rt}\triangle RBM$$

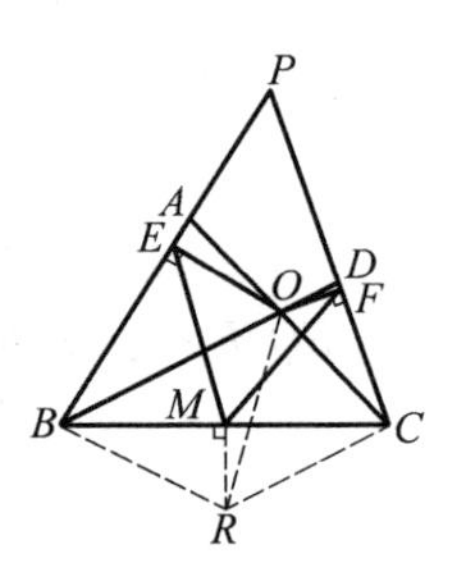

图 64.4

则 $$\frac{BE}{BO} = \frac{BM}{BR}$$

又有 $$\angle EBM = \angle OBR$$

所以 $$\triangle BEM \backsim \triangle BOR$$

有 $$\frac{EM}{OR} = \frac{BM}{BR}$$

同理 $$\frac{FM}{OR} = \frac{CM}{CR}$$

因有 $$BM = CM, BR = CR$$

故 $$EM = FM$$

同理 $$EN = FN$$

所以 $$EM \cdot FN = EN \cdot FM$$

证法5 如图64.5,以 M 为圆心,BC 为直径,在 $\triangle PBC$ 内侧作半圆,在半圆上取点 K,使 $\angle KBC=\angle OBE$,连 MK, EK, CK.则

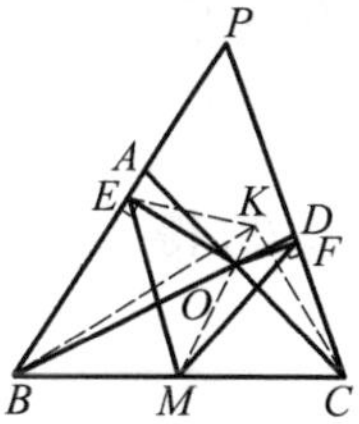

$$\mathrm{Rt}\triangle CBK \backsim \mathrm{Rt}\triangle OBE$$

图 64.5

有
$$\frac{BK}{BE}=\frac{BC}{BO}$$

又有
$$\angle EBK=\angle OBC$$

所以
$$\triangle BEK \backsim \triangle BOC$$

有
$$\angle EKB=\angle OCB$$

且
$$\frac{EK}{OC}=\frac{BE}{BO}$$

又
$$\mathrm{Rt}\triangle BOE \backsim \mathrm{Rt}\triangle COF$$

有
$$\frac{BE}{BO}=\frac{CF}{OC}$$

所以
$$EK=CF$$

又因
$$MK=MC$$

$$\angle MKB=\angle MBK=\angle OBE=\angle OCF$$

知
$$\angle MKE=\angle MKB+\angle EKB=\angle OCF+\angle OCB=\angle MCF$$

于是
$$\triangle KME \cong \triangle CMF$$

有
$$EM=FM$$

同理
$$EN=FN$$

所以
$$EM\cdot FN=EN\cdot FM$$

(2) 答案是否定的

当 $AD /\!/ BC$ 时,由于 $\angle B\neq\angle C$,则 A,B,C,D 四点不共圆,但此时仍然有 $EM\cdot FN=EN\cdot FM$,证明如下:

证法1 如图64.6,设 S,Q 分别是边 OA,OB 的中点,联结 ES,EQ,MQ,NS,则 $NS=\frac{1}{2}OD$, $EQ=\frac{1}{2}OB$,故

$$\frac{NS}{EQ}=\frac{OD}{OB} \qquad ①$$

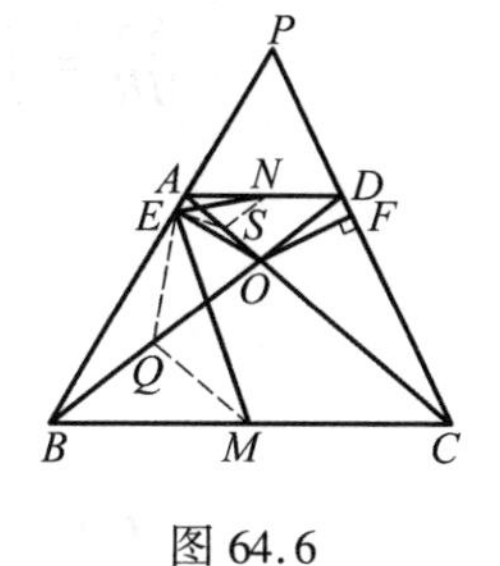

图 64.6

又 $ES=\frac{1}{2}OA$, $MQ=\frac{1}{2}OC$,则

$$\frac{ES}{MQ}=\frac{OA}{OC} \qquad ②$$

而 $AD /\!/ BC$,于是

$$\frac{OA}{OC}=\frac{OD}{OB} \quad ③$$

由式①,②,③得

$$\frac{NS}{EQ}=\frac{ES}{MQ}$$

因 $$\angle NSE=\angle NSA+\angle ASE=\angle AOD+2\angle AOE$$

$$\begin{aligned}\angle EQM=\angle MQO+\angle OQE&=(\angle AOE+\angle EOB)+(180^\circ-2\angle EOB)=\\&\angle AOE+(180^\circ-\angle EOB)=\\&\angle AOD+2\angle AOE=\angle NSE\end{aligned}$$

所以 $$\triangle NSE\backsim\triangle EQM$$

故 $$\frac{EN}{EM}=\frac{SE}{QM}=\frac{OA}{OC}(\text{由式②})$$

同理 $$\frac{FN}{FM}=\frac{OA}{OC}$$

因此 $$\frac{EN}{EM}=\frac{FN}{FM}\Rightarrow EM\cdot FN=EN\cdot FM$$

证法2 如图64.7,设直线 PO 交 AD,BC 分别于 N',M',因 $AD /\!/ BC$,则

$$\frac{AN'}{BM'}=\frac{PA}{PB}=\frac{AD}{BC}=\frac{AO}{OC}=\frac{AN'}{CM'}$$

于是 $BM'=CM'$,即 M' 与 M 重合.又

$$\frac{AN'}{BM}=\frac{DN'}{CM}$$

则 $AN'=DN'$,即 N' 与 N 重合.

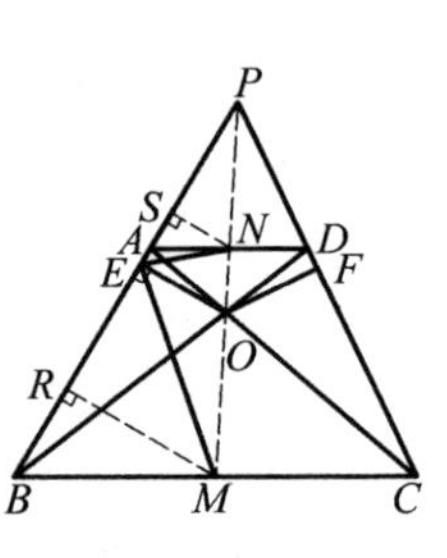

图64.7

作 $MR\perp PB$ 于 R,$NS\perp PB$ 于 S,则 $MR /\!/ OE /\!/ NS$.所以

$$\frac{NS}{MR}=\frac{PN}{PM}=\frac{AN}{BM}=\frac{AN}{CM}=\frac{ON}{OM}=\frac{ES}{ER}$$

从而 $$\mathrm{Rt}\triangle ENS\backsim\mathrm{Rt}\triangle EMR$$

有 $$\frac{EN}{EM}=\frac{ES}{ER}=\frac{ON}{OM}$$

同理 $$\frac{FN}{FM}=\frac{ON}{OM}$$

故 $$\frac{EN}{EM}=\frac{FN}{FM}\Rightarrow EM\cdot FN=EN\cdot FM$$

证法3 如图64.8,由证法2知,P,N,O,M 四点共线,过 O 作 $LK /\!/ PB$ 交

EM,EN 分别于 L,K,则

$$\frac{OL}{PE}=\frac{MO}{MP},\frac{OK}{PE}=\frac{NO}{NP}$$

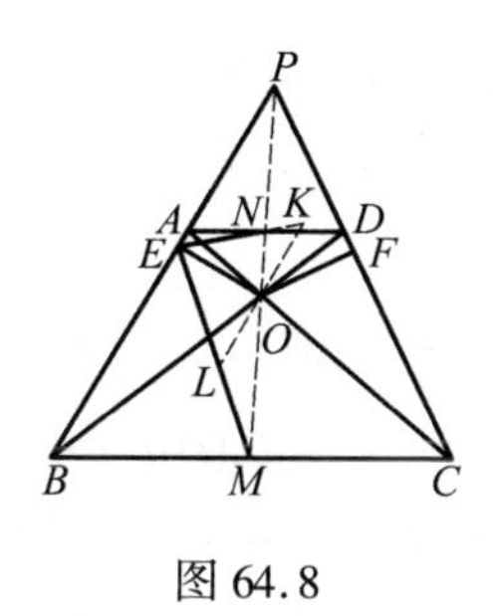

图 64.8

又 $$\frac{MO}{NO}=\frac{CM}{AN}=\frac{BM}{AN}=\frac{MP}{NP}\Rightarrow\frac{MO}{MP}=\frac{NO}{NP}$$

于是 $$OL=OK$$

但 $$LK /\!/ PB\perp OE$$

所以,OE 平分 $\angle MEN$,有

$$\frac{EN}{EM}=\frac{ON}{OM}$$

同理 $$\frac{FN}{FM}=\frac{ON}{OM}$$

故 $$\frac{EN}{EM}=\frac{FN}{FM}\Rightarrow EM\cdot FN=EN\cdot FM$$

证法 4 如图 64.9,设 A 关于 E 的对称点为 L,B 关于 E 的对称点为 K,联结 OL,DL,OK,CK,则

$$OL=OA,OK=OB$$

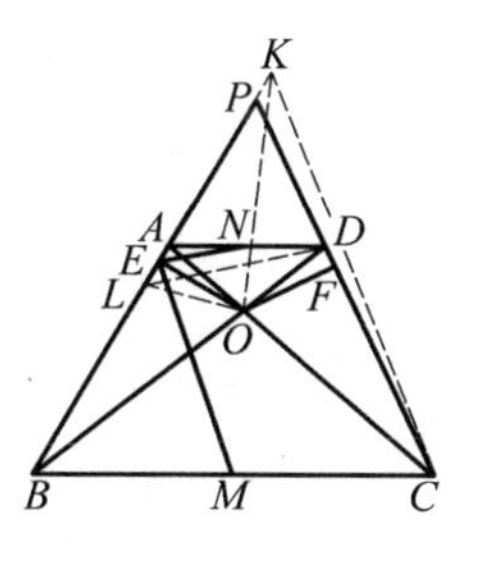

图 64.9

因 $AD /\!/ BC$,则

$$\frac{OL}{OC}=\frac{OA}{OC}=\frac{OD}{OB}=\frac{OD}{OK}$$

又 $\angle LOD=\angle LOA+\angle AOD=2\angle EOA+\angle AOD$

$$\begin{aligned}\angle COK&=180^\circ-\angle AOK=180^\circ-(\angle EOK-\angle EOA)=\\&180^\circ-\angle EOB+\angle EOA=\\&180^\circ-(180^\circ-\angle EOA-\angle AOD)+\angle EOA=\\&2\angle EOA+\angle AOD=\angle LOD\end{aligned}$$

所以 $$\triangle OLD\backsim\triangle OCK$$

有 $$\frac{LD}{CK}=\frac{OL}{OC}=\frac{OA}{OC}$$

又 $$EN=\frac{1}{2}LD,EM=\frac{1}{2}CK$$

故 $$\frac{EN}{EM}=\frac{OA}{OC}$$

同理 $$\frac{FN}{FM}=\frac{OA}{OC}$$

因此 $$\frac{EN}{EM}=\frac{FN}{FM}\Rightarrow EM\cdot FN=EN\cdot FM$$

65 边长分别为 a,b,c,d 的凸四边形 $ABCD$ 外切于圆 O. 求证:$OA\cdot OC+OB\cdot OD=\sqrt{abcd}$.

(2003 年中国国家集训队测试题第 2 次)

证法 1 由于 $\frac{A}{2}+\frac{B}{2}+\frac{C}{2}+\frac{D}{2}=180°$,我们有

$$\angle AOB+\angle COD=180°$$

如图 65.1,在四边形的形外作 $\triangle DCE$,使 $\triangle DCE\backsim\triangle ABO$,则四边形 $DOCE$ 内接于圆,由托勒密定理有

$$DE\cdot OC+CE\cdot OD=CD\cdot OE \quad ①$$

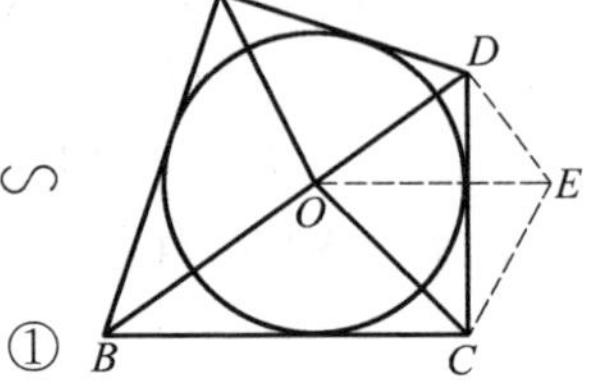

图 65.1

而 $\frac{DE}{OA}=\frac{CE}{OB}=\frac{CD}{AB}$,因此由式 ① 即得

$$OA\cdot OC+OB\cdot OD=AB\cdot OE \quad ②$$

又 $$\angle DOE=\angle DCE=\angle ABO=\angle OBC$$

$$\angle OED=\angle OCD=\angle BCO$$

所以 $$\triangle DOE\backsim\triangle OBC$$

同理 $$\triangle OCE\backsim\triangle AOD$$

于是 $$\frac{OE}{BC}=\frac{OD}{OB},\frac{OE}{DA}=\frac{CE}{OD}$$

两式相乘即得

$$\frac{OE^2}{BC\cdot DA}=\frac{CE}{OB}$$

但 $$\frac{CE}{OB}=\frac{CD}{AB}$$

因此 $$AB^2\cdot OE^2=AB^2\cdot\frac{CD\cdot BC\cdot DA}{AB}=abcd$$

再由式 ② 即得所证.

证法 2 如图 65.2,易知 $\angle AOB+\angle COD=180°$,则可在 AO 的延长线上取点 E,使

$$\angle OBE=\angle OCD$$

从而 $$\triangle OBE\backsim\triangle OCD$$

有 $$\frac{OB}{OC}=\frac{OE}{OD}$$

即 $$OE=\frac{OB\cdot OD}{OC}$$

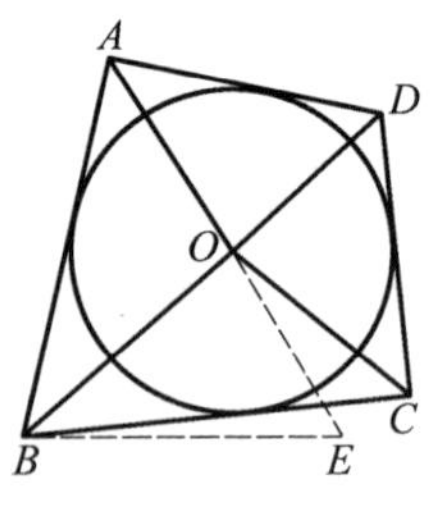

图 65.2

又 $\angle AEB=\angle ODC=\angle ADO,\angle BAE=\angle OAD$

所以 $$\triangle ABE \backsim \triangle AOD$$

有 $$AB \cdot AD = OA \cdot AE = OA^2 + OA \cdot OE = OA^2 + OA \cdot \frac{OB \cdot OD}{OC}$$

即 $$OA \cdot OC + OB \cdot OD = AB \cdot AD \cdot \frac{OC}{OA} \quad ①$$

又因为 $$\frac{OC \cdot OD}{OA \cdot OB} = \frac{S_{\triangle OCD}}{S_{\triangle OAB}} = \frac{CD}{AB}$$

同理 $$\frac{OC \cdot OB}{OA \cdot OD} = \frac{BC}{AD}$$

两式相乘得

$$\frac{OC^2}{OA^2} = \frac{BC \cdot CD}{AB \cdot AD} \quad ②$$

由式 ①,② 两式即得所证.

证法3 如图65.3,设凸四边形的四边与圆 O 分别相切于 E,F,G,H,易证

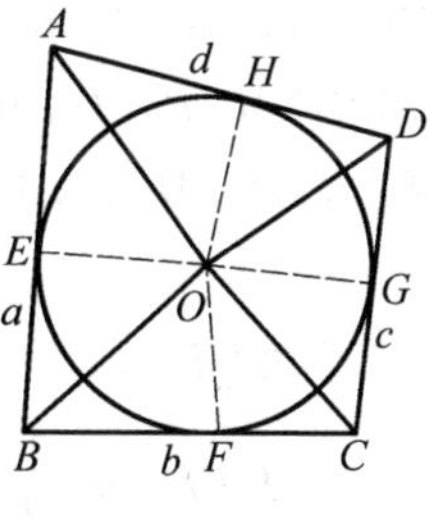

图65.3

$$S_{AEOH} = \frac{1}{2}OA^2\sin A$$

$$S_{BEOF} = \frac{1}{2}OB^2\sin B$$

$$S_{CFOG} = \frac{1}{2}OC^2\sin C$$

$$S_{DGOH} = \frac{1}{2}OD^2\sin D$$

易知 $$\angle AOB + \angle COD = 180°$$

从而 $$\frac{OC \cdot OD}{OA \cdot OB} = \frac{S_{\triangle OCD}}{S_{\triangle OAB}} = \frac{CD}{AB} \quad ①$$

同理 $$\frac{OC \cdot OB}{OA \cdot OD} = \frac{BC}{AD} \quad ②$$

式 ① × ② 得 $$\frac{OC^2}{OA^2} = \frac{BC \cdot CD}{AB \cdot AD} \quad ③$$

于是

$$\frac{OC^2}{BC \cdot CD} = \frac{OA^2}{AB \cdot AD} \xlongequal{\text{等比}} \frac{OC^2\sin C + OA^2\sin A}{BC \cdot CD\sin C + AB \cdot AD\sin A} = \frac{S_{CFOG} + S_{AEOH}}{S_{ABCD}}$$

又由式 ③ 得

$$OA \cdot OC = \sqrt{abcd} \cdot \frac{OA^2}{AB \cdot AD} = \sqrt{abcd} \cdot \frac{OC^2}{BC \cdot CD}$$

故 $OA \cdot OC = \frac{1}{2}\sqrt{abcd}\left(\frac{OA^2}{AB \cdot AD} + \frac{OC^2}{BC \cdot CD}\right) = \sqrt{abcd} \cdot \frac{S_{CFOG} + S_{AEOH}}{S_{ABCD}}$

同理 $$OB \cdot OD = \sqrt{abcd} \cdot \frac{S_{BEOF} + S_{DGOH}}{S_{ABCD}}$$

两式相加即得所证.

66 M 为 $\triangle ABC$ 的边 AB 上任一点,r_1,r_2,r 分别为 $\triangle AMC,\triangle BMC,\triangle ABC$ 的内切圆半径;ρ_1,ρ_2,ρ 分别为这三个三角形的旁切圆半径(在 $\angle ACB$ 内部).求证:$\frac{r_1}{\rho_1} \cdot \frac{r_2}{\rho_2} = \frac{r}{\rho}$.

(第 12 届 IMO)

证法 1 如图 66.1,I_1,I_2,I 及 P_1,P_2,P 分别为 $\triangle AMC,\triangle BMC,\triangle ABC$ 的内心及旁心.

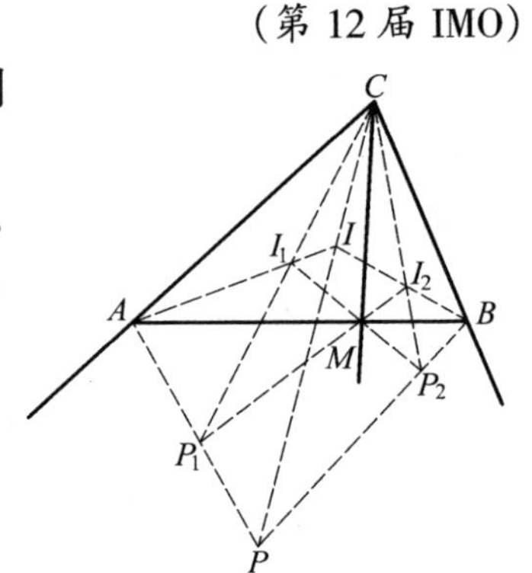

图 66.1

易知 I_1,M,P_2,I_2,M,P_1 分别三点共线;$A,P_1,M,I_1;B,P_2,M,I_2;A,P,B,I$ 分别四点共圆.因为

$$\angle MP_2I_2 = \angle MBI_2 = \angle I_2BC$$

$$\angle I_1CP_2 = \frac{1}{2}\angle C = \angle ICB$$

所以 $$\triangle CI_1P_2 \backsim \triangle CIB \Rightarrow \frac{CI_1}{CP_2} = \frac{CI}{CB} \quad ①$$

同理 $$\triangle CI_2P_1 \backsim \triangle CBP \Rightarrow \frac{CI_2}{CP_1} = \frac{CB}{CP} \quad ②$$

式 ① × ②,得

$$\frac{CI_1}{CP_1} \cdot \frac{CI_2}{CP_2} = \frac{CI}{CP}$$

作 $I_1D \perp CA$ 于 D,$P_1E \perp CA$ 于 E,则 $I_1D = r_1$,$P_1E = \rho_1$.$\frac{CI_1}{CP_1} = \frac{I_1D}{P_1E} = \frac{r_1}{\rho_1}$.

同理

$$\frac{CI_2}{CP_2} = \frac{r_2}{\rho_2},\frac{CI}{CP} = \frac{r}{\rho}$$

故 $$\frac{r_1}{\rho_1} \cdot \frac{r_2}{\rho_2} = \frac{r}{\rho}$$

证法 2 如图 66.2，

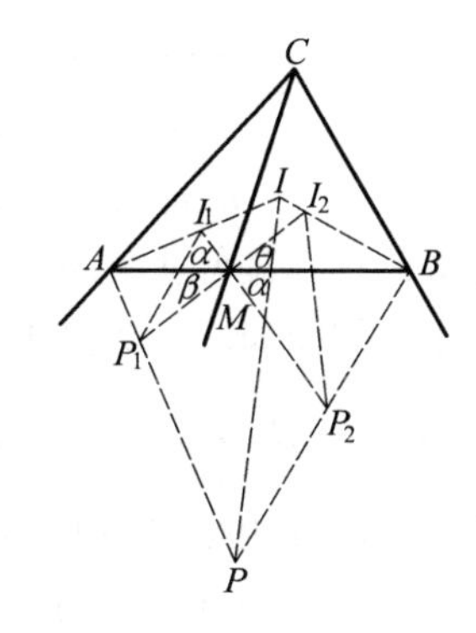

图 66.2

$$\frac{r_1}{\rho_1}\cdot\frac{r_2}{\rho_2}=\frac{S_{\triangle AMI_1}}{S_{\triangle AMP_1}}\cdot\frac{S_{\triangle BMI_2}}{S_{\triangle BMP_2}}=$$

$$\frac{AM\cdot MI_1\sin\alpha}{AM\cdot MP_1\sin\beta}\cdot\frac{BM\cdot MI_2\sin\beta}{BM\cdot MP_2\sin\alpha}=$$

$$\frac{MI_1}{MP_1}\cdot\frac{MI_2}{MP_2}$$

易知
$$\triangle MI_1P_1\backsim\triangle BIP$$
$$\triangle MI_2P_2\backsim\triangle AIP$$

所以
$$\frac{MI_1}{MP_1}\cdot\frac{MI_2}{MP_2}=\frac{BI}{BP}\cdot\frac{AI}{AP}=\frac{S_{\triangle ABI}}{S_{ABP}}=\frac{r}{p}$$
$$(\angle AIB+\angle APB=180^\circ)$$

所以
$$\frac{r_1}{\rho_1}\cdot\frac{r_2}{\rho_2}=\frac{r}{\rho}$$

证法 3 如图 66.3，设 $CM=x,AM=m,MB=n$.

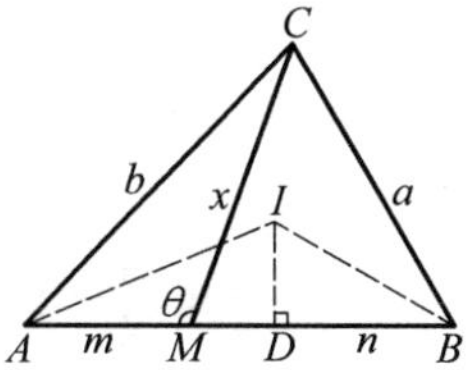

因为
$$S_{\triangle ABC}=rs=\rho(s-c)$$
$$(\text{其中 } s=\frac{1}{2}(a+b+c))$$

图 66.3

所以
$$\frac{r}{\rho}=\frac{s-c}{s}=\frac{a+b-c}{a+b+c}$$

同理
$$\frac{r_1}{\rho_1}=\frac{b+x-m}{b+x-m},\frac{r_2}{\rho_2}=\frac{a+x-n}{a+x+n}$$

$$\frac{r_1}{\rho_1}\cdot\frac{r_2}{\rho_2}=\frac{r}{\rho}\Leftrightarrow\frac{b+x-m}{b+x+m}\cdot\frac{a+x-n}{a+x+n}=\frac{a+b-c}{a+b+c}\Leftrightarrow$$

$$(b+x-m)(a+x-n)(a+b+c)=$$
$$(b+x+m)(a+x+n)(a+b-c)\Leftrightarrow$$
$$[(b+x)(a+x)+mn-(bn+xn+am+$$
$$xm)][(a+b)+c]=$$
$$[(b+x)(a+x)+mn+(bn+xn+am+$$
$$xm)][(a+b)-c]\Leftrightarrow$$
$$[(b+x)(a+x)+mn]\cdot c-(bn+xn+am+$$
$$xm)(a+b)=$$
$$[(b+x)(a+x)+mn]\cdot(-c)+(bn+xn+am+$$

$xm)(a+b)\Leftrightarrow$(利用 $m+n=c$)

$-a^2m-b^2n+cx^2+mnc=$

$a^2m+b^2n-cx^2-mnc\Leftrightarrow a^2m+b^2n=cx^2+mnc$

由斯蒂瓦特定理知上式成立,故命题获证.

证法4 如图66.3,设 $\angle AMC=\theta$,由内切圆性质得

$$AB=AD+BD=r\cot\frac{A}{2}+r\cot\frac{B}{2}=r\left(\cot\frac{A}{2}+\cot\frac{B}{2}\right)$$

利用旁切圆及内外角平分线互相垂直的性质,同理可得

$$AB=\rho\cot\left(\frac{\pi}{2}-\frac{A}{2}\right)+\rho\cot\left(\frac{\pi}{2}-\frac{B}{2}\right)=\rho\left(\tan\frac{A}{2}-\tan\frac{B}{2}\right)$$

所以
$$r\left(\cot\frac{A}{2}+\cot\frac{B}{2}\right)=\rho\left(\tan\frac{A}{2}+\tan\frac{B}{2}\right)$$

所以
$$\frac{r}{\rho}=\tan\frac{A}{2}\cdot\tan\frac{B}{2}$$

同理
$$\frac{r_1}{\rho_1}=\tan\frac{A}{2}\cdot\tan\frac{\theta}{2}$$

$$\frac{r_2}{\rho_2}=\tan\frac{B}{2}\cdot\tan\frac{n-\theta}{2}=\tan\frac{B}{2}\cot\frac{\theta}{2}$$

所以 $\frac{r_1}{\rho_1}\cdot\frac{r_2}{\rho_2}=\tan\frac{A}{2}\cdot\tan\frac{\theta}{2}\cdot\tan\frac{B}{2}\cdot\tan\frac{\theta}{2}=\tan\frac{A}{2}\cdot\tan\frac{B}{2}=\frac{r}{\rho}$

评注 本题常见的证法是三角法,即证法4,有人误以为纯几何法一定十分繁琐,但事实上证法1和证法2也比较简洁.证法3是代数法,思路自然,但运算量很大,要有坚持到底的耐心和毅力,才能达到目的.

67 设 M,N 是 $\triangle ABC$ 内部两点,且满足 $\angle MAB=\angle NAC$,$\angle MBA=\angle NBC$.求证:$\frac{AM\cdot AN}{AB\cdot AC}+\frac{BM\cdot BN}{BA\cdot BC}+\frac{CM\cdot CN}{CA\cdot CB}=1$.

(第39届IMO预选题)

证法1 如图67.1,作 N 关于 AB,BC,CA 的对称点 N_1,N_2,N_3,联结 $AN_1,N_1B,BN_2,N_2C,CN_3,N_3A$,$MN_1,MN_2,MN_3$,则

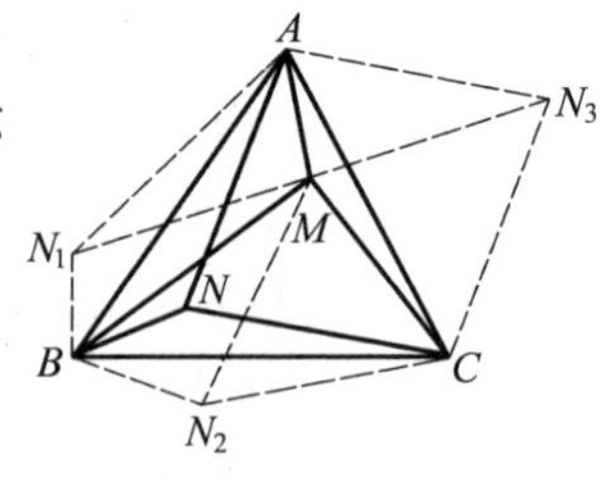

图67.1

$S_{六边形AN_1BN_2CN_3}=2(S_{\triangle AMN_3}+S_{\triangle BMN_1}+S_{\triangle CMN_3})=$

$AM\cdot AN_3\cdot\sin A+BM\cdot BN_1\cdot$

$\sin B+CM\cdot CN_3\cdot\sin C=$

$$AM \cdot AN \cdot \frac{BC}{2R} + BM \cdot BN \cdot \frac{AC}{2R} + CM \cdot CN \cdot \frac{AB}{2R}$$

又
$$S_{六边形AN_1BN_2CN_3} = 2S_{\triangle ABC} = \frac{BC \cdot AC \cdot AB}{2R}$$

由上面两式立得

$$\frac{AM \cdot AN}{AB \cdot AC} + \frac{BM \cdot BN}{BA \cdot BC} + \frac{CM \cdot CN}{CA \cdot CB} = 1$$

证法 2 如图 67.2，由 $\angle MAB = \angle NAC$，可作 $\triangle ACK \backsim \triangle ANB$，于是

$$\frac{CK}{BN} = \frac{AC}{AN} = \frac{AK}{AB}$$

又由 $\angle CAN = \angle KAB$，可得 $\triangle ACN \backsim \triangle AKB$，于是

$$\frac{AC}{AK} = \frac{AN}{AB} = \frac{CN}{BK}$$

因
$$\angle AKC = \angle ABN = \angle MBC$$

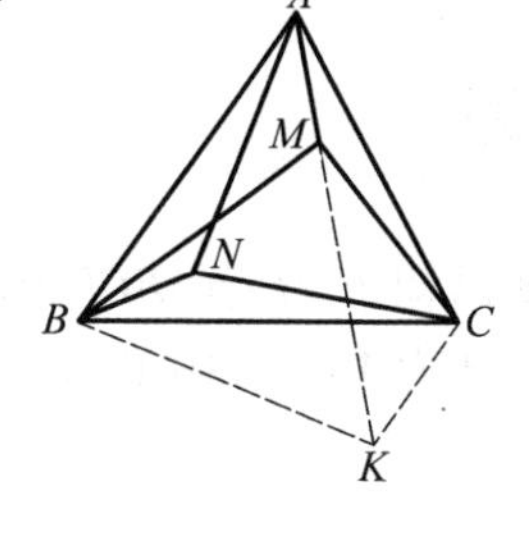

图 67.2

则 M,B,K,C 四点共圆，由托勒密定理知

$$BM \cdot CK + BK \cdot CM = BC \cdot MK = BC \cdot (AK - AM)$$

又
$$CK = \frac{BN \cdot AC}{AN}, BK = \frac{CN \cdot AB}{AN}, AK = \frac{AB \cdot AC}{AN}$$

代入上式，化简整理即得

$$\frac{AM \cdot AN}{AB \cdot AC} + \frac{BM \cdot BN}{BA \cdot BC} + \frac{CM \cdot CN}{CA \cdot CB} = 1$$

6

点共线或线共点

A 类题

68 已知 P 为 $\square ABCD$ 内一点，O 为 AC 与 BD 的交点，M，N 分别为 PB，PC 的中点，Q 为 AN 与 DM 的交点．求证：(1) P，Q，O 三点在一条直线上；(2) $PQ = 2OQ$．

（1998 年全国初中数学联赛）

证法 1 如图 68.1，连 PO，设 PO 与 AN，DM 分别交于点 Q'，Q''．在 $\triangle PAC$ 中，因为

$$AO = OC, PN = NC$$

所以 Q' 为重心，$PQ' = 2OQ'$．在 $\triangle PDB$ 中，因为

$$DO = BO, BM = MP$$

所以 Q'' 为重心，$PQ'' = 2OQ''$

这样 $Q' \equiv Q''$，并且 Q'，Q'' 就是 AN，DM 的交点 Q．故 P，Q，O 在一条直线上，且 $PQ = 2OQ$．

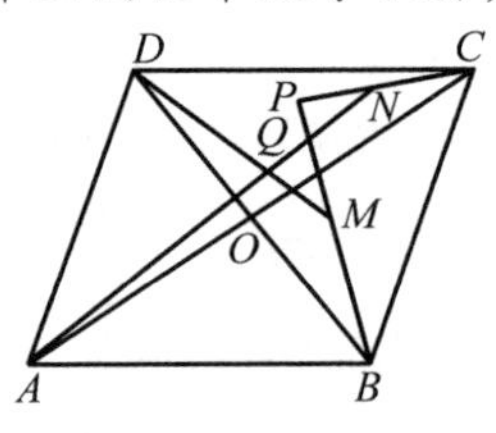

图 68.1

证法 2 如图 68.2，连 MN，连 PO 交 DM 于 Q'，在 $\triangle PDB$ 中，因为

$$DO = BO, BM = MP$$

所以 Q' 为重心，$DQ' = 2Q'M$，$PQ' = 2OQ'$．又因为

$$AD \mathrel{\underline{\parallel}} BC \mathrel{\underline{\parallel}} 2MN$$

所以

$$\frac{DQ}{QM} = \frac{AD}{MN} = 2$$

即

$$DM = 2QM$$

于是 $Q' \equiv Q$，故 P，Q，O 在一条直线上，且 $PQ = 2OQ$．

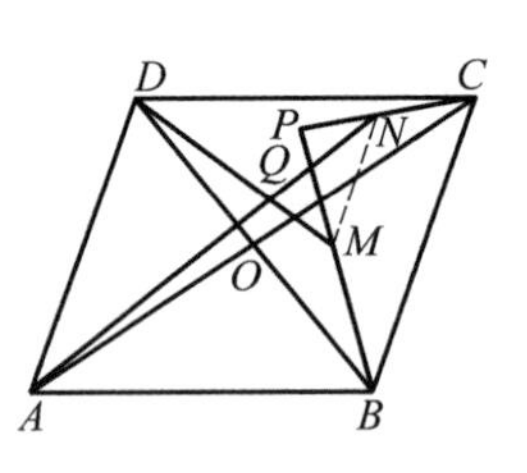

图 68.2

证法 3 连 MN．因

$$AD \mathrel{\underline{\parallel}} BC \mathrel{\underline{\parallel}} 2MN$$

所以
$$\frac{MQ}{QD}=\frac{MN}{AD}=\frac{1}{2}$$

所以
$$\frac{DO}{OB}\cdot\frac{BP}{PM}\cdot\frac{MQ}{QD}=1\cdot 2\cdot\frac{1}{2}=1$$

对 $\triangle DBM$ 用梅涅劳斯定理的逆定理知：P,Q,O 三点在一条直线上.

又因为 $BO=OD,BM=MP$，所以 Q 为 $\triangle PDB$ 的重心，所以 $PQ=2OQ$.

B 类题

69 如图，已知两个半径不相等的圆 O_1 与圆 O_2 相交于 M,N 两点，且圆 O_1 与圆 O_2 分别与圆 O 内切于 S,T 两点．求证：$OM\perp MN$ 的充分必要条件是 S,N,T 三点共线.

（1997 年全国高中数学联赛第二试）

证法 1 如图 69.1，设圆 O_1，圆 O_2，圆 O 的半径分别为 r_1,r_2,r．由条件知 O,O_1,S 三点共线，O,O_2,T 三点共线，且 $OS=OT=r$，联结 $OS,OT,SN,NT,O_1M,O_1N,O_2M,O_2N,O_1O_2$.

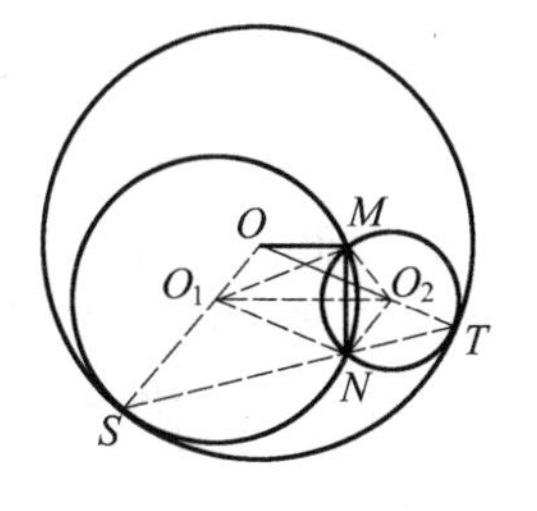

图 69.1

充分性．设 S,N,T 三点共线，则 $\angle S=\angle T$．又 $\triangle O_1SN$ 与 $\triangle O_2NT$ 均为等腰三角形．故 $\angle S=\angle O_1NS$，$\angle T=\angle O_2NT$．于是

$$\angle S=\angle O_2NT,\angle T=\angle O_1NS$$

从而
$$O_2N \parallel OS,O_1N\parallel OT$$

故四边形 OO_1NO_2 为平行四边形．因此

$$OO_1=O_2N=r_2=MO_2$$

$$OO_2=O_1N=r_1=MO_1$$

所以
$$\triangle O_1MO\cong\triangle O_2OM$$

从而 $S_{\triangle O_1MO}=S_{\triangle O_2OM}$，由此得 $O_1O_2\parallel OM$.

又由于 $O_1O_2\perp MN$，故 $OM\perp MN$.

必要性．若 $OM\perp MN$，$O_1O_2\perp MN$，有 $O_1O_2\parallel OM$．从而

$$S_{\triangle O_1MO}=S_{\triangle O_2OM}$$

设 $OM=a$，由 $O_1M=r_1,O_1O=r-r_1,O_2O=r-r_2,O_2M=r_2$，知

$\triangle O_1MO$ 与 $\triangle O_2OM$ 的周长都等于 $a+r$,记 $p=\frac{1}{2}(a+r)$.

由三角形面积的海伦公式,有

$$S_{\triangle O_1MO}=\sqrt{p(p-r_1)(p-r+r_1)(p-a)}=$$

$$\sqrt{p(p-r_2)(p-r+r_2)(p-a)}=S_{\triangle O_2OM}$$

化简得

$$(r_1-r_2)(r-r_1-r_2)=0$$

又已知 $r_1\neq r_2$,有 $r=r_1+r_2$.故

$$O_1O=r-r_1=r_2=O_2N$$

$$O_2O=r-r_2=r_1=O_1N$$

所以 OO_1NO_2 为平行四边形.从而

$$\angle O_2NS+\angle S=180°$$

又 $\triangle O_1SN$ 与 $\triangle O_2NT$ 均为等腰三角形,

$$顶角\ \angle SO_1N=\angle SOT=\angle NO_2T$$

所以

$$\angle S=\angle O_2NT$$

故

$$\angle O_2NS+\angle O_2NT=180°$$

于是 S,N,T 三点共线.

证法2 如图69.2,由已知条件知 O,O_1,S 三点共线,O,O_2,T 三点共线.过 S 作圆 O_1 的切线 SQ,过 T 作圆 O_2 的切线 TQ.由根轴性质知 SQ,MN,TQ 交于一点 Q,即 M,N,Q 三点共线.

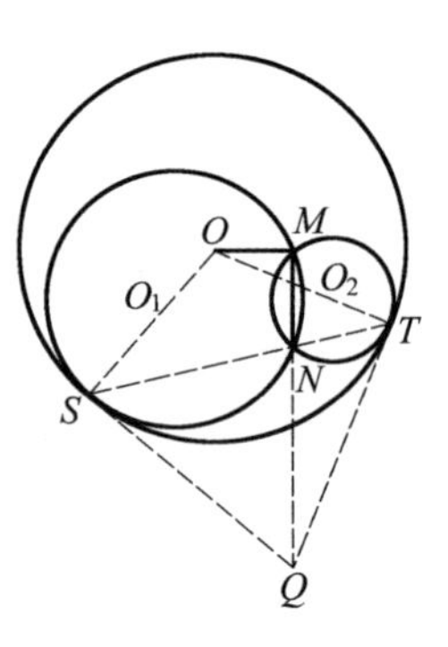

图69.2

充分性.若 S,N,T 三点共线.因为

$$\angle QTS=\angle QST=\angle QSN=\angle SMQ$$

所以 M,S,Q,T 四点共圆.

又 $OS\perp SQ,OT\perp TQ$,所以 O,S,Q,T 四点共圆.

从而 M,O,S,Q,T 五点共圆.所以

$$\angle OMQ=\angle OTQ=90°$$

即

$$OM\perp MN$$

必要性.若 $OM\perp MN$,即 $\angle OMQ=90°$,因为

$$\angle OMQ=\angle OTQ=\angle OSQ=90°$$

所以 M,O,S,Q,T 五点共圆.

联结 ST,SN,TN.因为

$$SQ=TQ$$

所以 $\angle QST = \angle QTS = \angle QMS$

又 $\angle QSN = \angle QMS$

所以 $\angle QST = \angle QSN$

从而 SN 与 ST 重合.

即 S,N,T 三点共线.

证法3 如图69.3,过 S 作圆 O_1 的切线 SQ,过 T 作圆 O_2 的切线 TQ,则 M,N,Q 三点共线,且 SQ,TQ 亦为圆 O 的切线.设 QM 交圆 O 于 P,K,联结 SM.

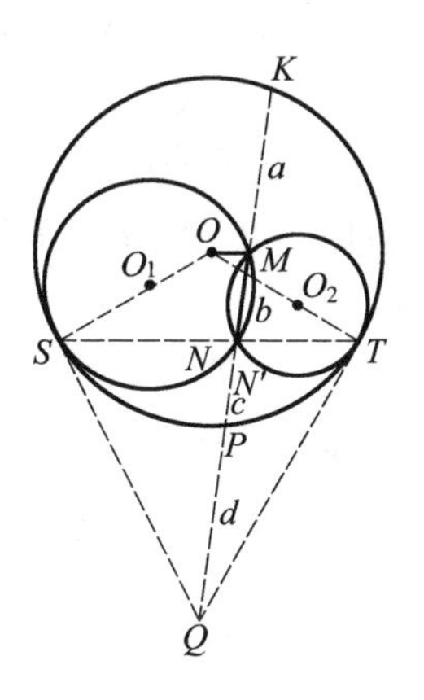

图69.3

设 $MK=a,MN=b,NP=c,PQ=d$.

$$QN\cdot QM=QT^2=QP\cdot QK\Rightarrow$$

$$(c+d)(b+c+d)=d(a+b+c+d)\Rightarrow$$

$$\frac{d}{c+d}=\frac{b+c+d}{a+b+c+d}\Rightarrow$$

$$\frac{d}{c}=\frac{b+c+d}{a}\Rightarrow\frac{d}{c}=\frac{b+c}{a-c} \quad ①$$

充分性.若 S,N,T 三点共线.因为

$$QS=QT$$

所以 $\angle QTS=\angle QSN=\angle QMS$

所以 M,S,Q,T 四点共圆.所以

$$NQ\cdot NM=NS\cdot NT=NP\cdot NK\Rightarrow$$

$$(c+d)\cdot b=c\cdot(a+b)\Rightarrow\frac{d}{c}=\frac{a}{b} \quad ②$$

由式①与②得

$$\frac{b+c}{a-c}=\frac{a}{b}\Rightarrow\frac{b+c}{a+b}=\frac{a}{a+b}\Rightarrow$$

$$a=b+c\Rightarrow MK=MP\Rightarrow OM\perp MN$$

必要性.若 $OM\perp MN$,则 $MK=MP$,即 $a=b+c$.代入①中得

$$\frac{d}{c}=\frac{a}{b}\Rightarrow\frac{d}{a}=\frac{c}{b}$$

因为 $\angle OSQ=\angle OTQ=\angle OMQ=90°$

所以 O,S,Q,T,M 五点共圆.

设 ST 交 QM 于 N'.设 $MN'=b',N'P=c'$.

$$MN'\cdot N'Q=SN'\cdot N'T=N'P\cdot N'K\Rightarrow$$

$$b' \cdot (c' + d) = c'(a + b') \Rightarrow \frac{d}{a} = \frac{c'}{d'}$$

所以
$$\frac{c}{b} = \frac{c'}{b'}$$

又
$$b + c = MP = b' + c'$$

所以 $b = b'$,即 N' 与 N 重合.

故 S,N,T 三点共线.

证法 4 如图 69.2.

充分性.若 S,N,T 三点共线.因为

$$\angle QTS = \angle QSN = \angle QMS$$

所以 M,S,Q,T 四点共圆.所以

$$MN \cdot NQ = SN \cdot NT = (r - ON)(r + ON) = r^2 - ON^2$$

(其中 r 为圆 O 的半径)

又
$$OQ^2 = r^2 + SQ^2 = r^2 + MQ \cdot NQ$$

所以
$$OQ^2 - ON^2 = MQ \cdot NQ + MN \cdot NQ = MQ^2 - MN^2$$

故
$$OM \perp MN$$

必要性.若 $OM \perp MN$.设 ST 交 MQ 于 N'.因为

$$\angle OSQ = \angle OTQ = \angle OMQ = 90°$$

所以 O,S,Q,T,M 五点共圆.从而

$$\angle N'SQ = \angle STQ = \angle SMQ$$

所以
$$SQ^2 = MQ \cdot N'Q$$

又
$$SQ^2 = MQ \cdot NQ$$

所以
$$N'Q = NQ$$

即 N' 与 N 重合.

故 S,N,T 三点共线.

评注 本题实际上是 1992 年中国数学奥林匹克(CMO) 第 4 题的极端情形.

原题 凸四边形 $ABCD$ 内接于圆 O,对角线 AC 与 BD 相交于 P.$\triangle ABP$,$\triangle CDP$ 的外接圆相交于 P 和另外一点 Q,且 O,P,Q 三点两两不重合.试证:$\angle OQP = 90°$.(图 69.4)

取 A 与 B 重合,C 与 D 重合的极端情形即得.

1992 年 CMO 第 4 题实即第 26 届 IMO 第 5 题(本书第 49 题) 的变形题.取后者的极端情形可得本题的一道变形题.

变题　如图69.5,已知两个圆圆 O_1 与圆 O_2 相交于 M,N 两点,且圆 O 与圆 O_1 外切于 T,圆 O 与圆 O_2 内切于 S.求证:$OM\perp MN$ 的充分必要条件是 N,T,S 三点共线.

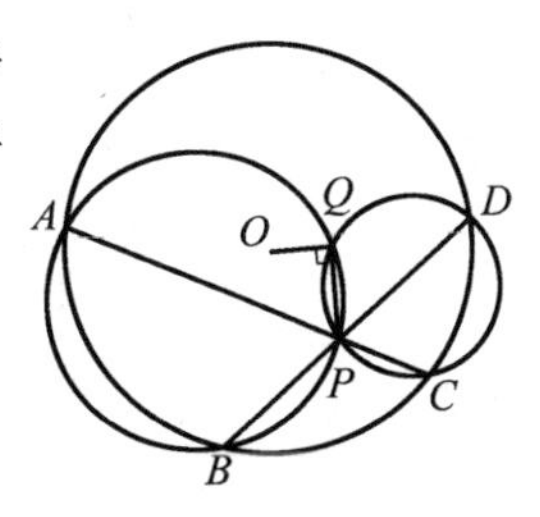

图 69.4

C 类题

70 设 H 是锐角 $\triangle ABC$ 的垂心,由 A 向以 BE 为直径的圆作切线 AP,AQ,切点分别为 P,Q.求证:P,H,Q 三点共线.

(1996年第11届全国中学生数学冬令营试题1)

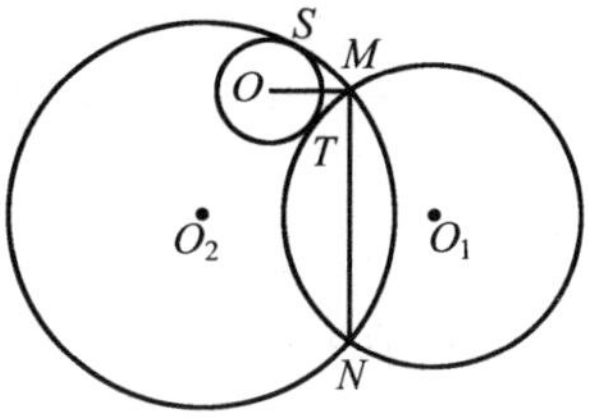

图 69.5

推广命题　四边形 $BCEF$ 内接于圆 O,其边 CE 与 BF 的延长线交于点 A,由点 A 作圆 O 的两条切线 AP 和 AQ,切点分别为 P,Q,BE 与 CF 的交点为 H.求证:P,H,Q 三点共线.

证法1　如图70.1,联结 PH 并延长交圆 O 于另一点 Q'.只要证明 Q' 与 Q 重合即可.连 AH 并延长至 M,使 M,H,F,B 四点共圆,连 FM,PM.因为

$$\angle FMH=\angle FBH=\angle FCE$$

所以 M,F,A,C 四点共圆,从而

$$AH\cdot HM=FH\cdot HC=PH\cdot HQ'$$

所以 A,P,M,Q' 四点共圆.

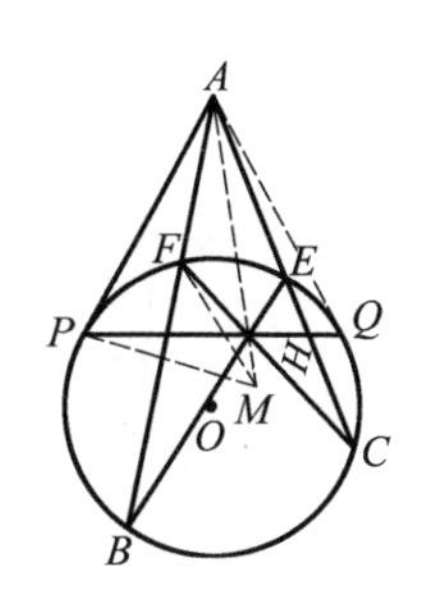

图 70.1

又
$$AP^2=AF\cdot AB=AH\cdot AM$$

所以
$$\angle APH=\angle PMA=\angle PQ'A$$

从而
$$AQ'=AP$$

因 AP 为切线,则 AQ' 也为切线,AQ' 与 AQ 重合,Q' 与 Q 重合.

故 P,H,Q 三点共线.

证法2　因 $AO\perp PQ$,若能证明 $AO\perp PH$,则知 P,H,Q 三点共线.

如图70.2,在 AH 的延长线上取一点 M,使 H,M,C,E 四点共圆,则

$$\angle HME=\angle HCE=\angle HBA$$

从而 A,B,M,E 四点共圆.因为

$$AP^2=AE\cdot AC=AH\cdot AM$$

所以

$$AP^2 - AH^2 = AH \cdot AM - AH^2 = AH \cdot HM = BH \cdot HE =$$
$$(R + OH)(R - OH) = R^2 - OH^2 = OP^2 - OH^2$$
(R 为圆 O 的半径)

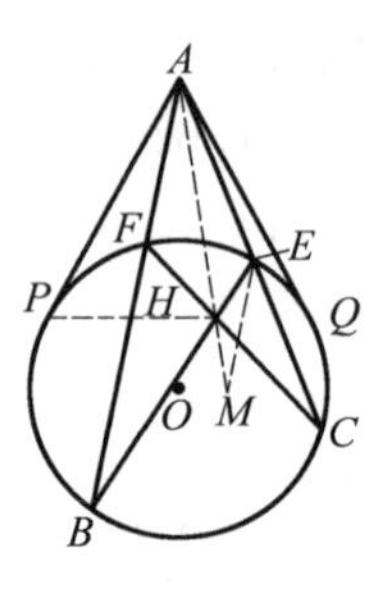

图 70.2

所以 $AO \perp PH$,又 $AO \perp PQ$,故 P,H,Q 三点共线.

证法 3 如图 70.3,设直线 AH 交圆 O 于 N,M. PQ 交直线 AH 于 H'. 只要证明 $AH' = AH$,即 H' 与 H 重合即可.

为此,先证明两个引理.

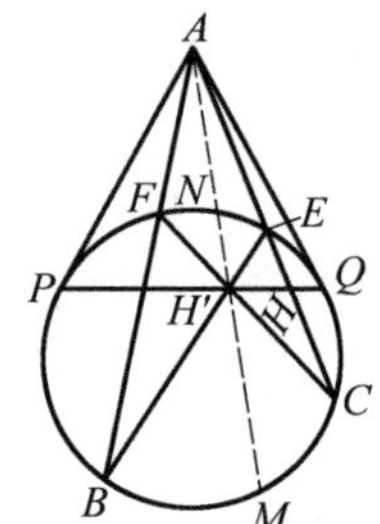

图 70.3

引理 1 如图 70.4,四边形 $BCEF$ 内接于圆 O,其边 CE 与 BF 的延长线交于点 A,对角线 BE 与 CF 的交点为 H, AH 交圆 O 于 N,M,则 $\frac{AN}{AM} = \frac{HN}{HM}$.

证明 联结 BM,MC,EN,NF,BN,MF,ME,CN.

$$\frac{HN}{HM} \cdot \frac{HN}{HM} = \frac{S_{\triangle NBE}}{S_{\triangle MBE}} \cdot \frac{S_{\triangle NCF}}{S_{\triangle MCF}} =$$
$$\frac{NB \cdot NE}{MB \cdot ME} \cdot \frac{NC \cdot NF}{ME \cdot MF} =$$
$$\frac{NB}{MF} \cdot \frac{NE}{MC} \cdot \frac{NC}{ME} \cdot \frac{NF}{MB} =$$
$$\frac{AB}{AM} \cdot \frac{AN}{AC} \cdot \frac{AC}{AM} \cdot \frac{AN}{AB} =$$
$$\frac{AN}{AM} \cdot \frac{AN}{AM}$$

所以
$$\frac{AN}{AM} = \frac{HN}{HM}$$

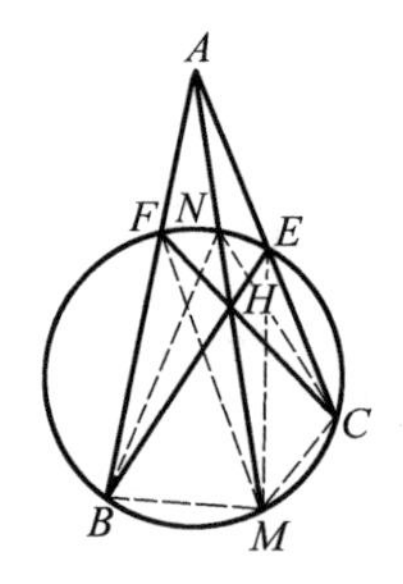

图 70.4

引理 2 如图 70.5, A 为圆 O 外一点,从 A 引圆 O 的两条切线 AP,AQ,切点分别为 P,Q,从 A 任作一条圆 O 的割线交 PQ 于 H,交圆 O 于 N,M,则
$$\frac{AN}{AM} = \frac{HN}{HM}$$

其证明参阅 60 题.

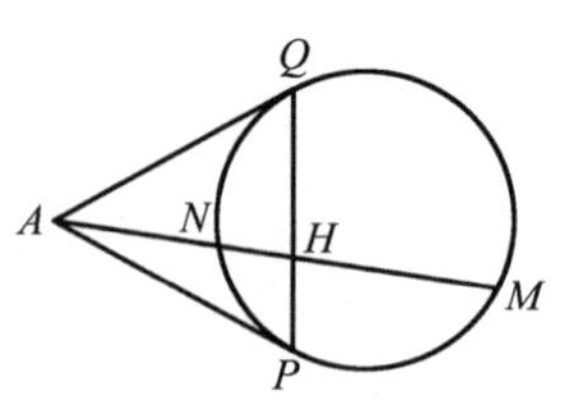

图 70.5

下面来证明本题.

如图 70.3,由引理 1 知, $\frac{AN}{AM} = \frac{HN}{HM}$,由引理 2 知, $\frac{AN}{AM} = \frac{H'N}{H'M}$. 所以 H' 与 H 重合.

故 P,H,Q 三点共线.

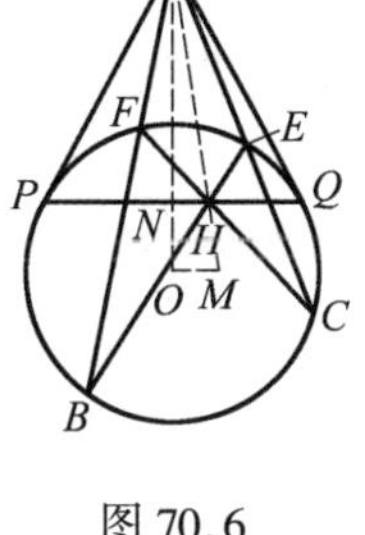

图 70.6

证法 4 如图 70.6,在射线 AH 上取一点 M,使

$$AM \cdot AH = AB \cdot AF$$

从而 M,H,F,B 四点共圆,M,H,E,C 四点共圆,故

$$\angle FME = \angle FMH + \angle EMH =$$
$$\angle FBE + \angle FCE = 2\angle FBE = \angle FOE$$

从而 F,O,M,E 四点共圆.所以

$$\angle AMO = \angle OME - \angle AME = 180^\circ - \angle OFE - \angle FBE =$$
$$180^\circ - (\angle OFE + \angle FBE) =$$
$$180^\circ - 90^\circ = 90^\circ$$

连 PQ 交 AO 于 N,交 AM 于 H'.则

$$AN \cdot AO = AP^2 = AF \cdot AB = AH \cdot AM$$

又

$$\angle H'NO = 90^\circ = \angle H'MO$$

有 N,H',M,O 四点共圆,则

$$AN \cdot AO = AH' \cdot AM$$

因此

$$AH \cdot AM = AH' \cdot AM$$

即 $AH = AH'$,且 H,H' 均在射线 AM 上,故 H' 与 H 重合,P,H,Q 三点共线.

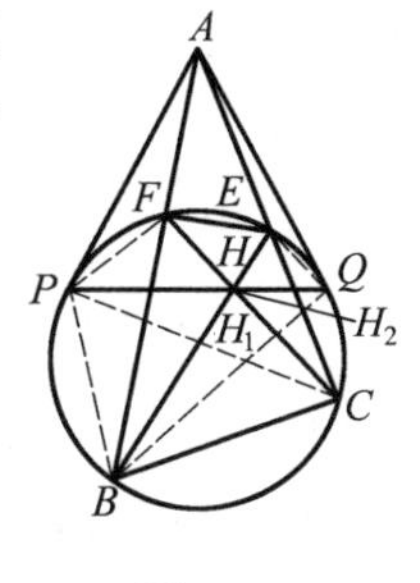

图 70.7

证法 5 如图 70.7,设 BE 交 PQ 于点 H_1,CF 交 PQ 于点 H_2.若能证明 H_1,H_2 分 PQ 所成的比相等,便知 H_1 与 H_2 重合于 H,从而证明了命题.

联结 BP,BQ,CP,CQ,EP,EQ,FP,FQ,则

$$\frac{PH_1}{H_1Q} = \frac{S_{\triangle BPH_1}}{S_{\triangle BQH_1}} = \frac{\frac{1}{2}BP \cdot BH_1 \cdot \sin\angle PBH_1}{\frac{1}{2}BQ \cdot BH_1 \cdot \sin\angle QBH_1} =$$
$$\frac{BP}{BQ} \cdot \frac{\sin\angle PBH_1}{\sin\angle QBH_1}$$

因为

$$\frac{PE}{\sin\angle PBH_1} = 2R, \frac{QE}{\sin\angle QBH_1} = 2R$$

(R 为圆 O 的半径)

所以

$$\frac{PH_1}{H_1Q} = \frac{BP}{BQ} \cdot \frac{PE}{QE} \quad ①$$

同理

$$\frac{PH_2}{H_2Q} = \frac{CP}{CQ} \cdot \frac{PF}{QF} \quad ②$$

由 $\triangle APB \backsim \triangle AFP$，得

$$\frac{BP}{PF}=\frac{AP}{AF} \quad ③$$

由 $\triangle AQB \backsim \triangle AFQ$，得

$$\frac{BQ}{QF}=\frac{AQ}{AF} \quad ④$$

由式 ③，④ 及 $AP=AQ$，得

$$\frac{BP}{BQ}=\frac{PF}{QF} \quad ⑤$$

同理

$$\frac{CP}{CQ}=\frac{PE}{QE} \quad ⑥$$

由式 ⑤，⑥ 可得式 ① = ②，故 H_1，H_2 分 PQ 所成的比相等，从而 H_1 与 H_2 重合于 H.

故 P，H，Q 三点共线.

证法 6 尝试使用证明三点共线的一种通法：利用梅涅劳斯定理的逆定理.

如图 70.8，设 PQ 交 AB，AC 分别于 S，T.

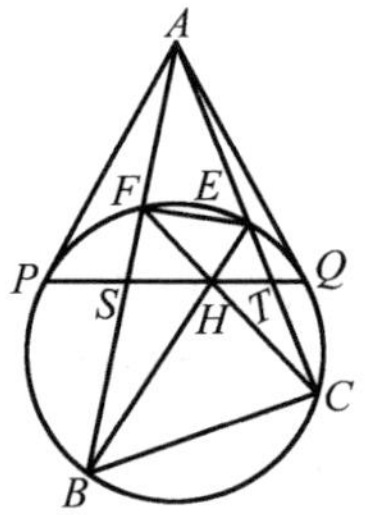

由证法 3 引理 2 得

$$\frac{AE}{AC}=\frac{TE}{CT}\Rightarrow AE\cdot CT=AC\cdot TE=(CT+TA)(TA-AE)=$$

$$CT\cdot AT+TA^2-TA\cdot AE-AE\cdot CT=TA\cdot EC-AE\cdot CT\Rightarrow$$

$$\frac{CT}{TA}=\frac{CE}{2AE}$$

图 70.8

同理

$$\frac{AF}{AB}=\frac{SF}{SB}\Rightarrow\frac{AS}{SF}=\frac{2AB}{BF}$$

又

$$\frac{FH}{HC}=\frac{S_{\triangle FBE}}{S_{\triangle CBE}}=\frac{BF\cdot EF}{CE\cdot BC}=\frac{BF}{CE}\cdot\frac{AE}{AB}$$

所以

$$\frac{CT}{TA}\cdot\frac{AS}{SF}\cdot\frac{FH}{HC}=1$$

对 $\triangle AFC$ 用梅涅劳斯定理的逆定理知：S，H，T 三点共线，即 H 在线段 PQ 上，P，H，Q 三点共线.

证法 7 尝试利用塞瓦定理的逆定理，证明 PQ，BE，CF 三线共点.

如图 70.9，联结 BP，PF，EQ，QC，连 PQ 交 BF 于 K，连 FQ 交 BE 于 L，连 BQ 交 FC 于 M，因为 $\triangle BPK$ 和 $\triangle KPF$ 共边. 所以

$$\frac{BK}{KF}=\frac{S_{\triangle BPK}}{S_{\triangle KPF}}=\frac{\frac{1}{2}PB\cdot PK\cdot\sin\angle BPK}{\frac{1}{2}PF\cdot PK\cdot\sin\angle FPK}=$$

$$\frac{PB\cdot\sin\angle BPK}{PF\cdot\sin\angle FPK}$$

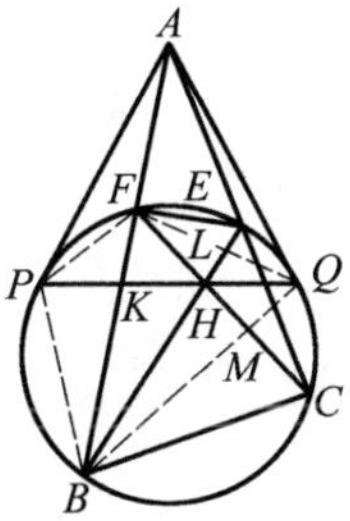

图 70.9

同理
$$\frac{FL}{LQ}=\frac{EF\cdot\sin\angle FEB}{EQ\cdot\sin\angle BEQ}$$
$$\frac{QM}{MB}=\frac{QC\cdot\sin\angle QCF}{CB\cdot\sin\angle FCB}$$

因为
$$\angle PAF=\angle PAB,\angle APF=\angle ABP$$

所以
$$\triangle APF\backsim\triangle ABP\Rightarrow\frac{BP}{PF}=\frac{AP}{AF}$$

同理
$$\frac{EF}{BC}=\frac{AF}{AC},\frac{QC}{EQ}=\frac{AC}{AQ}$$

又因为
$$\angle BPK=\angle BEQ,\angle FEB=\angle FCB,\angle QCF=\angle FPK$$

且
$$AP=AQ$$

所以
$$\frac{BK}{KF}\cdot\frac{FL}{LQ}\cdot\frac{QM}{MB}=1$$

由塞瓦定理的逆定理知，PQ,BE,CF 三线共点于 H，故 P,H,Q 三点共线.

71 四边形 $ABCD$ 内接于圆 O，其边 AB,DC 的延长线交于点 P，AD 和 BC 的延长线交于点 Q，过 Q 作该圆的两条切线，切点分别为 E,F. 求证：P,E,F 三点共线.

(1997 年中国数学奥林匹克)

注：本题实际上是 70 题的变形题，证明方法基本上相同.

证法 1 如图 71.1，连 PQ，并在 PQ 上取一点 G，使 G,Q,D,C 四点共圆，连 FG,CG，连 PF 交圆于 E'. 因为

$$\angle PGC=\angle QDC=\angle CBA$$

所以 G,C,B,P 四点共圆，从而

$$QF^2=QC\cdot QB=QG\cdot QP$$

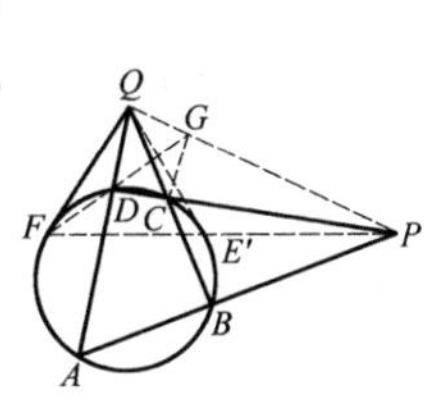

图 71.1

可知
$$\triangle QFG\backsim\triangle QPF,\angle QGF=\angle QFP$$

又
$$PG\cdot PQ=PC\cdot PD=PE'\cdot PF$$

所以 Q,F,E',G 四点共圆. 所以

$$\angle QE'F=\angle QGF=\angle QFE'$$

有 $$QF = QE'$$

因为 QF 为切线,则 QE' 也为切线,QE' 与 QE 重合,E 与 E' 重合.

故 P,E,F 三点共线.

证法2 如图71.2,在线段 PQ 上取点 G,使 G,Q,D,C 四点共圆,则

$$\angle PGC = \angle QDC = \angle CBA$$

因此 G,C,B,P 四点共圆.因为

$$QF^2 = QC \cdot QB = QG \cdot QP$$

所以 $QP^2 - QF^2 = QP^2 - QG \cdot QP = QP \cdot PG$

又因为$OP^2 - OF^2 = (OP + OF)(OP - OF) =$

$$PC \cdot PD = QP \cdot PG$$

所以 $$QP^2 - QF^2 = OP^2 - OF^2$$

所以 $QO \perp PF$,又 $QO \perp EF$,故 P,E,F 三点共线.

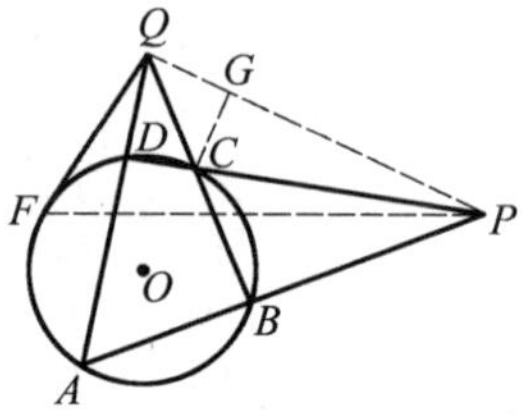

图71.2

证法3 如图71.3,设 AB 与 FE 的延长线相交于 P_1,连 AF,AE,BF,BE.则

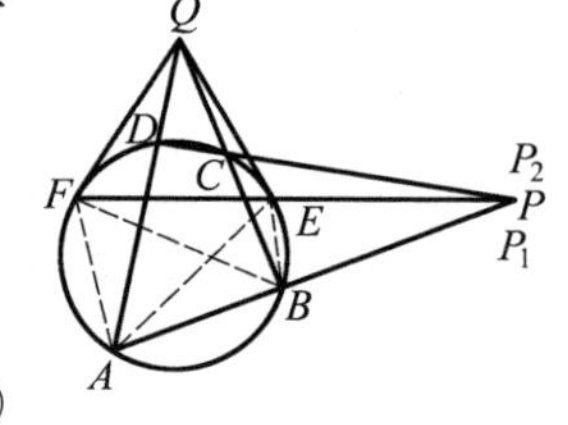

图71.3

$$\frac{FP_1}{EP_1} = \frac{S_{\triangle AFP_1}}{S_{\triangle AEP_1}} = \frac{AF \cdot \sin \angle FAB}{AE \cdot \sin \angle EAB} =$$

$$\frac{AF}{AE} \cdot \frac{\sin \angle FEB}{\sin \angle EFB} = \frac{AF}{AE} \cdot \frac{BF}{BE} \quad ①$$

设 DC 与 FE 的延长线相交于 P_2,连 DF,DE,CF,CE.同理

$$\frac{FP_2}{EP_2} = \frac{DF}{DE} \cdot \frac{CF}{CE} \quad ②$$

由 $\triangle QAF \backsim \triangle QFD$,得

$$\frac{AF}{DF} = \frac{QF}{QA} \quad ③$$

由 $\triangle QAE \backsim \triangle QED$,得

$$\frac{AE}{DE} = \frac{QE}{QA} \quad ④$$

由式③,④及 $QF = QE$,得

$$\frac{AF}{AE} = \frac{DF}{DE} \quad ⑤$$

同理 $$\frac{BF}{BE} = \frac{CF}{CE} \quad ⑥$$

由式⑤,⑥可知式① = ②,即 P_1,P_2 分 EF 所成的比相等,从而 P_1 与 P_2 重合于 P.

故 P,E,F 三点共线.

证法 4 如图 71.4,设 FE 交 QA,QB 分别于 S,T.

由第 70 题证法 6 可知

$$\frac{BT}{TQ}=\frac{BC}{2QC}$$

$$\frac{QS}{SA}=\frac{2QD}{DA}$$

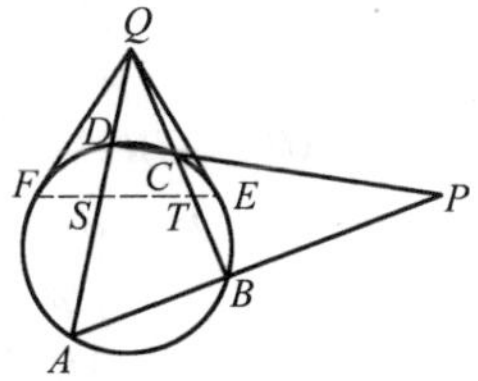

图 71.4

考虑直线 DCP 截 $\triangle QAB$,由梅涅劳斯定理得

$$1=\frac{AP}{PB}\cdot\frac{BC}{CQ}\cdot\frac{QD}{DA}=\frac{AP}{PB}\cdot\frac{BT}{TQ}\cdot\frac{QS}{SA}$$

由梅涅劳斯定理的逆定理知:P,T,S 三点共线,所以,P,E,F 三点共线.

证法 5 如图 71.5,设 DE 交 AP 于 K,AE 交 DP 于 L,FE 交 AD 于 S,连 AF,DF,BE,CE,则

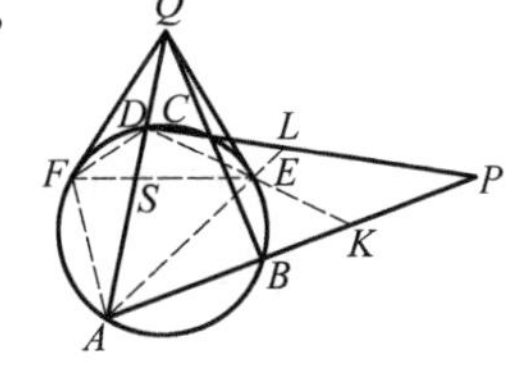

图 71.5

$$\frac{AK}{KP}\cdot\frac{PL}{LD}\cdot\frac{DS}{SA}=\frac{S_{\triangle ADK}}{S_{\triangle PDK}}\cdot\frac{S_{\triangle PAL}}{S_{\triangle DAL}}\cdot\frac{S_{\triangle DFE}}{S_{\triangle AFE}}=$$

$$\frac{AD\cdot\sin\angle ADE}{DP\cdot\sin\angle CDE}\cdot\frac{AP\cdot\sin\angle BAE}{AD\cdot\sin\angle DAE}\cdot\frac{DF\cdot DE}{AF\cdot AE}=$$

$$\frac{AE}{CE}\cdot\frac{BE}{DE}\cdot\frac{AP}{DP}\cdot\frac{DF\cdot DE}{AF\cdot AE}=$$

$$\frac{BE}{CE}\cdot\frac{AP}{DP}\cdot\frac{DF}{AF}$$

又

$$\frac{BE}{CE}=\frac{QB}{QE},\frac{DF}{AF}=\frac{QF}{QA}$$

$$\frac{AP}{DP}=\frac{\sin\angle ADC}{\sin\angle DAB}=\frac{\sin\angle ABC}{\sin\angle DAB}=\frac{QA}{QB}$$

$$QF=QE$$

所以

$$\frac{AK}{KP}\cdot\frac{PL}{LD}\cdot\frac{DS}{SA}=1$$

由塞瓦定理的逆定理知,DK,AL,PS 三线共点于 E,故 P,E,F 三点共线.

72 设 P 是 $\triangle ABC$ 内一点,$\angle APB-\angle ACB=\angle APC-\angle ABC$.又设 D,E 分别是 $\triangle APB$ 及 $\triangle APC$ 的内心.证明:AP,BD,CE 交于一点.

(1996 年第 37 届 IMO)

证法 1 如图 72.1,作 $\angle BAF=\angle 4$,$\angle ABF=\angle 3$,边 AF 与 BF 相交于 F,

连 PF.则

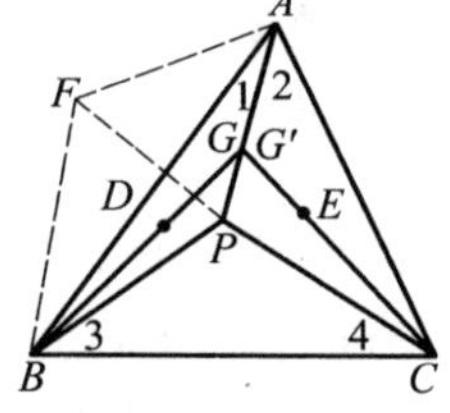

图 72.1

$$\triangle ABF \backsim \triangle CBP$$

所以 $$\frac{BF}{BP}=\frac{FA}{CP} \quad ①$$

又 $$\frac{BF}{BP}=\frac{AB}{BC},\angle FBP=\angle ABC$$

所以 $$\triangle FBP \backsim \triangle ABC$$

于是 $$\frac{BF}{AB}=\frac{FP}{AC} \quad ②$$

且 $$\angle FPB=\angle C$$

所以 $$\angle FPA=\angle APB-\angle C$$

又 $$\angle FAP=\angle 1+\angle FAB=\angle 1+\angle 4=\angle APC-\angle B$$

$$\angle APB-\angle C=\angle APC-\angle B$$

所以 $$\angle FPA=\angle FAP, FA=FP$$

式 ① ÷ ② 得 $$\frac{AB}{BP}=\frac{AC}{CP}$$

设 BD 交 AP 于 G, CE 交 AP 于 G',因 BD 平分 $\angle ABP$, CE 平分 $\angle ACP$,由三角形内角平分线性质得

$$\frac{AG}{GP}=\frac{AB}{BP}=\frac{AC}{CP}=\frac{AG'}{G'P}$$

所以 G 与 G' 重合.

即 AP, BD, CE 交于一点.

证法2 如图72.2,作 $\angle BAF=\angle 2$, $\angle ABF=\angle APC$,边 AF 与 BF 相交于 F,连 CF.则

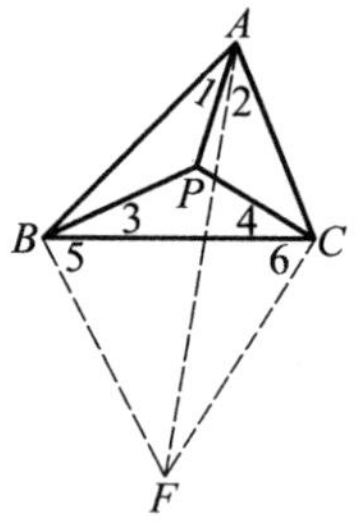

图 72.2

$$\triangle ABF \backsim \triangle APC$$

所以 $$\frac{AF}{AC}=\frac{BF}{CP} \quad ①$$

又 $$\frac{AB}{AP}=\frac{AF}{AC},\angle 1=\angle FAC$$

所以 $$\triangle ABP \backsim \triangle AFC$$

于是 $$\frac{AB}{AF}=\frac{BP}{CF} \quad ②$$

且 $$\angle APB=\angle ACF$$

所以 $$\angle 5=\angle ABF-\angle B=\angle APC-\angle B=\angle APB-\angle C=\angle ACF-\angle C=\angle 6$$

从而 $$BF=CF$$

所以式 ① × ② 可得

$$\frac{AB}{AC}=\frac{BP}{CP}$$

即

$$\frac{AB}{BP}=\frac{AC}{CP}$$

下同证法 1.

证法 3 如图 72.3,作 $\angle APM=\angle C$,PM 交 AB 于 M,$\angle APN=\angle B$,PN 交 AC 于 N,连 MN.

$$\angle MAN+\angle MPN=\angle A+\angle B+\angle C=180^\circ$$

所以 A,M,P,N 四点共圆.所以

$$\angle AMN=\angle APN=\angle B$$

所以

$$MN\ /\!/\ BC$$

图 72.3

从而

$$\frac{AB}{AC}=\frac{BM}{CN}$$

又

$$\angle 5=\angle APB-\angle C=\angle APC-\angle B=\angle 6$$

$$\angle 7+\angle 8=180^\circ$$

所以

$$\frac{BM}{BP}=\frac{\sin\angle 5}{\sin\angle 7}=\frac{\sin\angle 6}{\sin\angle 8}=\frac{CN}{CP}$$

即

$$\frac{BM}{CN}=\frac{BP}{CP}$$

故

$$\frac{AB}{AC}=\frac{BP}{CP}$$

即

$$\frac{AB}{BP}=\frac{AC}{CP}$$

下同证法 1.

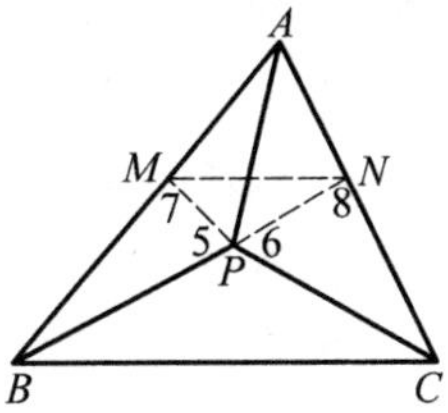

证法 4 如图 72.4,作 $PR\perp BC$ 于 R,$PK\perp AC$ 于 K,$PT\perp AB$ 于 T,连 RK,KT,RT.

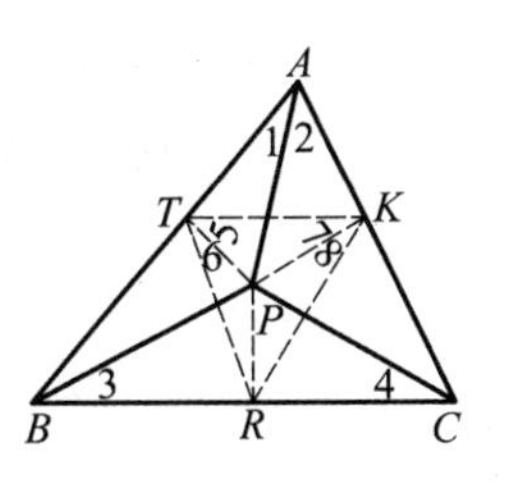

图 72.4

因为 B,R,P,T 四点共圆,BP 为直径,由正弦定理得

$$RT=BP\sin\angle B$$

同理

$$RK=CP\sin\angle C$$

因为

$$\angle RTK=\angle 5+\angle 6=\angle 2+\angle 3$$

$$\angle APB-\angle C=\angle APC-\angle B=$$

$$\angle 1+\angle 4=\angle 7+\angle 8=\angle RKT$$

所以

$$RT=RK$$

所以 $$BP\sin\angle B = CP\sin\angle C$$

于是 $$\frac{BP}{CP} = \frac{\sin\angle C}{\sin\angle B} = \frac{AB}{AC}$$

即 $$\frac{AB}{BP} = \frac{AC}{CP}$$

下同证法 1.

证法 5 如图 72.5,作 $\triangle ABC$ 的外接圆,设 AP,BP,CP 的延长线与圆分别相交于 R,K,T.因为

$$\angle RKT = \angle 5 + \angle 6 = \angle 1 + \angle 4 = \angle APC - \angle B = \angle APB - \angle C = \angle 2 + \angle 3 = \angle 7 + \angle 8 = \angle RTK$$

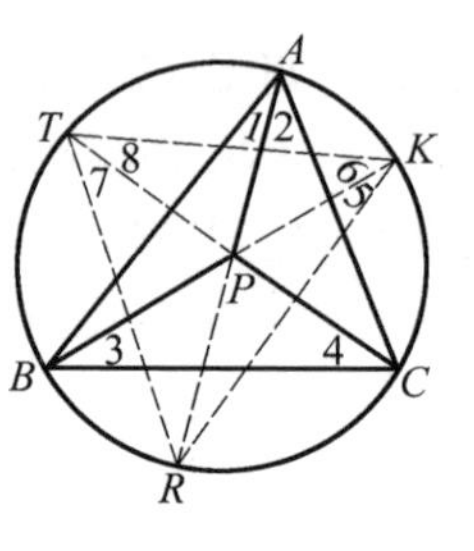

图 72.5

所以 $$RK = RT$$

又因为 $\triangle ABP \backsim \triangle KRP$,$\triangle ACP \backsim \triangle TRP$

所以 $$\frac{AB}{BP} = \frac{RK}{PR} = \frac{RT}{PR} = \frac{AC}{CP}$$

下同证法 1.

证法 6 如图 72.6,延长 AP 交 BC 于 K,交 $\triangle ABC$ 的外接圆于 F,连 BF,CF.

$$\angle APC - \angle ABC = \angle AKC + \angle PCK - \angle ABC = \angle PCK + \angle KCF = \angle PCF$$

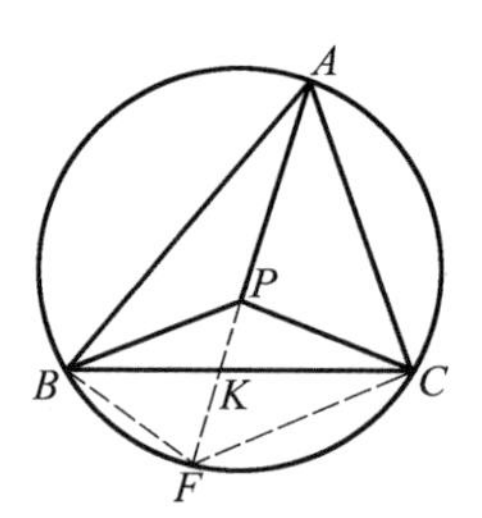

图 72.6

同理 $$\angle APB - \angle ACB = \angle PBF$$

由假设,有 $$\angle PCF = \angle PBF$$

所以

$$\frac{PB}{\sin\angle PFB} = \frac{PF}{\sin\angle PBF} = \frac{PF}{\sin\angle PCF} = \frac{PC}{\sin\angle PFC}$$

所以 $$\frac{PB}{PC} = \frac{\sin\angle PFB}{\sin\angle PFC} = \frac{\sin\angle ACB}{\sin\angle ABC} = \frac{AB}{AC}$$

即 $$\frac{AB}{BP} = \frac{AC}{CP}$$

下同证法 1.

证法 7 如图 72.7,将 $\triangle BCP$,$\triangle CAP$,$\triangle ABP$ 沿 $\triangle ABC$ 的三边翻折至形外,分别成为 $\triangle BCK$,$\triangle CAS$,$\triangle ABT$,连 KS,ST,KT.在 $\triangle BKT$ 中

$$BK = BP = BT, \angle TBK = 2\angle B$$

所以 $$\angle BTK = 90^\circ - \angle B$$

类似 $$\angle ATS = 90^\circ - \angle A$$

所以$\angle KTS = \angle ATB - (\angle BTK + \angle ATS) =$

$\angle APB - (180° - \angle B - \angle A) =$

$\angle APB - \angle C$

同理 $\angle KST = \angle APC - \angle B$

由条件知 $\angle KTS = \angle KST$

所以 $KT = KS$

在$\triangle BKT$中

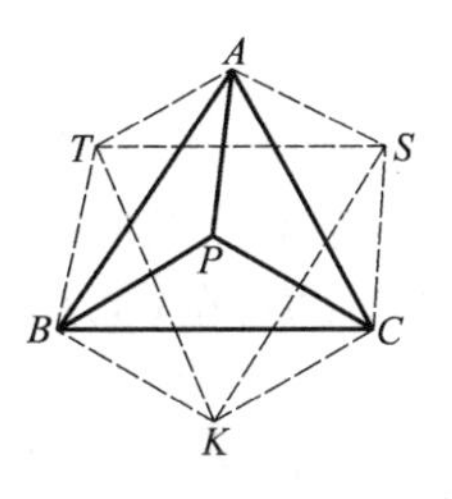

图 72.7

$$KT = 2BK\sin\frac{\angle TBK}{2} = 2BP\sin\angle B =$$

$$2BP \cdot \frac{AC}{2R} = \frac{1}{R} \cdot BP \cdot AC$$

（R为$\triangle ABC$的外接圆半径）

同理 $$KS = \frac{1}{R} \cdot CP \cdot AB$$

所以 $$BP \cdot AC = CP \cdot AB$$

即 $$\frac{AB}{BP} = \frac{AC}{CP}$$

下同证法 1.

73 在正$\triangle ABC$的三边上依下列方式选取6个点：在边BC上选取点A_1，A_2，在边CA上选取点B_1, B_2，在边AB上选取C_1, C_2，使得凸六边形$A_1A_2B_1B_2C_1C_2$的边长都相等．证明：直线A_1B_2, B_1C_2, C_1A_2共点．

（2005年第46届IMO）

证法 1 如图 73.1，在正$\triangle ABC$内取一点P，使得$\triangle A_1A_2P$是正三角形，则由$A_1P \parallel C_2C_1$及$A_1P = C_2C_1$，知四边形$A_1PC_1C_2$是一个菱形．

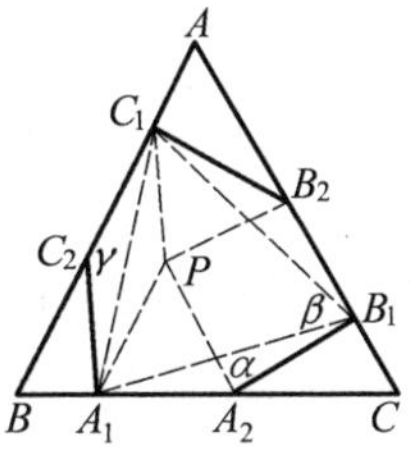

同理，四边形$A_2B_1B_2P$也是一个菱形，所以$\triangle PB_2C_1$是一个正三角形．设

$$\angle A_1A_2B_1 = \alpha, \angle A_2B_1B_2 = \beta, \angle C_1C_2A_1 = \gamma$$

图 73.1

则

$$\alpha + \beta = (\angle A_2B_1C + \angle C) + (\angle B_1A_2C + \angle C) = 240°$$

又 $$\angle B_2PA_2 = \beta, \angle A_1PC_1 = \gamma$$

所以 $$\beta + \gamma = 360° - (\angle A_1PA_2 + \angle C_1PB_2) = 240°$$

故 $$\alpha = \gamma$$

同理 $$\angle B_1B_2C_1 = \alpha$$

所以 $$\triangle A_1A_2B_1 \cong \triangle B_1B_2C_1 \cong \triangle C_1C_2A_1$$

故 $\triangle A_1B_1C_1$ 是一个正三角形.

于是,A_1B_2,B_1C_2,C_1A_2 分别是正 $\triangle A_1B_1C_1$ 的三边 B_1C_1,C_1A_1,A_1B_1 的垂直平分线,故它们共点.

证法 2 如图 73.2,在 $\triangle AB_2C_1$ 的内侧作正 $\triangle DB_2C_1$,因

$$\angle C_1AB_2 = 60^\circ = \angle C_1DB_2$$

则 A,C_1,B_2,D 四点共圆,所以

$$\angle AC_1D = \angle AB_2D$$

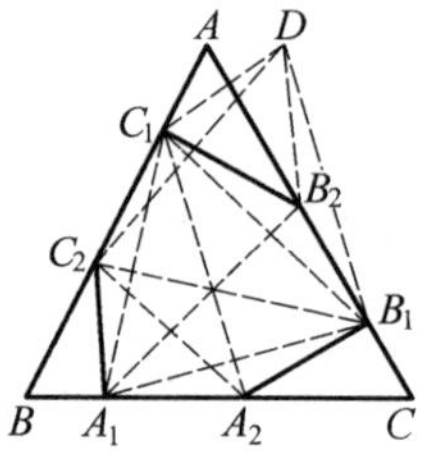

从而,等腰 $\triangle C_1C_2D \cong$ 等腰 $\triangle B_2B_1D$

有 $$DC_2 = DB_1$$

且 $$\angle C_2DB_1 = \angle C_1DB_2 = 60^\circ$$

图 73.2

故 $\triangle DC_2B_1$ 是正三角形,从而 B_1C_1 是 C_2D 的中垂线,所以

$$\angle C_2B_1C_1 = 30^\circ$$

同理 $$\angle C_1A_2C_2 = 30^\circ$$

故 A_2,B_1,C_1,C_2 四点共圆.

又因 $A_2B_1 = C_2C_1$,则四边形 $A_2B_1C_1C_2$ 是等腰梯形.于是 A_1B_2 是 B_1C_1 的中垂线.

同理,B_1C_2 是 A_1C_1 的中垂线,C_1A_2 是 A_1B_1 的中垂线.A_1B_2,B_1C_2,C_1A_2 是 $\triangle A_1B_1C_1$ 三边上的中垂线,故它们共点.

证法 3 首先证明一个引理.

引理 如图 73.3,若 $\frac{AB}{UV} = \frac{CD}{VW} = \frac{EF}{WU}$,求证:$\frac{BC}{XY} = \frac{DE}{YZ} = \frac{FA}{ZX}$.

(2003 年全国初中数学联赛武汉选拔赛)

证明 如图 73.3,过点 A,B 分别作 UW,VW 的平行线,交点为 P,联结 PE,PD,则

$$\triangle ABP \backsim \triangle UVW$$

从而 $$\frac{AB}{UV} = \frac{BP}{VW} = \frac{PA}{WU}$$

得 $$CD = BP, EF = PA$$

则 $$CD \mathrel{\underline{\parallel}} BP, EF \mathrel{\underline{\parallel}} PA$$

所以 $$BC \mathrel{\underline{\underline{\parallel}}} PD, FA \mathrel{\underline{\underline{\parallel}}} EP$$

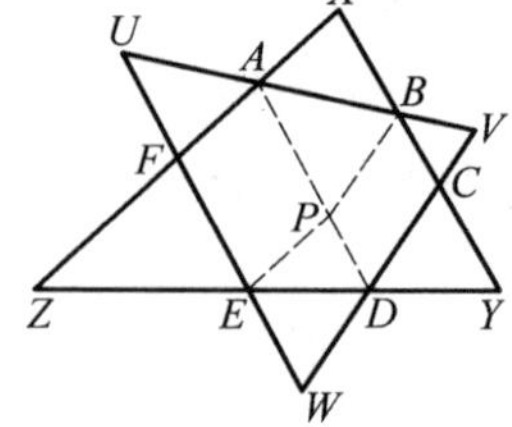

图 73.3

于是 $\triangle PDE \backsim \triangle XYZ, \dfrac{PD}{XY} = \dfrac{DE}{YZ} = \dfrac{EP}{ZX}$

故
$$\frac{BC}{XY} = \frac{DE}{YZ} = \frac{FA}{ZX}$$

另证 如图 73.4,分别过 V,W,U 作直线 $RQ \parallel XY, QS \parallel YZ, SR \parallel ZX$,则 $\triangle XYZ$ 与 $\triangle RQS$ 位似,则 RX,QY,SZ 交于一点 O.

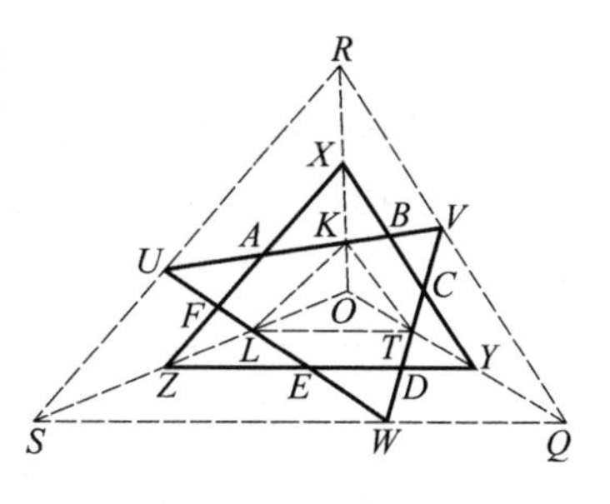

图 73.4

又
$$\frac{AB}{UV} = \frac{CD}{VW} = \frac{EF}{WU}$$

所以
$$\frac{KX}{KR} = \frac{TY}{TQ} = \frac{LZ}{LS}$$

有 $KT \parallel RQ, TL \parallel QS, LK \parallel SR$

所以
$$\frac{BC}{KT} = \frac{DE}{TL} = \frac{FA}{LK} \quad ①$$

$$\frac{KT}{XY} = \frac{TL}{YZ} = \frac{LK}{ZX} \quad ②$$

由式 ①,② 即得结论.

下面证明原题.

如图 73.5,直线 A_1C_2, A_2B_1, B_2C_1 两两相交于 D,E,F,因

$$\frac{A_1A_2}{BC} = \frac{B_1B_2}{CA} = \frac{C_1C_2}{AB}$$

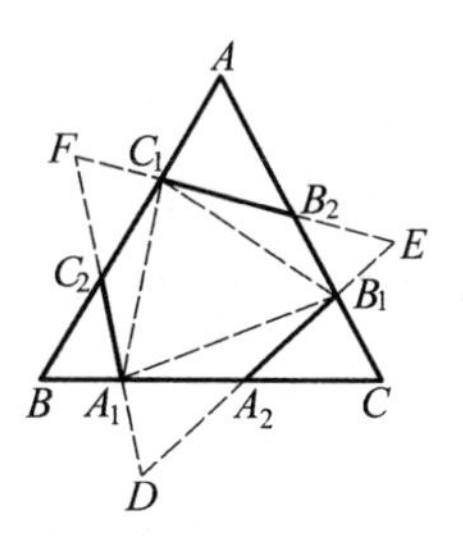

图 73.5

由引理知

$$\frac{A_2B_1}{DE} = \frac{B_2C_1}{EF} = \frac{C_2A_1}{FD}$$

从而,$DE = EF = FD$,则 $\triangle DEF$ 是正三角形.

于是 $$\triangle BC_2A_1 \cong \triangle DA_2A_1$$

有 $$\angle BC_2A_1 = \angle DA_2A_1$$

故 $$\triangle C_1C_2A_1 \cong \triangle B_1A_2A_1$$

得 $$A_1C_1 = A_1B_1$$

同理 $$A_1B_1 = B_1C_1$$

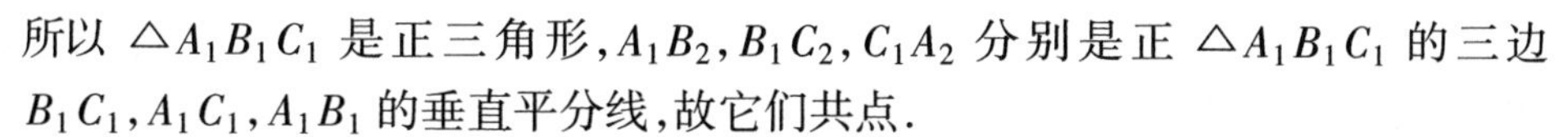
所以 $\triangle A_1B_1C_1$ 是正三角形,A_1B_2, B_1C_2, C_1A_2 分别是正 $\triangle A_1B_1C_1$ 的三边 B_1C_1, A_1C_1, A_1B_1 的垂直平分线,故它们共点.

74 过 $\triangle ABC$ 的顶点 B,C 的圆与边 AB,AC 分别交于 C_1,B_1,$\triangle ABC$ 与

$\triangle AB_1C_1$ 的垂心分别为 H, H_1,求证:直线 BB_1, CC_1, HH_1 共点.

(第 36 届 IMO 预选题)

证法1 如图 74.1,设直线 BH 交 CC_1 于 D,CH 交 BB_1 于 E,联结 DE,因为

$$\angle DBE = \angle HBA - \angle PBC_1 = \angle HCA - \angle PCB_1 = \angle ECD$$

所以 D, C, B, E 四点共圆.于是

$$\angle PDE = \angle CBE = \angle CC_1B_1$$

从而 $$DE \parallel C_1B_1$$

易知 $$\triangle HDE \backsim \triangle HCB \backsim \triangle H_1C_1B_1$$

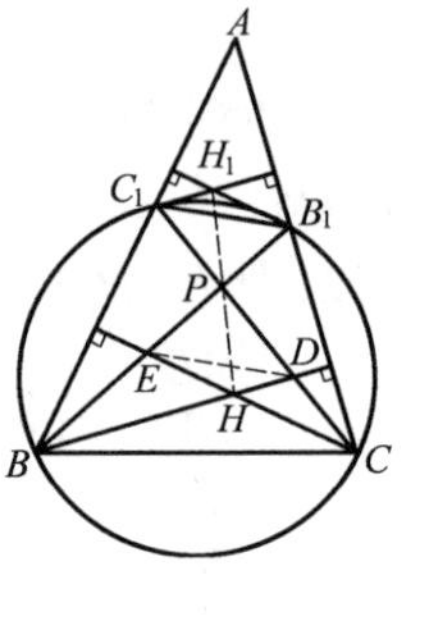

图 74.1

所以 $$\frac{DH}{C_1H_1} = \frac{DE}{C_1B_1} = \frac{DP}{C_1P}$$

又 $$BH \perp AC, C_1H_1 \perp AC$$

有 $$BH \parallel C_1H_1, \angle HDP = \angle H_1C_1P$$

所以 $$\triangle DHP \backsim \triangle C_1H_1P$$

故 H, P, H_1 三点共线,即直线 BB_1, CC_1, HH_1 共点.

或者,$\triangle HDE$ 与 $\triangle H_1C_1B_1$ 三双对应边各平行,则对应顶点的连线 BB_1, CC_1, HH_1 共点.这是笛沙格(Desargues)定理的特殊情形.

证法2 如图 74.2,设 $BH \perp AC$ 于 D,$CH \perp AB$ 于 E,联结 DE.

因 B, C, B_1, C_1 和 B, C, D, E 各四点共圆,则

$$\angle AB_1C_1 = \angle ABC = \angle B_1DE$$

有 $$DE \parallel B_1C_1$$

又 $$HD \parallel H_1C_1 \text{(都与 } AC \text{ 垂直)}$$

$$HE \parallel H_1B_1$$

由笛沙格定理(特殊情形)知 DC_1, EB_1, HH_1 三线共点,记此点为 K.

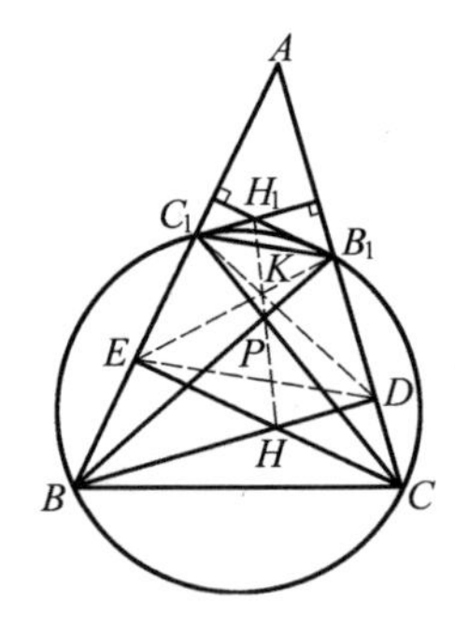

图 74.2

又对直线 BEC_1 与直线 CDB_1 用帕普斯(Pappus)定理,知 H, P, K 三点共线.

故 H, P, K, H_1 四点共线.

从而,直线 BB_1, CC_1, HH_1 共点.

注:帕普斯定理:B, E, C_1 为一条直线上的三点(无论其顺序如何),同样,

C,D,B_1 为另一条直线一上的三点,设 BD 与 CE,DC_1 与 EB_1,BB_1 与 CC_1 的交点分别为 H,K,P(图 74.3),则 H,K,P 三点共线.

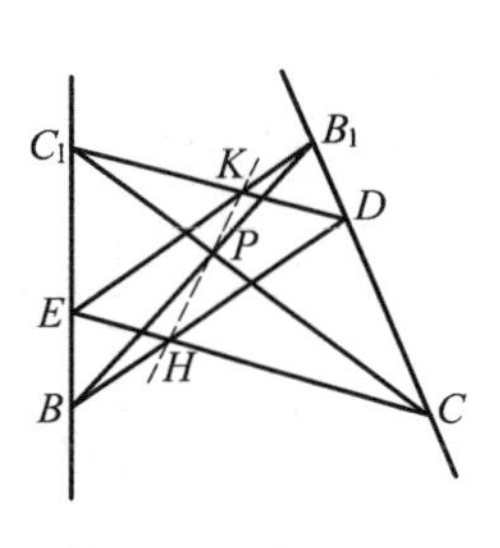

图 74.3

证法3 如图74.4,对 $\triangle HBC$ 与 $\triangle H_1B_1C_1$,要让其对应顶点的连线共点,由笛沙格定理知,只要证明它们三双对应边的交点共线即可.

设直线 BC 与 B_1C_1,BH 与 B_1H_1,CH 与 C_1H_1 的交点分别为 K,M,N.

设 $BH\perp AC$ 于 D,$CH\perp AB$ 于 E,$B_1H_1\perp AC_1$ 于 D_1,$C_1H_1\perp AB_1$ 于 E_1,则四边形 $BCDE$ 与 $B_1C_1D_1E_1$ 均为圆内接四边形,分记为圆 ω 与圆 ω_1.

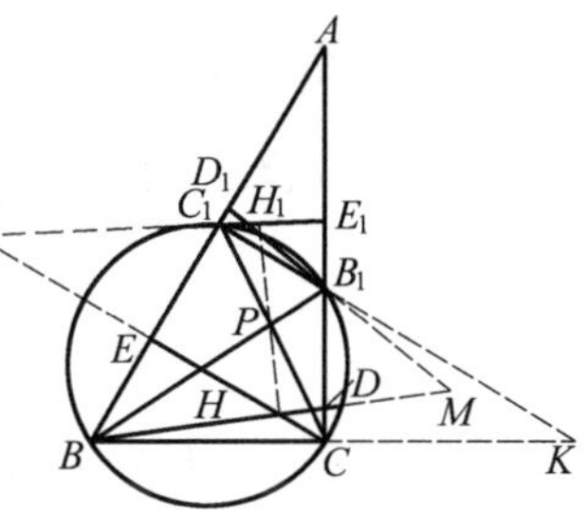

图 74.4

因 B,C,B_1,C_1 四点共圆,则 $KC\cdot KB=KB_1\cdot KC_1$,即点 K 对圆 ω 与圆 ω_1 的密相等,从而点 K 在圆 ω 与圆 ω_1 的根轴上.

又因 B,D,B_1,D_1 四点共圆,则 $MD\cdot MB=MB_1\cdot MD_1$,即点 M 对圆 ω 与圆 ω_1 的密相等,从而点 M 在圆 ω 与圆 ω_1 的根轴上.同理,点 N 在圆 ω 与圆 ω_1 的根轴上.故 K,M,N 三点共线.证毕.

证法4 如图 74.5,过 P 作 $DD_1 /\!/ AB$ 交 BH,C_1H 分别于 D,D_1,过 P 作 $EE_1 /\!/ AC$ 交 CH,B_1H_1 分别于 E,E_1.易知 H,H_1 分别是 $\triangle PDE$,$\triangle PD_1E_1$ 的垂心.于是

$$PH\perp DE,PH_1\perp D_1E_1$$

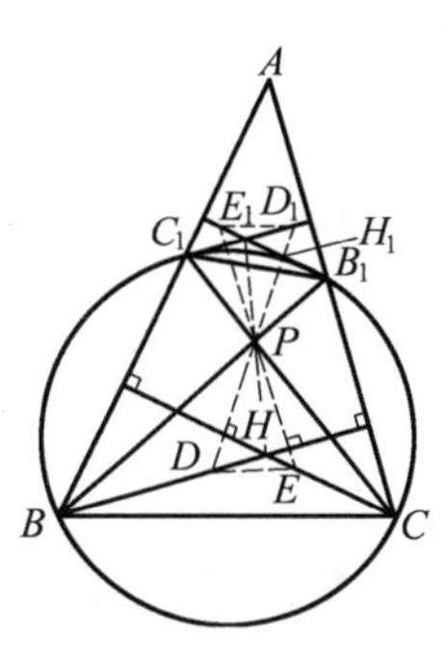

图 74.5

要证 H,P,H_1 三点共线,只要证明 $DE /\!/ D_1E_1$ 即可.因

$$\angle BPD=\angle PBC_1=\angle PCB_1=\angle EPC$$

$$\angle PDB=180^\circ-\angle DBC_1=180^\circ-\angle ECB_1=\angle PEC$$

则 $$\triangle PBD\backsim\triangle PCE$$

又 $$\triangle PBC_1\backsim\triangle PCB_1$$

BDD_1C_1 与 CEE_1B_1 均为平行四边形,所以

$$\frac{PD}{PE}=\frac{PB}{PC}=\frac{BC_1}{CB_1}=\frac{DD_1}{EE_1}$$

于是,$DE /\!/ D_1E_1$,从而,H,P,H_1 三点共线.故 BB_1,CC_1,HH_1 共点.

证法5 如图 74.6,设 BB_1 的中点为 M,CC_1 的中点为 N,我们来证明

$PH \perp MN$.

由中线长公式得

$$HM^2 = \frac{1}{2}HB^2 + \frac{1}{2}HB_1^2 - \frac{1}{4}BB_1^2$$

$$HN^2 = \frac{1}{2}HC^2 + \frac{1}{2}HC_1^2 - \frac{1}{4}CC_1^2$$

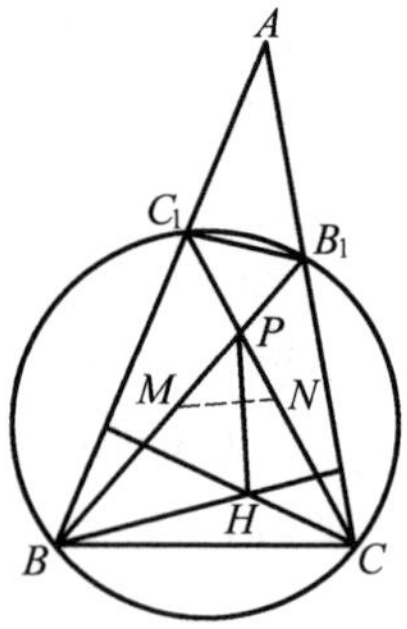

所以 $$HM^2 - HN^2 = \frac{1}{2}(HB^2 - HC_1^2) + \frac{1}{2}(HB_1^2 - HC^2) + \frac{1}{4}(CC_1^2 - BB_1^2)$$

A
C1
B1
P
M
N
H
B
C

图 74.6

又 $$CH \perp BC_1, BH \perp CB_1$$

有 $$HB^2 - HC_1^2 = BC^2 - CC_1^2$$

$$HB_1^2 - HC^2 = BB_1^2 - BC^2$$

于是 $$HM^2 - HN^2 = \frac{1}{4}(BB_1^2 - CC_1^2)$$

因为 $$PM^2 = (B_1M - PB_1)(PB - BM) = B_1M \cdot PB - B_1M \cdot BM - PB_1 \cdot PB + PB_1 \cdot BM = \frac{1}{4}BB_1^2 - PB_1 \cdot PB$$

同理 $$PN^2 = \frac{1}{4}CC_1^2 - PC_1 \cdot PC$$

又 $$PB_1 \cdot PB = PC_1 \cdot PC$$

所以 $$PM^2 - PN^2 = \frac{1}{4}(BB_1^2 - CC_1^2)$$

故 $$HM^2 - HN^2 = PM^2 - PN^2$$

从而 $$PH \perp MN$$

同理 $$PH_1 \perp MN$$

所以 H, P, H_1 三点共线.即 BB_1, CC_1, HH_1 三线共点.

75 设 O, H 分别为 $\triangle ABC$ 的外心和垂心.证明:在 BC, CA, AB 上分别存在点 D, E, F,使得 $OD + DH = OE + EH = OF + FH$,且直线 AD, BE, CF 共点.

(第 41 届 IMO 预选题)

证法 1 如图 75.1,设三高交圆 O 于 L, M, N, OL 交 BC 于 D, OM 交 CA 于 E, ON 交 AB 于 F.因为

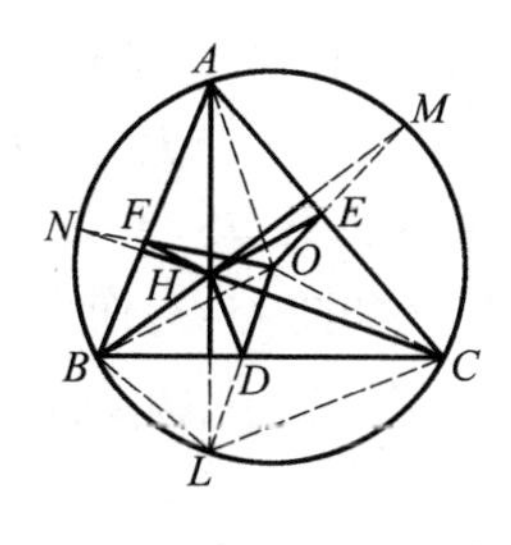

图 75.1

$$\angle LBC=\angle LAC=\frac{\pi}{2}-\angle ACB=\angle CBH$$

$$\angle BCL=\angle BAL=\frac{\pi}{2}-\angle CBA=\angle HCB$$

$$BC=BC$$

所以 $\triangle HBC\cong\triangle LBC, HD=LD$

所以 $OD+HD=OL=R$

R 为圆 O 半径.同理

$$OE+HE=OF+HF=R$$

又因为 $$\frac{BD}{DC}=\frac{S_{\triangle OBD}}{S_{\triangle ODC}}=\frac{\sin\angle BOD}{\sin\angle COD}$$

同理 $$\frac{CE}{EA}=\frac{\sin\angle COE}{\sin\angle AOE},\frac{AF}{FB}=\frac{\sin\angle AOF}{\sin\angle BOF}$$

又因为 $$\angle BOD=2\angle BAL=2\angle BCN=\angle BOF$$

同理 $$\angle COD=\angle COE,\angle AOE=\angle AOF$$

故 $$\frac{BD}{DC}\cdot\frac{CE}{EA}\cdot\frac{AF}{FB}=1$$

从而 AD,BE,CF 共点.

证法2 如图75.2,设高 $AK\perp BC$ 于 K,交圆 O 于 L,联结 OL 交 BC 于 D,则 $HK=KL$,从而

$$DH=DL,OD+DH=OL=R$$

R 为圆 O 半径.类似得 $E\in CA,F\in AB$,使

$$OE+EH=OF+FH=R$$

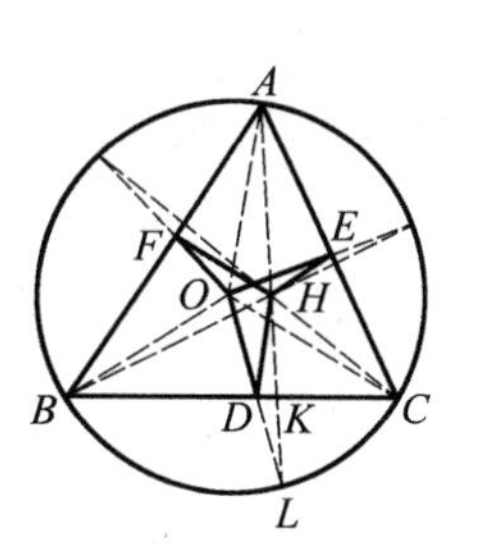

图 75.2

联结 OB,OC,OA,易知

$$\angle BOD=2\angle BAL=2\left(\frac{\pi}{2}-B\right)=\pi-2B$$

同理 $$\angle COD=\pi-2C$$

所以 $$\frac{BD}{DC}=\frac{S_{\triangle OBD}}{S_{\triangle ODC}}=\frac{\sin\angle BOD}{\sin\angle COD}=\frac{\sin 2B}{\sin 2C}$$

同理 $$\frac{CE}{EA}=\frac{\sin 2C}{\sin 2A},\frac{AF}{FB}=\frac{\sin 2A}{\sin 2B}$$

所以 $$\frac{BD}{DC}\cdot\frac{CE}{EA}\cdot\frac{AF}{FB}=1$$

所以 AD,BE,CF 共点.

此题可推广如下:$\triangle ABC$ 中,P,Q 互为等角共轭点,即

$$\angle PAB=\angle CAQ,\angle PBC=\angle ABQ,\angle PCA=\angle BCQ$$

则在 BC,CA,AB 上分别存在点 D,E,F，使得

$$PD+DQ=PE+EQ=PF+FQ$$

且 AD,BE,CF 共点.

证明　如图 75.3，作点 P 关于 BC,CA,AB 的对称点 L,M,N，联结 $QL,QM,QN,BL,LC,CM,MA,AN,NB$.

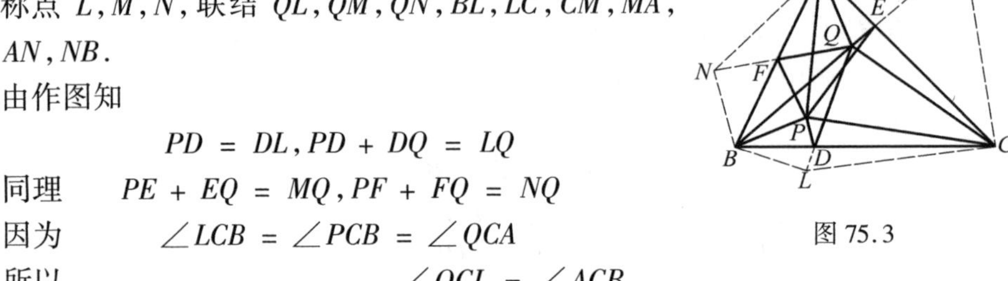

图 75.3

由作图知

$$PD=DL,PD+DQ=LQ$$

同理　$PE+EQ=MQ,PF+FQ=NQ$

因为　$\angle LCB=\angle PCB=\angle QCA$

所以　$\angle QCL=\angle ACB$

同理　$\angle QCM=\angle ACB$

所以　$\angle QCL=\angle QCM$

又因为　$CL=CP=CM,CQ=CQ$

所以　$\triangle LCQ\cong\triangle MCQ,LQ=MQ$

同理　$MQ=NQ$

所以　$PD+DQ=PE+EQ=PF+FQ$

由 $\triangle LCQ\cong\triangle MCQ$ 同时得到

$$\angle CQL=\angle CQM$$

同理　$\angle AQM=\angle AQN,\angle BQN=\angle BQL$

又因为　$\dfrac{BD}{DC}=\dfrac{S_{\triangle QBD}}{S_{\triangle QDC}}=\dfrac{QB\sin\angle BQL}{QC\sin\angle CQL}$

同理　$\dfrac{CE}{EA}=\dfrac{QC\sin\angle CQM}{QA\sin\angle AQM},\dfrac{AF}{FB}=\dfrac{QA\sin\angle AQN}{QB\sin\angle BQN}$

故　$\dfrac{BD}{DC}\cdot\dfrac{CE}{EA}\cdot\dfrac{AF}{FB}=1$

所以 AD,BE,CF 共点.

76 在锐角 $\triangle ABC$ 中，点 A,B 到对边垂线的垂足分别为 H_a,H_b，$\angle A,\angle B$ 的平分线分别交对边于 W_a,W_b. 证明：$\triangle ABC$ 的内心 I 在线段 H_aH_b 上当且仅当外心 O 在 W_aW_b 上.

（2002 ~ 2003 年德国数学奥林匹克，1997 年第 38 届 IMO 预选题）

证法 1　如图 76.1，设 X 为 $\triangle ABC$ 内一点，作 $XM\perp AB$ 于 M，$XN\perp BC$ 于 N，$XL\perp AC$ 于 L.

首先证明：$X \in W_aW_b \Leftrightarrow XM = XN + XL$ （*）

若 $X \in W_aW_b$，作 $W_aR \perp AB$ 于 R，$W_aQ \perp AC$ 于 Q，$W_bS \perp AB$ 于 S，$W_bP \perp BC$ 于 P，则

$$W_aR = W_aQ, W_bS = W_bP$$

设
$$\frac{W_bX}{XW_a} = \frac{m}{n}$$

在梯形 W_aW_bSR 中（线段的定比分点公式）有

$$XM = \frac{mW_aR + nW_bS}{m + n}$$

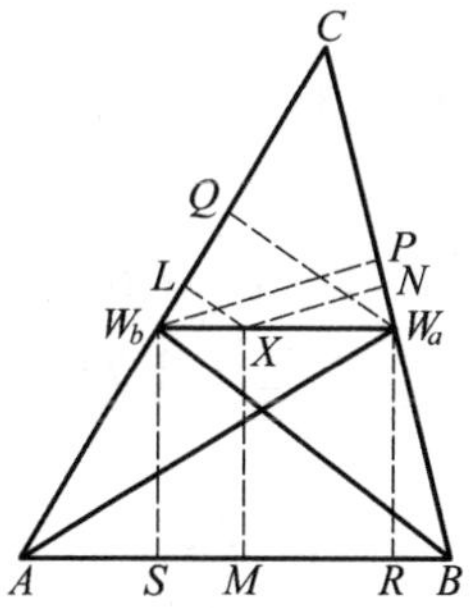

图 76.1

因 $XN \parallel W_bP$，则

$$\frac{XN}{W_bP} = \frac{W_aX}{W_aW_b} = \frac{n}{m + n}$$

于是 $XN = \frac{nW_bS}{m + n}$（注意 $W_bP = W_bS$）

同理
$$XL = \frac{mW_aR}{m + n}$$

于是
$$XN + XL = \frac{mW_aR + nW_bS}{m + n} = XM$$

反过来，若

$$XM = XN + XL$$

设 W_aX 交 AC 于 W'_b，要证 $X \in W_aW_b$，只要证 W'_b 与 W_b 重合，这只要证 BW'_b 是 $\angle ABC$ 的平分线，作 $W'_bS' \perp AB$ 于 S'，$W'_bP' \perp BC$ 于 P'，只要证明 $W'_bS' = W'_bP'$ 即可.

设
$$\frac{W'_bX}{XW_a} = \frac{m}{n}$$

在梯形 $W_aW'_bS'R$ 中，有

$$XM = \frac{mW_aR + nW'_bS'}{m + n}$$

因 $XN \parallel W'_bP'$，$XL \parallel W_aQ$，则

$$XN = \frac{nW'_bP'}{m + n}$$

$$XL = \frac{mW_aQ}{m + n} = \frac{mW_aR}{m + n}$$

于是
$$\frac{mW_aR + nW'_bS'}{m + n} = \frac{nW'_bP'}{m + n} + \frac{mW_aR}{m + n}$$

故 $$W'_bS' = W'_bP'$$

设 D,E,F 分别为 AB,BC,CA 的中点,对应外心 O,应用结论(*)有

$$O \in W_aW_b \Leftrightarrow OD = OE + OF$$

下面证明:$I \in H_aH_b \Leftrightarrow H_aH_b = AH_b + BH_a$.

如图 76.2,过 I 作 $TK \parallel AB$ 交 AC,BC 分别于 T,K.

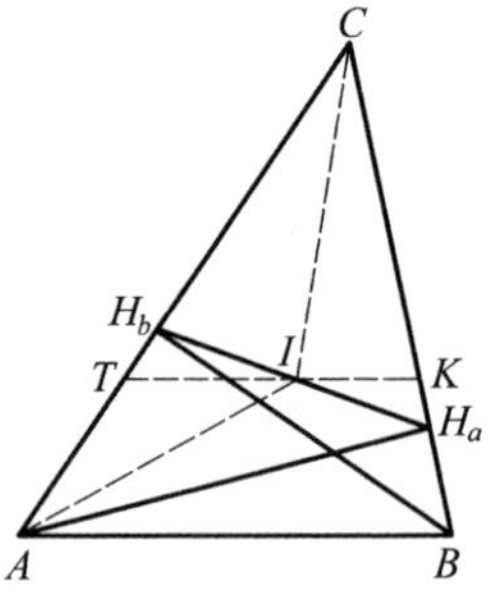

因

$$\angle TAI = \angle IAB = \angle AIT$$

则 $TI = TA$.同理,$KI = KB$,因此,$TK = TA + KB$.

易证 $$\triangle CTK \backsim \triangle CH_aH_b$$

则 $I \in H_aH_b \Rightarrow$ 相似比 $= CI : CI$(对应角的角平分线之比)$= 1 \Rightarrow \triangle CTK \cong \triangle CH_aH_b$

于是 $$TK = H_aH_b$$

且 $$CT = CH_a, CK = CH_b$$

有 $$TH_b = KH_a$$

从而 $$AH_b + BH_a = TA + KB$$

故 $$H_aH_b = AH_b + BH_a$$

图 76.2

注:此结论实际上是 1985 年第 26 届 IMO 一道试题,请参阅本书第 33 题.

反过来,若 $H_aH_b = AH_b + BH_a$,作 $\angle C$ 的平分线交 H_aH_b 于 I',过 I' 作 $T'K' \parallel AB$ 交 AC,BC 分别于 T',K'.易证

$$\triangle CT'K' \cong \triangle CH_aH_b$$

且 $$CT' = CH_a, CK' = CH_b$$

有 $$T'H_b = K'H_a$$

从而 $$T'A + K'B = AH_b + BH_a = T'K'$$

在 $T'K'$ 上存在点 I'',使得 $T'A = TI''$,$K'B = K'I''$.从而

$$\angle T'AI'' = \angle T'I''A = \angle I''AB$$

$$\angle K'BI'' = \angle K'I''B = \angle I''BA$$

因此 I'' 即为 $\triangle ABC$ 的内心 I.既然 $\triangle ABC$ 的内心 I 在 $T'K'$ 上,又 $\angle C$ 的平分线与 $T'K'$ 的交点为 I',那么,I' 一定与 I 重合.因此,$I \in H_aH_b$.

最后证明:$OD = OE + OF \Leftrightarrow H_aH_b = AH_b + BH_a$.

如图 76.3,因为 A,B,H_a,H_b;O,D,B,E 分别四点共圆,所以

$$\angle H_bH_aA = \angle H_bBA = 90^\circ - \angle A = \angle OBE = \angle ODE$$

$$\angle AH_bH_a = 180^\circ - \angle B = \angle EOD$$

所以 $$\triangle H_bAH_a \backsim \triangle OED$$

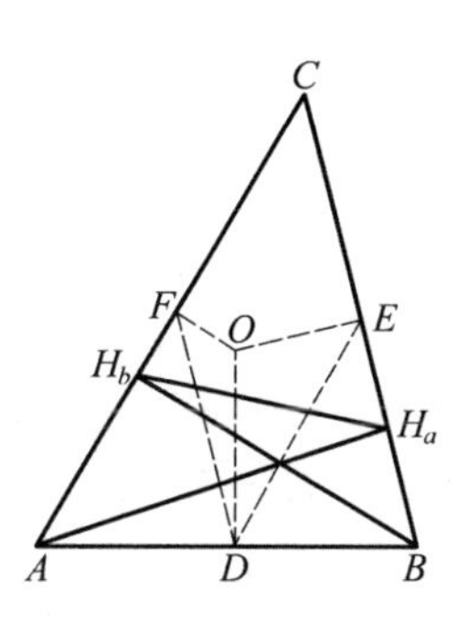

图 76.3

所以 $$\frac{AH_b}{H_aH_b} = \frac{OE}{OD}$$

同理 $$\frac{BH_a}{H_aH_b} = \frac{OF}{OD}$$

两式相加,得

$$\frac{AH_b + BH_a}{H_aH_b} = \frac{OE + OF}{OD}$$

故 $$OD = OE + OF \Leftrightarrow H_aH_b = AH_b + BH_a$$

证法 2 首先证明:$I \in H_aH_b \Leftrightarrow \cos C = \cos A + \cos B$.

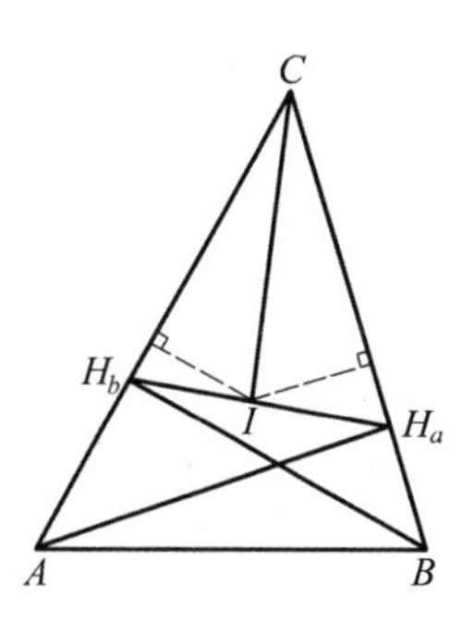

图 76.4

如图 76.4,在 Rt$\triangle CBH_b$ 中,$CH_b = a\cos C$.同理

$$CH_a = b\cos C$$

易证 $$\triangle H_aH_bC \backsim \triangle ABC$$

则 $$\frac{CH_b}{BC} = \frac{a\cos C}{a} = \cos C$$

因此 $$S_{\triangle H_aH_bC} = S_{\triangle ABC} \cdot \cos^2 C$$

由角平分线性质有

$$I \in H_aH_b \Leftrightarrow S_{\triangle H_aH_bC} = S_{\triangle CH_bI} = S_{\triangle CIH_a} \Leftrightarrow$$

$$S_{\triangle ABC} \cdot \cos^2 C = \frac{1}{2} ra\cos C + \frac{1}{2} rb\cos C \Leftrightarrow$$

$$\frac{1}{2} r(a + b + c)\cos C = \frac{1}{2} r(a + b) \Leftrightarrow$$

$$a\cos C + b\cos C + c\cos C = a + b$$

把 $a = b\cos C + c\cos B, b = a\cos C + c\cos A$ 代入上式右边即得证.

再来证明:$O \in W_aW_b \Leftrightarrow \cos C = \cos A + \cos B$.

如图 76.5,在 Rt$\triangle OEC$ 中,$OE = R\cos A$.

同理 $$OF = R\cos B, OD = R\cos C$$

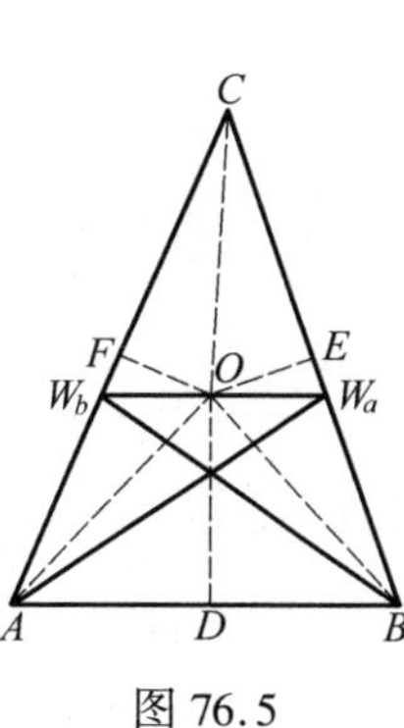

图 76.5

所以 $$O \in W_aW_b \Leftrightarrow S_{\triangle CW_aW_b} = S_{\triangle CW_aO} + S_{\triangle CW_bO} \Leftrightarrow$$

$$S_{\triangle ABC} \cdot \frac{a}{a + c} \cdot \frac{b}{b + c} = \frac{ab}{2(b + c)} \cdot$$

$$R\cos A + \frac{ab}{2(a + c)} \cdot R\cos B \Leftrightarrow$$

$$\left(\frac{1}{2} a \cdot R\cos A + \frac{1}{2} b \cdot R\cos B + \right.$$

$$\frac{1}{2}c\cdot R\cos C\Big)\cdot\frac{a}{a+c}\cdot\frac{b}{b+c}=$$

$$\frac{1}{2}abR\left(\frac{\cos A}{b+c}+\frac{\cos B}{a+c}\right)\Leftrightarrow$$

$$\cos C=\cos A+\cos B$$

因此
$$I\in H_aH_b\Leftrightarrow O\in W_aW_b$$

证法 3 如图 76.6.

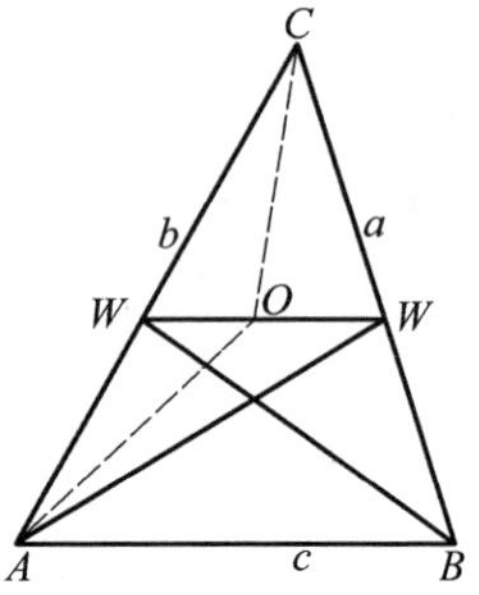

$$O\in W_aW_b\Leftrightarrow\frac{S_{\triangle AW_aO}}{S_{\triangle CW_aO}}=\frac{AW_b}{CW_b}\Leftrightarrow$$

$$\frac{OA\cdot AW_a\sin\angle OAW_a}{OC\cdot CW_a\sin\angle OCW_a}=\frac{c}{a}\Leftrightarrow$$

$$\frac{\sin C}{\sin\frac{A}{2}}\cdot\frac{\sin\left(\frac{A}{2}-90^\circ+B\right)}{\cos A}=\frac{\sin C}{\sin A}$$(在 $\triangle AW_aC$ 与 $\triangle ABC$ 中用正弦定理)$\Leftrightarrow$

$$\sin\left(\frac{A}{2}-90^\circ+B\right)\sin A=\sin\frac{A}{2}\cos A$$

图 76.6

如图 76.7.

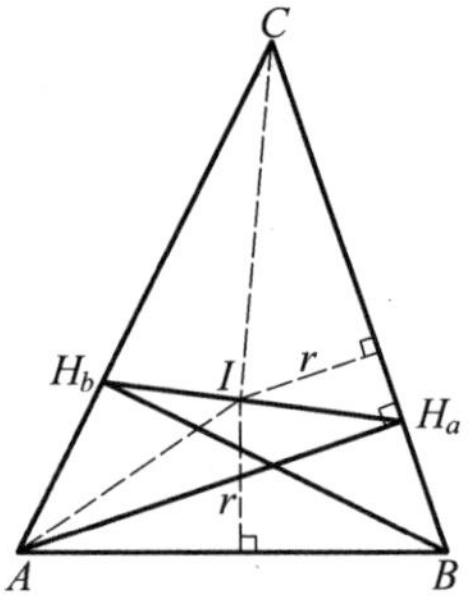

$$I\in H_aH_b\Leftrightarrow\frac{S_{AIH_a}}{S_{\triangle CIH_a}}=\frac{AH_b}{CH_b}\Leftrightarrow$$

$$\frac{AI\cdot AH_a\sin\angle IAH_a}{r\cdot CH_a}=\frac{c\cos A}{a\cos C}\Leftrightarrow$$

$$\frac{1}{\sin\frac{A}{2}}\cdot\tan C\cdot\sin\left(\frac{A}{2}-90^\circ+B\right)=$$

$$\frac{\sin C\cos A}{\sin A\cos C}\Leftrightarrow$$

$$\sin\left(\frac{A}{2}-90^\circ+B\right)\sin A=\sin\frac{A}{2}\cos A$$

图 76.7

于是
$$O\in W_aW_b\Leftrightarrow I\in H_aH_b$$

评注 如图 76.8,作 $CH_c\perp AB$ 于 H_c,因 $\angle OCI=\angle ICH_c$,则

O,I,H_c 共线 $\Leftrightarrow\frac{S_{\triangle AOI}}{S_{\triangle AIH_c}}=\frac{OI}{IH_c}=\frac{OC}{CH_c}\Leftrightarrow$

$$\frac{OA\sin\angle OAI}{AH_c\sin\angle IAH_c}=\frac{OC}{CH_c}\Leftrightarrow$$

$$\frac{\sin\left(\frac{A}{2}-90^\circ+B\right)}{\sin\frac{A}{2}}=\frac{AH_c}{CH_c}=\cot A\Leftrightarrow$$

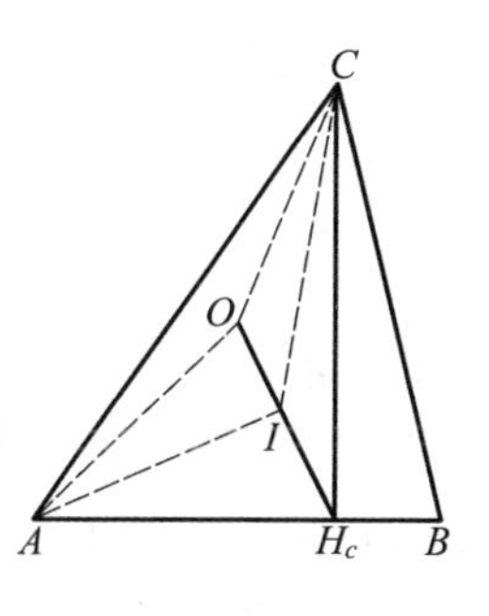

图 76.8

$$\sin\left(\frac{A}{2}-90^\circ+B\right)\sin A=\sin\frac{A}{2}\cos A$$

可以证明：O,I,H_c 共线 $\Leftrightarrow\triangle ABC$ 的外接圆半径等于AB 边上的旁切圆半径.结论"$\Rightarrow$"是 1998 年全国高中数学联赛加试第一题即本书第 11 题.因此,两道题具有等价性.

77 已知$\triangle ABC$的三边BC,CA,AB上各有一点D,E,F,且满足AD,BE,CF交于一点G.若$\triangle AGE,\triangle CGD,\triangle BGF$的面积相等.证明:$G$是$\triangle ABC$的重心.

(2005 年第 18 届爱尔兰数学奥林匹克)

证法1 如图77.1,设$S_{\triangle AGE}=S_{\triangle CGD}=S_{\triangle BGF}=1$,$S_{\triangle AGF}=x,S_{\triangle BGD}=y,S_{\triangle CGE}=z$.由

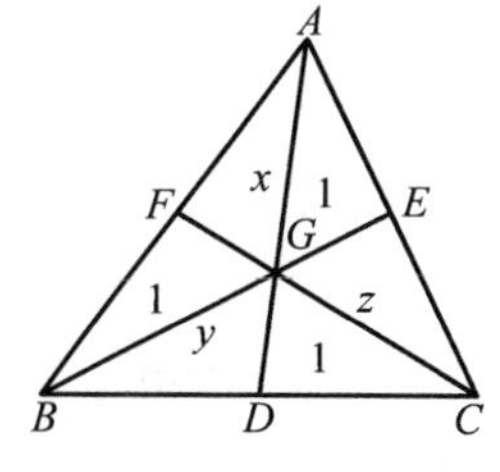

图 77.1

$$\frac{AG}{GD}=\frac{x+1}{y}=\frac{z+1}{1}$$

$$\frac{BG}{GE}=\frac{x+1}{1}=\frac{y+1}{z}$$

$$\frac{CG}{GF}=\frac{z+1}{x}=\frac{y+1}{1}$$

得

$$yz+y=x+1 \quad ①$$

$$zx+z=y+1 \quad ②$$

$$xy+x=z+1 \quad ③$$

式①+②+③得

$$xy+yz+zx=3 \quad ④$$

因$\frac{AF}{FB}=x,\frac{BD}{DC}=y,\frac{CE}{EA}=z$,由塞瓦定理得

$$xyz=1 \quad ⑤$$

式①$\times x$+②$\times y$+③$\times z$,并利用式④和式⑤可得

$$(x+y+z)^2+(x+y+z)-12=0$$

于是

$$x+y+z=3 \quad ⑥$$

(负值不合题意,已舍去)

由式⑥,④,⑤,根据韦达定理知:x,y,z 是下列关于 α 的一元三次方程的三个根

$$\alpha^3-3\alpha^2+3\alpha-1=0$$

即
$$(\alpha-1)^3=0$$

这一方程有三重根 1,于是

$$x=y=z=1$$

因此,D,E,F 是三边的中点.

故 G 是 $\triangle ABC$ 的重心.

证法 2 由式④得

$$3=xy+yz+zx\geqslant\sqrt[3]{xy\cdot yz\cdot zx}(\text{利用式⑤})=3$$

当且仅当 $xy=yz=zx$ 时,上式等号成立.所以

$$xy=yz=zx$$

从而
$$x=y=z=1$$

证法 3 由式①-②得

$$z(y-x)+y-z=x-y$$

即
$$y-z=(x-y)(z+1) \quad ⑦$$

同理
$$z-x=(y-z)(x+1) \quad ⑧$$

$$x-y=(z-x)(y+1) \quad ⑨$$

若 $x=y$,代入式⑦得 $y=z$,即有 $x=y=z$,再代入式①得 $x=1$,故 $x=y=z=1$.

若 $x\neq y$,则 $y\neq z,z\neq x$,由式⑦×⑧×⑨得

$$(z+1)(x+1)(y+1)=1 \quad ⑩$$

而 x,y,z 均为正数,则 $z+1>1,x+1>1,y+1>1$.等式⑩无正数解.

故只有正数解 $x=y=z=1$.

证法 4 设 $S_{\triangle AGE}=S_{\triangle CGD}=S_{\triangle BGF}=1,S_{\triangle AGF}=x,S_{\triangle BGD}=y,S_{\triangle CGE}=z$.

因 $\frac{AF}{FB}=x,\frac{BD}{DC}=y,\frac{CE}{EA}=z$,由塞瓦定理得 $xyz=1$.

假设 $x>1$,则 $yz<1$.由

$$\frac{AG}{GD}=\frac{1+z}{1}=\frac{x+1}{y}$$

得
$$yz+y=x+1>2$$

从而 $y>1$,有

$$\frac{BD}{DC}=\frac{x+1}{z+1}=\frac{y}{1}>1$$

即 $x>z$,又由

$$\frac{AF}{BF}=\frac{z+1}{y+1}=\frac{x}{1}>1$$

得 $z>y$,于是 $z>y>1$,从而

$$\frac{CE}{EA}=\frac{y+1}{x+1}=\frac{z}{1}>1$$

即 $y>x$.故 $x>z>y>x$,矛盾.

所以,$x \not> 1$,同理 $x \not< 1$,故 $x=1$.同理 $y=1,z=1$.因此,D,E,F 是三边的中点,从而 G 是 $\triangle ABC$ 的重心.

78 令 H 和 M 分别是一个非等腰 $\triangle ABC$ 的垂心和重心.

证明:过点 A,B 和 C 且分别垂直于 AM,BM 和 CM 的三条直线所围成的三角形的重心位于直线 MH 上.

(2008 年俄罗斯数学奥林匹克)

证法 1 如图 78.1,令 $\triangle A'B'C'$ 是过点 A,B 和 C 且分别垂直于 AM,BM 和 CM 的三条直线所围成的三角形.设 AM 交 BC 于 K,则 K 为 BC 的中点.

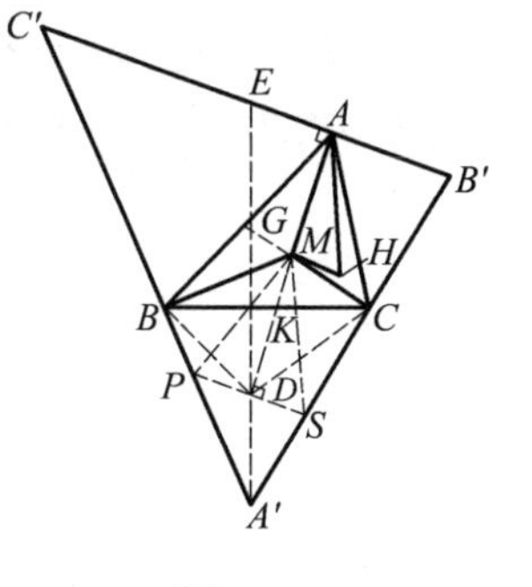

图 78.1

延长 MK 至 D,使 $KD=MK$,联结 BD,CD,则 $BMCD$ 是平行四边形.因 $BD\parallel CM\perp A'C,CD\parallel BM\perp A'B$,则 D 是 $\triangle A'BC$ 的垂心,有 $A'D\perp BC$.

由重心性质知 $AM=MD$.

设 G 是 H 关于 M 的对称点,联结 DG,则 $AGDH$ 是平行四边形,因此 $DG\parallel AH\perp BC$.

故 A',D,G 三点共线,延长 AG 交 $B'C'$ 于 E.过 D 作 AD 的垂线交 $A'C',A'B'$ 分别于 P,S,联结 MP,MS.

因 M,B,P,D 和 M,C,S,D 分别四点共圆,则

$$\angle MPD=\angle MBD=\angle MCD=\angle MSD,MP=MS$$

于是 $DP=DS$,又有 $PS\parallel C'B'$,所以 $C'E=EB'$.

这就是说点 G 在 $\triangle A'B'C'$ 中 $B'C'$ 边的中线上.同理,点 G 也在另两边的中线上,从而点 G 即为 $\triangle A'B'C'$ 的重心.

证法 2 如图 78.2,令 $\triangle A'B'C'$ 是过点 A,B 和 C 且分别垂直于 AM,BM 和

CM 的三条直线所围成的三角形.设 O 为 $\triangle ABC$ 的外心.由欧拉线定理知,O,M,H 三点共线.AM 交 BC 于 K.

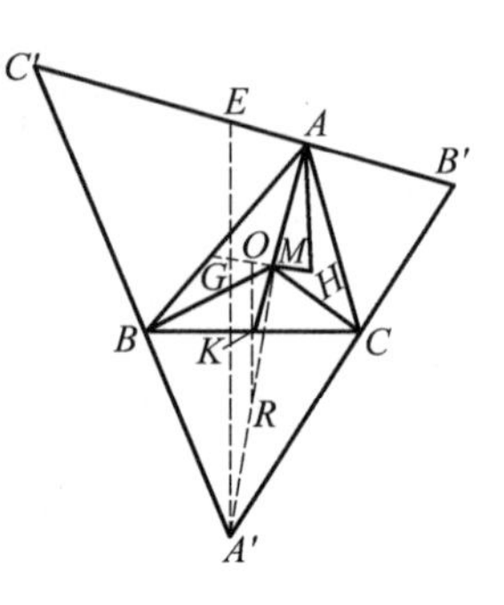

图 78.2

设 R 是 $A'M$ 的中点,延长 MO 至 G,使 $OG = MO$,联结 $A'G$,并延长交 $B'C'$ 于 E.

易知 A',B,M,C 四点共圆,R 为其圆心.所以

$$A'G \parallel RO \perp BC$$

因此 $\angle BA'G = \angle MBC,\angle CA'G = \angle MCB$

又因 A,M,B,C' 和 A,M,C,B' 分别四点共圆.所以

$$\angle BMK = \angle C',\angle CMK = \angle B'$$

由正弦定理得

$$\frac{C'E}{A'E} = \frac{\sin\angle BA'G}{\sin\angle C'} = \frac{\sin\angle MBC}{\sin\angle BMK} = \frac{MK}{BK}$$

$$\frac{B'E}{A'E} = \frac{\sin\angle CA'G}{\sin\angle B'} = \frac{\sin\angle MCB}{\sin\angle CMK} = \frac{MK}{CK}$$

又 $$BK = CK$$

所以 $C'E = B'E$.这就是说点 G 在 $\triangle A'B'C'$ 中 $B'C'$ 边的中线上.

同理,点 G 也在另两边的中线上,从而点 G 即为 $\triangle A'B'C'$ 的重心,点 G 位于直线 MH 上.

7

四点共圆,直线与圆相切

A 类题

79 已知:D 是 $\triangle ABC$ 的边 AC 上的一点,$AD:DC=2:1$,$\angle C=45°$,$\angle ADB=60°$.求证:AB 是 $\triangle BCD$ 的外接圆的切线.

(1987 年全国初中数学联赛)

证法 1 如图 79.1,设 $\triangle BCD$ 的外接圆圆心为 O,联结 OB,OC,OD,E 为 OD 与 BC 的交点.因为

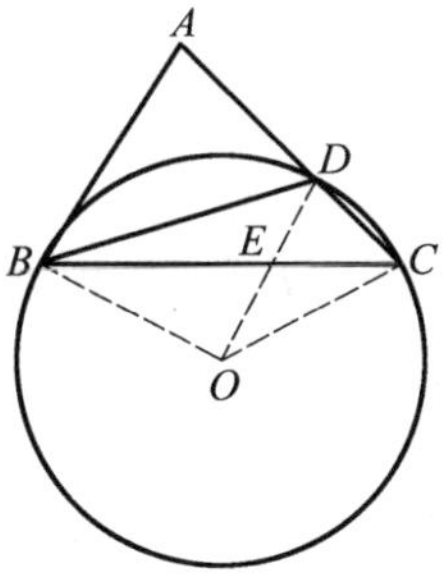

$$\angle ACB=45°$$

所以 圆心角 $\angle BOD=90°$

又 $\angle DBC=15°$

所以 圆心角 $\angle DOC=30°$

于是 $\angle BOC=120°$

$$\angle OCB=\angle OBC=30°$$

图 79.1

因 $\triangle OEC$ 中

$$\angle EOC=\angle OCE=30°$$

所以 $CE=OE$

在 $\triangle BOE$ 中

$$\angle OBE=30°,\angle BOE=90°$$

所以 $BE=2OE$

于是 $BE:EC=2:1$

已知 $AD:DC=2:1$,所以 $AD:DC=BE:EC$.

从而 $DE\parallel AB$,所以 $AB\perp OB$.

故 AB 是 $\triangle BCD$ 的外接圆的切线.

证法 2 如图 79.2,将 $\triangle BCD$ 以 BD 为折痕翻折至 $\triangle BED$ 位置,联结 AE.

P 为 AD 的中点，联结 EP. 则

$$DP = AP = DC = DE$$

又 $$\angle PDE = 60^\circ$$

所以 $\triangle DEP$ 为正三角形.

从而 $$\angle DAE = 30^\circ, \angle AED = 90^\circ$$

图 79.2

从 B 作 BD 的垂线，交 EA 的延长线于 F，联结 DF. 则 B, D, E, F 四点共圆. 所以

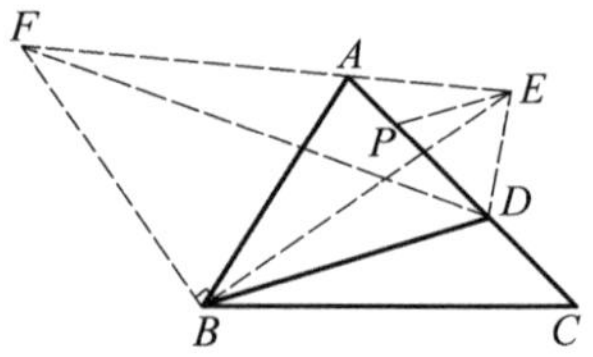

$$\angle BFD = \angle BED = \angle C = 45^\circ$$

$\triangle BDF$ 为等腰直角三角形，$BD = BF$. 又因为

$$\angle AFD = \angle DBE = \angle DBC = 15^\circ$$

$$\angle DAE = 30^\circ$$

所以 $$\angle AFD = \angle ADF = 15^\circ$$

从而 $AD = AF$. 于是

$$\triangle ABD \cong \triangle ABF(\text{SSS})$$

所以 $$\angle ABD = \angle ABF$$

又 $$\angle FBD = 90^\circ$$

所以 $$\angle ABD = 45^\circ = \angle C$$

故 AB 是 $\triangle BCD$ 的外接圆的切线.

证法 3 如图 79.3，将 $\triangle ABD$ 以 BD 为折痕翻折至 $\triangle EBD$ 位置，联结 CE 并延长至 F.

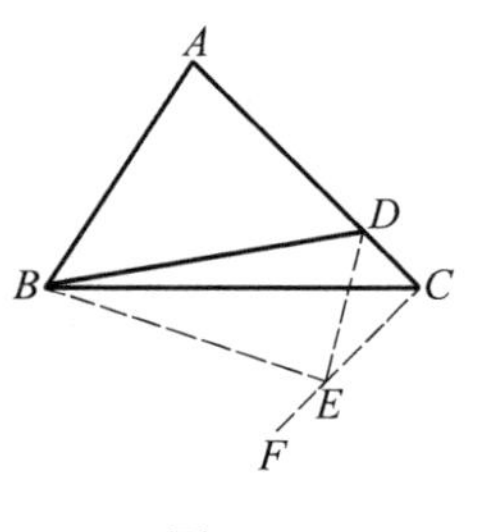

图 79.3

则在 $\triangle CDE$ 中，有 $DE = AD = 2DC$，$\angle CDE = 60^\circ$，可知 $\angle DCE = 90^\circ$，又 $\angle DCB = 45^\circ$，所以

$$\angle DCB = \angle BCE = 45^\circ$$

又 $$\angle EDB = \angle ADB = 60^\circ$$

所以 B 是 $\triangle CDE$ 的旁心.

于是 $$\angle A = \angle BED = \frac{1}{2}\angle FED = 75^\circ$$

从而可知 $$\angle ABD = 45^\circ = \angle DCB$$

故 AB 是 $\triangle BCD$ 的外接圆的切线.

证法 4 如图 79.4，作 $DE \parallel AB$ 交 BC 于 E，则

$$\frac{BE}{EC} = \frac{AD}{DC} = \frac{2}{1}$$

所以 $$BE=\frac{2}{3}BC$$

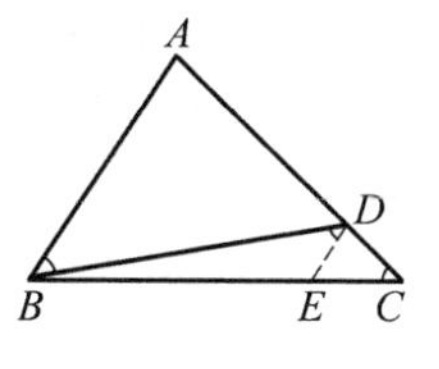

图 79.4

在 $\triangle BCD$ 中,由正弦定理得

$$\frac{BD}{\sin 45^\circ}=\frac{BC}{\sin 120^\circ}\Rightarrow BD^2=\frac{2}{3}BC^2$$

于是 $$BD^2=BE\cdot BC$$

从而 $$\angle ABD=\angle BDE=\angle C$$

故 AB 是 $\triangle BCD$ 的外接圆的切线.

注:过 D 作 BC 的平行线,或过 A 或 C 作平行线,同样可以解决问题.

证法 5 如图 79.5,作 $AE\perp BD$ 于 E,联结 CE.

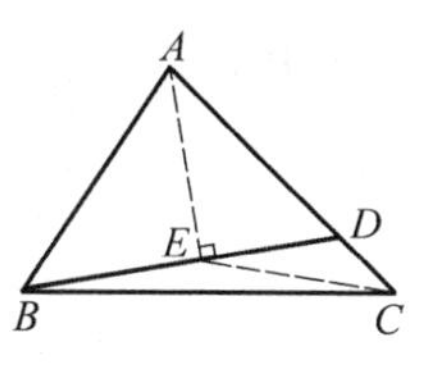

图 79.5

在 $\triangle ADE$ 中,所以

$$\angle ADE=60^\circ$$

所以 $$\angle DAE=30^\circ,DE=\frac{1}{2}AD=DC$$

又在 $\triangle DEC$ 中

$$\angle EDC=120^\circ$$

所以 $$\angle DCE=30^\circ=\angle DAE$$

易算出 $$\angle BCE=15^\circ=\angle EBC$$

故 $$AE=CE=BE$$

从 $\triangle ABE$ 是等腰直角三角形.所以

$$\angle ABD=45^\circ=\angle C$$

所以 AB 是 $\triangle BCD$ 的外接圆的切线.

证法 6 如图 79.6,作 $BE\perp AC$ 于 E,可设 $AD=2$, $DC=1,DE=x$,则 $CE=1+x,AE=2-x$.

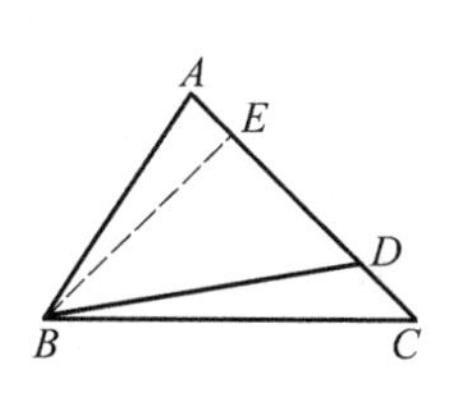

图 79.6

在 Rt$\triangle BDE$ 中,因为 $\angle EDB=60^\circ$,所以 $BE=\sqrt{3}x$;

在等腰 Rt$\triangle BCE$ 中,$BE=CE=1+x$;

所以 $$1+x=\sqrt{3}x$$

解得 $$x=\frac{1}{2}(\sqrt{3}+1)$$

所以 $$BE=\sqrt{3}x=\frac{1}{2}(3+\sqrt{3})$$

$$AE=2-x=\frac{1}{2}(3-\sqrt{3})$$

于是 $$AB^2=BE^2+AE^2=\frac{1}{4}[(3+\sqrt{3})^2+(3-\sqrt{3})^2]=$$

$$6=2\times 3=AD\cdot AC$$

故 AB 是 $\triangle BCD$ 的外接圆的切线.

证法 7 如图 79.7,作 $CE\perp BC$ 交 BD 的延长线于 E.

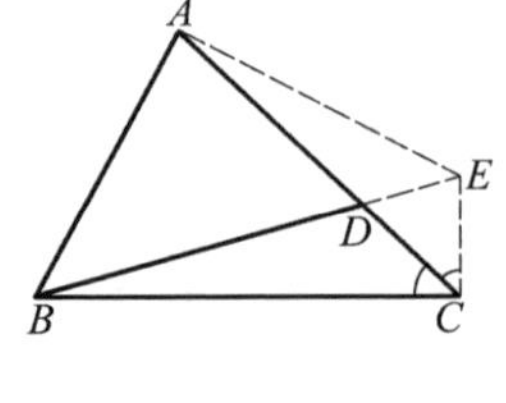

图 79.7

因为 $$\angle BCD=45^\circ$$

所以 $$\angle DCE=45^\circ,\angle DEC=75^\circ$$

根据正弦定理

在 $\triangle BCD$ 中

$$BD=\frac{DC\sin 45^\circ}{\sin 15^\circ}=\frac{\sqrt{2}DC}{2\sin 15^\circ}$$

在 $\triangle CDE$ 中

$$DE=\frac{DC\sin 45^\circ}{\sin 75^\circ}=\frac{\sqrt{2}DC}{2\cos 15^\circ}$$

所以 $$BD\cdot DE=\frac{DC^2}{2\sin 15^\circ\cos 15^\circ}=\frac{DC^2}{\sin 30^\circ}=2DC^2=AD\cdot DC$$

于是 A,B,C,E 四点共圆.

从而 $$\angle ABD=\angle DCE=45^\circ=\angle BCD$$

故 AB 是 $\triangle BCD$ 的外接圆的切线.

证法 8 如图 79.8,从 A 作 BC 的垂线,交 BD 于 E.

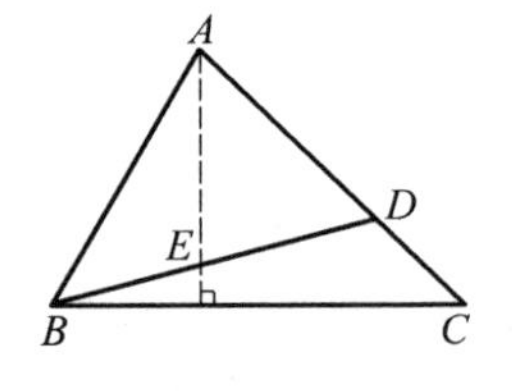

图 79.8

因为

$$\angle C=45^\circ$$

所以 $$\angle DAE=45^\circ$$

从而 $$\angle AED=75^\circ$$

根据正弦定理

在 $\triangle ADE$ 中

$$DE=\frac{AD\sin 45^\circ}{\sin 75^\circ}=\frac{\sqrt{2}AD}{2\cos 15^\circ}$$

在 $\triangle BCD$ 中

$$DB=\frac{DC\sin 45^\circ}{\sin 15^\circ}=\frac{\sqrt{2}AD}{4\sin 15^\circ}$$

所以 $$DE\cdot DB=\frac{AD^2}{4\sin 15^\circ\cos 15^\circ}=\frac{AD^2}{2\sin 30^\circ}=AD^2$$

从而 $$\angle ABD=\angle DAE=45^\circ=\angle C$$

故 AB 是 $\triangle BCD$ 的外接圆的切线.

证法 9　如图 79.9,作 DE 平分 $\angle BDC$ 交 BC 于 E.

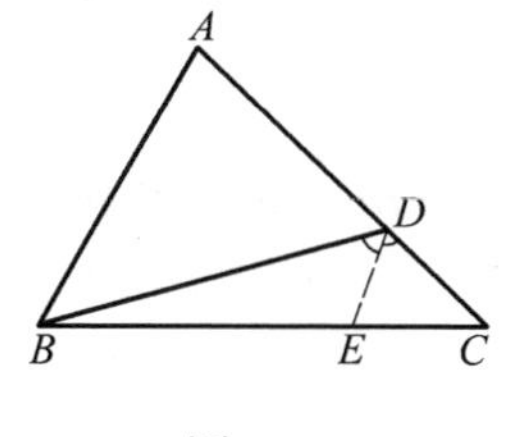

图 79.9

根据正弦定理

在 $\triangle BCD$ 中

$$CB = \frac{DC\sin 120^\circ}{\sin 15^\circ} = \frac{\sqrt{3}DC}{2\sin 15^\circ}$$

在 $\triangle DEC$ 中

$$CE = \frac{DC\sin 60^\circ}{\sin 75^\circ} = \frac{\sqrt{3}DC}{2\cos 15^\circ}$$

所以　$$CB \cdot CE = \frac{3DC^2}{4\sin 15^\circ\cos 15^\circ} = \frac{3DC^2}{2\sin 30^\circ} = 3DC^2 = AC \cdot DC$$

所以 A,B,E,D 四点共圆.所以

$$\angle ABE = \angle CDE = 60^\circ$$

又　$$\angle DBC = 15^\circ$$

所以　$$\angle ABD = 45^\circ = \angle C$$

故 AB 是 $\triangle BCD$ 的外接圆的切线.

证法 10　可设 $AD = 2, DC = 1$.在 $\triangle BCD$ 中,由正弦定理得

$$BC = \frac{DC\sin 120^\circ}{\sin 15^\circ} = \frac{\sqrt{3}}{2} \cdot \frac{4}{\sqrt{6}-\sqrt{2}} = \frac{1}{2}\sqrt{6}(\sqrt{3}+1)$$

则在 $\triangle ABC$ 中,由余弦定理有

$$AB^2 = \left[\frac{1}{2}\sqrt{6}(\sqrt{3}+1)\right]^2 + 3^2 - 2 \cdot 3 \cdot \frac{1}{2}\sqrt{6}(\sqrt{3}+1)\cos 45^\circ =$$
$$3(2+\sqrt{3}) + 9 - 3(3+\sqrt{3}) =$$
$$6 = 2 \cdot 3 = AD \cdot AC$$

所以 AB 是 $\triangle BCD$ 的外接圆的切线.

证法 11　如图 79.10,设 $AD = 2, DC = 1, BD = x$, $BC = y, AB = z$,由正、余弦定理得方程组

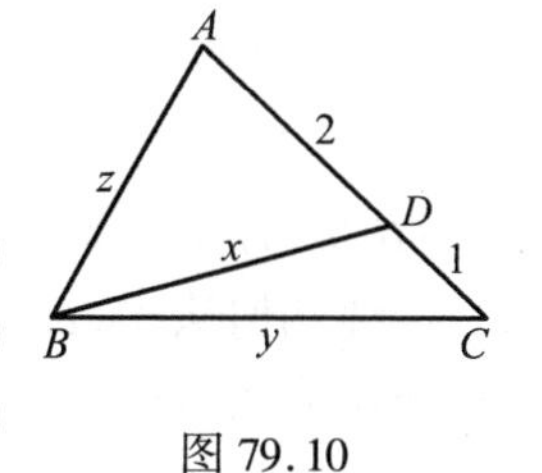

图 79.10

$$\begin{cases} \dfrac{x}{y} = \dfrac{\sqrt{2}}{\sqrt{3}} & ① \\ x^2 = y^2 + 1 - \sqrt{2}y & ② \\ z^2 = y^2 + 9 - 3\sqrt{2}y & ③ \end{cases}$$

把式 ① 代入式 ② 有

$$y^2 - 3\sqrt{2}y = -3 \quad ④$$

把式 ④ 代入式 ③ 得

$$z^2=-3+9=6$$

即
$$AB^2=AD\cdot AC$$

故 AB 是 $\triangle BCD$ 的外接圆的切线.

证法 12 如图 79.11,E 为 AD 的中线,连 BE,可设 $AE=ED=DC=1$,$BD=x$,$BC=y$,$AB=z$,$BE=u$.

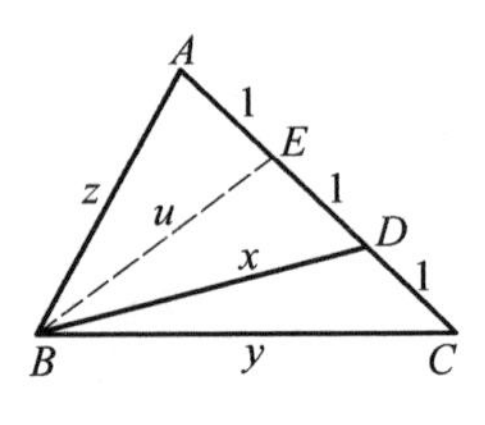

图 79.11

由中线定理得

$$x^2=\frac{1}{2}y^2+\frac{1}{2}u^2-1 \qquad ①$$

$$u^2=\frac{1}{2}x^2+\frac{1}{2}z^2-1 \qquad ②$$

在 $\triangle BCD$ 中

$$\frac{x}{\sin 45^\circ}=\frac{y}{\sin 120^\circ}\Rightarrow x^2=\frac{2}{3}y^2 \qquad ③$$

由式 ① 与式 ② 消去 u 得

$$3x^2=2y^2+z^2-6 \qquad ④$$

式 ③ 代入式 ④ 得 $z^2=6$.

即
$$AB^2=AD\cdot AC$$

故 AB 是 $\triangle BCD$ 的外接圆的切线.

证法 13 设 $AD=2$,$DC=1$,$BD=x$,$BC=y$,$AB=z$.

由正弦定理得

$$x^2=\frac{2}{3}y^2 \qquad ①$$

由斯蒂瓦特(Stewart)定理得

$$x^2=\frac{2}{3}y^2+\frac{1}{3}z^2-2 \qquad ②$$

式 ① 代入式 ②,即得 $z^2=6$.

即
$$AB^2=AD\cdot AC$$

故 AB 是 $\triangle BCD$ 的外接圆的切线.

评注 纯几何法中,证法 1 和 5 比较简洁;证法 4 和 11,灵活利用了三角、代数知识,证明流畅,富有美感.

80 $\triangle ABC$ 中,X 是 AB 上的一点,Y 是 BC 上的一点,线段 AY 和 CX 相交于 Z,假如 $AY=YC$ 及 $AB=ZC$.求证:B,X,Z 和 Y 四点共圆.

(2000 年世界城际间数学联赛(高中))

证法1　如图80.1,在 YC 上取点 D,使 $YD = YZ$,联结 AD.

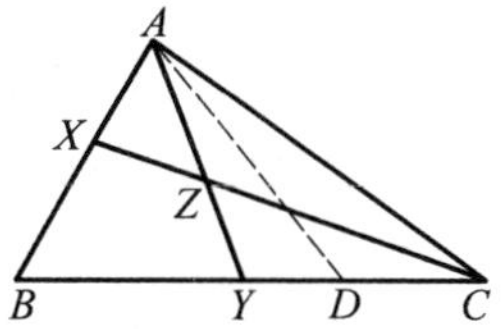

因 $AY = YC$,则 $\triangle AYD \cong \triangle CYZ$,所以

$$AD = CZ = AB$$

从而

$$\angle B = \angle ADY = \angle CZY$$

故 B,X,Z,Y 四点共圆.

图80.1

证法2　如图80.2,延长 AY 至 D,使 $YD = YB$,联结 CD.

因 $AY = YC$,则 $\triangle CDY \cong \triangle ABY$,所以

$$CD = AB = CZ$$

从而

$$\angle CZY = \angle D = \angle B$$

故 B,X,Z,Y 四点共圆.

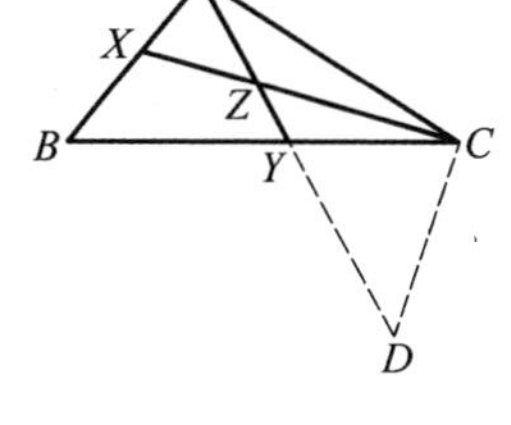

图80.2

证法3　如图80.3,作 $AD \perp CY$ 于 D,$CE \perp AY$ 于 E,由等腰 $\triangle AYC$ 的性质得

$$AD = CE$$

又

$$AB = CZ$$

所以

$$\mathrm{Rt}\triangle ABD \cong \mathrm{Rt}\triangle CZE$$

所以

$$\angle B = \angle CZY$$

故 B,X,Z,Y 四点共圆.

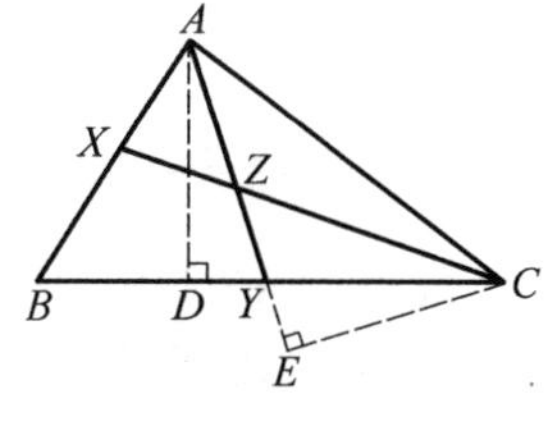

图80.3

证法4　如图80.4,首先,注意到 $CY = AY < CZ = AB$.假设 $AY \perp BC$.要不然 $\angle AYB$,$\angle AYC$ 中有一个是钝角.在前一情形下,$AB > AY$.在后一情形下,$CZ > CY$.

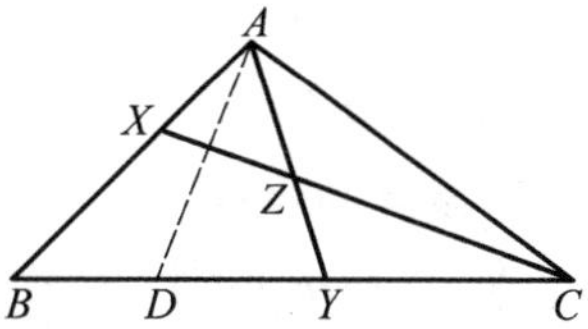

可在 BY 上取点 D,使 $AD = AY$.因为

$$\angle ADY = \angle AYD$$

所以

$$\angle ADB = \angle CYZ$$

又

$$AB = CZ, AD = AY = CY$$

且

$$AB = CZ > AD = CY$$

所以

$$\triangle ABD \cong \triangle CZY$$

所以

$$\angle B = \angle CZY$$

故 B,X,Z,Y 四点共圆.

图80.4

证法5　如图80.5,考虑直线 AZY 截 $\triangle CBX$,由梅涅劳斯定理得

$$\frac{CY}{YB}\cdot\frac{BA}{AX}\cdot\frac{XZ}{ZC}=1$$

又 $$AY=CY,BA=ZC$$

所以 $$\frac{AX}{AY}=\frac{XZ}{YB}$$

设 $\angle AZX=\alpha,\angle XAZ=\beta$,由正弦定理得

$$\frac{AX}{\sin\alpha}=\frac{XZ}{\sin\beta},\frac{AY}{\sin\angle B}=\frac{YB}{\sin\beta}$$

图 80.5

所以 $$\sin\alpha=\sin\angle B$$

又 $$180^\circ-\alpha=\angle AZC>\angle CYZ>\angle B$$

所以 $$\alpha=\angle B$$

即 $$\angle AZX=\angle B$$

故 B,X,Z,Y 四点共圆.

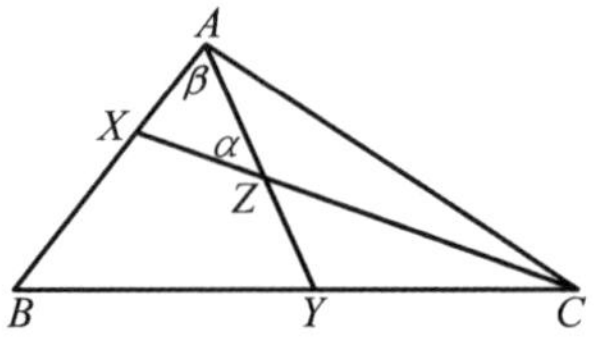

B 类题

81 在锐角 $\triangle ABC$ 中,$AB<AC$,AD 是边 BC 上的高,P 是线段 AD 内一点,过 P 作 $PE\perp AC$,垂足为 E,作 $PF\perp AB$,垂足为 F,O_1,O_2 分别是 $\triangle BDF$,$\triangle CDE$ 的外心.求证:O_1,O_2,E,F 四点共圆的充要条件为 P 是 $\triangle ABC$ 的垂心.

(2007 年全国高中数学联赛加试)

证明 如图 81.1,联结 $BP,CP,O_1O_2,EO_2,EF,FO_1$.因为 $PD\perp BC,PF\perp AB$,所以 B,D,P,F 四点共圆,且 BP 为该圆的直径.

又 O_1 是 $\triangle BDF$ 的外心,故 O_1 是 BP 的中点,同理 C,D,P,E 四点共圆,O_2 是 CP 的中点.

综上,$O_1O_2/\!/BC$,从而 $\angle PO_2O_1=\angle PCB$,因为

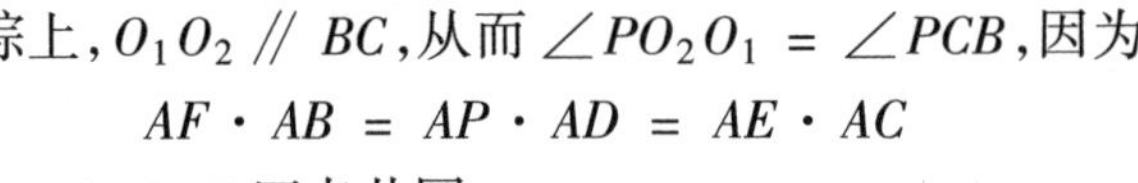

$$AF\cdot AB=AP\cdot AD=AE\cdot AC$$

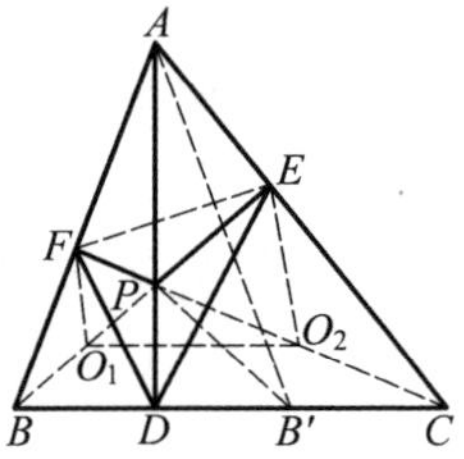

图 81.1

所以 B,C,E,F 四点共圆.

充分性.

证法1 设 P 是 $\triangle ABC$ 的垂心,因为 $PE\perp AC,PF\perp AB$,所以,$B,O_1,P,E;C,O_2,P,F$ 分别四点共线,则

$$\angle FO_2O_1=\angle FCB=\angle FEB=\angle FEO_1$$

故 O_1, O_2, E, F 四点共圆.

证法2 设 P 是 $\triangle ABC$ 的垂心,由于 $\triangle BDF$, $\triangle CDE$ 的外心分别是 BP, CP 的中点.因此,$\triangle ABC$ 的九点圆过 O_1, O_2, E, F,即 O_1, O_2, E, F 四点共圆.

必要性.

证法1 设 O_1, O_2, E, F 四点共圆,故

$$\angle O_1O_2E + \angle EFO_1 = 180^\circ$$

注意到

$$\angle PO_2O_1 = \angle PCB = \angle ACB - \angle ACP$$

又因为 O_2 是 $Rt\triangle CEP$ 斜边的中点,也就是 $\triangle CEP$ 的外心,所以

$$\angle PO_2E = 2\angle ACP$$

因为 O_1 是 $Rt\triangle BFP$ 斜边的中点,也就是 $\triangle BFP$ 的外心,所以

$$\angle PFO_1 = 90^\circ - \angle BFO_1 = 90^\circ - \angle ABP$$

因为 B, C, E, F 四点共圆,所以

$$\angle AFE = \angle ACB, \angle PFE = 90^\circ - \angle ACB$$

于是,由

$$\angle O_1O_2E + \angle EFO_1 = 180^\circ$$

得 $(\angle ACB - \angle ACP) + 2\angle ACP + (90^\circ - \angle ABP) + (90^\circ - \angle ACB) = 180^\circ$

即

$$\angle ABP = \angle ACP$$

又因为 $AB < AC, AD \perp BC$,所以 $BD < CD$.

设 B' 是点 B 关于直线 AD 的对称点,则 B' 在线段 DC 上,且 $B'D = BD$.联结 AB', PB',由对称性有

$$\angle AB'P = \angle ABP = \angle ACP$$

因此,A, P, B', C 四点共圆.

由此可知

$$\angle PB'B = \angle CAP = 90^\circ - \angle ACB$$

因为

$$\angle PBC = \angle PB'B$$

所以

$$\angle PBC + \angle ACB = (90^\circ - \angle ACB) + \angle ACB = 90^\circ$$

故 $BP \perp AC$,又因 $AP \perp BC$,所以 P 是 $\triangle ABC$ 的垂心.

证法2 如图81.2,同证法1得

$$\angle ABP = \angle ACP$$

因 B, D, P, F; C, D, P, E 分别四点共圆,则

$$\angle FDP = \angle ABP = \angle ACP = \angle EDP$$

又因

$$PF \perp AB, PE \perp AC$$

所以 A, F, P, E 四点共圆,AP 的中点 G 为其圆心,有 $FG = EG$.因此

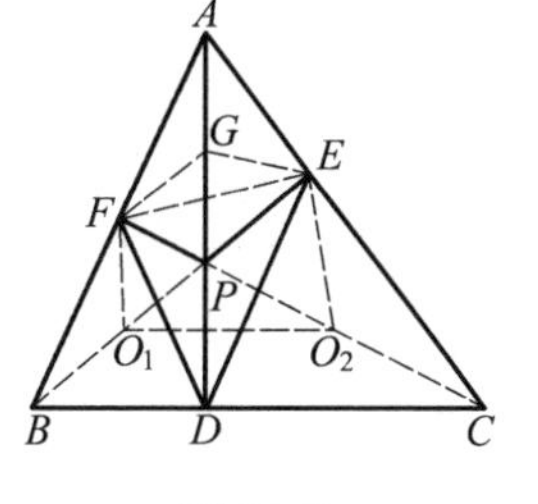

图81.2

$$\frac{DG}{\sin\angle DFG}=\frac{FG}{\sin\angle FDP}=\frac{EG}{\sin\angle EDP}=\frac{DG}{\sin\angle DEG}$$

所以
$$\sin\angle DFG=\sin\angle DEG$$
故
$$\angle DFG=\angle DEG$$
或者
$$\angle DFG+\angle DEG=180^\circ$$
若
$$\angle DFG=\angle DEG$$
则
$$\triangle DGF\cong\triangle DGE$$
得 $DF=DE$,从而 $\triangle ADF\cong\triangle ADE$,有 $\angle DAF=\angle DAE$.又有 $AD\perp BC$,所以, $AB=AC$.这与 $AB<AC$ 矛盾.所以
$$\angle DFG+\angle DEG=180^\circ$$
D,F,G,E 四点共圆.从而
$$\angle FGE+\angle FDE=180^\circ$$
又因
$$\angle FGE=2\angle A,\angle FDE=2\angle ABP$$
所以
$$\angle A+\angle ABP=90^\circ$$
因此,B,P,E 三点共线,且 $BE\perp AC$,即 P 是 $\triangle ABC$ 的垂心.

证法3 同证法1得
$$\angle ABP=\angle ACP$$
因此可设
$$\angle BPF=\angle CPE=\theta$$
因 F,B,D,P 四点共圆,则
$$\angle APF=\angle B,\angle APB=\angle B+\theta$$
同理
$$\angle APC=\angle C+\theta$$
故
$$\frac{AB}{\sin(\angle B+\theta)}=\frac{AP}{\sin\angle ABP}=\frac{AP}{\sin\angle ACP}=\frac{AC}{\sin(\angle C+\theta)}$$
又
$$\frac{AB}{\sin\angle C}=\frac{AC}{\sin\angle B}$$
所以
$$\frac{\sin\angle C}{\sin(\angle B+\theta)}=\frac{\sin\angle B}{\sin(\angle C+\theta)}$$
即
$$\sin\angle B\cdot\sin(\angle B+\theta)=\sin\angle C\cdot\sin(\angle C+\theta)\Rightarrow$$
$$\cos(2\angle B+\theta)=\cos(2\angle C+\theta)$$
故 $\angle B=\angle C$,这与 $AB<AC$ 矛盾,或者
$$2\angle B+\theta+2\angle C+\theta=360^\circ$$
因此
$$\theta=\angle A$$
故
$$\angle BPF+\angle FPE=\angle A+\angle FPE=180^\circ$$
B,P,E 三点共线,$BE\perp AC$,所以,P 是 $\triangle ABC$ 的垂心.

证法 4　同证法 1 得

$$\angle ABP=\angle ACP$$

从而

$$\triangle BPF \backsim \triangle CPE$$

则

$$\frac{PF}{BF}=\frac{PE}{CE}$$

即

$$\frac{AP\cos B}{AB-AP\sin B}=\frac{AP\cos C}{AC-AP\sin C}$$

故

$$AP=\frac{AB\cos C-AC\cos B}{\sin B\cdot\cos C-\sin C\cdot\cos B}=2R\cos A$$

另一方面,当 P' 是 $\triangle ABC$ 垂心时,易得

$$AP'=\frac{AC\cos A}{\sin B}=2R\cos A$$

从而,点 P' 与 P 重合,即 P 为 $\triangle ABC$ 的垂心.

证法 5　如图 81.1,同证法 1 得

$$\angle FBP=\angle ECP \quad ①$$

下面用反证法证明.

假设 P 不是 $\triangle ABC$ 的垂心,如图 81.3,分别过点 B, C 作 $BE'\perp AC$ 于 E', $CF'\perp AB$ 于 F',则 BE', CF' 交 AD 于点 H.从而

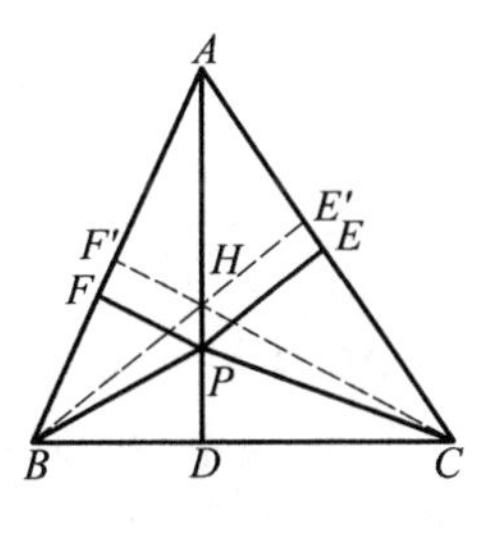

图 81.3

$$\angle E'CH=\angle F'BH \quad ②$$

且

$$\frac{HC}{HB}=\frac{E'H}{F'H} \quad ③$$

又由 $\triangle ECP \backsim \triangle FBP$,知

$$\frac{PC}{PB}=\frac{PE}{PF} \quad ④$$

因 $HF' /\!/ PF$, $HE' /\!/ PE$,则

$$\frac{HF'}{PF}=\frac{AH}{AP}=\frac{HE'}{PE} \quad ⑤$$

由式 ③,④,⑤ 知

$$\frac{HC}{HB}=\frac{PC}{PB}$$

由式 ①,② 知

$$\angle HCP=\angle HBP$$

故

$$\triangle HCP \backsim \triangle HBP$$

所以

$$\frac{PC}{PB}=\frac{HP}{HP}$$

即 $$BP = PC \Rightarrow BD = DC$$
这与 $AB < AC$ 矛盾.

因此,点 P 与 H 重合,P 为垂心.

证法 6 同证法 1 得

$$\angle ABP = \angle ACP$$

如图 81.4,设 M 是 BC 的中点.可以证明 $ME = MF$.(参阅本书第 64 题(1)).

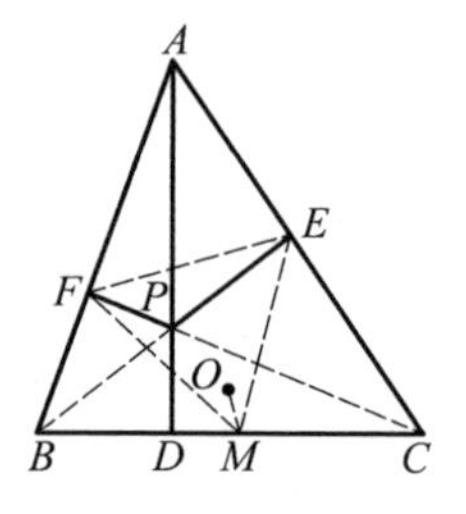

图 81.4

下证:M 是圆内接四边形 $BCEF$ 的外心.

若 M 不是四边形 $BCEF$ 的外心,设其外心为 O,则 O,M 均在 EF 的垂直平分线上.故

$$OM \perp EF$$

又由垂径定理知 $OM \perp BC$,故

$$EF // BC$$

则 $$\angle ACB = \angle AEF = \angle ABC$$

即 $$AB = AC$$

这与 $AB < AC$ 矛盾.

所以,O,M 应重合,即 BC 是四边形 $BCEF$ 外接圆的直径,从而 $CF \perp AB$.

又 $PF \perp AB$,则 P 在 CF 上,即 $CP \perp AB$.

因此,P 是 $\triangle ABC$ 的垂心.

82 设 $A_1A_2A_3A_4$ 为圆 O 的内接四边形,H_1,H_2,H_3,H_4 依次为 $\triangle A_2A_3A_4$,$\triangle A_3A_4A_1$,$\triangle A_4A_1A_2$,$\triangle A_1A_2A_3$ 的垂心.求证:H_1,H_2,H_3,H_4 四点在同一个圆上,并定出该圆的圆心位置.

(1992 年全国高中数学联赛第二试)

证法 1 如图 82.1,设 $A_4H_1 \perp A_2A_3$ 于 B,则

$$A_2H_1 = \frac{A_2B}{\sin \angle A_2H_1B} = \frac{A_2A_4\cos \angle A_4A_2A_3}{\sin \angle A_2A_3A_4} = 2R\cos \angle A_4A_2A_3$$

(R 为圆 O 的半径)

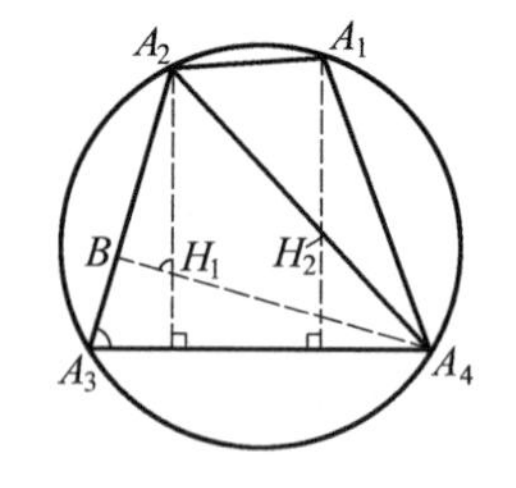

图 82.1

同理 $$A_1H_2 = 2R\cos \angle A_3A_1A_4$$

又 $$\angle A_4A_2A_3 = \angle A_3A_1A_4$$

$$A_2H_1 \perp A_3A_4, A_1H_2 \perp A_3A_4$$

所以 $$A_2H_1 \underline{\underline{\parallel}} A_1H_2$$

即 $A_1A_2H_1H_2$ 为平行四边形,从而

$$A_1A_2 \underline{\underline{\parallel}} H_2H_1$$

同理 $$A_2A_3 \underline{\underline{\parallel}} H_3H_2, A_3A_4 \underline{\underline{\parallel}} H_4H_3, A_4A_1 \underline{\underline{\parallel}} H_1H_4$$

因 $\angle A_2A_1A_4$ 与 $\angle H_2A_1H_4$,角的两边分别平行,且平行的射线方向相反,从而

$$\angle A_2A_1A_4 = \angle H_2H_1H_4$$

同理

$$\angle A_1A_2A_3 = \angle H_1H_2H_3, \angle A_2A_3A_4 = \angle H_2H_3H_4, \angle A_2A_4A_1 = \angle H_3H_4H_1$$

于是四边形 $H_1H_2H_3H_4 \cong$ 四边形 $A_1A_2A_3A_4$. 从而 $H_1H_2H_3H_4$ 也内接于圆,即 H_1,H_2,H_3,H_4 四点在同一个圆上,该圆圆心位置为线段 H_1H_2,H_2H_3 中垂线的交点.

证法2 如图82.2,设圆 O 的半径为 R,并设 A_1H_1 的中点为 P,联结 OP 并延长至 O',使 $O'P = OP$.

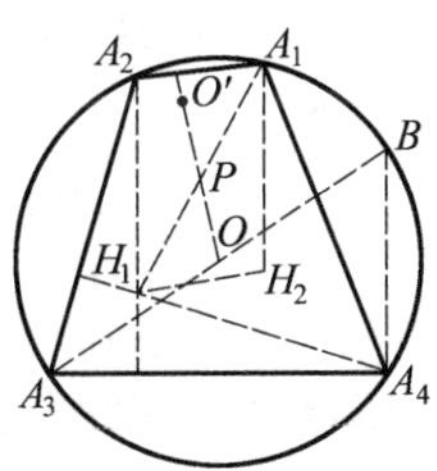

图 82.2

则 $OA_1O'H_1$ 是平行四边形,有 $O'H = OA_1 = R$.

过 A_3 作圆 O 的直径 A_3B. 联结 BA_4,则 A_2H_1,BA_4 同垂直于 A_3A_4,从而 $A_2H_1 \parallel BA_4$. 因 A_4H_1,BA_2 同垂直于 A_2A_3,则 $A_4H_1 \parallel BA_2$. 因此四边形 $H_1A_4BA_2$ 为平行四边形,从而 $A_2H_1 \underline{\underline{\parallel}} BA_4$.

同理 $A_1H_2 \underline{\underline{\parallel}} BA_4$,所以 $A_2H_1 \underline{\underline{\parallel}} A_1H_2$,$P$ 也是 A_2H_2 的中点,从而 $O'H_2 = OA_2 = R$.

类似地,可证 $O'H_3 = OA_3 = R$,$O'H_4 = OA_4 = R$. 所以 $O'H_1 = O'H_2 = O'H_3 = O'H_4 = R$. 即 H_1,H_2,H_3,H_4 在以 O' 为圆心,R 为半径的圆上.

证法3 如图82.3,作点 O 关于 A_1A_3 的对称点 O_1,关于 A_2A_4 的对称点 O_2,完成平行四边形 $OO_1O'O_2$,连 A_3O_1,A_3O.

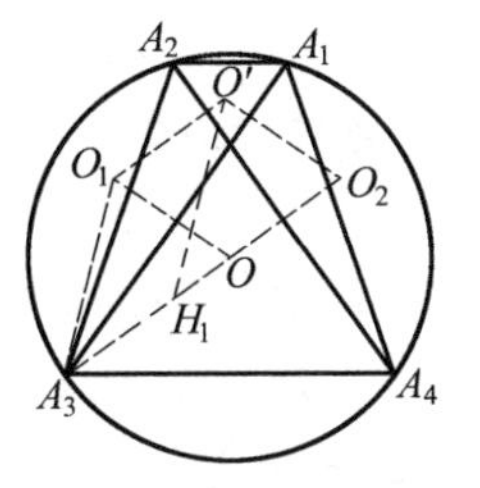

图 82.3

易知 $A_3H_1 \underline{\underline{\parallel}} OO_2 \underline{\underline{\parallel}} O_1O'$,从而 $A_3H_1O'O_1$ 是平行四边形,故

$$O'H_1 = A_3O_1 = A_3O = R$$

同理

$$O'H_2 = O'H_3 = O'H_4 = R$$

故 H_1,H_2,H_3,H_4 四点共圆,其圆心为 O'.

C 类题

83 如图 83.1,在 $\triangle ABC$ 中,$AB=AC$,线段 AB 上有一点 D,线段 AC 延长线上有一点 E,使得 $DE=AC$.线段 DE 与 $\triangle ABC$ 的外接圆交于点 T,P 是线段 AT 的延长线上的一点.证明:点 P 满足 $PD+PE=AT$ 的充分必要条件是点 P 在 $\triangle ADE$ 的外接圆上.

(2000 年 IMO 中国国家集训队选拔考试)

证法 1 先证充分性.证明若 P 在 $\triangle ADE$ 的外接圆上,则 $PD+PE=AT$.

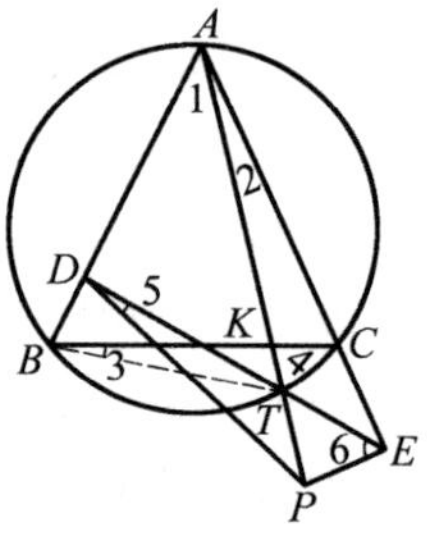

如图 83.1,联结 BT,CT.因为

$$\angle 5=\angle 2=\angle 3,\angle 6=\angle 1=\angle 4$$

所以
$$\triangle DEP\backsim\triangle BCT$$

所以
$$\frac{PD}{BT}=\frac{PE}{CT}=\frac{DE}{BC} \quad ①$$

图 83.1

对四边形 $ABTC$ 用托勒密定理,有

$$AC\cdot BT+AB\cdot CT=BC\cdot AT$$ 

式 ① 各式分别乘以式 ② 各项,得

$$AC\cdot PD+AB\cdot PE=DE\cdot AT$$

所以
$$AC=AB=DE$$

所以
$$PD+PE=AT$$

再证必要性.如图 83.2,在线段 AT 的延长线上任取两点 P_1,P_2.

易见当 $P_1T<P_2T$ 时,有

$$P_1D+P_1E<P_2D+P_2E$$

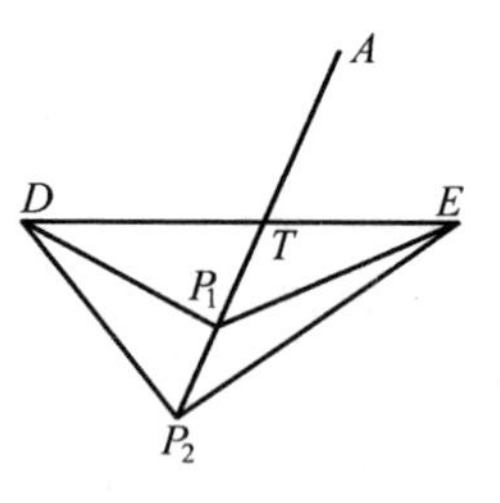

图 83.2

于是,在线段 AT 延长线上满足 $PD+PE=AT$ 的点 P 至多有一个,而由充分性的证明知 $\triangle ADE$ 的外接圆与 AT 的延长线的交点即满足上述等式,故点 P 就在 $\triangle ADE$ 的外接圆上.

证法 2 只证充分性.如图 83.1,联结 BT,CT,AT 交 BC 于 K.因为

$$\angle ACK=\angle ABC=\angle ATC$$

所以 $\triangle ACK \backsim \triangle ATC \Rightarrow \dfrac{AC}{AT} = \dfrac{CK}{CT}$

同理 $\dfrac{AB}{AT} = \dfrac{BK}{BT}$

又因为 $AB = AC$

所以 $$\frac{AC}{AT} = \frac{BK}{BT} = \frac{CK}{CT} \qquad ①$$

因为 $\angle 5 = \angle 2 = \angle 3, \angle 6 = \angle 1 = \angle 4$

所以 $\triangle DEP \backsim \triangle BCT$

所以 $$\frac{BC}{DE} = \frac{BT}{PD} = \frac{CT}{PE} \qquad ②$$

式 ① × ②,并注意 $DE = AC$,有

$$\frac{BC}{AT} = \frac{BK}{PD} = \frac{CK}{PE} = \frac{BK + CK}{PD + PE} = \frac{BC}{PD + PE}$$

所以 $AT = PD + PE$

证法 3 只证充分性.如图 83.3,连 BT,CT,作 $\angle DPE$ 的平分线交 DE 于 F.则

$$\angle DPF = \frac{1}{2}\angle DPE = \frac{1}{2}(180^\circ - \angle DAC) = \angle ABC = \angle ATC$$

$$\angle PDF = \angle TAC$$

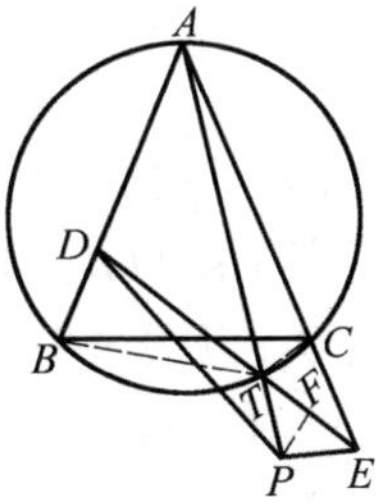

图 83.3

所以 $\triangle DFP \backsim \triangle ACT$

所以 $\dfrac{PD}{AT} = \dfrac{DF}{AC}$

同理 $\dfrac{PE}{AT} = \dfrac{FE}{AB}$

两式相加,并注意 $AB = AC = DE$,得

$$\frac{PD + PE}{AT} = \frac{DF + FE}{DE} = \frac{DE}{DE} = 1$$

所以 $PD + PE = AT$

证法 4 只证充分性.用补短法.

如图 83.4,延长 DP 至 G,使 $PG = PE$,连 GE,CT.

因等腰 $\triangle ABC$ 与等腰 $\triangle PGE$ 顶角相等,则

$$\angle G = \angle ABC = \angle ATC$$

又 $\angle PDE = \angle TAC$,$DE = AC$

所以 $\triangle DGE \cong \triangle ATC$

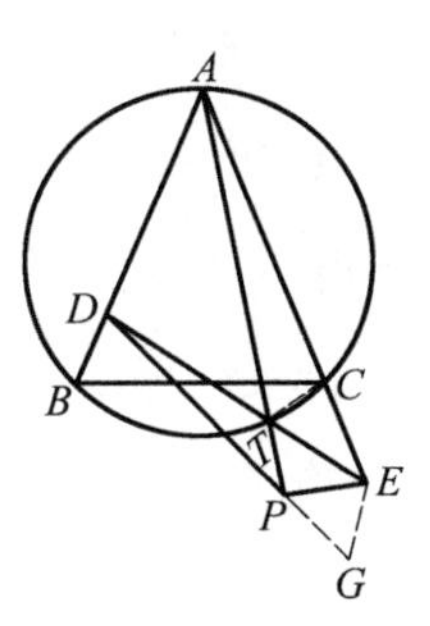

图 83.4

所以 $$DG = AT$$

即 $$PD + PE = AT$$

证法 5 只证充分性.用截长法.

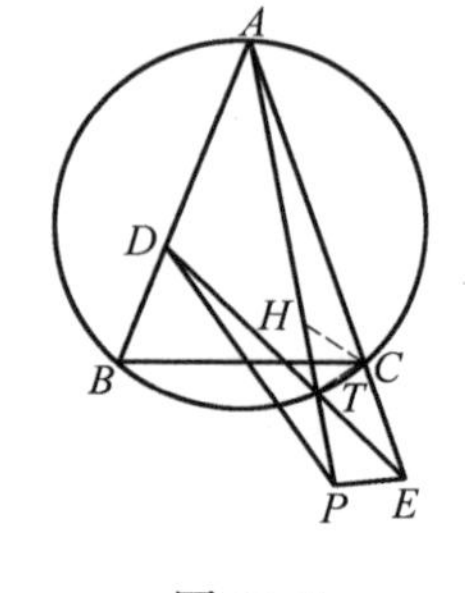

图 83.5

如图 83.5,在 AT 上取点 H,使

$$\angle ACH = \angle BCT$$

易证 $$\angle HCT = \angle HTC$$

有 $$HT = HC$$

从而 $$AH + HC = AT$$

易证 $$\triangle DPE \cong \triangle AHC$$

所以 $$PD + PE = AH + HC = AT$$

评注 本题充分性,即证线段和,补短、截长法是首选证法.事实上,证法 4,5 最简.这说明掌握解题方法特别重要.

证明充分必要条件的问题,证明充分性之后,当必要性不易直接证明时,常利用反证法,反之亦然.

84 已知 H 是锐角 $\triangle ABC$ 的垂心,以边 BC 的中点为圆心,过点 H 的圆与直线 BC 相交于两点 A_1, A_2;以边 CA 的中点为圆心,过点 H 的圆与直线 CA 相交于两点 B_1, B_2;以边 AB 的中点为圆心,过点 H 的圆与直线 AB 相交于两点 C_1, C_2,证明六点 $A_1, A_2, B_1, B_2, C_1, C_2$ 共圆.

(2008 年第 49 届 IMO)

证法 1 如图 84.1,设 D 为 BC 的中点,O 为 $\triangle ABC$ 的外心,则 $OD \perp BC$,且 $OD = \frac{1}{2}AH$(垂外心定理).

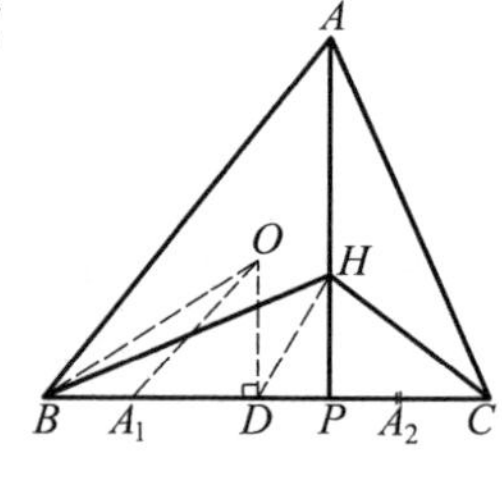

图 84.1

在 $\triangle HBC$ 中,由中线长定理得

$$HD^2 = \frac{1}{2}(BH^2 + CH^2) - \frac{1}{4}BC^2$$

又 $$A_1D = HD, BC = 2BD$$

则 $$A_1D^2 = \frac{1}{2}(BH^2 + CH^2) - BD^2$$

由勾股定理得

$$OA_1^2 = A_1D^2 + OD^2 = \frac{1}{2}(BH^2 + CH^2) - BD^2 + OD^2 =$$

$$\frac{1}{2}(BH + CH^2) - (OB^2 - OD^2) + OD^2 =$$

$$\frac{1}{2}(BH^2+CH^2+AH^2)-R^2$$

(R 为 $\triangle ABC$ 外接圆半径)

同理 $$OA_2^2=OB_1^2=OB_2^2=OC_1^2=OC_2^2=\frac{1}{2}(BH^2+CH^2+AH^2)-R^2$$

故 $$OA_1=OA_2=OB_1=OB_2=OC_1=OC_2$$

所以,A_1,A_2,B_1,B_2,C_1,C_2 六点都在以 O 为圆心,OA_1 为半径的圆上,即六点 A_1,A_2,B_1,B_2,C_1,C_2 共圆.

证法2 如图84.1,设 D 为 BC 的中点,O 为 $\triangle ABC$ 的外心,$AH\perp BC$ 于 P,则 $OD\perp BC$,$\angle HBP=\frac{\pi}{2}-\angle C$,$\angle HCP=\frac{\pi}{2}-\angle B$.$\triangle ABC$ 的外接圆半径 $R=\triangle HBC$ 的外接圆半径.

于是,在 $\triangle ABC$ 中有

$$HP=BH\sin\angle HBP=BH\cos C,HP=CH\cos B$$
$$BP=BH\cos\angle HBP=BH\sin C,CP=CH\sin B$$
$$BH=2R\sin\angle HCP=2R\cos B,CH=2R\cos C$$

由勾股定理得

$$\begin{aligned}OA_1^2&=OD^2+A_1D^2=OB^2-BD^2+DH^2=R^2-BD^2+DP^2+HP^2=\\&R^2+(DP+BD)(DP-BD)+HP^2=\\&R^2-BP\cdot CP+HP^2=\\&R^2-BH\sin C\cdot CH\sin B+BH\cos C\cdot CH\cos B=\\&R^2+BH\cdot CH\cos(B+C)=\\&R^2-4R^2\cos A\cos B\cos C\end{aligned}$$

同理 $OA_2^2=OB_1^2=OB_2^2=OC_1^2=OC_2^2=R^2-4R^2\cos A\cos B\cos C$

故 A_1,A_2,B_1,B_2,C_1,C_2 六点均在以 O 为圆心,OA_1 为半径的圆上.

证法3 如图84.2,E,F 分别是边 CA,AB 的中点,设以点 E 为圆心,过点 H 的圆与以 F 为圆心,过点 H 的圆的另一个交点为 K,则 $KH\perp EF$.由于 $EF\parallel BC$,从而 $KH\perp BC$,于是点 K 在 AH 上.

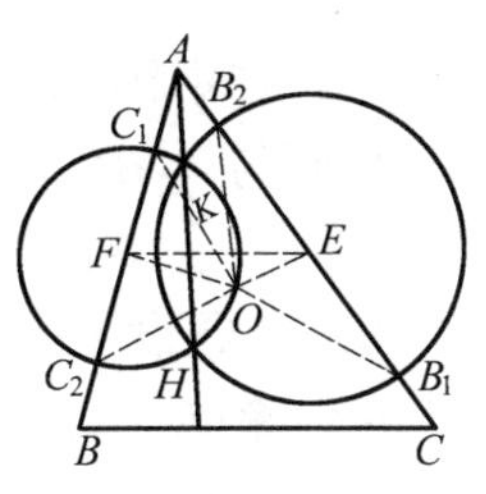

图84.2

由割线定理

$$AC_1\cdot AC_2=AK\cdot AH=AB_1\cdot AB_2$$

所以 B_1,B_2,C_1,C_2 四点共圆.

分别作 B_1B_2, C_1C_2 的垂直平分线，设它们相交于点 O，则 O 是四边形 $B_1B_2C_1C_2$ 的外接圆圆心，也是 $\triangle ABC$ 的外心，且

$$OB_1 = OB_2 = OC_1 = OC_2$$

同理 $$OA_1 = OA_2 = OB_1 = OB_2$$

故 $A_1, A_2, B_1, B_2, C_1, C_2$ 六点都在以 O 为圆心，OA_1 为半径的圆上.

证法 4 如图 84.3，设 $\triangle ABC$ 的外心为 O，D, E, F 分别是边 BC, CA, AB 上的中点，联结 DF 交 BH 于点 P，则 $BH \perp DF$.

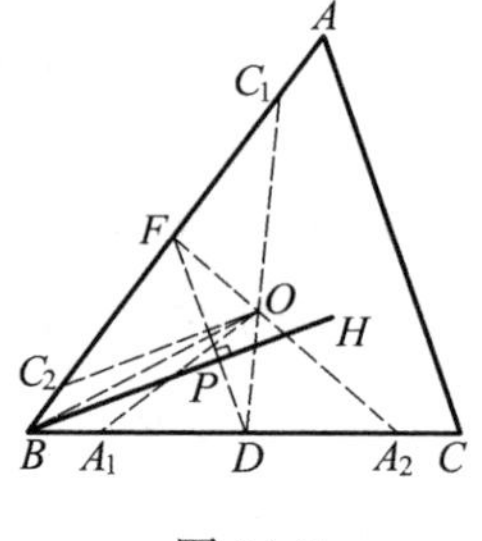

图 84.3

由勾股定理得

$$BF^2 - FH^2 = BP^2 - PH^2 = BD^2 - DH^2$$

$$BO^2 - A_1O^2 = BD^2 - A_1D^2 = BD^2 - DH^2$$

所以 $$BO^2 - A_1O^2 = BF^2 - FH^2$$

又有 $$BO^2 - C_2O^2 = BF^2 - C_2F^2 = BF^2 - FH^2$$

由上面两式可得

$$A_1O = C_2O$$

易知 $$A_1O = A_2O, C_1O = C_2O$$

故 $$A_1O = A_2O = C_1O = C_2O$$

同理 $$A_1O = A_2O = B_1O = B_2O$$

因此，六点 $A_1, A_2, B_1, B_2, C_1, C_2$ 在以 O 为圆心的圆上.

85 给定凸四边形 $ABCD$，$BC = AD$，且 BC 不平行于 AD，设点 E 和 F 分别在边 BC 和 AD 的内部，满足 $BE = DF$，直线 AC 和 BD 相交于点 P，直线 BD 和 EF 相交于点 Q，直线 EF 和 AC 相交于点 R. 证明：当点 E 和 F 变动时，$\triangle PQR$ 的外接圆经过除点 P 外的另一个定点.

(2005 年第 46 届 IMO)

证法 1 (根据中国选手赵彤远解答整理) 由题意，BC 不平行于 AD，则 $\triangle APD$ 的外接圆与 $\triangle BPC$ 的外接圆不相切. 否则，过切点作公切线 SS'，则

$$\angle DAP = \angle DPS = \angle BPS' = \angle BCP$$

于是 $AD \parallel BC$，与题设矛盾.

故可设它们除点 P 外交于点 O，则 O 是定点，不妨设 O 在 $\triangle DPC$ 内. 下面证明：当点 E 和 F 变动时，$\triangle PQR$ 的外接圆经过点 O.

如图 85.1，联结 $OA, OB, OC, OD, OE, OF, OP, OQ, OR$. 由 B, C, O, P 四

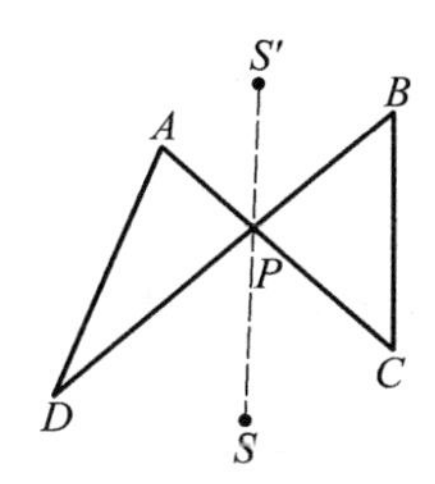

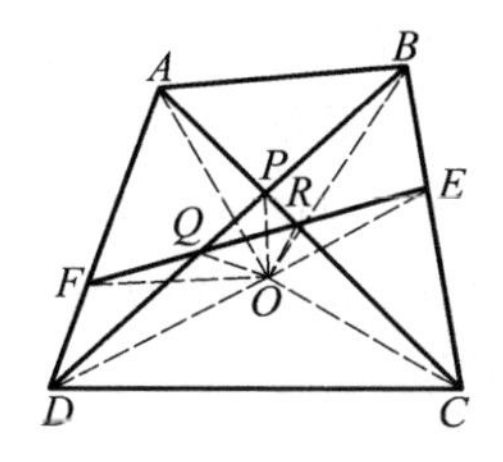

图 85.1

点共圆和 O,P,A,D 四点共圆得

$$\angle OBC=\angle OPC=\angle ADO$$

同理
$$\angle OCB=\angle OPD=\angle OAD$$

又
$$AD=BC$$

则
$$\triangle OBC\cong\triangle ODA$$

于是
$$OB=OD,\angle OBE=\angle ODF$$

又有条件 $BE=CF$,所以

$$\triangle OBE\cong\triangle ODF$$

有
$$OE=OF,OB=OD$$

而由
$$\angle EOB=\angle FOD$$

知
$$\angle EOF=\angle BOD$$

于是
$$\triangle EOF\backsim\triangle BOD$$

得
$$\angle ODQ=\angle OFQ$$

从而 O,D,F,Q 四点共圆.所以

$$\angle OQR=\angle ODF=\angle OPR$$

故 O,Q,P,R 四点共圆.

综上所述,当点 E 和 F 变动时,$\triangle PQR$ 的外接圆经过除 P 外的另一个定点 O.

证法 2 (标准答案)如图 85.2,设线段 AC,BD 的垂直平分线相交于点 O.

下面证明:当点 E 和 F 变动时,$\triangle PQR$ 的外接圆经过点 O.

因为 $OA=OC,OB=OD$ 及 $AD=BC$,所以

$$\triangle ODA\cong\triangle OBC$$

即 $\triangle OBC$ 可以绕点 O 旋转 $\angle BOD$ 后与 $\triangle ODA$ 重合.

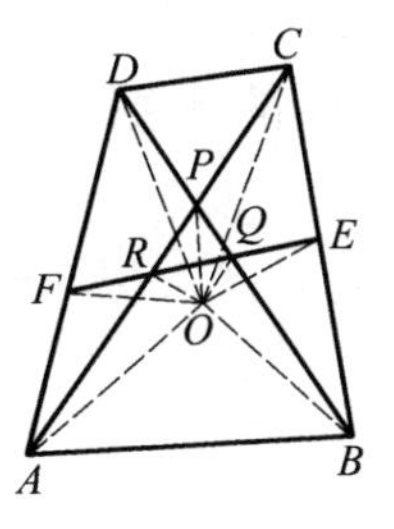

图 85.2

又因为 $BE = DF$,所以,这个旋转使点 E 与点 F 重合.于是 $OE = OF$,且

$$\angle EOF = \angle BOD = \angle COA$$

所以 $$\triangle EOF \backsim \triangle BOD \backsim \triangle COA$$

故 $$\angle OEF = \angle OFE = \angle OBD = \angle ODB = \angle OCA = \angle OAC$$

从而 O,B,E,Q 四点共圆,O,E,C,R 也四点共圆.

因此 $$\angle OQB = \angle OEB = \angle ORC$$

故 P,Q,O,R 四点共圆.

综上所述,当点 E 和 F 变动时,$\triangle PQR$ 的外接圆经过除 P 外的另一个定点 O.

证法3 如图85.3,设 M,N 分别是 BD,AC 的中点,S 是 DC 的中点.直线 MN 交 AD,BC 分别于 T,L,联结 SM,SN.

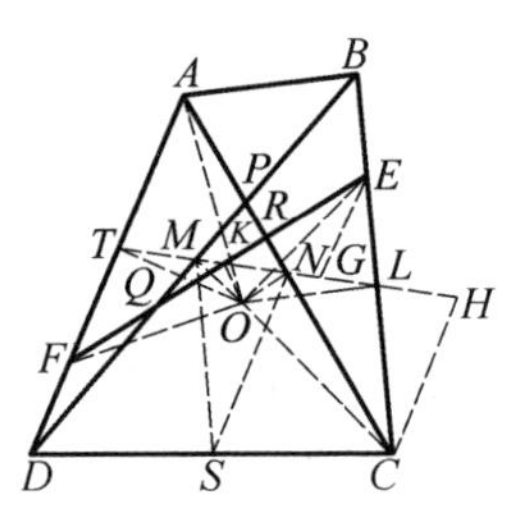

图 85.3

因 BC 不平行于 AD,则过 T,L 分别与 AD,BC 垂直的直线必相交于一点 O,且 O 为一个定点,下在证明 $\triangle PQR$ 的外接圆经过点 O.

因 $$SM \mathop{\underline{\underline{\parallel}}} \frac{1}{2}BC = \frac{1}{2}AD \mathop{\underline{\underline{\parallel}}} SN$$

则 $$\angle BLN = \angle SMN = \angle SNM = \angle ATM$$

从而 $$\angle OLT = \angle OTL, OL = OT$$

作 $CH \parallel AD$ 交 TL 于 H,联结 OA,OC.则

$$\triangle CNH \cong \triangle ANT$$

有 $$\angle H = \angle ATN = \angle BLN = \angle CLH$$

从而 $$CL = CH = AT$$

于是 $$\mathrm{Rt}\triangle OCL \cong \mathrm{Rt}\triangle OAT, OA = OC$$

从而 $ON \perp AC$.同理 $OM \perp BD$.

可见,若 FE 与 TL 重合,则命题成立.若 FE 与 TL 不重合,设它们相交于 K,要证 $\triangle PQR$ 的外接圆经过点 O,由西姆松定理的逆定理知,只要证明 $OK \perp EF$ 即可.

由 $CL = AT, BE = DF, BC = AD$ 知:$EL = FT$,作 $EG \parallel AD$ 交 TL 于 G,则

$$\angle EGL = \angle ATM = \angle ELG$$

因此 $$EG = EL = FT$$

故 $$\triangle KEG \cong \triangle KFT, KE = KF$$

又 $$\mathrm{Rt}\triangle OEL \cong \mathrm{Rt}\triangle OFT$$
有 $$OE = OF$$
故 $$OK \perp EF$$
命题获证.

评注 由证法3可以看出,本题实际上是1994年第35届IMO第一题的演变深化,请参看本书第48题.

86 锐角三角形 ABC 中,$AB \neq AC$,以 BC 边为直径的圆分别交 AB,AC 于点 M,N,O 为 BC 的中点,两个角 $\angle BAC$,$\angle MON$ 的平分线交于点 R.证明:两个三角形 $\triangle BMR$,$\triangle CNR$ 的外接圆有一公共点在 BC 边上.

(2004年第45届IMO)

证法1 如图86.1,因 $OM = ON$,且 OR 平分 $\angle MON$,则 $RM = RN$,由正弦定理得

$$\frac{\sin\angle AMR}{\sin\angle MAR} = \frac{AR}{RM} = \frac{AR}{RN} = \frac{\sin\angle ANR}{\sin\angle NAR}$$

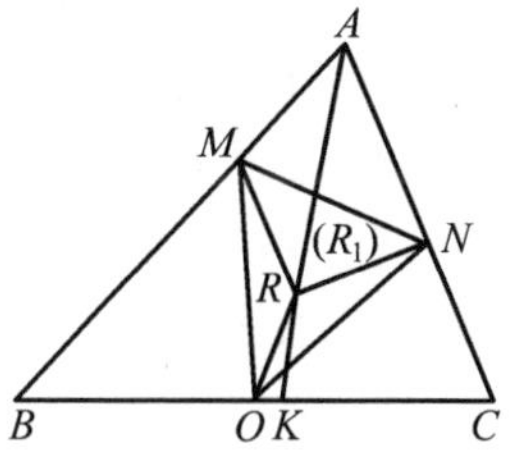

图86.1

则 $$\sin\angle AMR = \sin\angle ANR$$
故 $$\angle AMR = \angle ANR$$
或 $$\angle AMR + \angle ANR = 180^\circ$$
若 $$\angle AMR = \angle ANR$$
则 $$\triangle AMR \cong \triangle ANR, AM = AN$$
又 $$\triangle AMN \backsim \triangle ACB$$
所以 $$AC = AB$$
矛盾.
所以 $$\angle AMR + \angle ANR = 180^\circ$$
从而 A,M,R,N 四点共圆.

设 AR 的延长线交 BC 于点 K,则 K 在边 BC 上.

因 B,C,N,M 和 A,M,R,N 分别共圆.则

$$\angle MRA = \angle MNA = \angle B$$

因此,B,M,R,K 四点共圆,同理,C,N,R,K 四点共圆.于是,结论成立.

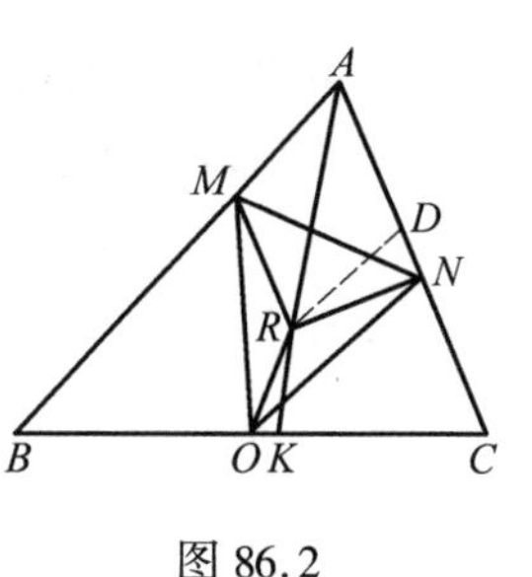

图86.2

证法2 如图86.2,因 $\triangle ABC$ 为锐角三角形,则点 M,N 分别在线段 AB,AC 内,因为 B,C,N,M 四点共圆,

所以 $$\triangle AMN \backsim \triangle ACB, \frac{AM}{AC} = \frac{AN}{AB}$$

因 $AB \neq AC$，不妨设 $AB > AC$，则 $AN > AM$. 可在 AN 上截取 $AD = AM$. 连 RD，有 $\triangle ARD \cong \triangle ARM$. 所以

$$\angle ADR = \angle AMR, RD = RM$$

又因 $$OM = ON, OR \text{ 平分 } \angle MON$$

则 $$RN = RM = RD$$

从而 $$\angle RND = \angle RDN$$

所以 $$\angle AMR + \angle RNA = \angle ADR + \angle RDN = 180°$$

故 A, M, R, N 四点共圆.

以下同证法 1.

证法3 如图 86.1，因为 $\triangle ABC$ 为锐角三角形，故点 M, N 分别在线段 AB，AC 内. 在射线 AR 上取一点 R_1，使 A, M, R_1, N 四点共圆. 因为 AR_1 平分 $\angle BAC$，故 $R_1M = R_1N$. 由 $OM = ON$，$R_1M = R_1N$ 知点 R_1 在 $\angle MON$ 的平分线上. 而 $AB \neq AC$，则 $\angle MON$ 的平分线与 $\angle BAC$ 的平分线不重合、不平行，有唯一交点 R，从而 $R_1 = R$，即 A, M, R, N 四点共圆.

以下同证法 1.

87 在凸四边形 $ABCD$ 中，对角线 BD 既不是 $\angle ABC$ 的平分线，也不是 $\angle CDA$ 的平分线，点 P 在四边形 $ABCD$ 内部，满足 $\angle PBC = \angle DBA$ 和 $\angle PDC = \angle BDA$. 证明：四边形 $ABCD$ 为圆内接四边形的充分必要条件是 $AP = CP$.

（2004 年第 45 届 IMO）

证法1 如图 87.1，不妨设 P 在 $\triangle ABC$ 和 $\triangle BCD$ 内.

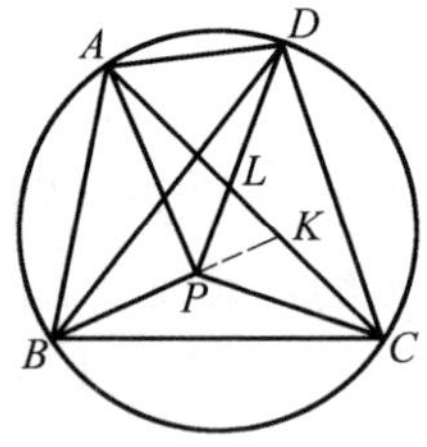

图 87.1

设 $ABCD$ 为圆内接四边形，直线 BP，DP 分别交 AC 于点 K 和 L. 因

$$\angle PBC = \angle DBA, \angle PDC = \angle BDA$$
$$\angle ACB = \angle ADB, \angle ABD = \angle ACD$$

则 $$\triangle DAB \backsim \triangle DLC \backsim \triangle CKB$$

从而 $$\angle DLC = \angle CKB$$

因而 $$\angle PLK = \angle PKL, PK = PL$$

因 $$\angle BDA = \angle PDC$$

则 $$\angle ADL = \angle BDC$$

又因 $$\angle DAL = \angle DBC$$

故 $\triangle ADL \backsim \triangle BDC$

因此 $\dfrac{AL}{BC}=\dfrac{AD}{BD}=\dfrac{KC}{BC}$（因为 $\triangle DAB \backsim \triangle CKB$）

由此知 $AL=KC$

因为 $\angle DLC=\angle CKB$

故 $\angle ALP=\angle CKP$

又因为 $PK=PL, AL=KC$

故 $\triangle ALP \cong \triangle CKP$

所以 $AP=CP$

反之，如图 87.2，设 $AP=CP$，设 $\triangle BCP$ 的外接圆分别交直线 CD, DP 于点 X 和 Y，因为 $\angle ADB=\angle PDX$，$\angle ABD=\angle PBC=\angle PXC$，故

$$\triangle ADB \backsim \triangle PDX$$

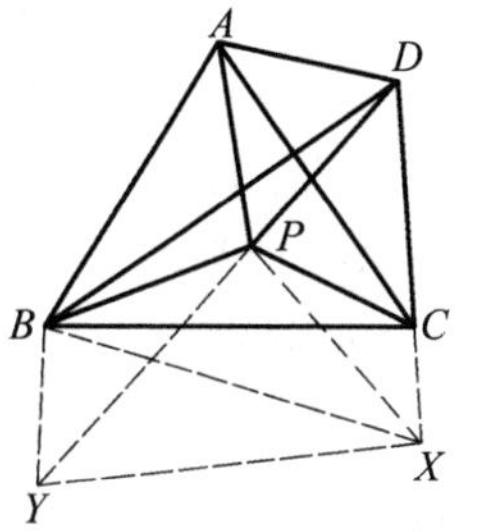

从而
$$\frac{AD}{PD}=\frac{BD}{XD}$$

图 87.2

又因为

$$\angle ADP=\angle ADB+\angle BDP=\angle PDX+\angle BDP=\angle BDX$$

故 $\triangle ADP \backsim \triangle BDX$

因此
$$\frac{BX}{AP}=\frac{BD}{AD}=\frac{XD}{PD} \quad ①$$

因 P, C, X, Y 四点共圆，则

$$\angle DPC=\angle DXY, \angle DCP=\angle DYX$$

从而 $\triangle DPC \backsim \triangle DXY$

得
$$\frac{YX}{CP}=\frac{XD}{PD} \quad ②$$

由 $AP=CP$，式 ① 和式 ② 得 $BX=YX$，因此

$$\angle DCB=\angle XYB=\angle XBY=\angle XPY=\angle PDX+\angle PXD=\angle ADB+\angle ABD=180^\circ-\angle BAD$$

所以，四边形 $ABCD$ 为圆内接四边形.

证法 2　如图 87.3，设 $\triangle BCD$ 的外接圆为圆 O，延长 DP, BP 分别与圆 O 交于 N, M，联结 DM, MC, MN, CN, BN，记 $\angle NMC=\angle NDC=\beta$，$\angle CNM=\angle CBM=\alpha$，$\angle BDN=\theta$.

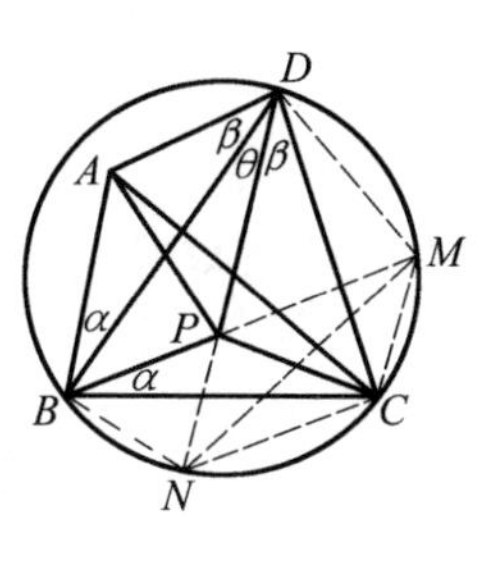

图 87.3

则 $$\triangle ABD \backsim \triangle CNM \Rightarrow \frac{AD}{CM} = \frac{BD}{NM}$$

因为 $$\triangle BDP \backsim \triangle NMP$$

所以 $$\frac{PD}{PM} = \frac{BD}{NM} = \frac{AD}{CM}$$

又 $$\angle ADP = \angle CMP = \beta + \theta \Rightarrow$$

$$\triangle CMP \backsim \triangle ADP \Rightarrow AP = CP \Leftrightarrow$$

$$\triangle CMP \cong \triangle ADP \Leftrightarrow$$

$$PD = PM \Leftrightarrow$$

$$\angle BCD = \angle PMD = \angle MDP = \alpha + \beta \Leftrightarrow$$

$$\angle BCD + \angle BAD = 180^\circ \Leftrightarrow$$

A,B,C,D 四点共圆.

证法3 如图87.4,不妨设 P 在 $\triangle ABC$ 和 $\triangle BCD$ 内,直线 BP,DP 分别交 AC 于 K,L.

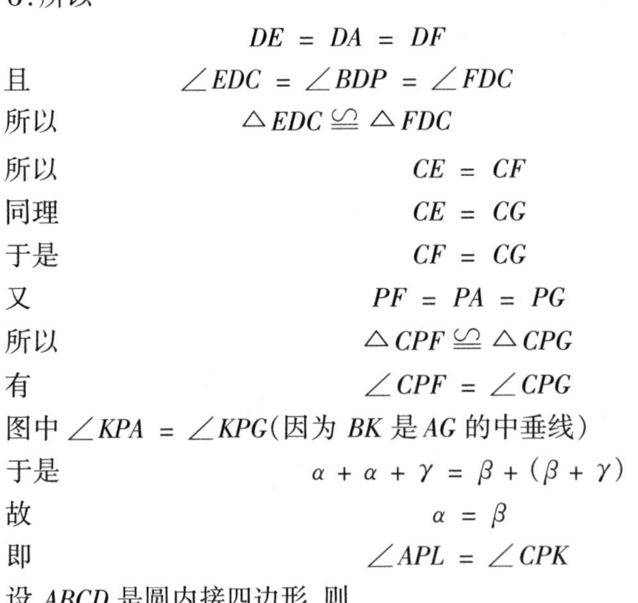

图 87.4

因 A,C 是 $\triangle BDP$ 的等角共轭点,则 $\angle APL = \angle CPK$,其证明如下

设点 A 关于三边 BD,DP,BP 的对称点分别为 E,F,G.所以

$$DE = DA = DF$$

且 $$\angle EDC = \angle BDP = \angle FDC$$

所以 $$\triangle EDC \cong \triangle FDC$$

所以 $$CE = CF$$

同理 $$CE = CG$$

于是 $$CF = CG$$

又 $$PF = PA = PG$$

所以 $$\triangle CPF \cong \triangle CPG$$

有 $$\angle CPF = \angle CPG$$

图中 $\angle KPA = \angle KPG$(因为 BK 是 AG 的中垂线)

于是 $$\alpha + \alpha + \gamma = \beta + (\beta + \gamma)$$

故 $$\alpha = \beta$$

即 $$\angle APL = \angle CPK \qquad ①$$

设 $ABCD$ 是圆内接四边形.则

$$\angle PKL = \angle KBC + \angle KCB = \angle ABD + \angle ADB = \angle ACD + \angle LDC = \angle PLK$$

所以 $$PL=PK$$
且 $$\angle PLA=\angle PKC$$
结合式①得 $$\triangle APL\cong\triangle CPK$$
故 $$AP=CP$$
反之,设 $$AP=CP$$
则式①$\Rightarrow\triangle APL\cong\triangle CPK\Rightarrow AL=CK,AK=CL$.
令 AC 与 BD 相交于 M.

则 $$\frac{AM}{CM}\cdot\frac{AK}{CK}=\frac{S_{\triangle ABM}}{S_{\triangle BCM}}\cdot\frac{S_{\triangle ABK}}{S_{\triangle CBK}}=\frac{AB\sin\angle ABM}{BC\sin\angle MBC}\cdot\frac{AB\sin\angle ABK}{BC\sin\angle CBK}=\frac{AB^2}{BC^2}$$

同理 $$\frac{AM}{CM}\cdot\frac{AL}{CL}=\frac{AD^2}{CD^2}$$

两式相乘得

$$\frac{AM}{CM}=\frac{AB\cdot AD}{BC\cdot CD}=\frac{S_{\triangle ABD}}{S_{\triangle CBD}}$$

于是 $$\sin\angle BAD=\sin\angle BCD$$

易知 $\angle BAD\neq\angle BCD$(否则,有 $\angle ABD+\angle ADB=\angle CBD+\angle CDB$,不存在点 P 满足题设条件).

故 $\angle BAD+\angle BCD=180^\circ$.因此,$ABCD$ 为圆内接四边形.

评注 对于此题,我们考虑点 P 在四边形 $ABCD$ 外部的情形,可以把题目演变成如下的问题.

变题 如图 87.5,点 A,C 为 $\triangle PBD$ 内部两点满足 $\angle PBC=\angle DBA$ 和 $\angle PDC=\angle BDA$.证明:四边形 $ABDC$ 为圆内接四边形的充分必要条件是 $AP=CP$.

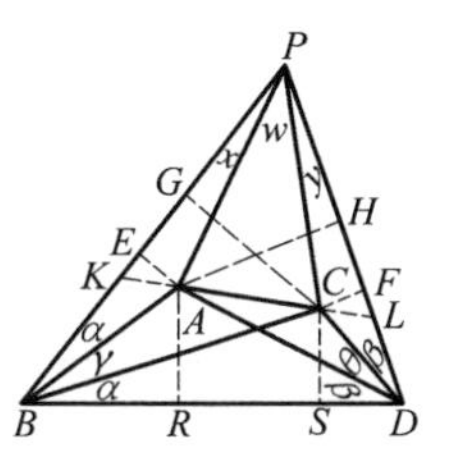

图 87.5

下面给出变题的一个证明,这一证明方法对原题也适应.

证明 点 A,C 是 $\triangle PBD$ 的等角共轭点,则 $\angle APB=\angle CPD$,这个结论的证明如下

可设 $\angle PBA=\angle DBC=\alpha,\angle ABC=\gamma,\angle PDC=\angle BDA=\beta,\angle ADC=\theta,\angle APB=x,\angle CPD=y,\angle APC=w$.

由角元形式的塞瓦定理得

$$\frac{\sin\alpha}{\sin(\alpha+\gamma)}\cdot\frac{\sin\beta}{\sin(\beta+\theta)}\cdot\frac{\sin(y+w)}{\sin x}=1$$

$$\frac{\sin(\alpha+r)}{\sin\alpha}\cdot\frac{\sin(\beta+\theta)}{\sin\beta}\cdot\frac{\sin y}{\sin(x+w)}=1$$

两式相乘得

$$\sin(x+w)\sin x=\sin(y+w)\sin y$$

即
$$\cos(2x+w)=\cos(2y+w)$$

又因为
$$x+y+w=\angle BPD<180^\circ$$

所以
$$(2x+w)+(2y+w)<360^\circ$$

故
$$2x+w=2y+w$$

即
$$x=y,\angle APB=\angle CPD$$

设 $ABDC$ 为圆内接四边形,设直线 AC 交 BP,DP 分别于 K,L.因

$$\angle PLK=\angle LCD+\angle LDC=\angle ABD+\angle BDA=\angle CBK+\angle BCA=\angle PKL$$

则
$$PK=PL$$

于是
$$\triangle PAK\cong\triangle PCL$$

故
$$AP=CP$$

反之,设 $AP=CP$,作 $AE\perp PB$ 于 E,$CF\perp PD$ 于 F,$AH\perp PD$ 于 H,$CG\perp PB$ 于 G,$AR\perp BD$ 于 R,$CS\perp BD$ 于 S.

因 $x=y$,则

$$AE=CF,AH=CG$$

由
$$\triangle BAE\backsim\triangle BCS$$

得
$$\frac{AB}{BC}=\frac{AE}{CS}$$

由
$$\triangle BAR\backsim\triangle BCG$$

得
$$\frac{AB}{BC}=\frac{AR}{CG}$$

于是
$$\frac{AB^2}{BC^2}=\frac{AE}{CS}\cdot\frac{AR}{CG}$$

同理
$$\frac{AD^2}{DC^2}=\frac{AR}{CF}\cdot\frac{AH}{CS}$$

以上两式相乘得

$$\frac{AB\cdot AD}{BC\cdot DC}=\frac{AR}{CS}=\frac{S_{\triangle ABD}}{S_{\triangle CBD}}$$

因此
$$\sin\angle BAD=\sin\angle BCD$$

如果
$$\angle BAD+\angle BCD=180^\circ$$

则
$$(\angle ABD+\angle ADB)+(\angle CBD+\angle CDB)=180^\circ$$

即
$$(\alpha+\gamma+\beta)+(\alpha+\beta+\theta)=180^\circ$$

即
$$(2\alpha+\gamma)+(2\beta+\theta)=180^\circ$$

亦即 $$\angle PBD + \angle PDB = 180^\circ$$
矛盾.

所以 $$\angle BAD + \angle BCD \neq 180^\circ$$
于是 $$\angle BAD = \angle BCD$$
故 $ABDC$ 为圆内接四边形.

88 两个圆 Γ_1 和 Γ_2 被包含在圆 Γ 内,且分别与圆 Γ 相切于两个不同的点 M 和 N. Γ_1 经过 Γ_2 的圆心,经过 Γ_1 和 Γ_2 的两个交点的直线与 Γ 相交于点 A 和 B,直线 MA 和 MB 分别与 Γ_1 相交于点 C 和 D. 证明: CD 与 Γ_2 相切.

(1999 年第 40 届 IMO)

证法 1 先证明一个引理.

引理 已知圆 Γ_1 被包含在圆 Γ 内且与 Γ 相切于点 U. Γ 的一条弦 PQ 与 Γ_1 相切于 V 点. 设 W 为 Γ 上不包含 U 点的弧 $\overparen{PQ}$ 的中点,则 U, V, W 三点共线,且有 $WU \cdot WV = WP^2$.

引理的证明 如图 88.1,以 U 点为位似中心,将圆 Γ_1 变为圆 Γ 的位似变换把 PQ 变成 Γ 的一条平行于 PQ 的切线,就是经过点 W 的切线. 因此, U, V, W 三点共线.

又因 $\angle QPW = \angle WUP$,故 $\triangle UWP \backsim \triangle PWV$. 于是

$$WU \cdot WV = WP^2$$

问题的证明 如图 88.2,设 O_1, O_2 分别为圆 Γ_1, Γ_2 的圆心, t_1 和 t_2 为它们的两条公切线. 设 α, β 分别为圆 Γ 上如同引理那样被 t_1, t_2 截出的弧.

根据引理,弧 α, β 的中点关于圆 Γ_1, Γ_2 的幂相等,所以它们落在 Γ_1, Γ_2 的根轴上. 这说明点 A 和 B 分别是弧 α 和 β 的中点. 又由引理可知 C, D 分别为 t_1 和 t_2 在 Γ_1 上的切点.

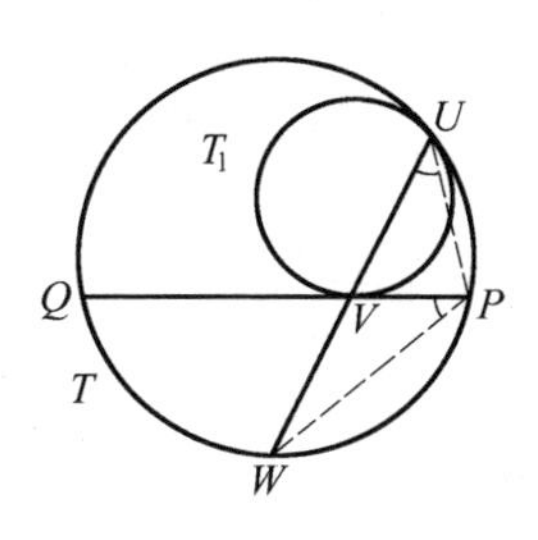

图 88.1

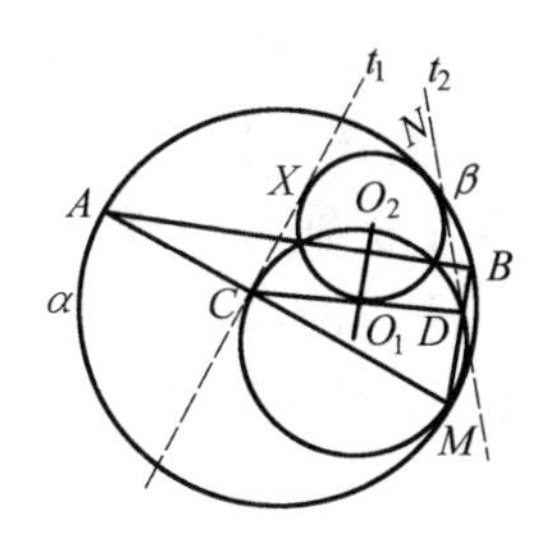

图 88.2

令 H 是以 M 为位似中心,将 Γ_1 变成 Γ 的位似变换,则 H 把 CD 变成 AB,于是 $AB \parallel CD$.这说明 $CD \perp O_1O_2$,且 O_2 是 Γ_1 上某一段 CD 弧的中点.

记 X 为 t_1 在 Γ_2 的切点,则

$$\angle XCO_2 = \frac{1}{2}\angle CO_1O_2 = \angle DCO_2$$

因此 O_2 在 $\angle XCD$ 的角平分线上,进而证得 CD 与 Γ_2 相切.

证法2 如图88.3,设 Γ_1,Γ_2 的圆心分别为 O_1,O_2,联结 AN 交圆 O_2 于 E.作公切线 PNR 和 PMS,设圆 O_1,圆 O_2 的交点为 X,Y.因为

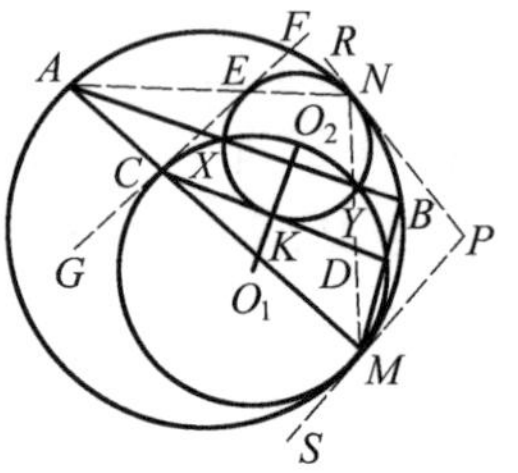

$$AC \cdot AM = AX \cdot AY = AE \cdot AN$$

所以 E,C,M,N 四点共圆.所以

$$\angle GCM = \angle ENM = \angle CMS = \angle CDM$$

所以 CE 为圆 O_1 的切线.又

$$\angle FEN = \angle CMN = \angle ANR = \angle ENR$$

所以 CE 亦为圆 O_2 的切线.因为

$$\angle BAM = \angle BMP = \angle DCM$$

所以 $AB \parallel CD$.但 $O_1O_2 \perp AB$,所以 $O_1O_2 \perp CD$.从而 O_1O_2 也平分 CD.因为

$$\angle O_2CD = \angle O_2DC = \angle ECO_2, O_2E \perp CE$$

所以 $$O_2K = O_2E(K\text{ 为 }O_1O_2\text{ 与 }CD\text{ 的交点})$$

故 CD 与圆 O_2 相切.

图 88.3

证法3 记 Γ,Γ_1,Γ_2 的圆心分别为 O,O_1,O_2,半径分别为 R,r_1,r_2.以 M 为原点建立直角坐标系,使 O_1,O 在 x 轴上,如图88.4所示.

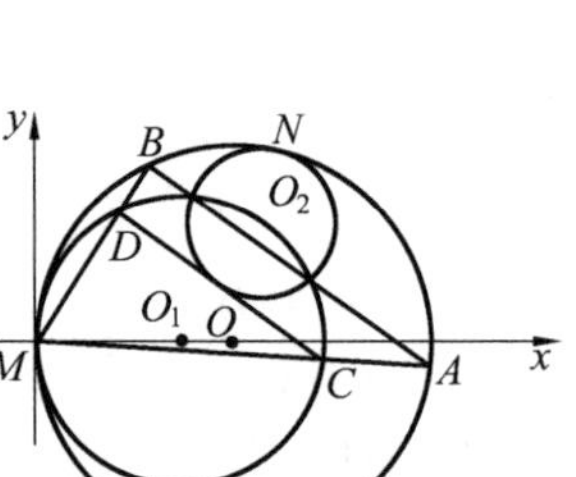

图 88.4

设 O_2 的坐标为 (a,b),则 $O_1O_2 = r_1, OO_2 = R - r_2$ 得到

$$(a - r_1)^2 + b^2 = r_1^2, (a - R)^2 + b^2 = (R - r_2)^2$$

化简得 $$a^2 + b^2 = 2ar_1, r_2^2 - 2ar_1 = 2R(r_2 - a)$$

直线 AB 是圆 Γ_1 与 Γ_2 的极轴,其方程为

$$(x - r_1)^2 + y^2 - r_1^2 = (x - a)^2 + (y - b)^2 - r_2^2$$

消去平方项后,化简得 AB 的方程为

$$(r_1 - a)x - by = \frac{r_2^2 - 2ar_1}{2}$$

即
$$(r_1-a)x-by=R(r_2-a)$$
由于 Γ 与 Γ_1 关于 M 点位似(位似比为 $\frac{R}{r_1}$),而且 A 与 C,B 与 D 为对应点,故 CD 的方程可由 AB 的方程中将 x,y 分别换成 $\frac{R}{r_1}x,\frac{R}{r_1}y$ 得到
$$(r_1-a)x-by=r_1(r_2-a)$$
最后,O_2 到 CD 的距离等于(利用 $a^2+b^2=2ar_1$ 及 $(r_1-a)^2+b^2=r_1^2$)
$$\frac{|(r_1-a)a-b\cdot b-r_1(r_2-a)|}{\sqrt{(r_1-a)^2+b^2}}=\frac{r_1r_2}{r_1}=r_2$$
所以 CD 与 Γ_2 相切.

评注 证法1特意构造出一个引理,思路并不自然,很不容易看懂,属于高难度,高技巧的证明.证明2仅使用圆中最基本的性质,没有特殊技巧,不要费神思索,不必动笔推算就能读懂,证明非常简洁.证法3是解析法,因恰当地利用了几何性质,减小了运算量,亦很精彩.

89 在 $\triangle ABC$ 中,$\angle A=90°$,$\angle B<\angle C$,过点 A 作 $\triangle ABC$ 的外接圆 O 的切线,交直线 BC 于 D,设点 A 关于 BC 的对称点为 E,作 $AX\perp BE$ 于 X,Y 为 AX 的中点,BY 与圆 O 交于 Z.证明:BD 为 $\triangle ADZ$ 的外接圆的切线.

(第39届IMO预选题8)

证法1 如图89.1,连 AE 交 BC 于 F,连 FY,FZ,EZ,ED.因为点 A 与点 E 关于 BC 对称,所以
$$AF=EF$$
且
$$AF\perp BD$$
又因为
$$AY=XY$$
所以
$$FY\parallel EX$$

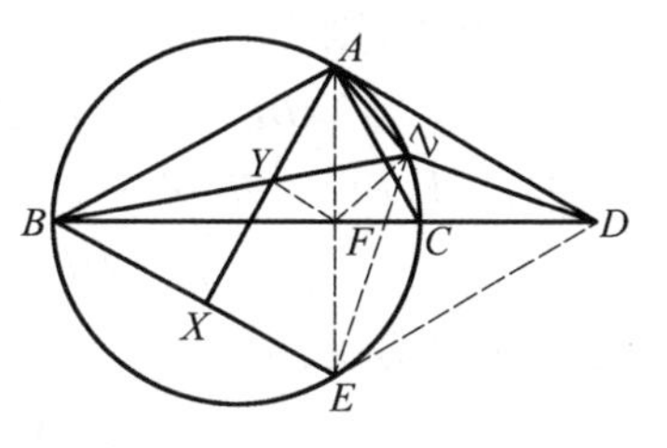

图89.1

所以
$$\angle AFY=\angle AEB=\angle AZB$$
所以 A,Y,F,Z 四点共圆.则
$$\angle YZF=\angle YAF$$
又因为
$$\angle BZE=\angle BAE$$
所以
$$\angle EZF=\angle BAX$$
因为 $AX\perp BE$ 及 AD 为圆 O 的切线,所以
$$\angle BAX=90°-\angle ABX=90°-\angle DAE=\angle ADF$$

又因为 A 与 E 关于 BC 对称.所以

$$\angle ADF=\angle EDF$$

所以
$$\angle EZF=\angle EDF$$

从而 D,E,F,Z 四点共圆.所以

$$\angle FDZ=\angle FEZ=\angle DAZ$$

故 BD 是 $\triangle ADZ$ 的外接圆的切线.

证法2 如图89.2,设 GA 为 $\triangle ABC$ 外接圆的直径,H 为 AE 与 BD 的交点.因 $\angle B<\angle C$,故 B,G 在 AE 的同侧.

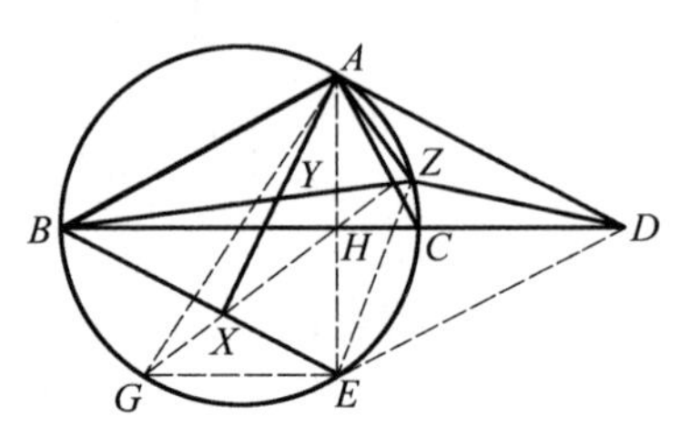

图89.2

由于 $\angle AEG=90^\circ=\angle AXB$

$$\angle AGE=\angle ABE=\angle ABX$$

则
$$\triangle AGE\backsim\triangle ABX$$

所以
$$\angle GAE=\angle BAX,\frac{GA}{BA}=\frac{AE}{AX}$$

因 H,Y 分别为 AE,AX 的中点,则

$$\frac{AE}{AX}=\frac{AH}{AY}$$

所以
$$\triangle AGH\backsim\triangle ABY$$

故
$$\angle AGH=\angle ABY$$

设 GH 交圆 O 于 Z',则

$$\angle ABZ'=\angle AGZ'=\angle ABY=\angle ABZ$$

故 Z 与 Z' 重合,从而 G,H,Z 三点共线,

因
$$\angle AZH=\angle AZG=90^\circ$$

AD,DE 是圆 O 的切线,则

$$\angle DAZ=\angle AEZ,\angle DEZ=\angle EAZ$$

$$\angle DHZ=90^\circ-\angle AHZ=\angle EAZ=\angle DEZ$$

故 $ZHED$ 是圆内接四边形.有

$$\angle ZDH=\angle ZEA=\angle DAZ$$

从而,DB 是 $\triangle ADZ$ 外接圆的切线.

证法3 如图89.3,连 ZC,设 $\angle ABC=\theta$,圆 O 的直径为 d.则

$$\angle EBC=\angle ABC=\angle DAC=\theta$$

$$\angle ADC=180^\circ-\angle DAC-\angle ACD=$$
$$180^\circ-\theta-(90^\circ+\theta)=$$

$$90° - 2\theta$$

$$AB = d\cos\theta, AC = d\sin\theta$$

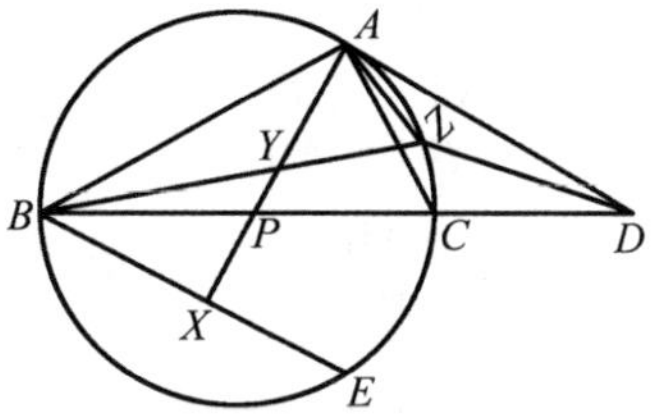

又
$$\frac{CD}{\sin\angle DAC} = \frac{AC}{\sin\angle ADC}$$

则
$$\frac{CD}{\sin\theta} = \frac{d\sin\theta}{\sin(90° - 2\theta)}$$

所以
$$CD = \frac{d\sin^2\theta}{\cos 2\theta}$$

图 89.3

所以
$$\frac{AB}{CD} = \frac{\cos\theta\cos 2\theta}{\sin^2\theta}$$

因为
$$\frac{AY}{YP} = \frac{S_{\triangle ABY}}{S_{\triangle BPY}} = \frac{AB\sin\angle ABY}{BP\sin\angle PBY}$$

所以
$$\frac{AZ}{CZ} = \frac{\sin\angle ABY}{\sin\angle PBY} = \frac{AY \cdot BP}{AB \cdot YP}$$

又
$$AY = \frac{1}{2}AX = \frac{1}{2}AB\sin 2\theta$$

$$BP = \frac{BX}{\cos\theta}$$

$$YP = XY - XP = \frac{1}{2}AX - XP = \frac{1}{2}BX\tan 2\theta - BX\tan\theta$$

所以
$$\frac{AZ}{CZ} = \frac{\frac{1}{2}AB\sin 2\theta \cdot \frac{BX}{\cos\theta}}{AB \cdot \left(\frac{1}{2}BX\tan 2\theta - BX\tan\theta\right)} =$$

$$\frac{\sin\theta}{\frac{1}{2}\tan 2\theta - \tan\theta} = \frac{\sin\theta}{\frac{\sin 2\theta}{2\cos 2\theta} - \frac{\sin\theta}{\cos\theta}} = \frac{\cos\theta\cos 2\theta}{\sin^2\theta}$$

所以
$$\frac{AB}{CD} = \frac{AZ}{CZ}$$

从而
$$\triangle ABZ \backsim \triangle CDZ$$

所以
$$\angle CDZ = \angle ABZ = \angle DAZ$$

故 DB 是 $\triangle ADZ$ 外接圆的切线.

证法4 如图89.4,连 AE 交 BZ 于 M,连 ZE,ZC,在 $\triangle AXE$ 中,由梅涅劳斯定理得

$$\frac{EB}{BX} \cdot \frac{XY}{YA} \cdot \frac{AM}{ME} = 1$$

因 Y 为 AX 中点,$XY = YA$,则

$$\frac{BX}{EB} = \frac{AM}{ME}$$

设 $\angle ABC = \theta$,则

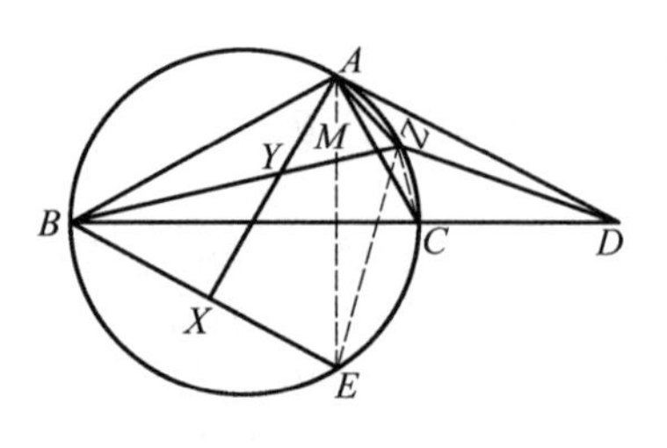

图 89.4

$$\frac{BX}{EB} = \frac{BX}{AB} = \cos 2\theta$$

即
$$\frac{AM}{ME} = \cos 2\theta$$

由托勒密定理知
$$AZ \cdot BE + AB \cdot EZ = AE \cdot BZ$$

因
$$AE = 2AB\sin\theta = 2BE\sin\theta$$

代入上式得
$$AZ + EZ = 2BZ\sin\theta \quad ①$$

又 $\angle AZM = \angle EZM$,由角平分线定理得
$$\frac{AZ}{EZ} = \frac{AM}{ME} = \cos 2\theta$$

将上式代入式 ①,可得
$$\frac{AZ}{BZ} = \frac{2\sin\theta \cdot \cos 2\theta}{1 + \cos 2\theta}$$

由 $\angle ABC = \theta$,可得 $\angle CAD = \theta$,$\angle ADC = 90° - 2\theta$.于是
$$\frac{AC}{CD} = \frac{\cos 2\theta}{\sin\theta}$$

又 $AC = BC\sin\theta$,从而
$$\frac{AC}{BD} = \frac{2\sin\theta \cdot \cos 2\theta}{1 + \cos 2\theta}$$

所以
$$\frac{AC}{BD} = \frac{AZ}{BZ}, \frac{AC}{AZ} = \frac{BD}{BZ} \quad ②$$

由 $\angle ZBD = \angle CAZ$ 及式 ② 知,$\triangle ZBD \backsim \triangle ZAC$.于是
$$\angle ZCA = \angle ZDB$$

又
$$\angle ZCA = \angle ABZ = \angle ZAD$$

所以
$$\angle ZAD = \angle ZDC$$

从而命题得证.

90 在一个平面中,C 为一个圆周,直线 l 是圆周的一条切线,M 为 l 上一点.试求出具有如下性质的点 P 的集合:在直线 l 上存在两个点 Q 和 P,使得 M 是线 QR 的中点,且 C 是三角形 PQR 的内切圆.

(1992 年第 33 届 IMO)

解法 1 如图 90.1,设 Q,R 在直线 l 上,M 为其中点,QR 与圆周 C 切于 B

点，连接 BO 并延长交圆周 C 于 D（其中 O 为圆周 C 的圆心）. 过 D 作圆的切线交 PR. PQ 于 R'，Q' 点，则 $Q'R' \parallel QR$. 联结 PD 延长交 QR 于 E，于是有 $\frac{Q'D}{DR'}=\frac{QE}{ER}$.

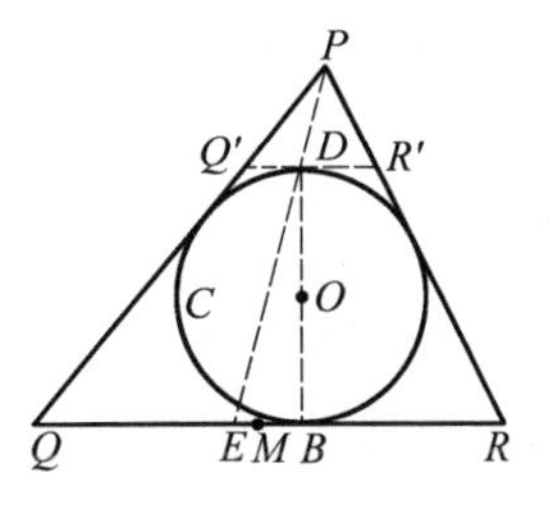

图 90.1

又 $\triangle PQ'R' \backsim \triangle PQR$，圆 O 是 $\triangle PQ'R'$ 的旁切圆，所以

$$Q'D=\frac{1}{2}(Q'R'+PR'-PQ')$$

$$DR'=\frac{1}{2}(Q'R'+PQ'-PR')$$

又因为

$$BR=\frac{1}{2}(QR+PR-PQ)$$

$$QB=\frac{1}{2}(QR+PQ-PR)$$

则

$$\frac{Q'D}{DR'}=\frac{BR}{QB}$$

于是 $QE=BR$，从而 M 为 EB 的中点. 因 B，D，M 均为定点，从而 E 为定点，所以满足题意的点 P 在 ED 的延长线上（不包含点 D），此即 P 的集合.

解法 2 如图 90.2，设 O 为 C 的圆心，$\triangle PQR$ 的三边与圆 O 的切点分别为 D，E，F，圆 O 的半径为 r，$MD=x$，$DR=a$，$PE=b$，则

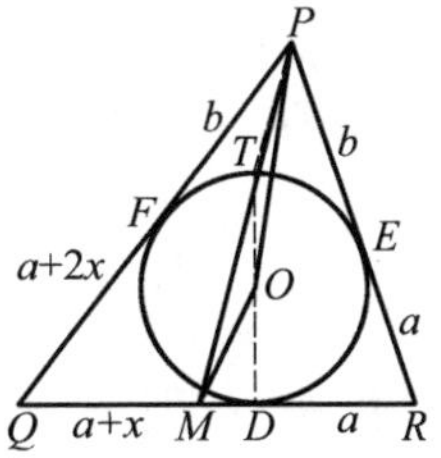

$$QM=a+x, FQ=a+2x$$

$$S_{\triangle POM}=S_{\triangle PMR}-S_{POMR}=$$

$$S_{PQM}-\frac{1}{2}r(b+a+a+x)=\frac{1}{2}rx$$

图 90.2

为一常数. 设 T 是 DO 与圆 O 的另一个交点，则

$$S_{\triangle TOM}=\frac{1}{2}MD\cdot OT=\frac{1}{2}rx=S_{\triangle POM}$$

所以 $PT \parallel OM$. 由于 M，O，T 均为定点，故 P 点集合为过 T 且平行于 MO 的一条射线.

解法 3 如图 90.3，设 M 为 QR 的中点，O 为 C 的圆心，QR 与圆 O 切于点 B，连 BO 并延长交圆 O 于 D，PD 交 QR 于 E，过 E 作 QR 的垂线交 PO 的延长线于 I，作 $IG \perp PQ$ 于 G，$IH \perp PR$ 于 H，$OF \perp PR$ 于 F.

因 $DB \parallel IE$，$OF \parallel IH$，则

$$\frac{OD}{IE}=\frac{PO}{PI}=\frac{OF}{IH}$$

又 $OD = OF$（圆 O 的半径），所以 $IE = IH = IG$。于是 I 为 $\triangle PQR$ 的旁心，且 E, H, G 是三边与旁切圆的切点.

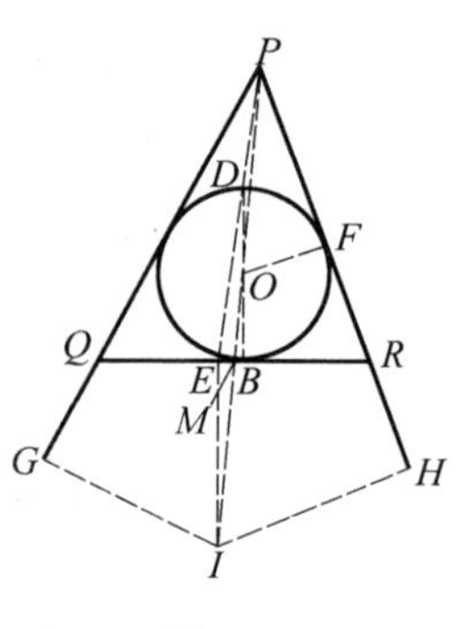

图 90.3

从而 $QE = \frac{1}{2}(QR + PR - PQ) = BR$

M 也为 EB 的中点.因 B, D, M 均为定点，从而 E 为定点，所以满足题意的点 P 在 ED 的延长线上（不包含点 D），此即 P 的集合.

解法 4 如图 90.4，设 M 为 QR 的中点，O 为 C 的圆心，QR 与圆 O 切于点 B，连 BO 并延长交圆 O 于 D，PD 交 QR 于 E.设 $QR = a, PR = b, PQ = c, S = \frac{1}{2}(a + b + c)$.作 $PF \perp QR$ 于 F.则

$$PF = \frac{S_{\triangle PQR}}{a}, DB = \frac{2S_{\triangle PQR}}{s}$$

$$QB = s - b, BR = s - c, FR = b\cos \angle R$$

$$BF = BR - FR = s - c - b\cos \angle R = \frac{1}{a}(c - b)(s - a)$$

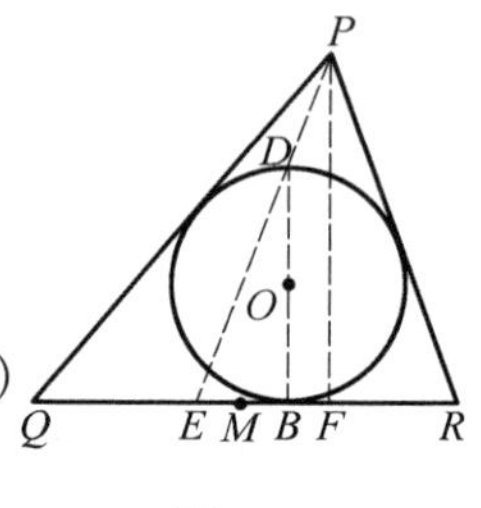

图 90.4

因 $DB \parallel PF$，则

$$\frac{EB}{EF} = \frac{DB}{PF} \Rightarrow \frac{EB}{BF} = \frac{DB}{PF - DB}$$

于是
$$EB = \frac{BF \cdot DB}{PF - DB} = c - b$$

所以
$$QE = QB - EB = (s - b) - (c - b) = s - c = BR$$

M 也为 EB 的中点.因 B, D, M 均为定点，从而 E 为定点，所以满足题意的点 P 在 ED 的延长线上（不包含点 D），此即 P 的集合.

解法 5 如图 90.5，设 M 为 QR 的中点，O 为 C 的圆心，QR 与圆 O 切于点 B，连 BO 并延长交圆 O 于 D. PD 交 QR 于 E.过 D 作圆 O 的切线交 PQ, PR 分别于 Q', R'. N 为 PQ 与圆 O 的切点.

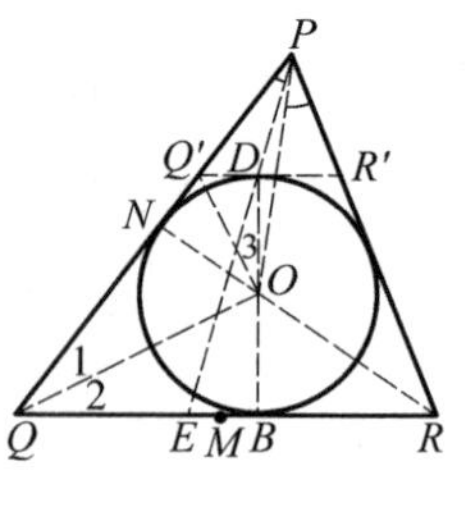

图 90.5

将 $\triangle PQR$ 的三角简记为 P, Q, R.圆 O 的半径为 r.易知

$$\angle 3 = \angle 1 = \angle 2 = \frac{Q}{2}$$

则
$$PQ = r\left(\cot \frac{P}{2} + \cot \frac{Q}{2}\right)$$

$$Q'D = r\tan\frac{Q}{2}$$

$$PQ' = PN - Q'N = PN - Q'D = r\left(\cot\frac{P}{2} - \tan\frac{Q}{2}\right)$$

所以 $$QE = \frac{Q'D \cdot PQ}{PQ'} = \frac{r\tan\frac{Q}{2} \cdot r\left(\cot\frac{P}{2} + \cot\frac{Q}{2}\right)}{r\left(\cot\frac{P}{2} - \tan\frac{Q}{2}\right)} =$$

$$r \cdot \frac{\cot\frac{P}{2} \cdot \tan\frac{Q}{2} + 1}{\cot\frac{P}{2} - \tan\frac{Q}{2}} = r \cdot \frac{\tan\frac{P}{2} + \tan\frac{Q}{2}}{1 - \tan\frac{P}{2}\tan\frac{Q}{2}} =$$

$$r \cdot \tan\frac{P+Q}{2} = r\cot\frac{R}{2} = BR$$

从而 M 也为 EB 的中点.因 B,D,M 均为定点,从而 E 为定点,所以满足题意的点 P 在 ED 的延长线上(不包含点 D),此即 P 的集合.

91 设 $\triangle ABC$ 是一个不等边的锐角三角形,M,N,P 分别为 BC,CA,AB 边上的中点.AB,AC 边上的中垂线分别交射线 AM 于点 D,E,直线 BD 和 CE 在 $\triangle ABC$ 内交于点 F.求证:A,N,F,P 四点共圆.

(2008 年美国数学奥林匹克)

证法 1 如图 91.1,延长 AM 至 G,使 $MG = AM$,联结 CG,延长 GB 与 CF 相交于 H,连 AH,MN.则 $ABGC$ 是平行四边形,又有 $AE = CE$,从而 $ACGH$ 是等腰梯形.所以

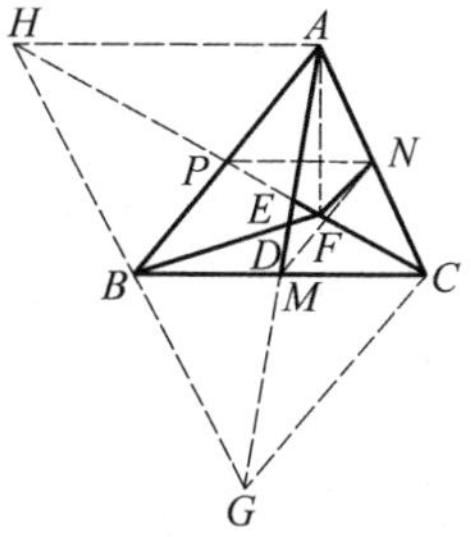

$$\angle FBA = \angle DAB = \angle AGC = \angle AHF$$

所以 A,H,B,F 四点共圆.所以

$$\angle FAB = \angle FHB = \angle MAN$$

又 $$\angle ABF = \angle BAD = \angle AMN$$

所以 $$\triangle ABF \backsim \triangle AMN, \frac{AB}{AM} = \frac{AF}{AN}$$

由 $$\angle FAB = \angle MAN$$

知 $$\angle BAM = \angle FAN$$

所以 $$\triangle ABM \backsim \triangle AFN$$

于是 $$\angle AFN = \angle ABM = \angle APN$$

故 A,N,F,P 四点共圆.

图 91.1

证法 2 如图 91.2,在 $\triangle APN$ 的外接圆上取一点 K,使得 $\angle KAN =$

$\angle BAM$.下面证明 $K=F$.

由 A,P,K,N 四点共圆知

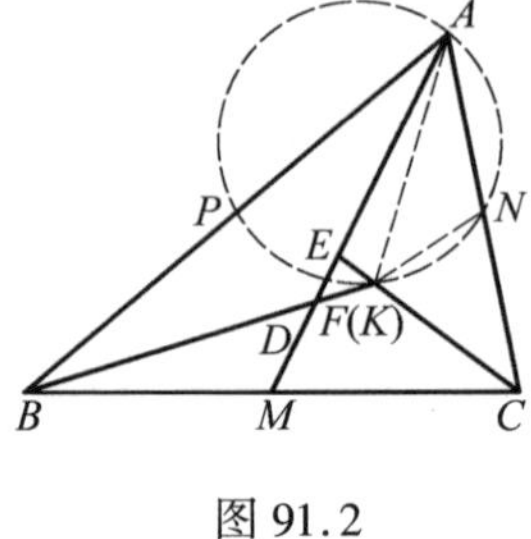

图 91.2

$$\angle AKN=\angle APN=\angle ABM$$

又 $\angle KAN=\angle BAM$

则 $\triangle AKN\backsim\triangle ABM$(这是以 A 为中心的旋转相似)

所以 $\frac{AB}{AK}=\frac{AM}{AN}$

且 $\angle BAK=\angle MAN$

因此 $\triangle AKB\backsim\triangle ANM$,又 $MN\parallel AB$,故

$$\angle ABK=\angle AMN=\angle MAB \quad ①$$

而 D 在 AB 的中垂线上,则

$$\angle ABD=\angle DAB=\angle MAB \quad ②$$

由式 ①,② 有 $\angle ABK=\angle ABD$

故 B,D,K 三点共线.

同理,C,E,K 三点共线(取 $\angle KAN=\angle BAM$ 同时蕴含着 $\angle KAP=\angle CAM$).

故 K 是 BD 与 CE 的交点,即 $K=F$.

证法 3 如图 91.3,取点 F 关于 AB,AC 的对称点 H,G,连 BH,CG,AH,AG,HG.因为

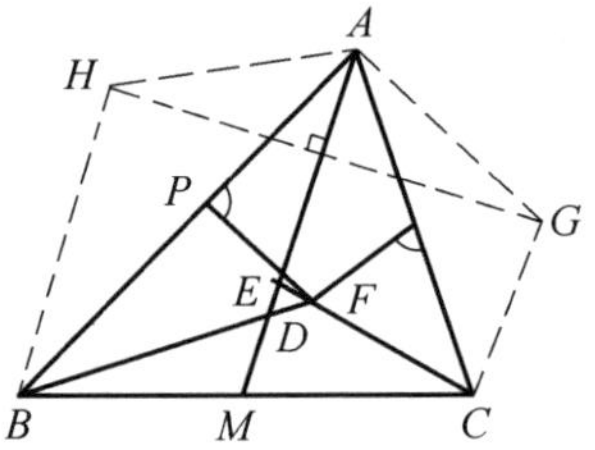

$$\angle HBA=\angle FBA=\angle BAD$$

所以 $BH\parallel AM$

同理 $CG\parallel AM$

所以 $BH\parallel AM\parallel CG$,因有 AM 平分 BC,则有 AM 平分 HG.又因

图 91.3

$$AH=AF=AG$$

从而 AM 平分 $\angle HAG$.因此

$$\angle FAB+\angle BAM=\angle HAB+\angle BAM=\frac{1}{2}\angle HAG=\angle A=\angle CAM+\angle BAM$$

从而 $\angle FAB=\angle CAM=\angle FCA$

同时 $\angle FBA=\angle BAD=\angle FAC$

所以 $\triangle ABF\backsim\triangle CAF$

因 FP 与 FN 是上述相似三角形对应边上的中线,所以

$$\angle APF=\angle CNF$$

故 A,N,F,P 四点共圆.

证法 4 如图 91.4,设 O 为 $\triangle ABC$ 的外心,则 $\angle OPA=\angle ONA=90^\circ$,若有 $\angle OFA=90^\circ$,则 A,N,F,O,P 五点共圆.因此我们只需证明 $\angle OFA=90^\circ$.

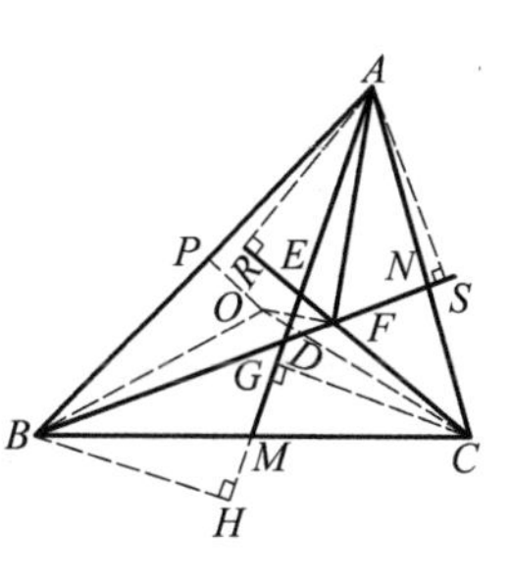

图 91.4

联结 OB,OC,OF,作 $AS\perp BD$ 于 S,$BH\perp AD$ 于 H,$CG\perp AE$ 于 G,$AR\perp CE$ 于 R.

显然 $\triangle DAB$ 和 $\triangle EAC$ 都是等腰三角形,由等腰三角形两腰上的高相等及 $\triangle BHM\cong\triangle CGM$ 知

$$AS=BH=CG=AR$$

因此,FA 平分 $\angle RFS$ ①

易证

$$\angle BFC=2\angle A=\angle BOC$$

所以 F,O,B,C 四点共圆.所以

$$\angle RFO=\angle OBC=\angle OCB=\angle OFB \quad ②$$

由式①,②知 $\angle OFA=90^\circ$.

证法5 如图91.5,设 O 为 $\triangle ABC$ 的外心,如证法4所述,只需证明 $\angle OFA=90^\circ$.

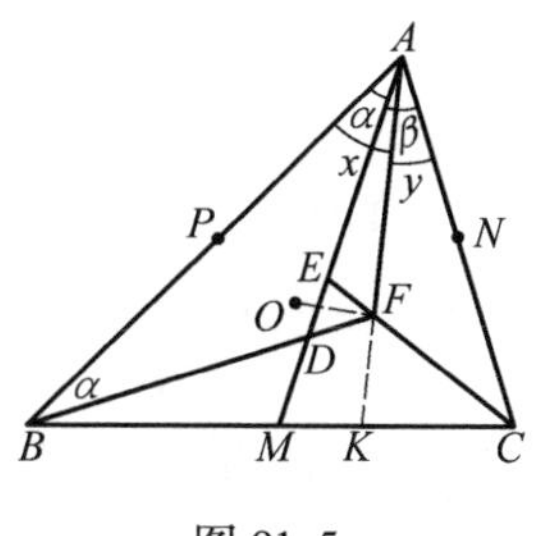

图 91.5

可设 $\angle DAB=\angle DBA=\alpha$,$\angle EAC=\angle ECA=\beta$,记 $\angle BAF=x$,$\angle CAF=y$.延长 AF 交 BC 于 K.

由正弦定理得

$$\frac{BF}{\sin x}=\frac{AF}{\sin\alpha},\frac{CF}{\sin y}=\frac{AF}{\sin\beta}$$

因此

$$\frac{BF}{CF}=\frac{\sin\beta}{\sin\alpha}\cdot\frac{\sin x}{\sin y} \quad ①$$

又

$$\frac{BK}{KC}=\frac{S_{\triangle ABK}}{S_{\triangle AKC}}=\frac{AB\sin x}{AC\sin y} \quad ②$$

$$1=\frac{BM}{MC}=\frac{S_{\triangle ABM}}{S_{\triangle AMC}}=\frac{AB\sin\alpha}{AC\sin\beta}$$

即

$$\frac{AB}{AC}=\frac{\sin\beta}{\sin\alpha} \quad ③$$

由式①,②,③得

$$\frac{BF}{CF}=\frac{BK}{KC}$$

因此 FK 平分 $\angle BFC$.

由证法4得

$$\angle EFO=\angle OFB$$

故 $\angle OFK=90^\circ$,从而 $\angle OFA=90^\circ$.

8

线段或角的计算

A 类题

92 在梯形 $ABCD$ 中，$AD // BC$，$\angle B=30°$，$\angle C=60°$，E,M,F,N 分别为 AB,BC,CD,DA 的中点，已知 $BC=7$，$MN=3$，则 EF 之值为(　　).

A.4　　B.$4\frac{1}{2}$　　C.5　　D.6

(1997 年全国初中数学联赛第一试)

解法1　如图92.1，延长 BA,CD 交于点 H. 因为

$$\angle B+\angle C=90°$$

所以

$$\angle BHC=90°$$

在 Rt△BHC 中，M,N,H 三点共线. 则

$$HM=\frac{7}{2},HN=\frac{1}{2}$$

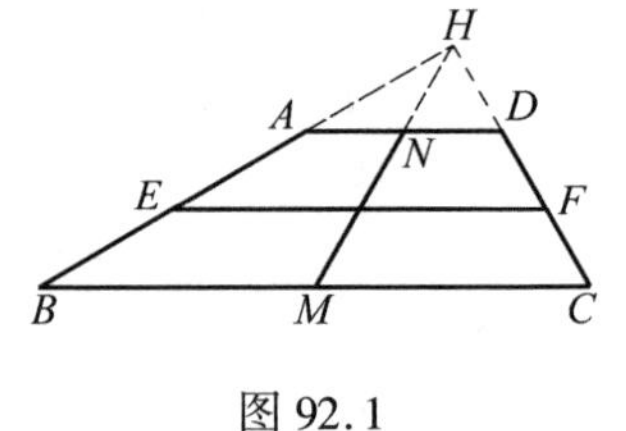

图 92.1

所以

$$AD=1$$

故

$$EF=\frac{1}{2}(AD+BC)=4$$

选 A.

解法2　如图92.2，设 EF 与 MN 相交于 O，连 BD 交 EF 于 G，连 GM,GN,EN,MF. 因为

$$EN \underline{\underline{/\!/}} \frac{1}{2}BD \underline{\underline{/\!/}} MF$$

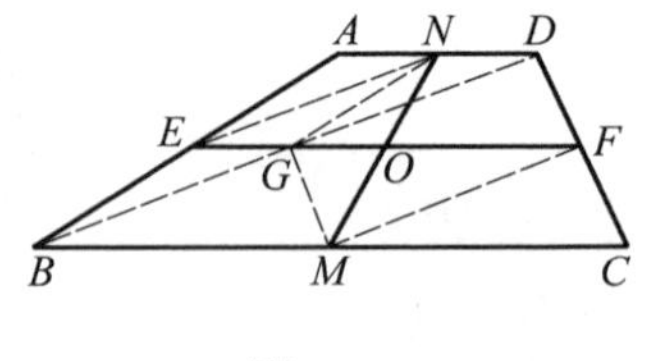

图 92.2

所以 EF 与 MN 相互平分于 O.

易知 G 为 BD 的中点. 所以

$$GN // AB,GM // CD$$

又

$$\angle B+\angle C=90°$$

所以 $$\angle NGM = 90^\circ$$

在 Rt$\triangle NGM$ 中

$$GO = \frac{1}{2}MN = \frac{3}{2}$$

又 $$GF = \frac{1}{2}BC = \frac{7}{2}$$

所以 $$EF = 2OF = 2(GF - GO) = 4$$

选 A.

解法 3 如图 92.3,作 $NG \parallel AB$ 交 BC 于 G,$NH \parallel DC$ 交 BC 于 H.

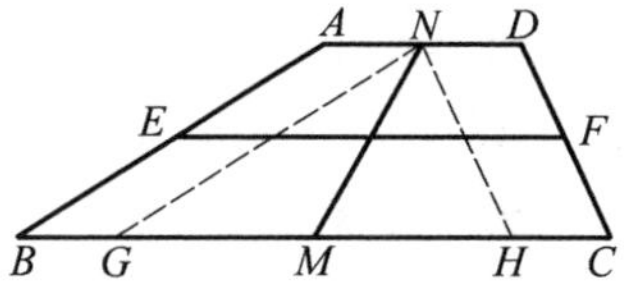

图 92.3

则 $ABGN$ 和 $DCHN$ 均为平行四边形. 因为

$$\angle B + \angle C = 90^\circ$$

则 $$\angle NGH + \angle NHG = 90^\circ$$

因为 $BG = AN = ND = HC, BM = MC$

所以 $$GM = MH$$

在 Rt$\triangle GNH$ 中,有

$$GH = 2MN = 6$$

所以 $$AD = BC - GH = 1$$

故 $$EF = \frac{1}{2}(AD + BC) = 4$$

选 A.

解法 4 如图 92.4,作 $DG \parallel AB$ 交 BC 于 G,$DH \parallel NM$ 交 BC 于 H.

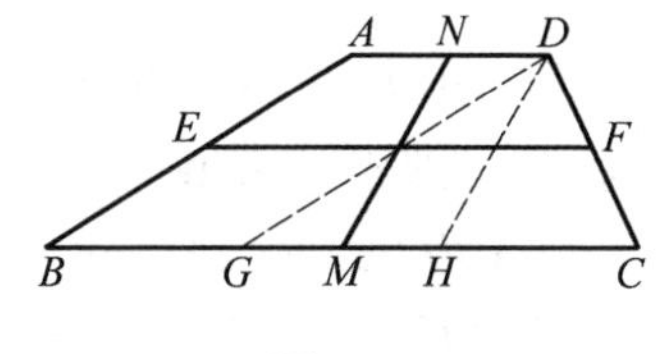

图 92.4

则 $ABGD$ 和 $NMHD$ 均为平行四边形. 所以

$$CG = BC - AD$$

$$CH = MC - MH = \frac{1}{2}(BC - AD)$$

所以 $$CH = \frac{1}{2}CG$$

即 H 为 CG 的中点.

又 $$\angle B + \angle C = 90^\circ, \angle B = \angle DGC$$

所以 $$\angle DGC + \angle C = 90^\circ$$

在 Rt$\triangle GDC$ 中

$$GC = 2DH = 6$$

所以 $$AD = BG = 1$$

故 $$EF = \frac{1}{2}(BC + AD) = 4$$

选 A.

解法5 如图92.5,作 $BG \parallel CD$ 交 DM 的延长线于 G,连 AG 交 BM 于 H.则

$$\triangle BMG \cong \triangle CMD, GM = MD$$

可知 MN 是 $\triangle DAG$ 的中位线,MH 是 $\triangle GDA$ 的中位线.因为

$$\angle ABG = \angle ABC + \angle C = 90°$$

则在 Rt$\triangle ABG$ 中,有

$$BH = \frac{1}{2}AG = MN = 3$$

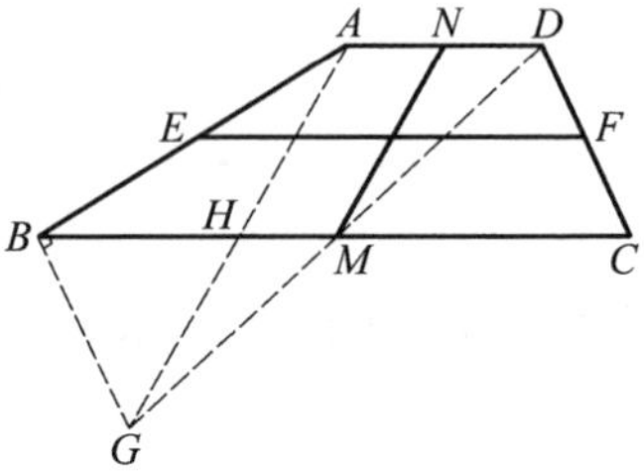

图 92.5

所以 $$HM = BM - BH = \frac{7}{2} - 3 = \frac{1}{2}$$

$$AD = 2HM = 1$$

故 $$EF = \frac{1}{2}(BC + AD) = 4$$

选 A.

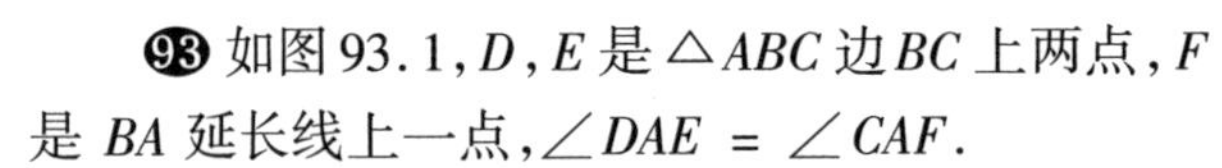

93 如图93.1,D,E 是 $\triangle ABC$ 边 BC 上两点,F 是 BA 延长线上一点,$\angle DAE = \angle CAF$.

(1) 判断 $\triangle ABD$ 的外接圆与 $\triangle AEC$ 的外接圆的位置关系,并证明你的结论.

(2) 若 $\triangle ABD$ 的外接圆半径是 $\triangle AEC$ 的外接圆半径的2倍,$BC = 6$,$AB = 4$,求 BE 的长.

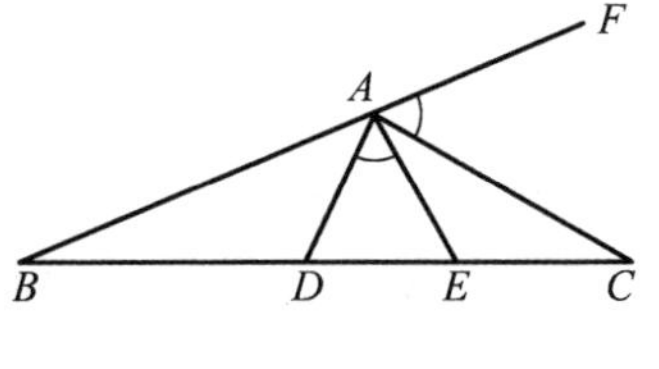

图 93.1

(2001 年全国初中数学联赛)

解法1 (1) 两圆外切,如图 93.2,分别作圆 ABD,圆 AEC 的直径 AG,AH.联结 DG,BG,EH,FH(不妨设 F 在圆 AEC 上).因为

$$\angle DAG + \angle EAH = 90° - \angle 3 + 90° - \angle 4 =$$
$$180° - (\angle 1 + \angle 2) = 180° - \angle CAF$$

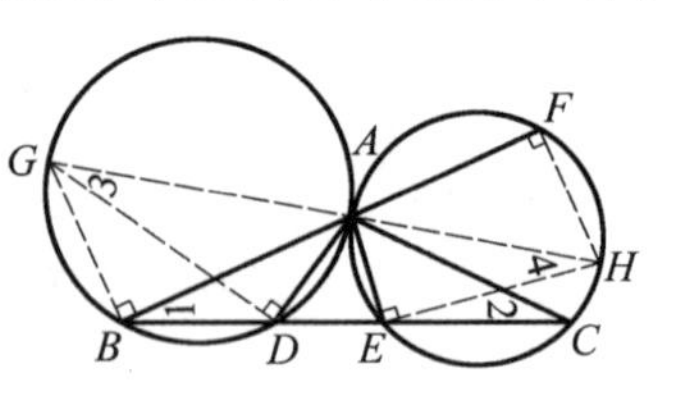

图 93.2

又 $$\angle DAE = \angle CAF$$

所以 $$\angle DAG + \angle DAE + \angle EAH = 180°$$

即 G,A,H 三点共线,所以圆 ABD 与圆 AEC 相外切于点 A.

(2) 因为 $\text{Rt}\triangle ABG \backsim \text{Rt}\triangle AFH$,所以

$$\frac{AB}{AF}=\frac{AG}{AH}=2$$

但 $AB=4$,所以 $AF=2$.因为

$$BA\cdot BF=BE\cdot BC$$

所以
$$BE=4$$

解法 2 (1) 两圆外切,如图 93.3,设 O,P 分别为圆 ABD,圆 AEC 的圆心.不妨设 F 在圆 P 上,联结 EF.延长 EA 交圆 O 于 K,联结 BK.联结 OB,OA,PA,PF.因为

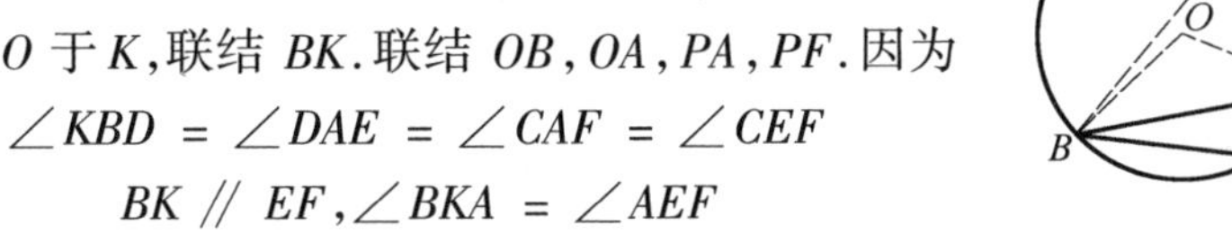

$$\angle KBD=\angle DAE=\angle CAF=\angle CEF$$

所以
$$BK\parallel EF,\angle BKA=\angle AEF$$

又
$$\angle O=2\angle BKA,\angle P=2\angle AEF$$

所以
$$\angle O=\angle P$$

图 93.3

所以等腰 $\triangle AOB \backsim$ 等腰 $\triangle APF$,所以

$$\angle OAB=\angle PAF$$

从而 O,A,P 三点共线.所以圆 O 与圆 P 相外切于点 A.

(2) 由 $\triangle AOB\backsim\triangle APF$ 知 $\frac{AB}{AF}=\frac{AO}{AP}=2$.又 $AB=4$,所以 $AF=2$.因为

$$BA\cdot BF=BE\cdot BC$$

所以
$$BE=4$$

解法 3 (1) 两圆外切,如图 93.4,设 O,P 分别为圆 ABD,圆 AEC 的圆心.不妨设 F 在圆 P 上,联结 CF,OB,OA,PA,PF.延长 CA 交圆 O 于 M,联结 BM.因为

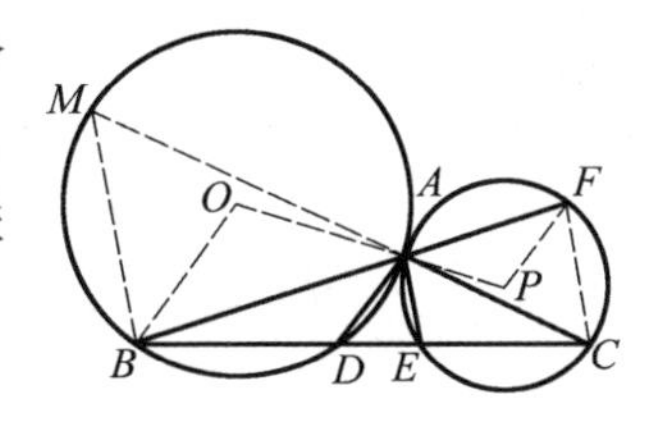

图 93.4

$$\angle DAE=\angle CAF,\angle AED=\angle F$$

所以
$$\angle ADE=\angle ACF$$

又
$$\angle M=\angle ADE$$

所以
$$\angle M=\angle ACF$$

所以
$$\angle O=2\angle M=2\angle ACF=\angle P$$

以下与解法 2 相同,略.

解法 4 (1) 两圆外切,如图 93.5,过 A 作圆 ABD 的切线 l.则 $\angle 1=\angle B$.又因为

$$\angle 1+\angle 2=\angle 3=\angle B+\angle C$$

所以 $$\angle 2=\angle C$$

所以 l 也是圆 AEC 的切线.故圆 ABD 与圆 AEC 相外切于 A.

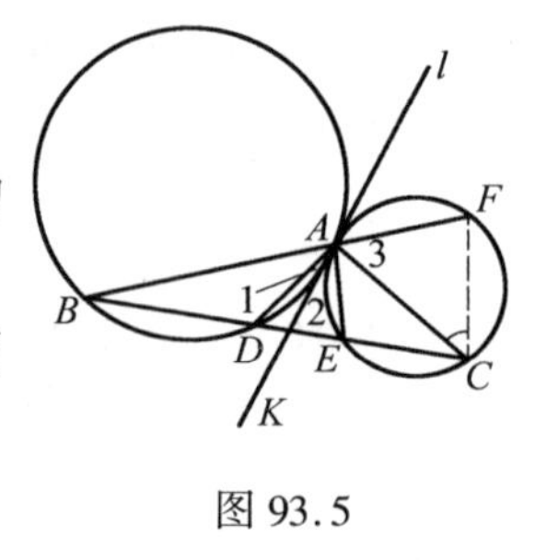

图 93.5

(2) 不妨设 F 在圆 AEC 上,联结 CF,设圆 ABD,圆 AEC 的半径分别为 r_1, r_2.

因为 $$\angle DAE=\angle CAF, \angle AED=\angle F$$

所以 $$\angle ADE=\angle ACF$$

从而 $$\sin\angle ADB=\sin\angle ACF$$

由正弦定理得

$$AB=2r_1\sin\angle ADB, AF=2r_2\sin\angle ACF$$

又 $$r_1=2r_2, AB=4$$

所以 $$AF=2$$

又因为 $$BA\cdot BF=BE\cdot BC$$

所以 $$BE=4$$

94 如图 94.1,在等腰 $\triangle ABC$ 中,延长边 AB 到点 D,延长边 CA 到点 E,联结 DE,恰有 $AD=BC=CE=DE$. 求证:$\angle BAC=100°$.

(2001 年北京市中学生数学竞赛初二年级复赛)

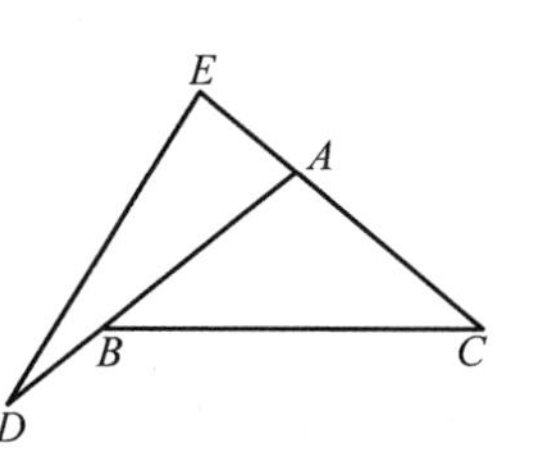

图 94.1

证法1 因 $\triangle ADE$ 为等腰三角形,$AD=DE$,则其底角 $\angle EAD$ 必为锐角,所以等腰 $\triangle ABC$ 中,$\angle BAC$ 为钝角,必是顶角,则 AB, AC 是腰,有 $AB=AC$.

如图 94.2,作 $\angle DEC$ 的平分线交 BC 于 F,联结 DF. 因为

$$\angle CEF=\frac{1}{2}\angle DEA=\frac{1}{2}\angle DAE=$$

$$\frac{1}{2}(180°-\angle BAC)=\angle ABC$$

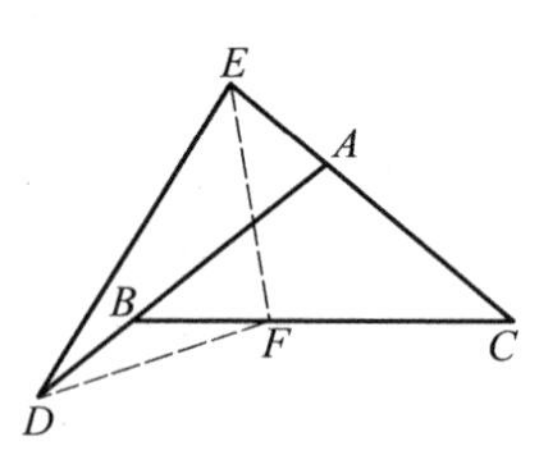

图 94.2

又 $CE=CB$,$\angle C$ 公共,所以

$$\triangle FEC\cong\triangle ABC$$

所以 $$FC=AC=AB$$

从而 $$BF=BD$$

设 $\angle BAC=\alpha$,则

$$\angle ABC=\angle C=90^\circ-\frac{\alpha}{2}$$

$$\angle ADE=2\alpha-180^\circ$$

$$\angle BDF=\frac{1}{2}\angle ABC=45^\circ-\frac{\alpha}{4}$$

$$\angle EDF=\angle ADE+\angle BDF=\frac{7}{4}\alpha-135^\circ$$

易知
$$\triangle EDF\cong\triangle ECF$$

所以
$$\angle EDF=\angle C=90^\circ-\frac{\alpha}{2}$$

即
$$\frac{7}{4}\alpha-135^\circ=90^\circ-\frac{\alpha}{2}$$

解得 $\alpha=100^\circ$,故 $\angle BAC=100^\circ$.

证法 2 易知等腰 $\triangle ABC$ 中,有 $AB=AC$.

如图 94.3,因 $AD=DE=CE$,则可作等腰 $\triangle CEF\cong$ 等腰 $\triangle DAE$,联结 BF.因为

$$\angle D+\angle DEF=\angle D+\angle DEA+\angle DAE=180^\circ$$

所以
$$EF \mathrel{\underline{/\!/}} DB$$

即 $EDBF$ 是平行四边形.所以

$$BF=DE=BC=CF$$

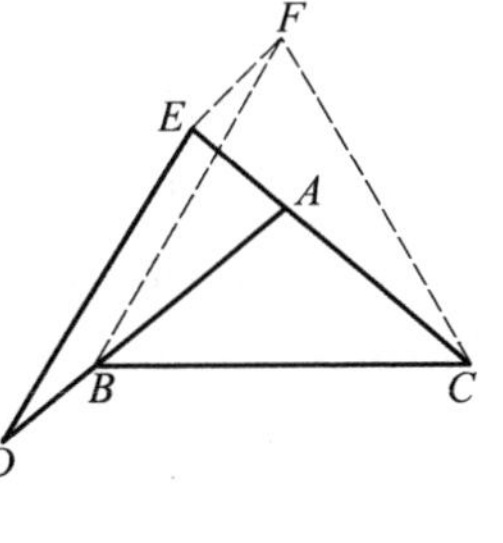

图 94.3

所以 $\triangle FBC$ 是正三角形.

设 $\angle BAC=\alpha$,则

$$\angle ABC=90^\circ-\frac{\alpha}{2},\angle ABF=\angle D=2\alpha-180^\circ$$

因为
$$\angle ABF+\angle ABC=\angle FBC$$

所以
$$2\alpha-180^\circ+90^\circ-\frac{\alpha}{2}=60^\circ$$

解得 $\alpha=100^\circ$,即 $\angle BAC=100^\circ$.

解法 3 易知等腰 $\triangle ABC$ 中,$AB=AC$.

如图 94.4,由 $AD=CE$,$AB=AC$,知 $BD=AE$.则可作等腰 $\triangle FDB\cong\triangle DAE$,联结 CF.

因为
$$\angle EAD=\angle BDF$$

所以
$$DF /\!/ EC$$

又
$$DF=DE=EC$$

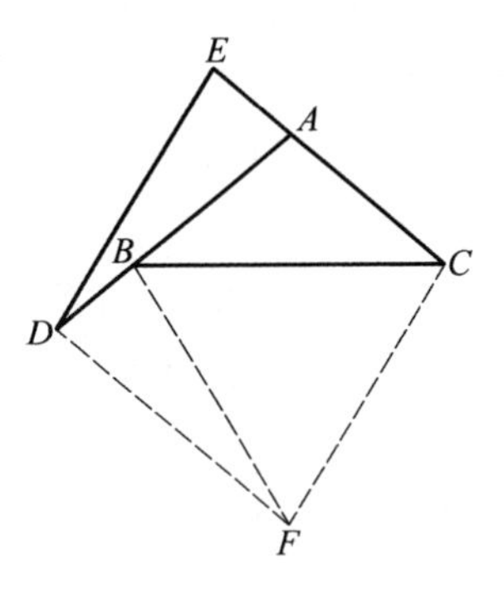

图 94.4

所以 $EDFC$ 是菱形.所以

$$CF = DE = BC = BF$$

即 $\triangle BCF$ 是正三角形.

设 $\angle BAC = \alpha$,则

$$\angle ABC = 90^\circ - \frac{\alpha}{2}, \angle DBF = \angle EAD = 180^\circ - \alpha$$

因为 $$\angle ABC + \angle CBF + \angle DBF = 180^\circ$$

所以 $$90^\circ - \frac{\alpha}{2} + 60^\circ + 180^\circ - \alpha = 180^\circ$$

解得 $\alpha = 100^\circ$,即 $\angle BAC = 100^\circ$.

证法 4 易知等腰 $\triangle ABC$ 中,$AB = AC$.

如图 94.5,因 $BC = CE$,则可作菱形 $BCEF$,连联 FD.因为

$$BF = CE = AD, BD = AE,$$

$$\angle FBD = \angle EAB$$

所以 $$\triangle BDF \cong \triangle AED$$

所以 $$FD = DE = BC = EF$$

即 $\triangle FDE$ 是正三角形.

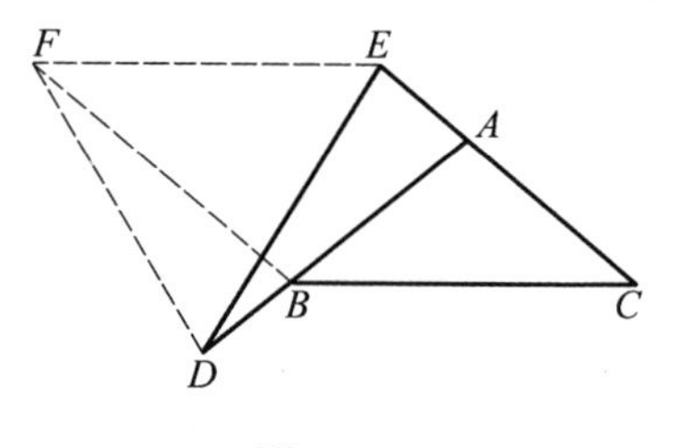

图 94.5

设 $\angle BAC = \alpha$,则

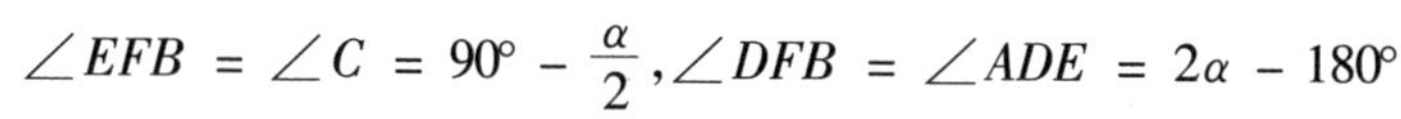

$$\angle EFB = \angle C = 90^\circ - \frac{\alpha}{2}, \angle DFB = \angle ADE = 2\alpha - 180^\circ$$

因为 $$\angle EFB + \angle DFB = \angle EFD$$

所以 $$90^\circ - \frac{\alpha}{2} + 2\alpha - 180^\circ = 60^\circ$$

解得 $\alpha = 100^\circ$,即 $\angle BAC = 100^\circ$.

证法 5 易知等腰 $\triangle ABC$ 中,$AB = AC$.

如图 94.6,则可作等腰 $\triangle ECF \cong$ 等腰 $\triangle DAE$,联结 DF.易知

$$CF = AE = BD$$

由 $$\angle FCE = \angle EAD$$

知 $$CF \parallel BD$$

所以 $BCFD$ 是平行四边形.

所以 $$DF = BC = DE = EF$$

即 $\triangle EDF$ 是正三角形.

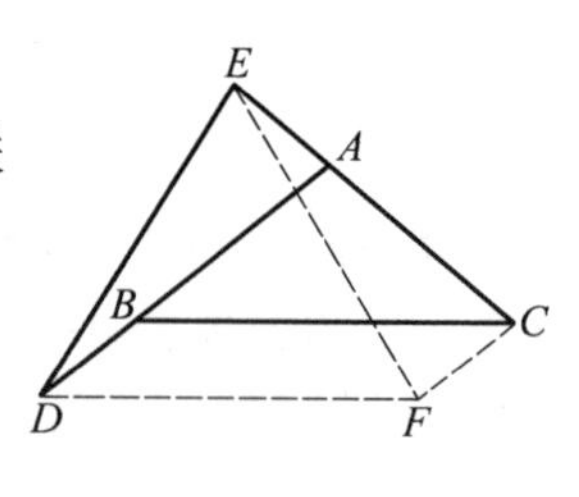

图 94.6

设 $\angle BAC=\alpha$，则

$$\angle DEA=\angle DAE=180^\circ-\alpha$$

$$\angle CEF=\angle ADE=2\alpha-180^\circ$$

$$\angle DEA-\angle CEF=\angle DEF$$

即 $$180^\circ-\alpha-(2\alpha-180^\circ)=60^\circ$$

解得 $\alpha=100^\circ$，即 $\angle BAC=100^\circ$.

证法6 易知等腰 $\triangle ABC$ 中，$AB=AC$.

如图94.7，作等腰 $\triangle EDF\cong$ 等腰 $\triangle DEA$，联结 FC，DC，设

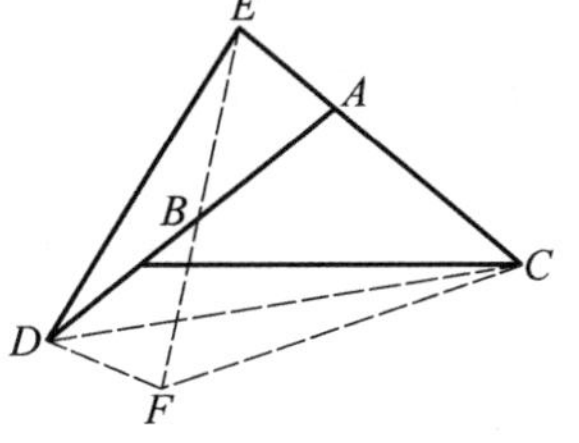

图94.7

$$\angle BAC=\alpha$$

则 $$\angle ABC=90^\circ-\frac{\alpha}{2}$$

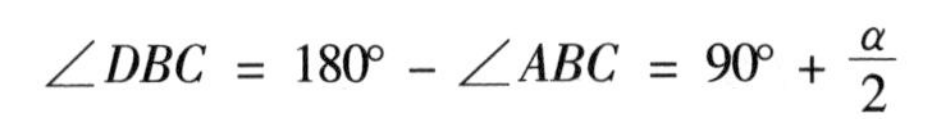

$$\angle DBC=180^\circ-\angle ABC=90^\circ+\frac{\alpha}{2}$$

$$\angle DEA=\angle DAE=180^\circ-\alpha$$

$$\angle DEF=\angle ADE=2\alpha-180^\circ$$

所以 $$\angle CEF=360^\circ-3\alpha$$

在 $\triangle ECF$ 中 $$CE=DE=EF$$

所以 $$\angle EFC=90^\circ-\frac{1}{2}\angle CEF=\frac{3\alpha}{2}-90^\circ$$

又 $$\angle EFD=\angle DAE=180^\circ-\alpha$$

所以 $$\angle DFC=\angle EFD+\angle EFC=90^\circ+\frac{\alpha}{2}$$

所以 $$\angle DBC=\angle DFC$$

又因为 $$\angle CEF=\angle BDF$$

由 $$EC=ED=EF$$

知 E 是 $\triangle CDF$ 的外心. 所以

$$\angle CDF=\frac{1}{2}\angle CEF=\frac{1}{2}\angle BDF\Rightarrow\angle CDB=\angle CDF$$

所以 $$\triangle BDC\cong\triangle FDC$$

所以 $$EF=ED=EC=BC=FC$$

即 $\triangle EFC$ 是正三角形.

所以 $\angle CEF=60^\circ$，即 $360^\circ-3\alpha=60^\circ$.

解得 $\alpha=100^\circ$，即 $\angle BAC=100^\circ$.

证法 7　易知等腰 $\triangle ABC$ 中，$AB = AC$.

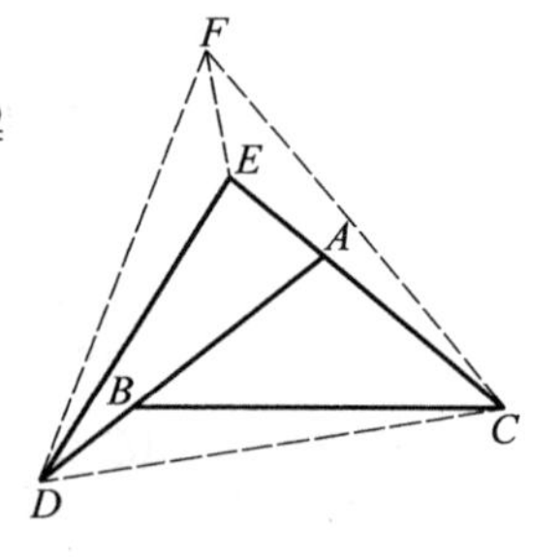

图 94.8

如图 94.8，联结 DC. 因 $BC = EC$，则可作 $\triangle ECF \cong \triangle BCD$，联结 DF. 设

$$\angle BAC = \alpha$$

则
$$\angle DEA = \angle DAE = 180^\circ - \alpha$$
$$\angle ABC = \angle ACB = 90^\circ - \frac{\alpha}{2}$$

所以 $\angle FEC = \angle DBC = 180^\circ - \angle ABC = 90^\circ + \frac{\alpha}{2}$

$$\angle FED = 360^\circ - \angle DEA - \angle FEC = 90^\circ + \frac{\alpha}{2}$$

所以
$$\angle FED = \angle FEC$$

又 $EC = ED$，EF 公用

所以
$$\triangle FEC \cong \triangle FED$$

所以
$$FD = FC = DC$$

即 $\triangle FDC$ 是正三角形. 所以

$$\angle BDC = \angle EFC = \angle EFD = 30^\circ$$

所以
$$\angle ECF = \angle BCD = \angle ABC - \angle BDC = 60^\circ - \frac{\alpha}{2}$$

因为
$$\angle ACB + \angle ECF + \angle BCD = 60^\circ$$

所以
$$90^\circ - \frac{\alpha}{2} + 60^\circ - \frac{\alpha}{2} + 60^\circ - \frac{\alpha}{2} = 60^\circ$$

解得 $\alpha = 100^\circ$，即 $\angle BAC = 100^\circ$.

证法 8　易知等腰 $\triangle ABC$ 中，$AB = AC$.

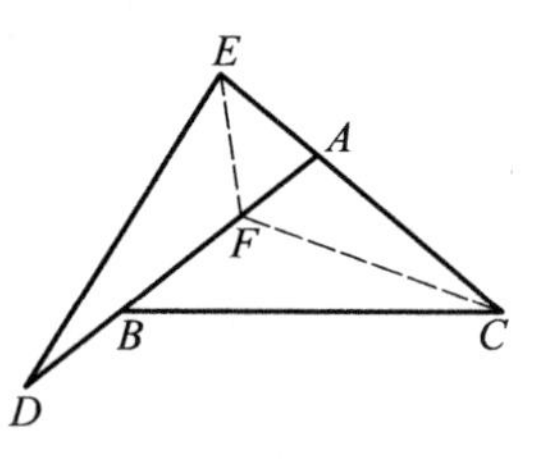

图 94.9

如图 94.9，作 $\angle ACB$ 的平分线交 AB 于 F，连 EF. 则

$$\triangle CEF \cong \triangle CBF$$

所以 $\angle AEF = \angle ABC = \frac{1}{2}\angle EAD = \frac{1}{2}\angle AED$

从而
$$\angle AEF = \angle DEF$$

又 $CE = DE$，EF 公用，所以

$$\triangle CEF \cong \triangle DEF, \angle ACF = \angle D$$

设 $\angle BAC = \alpha$，则

$$\angle ACF = 45^\circ - \frac{\alpha}{4}, \angle D = 2\alpha - 180^\circ$$

所以 $$45° - \frac{\alpha}{4} = 2\alpha - 180°$$

解得 $\alpha = 100°$,即 $\angle BAC = 100°$.

证法 9 易知等腰 $\triangle ABC$ 中,$\angle BAC$ 为钝角,$AB = AC$.设 $AD = BC = CE = DE = a$,$\angle BAC = \alpha$,则

$$\angle C = 90° - \frac{\alpha}{2}, \angle DAE = 180° - \alpha, \angle D = 2\alpha - 180°$$

由正弦定理得

$$AB = \frac{a\sin\left(90° - \frac{\alpha}{2}\right)}{\sin\alpha} = \frac{a\cos\frac{\alpha}{2}}{\sin\alpha}$$

所以 $$BD = a - \frac{a\cos\frac{\alpha}{2}}{\sin\alpha}$$

又 $$AE = \frac{a}{\sin(180° - \alpha)} \cdot \sin(2\alpha - 180°) = -\frac{a\sin 2\alpha}{\sin\alpha}$$

易知 $BD = AE$,所以

$$a - \frac{a\cos\frac{\alpha}{2}}{\sin\alpha} = -\frac{a\sin 2\alpha}{\sin\alpha}$$

所以 $$\sin 2\alpha + \sin\alpha - \cos\frac{\alpha}{2} = 0 (a\sin\alpha \neq 0)$$

$$2\sin\frac{3\alpha}{2}\cos\frac{\alpha}{2} - \cos\frac{\alpha}{2} = 0$$

所以 $$\sin\frac{3\alpha}{2} = \frac{1}{2} \left(\cos\frac{\alpha}{2} \neq 0\right)$$

因 α 为钝角,解之得 $\alpha = 100°$,即 $\angle BAC = 100°$.

95 如图 95.1,在 $\triangle ABC$ 中,$\angle B = \angle C$,点 P,Q 分别在 AC 和 AB 上,使得 $AP = PQ = QB = BC$,则 $\angle A$ 的大小是________.

(2002 年上海市高中数学竞赛)

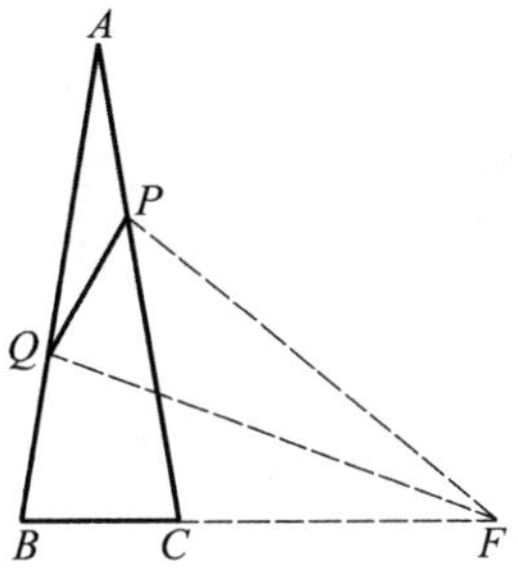

图 95.1

解法 1 如图 95.1,作 $\angle BQP$ 的平分线交 BC 的延长线于 F,连 PF.因为

$$\angle AQP = \angle A$$

所以 $$\angle BQP = \angle B + \angle C$$

又 $$\angle B = \angle C$$

所以 $\angle BQF = \angle PQF = \angle B = \angle C$

从而 $\triangle FPQ \cong \triangle FBQ \cong \triangle ABC$

设 $\angle A = \alpha$，则

$$\angle CFP = 2\angle A = 2\alpha, \angle ACB = 90° - \frac{\alpha}{2}$$

因为 $BF = AC, BC = AP$

所以 $CF = CP$

从而 $\angle CFP = \frac{1}{2}\angle ACB = 45° - \frac{\alpha}{4}$

所以 $2\alpha = 45° - \frac{\alpha}{4}$

解得 $\alpha = 20°$，即 $\angle A = 20°$.

解法 2 如图 95.2，作 $\square CPQF$，连 BF. 因为

$$AB = AC, BQ = AP$$

所以 $AQ = CP = QF$

又 $\angle A = \angle BQF$

所以 $\triangle APQ \cong \triangle QBF$

所以 $BF = PQ = CF = BC$

$\triangle BCF$ 是正三角形.

设 $\angle A = \alpha$，则

$$\angle APQ = 180° - 2\alpha, \angle QBC = 90° - \frac{\alpha}{2}$$

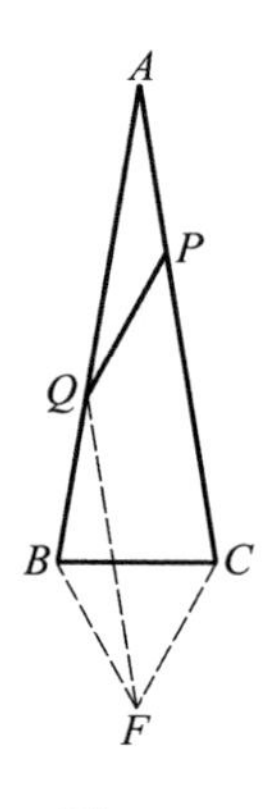

图 95.2

从而 $\angle QBF = 150° - \frac{\alpha}{2}$

由 $\angle APQ = \angle QBF$

得 $180° - 2\alpha = 150° - \frac{\alpha}{2}$

解得 $\alpha = 20°$，即 $\angle A = 20°$.

解法 3 如图 95.3，作 $\square BQPF$，连 PF. 因为

$$AB = AC, AP = BQ$$

所以 $AQ = PC$

又 $PF = BQ = AP, \angle FPC = \angle A$

所以 $\triangle PFC \cong \triangle APQ$

所以 $CF = PQ = BF = BC$

即 $\triangle BCF$ 是正三角形. 又因为

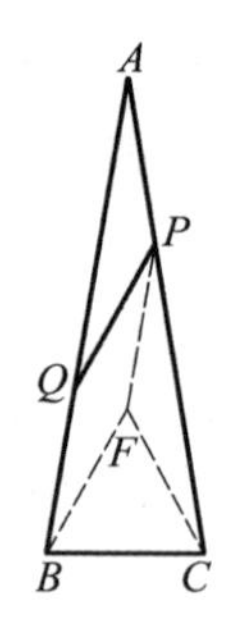

图 95.3

$$\angle QBF = \angle AQP = \angle A$$

所以 $$\angle ABC = \angle A + 60^\circ$$

对 $\triangle ABC$ 内角求和可得 $\angle A = 20^\circ$.

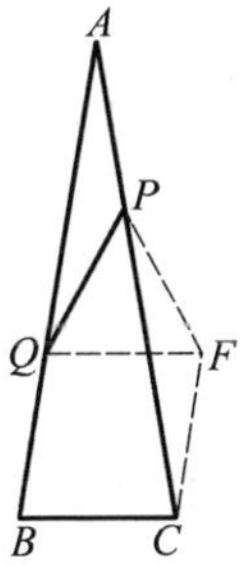

解法 4 如图 95.4,因 $BQ = BC$,则可作菱形 $QBCF$,连 PF.易证

$$\triangle PFC \cong \triangle APQ$$

所以 $$PF = PQ = BC = QF$$

即 $\triangle PQF$ 是正三角形.故

$$\angle B = \angle AQF = \angle A + 60^\circ$$

对 $\triangle ABC$ 内角求和知 $\angle A = 20^\circ$.

图 95.4

解法 5 如图 95.5,作 $\square BCPF$,连 QF.易证等腰 $\triangle APQ \cong \triangle BQF$,所以

$$QF = PQ = BC = PF$$

即 $\triangle PQF$ 是正三角形.所以

$$60^\circ = \angle PQF = \angle AQP + \angle AQF = \angle A + 2\angle A = 3\angle A$$

所以 $$\angle A = 20^\circ$$

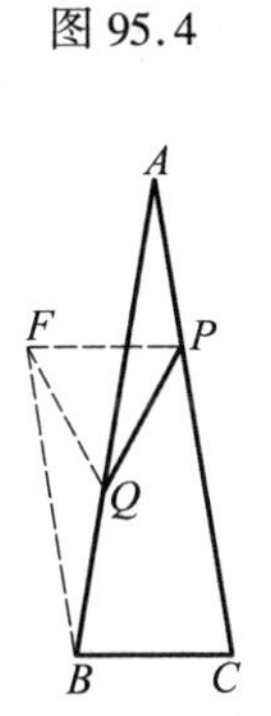

图 95.5

解法 6 如图 95.6,连 PB,以 PB 为对称轴将 $\triangle PBC$ 翻折至 $\triangle PBF$ 位置,连 QF.

$$\angle QPF = \angle BPF - \angle QPB = \angle BPC - \angle QBP = \angle A$$

又 $$PF = PC = AQ, PQ = AP$$

所以 $$\triangle PQF \cong \triangle APQ$$

所以 $$QF = PQ = QB = BC = BF$$

即 $\triangle QBF$ 是正三角形.

又 $$\angle QFP = \angle PQA = \angle A$$

所以 $$\angle C = \angle PFB = \angle QFP + \angle QFB = \angle A + 60^\circ$$

对 $\triangle ABC$ 内角求和知 $\angle A = 20^\circ$.

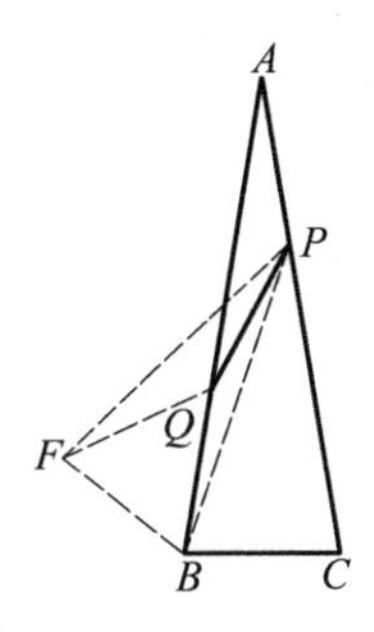

图 95.6

解法 7 如图 95.7,连 PB,作 $\angle PQB$ 的平分线 QF,使 $QF = CP$,连 FP,FB.因为

$$\angle PQF = \angle BQF = \frac{1}{2}\angle PQB =$$

$$\frac{1}{2}(180^\circ - \angle PQA) = \frac{1}{2}(180^\circ - \angle A) = \angle C$$

又 $$PQ = BQ = BC$$

所以 $$\triangle PQF \cong \triangle BQF \cong \triangle BCP$$

所以 $$PF = BF = BP$$

即 $\triangle PBF$ 是正三角形.

故 $$30° = \angle PFQ = \angle BPC = \angle A + \angle PBQ =$$

$$\angle A + \frac{1}{2}\angle AQP = \angle A + \frac{1}{2}\angle A$$

从而 $$\angle A = 20°$$

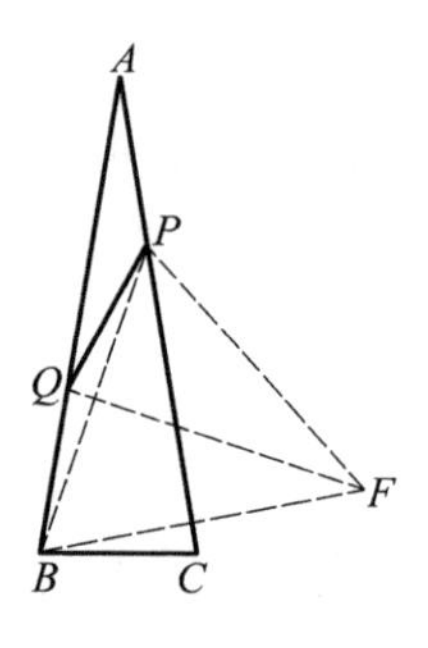

图 95.7

解法 8 如图 95.8,作 $\angle ABC$ 的平分线 BF,连 QF.则

$$\triangle BQF \cong \triangle BCF, \angle BQF = \angle C$$

又 $$\angle BQP = 180° - \angle AQP = 180° - \angle A = 2\angle C$$

所以 $$\angle PQF = \angle C = \angle BQF$$

又因为 $$PQ = BQ, QF = QF$$

所以 $$\triangle PQF \cong \triangle BQF$$

所以 $$\angle PFQ = \angle BFQ = \angle BFC = \frac{1}{3} \times 180° = 60°$$

因为 $$\angle FBC = \frac{1}{2}\angle ABC = \frac{1}{2}\angle C$$

对 $\triangle BCF$ 内角求和知:$\angle C = 80°$.从而 $\angle A = 20°$.

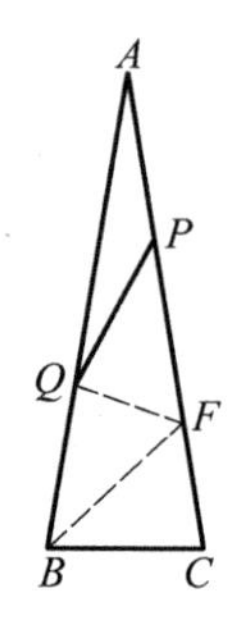

图 95.8

解法 9 设 $\angle A = \alpha, AP = PQ = QB = BC = a$.

根据正弦定理

在 $\triangle APQ$ 中

$$AQ = \frac{a\sin(180° - 2\alpha)}{\sin\alpha} = 2a\cos\alpha$$

在 $\triangle ABC$ 中

$$AC = \frac{a\sin(90° - \frac{\alpha}{2})}{\sin\alpha} = \frac{a\cos\frac{\alpha}{2}}{\sin\alpha}$$

又 $$AQ = AB - a = AC - a$$

所以 $$2a\cos\alpha = \frac{a\cos\frac{\alpha}{2}}{\sin\alpha} - a$$

所以 $$\sin 2\alpha + \sin\alpha - \cos\frac{\alpha}{2} = 0(a\sin\alpha \neq 0)$$

$$2\sin\frac{3\alpha}{2}\cos\frac{\alpha}{2} - \cos\frac{\alpha}{2} = 0$$

所以 $$\sin\frac{3\alpha}{2}=\frac{1}{2}\left(\cos\frac{\alpha}{2}\neq 0\right)$$
因 α 为锐角，解之得 $\alpha=20°$，即 $\angle A=20°$.

评注 此题和94题结构、解法、难度均基本上相同.两道题都还有其他解法，请读者探究.

96 在 $\triangle ABC$ 中，$\angle A,\angle B,\angle C$ 的对边分别为 a,b,c，且 $a+c=2b$.求 $\tan\frac{\angle A}{2}\cdot\tan\frac{\angle C}{2}$ 的值.

（1994年黑龙江省中考题）

分析 此类几何计算题，如果首先探究出结果，然后再严格论证，则问题可望简化.有没有办法在严格论证之前探索出结果呢?通常使用“特殊化”策略.对于本题，可把整个图形特殊化，看看满足题设的特殊情形：$\triangle ABC$ 等边 $a=b=c$，这时 $\angle A=\angle C=60°$，于是 $\tan\frac{\angle A}{2}\cdot\tan\frac{\angle C}{2}=\frac{1}{3}$.

$\tan\frac{\angle A}{2}\cdot\tan\frac{\angle C}{2}$ 一般是一个定值，而这个定值应当是 $\frac{1}{3}$.这样我们就将问题转化为了证明是 $\tan\frac{\angle A}{2}\cdot\tan\frac{\angle C}{2}=\frac{1}{3}$.明确了目标，可以避免解答题目时误入歧途.

怎样证明 $\tan\frac{\angle A}{2}\cdot\tan\frac{\angle C}{2}=\frac{1}{3}$ 呢?用几何方法就要设法构造出两个有公共边的直角三角形（图96.1甲或乙），根据直角三角形中的正切函数关系：$\tan\frac{\angle A}{2}\cdot\tan\frac{\angle C}{2}=\frac{n}{x}\cdot\frac{y}{n}=\frac{y}{x}$.若有 $x=3y$，则问题已解决.

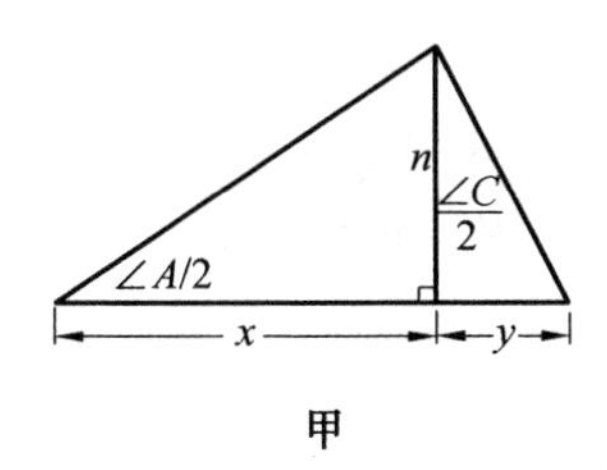

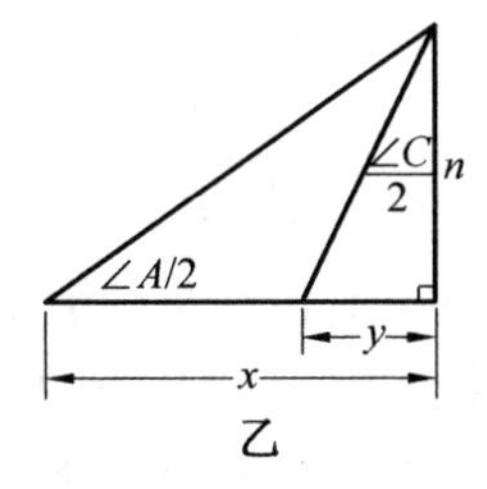

图96.1

根据以上思路，我们就容易发现解决问题的途径.

解法1 如图96.2，延长 CA 至 D，使 $AD=AB$，联结 BD.则 $\angle D=\frac{\angle A}{2}$，作 $AE\perp BD$ 于 E，再作 $\angle ABC$ 的平分线交 AC 于 M，作 $AF\,/\!/\,BM$ 交 BE 于 F.则

$$\angle EAF = \angle EAB - \angle FAB = 90° - \frac{\angle A}{2} - \frac{\angle B}{2} = \frac{\angle C}{2}$$

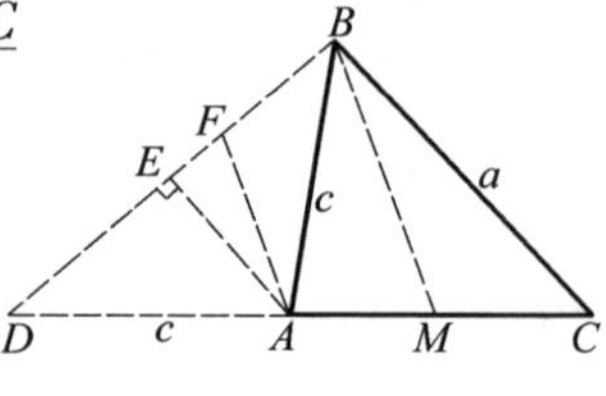

图 96.2

由角平分线性质得

$$\frac{AM}{MC} = \frac{c}{a} \Rightarrow \frac{AM}{b} = \frac{c}{a+c}$$

又 $$2b = a + c$$

所以 $$AM = \frac{c}{2}$$

于是 $$\frac{DF}{FB} = \frac{DA}{AM} = 2$$

又 $$DE = BE$$

所以 $$DE = 3EF$$

故 $$\tan\frac{\angle A}{2} \cdot \tan\frac{\angle C}{2} = \tan\angle D \cdot \tan\angle EAF = \frac{AE}{DE} \cdot \frac{EF}{AE} = \frac{1}{3}$$

解法2 如图96.3,由 $2b = a + c$,自然想到延长 AB 至 E,使 $BE = a$,联结 CE,延长 AC 一倍至 F,联结 EF,构造出等腰 $\triangle AEF$.作 $AP \perp EF$ 于 P,AP 交 CE 于 G.因为

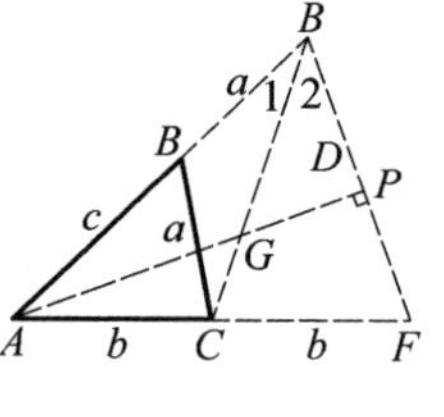

图 96.3

$$\angle 1 = \frac{\angle B}{2}$$

所以

$$\angle 2 = \angle AEF - \angle 1 = 90° - \frac{\angle A}{2} - \frac{\angle B}{2} = \frac{\angle C}{2}$$

又因为 $$EP = PF, AC = CF$$

所以 G 是 $\triangle AEF$ 的重心.所以

$$AP = 3GP$$

故 $$\tan\frac{\angle A}{2} \cdot \tan\frac{\angle C}{2} = \tan\angle EAP \cdot \tan\angle 2 = \frac{EP}{AP} \cdot \frac{GP}{EP} = \frac{1}{3}$$

解法3 如图96.4,由结论中的半角,势必会作 $\angle A$ 的平分线 AE,然后作 $BF \perp AE$,交 AE,AC 分别于 E,F,再作 $\angle ABC$ 的平分线,交 AE,AC 分别于 O,M,作 $EP /\!/ AF$ 交 BM 于 P.易知

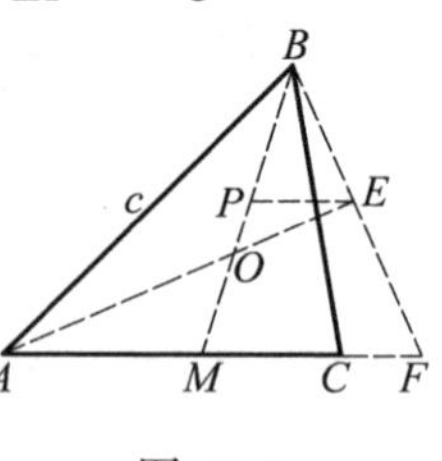

图 96.4

$$\angle OBE = 90° - \frac{\angle A}{2} - \frac{\angle B}{2} = \frac{\angle C}{2}$$

由解法1知 $$AM = \frac{c}{2}$$

由作图易知 $$AF = AB = c, MF = 2PE$$

所以 $$MF = AF - AM = \frac{c}{2} = AM, AM = 2PE$$

所以 $$\frac{OE}{AO} = \frac{PE}{AM} = \frac{1}{2} \Rightarrow AE = 3OE$$

故 $$\tan\frac{\angle A}{2} \cdot \tan\frac{\angle C}{2} = \tan\angle BAE \cdot \tan\angle OBE = \frac{BE}{AE} \cdot \frac{OE}{BE} = \frac{1}{3}$$

解法 4 如图 96.5,由结论中的半角,想到试作 $\triangle ABC$ 的旁切圆.作 $\angle BAC$ 内的旁切圆圆 I,AC 的延长线切圆 I 于 E,联结 IA,IC,IE.易证

$$\angle CIE = \frac{\angle C}{2}$$

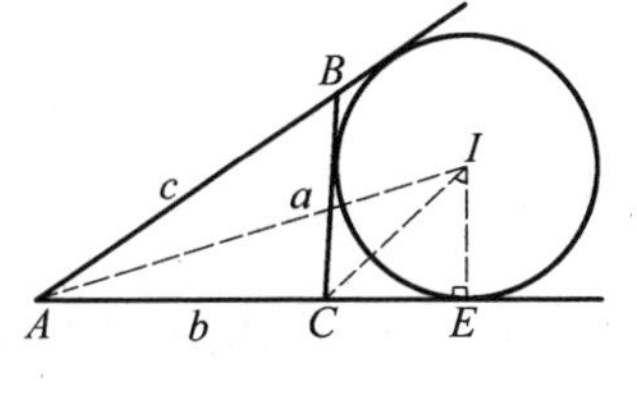

图 96.5

又 $$AE = \frac{1}{2}(a + b + c) = \frac{3}{2}b$$

所以 $$CE = AE - b = \frac{b}{2}$$

故 $$\tan\frac{\angle A}{2} \cdot \tan\frac{\angle C}{2} = \tan\angle IAE \cdot \tan\angle CIE = \frac{IE}{AE} \cdot \frac{CE}{IE} = \frac{1}{3}$$

解法 5 如图 96.6,延长 BA 至 E,使 $AE = b$,连 CE;延长 AB 至 F.使 $BF = a$,连 CF.作 $FP \perp EC$ 交延长线于 P,$AQ \perp EC$ 于 Q.易知

$$\angle E = \frac{\angle A}{2}, \angle CFP = \frac{\angle C}{2}$$

因为 $$AQ \parallel FP$$

所以 $$\frac{EQ}{QP} = \frac{EA}{AF} = \frac{b}{a + c} = \frac{1}{2}$$

又 $$EQ = QC$$

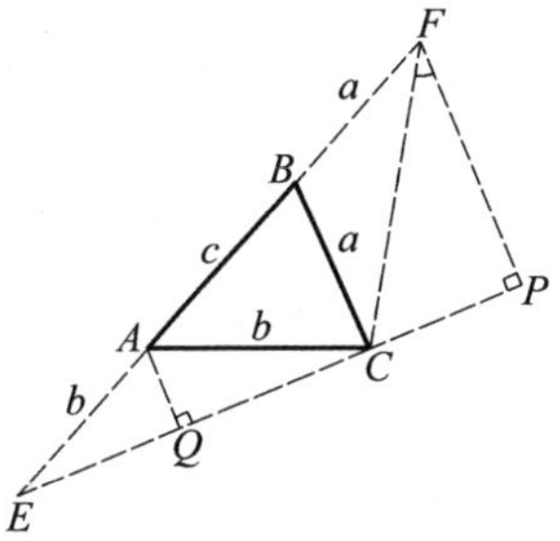

图 96.6

所以 $$EP = 3CP$$

故 $$\tan\frac{\angle A}{2} \cdot \tan\frac{\angle C}{2} = \tan\angle E \cdot \tan\angle CFP = \frac{FP}{EP} \cdot \frac{CP}{FP} = \frac{1}{3}$$

评注 五种解法都很简捷,解题的关键是现实了两个转化:一是利用“特殊化”策略,把计算题转化为证明题处理;二是构造直角三角形把三角函数转化为线段比.可见分析转化问题是探求数学题解的重要途径.

本题还有其他解法多种,读者不妨试试.

97 正方形 $ABCD$ 被两条与边平行的线段 EF,GH 分割成四个小矩形,P 是 EF 与 GH 的交点,若矩形 $PFCH$ 的面积恰是矩形 $AGPE$ 面积的 2 倍.试确定

$\angle HAF$ 的大小并证明你的结论.

（1998 年北京市数学竞赛初二复赛）

解法 1 如图 97.1,联结 FH.因为

$$S_{AGPE}=\frac{1}{2}S_{PFCH}=S_{\triangle PFH}$$

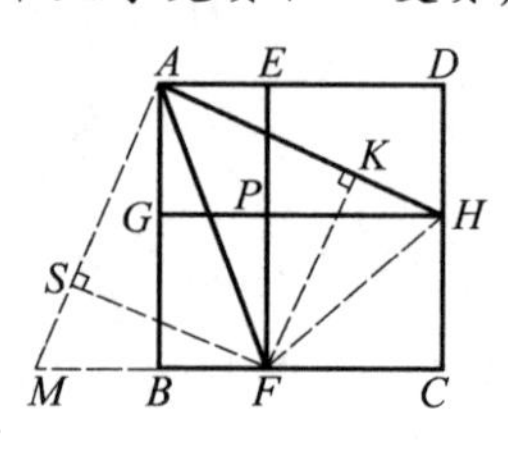

图 97.1

所以 $$S_{ABFE}+S_{ADHG}=S_{ABFHD}$$

所以

$$S_{\triangle ABF}+S_{\triangle ADH}=$$

$$\frac{1}{2}(S_{ABFE}+S_{ADHG})=\frac{1}{2}S_{ABFHD}=S_{\triangle AFH}$$

由正方形性质,可将 $\triangle ADH$ 绕点 A 旋转 90° 至 $\triangle ABM$ 位置.显然 M,B,F 三点共线.作 $FK\perp AH$ 于 K,$FS\perp AM$ 于 S.因为

$$S_{\triangle AFH}=S_{\triangle AFM}$$

且 $$AH=AM$$

所以 $$FK=FS$$

从而 $$\angle FAH=\angle FAM$$

又因为 $$\angle FAH+\angle FAM=90^\circ(\angle MAB=\angle DAH)$$

所以 $$\angle FAH=\angle FAM=45^\circ$$

解法 2 设正方形 $ABCD$ 的边长为 1,$AE=a$,$AG=b$.

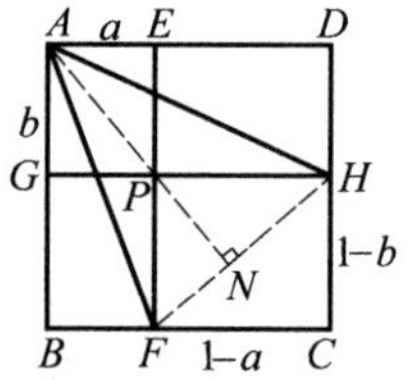

$$S_{PFCH}=2S_{AGPE}\Leftrightarrow(1-a)(1-b)=2ab\Leftrightarrow$$

$$a+b=1-ab \qquad (*)$$

如图 97.2,联结 FH,作 $AN\perp FH$ 于 N.因为

图 97.2

$$FH=\sqrt{FC^2+CH^2}=\sqrt{(1-a)^2+(1-b)^2}\xlongequal{(*)}a+b$$

$$S_{\triangle AFH}=1-S_{\triangle ABF}-S_{\triangle ADH}-S_{\triangle CFH}=$$

$$1-\frac{1}{2}a-\frac{1}{2}b-\frac{1}{2}(1-a)(1-b)=$$

$$\frac{1}{2}(1-ab)\xlongequal{(*)}\frac{1}{2}(a+b)$$

又 $$S_{\triangle AFH}=\frac{1}{2}FH\cdot AN$$

所以 $$AN=1=AB=AD$$

所以 $$\text{Rt}\triangle ANF\cong\text{Rt}\triangle ABF,\text{Rt}\triangle ANH\cong\text{Rt}\triangle ADH$$

所以 $$\angle NAF=\angle BAF,\angle NAH=\angle DAH$$

所以 $$\angle FAH=\frac{1}{2}\angle BAD=45^\circ$$

解法 3 设 $AB=1,AE=a,AG=b$.

$$S_{PFCH}=2S_{AGPE}\Leftrightarrow a+b=1-ab \qquad (*)$$

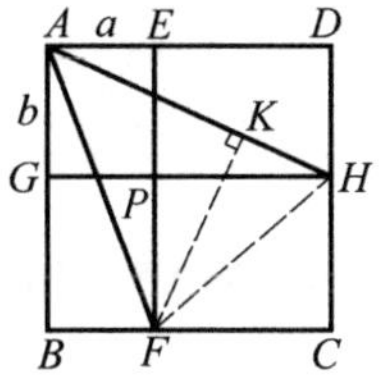

如图 97.3,联结 FH,作 $FK\perp AH$ 于 K.

图 97.3

同解法 2 算出 $S_{\triangle AFH}=\frac{1}{2}(a+b)$.

又有 $$AH=\sqrt{1+b^2},AF=\sqrt{1+a^2}$$

$$S_{\triangle AFH}=\frac{1}{2}AH\cdot FK$$

所以 $$FK=\frac{a+b}{\sqrt{1+b^2}}$$

又因为

$$AK=\sqrt{AF^2-FK^2}=\sqrt{(1+a^2)-\frac{(a+b)^2}{1+b^2}}=$$

$$\frac{1-ab}{\sqrt{1+b^2}}\overset{(*)}{=\!=}\frac{a+b}{\sqrt{1+b^2}}$$

所以 $$FK=AK$$

$\triangle AKF$ 是等腰直角三角形.故

$$\angle FAH=45^\circ$$

解法 4 设 $AB=1,AE=a,AG=b$.

$$S_{PFCH}=2S_{AGPE}\Leftrightarrow a+b=1-ab \qquad (*)$$

$$AF^2=1+a^2,AH^2=1+b^2$$

$$FH^2=(1-a)^2+(1-b)^2\overset{(*)}{=\!=}(a+b)^2$$

所以 $$AF\cdot AH=\sqrt{1+a^2}\cdot\sqrt{1+b^2}=\sqrt{1+a^2+b^2+a^2b^2}=$$

$$\sqrt{(a+b)^2+(1-ab)^2}\overset{(*)}{=\!=}\sqrt{2}(1-ab)$$

所以 $$\cos\angle FAH=\frac{AF^2+AH^2-FH^2}{2AF\cdot AH}=\frac{1+a^2+1+b^2-(a+b)^2}{2\sqrt{2}(1-ab)}=\frac{\sqrt{2}}{2}$$

所以 $$\angle FAH=45^\circ$$

解法 5 设 $AB=1,AE=a,AG=b$.

$$S_{PFCH}=2S_{AGPE}\Leftrightarrow a+b=1-ab \qquad (*)$$

$$\tan\angle BAF=a,\tan\angle DAH=b$$

所以 $$\tan(\angle BAF + \angle DAH) = \frac{a+b}{1-ab} \overset{(*)}{=\!=} 1$$

所以 $$\angle BAF + \angle DAH = 45^\circ$$

故 $$\angle FAH = 45^\circ$$

98 $\triangle ABC$ 中，$\angle B = 90^\circ$，M 为 AB 上一点，使得 $AM = BC$，N 为 BC 上一点，使得 $CN = BM$，连 AN，CM 交于点 P. 试求 $\angle APM$ 的度数，并写出你的推理证明的过程.

(1993 年北京市数学竞赛初二复赛)

分析 先毛估 $\angle APM$ 的度数. 看特殊情型 $AB = BC$，这时 M 与 B 重合，N 与 C 重合，$\angle APM = \angle ACB = 45^\circ$. 再证明毛估正确. 联想到等腰直角三角形的底角为 45°，则考虑构造等腰直角三角形，只要证明 $\angle APM$ 与其一底角相等即可.

解法 1 如图 98.1，过 A 作 $AK \perp AB$，在 AK 上截取 $AK = CN = BM$，联结 KM，KC，则四边形 $ANCK$ 是平行四边形. 从而

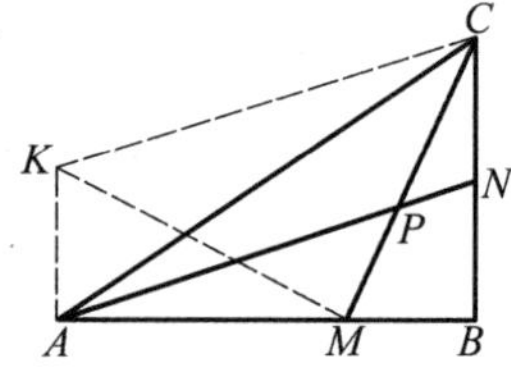

图 98.1

$$\angle APM = \angle KCM$$

因为 $$AK = BM, AM = BC$$

所以 $$Rt\triangle AMK \cong Rt\triangle BCM$$

所以 $$KM = CM, \angle AMK = \angle BCM$$

而 $$\angle BCM + \angle BMC = 90^\circ$$

所以 $$\angle AMK + \angle BMC = 90^\circ$$

从而 $$\angle KMC = 90^\circ$$

所以 $\triangle KMC$ 是等腰直角三角形，$\angle KCM = 45^\circ$. 故 $\angle APM = 45^\circ$.

解法 2 如图 98.2，过 M 作 $MQ \perp AB$；使 $MQ = BM = CN$，联结 AQ，QN. 因为

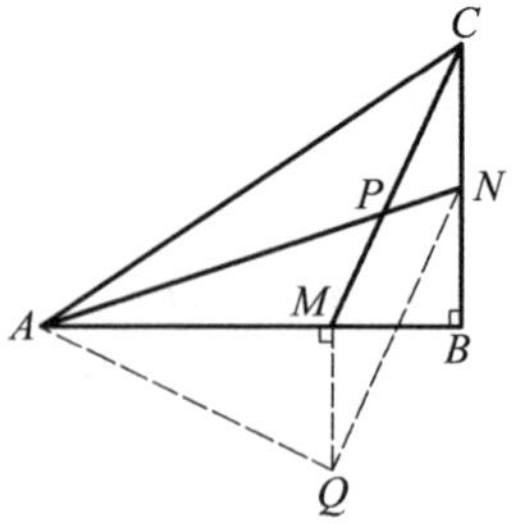

$$AM = CB, MQ = BM$$

所以 $$Rt\triangle AMQ \cong Rt\triangle CBM$$

所以 $$AQ = CM, \angle AQM = \angle CMB$$

显然 $MQ \mathrel{\underline{\parallel}} CN$，即 $CMQN$ 是平行四边形，所以

$$NQ = CM = AQ$$

$$\angle AQN = \angle AQM + \angle MQN = \angle CMB + \angle MCN = 90^\circ$$

图 98.2

所以 $\triangle AQN$ 是等腰直角三角形. 故

$$\angle APM = \angle ANQ = 45°$$

解法3 如图98.3,以 BC 和 BM 为边作矩形 $CBMQ$,联结 AQ,NQ,则 $\triangle AMQ$ 与 $\triangle NCQ$ 均为等腰直角三角形.所以

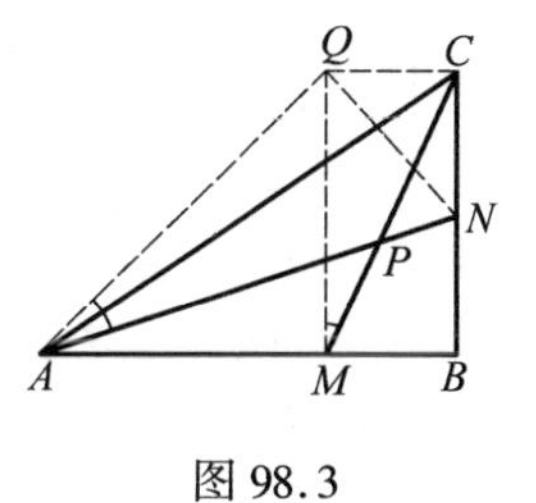

图 98.3

$$\triangle AMQ \backsim \triangle NCQ$$

所以 $$\frac{AQ}{NQ} = \frac{QM}{QC}$$

又 $$\angle AQN = 45° + 45° = 90° = \angle MQC$$

所以 $$\triangle AQN \backsim \triangle MQC$$

所以 $$\angle QAP = \angle QMP$$

所以 Q,A,M,P 四点共圆.故

$$\angle APM = \angle AQM = 45°$$

解法4 如图98.4,在 AB 上取点 D,使 $BD = BC$,联结 CD,则 $\angle CDM = 45°$.

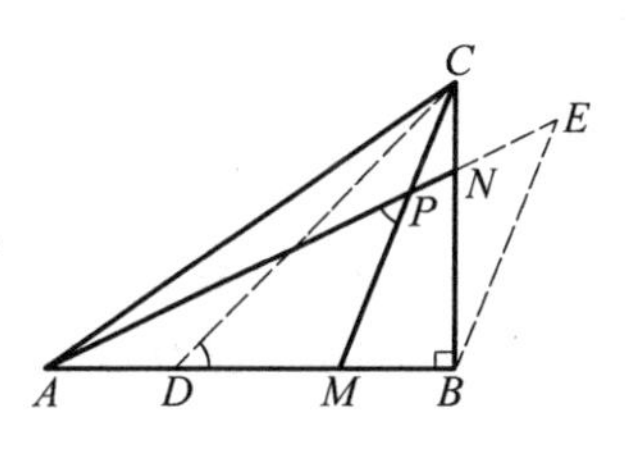

图 98.4

设 $BC = AM = a$,$CN = BM = b$,则 $BN = a - b = DM$,$CM = \sqrt{a^2 + b^2}$.

作 $BE \parallel CM$ 交 AN 的延长线于 E.则

$$\frac{PM}{BE} = \frac{AM}{AB} = \frac{a}{a + b}$$

又 $$\frac{BE}{CP} = \frac{BN}{NC} = \frac{a - b}{b}$$

所以 $$\frac{PM}{CP} = \frac{a}{a + b} \cdot \frac{a - b}{b} = \frac{a(a - b)}{ab + b^2} \Rightarrow$$

$$\frac{PM}{CM} = \frac{a(a - b)}{a^2 + b^2}$$

所以 $$PM = \frac{a(a - b)}{\sqrt{a^2 + b^2}}$$

所以 $$\frac{PM}{DM} = \frac{a}{\sqrt{a^2 + b^2}} = \frac{AM}{CM}$$

从而 $$\triangle APM \backsim \triangle CDM$$

所以 $$\angle APM = \angle CDM = 45°$$

解法5 如图98.5,设 $BC = AM = a$,$CN = BM = b$.延长 BC 至 D,使 $BD = AB$,联结 AD.则 $\angle D = 45°$,

$$AN = \sqrt{AB^2 + BN^2} = \sqrt{(a + b)^2 + (a - b)^2} = \sqrt{2(a^2 + b^2)}$$

考虑直线 MPC 截 $\triangle ABN$,由梅涅劳斯定理得

$$1=\frac{AP}{PN}\cdot\frac{NC}{CB}\cdot\frac{BM}{MA}=\frac{AP}{PN}\cdot\frac{b^2}{a^2}\Rightarrow$$

$$\frac{AP}{PN}=\frac{a^2}{b^2}\Rightarrow$$

$$\frac{AN}{PN}=\frac{a^2+b^2}{b^2}$$

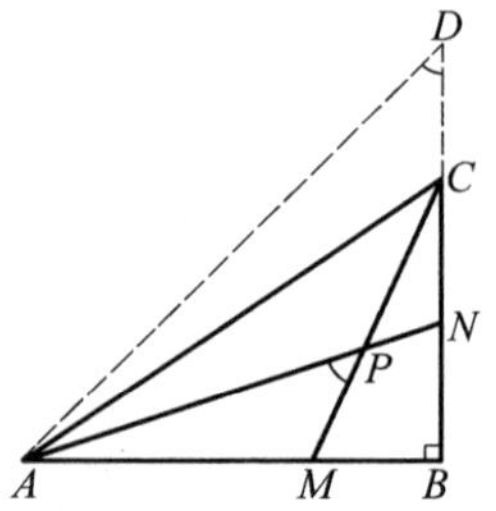

所以
$$PN=\frac{\sqrt{2}b^2}{\sqrt{a^2+b^2}}$$

所以
$$PN\cdot AN=2b^2=NC\cdot ND$$

所以 A,P,C,D 四点共圆.故

$$\angle APM=\angle D=45°$$

图 98.5

解法 6 如图 98.6,设 $AM=BC=a,CN=BM=b$.由解法 4 知:$CM=\sqrt{a^2+b^2},PM=\frac{a(a-b)}{\sqrt{a^2+b^2}}$.

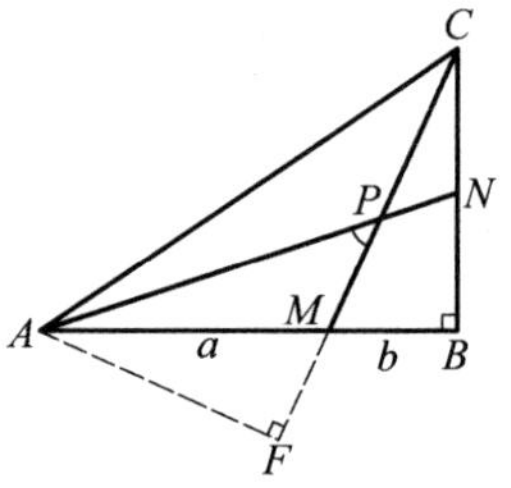

作 $AF\perp CM$ 交 CM 的延长线于 F.

因为
$$Rt\triangle AFM\backsim Rt\triangle CBM$$

所以
$$\frac{AF}{a}=\frac{FM}{b}=\frac{a}{\sqrt{a^2+b^2}}$$

所以
$$AF=\frac{a^2}{\sqrt{a^2+b^2}},FM=\frac{ab}{\sqrt{a^2+b^2}}$$

从而
$$FP=FM+PM=\frac{a^2}{\sqrt{a^2+b^2}}=AF$$

所以 $\triangle AFP$ 是等腰直角三角形.

故
$$\angle APM=45°$$

图 98.6

解法 7 设 $AM=BC=a,CN=BM=b$,则

$$BN=a-b,AN=\sqrt{AB^2+BN^2}=\sqrt{2(a^2+b^2)}$$

由解法 4 知
$$PM=\frac{a(a-b)}{\sqrt{a^2+b^2}}$$

在 $Rt\triangle ABN$ 中

$$\sin\angle PAM=\frac{BN}{AN}=\frac{a-b}{\sqrt{2(a^2+b^2)}}$$

对 $\triangle APM$ 用正弦定理得

$$\frac{a}{\sin\angle APM}=\frac{PM}{\sin\angle PAM}=\sqrt{2}a$$

所以 $$\sin\angle APM=\frac{\sqrt{2}}{2}$$

又 $$0^\circ<\angle APM<\angle BMC<90^\circ$$

所以 $$\angle APM=45^\circ$$

解法 8 设 $AM=BC=a$，$BM=CN=b$，则 $AB=a+b$，$BN=a-b$.

$$\tan\angle NAB=\frac{a-b}{a+b},\tan\angle MCB=\frac{b}{a}$$

所以 $$\tan(\angle NAB+\angle MCB)=\frac{\frac{a-b}{a+b}+\frac{b}{a}}{1-\frac{a-b}{a+b}\cdot\frac{b}{a}}=\frac{a^2-ab+ab+b^2}{a^2+ab-ab+b^2}=1$$

又 $$0^\circ<\angle NAB+\angle MCB<\angle A+\angle C=90^\circ$$

所以 $$\angle NAB+\angle MCB=45^\circ$$

故 $$\angle APM=\angle PAC+\angle ACP=$$

$$(\angle A+\angle C)-(\angle NAB+\angle MCB)=90^\circ-45^\circ=45^\circ$$

评注 解法1、2根据 $CN=BM$，通过平移 CN 构造等腰直角三角形. 证明 $\angle APM=45^\circ$. 同样也可利用 $AM=CB$，通过平移 AM 构造等腰直角三角形给予证明.

此外，本题还有其他解法.

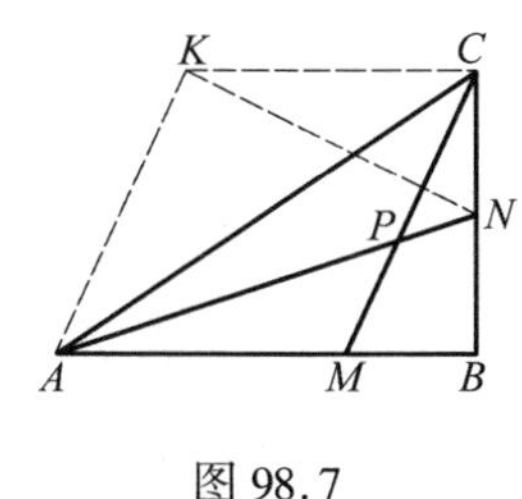

图 98.7

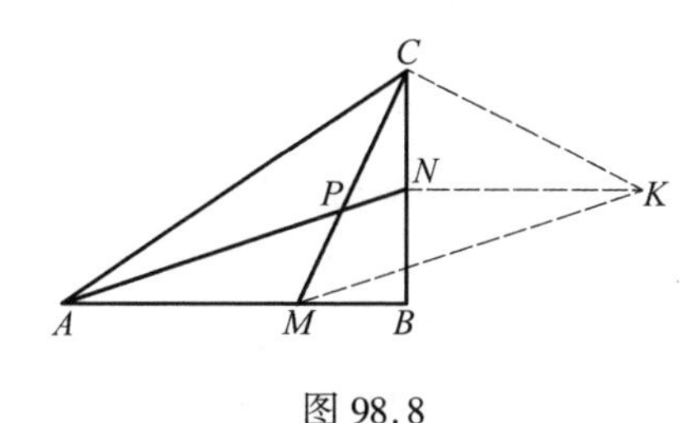

图 98.8

99 在 $\triangle ABC$ 中，$AC=BC$，$\angle C=20^\circ$，点 D 在 BC，E 在 AC 上，且 $\angle BAD=60^\circ$，$\angle ABE=50^\circ$，则 $\angle ADE=$ ________.

（1991 年勤奋杯数学邀请赛）

解法 1 如图 99.1，作 $\angle BAE$ 的平分线 AG 交 BD 于 F，连 EF.

易知 $\triangle ABE$ 是等腰三角形，由其对称性知

$$\angle AEF=\angle ABF=80^\circ$$

易算出 $$\angle DFG = 60° = \angle DFE$$

$$\angle EAD = 20° = \angle DAF$$

所以 D 是 $\triangle AEF$ 的旁心，ED 平分 $\angle CEF$.

从而可知 $\angle CED = 50°$，故

$$\angle ADE = \angle CED - \angle EAD = 30°$$

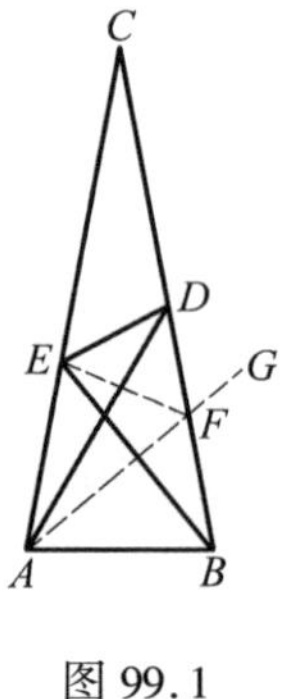

图 99.1

解法 2 如图 99.2，以 BE 为一边在 $\triangle ABE$ 的外侧作正 $\triangle BEF$，连 CF，DF，AF. 易知

$$\angle DBE = 30°, \angle AEB = \angle ABE = 50°$$

所以 BC 是 EF 的中垂线，AF 是 BE 的中垂线，可知 D 为 $\triangle ACF$ 的内心，有

$$\angle CFD = \frac{1}{2}\angle AFC = 50°$$

从而 $$\angle CED = 50°$$

所以 $$\angle ADE = \angle CED - \angle EAD = 30°$$

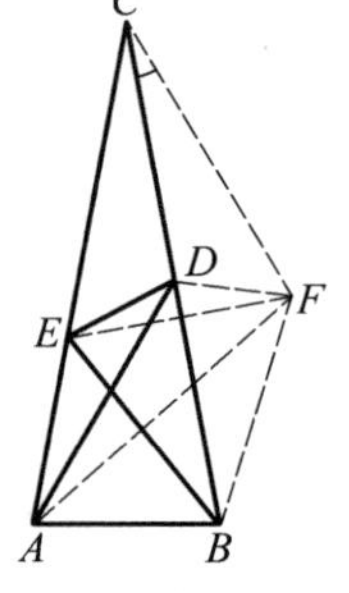

图 99.2

解法 3 如图 99.3，把 $\triangle ACD$ 以 AC 为折痕翻折至 $\triangle ACF$ 位置，因 $CA = CB$，可把 $\triangle CAD$ 绕点 C 旋转至 $\triangle CBG$ 位置，连 FG，BF.

显然 $\triangle CFG$ 是正三角形. 所以

$$FG = CG = CD = AD = BG$$

即 G 是 $\triangle BCF$ 的外心. 所以

$$\angle CBF = \frac{1}{2}\angle CGF = 30°$$

但 $$\angle CBE = 30°$$

所以 B，E，F 三点共线.

因为 $$\angle CAF = 20° = \angle ACB$$

所以 $$AF \parallel CB$$

故 $$\angle ADE = \angle AFE = \angle CBE = 30°$$

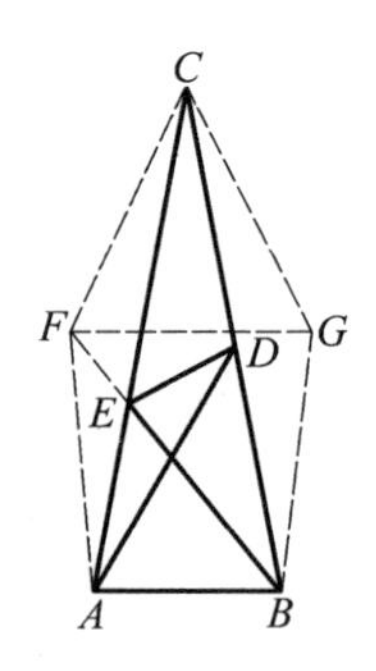

图 99.3

解法 4 如图 99.4，以 BC 为一边在 $\triangle ABC$ 内侧作正 $\triangle BCF$，BF 交 AD 于 G，连 AF，EF，GE，CF.

因 $\angle CBE = 30°$，则 BE 是正 $\triangle BCF$ 的对称轴. 所以

$$\angle EFG = \angle ECB = 20° = \angle EAG$$

所以 E，F，A，G 四点共圆，所以

$$\angle EGD = \angle AFE$$

又 $$CF = BC = AC$$

$$\angle ECF = \angle EFC = 40^\circ$$

所以 $\angle AFE = \angle AFC - \angle EFC = 70^\circ - 40^\circ = 30^\circ$

从而 $$\angle EGD = 30^\circ = \angle EBD$$

所以 E,G,B,D 四点共圆.故

$$\angle ADE = \angle GBE = 30^\circ$$

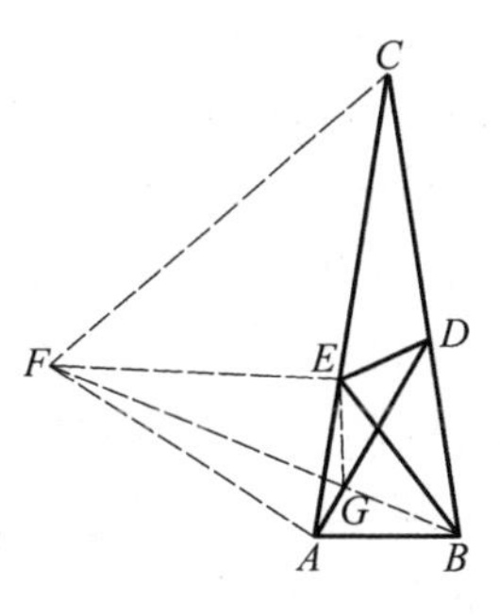

图 99.4

解法 5 如图 99.5,以 AC 为一边在 $\triangle ABC$ 内侧作正 $\triangle ACF$,FD 与 BE 的延长线相交于 G,连 CG,BF.

因 $\angle DAC = 20^\circ = \angle DCA$,则 FG 是 AC 的中垂线.因为

$$CB = AC = CF, \angle BCF = 40^\circ$$

所以 $$\angle CBF = 70^\circ$$

因为 $$\angle GBC = 30^\circ = \angle GFC$$

所以 G,B,F,C 四点共圆.所以

$$\angle CGD = \angle CBF = 70^\circ = \angle CDG$$

从而 AC 是 GD 的中垂线.所以

$$\angle DEC = \angle GEC = 50^\circ$$

故 $$\angle ADE = \angle DEC - \angle EAD = 30^\circ$$

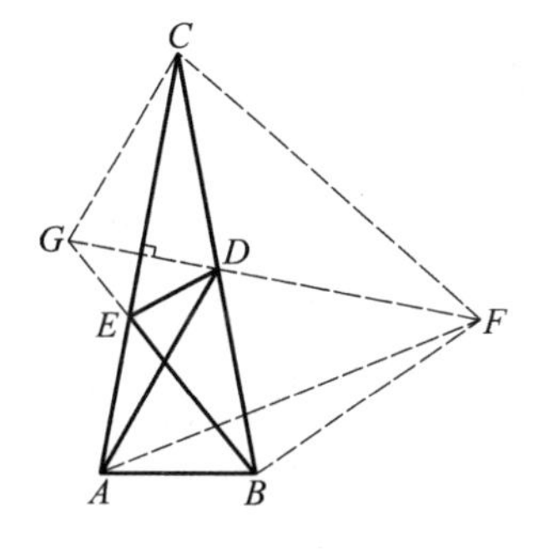

图 99.5

此题构造正三角形求解,还有多种解法.留给读者去探索.

证法 6 在 $\triangle ADE$ 与 $\triangle CBE$ 中,易知

$$\angle EAD = 20^\circ = \angle ECB$$

又 $$\angle AEB = \angle ABE = 50^\circ, AE = AB$$

因而 $$\frac{AE}{AD} = \frac{AB}{AD} = \frac{\sin 40^\circ}{\sin 80^\circ} = \frac{1}{2\cos 40^\circ}$$

但 $$\frac{CE}{BC} = \frac{\sin 30^\circ}{\sin 50^\circ} = \frac{1}{2\cos 40^\circ}$$

所以 $$\frac{AE}{AD} = \frac{CE}{BC}$$

所以 $$\triangle ADE \backsim \triangle CBE$$

所以 $$\angle ADE = \angle CBE = 30^\circ$$

评注 此题是一道几何名题,其几何解法在 20 世纪 50 年代由美国数学家汤卜森(Thampsom)最先给出.我们称这类问题为格线问题.

何谓格线问题呢?

如果三角形的三个角的度数都是 10 的整数倍,一个角的分角线段(顶点至

对边一点的连线)将该角分成为两个具有同样性质的较小角,我们定义这样的分角线段为三角形中的格线.

三角形中若有三条格线共点,我们称这样的点为三角形中的格点.

利用三角形中的格线编造出的几何问题便是格线问题,其中涉及三角形中的格点的问题称为格点问题.

格线问题新颖有趣,解法灵活,一般难度较大,而且,这类问题大量存在.求解这类问题有利于训练思维,培养能力,陶冶情操,提高素质.

求解格线问题要注意抓住已知角与60°角的联系构造正三角形;挖掘图形的对称性;灵活利用三角形的外心、内心、旁心、垂心及四点共圆等知识.

练习题

题号	已知△ABC中,点D在BC上,E在AC上				求∠ADE的度数(答案)/°
	∠BAC/°	∠ABC/°	∠BAD/°	∠ABE/°	
1	80	80	60	30	10
2	80	80	70	50	10
3	80	80	60	70	110
4	100	40	40	30	60
5	100	40	60	30	70
6	100	40	70	30	70
7	100	40	20	20	30
8	100	40	80	30	60
9	120	30	80	20	70
10	120	30	100	20	50
11	120	30	40	20	50
12	80	50	20	30	40
13	80	50	50	30	40
14	80	50	50	40	70
15	60	30	20	20	30
16	60	30	40	20	30

续表

题号	已知 $\triangle ABC$ 中,点 D 在 BC 上,E 在 AC 上				求 $\angle ADE$ 的度数(答案)/°
	$\angle BAC$/°	$\angle ABC$/°	$\angle BAD$/°	$\angle ABE$/°	
17	20	70	10	40	30
18	20	70	10	30	20
19	50	40	20	30	40
20	100	50	30	20	30
21	100	30	50	10	20
22	100	30	40	10	20
23	100	30	70	20	50
24	100	30	50	20	50
25	100	50	50	20	30
26	30	80	20	40	20
27	30	80	20	50	30
28	40	80	20	30	20
29	130	30	80	10	30
30	110	50	80	30	50

100 在 $\triangle ABC$ 中,$AC = BC$,$\angle ACB = 80°$,O 为 $\triangle ABC$ 内一点,若 $\angle OAB = 10°$,$\angle ABO = 30°$,则 $\angle ACO =$ ________.

(1992 年湖北黄冈市初中数学竞赛)

解法 1 如图 100.1,以 AB 为一边在 $\triangle ABC$ 内侧作等边 $\triangle ABD$,联结 CD.

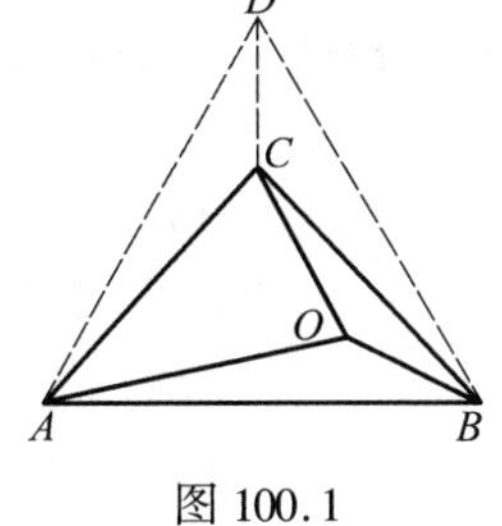

图 100.1

易知 $\angle CAD = 10°$,由对称性可知 $\angle ADC = 30°$,所以

$$\triangle ACD \cong \triangle ABO, AC = AO$$

又因为 $\qquad \angle CAO = 40°$

所以 $\qquad \angle ACO = 70°$

解法2 如图100.2,以 AC 为一边在 $\triangle ABC$ 内侧作等边 $\triangle ACD$,联结 BD.

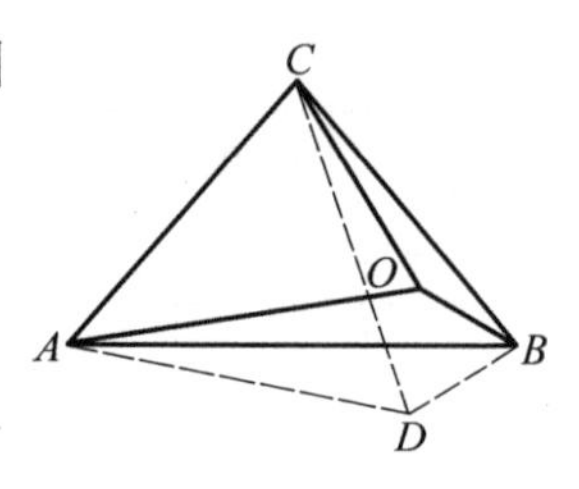

图100.2

易知 $\angle DAB = 10°$.因为

$$CB = CA = CD$$

$$\angle BCD = 80° - 60° = 20°$$

所以 $$\angle CBD = 80°$$

$$\angle ABD = 80° - 50° = 30°$$

所以 $$\triangle ABO \cong \triangle ABD$$

所以 $$AO = AD = AC$$

又因为 $$\angle CAO = 40°$$

所以 $$\angle ACO = 70°$$

解法3 如图100.3,以 BC 为一边在 $\triangle ABC$ 的内侧作等边 $\triangle BCD$,联结 AD.

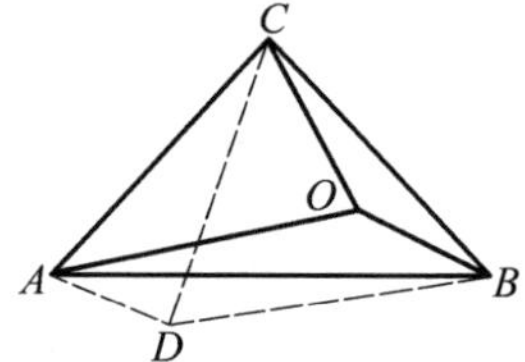

图100.3

易知 $\angle ABD = 10°$, $BD \parallel AO$.因为

$$AC = BC = CD$$

$$\angle ACD = 80° - 60° = 20°$$

所以 $$\angle CAD = 80°$$

$$\angle BAD = 80° - 50° = 30°$$

所以 $$AD \parallel BO$$

所以 $ADBO$ 为平行四边形.所以

$$AO = BD = BC = AC$$

又因为 $$\angle CAO = 40°$$

所以 $$\angle ACO = 70°$$

解法4 如图100.4,以 AO 为一边在 $\triangle AOB$ 内侧作等边 $\triangle AOD$,连 BD.作 $\angle ADO$ 的平分线交 AB 于 E,连 OE.

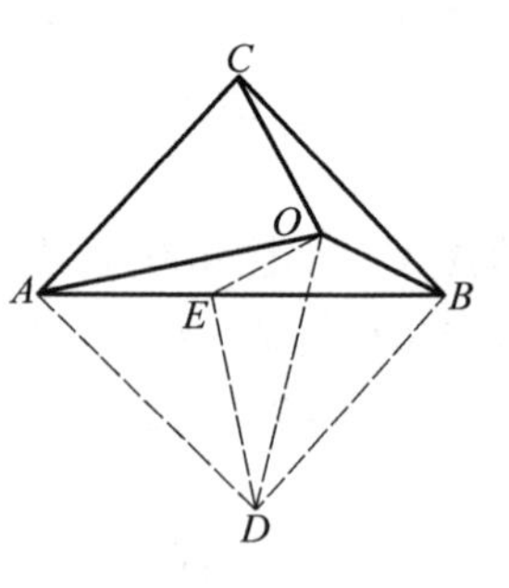

图100.4

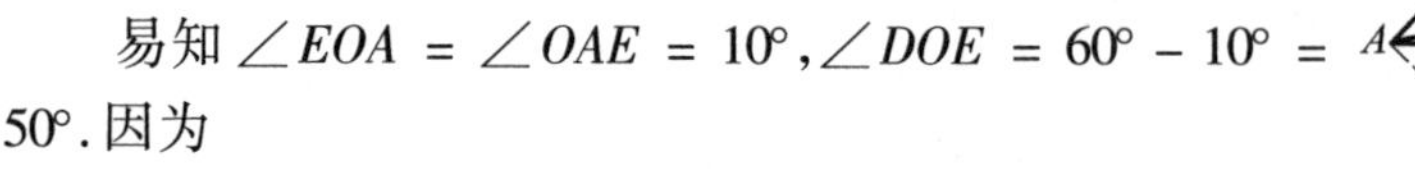

易知 $\angle EOA = \angle OAE = 10°$, $\angle DOE = 60° - 10° = 50°$.因为

$$\angle EDO = 30° = \angle EBO$$

所以 E, D, B, O 四点共圆.所以

$$\angle DBE = \angle DOE = 50°$$

又 $$\angle BAD = 60° - 10° = 50°$$

所以 $$\triangle ABC \cong \triangle ABD$$

所以 $$AC = AD = AO$$

又因为 $$\angle CAO = 40^\circ$$

所以 $$\angle ACO = 70^\circ$$

解法 5 如图 100.5,以 BC 为一边在 $\triangle ABC$ 外侧作等边 $\triangle BCD$,联结 AD,延长 BO 交 AD 于 E,连 CE.因为

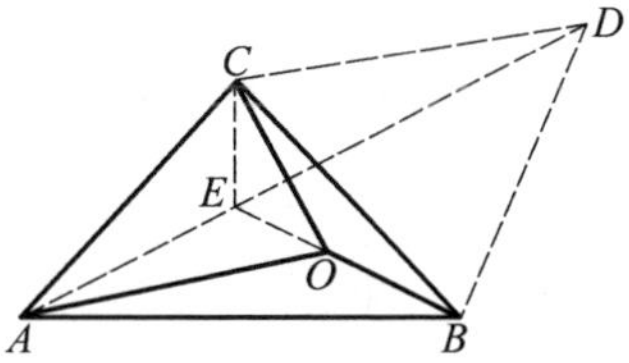

$$AC = BC = CD$$

$$\angle ACD = 80^\circ + 60^\circ = 140^\circ$$

所以 $$\angle CAE = \angle CDE = 20^\circ$$

图 100.5

易知 $$\angle OBC = 20^\circ$$

所以 C, D, B, E 四点共圆.所以

$$\angle CED = \angle CBD = \angle DCB = \angle DEB$$

从而 $$\angle AEC = \angle AEO$$

又 $$\angle OAE = \angle CAO - \angle CAE = 20^\circ = \angle CAE$$

所以 $$\triangle AEC \cong \triangle AEO, AC = AO$$

又因为 $$\angle CAO = 40^\circ$$

所以 $$\angle ACO = 70^\circ$$

解法 6 如图 100.6,作 $\angle ACB$ 的平分线交 BO 的延长线于 E,连 AE.

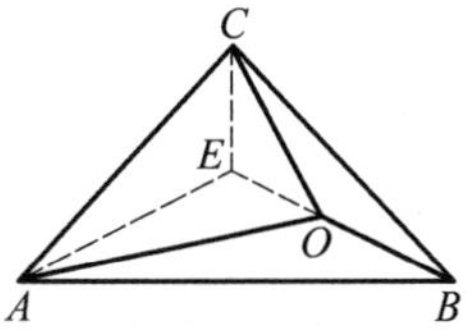

由等腰 $\triangle ABC$ 的对称性知

$$\angle EAB = \angle EBA = 30^\circ$$

所以 $$\angle CAE = 50^\circ - 30^\circ = 20^\circ$$

图 100.6

又因为 $$\angle OAE = \angle EAB - \angle OAB = 20^\circ$$

所以 $$\angle CAE = \angle OAE$$

易知 $$\angle ACE = 40^\circ = \angle AOE$$

所以 $$\triangle ACE \cong \triangle AOE, AC = AO$$

又因为 $$\angle CAO = 40^\circ$$

所以 $$\angle ACO = 70^\circ$$

评注 此题即属所谓格点问题,这类问题数量众多!

练习题

题号	已知：O 为 $\triangle ABC$ 内一点				求 $\angle OAB$ 的度数(答案)/°
	$\angle ABC$/°	$\angle ACB$/°	$\angle OBC$/°	$\angle OCB$/°	
1	50	50	40	20	10
2	50	50	10	20	60
3	50	50	40	30	20
4	50	30	10	10	70
5	50	30	30	10	20
6	50	30	40	20	30
7	50	30	20	20	80
8	50	30	20	10	40
9	50	30	30	20	60
10	70	70	20	40	30
11	70	70	30	50	30
12	60	40	40	10	10
13	40	30	20	10	30
14	60	40	20	30	70
15	60	40	40	30	50

B 类题

101 如图 101.1，在 $\triangle ABC$ 中，$\angle A = 60°$，$AB > AC$，点 O 是外心，高 BE，CF 交于点 H，点 M，N 分别在线段 BH，HF 上，且满足 $BM = CN$. 求 $\frac{MH + NH}{OH}$ 的值.

（2002 年全国高中数学联赛加试）

解法 1 如图 101.1，在 BE 上取 $BK = CH$，连 OB，OC，OK. 因为

$$\angle BOC = 2\angle A = 120°$$

$$\angle BHC = 180^\circ - \angle A = 120^\circ$$

所以 $$\angle BOC = \angle BHC$$

所以 B,C,H,O 四点共圆.

从而 $$\angle OBK = \angle OCH$$

又 $$OB = OC$$

所以 $$\triangle BOK \cong \triangle COH, OK = OH$$

易知 $$\angle OHB = \angle OCB = 30^\circ$$

所以 $$\angle OKH = 30^\circ, \angle KOH = 120^\circ$$

图 101.1

在 $\triangle OHK$ 中

$$\frac{OH}{\sin 30^\circ} = \frac{HK}{\sin 120^\circ}$$

则 $$HK = \sqrt{3}OH$$

因为 $$BM = CN, BK = CH$$

则 $$MK = NH$$

所以 $$MH + NH = MH + MK = HK = \sqrt{3}OH$$

故 $$\frac{MH + NH}{OH} = \sqrt{3}$$

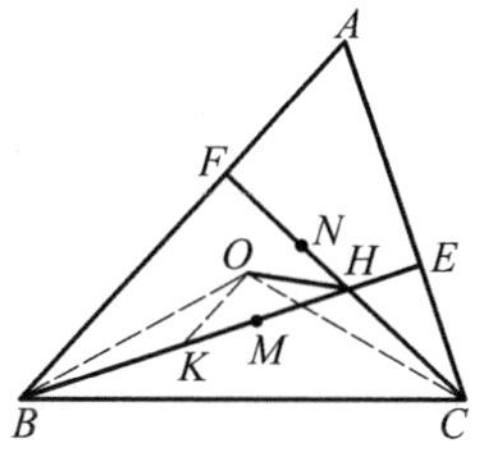

解法 2 如图 101.1,联结 OB,OC,设 $\triangle ABC$ 的外接圆半径为 R.因为

$$BM = CN$$

所以 $$MH + NH = BH - BM + CN - CH = BH - CH$$

在 $\triangle OBC$ 中

$$OB = OC = R, \angle BOC = 2\angle A = 120^\circ$$

所以 $$BC = \sqrt{3}R$$

又 $$\angle BHC = 180^\circ - \angle A = 120^\circ = \angle BOC$$

所以 O,H,B,C 四点共圆.

由托勒密定理得

$$OH \cdot BC + CH \cdot OB = BH \cdot OC$$

即 $$OH \cdot \sqrt{3}R = BH \cdot R - CH \cdot R$$

所以 $$\frac{MH + NH}{OH} = \frac{BH - CH}{OH} = \sqrt{3}$$

解法 3 如图 101.2,联结 AO,AH,双向延长 OH,交 AB,AC 分别于 G,T,设 $\triangle ABC$ 的外接圆半径为 R.因为

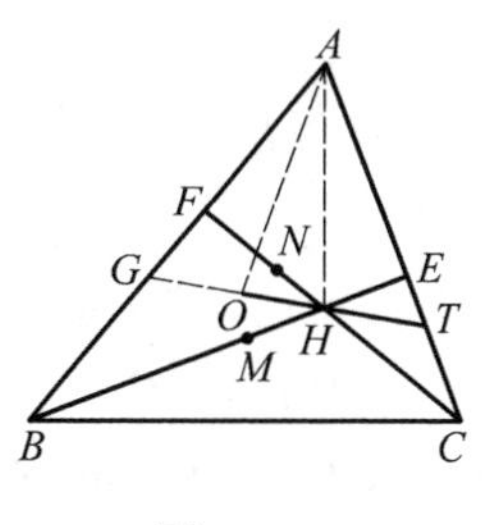

图 101.2

$$AH = \frac{AB}{\sin \angle AHB} \cdot \sin \angle ABH =$$

$$\frac{AB}{\sin\angle C}\cdot\sin 30^\circ = R = AO$$

可知
$$\angle AOG = \angle AHT$$

又
$$\angle OAG = 90^\circ - \angle C = \angle HAT$$

所以
$$\triangle AGO \cong \triangle ATH$$

所以
$$OG = HT, AG = AT$$

又 $\angle GAT = 60^\circ$，则 $\triangle AGT$ 是正三角形，在 $\triangle GBH$ 中，

$$\angle GBH = 90^\circ - \angle A = 30^\circ, \angle BGH = 120^\circ$$

所以
$$\frac{BH}{HG} = \frac{\sin 120^\circ}{\sin 30^\circ} = \sqrt{3}$$

因为
$$\angle GBH = \angle TCH = 30^\circ$$

$$\angle BGH = \angle CTH = 120^\circ$$

所以
$$\triangle BGH \backsim \triangle CTH$$

所以
$$\sqrt{3} = \frac{BH}{HG} = \frac{CH}{HT} = \frac{BH - CH}{HG - HT} = \frac{BH - CH}{OH}$$

又
$$BH - CH = BM + MH - (CN - NH) = MH + NH$$

所以
$$\frac{MH + NH}{OH} = \sqrt{3}$$

解法4 如图101.2，联结 AO，AH，设 $\angle CBH = \alpha$，$\triangle ABC$ 的外接圆半径为 R。则

$$\angle OAB = \angle HAC = \alpha, \angle OAH = 60^\circ - 2\alpha$$

$$AH = \frac{AB}{\sin\angle AHB}\cdot\sin\angle ABH = \frac{AB}{\sin\angle C}\cdot\sin 30^\circ = R = AO$$

在 $\triangle AOH$ 中，易知

$$OH = 2R\sin(30^\circ - \alpha)$$

在 $\triangle HBC$ 中

$$\angle HCB = \angle CHE - \angle CBH = 60^\circ - \alpha$$

所以

$$2R = \frac{BC}{\sin\angle A} = \frac{BC}{\sin\angle BHC} = \frac{BH}{\sin(60^\circ - \alpha)} = \frac{CH}{\sin\alpha} = \frac{BH - CH}{\sin(60^\circ - \alpha) - \sin\alpha}$$

又
$$BH - CH = BM + MH - (CN - NH) = MH + NH$$

所以 $MH + NH = 2R[\sin(60^\circ - \alpha) - \sin\alpha] = 4R\sin(30^\circ - \alpha)\cos 30^\circ = \sqrt{3}\cdot 2R\sin(30^\circ - \alpha)$

故
$$\frac{MH+NH}{OH}=\sqrt{3}$$

C 类题

102 在 $\triangle ABC$ 中，AP 平分 $\angle BAC$，交 BC 于 P；BQ 平分 $\angle ABC$，交 CA 于 Q. 已知 $\angle BAC=60^\circ$ 且 $AB+BP=AQ+QB$. 问 $\triangle ABC$ 的各角的度数的可能值是多少？

（2001 年第 42 届 IMO）

解法 1 如图 102.1，延长 AB 至 D，使 $BD=BP$，在 AQ 的延长线上截取 $QE=QB$. 联结 PD,PQ,PE. 由条件知 $AD=AE$，又 $\angle 1=\angle 2$，AP 公共，所以
$$\triangle APD\cong\triangle APE$$

图 102.1

所以
$$\angle 3=\frac{1}{2}\angle ABC=\angle D=\angle 5$$

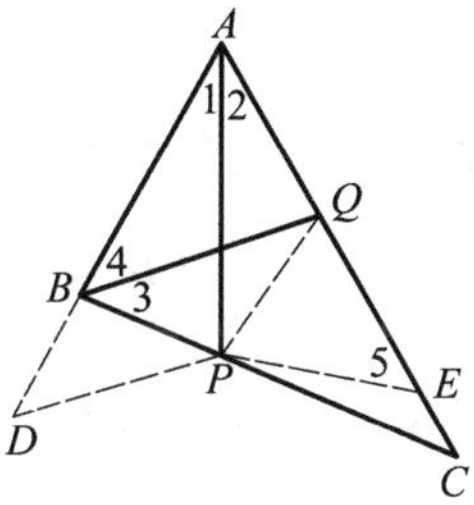

所以
$$\frac{QB}{\sin\angle BPQ}=\frac{QP}{\sin\angle 3}=\frac{QP}{\sin\angle 5}=\frac{QE}{\sin\angle QPE}$$

所以
$$\sin\angle BPQ=\sin\angle QPE$$

所以
$$\angle BPQ=\angle QPE$$

或
$$\angle BPQ+\angle QPE=180^\circ$$

若 $\angle BPQ=\angle QPE$，则 $\triangle BPQ\cong\triangle EPQ$，从而 $BD=BP=PE=PD$，$\triangle BPD$ 是正三角形. 可得 $\angle ABC=120^\circ$，不合题意（因 $\angle BAC=60^\circ$）.

若 $\angle BPQ+\angle QPE=180^\circ$，则 B,P,E 三点共线，E 与 C 重合，$QC=QB$，$\angle 3=\angle C$，从而 $\angle ABC=2\angle C$，又 $\angle BAC=60^\circ$. 所以 $\angle ABC=80^\circ$，$\angle C=40^\circ$.

解法 2 如图 102.2，延长 AB 到 B_1 使 $BB_1=BP$，在 QC 或其延长线上取 C_1，使 $QC_1=QB$.

于是
$$AB_1=AB+BP=AQ+QB=AC_1$$

而 $\angle BAC=60^\circ$，从而 $\triangle AB_1C_1$ 为正三角形，直线 AP 是 $\triangle AB_1C_1$ 的对称轴. 即有
$$PC_1=PB_1$$

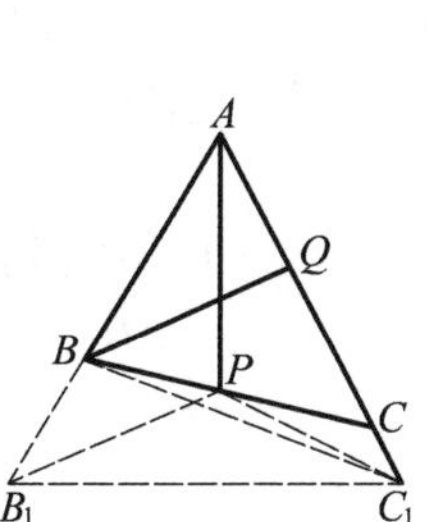

图 102.2

$$\angle PC_1A=\angle PB_1A=\angle BPB_1=\frac{1}{2}\angle ABC=\angle PBQ$$

$$\angle QBC_1 = \angle QC_1B$$

则
$$\angle PC_1B = \angle PBC_1$$

当点 P 不在 BC_1 上时,有 $PC_1 = PB$.

从而
$$PB_1 = PC_1 = PB = BB_1$$

即 $\triangle PBB_1$ 为正三角形,$\angle PBB_1 = 60° = \angle BAC$,矛盾($\angle PBB_1$ 是 $\triangle ABC$ 的外角,应大于 $\angle BAC$).因此,点 P 应当在 BC_1 上,即 C 与 C_1 重合,故 $\angle BCA = \frac{1}{2}\angle ABC$.

由
$$\angle BCA + \angle ABC = 180° - 60° = 120°$$

知 $\triangle ABC$ 的各角只有一种值,即
$$\angle BAC = 60°, \angle ABC = 80°, \angle BCA = 40°$$

解法 3　由三角形内角平分线性质得
$$BP = \frac{ac}{b+c}, AQ = \frac{bc}{a+c}, CQ = \frac{ab}{a+c}$$
$$BQ^2 = AB \cdot BC - AQ \cdot QC(\text{斯古登定理}) = ac - \frac{ab^2c}{(a+c)^2}$$
$$AB + BP - AQ = BQ \Leftrightarrow \left(c + \frac{ac}{b+c} - \frac{bc}{a+c}\right)^2 = ac - \frac{ab^2c}{(a+c)^2} \Leftrightarrow$$
$$(b^2 - c^2 - ac)(b^2 - c^2 - a^2 - ac) = 0$$

所以
$$b^2 - c^2 - ac = 0 \quad ①$$

或者
$$b^2 - c^2 - a^2 - ac = 0 \quad ②$$

由式 ① 成立,可证得 $\angle B = 2\angle C$,因 $\angle A = 60°$,所以 $\angle B = 80°$,$\angle C = 40°$.

由式 ② 成立,根据余弦定理知 $\angle B = 120°$,因 $\angle A = 60°$,所以式 ② 不成立,应舍去.

解法 4　设 $\angle BAP = \angle PAC = \alpha$,$\angle ABQ = \angle QBC = \beta$,则
$$\frac{AB}{\sin(\alpha + 2\beta)} = \frac{BP}{\sin \alpha} = \frac{AB + BP}{\sin(\alpha + 2\beta) + \sin \alpha}$$
$$\frac{AB}{\sin(2\alpha + \beta)} = \frac{AQ}{\sin \beta} = \frac{QB}{\sin 2\alpha} = \frac{AQ + QB}{\sin \beta + \sin 2\alpha}$$

又
$$AB + BP = AQ + QB$$

所以
$$\frac{\sin(\alpha + 2\beta)}{\sin(2\alpha + \beta)} = \frac{\sin(\alpha + 2\beta) + \sin \alpha}{\sin \beta + \sin 2\alpha} \Leftrightarrow$$
$$\sin(\alpha + 2\beta)\sin \beta + \sin(\alpha + 2\beta)\sin 2\alpha =$$

$$\sin(2\alpha+\beta)\sin(\alpha+2\beta)+\sin(2\alpha+\beta)\sin\alpha \Leftrightarrow$$

$$\cos(\alpha+\beta)-\cos(\alpha+3\beta)+\cos(2\beta-\alpha)-\cos(3\alpha+2\beta)=$$

$$\cos(\alpha-\beta)-\cos(3\alpha+3\beta)+\cos(\alpha+\beta)-\cos(3\alpha+\beta)\Leftrightarrow$$

$$\cos(3\alpha+\beta)-\cos(3\alpha+2\beta)+\cos(2\beta-\alpha)-\cos(\alpha-\beta)+$$

$$\cos(3\alpha+3\beta)-\cos(\alpha+3\beta)=0\Leftrightarrow$$

$$\sin\left(3\alpha+\frac{3\beta}{2}\right)\sin\frac{\beta}{2}+\sin\frac{\beta}{2}\sin\left(\alpha-\frac{3\beta}{2}\right)+$$

$$\sin(2\alpha+3\beta)\sin(-\alpha)=0\Leftrightarrow$$

$$2\sin\frac{\beta}{2}\sin 2\alpha\cos\left(\alpha+\frac{3\beta}{2}\right)-\sin(2\alpha+3\beta)\sin\alpha=0\Leftrightarrow$$

$$\sin\alpha\cos\left(\alpha+\frac{3\beta}{2}\right)\left[2\sin\frac{\beta}{2}\cos\alpha-\sin\left(\alpha+\frac{3\beta}{2}\right)\right]=0\Leftrightarrow$$

$$\sin\alpha\cos\left(\alpha+\frac{3\beta}{2}\right)\left[\sin\left(\frac{\beta}{2}-\alpha\right)+\sin\left(\alpha+\frac{\beta}{2}\right)-\sin\left(\alpha+\frac{3\beta}{2}\right)\right]=0\Leftrightarrow$$

$$\sin\alpha\cos\left(\alpha+\frac{3\beta}{2}\right)\sin\left(\alpha+\frac{\beta}{2}\right)(1-2\cos\beta)=0$$

因为
$$\sin\alpha\neq 0,\sin\left(\alpha+\frac{\beta}{2}\right)\neq 0$$

所以
$$\cos\left(\alpha+\frac{3\beta}{2}\right)=0 \quad ①$$

或者
$$1-2\cos\beta=0 \quad ②$$

由式①成立可得 $\beta=\angle C$，即 $\angle B=2\angle C$，因 $\angle A=60^\circ$，所以 $\angle B=80^\circ$，$\angle C=40^\circ$.

由式②成立可得 $\beta=60^\circ$，不合题意(因 $\angle A=60^\circ$)，舍去.

103 设 D 是锐角 $\triangle ABC$ 内部的一个点，使得 $\angle ADB=\angle ACB+90^\circ$，并且 $AC\cdot BD=AD\cdot BC$.

(1) 计算比值 $\dfrac{AB\cdot CD}{AC\cdot BD}$；

(2) 求证 $\triangle ACD$ 的外接圆和 $\triangle BCD$ 的外接圆在 C 点处的切线互相垂直.

(1993 年第 34 届 IMO)

解法 1 (1) 如图 103.1，将 DB 绕点 D 顺时针旋转 90° 至 DE，联结 EA，EB. 因为

$$\angle ADE=\angle ADB-90^\circ=\angle ACB$$

又
$$AC\cdot BD=AD\cdot BC, BD=BE$$

所以 $$\frac{DE}{BC}=\frac{AD}{AC}$$

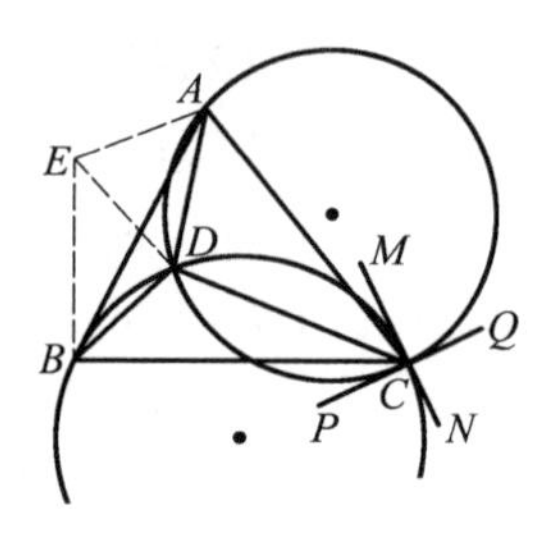

图 103.1

所以 $$\triangle AED \backsim \triangle ABC$$

于是 $$\frac{AE}{AB}=\frac{AD}{AC}$$

又 $$\angle EAD=\angle BAC \Rightarrow \angle EAB=\angle DAC$$

所以 $$\triangle AEB \backsim \triangle ADC$$

从而 $$\frac{AB}{AC}=\frac{BE}{CD}$$

故 $$\frac{AB\cdot CD}{AC\cdot BD}=\frac{BE}{CD}\cdot\frac{CD}{BD}=\frac{BE}{BD}=\sqrt{2}$$

(2) 设 MN,PQ 分别为 $\triangle BDC$,$\triangle ADC$ 的外接圆在点 C 的切线,则

$$\angle DCM=\angle DBC,\angle DCP=\angle DAC$$

所以 $$\angle MCP=\angle DBC+\angle DAC=\angle ADB-\angle ACB=90^\circ$$

故 $$MN\perp PQ$$

注:将 BD 绕点 B 顺时针旋转 90°,同样可解答本题(1),类似地也可以 AD,AC,BC 三线段之一为直角边,构造等腰直角三角形来解答本题(1).

下面再介绍(1)的若干解法.

解法 2 如图 103.2,作 $\angle CAE=\angle CDB$,$\angle ACE=\angle DCB$,边 AE 与 CE 相交于 E,连 BE.则

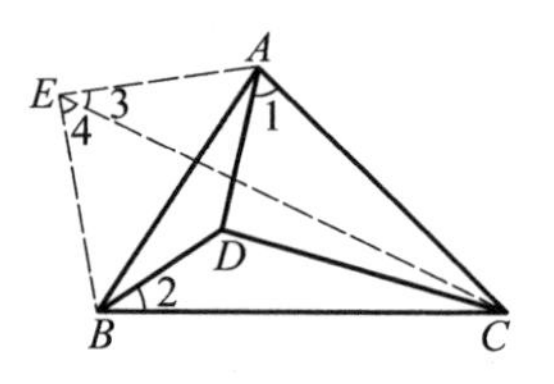

图 103.2

$$\triangle ACE \backsim \triangle DCB$$

所以 $$\frac{AE}{BD}=\frac{AC}{CD}=\frac{CE}{BC}$$

$$AE=\frac{AC\cdot BD}{CD}=\frac{BD}{BC}\cdot CE$$

因为 $$\frac{AC}{CD}=\frac{CE}{BC},\angle ACD=\angle ECB$$

所以 $$\triangle ACD \backsim \triangle ECB$$

于是 $$\frac{AD}{BE}=\frac{AC}{CE}\Rightarrow BE=\frac{AD}{AC}\cdot CE$$

又 $$AC\cdot BD=AD\cdot BC\Rightarrow\frac{BD}{BC}=\frac{AD}{AC}$$

所以 $$AE=BE$$

因为 $$\angle ADB=\angle ACB+90^\circ$$

$$\angle ADB=\angle ACB+\angle 1+\angle 2$$

所以 $$\angle 1+\angle 2=90^\circ$$

又 $$\angle 3=\angle 2,\angle 4=\angle 1$$

所以 $\angle AEB=90^\circ$，$\triangle AEB$ 为等腰直角三角形.故

$$\frac{AB\cdot CD}{AC\cdot BD}=\frac{AB}{\frac{AC\cdot BD}{CD}}=\frac{AB}{AE}=\sqrt{2}$$

注:也可以 CD 为斜边,构造等腰直角三角形解决问题.

解法 3 如图 103.3,从 D 向 $\triangle ABC$ 三边引垂线,垂足为 G,E,F,联结 GE,EF,FG.

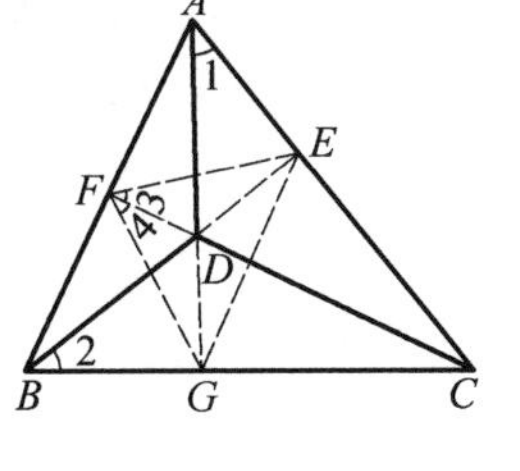

图 103.3

因为 A,F,D,E 四点共圆,AD 为直径,由正弦定理得

$$\frac{EF}{AD}=\sin\angle A=\frac{BC}{2R}$$

(R 为 $\triangle ABC$ 外接圆半径)

所以 $$EF=\frac{1}{2R}AD\cdot BC$$

同理 $$FG=\frac{1}{2R}AC\cdot BD$$

$$GE=\frac{1}{2R}AB\cdot CD$$

因为 $$AC\cdot BD=AD\cdot BC$$

所以 $$EF=FG$$

又 $$\angle ADB=\angle ACB+90^\circ\Rightarrow\angle 1+\angle 2=90^\circ$$

而 $$\angle 3=\angle 1,\angle 4=\angle 2$$

所以 $\angle EFG=90^\circ$，$\triangle EFG$ 为等腰直角三角形.故

$$\frac{AB\cdot CD}{AC\cdot BD}=\frac{GE}{FG}=\sqrt{2}$$

解法 4 如图 103.4,以 $\triangle ABC$ 的三边为对称轴,把 $\triangle DBC$，$\triangle DCA$ 和 $\triangle DAB$ 分别对称变换为 $\triangle GBC$，$\triangle ECA$ 和 $\triangle FAB$,联结 GE,EF,FG.在 $\triangle AEF$ 中

$$AE=AD=AF,\angle EAF=2\angle A$$

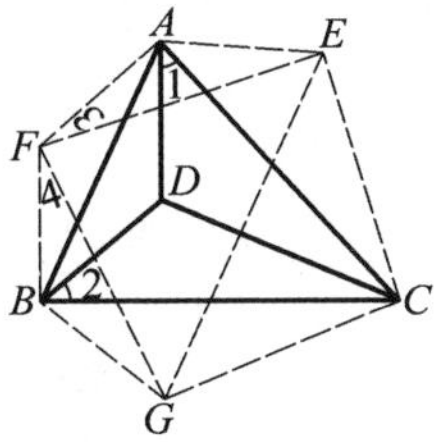

所以 $$\angle 3=90^\circ-\angle A$$

$$EF=2AF\sin\frac{\angle EAF}{2}=2AD\sin\angle A=$$

$$2AD\cdot\frac{BC}{2R}=\frac{1}{R}AD\cdot BC$$

图 103.4

（R 为 $\triangle ABC$ 外接圆半径）

同理
$$\angle 4 = 90^\circ - \angle B$$
$$FG = \frac{1}{R} AC \cdot BD$$
$$GE = \frac{1}{R} AB \cdot CD$$

所以
$$\angle GFE = \angle AFB - (\angle 3 + \angle 4) =$$
$$\angle ADB - (180^\circ - \angle A - \angle B) = \angle ADB - \angle C = 90^\circ$$

由
$$AC \cdot BD = AD \cdot BC$$

知
$$FG = EF$$

所以 $\triangle GEF$ 是等腰直角三角形.故
$$\frac{AB \cdot CD}{AC \cdot BD} = \frac{GE}{FG} = \sqrt{2}$$

解法5 如图103.5,AD,BD,CD 的延长线与 $\triangle ABC$ 的外接圆分别相交于 G,E,F,联结 GE,EF,FG.

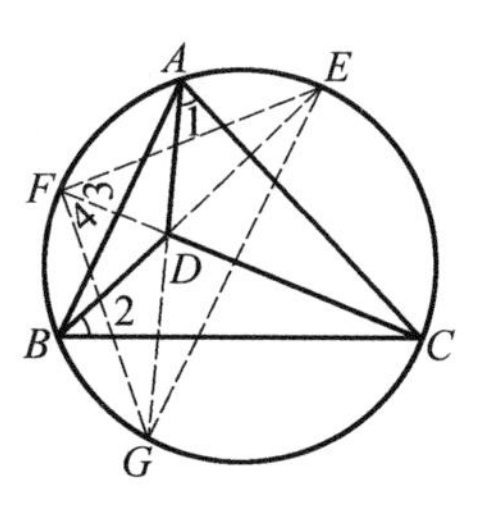

图 103.5

$$\triangle EFD \backsim \triangle CBD \Rightarrow \frac{EF}{FD} = \frac{BC}{BD}$$
$$\triangle FGD \backsim \triangle ACD \Rightarrow \frac{FG}{FD} = \frac{AC}{AD}$$
$$AC \cdot BD = AD \cdot BC \Rightarrow \frac{BC}{BD} = \frac{AC}{AD}$$

所以
$$EF = FG$$

又
$$\angle ADB = \angle ACB + 90^\circ \Rightarrow \angle 1 + \angle 2 = 90^\circ$$
$$\angle 3 = \angle 1, \angle 4 = \angle 2$$

所以
$$\angle EFG = 90^\circ$$

$\triangle GEF$ 为等腰直角三角形.
$$\triangle ABD \backsim \triangle EGD \Rightarrow \frac{AB}{BD} = \frac{GE}{GD}$$
$$\triangle ACD \backsim \triangle FGD \Rightarrow \frac{CD}{AC} = \frac{GD}{FG}$$

故
$$\frac{AB \cdot CD}{AC \cdot BD} = \frac{GE}{GD} \cdot \frac{GD}{FG} = \frac{GE}{FG} = \sqrt{2}$$

解法6 如图103.6,延长 AD,BD 交 $\triangle ABC$ 的外接圆分别于 G,E,联结 BG,CG,CE.因为
$$\angle ADB = \angle BGD + \angle DBG = \angle C + \angle DBG$$

$$\angle ADB=\angle C+90^\circ$$

所以 $$\angle DBG=90^\circ$$

从而 $$\angle GCE=90^\circ$$

因为 $DE\cdot BD=AD\cdot DG,AC\cdot BD=AD\cdot BC$

所以 $$\frac{DE}{DG}=\frac{AD}{BD}=\frac{AC}{BC}$$

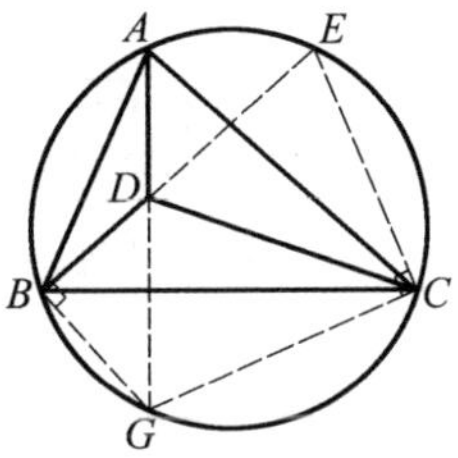

又 $$\frac{DE}{\sin\angle DCE}=\frac{CD}{\sin\angle DEC}=\frac{CD}{\sin\angle A}$$

$$\frac{DG}{\sin\angle DCG}=\frac{CD}{\sin\angle DGC}=\frac{CD}{\sin\angle B}$$

图 103.6

所以 $$\frac{DE}{DG}\cdot\frac{\sin\angle DCG}{\sin\angle DCE}=\frac{\sin\angle B}{\sin\angle A}=\frac{AC}{BC}$$

所以 $$\sin\angle DCG=\sin\angle DCE$$

又 $$\angle DCG+\angle DCE=\angle GCE=90^\circ$$

所以 $$\angle DCG=\angle DCE=45^\circ$$

故 $$\frac{AB\cdot CD}{AC\cdot BD}=\frac{\sin\angle C}{\sin\angle B}\cdot\frac{CD}{BD}=\frac{CD}{\sin\angle DGC}\cdot\frac{\sin\angle BGD}{BD}=$$

$$\frac{DG}{\sin\angle DCG}\cdot\frac{\sin\angle DBG}{DG}=\frac{\sin 90^\circ}{\sin 45^\circ}=\sqrt{2}$$

104 在圆中,两条弦 AB,CD 相交于点 E,M 为弦 AB 上严格在 E,B 之间的点,过 D,E,M 的圆在点 E 的切线分别交直线 BC,AC 于 F,G.已知 $\frac{AM}{AB}=t$,求 $\frac{GE}{EF}$(用 t 表示).

(1990 年第 31 届 IMO)

解法 1 如图 104.1,联结 DA,DM,DB.因为

$$\angle CEF=\angle DEG=\angle EMD$$

$$\angle ECF=\angle MAD$$

所以 $\triangle CEF\backsim\triangle AMD\Rightarrow CE\cdot DM=AM\cdot EF$

由 $$\angle GED=\angle EMD$$

知 $$\angle GEC=\angle DMB$$

又 $$\angle ACE=\angle DBM$$

所以 $\triangle GCE\backsim\triangle DBM\Rightarrow GE\cdot MB=CE\cdot DM$

所以 $$GE\cdot MB=AM\cdot EF$$

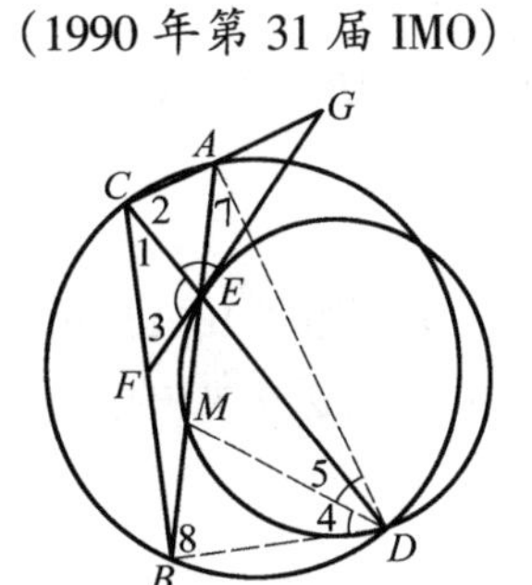

图 104.1

故
$$\frac{GE}{EF}=\frac{AM}{MB}=\frac{t\cdot AB}{(1-t)\cdot AB}=\frac{t}{1-t}$$

解法 2 如图 104.1,联结 DA,DM,DB.

$$\frac{GE}{EF}=\frac{S_{\triangle CGE}}{S_{\triangle CFE}}=\frac{CG\cdot\sin\angle 2}{CF\cdot\sin\angle 1}=\frac{\sin\angle 3\cdot\sin\angle 2}{\sin\angle G\cdot\sin\angle 1}$$

同理
$$\frac{AM}{MB}=\frac{\sin\angle 8\cdot\sin\angle 5}{\sin\angle 7\cdot\sin\angle 4}$$

又 $\angle 1=\angle 7,\angle 2=\angle 8,\angle 3=\angle FEB+\angle FBE=\angle EDM+\angle ADE=\angle 5$, $\angle G=\angle GED-\angle 2=\angle EMD-\angle 8=\angle 4$,所以

$$\frac{GE}{EF}=\frac{AM}{MB}=\frac{t}{1-t}$$

解法 3 如图 104.1,我们有

$$\angle AEG=\angle FEB=\angle EDM$$
$$\angle FEC=\angle GED=\angle DME$$

于是由三角形边、角的正弦与面积之间的关系得

$$\frac{S_{\triangle BEC}}{S_{\triangle FEC}}=1+\frac{S_{\triangle FEB}}{S_{\triangle FEC}}\cdot\frac{S_{\triangle DME}}{S_{\triangle DME}}=1+\frac{BE\cdot ME}{DE\cdot CE}=1+\frac{BE\cdot ME}{BE\cdot AE}=\frac{AM}{AE}$$

$$\frac{S_{\triangle AEC}}{S_{\triangle GEC}}=1-\frac{S_{\triangle GEA}}{S_{\triangle GEC}}\cdot\frac{S_{\triangle DME}}{S_{\triangle DME}}=1-\frac{AE\cdot ME}{DE\cdot CE}=1-\frac{AE\cdot ME}{AE\cdot BE}=\frac{BM}{BE}$$

利用上述结果,得

$$\frac{GE}{EF}=\frac{S_{\triangle GEC}}{S_{\triangle FEC}}=\frac{AM}{BM}=\frac{t}{1-t}$$

105 $\triangle ABC$ 的内心为 K,AB,AC 的中点为 C_1 和 B_1,直线 C_1K 交 AC 于 B_2,直线 B_1K 交 AB 于 C_2,若 $\triangle AB_2C_2$ 的面积与 $\triangle ABC$ 的面积相等,求 $\angle CAB$ 的度数.

(1990 年第 31 届 IMO 候选题)

解法 1 如图 105.1,记 $\triangle ABC$ 的三边为 a,b,c,半周长为 p,面积为 s,内切圆半径为 r,边 a 上的高为 h_a.

$$S_{\triangle AC_1B_2}=S_{\triangle AC_1K}+S_{\triangle AKB_2}\Leftrightarrow$$

$$\frac{1}{2}AB_2\cdot\frac{h_b}{2}=\frac{1}{2}A_1C\cdot r+\frac{1}{2}AB_2\cdot r\Leftrightarrow$$

$$AB_2=\frac{cr}{h_b-2r}$$

同理

$$AC_2=\frac{br}{h_c-2r}$$

$$S_{\triangle AB_2C_2}=S_{\triangle ABC}\Leftrightarrow$$

$$AB_2\cdot AC_2=AB\cdot AC\Leftrightarrow$$

$$\frac{bcr^2}{(h_b-2r)(h_c-2r)}=bc\Leftrightarrow$$

$$r^2=(h_b-2r)(h_c-2r)\Leftrightarrow$$

$$\left(\frac{s}{p}\right)^2=\left(\frac{2s}{b}-\frac{2s}{p}\right)\left(\frac{2s}{c}-\frac{2s}{p}\right)\Leftrightarrow$$

$$\frac{1}{p^2}=4\left(\frac{1}{b}-\frac{1}{p}\right)\left(\frac{1}{c}-\frac{1}{p}\right)\Leftrightarrow$$

$$\frac{b^2+c^2-a^2}{2bc}=\frac{1}{2}\Leftrightarrow$$

$$\cos A=\frac{1}{2}\Leftrightarrow$$

$$\angle CAB=60°$$

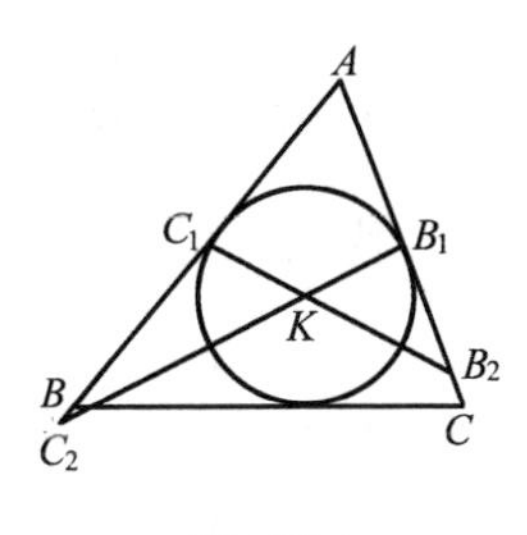

图 105.1

解法 2 首先我们证明如下引理.

引理 1 如图 105.2,I 是 $\triangle ABC$ 的内心,过 I 的直线分别交 AB,AC 于 D,E,则 $\frac{1}{AD}+\frac{1}{AE}$ 为定值 $\frac{a+b+c}{bc}$.

证明 $S_{\triangle ADI}+S_{\triangle AEI}=S_{\triangle ADE}\Rightarrow$

$$\frac{1}{2}AD\cdot AI\sin\frac{A}{2}+\frac{1}{2}AE\cdot AI\sin\frac{A}{2}=\frac{1}{2}AD\cdot AE\sin A\Rightarrow$$

$$\frac{1}{AD}+\frac{1}{AE}=\frac{2\cos\frac{A}{2}}{AI}$$

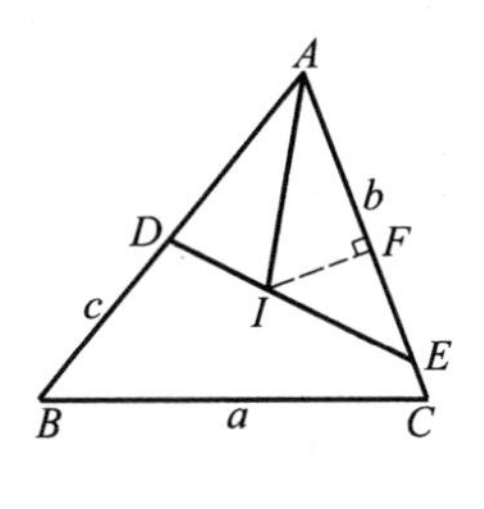

图 105.2

又

$$AI=\frac{AF}{\cos\frac{A}{2}}=\frac{b+c-a}{2\cos\frac{A}{2}}$$

于是

$$\frac{1}{AD}+\frac{1}{AE}=\frac{4\cos^2\frac{A}{2}}{b+c-a}=\frac{2(\cos A+1)}{b+c-a}=$$

$$\frac{2\left(\frac{b^2+c^2-a^2}{2bc}+1\right)}{b+c-a}=\frac{a+b+c}{bc}$$

下面回到原题,则有

$$\frac{1}{AC_1}+\frac{1}{AB_2}=\frac{a+b+c}{bc}$$

把 $AC_1=\frac{c}{2}$ 代入可得

$$AB_2=\frac{bc}{a-b+c}$$

同理
$$AC_2=\frac{bc}{a+b-c}$$

$$S_{\triangle AB_2C_2}=S_{\triangle ABC}\Leftrightarrow$$

$$AB_2\cdot AC_2=AB\cdot AC\Leftrightarrow$$

$$\frac{bc}{a-b+c}\cdot\frac{bc}{a+b-c}=bc\Leftrightarrow$$

$$\frac{b^2+c^2-a^2}{2bc}=\frac{1}{2}\Leftrightarrow$$

$$\angle BAC=60°$$

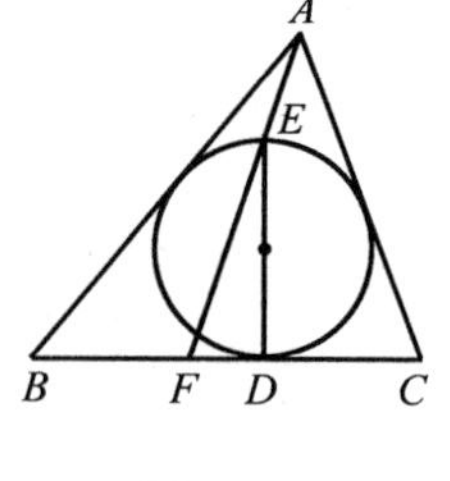

图 105.3

解法 3 先证如下引理.

引理 2 $\triangle ABC$ 的内切圆圆 I 切 BC 于 D, ED 是圆 I 的直径, AE 交 BC 于 F, 则 $BF=CD$(图 105.3).

这是平面几何中的一道历史名题,很多竞赛试题都是由此改编而成. 如 1992 年第 33 届 IMO 第 5 题,请参阅本书第 90 题.

下面回到原题.

如图 105.4,圆 K 切 AB 于 F,作直径 FG, CG 交 AC 于 H.

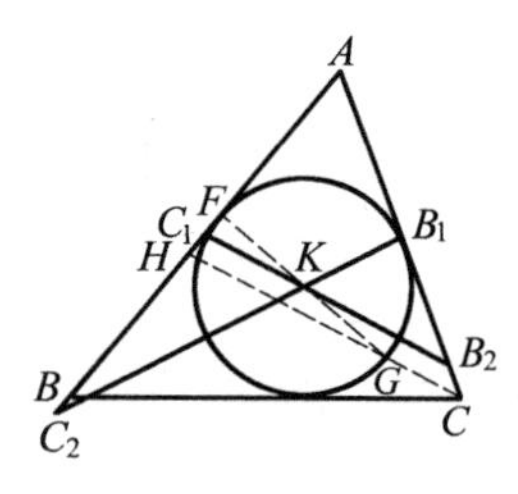

图 105.4

由引理 2 知: $AH=BF=\frac{1}{2}(a-b+c)$.

从而 C_1 是 FH 的中点, C_1K 是 $\triangle FHG$ 的中位线.

所以
$$B_2C_1 /\!/ CH$$

故
$$\frac{AB_2}{AC}=\frac{AC_1}{AH}$$

即
$$\frac{AB_2}{b}=\frac{\frac{1}{2}c}{\frac{1}{2}(a-b+c)}$$

$$AB_2=\frac{bc}{a-b+c}$$

同理 $$AC_2=\frac{bc}{a+b-c}$$

以下同解法 2.

解法 4 如图 105.5,设 CK 交 AB 于 D.因直线 ADC_1 截 $\triangle CB_2K$,由梅涅劳斯定理得

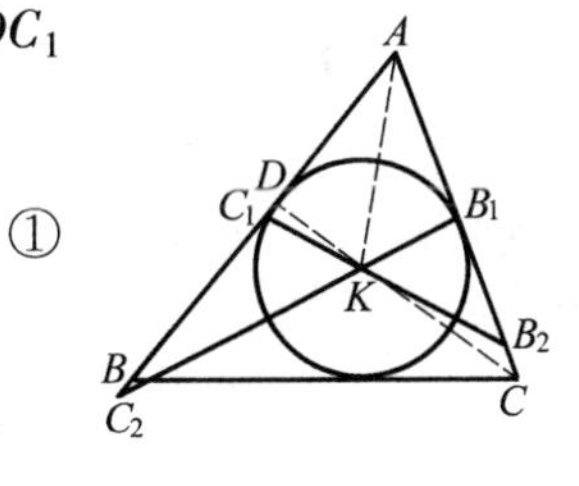

图 105.5

$$\frac{AB_2}{AC}\cdot\frac{CD}{DK}\cdot\frac{KC_1}{C_1B_2}=1 \quad ①$$

由三角形内角平分线定理得

$$AD=\frac{bc}{a+b},\frac{CK}{DK}=\frac{AC}{AD}$$

于是

$$\frac{CD}{DK}=\frac{AC+AD}{AD}=\frac{b+\frac{bc}{a+b}}{\frac{bc}{a+b}}=\frac{a+b+c}{c} \quad ②$$

又因 $$\frac{KC_1}{KB_2}=\frac{AC_1}{AB_2}$$

则 $$\frac{KC_1}{C_1B_2}=\frac{AC_1}{AC_1+AB_2}=\frac{\frac{c}{2}}{\frac{c}{2}+AB_2}=\frac{c}{c+2AB_2} \quad ③$$

把式 ②,③ 代入 ① 得

$$\frac{AB_2}{b}\cdot\frac{a+b+c}{c}\cdot\frac{c}{c+2AB_2}=1\Rightarrow AB_2=\frac{bc}{a-b+c}$$

同理 $$AC_2=\frac{bc}{a+b-c}$$

以下同解法 2.

评注 2003 年中国数学奥林匹克第一题(附在下面),就是以此题为背景改造而来的.

设点 I,H 分别为锐角 $\triangle ABC$ 的内心和垂心,点 B_1,C_1 分别为边 AC,AB 的中点.已知射线 B_1I 交边 AB 于点 $B_2(B_2\neq B)$,射线 C_1I 交 AC 的延长线于点 C_2,B_2C_2 与 BC 相交于 K,A_1 为 $\triangle BHC$ 的外心.试证:A,I,A_1 三点共线的充分必要条件是 $\triangle BKB_2$ 和 $\triangle CKC_2$ 的面积相等.

106 在 $\triangle ABC$ 中,$AB=AC$,$\angle B$ 的平分线与 AC 相交于 D,且 $BC=BD+AD$.求 $\angle A$.

(1996年加拿大数学奥林匹克)

解法1　如图106.1,在BC上取$BE=BD$,则$EC=AD$.作$DF \parallel BC$交AB于F.则

$$DF=BF=CD$$

$$\angle ADF=\angle C$$

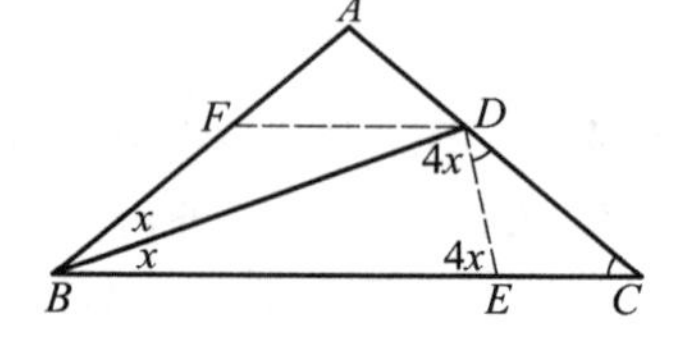

图106.1

所以　$\triangle ADF \cong \triangle ECD, \angle DEC=\angle A$

设$\angle DBC=x$,可知$\angle BDE=\angle BED=4x$.所以

$$9x=180^\circ, x=20^\circ$$

从而　$$\angle A=180^\circ-4x=100^\circ$$

解法2　如图106.1,在BC上取$BE=BD$,连DE,则$CE=AD$.

由角平分线定理,有$\frac{BC}{BA}=\frac{CD}{AD}$.即$\frac{BC}{CD}=\frac{CA}{CE}$,又$\angle C=\angle C$.所以

$$\triangle EDC \backsim \triangle ABC$$

设$\angle DBC=x$,则有

$$\angle EDC=\angle B=\angle C=2x$$

从而　$$\angle BDE=\angle BED=4x$$

对$\triangle BDE$的角求和,解得$x=20^\circ$,从而$\angle A=100^\circ$.

解法3　如图106.2,延长BD至E,使$BE=BC$.过D作$FG \parallel BC$交AB,CE分别于F,G.则

$$DG=DE=AD$$

$$DC=BF=DF$$

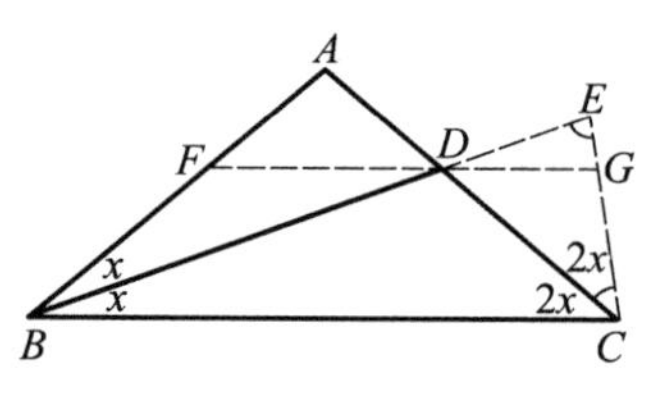

图106.2

又　$$\angle GDC=\angle ADF$$

所以　$$\triangle GDC \cong \triangle ADF$$

所以　$$\angle GCD=\angle AFD=\angle B$$

设$\angle DBC=x$,则有$\angle BEC=\angle BCE=4x$.

对$\triangle BCE$的内角求和,解得$x=20^\circ$,从而$\angle A=100^\circ$.

解法4　如图106.3,作$DF \parallel BC$交AB于F,在BA的延长线上取点E,使$DE=BD$.因为

$$\angle C=\angle ABC=\angle AFD$$

$$\angle DBC=\angle ABD=\angle E$$

$$DC=FB=DF$$

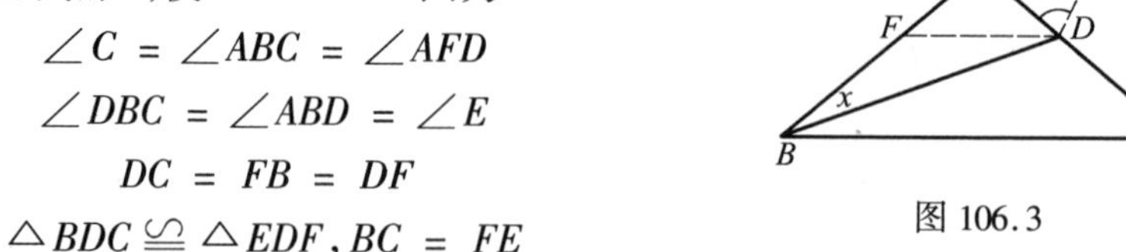

图106.3

所以　$$\triangle BDC \cong \triangle EDF, BC=FE$$

又 $$BC = BD + AD, AD = AF$$
所以 $$AE = BD = DE$$
设 $\angle ABD = x$,则 $\angle E = x$,$\angle EDA = \angle EAD = 4x$.

由 $\triangle ADE$ 知:$x = 20°$,从而 $\angle A = 100°$.

解法5 如图106.4,作 $\angle CDB$ 的平行线交 BC 于 E,在 BD 上取 $DF = DC$,连 EF.则

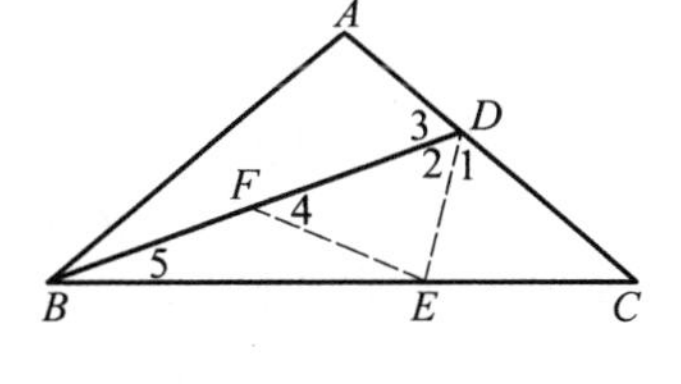

图106.4

$$\triangle DFE \cong \triangle DCE$$
所以 $$\angle 4 = \angle C = 2\angle 5$$
从而 $$BF = FE = EC$$
所以 $BE = BC - EC = BD + AD - BF =$
$$DF + AD = DC + AD = AC = AB$$
故 $$\triangle ABD \cong \triangle EBD(\mathrm{SAS})$$
从而 $$\angle 3 = \angle 2 = \angle 1 = \frac{1}{3} \times 180° = 60°$$
易算出 $\angle A = 100°$.

评注 将题设条件"$BC = BD + AD$"稍作改变,可得一组新题,供读者练习.

1.在 $\triangle ABC$ 中,$AB = AC$,$\angle B$ 的平分线交 AC 于 D,且 $BC = AB + AD$,求 $\angle A$.(答案:90°)

2.在 $\triangle ABC$ 中,$AB = AC$,$\angle B$ 的平分线交 AC 于 D,且 $BC = AB + DC$,求 $\angle A$.(答案:108°)

3.在 $\triangle ABC$ 中,$AB = AC$,$\angle B$ 的平分线交 AC 于 D,且 $BC = AD - BD$,求 $\angle A$.(答案:20°)

107 AD,BE 与 CF 为 $\triangle ABC$ 的内角平分线,D,E,F 在边上,如果 $\angle EDF = 90°$,求 $\angle BAC$ 的所有可能的值.

(1987年第16届美国数学奥林匹克)

解法1 如图107.1,过 A 作 BC 的平行线交 DF,DE 的延长线分别于 G,H,延长 BA 至 K.则
$$\frac{AG}{BD} = \frac{AF}{BF} = \frac{AC}{BC}$$
$$\frac{AH}{DC} = \frac{AE}{EC} = \frac{AB}{BC}$$

两式相除得

$$\frac{AG}{AH}\cdot\frac{DC}{BD}=\frac{AC}{AB}$$

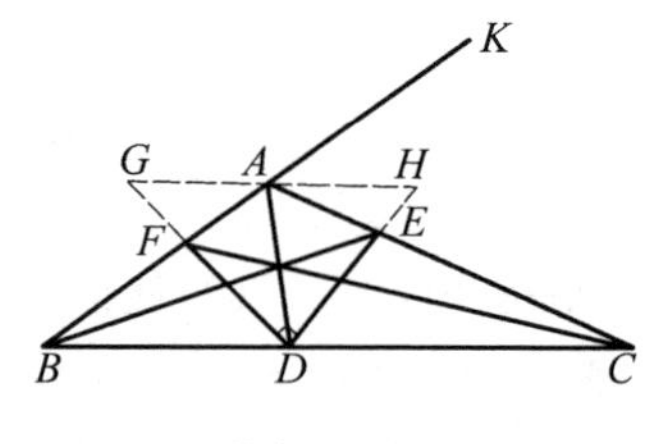

图 107.1

又
$$\frac{DC}{BD}=\frac{AC}{AB}$$

所以
$$AG=AH$$

于是在 Rt$\triangle GDH$ 中,有 $AD=AH$.故

$$\angle ADE=\angle H=\angle EDC$$

又有 BE 平分 $\angle ABC$,所以 E 为 $\triangle ABD$ 的旁心.从而

$$\angle KAC=\angle CAD=\angle DAB=60^\circ$$

$\angle BAC$ 的所有可能的值是 120°.

解法 2 如图 107.2,可设 AD,BE 与 CF 三线共点于 I,CF 交 DE 于 P,由四边形 $ABDE$ 的调和性质知:$\frac{CP}{CF}=\frac{IP}{IF}$.

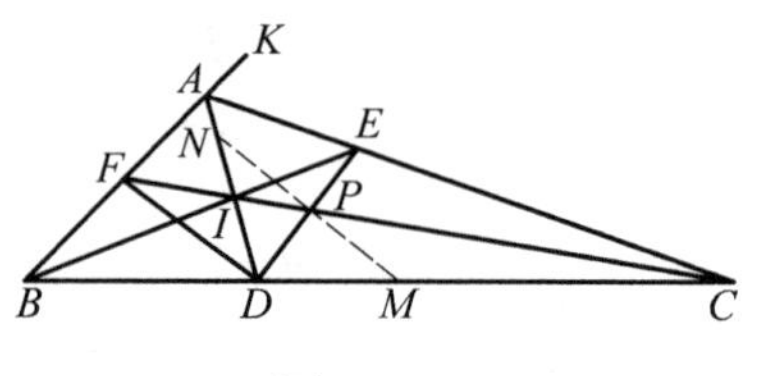

图 107.2

过 P 作 $MN\parallel DF$ 交 CD,AD 分别于 M,N,则

$$\frac{PM}{DF}=\frac{CP}{CF}=\frac{IP}{IF}=\frac{PN}{DF}$$

所以
$$PM=PN$$

又
$$MN\parallel DF\perp DP$$

所以
$$\angle MDP=\angle NDP$$

即
$$\angle ADE=\angle EDC$$

以下同解法 1.

解法 3 如图 107.3,设 $\angle ADE=\alpha$,$\angle EDC=\beta$,则 $\angle ADF=\frac{\pi}{2}-\alpha$,$\angle BDF=\frac{\pi}{2}-\beta$.因为

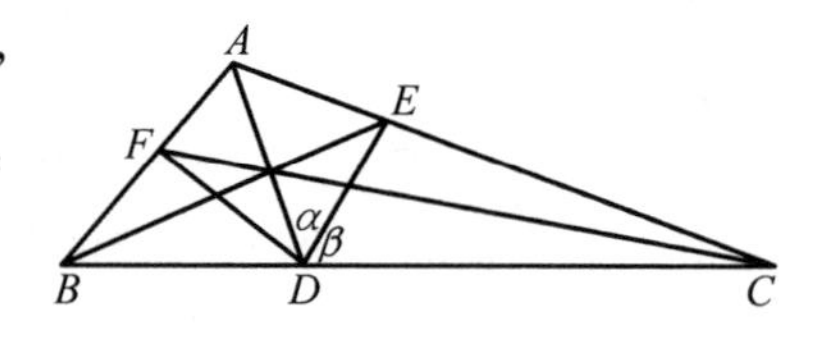

图 107.3

$$\frac{AD\sin\alpha}{DC\sin\beta}=\frac{AE}{EC}=\frac{AB}{BC}$$

$$\frac{AD\sin\left(\frac{\pi}{2}-\alpha\right)}{BD\sin\left(\frac{\pi}{2}-\beta\right)}=\frac{AF}{FB}=\frac{AC}{BC}$$

两式相除得

$$\frac{BD}{DC}\frac{\sin\alpha\cos\beta}{\sin\beta\cos\alpha}=\frac{AB}{AC}$$

又
$$\frac{BD}{DC}=\frac{AB}{AC}$$

所以
$$\sin\alpha\cos\beta=\sin\beta\cos\alpha$$

即 $\sin(\alpha-\beta)=0$,有 $\alpha=\beta$,从而

$$\frac{AD}{DC}=\frac{AE}{EC}=\frac{AB}{BC}$$

又由正弦定理得

$$\frac{AD}{DC}=\frac{\sin C}{\sin\frac{A}{2}}$$

所以
$$\frac{AB}{BC}=\frac{\sin C}{\sin\frac{A}{2}}$$

又因为
$$\frac{AB}{BC}=\frac{\sin C}{\sin A}$$

所以
$$\frac{\sin C}{\sin\frac{A}{2}}=\frac{\sin C}{\sin A}$$

于是
$$\sin\frac{A}{2}=\sin A,\cos\frac{A}{2}=\frac{1}{2}$$

于是 $A=120°$,即 $\angle BAC$ 的所有可能的值只有 $120°$.

108 设 $\triangle ABC$ 的边 AB 的中点为 N,$\angle A>\angle B$,D 是射线 AC 上一点,满足 $CD=BC$,P 是射线 DN 上一点,且与点 A 在边 BC 的同侧,满足 $\angle PBC=\angle A$,PC 与 AB 交于点 E,BC 与 DP 交于点 T,求表达式 $\frac{BC}{TC}-\frac{EA}{EB}$ 的值.

(2005 年土耳其 IMO 代表队选拔赛试题)

解法 1 如图 108.1,延长 DN 至 F,使 $NF=DN$,联结 BD,BF,延长 FA 交 BC 的延长线于 G,延长 BP 交 AF 于 H.

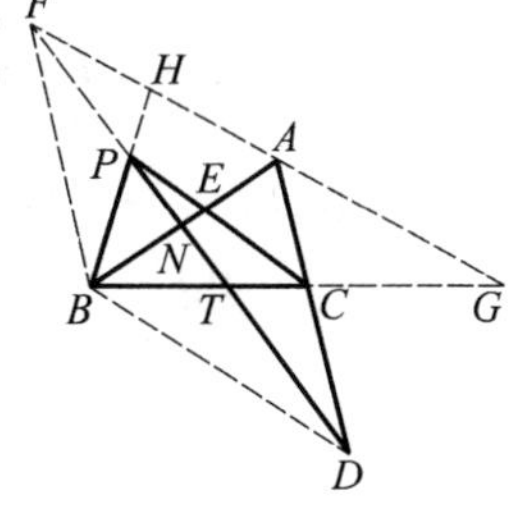

图 108.1

因 $AN=BN$,则 $BDAF$ 是平行四边形.

由 $CD=BC$,$FG\parallel BD$ 知 $AC=CG$.于是

$$\angle BFH=\angle BDC=\angle G,BF=BG$$

又因
$$\angle FBA=\angle BAC=\angle PBC$$

则
$$\angle FBH = \angle ABG$$
故
$$\triangle BHF \cong \triangle BAG(\text{AAS})$$
所以
$$HF = AG$$
所以
$$\frac{BP}{PH} = \frac{BD}{HF} = \frac{BD}{AG} = \frac{BC}{CG}$$
从而 $FC /\!/ HG$，知
$$\frac{EA}{EB} = \frac{CG}{BC} = \frac{AC}{BC}$$
由 $CD /\!/ BF$，知
$$\frac{BT}{TC} = \frac{BF}{CD} = \frac{BG}{BC} = \frac{BC + AC}{BC}$$
所以
$$\frac{BC}{TC} = \frac{2BC + AC}{BC} = 2 + \frac{AC}{BC}$$
故
$$\frac{BC}{TC} - \frac{EA}{EB} = 2$$

解法2 如图108.2，作 $DG /\!/ BP$ 交 BC 延长线于 G，联结 BD，延长 BP 交 GA 的延长线于 F. 因
$$\angle BGD = \angle PBC = \angle BAD$$
则 A,B,D,G 四点共圆，又 $BC = CD$，则 $ABDG$ 是等腰梯形.

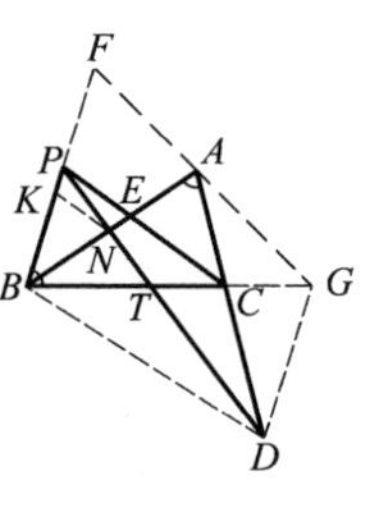

图 108.2

从而 $BDGF$ 是平行四边形，设 K 为 BF 的中点，联结 NK. 则
$$NK /\!/ AF /\!/ BD$$
且
$$NK = \frac{1}{2}AF = \frac{1}{2}(GF - AG) = \frac{1}{2}(BD - AG)$$
所以
$$\frac{PK}{PB} = \frac{NK}{BD} = \frac{\frac{1}{2}(BD - AG)}{BD}$$
又
$$PK = FK - PF = \frac{1}{2}(PB + PF) - PF = \frac{1}{2}(PB - PF)$$
所以
$$\frac{\frac{1}{2}(PB - PF)}{PB} = \frac{\frac{1}{2}(BD - AG)}{BD} \Rightarrow \frac{PF}{PB} = \frac{AG}{BD} = \frac{CG}{BC}$$
所以
$$PC /\!/ FG$$
所以
$$\frac{EA}{EB} = \frac{CG}{BC} = \frac{AC}{BC}$$
又因直线 NTD 截 $\triangle ABC$，由梅涅劳斯定理得

$$\frac{AN}{NB}\cdot\frac{BT}{TC}\cdot\frac{CD}{DA}=1$$

则
$$\frac{BT}{TC}=\frac{DA}{CD}=\frac{AC}{BC}+1$$

于是
$$\frac{BC}{TC}=\frac{BT}{TC}+1=\frac{AC}{BC}+2$$

故
$$\frac{BC}{TC}-\frac{EA}{EB}=2$$

解法 3 如图 108.3,延长 BP 交直线 AC 于 F,则

$$\triangle ABC\backsim\triangle BFC$$

从而
$$AC\cdot CF=BC^2,CF=\frac{BC^2}{AC}$$

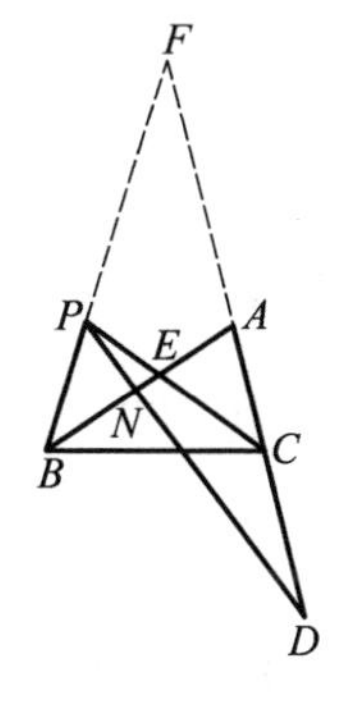

图 108.3

由直线 PND 截 $\triangle BFA$,得

$$\frac{BP}{PF}\cdot\frac{FD}{DA}\cdot\frac{AN}{NB}=1 \quad ①$$

由直线 PEC 截 $\triangle FBA$,得

$$\frac{FP}{PB}\cdot\frac{BE}{EA}\cdot\frac{AC}{CF}=1 \quad ②$$

式 ① × ② 并注意:$AN=NB$ 得

$$\frac{EA}{BE}=\frac{FD}{DA}\cdot\frac{AC}{CF}=\frac{\frac{BC^2}{AC}+BC}{AC+BC}\cdot\frac{AC}{\frac{BC^2}{AC}}=\frac{AC}{BC}$$

以下同证法 2.

9

面积等式与求值问题

A 类题

109 如图 109.1，D,E 分别是 $\triangle ABC$ 的 AC,AB 边上的点，BD,CE 相交于点 O，若 $S_{\triangle OCD}=2,S_{\triangle OBE}=3,S_{\triangle OBC}=4$，那么，$S_{\text{四边形}ADOE}=$ ________.

（2002 年四川省初中数学竞赛）

解法 1 设 $S_{\text{四边形}ADOE}=x$，则

$$\frac{S_{\triangle BEO}}{S_{\triangle BAD}}=\frac{BE\cdot BO}{BA\cdot BD}=\frac{BE}{BA}\cdot\frac{S_{\triangle BOC}}{S_{\triangle BCD}}$$

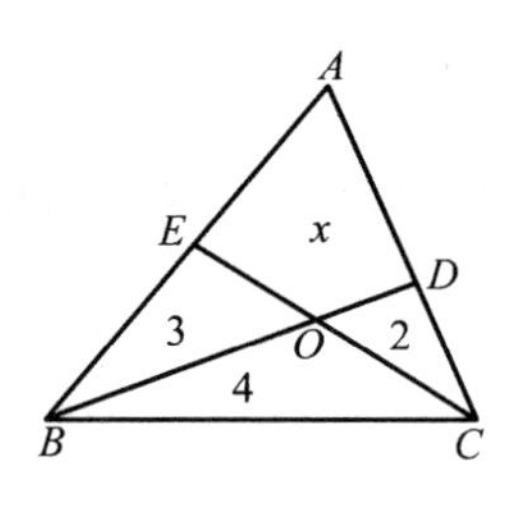

图 109.1

即
$$\frac{3}{3+x}=\frac{4}{6}\cdot\frac{BE}{BA}$$

又
$$\frac{BE}{BA}=\frac{S_{\triangle BCE}}{S_{\triangle BCA}}=\frac{7}{9+x}$$

所以
$$\frac{3}{3+x}=\frac{4}{6}\cdot\frac{7}{9+x}$$

解得 $x=\frac{39}{5}$，即 $S_{\text{四边形}ADOE}=\frac{39}{5}$.

解法 2 如图 109.2，联结 AO，设 $S_{\triangle AEO}=x,S_{\triangle ADO}=y$，则

$$\frac{3+x}{y}=\frac{4}{2} \quad ①$$

$$\frac{x}{y+2}=\frac{3}{4} \quad ②$$

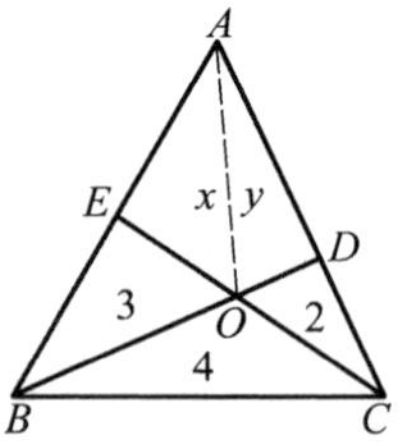

图 109.2

联立式 ① 与 ② 解得：$x=\frac{21}{5},y=\frac{18}{5}$.

所以
$$S_{\text{四边形}ADOE}=x+y=\frac{39}{5}$$

解法 3 如图 109.3，联结 DE，设 $S_{\triangle ADE}=x$，$S_{\triangle ODE}=y$. 则

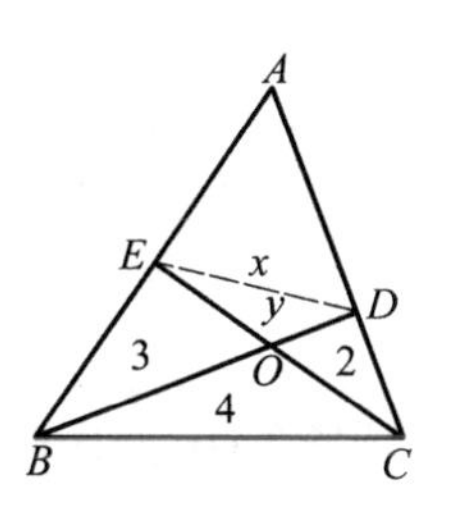

图 109.3

$$\frac{x}{y+2}=\frac{x+y+3}{4+2} \quad ①$$

$$\frac{y}{2}=\frac{3}{4} \quad ②$$

由式②得：$y=\frac{3}{2}$，代入式①解得：$x=\frac{63}{10}$. 所以

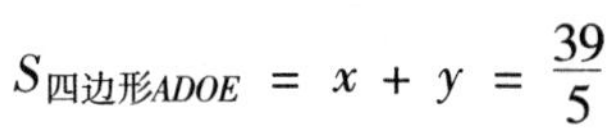

$$S_{四边形ADOE}=x+y=\frac{39}{5}$$

110 $\square ABCD$ 的面积为 1，E，F 分别是 AB，BC 的中点，AF 与 CE，DE 分别相交于 G，H，则 $\triangle EGH$ 的面积等于________.

（1993 年湖北黄冈市初中数学竞赛）

解法 1 如图 110.1，联结 AC，延长 DE 与 CB 使它们相交于 P，则

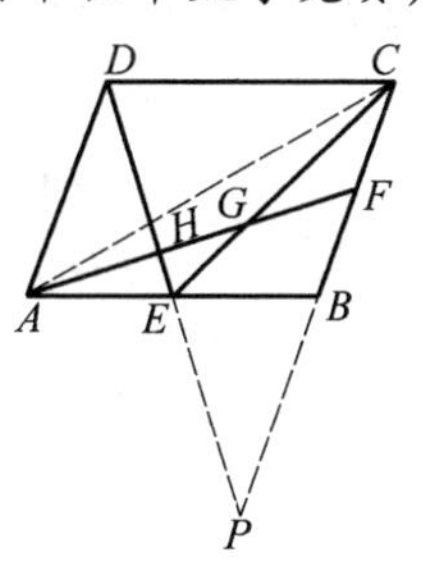

图 110.1

$$\triangle BEP \cong \triangle AED$$

所以
$$BP=AD=BC$$

$$PE=DE \Rightarrow HP=ED+EH$$

因为
$$AD /\!/ FP$$

所以
$$\frac{DH}{HP}=\frac{AD}{PF}=\frac{BC}{BC+\frac{1}{2}BC}=\frac{2}{3}$$

即
$$\frac{ED-EH}{ED+EH}=\frac{2}{3} \Rightarrow EH=\frac{1}{5}ED$$

又 G 为 $\triangle ABC$ 的重心，所以

$$EG=\frac{1}{3}EC$$

于是
$$\frac{S_{\triangle EGH}}{S_{\triangle ECD}}=\frac{EG \cdot EH}{EC \cdot ED}=\frac{1}{15}$$

但
$$S_{\triangle ECD}=\frac{1}{2}S_{\square ABCD}=\frac{1}{2}$$

所以
$$S_{\triangle EGH}=\frac{1}{30}$$

解法 2 如图 110.2，作 $EP /\!/ AD$ 交 HG 于 P，则

$$EG = EC \cdot \frac{EP}{FC + EP} = EC \cdot \frac{\frac{1}{2}BF}{BF + \frac{1}{2}BF} = \frac{EC}{3}$$

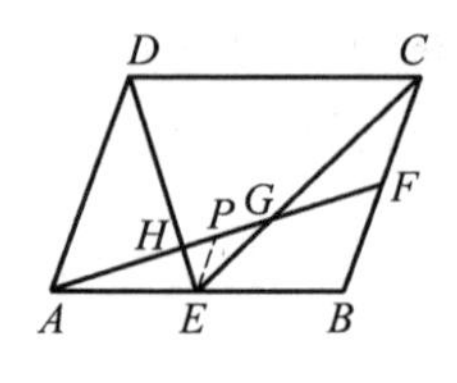

图 110.2

$$EH = ED \cdot \frac{EP}{AD + EP} = ED \cdot \frac{\frac{1}{2}BF}{2BF + \frac{1}{2}BF} = \frac{ED}{5}$$

所以
$$\frac{S_{\triangle EGH}}{S_{\triangle ECD}} = \frac{EG \cdot EH}{EC \cdot ED} = \frac{1}{15}$$

但
$$S_{\triangle ECD} = \frac{1}{2}S_{\square ABCD} = \frac{1}{2}$$

所以
$$S_{\triangle EGH} = \frac{1}{30}$$

解法3　如图 110.3,连 AC 交 ED 于 P,因为 $AB /\!/ CD$,G 为 $\triangle ABC$ 的重心,所以

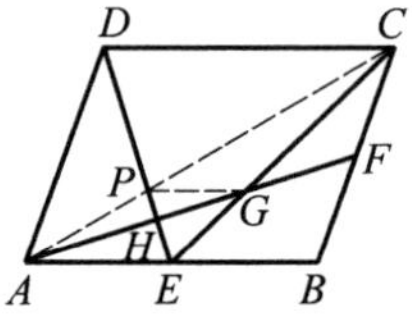

$$EP : PD = AE : CD = 1 : 2$$

$$EG : GC = 1 : 2$$

图 110.3

所以
$$EG : GC = EP : PD$$

所以 $PG /\!/ CD$,且

$$PG : CD = EG : EC = 1 : 3$$

$$S_{\triangle EGP} : S_{\triangle ECD} = 1^2 : 3^2 = 1 : 9$$

所以
$$S_{\triangle EGP} = \frac{1}{9}S_{\triangle ECD} = \frac{1}{18}S_{\square ABCD} = \frac{1}{18}$$

又
$$\triangle HGP \backsim \triangle HAE$$

所以
$$PH : HE = PG : AE = \frac{1}{3}CD : \frac{1}{2}CD = 2 : 3$$

所以
$$S_{\triangle EGH} = \frac{3}{5}S_{\triangle EGP} = \frac{3}{5} \times \frac{1}{18} = \frac{1}{30}$$

解法4　如图 110.3,连 AC 交 ED 于 P.

因为 G 为 $\triangle ABC$ 的重心,所以 $EG : GC = 1 : 2$.又

$$S_{\triangle AEC} = \frac{1}{4}S_{\square ABCD} = \frac{1}{4}$$

所以
$$S_{\triangle AEG} = \frac{1}{3}S_{\triangle AEC} = \frac{1}{12}$$

又因为
$$AE /\!/ CD$$

所以
$$AP : PC = AE : CD = 1 : 2$$

所以 $$AP : PC = EG : GC$$

所以 $$PG \parallel AE$$

所以 $$GH : HA = PG : AE = CG : CE = 2 : 3$$

故 $$S_{\triangle EGH} = \frac{2}{5} S_{\triangle AEG} = \frac{2}{5} \times \frac{1}{12} = \frac{1}{30}$$

解法 5　如图 110.4, 设 $\square ABCD$ 的底边 $CD = a$, 高为 h. 延长 AF 交 DC 的延长线于 P. 因为

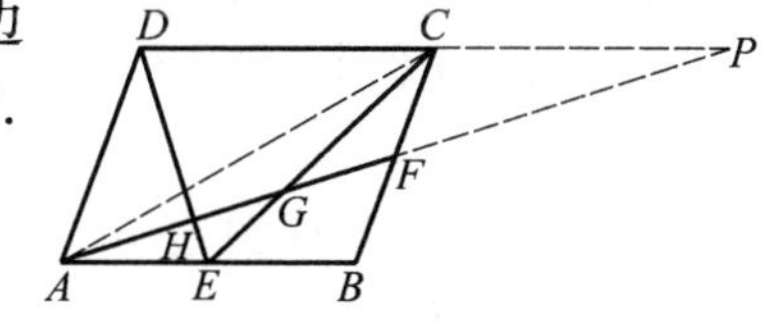

图 110.4

$$BF = FC, AB \parallel CP$$

所以 $$CP = AB = a$$

$$DP = 2a \quad 及 \quad AE = \frac{a}{2}$$

设 $\triangle GAE$, $\triangle GPC$, $\triangle HAE$, $\triangle HPD$ 四个三角形的高分别为 h_1, h_2, h_3, h_4, 则 $h_1 + h_2 = h_3 + h_4$.

因为 $\triangle GAE \backsim \triangle GPC$, 相似比为 $AE : CP = 1 : 2$, 所以 $h_1 = \frac{1}{3}h$. 同理 $h_3 = \frac{1}{5}h$.

$$S_{\triangle EGH} = S_{\triangle GAE} - S_{\triangle HAE} = \frac{1}{2}AE \cdot h_1 - \frac{1}{2}AE \cdot h_3 =$$

$$\frac{1}{2} \times \frac{a}{2}\left(\frac{h}{3} - \frac{h}{5}\right) = \frac{1}{30}ah = \frac{1}{30}$$

解法 6　如图 110.4, 延长 AF 与 DC 使它们交于 P, 联结 AC.

因为 $AE \parallel CP$, G 为 $\triangle ABC$ 的重心, 所以

$$AE : CP = EG : GC = 1 : 2$$

但 $$AE = \frac{1}{2}CD$$

所以 $$CP = CD$$

考虑直线 PGH 截 $\triangle ECD$, 由梅涅劳斯定理得

$$\frac{CP}{PD} \cdot \frac{DH}{HE} \cdot \frac{EG}{GC} = 1$$

即 $$\frac{1}{2} \cdot \frac{DH}{HE} \cdot \frac{1}{2} = 1$$

所以 $DH = 4HE$, 从而 $DE = 5HE$.

$$\frac{S_{\triangle EGH}}{S_{\triangle ECD}} = \frac{EG \cdot HE}{EC \cdot DE} = \frac{EG \cdot HE}{3EG \cdot 5HE} = \frac{1}{15}$$

但 $$S_{\triangle ECD}=\frac{1}{2}S_{\square ABCD}=\frac{1}{2}$$

所以 $$S_{\triangle EGH}=\frac{1}{30}$$

111 如图 111.1,在等腰直角 $\triangle ABC$ 中,$AB=1$,$\angle A=90°$,点 E 为腰 AC 的中点,点 F 在底边 BC 上,且 $FE\perp BE$.求 $\triangle CEF$ 的面积.

(1998 年全国初中数学竞赛)

解法 1 如图 111.1,作斜边 BC 上的中线 AD 交 BE 于 G,则 G 为 $\triangle ABC$ 的重心.所以

$$S_{\triangle ABG}=\frac{BG}{BE}S_{\triangle ABE}=\frac{2}{3}\cdot\frac{1}{2}\cdot 1\cdot\frac{1}{2}=\frac{1}{6}$$

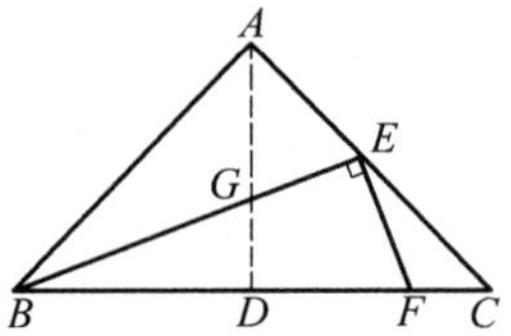

图 111.1

易知 $$\triangle CEF\backsim\triangle ABG$$

所以 $$\frac{S_{\triangle CEF}}{S_{\triangle ABG}}=\left(\frac{CE}{AB}\right)^2=\frac{1}{4}$$

故 $$S_{\triangle CEF}=\frac{1}{4}S_{\triangle ABG}=\frac{1}{24}$$

解法 2 如图 111.2,延长 BA 至 D,使 $AD=AE$,连 DE.则

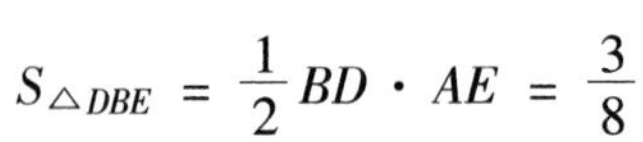

$$S_{\triangle DBE}=\frac{1}{2}BD\cdot AE=\frac{3}{8}$$

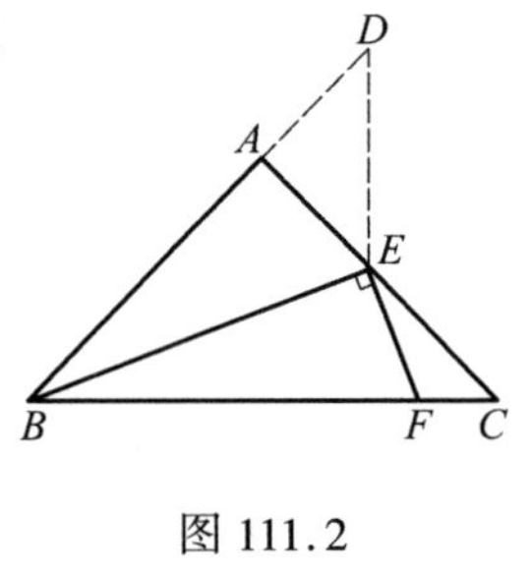

图 111.2

易知 $$\triangle CEF\backsim\triangle DBE$$

所以 $$\frac{S_{\triangle CEF}}{S_{\triangle DBE}}=\left(\frac{CE}{DB}\right)^2=\frac{1}{9}$$

所以 $$S_{\triangle CEF}=\frac{1}{9}S_{\triangle DBE}=\frac{1}{24}$$

解法 3 如图 111.3,作 $BD\parallel EF$ 交 EA 的延长线于 D.因为

$$\angle DBE=\angle BEF=90°,BA\perp DE$$

所以 $$AD=\frac{AB^2}{AE}=2,CD=3$$

所以 $$S_{\triangle CDB}=\frac{CD}{AC}S_{\triangle ABC}=3S_{\triangle ABC}$$

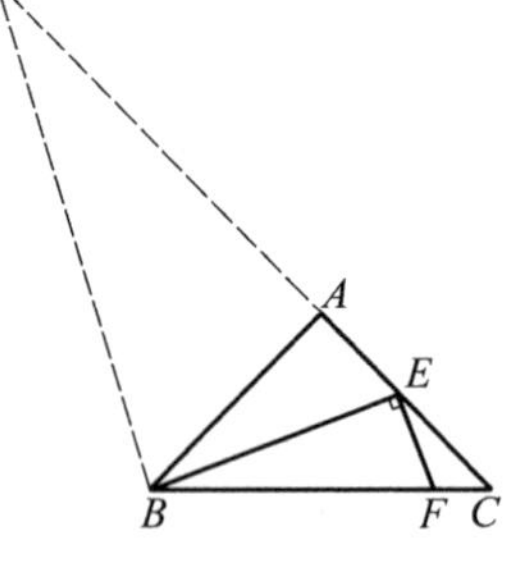

图 111.3

又 $$\triangle CEF\backsim\triangle CDB$$

所以 $$\frac{S_{\triangle CEF}}{S_{\triangle CDB}}=\left(\frac{CE}{CD}\right)^2=\frac{1}{36}$$

故 $$S_{\triangle CEF}=\frac{1}{36}S_{\triangle CDB}=\frac{1}{12}S_{\triangle ABC}=\frac{1}{24}$$

解法 4 如图 111.4,作 $FD\perp CE$ 于 D,可设 $FD=DC=h$.

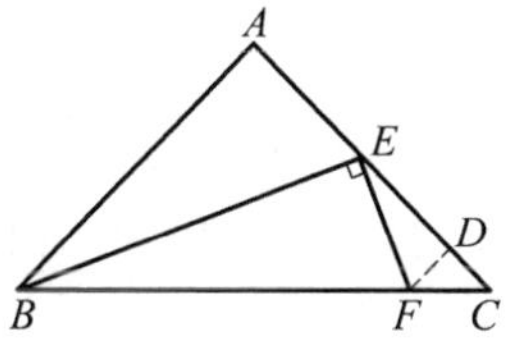

易知 $\triangle DEF\backsim\triangle ABE$,所以

$$\frac{FD}{AE}=\frac{DE}{AB}$$

图 111.4

即 $$\frac{h}{\frac{1}{2}}=\frac{\frac{1}{2}-h}{1}$$

所以 $$h=\frac{1}{6}$$

故 $$S_{\triangle CEF}=\frac{1}{2}\cdot CE\cdot h=\frac{1}{24}$$

112 如图 112.1,$EFGH$ 是正方形 $ABCD$ 的内接四边形,$\angle BEG$ 与 $\angle CFH$ 都是锐角,已知 $EG=3$,$FH=4$,四边形 $EFGH$ 的面积为 5.求正方形 $ABCD$ 的面积.

(2000 年全国初中数学联赛)

解法 1 如图 112.1,作 $EP\perp CD$ 于 P,$FR\perp AD$ 于 R.设正方形 $ABCD$ 的边长为 a,$AE=x$,$BF=y$.则

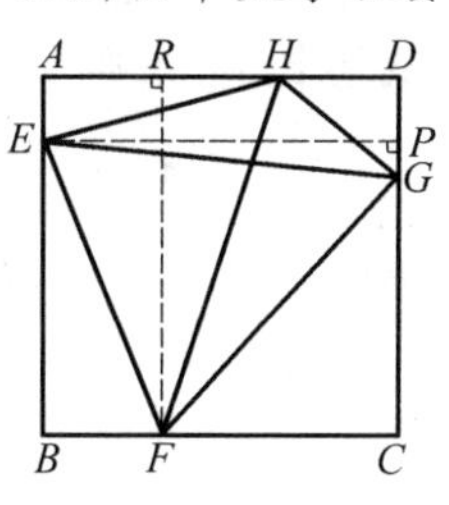

图 112.1

$$AH=y+\sqrt{9-a^2}$$
$$DH=a-y-\sqrt{9-a^2}$$
$$DG=x+\sqrt{16-a^2}$$
$$CG=a-x-\sqrt{16-a^2}$$
$$CF=a-y,BE=a-x$$

因为 $$S_{\triangle AEH}+S_{\triangle DHG}+S_{\triangle CGF}+S_{\triangle BFE}+S_{EFGH}=S_{ABCD}$$

所以 $$x(y+\sqrt{9-a^2})+(a-y-\sqrt{9-a^2})\cdot(x+\sqrt{16-a^2})+(a-x-\sqrt{16-a^2})(a-y)+y(a-x)+10=2a^2$$

化简得

$$\sqrt{9-a^2}\cdot\sqrt{16-a^2}=10-a^2$$

有 $$5a^2=44, a^2=\frac{44}{5}$$

即 $$S_{ABCD}=\frac{44}{5}$$

解法2 如图112.2,在正方形 $ABCD$ 中,过 E,F,G,H 分别作对边的垂线,得矩形 $PQRT$,设正方形的边长为 a.由勾股定理得

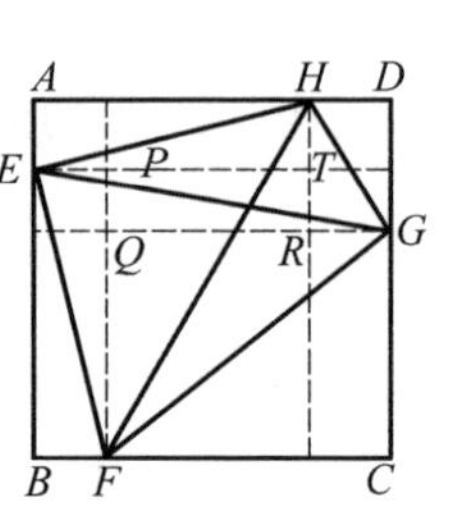

图112.2

$$PQ=\sqrt{9-a^2}$$

$$QR=\sqrt{16-a^2}$$

由 $$S_{\triangle AEH}=S_{\triangle TEH}, S_{\triangle BEF}=S_{\triangle PEF}$$

$$S_{\triangle CFG}=S_{\triangle QFG}, S_{\triangle DHG}=S_{\triangle RHG}$$

得 $$S_{ABCD}+S_{PQRT}=2S_{EFGH}$$

所以 $$a^2+\sqrt{9-a^2}\cdot\sqrt{16-a^2}=10$$

解之得:$a^2=\frac{44}{5}$,即 $S_{ABCD}=\frac{44}{5}$.

解法3 如图112.3,作 $AM \parallel EG$ 交 DG 于 M,$BN \parallel FH$ 交 AH 于 N.易知

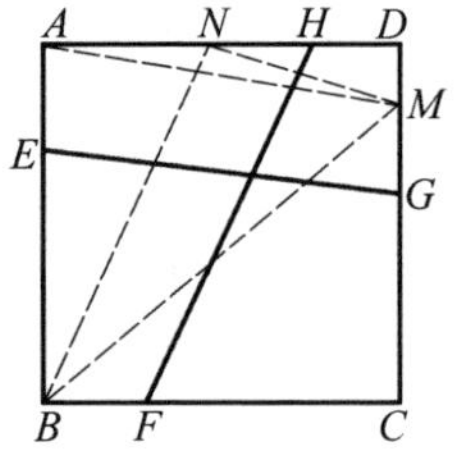

$$S_{ABMN}=S_{EFGH}=5$$

设正方形的边长为 a,则

$$DN=a-\sqrt{4^2-a^2}$$

$$DM=\sqrt{3^2-a^2}, CM=a-\sqrt{3^2-a^2}$$

图112.3

因为 $$S_{\triangle DNM}+S_{\triangle CBM}+S_{ABMN}=S_{ABCD}$$

所以 $$(a-\sqrt{4^2-a^2})(\sqrt{3^2-a^2})+a\cdot(a-\sqrt{3^2-a^2})+10=2a^2$$

即 $$10-a^2=\sqrt{4^2-a^2}\cdot\sqrt{3^2-a^2}$$

所以 $$a^2=\frac{44}{5}$$

即 $$S_{ABCD}=\frac{44}{5}$$

解法4 如图112.4,作 $BM \parallel EG$ 交 DC 的延长线于 M,作 $BN \parallel FH$ 交 AH 于 N.易知

$$S_{\triangle BMN}=S_{EFGH}=5$$

设正方形的边长为 a.则

$$AN=\sqrt{4^2-a^2}, DN=a-\sqrt{4^2-a^2}, CM=\sqrt{3^2-a^2}$$

因为 $S_{\triangle ABN}+S_{\triangle DNM}+S_{\triangle BMN}=S_{ABCD}+S_{\triangle BCM}$

所以 $a\cdot\sqrt{4^2-a^2}+(a-\sqrt{4^2-a^2})(a+\sqrt{3^2-a^2})+10=2a^2+a\sqrt{3^2-a^2}$

化简,解得:$a^2=\frac{44}{5}$,即 $S_{ABCD}=\frac{44}{5}$.

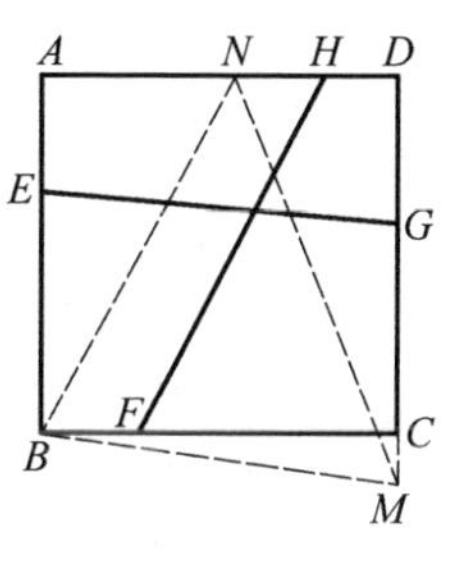

图 112.4

解法 5 如图 112.5,正方形 $ABCD$ 的对角线相交于 O,过 O 作 $PQ\parallel EG$,过 O 作 $RS\parallel EH$.

易知 $PRQS$ 是平行四边形,并且

$$S_{PQRS}=S_{EFGH}=5$$

$$\text{Rt}\triangle APS\cong\text{Rt}\triangle CQR$$

$$\text{Rt}\triangle BPR\cong\text{Rt}\triangle DQS$$

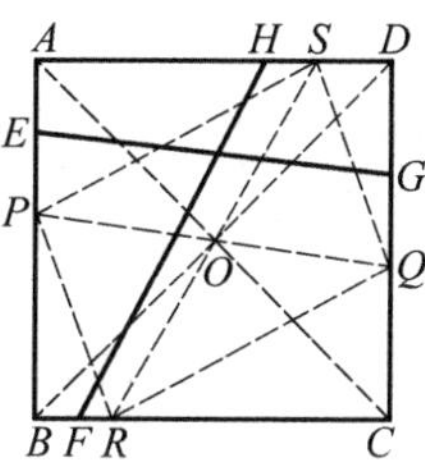

图 112.5

设正方形的边长为 a.则

$$AP=\frac{1}{2}(a-\sqrt{3^2-a^2})$$

$$AS=\frac{1}{2}(a+\sqrt{4^2-a^2})$$

$$DS=\frac{1}{2}(a-\sqrt{4^2-a^2})$$

$$DQ=\frac{1}{2}(a+\sqrt{3^2-a^2})$$

因为
$$2S_{\triangle APS}+2S_{\triangle DSQ}+S_{PRQS}=S_{ABCD}$$

所以
$$\frac{1}{2}(a-\sqrt{3^2-a^2})\frac{1}{2}(a+\sqrt{4^2-a^2})+\frac{1}{2}(a-\sqrt{4^2-a^2})\cdot\frac{1}{2}(a+\sqrt{3^2-a^2})+5=a^2$$

化简,解得:$a^2=\frac{44}{5}$,即 $S_{ABCD}=\frac{44}{5}$.

113 在 $\triangle ABC$ 的边 AB,BC 和 CA 上依次取异于 A,B,C 的点 P,Q 和 R,使得四边形 $PQCR$ 为平行四边形,线段 AQ 和 PR 交于点 M,线段 BR 和 PQ 交于点 N.证明:$\triangle AMP$ 和 $\triangle BNP$ 的面积之和等于 $\triangle CQR$ 的面积.

(1994 年第 21 届俄罗斯中学数学奥林匹克第三阶段九年级)

证法 1 如图 113.1,设 $AP:PB=x:y$,则 $AR:RC=x:y$,$BQ:CQ=y:x$,$AM:MQ=x:y$,$BN:NR=y:x$.所以

$$\frac{S_{\triangle AMP}}{S_{\triangle ABQ}}=\frac{AP\cdot AM}{AB\cdot AQ}=\frac{x^2}{(x+y)^2}$$

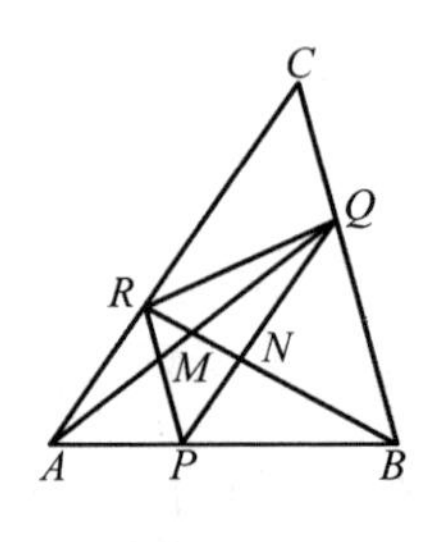

图 113.1

类似地

$$S_{\triangle BNP}:S_{\triangle ABR}=y^2:(x+y)^2$$

由于

$$S_{\triangle ABQ}:S_{\triangle ABC}=y:(x+y)$$

$$S_{\triangle ABR}:S_{\triangle ABC}=x:(x+y)$$

则有

$$S_{\triangle AMP}:S_{\triangle ABC}=x^2y:(x+y)^3$$

$$S_{\triangle BNP}:S_{\triangle ABC}=xy^2:(x+y)^3$$

所以

$$\frac{S_{\triangle AMP}+S_{\triangle BNP}}{S_{\triangle ABC}}=\frac{x^2y+xy^2}{(x+y)^3}=\frac{xy}{(x+y)^2}=\frac{CQ}{CB}\cdot\frac{CR}{CA}=\frac{S_{\triangle CQR}}{S_{\triangle ABC}}$$

故

$$S_{\triangle AMP}+S_{\triangle BNP}=S_{\triangle CQR}$$

证法 2 因 $PQCR$ 是平行四边形,则

$$S_{\triangle CQR}=S_{\triangle PQR},\frac{MR}{PR}=\frac{MR}{CQ}=\frac{AR}{AC}=\frac{AP}{AB}$$

$$\frac{NQ}{PQ}=\frac{NQ}{RC}=\frac{BQ}{BC}=\frac{BP}{AB}$$

所以

$$\frac{MR}{PR}+\frac{NQ}{PQ}=\frac{AP}{AB}+\frac{BP}{AB}=1$$

由 $AR\parallel PQ$ 知

$$S_{\triangle AMP}=S_{\triangle RMQ}$$

由 $BQ\parallel PR$ 知

$$S_{\triangle BNP}=S_{\triangle QNR}$$

所以

$$\frac{S_{\triangle AMP}}{S_{\triangle CQR}}=\frac{S_{\triangle RMQ}}{S_{\triangle PQR}}=\frac{RM}{PR},\frac{S_{\triangle BNP}}{S_{\triangle CQR}}=\frac{S_{\triangle QNR}}{S_{\triangle PQR}}=\frac{NQ}{PQ}$$

所以

$$\frac{S_{\triangle AMP}}{S_{\triangle CQR}}+\frac{S_{\triangle BNP}}{S_{\triangle CQR}}=\frac{RM}{PR}+\frac{NQ}{PQ}=1$$

所以

$$S_{\triangle AMP}+S_{\triangle BNP}=S_{\triangle CQR}$$

证法 3 因 $PR\parallel BC$,则 $\angle APM=\angle B$, $PM=\dfrac{AP\cdot BQ}{AB}$.由正弦定理得

$$\frac{\sin\angle B}{\sin\angle C}=\frac{AC}{AB}$$

所以

$$\frac{S_{\triangle AMP}}{S_{\triangle CQR}}=\frac{AP\cdot PM\cdot\sin\angle B}{CQ\cdot CR\cdot\sin\angle C}=\frac{AP\cdot AP\cdot BQ}{CQ\cdot CR\cdot AB}\cdot\frac{AC}{AB}=$$

$$\frac{AP^2}{AB^2}\cdot\frac{BQ}{CQ}\cdot\frac{AC}{CR}=\frac{AP^2}{AB^2}\cdot\frac{BP}{AP}\cdot\frac{AB}{BP}=\frac{AP}{AB}$$

同理

$$\frac{S_{\triangle BNP}}{S_{\triangle CQR}}=\frac{BP}{AB}$$

所以 $$\frac{S_{\triangle AMP}}{S_{\triangle CQR}}+\frac{S_{\triangle BNP}}{S_{\triangle CQR}}=\frac{AP}{AB}+\frac{BP}{AB}=1$$

故 $$S_{\triangle AMP}+S_{\triangle BNP}=S_{\triangle CQR}$$

证法 4 如图 113.2,联结 MN, BM.因 $PQCR$ 为平行四边形,则

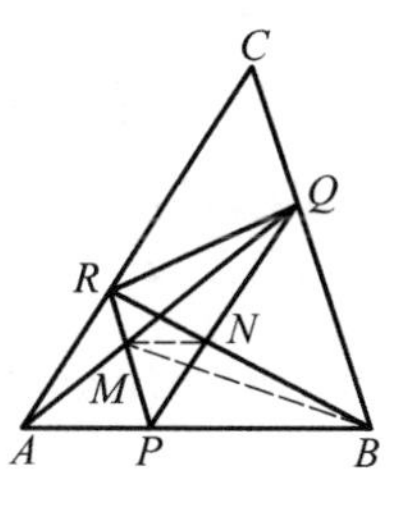

图 113.2

$$\frac{QN}{NP}=\frac{CR}{AR}=\frac{PQ}{AR}$$

又 $$\triangle QPB\backsim\triangle RAP$$

有 $$\frac{PQ}{AR}=\frac{BP}{AP}$$

所以 $$\frac{QN}{NP}=\frac{BP}{AP}=\frac{QM}{MA}$$

所以 $$MN\,/\!/\,AB$$

又因为 $$PM\,/\!/\,BQ$$

所以 $$S_{\triangle BNP}=S_{\triangle BMP}=S_{\triangle QMP}$$

由 $AR\,/\!/\,PQ$ 知 $$S_{\triangle AMP}=S_{\triangle QMR}$$

所以 $$S_{\triangle AMP}+S_{\triangle BNP}=S_{\triangle PQR}=S_{\triangle CQR}$$

B 类题

114 如图 114.1,在锐角 $\triangle ABC$ 的 BC 边上有两点 E, F,满足 $\angle BAE=\angle CAF$,作 $FM\perp AB$, $FN\perp AC$(M, N 是垂足),延长 AE 交 $\triangle ABC$ 的外接圆于点 D.证明:四边形 $AMDN$ 与 $\triangle ABC$ 的面积相等.

(2000 年全国高中数学联赛加试)

注:此题当 AD 与 AF 重合时,即为第 28 届 IMO 第二题.

证法 1 如图 114.1,连 BD,则 $\triangle ABD\backsim\triangle AFC$,有 $AF\cdot AD=AB\cdot AC$.

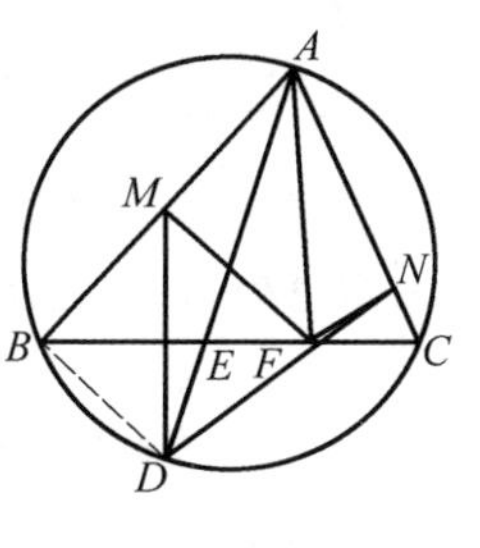

图 114.1

设 $\angle BAE+\angle CAF=\alpha$, $\angle EAF=\beta$,则

$$S_{\text{四边形}AMDN}=\frac{1}{2}AM\cdot AD\sin\alpha+\frac{1}{2}AD\cdot AN\sin(\alpha+\beta)=$$

$$\frac{1}{2}AD[AF\cos(\alpha+\beta)\sin\alpha+$$

$$AF\cos\alpha\sin(\alpha+\beta)]=$$

$$\frac{1}{2}AD \cdot AF\sin(2\alpha+\beta)=$$

$$\frac{1}{2}AB \cdot AC\sin\angle BAC = S_{\triangle ABC}$$

证法2 如图114.2,作$\triangle ABC$外接圆的直径AG.易知,$BG /\!/ MF$,$CG /\!/ NF$,$DG /\!/ MN$.从而$S_{\triangle BFM}=S_{\triangle GFM}$,$S_{\triangle CFN}=S_{\triangle GFN}$,$S_{\triangle MND}=S_{\triangle MNG}$.所以有

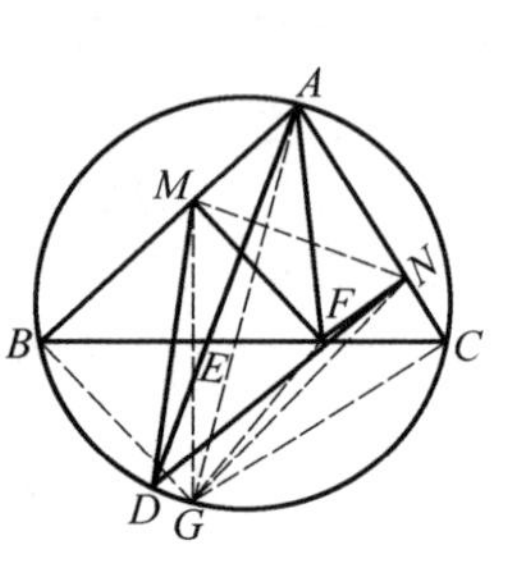

图114.2

$$S_{四边形AMDN}=S_{四边形AMGN}=S_{四边形AMFN}+S_{\triangle GFM}+S_{\triangle GFN}=$$
$$S_{四边形AMFN}+S_{\triangle BFM}+S_{\triangle CFN}=S_{\triangle ABC}$$

证法3 如图114.3,作$AH\perp BC$,H为垂足,则A,M,H,F,N共圆.从而,有$\angle MHB=\angle BAF=\angle CAD=\angle CBD$,所以$MH /\!/ BD$.

同理,$NH /\!/ CD$.

于是,有

$$S_{\triangle BMH}=S_{\triangle DMH},S_{\triangle CNH}=S_{\triangle DNH}$$

故
$$S_{四边形AMDN}=S_{\triangle ABC}$$

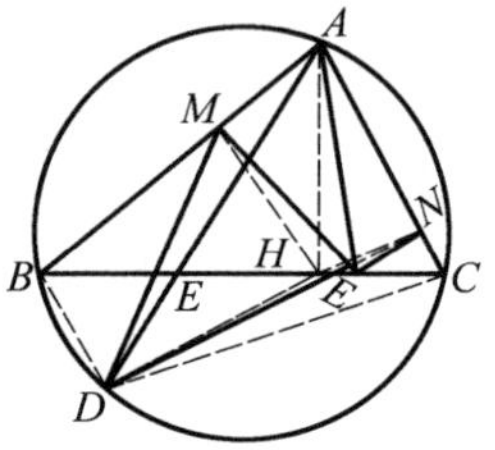

图114.3

证法4 如图114.1,只要证明$S_{\triangle BMD}+S_{\triangle CND}=S_{\triangle BCD}$,设$\angle BAE=\angle CAF=\alpha$,则

$$AF=\frac{AB\sin B}{\sin(C+\alpha)}=\frac{2R\sin C\cdot\sin B}{\sin(C+\alpha)}$$

$$AM=AF\cos(A-\alpha)$$

其中R为$\triangle ABC$外接圆半径.所以

$$BM=AB-AM=2R\sin C\frac{\cos B\cdot\sin(A-\alpha)}{\sin(C+\alpha)}$$

故$S_{\triangle BMD}=\frac{1}{2}BM\cdot BD\sin\angle ABD=2R^2\sin\alpha\cdot\sin(A-\alpha)\cdot\cos B\cdot\sin C$

同理
$$S_{\triangle CND}=2R^2\sin\alpha\cdot\sin(A-\alpha)\cdot\cos C\cdot\sin B$$

所以
$$S_{\triangle BMD}+S_{\triangle CND}=2R^2\sin\alpha\cdot\sin(A-\alpha)\cdot\sin(B+C)=$$

$$\frac{1}{2}\cdot 2R\sin\alpha\cdot 2R\sin(A-\alpha)\cdot\sin A=$$

$$\frac{1}{2}BD\cdot DC\sin\angle BDC=S_{\triangle BCD}$$

证法5 如图114.4,作$DK\perp AB$,$DL\perp AC$,垂足分别为K,L,则只要证明$S_{\triangle FBM}+S_{\triangle FCN}=S_{\triangle FDM}+S_{\triangle FDN}$.

利用 $S_{\triangle FDM}=S_{\triangle FKM}, S_{\triangle FDN}=S_{\triangle FLN}$,只要证明

$$S_{\triangle FBM}+S_{\triangle FCN}=S_{\triangle FKM}+S_{\triangle FLN}$$

即 $FM\cdot BM+FN\cdot CN=FM\cdot MK+FN\cdot NL$

因此,只要证明

$$FM\cdot BK=FN\cdot NL$$

由于 $\triangle BKD\backsim\triangle CLD$,所以

$$\frac{BK}{CL}=\frac{DK}{DL}=\frac{\sin\alpha}{\sin(A-\alpha)}=\frac{FN}{FM}$$

图 114.4

故结论成立,其中 $\alpha=\angle BAE=\angle CAF$.

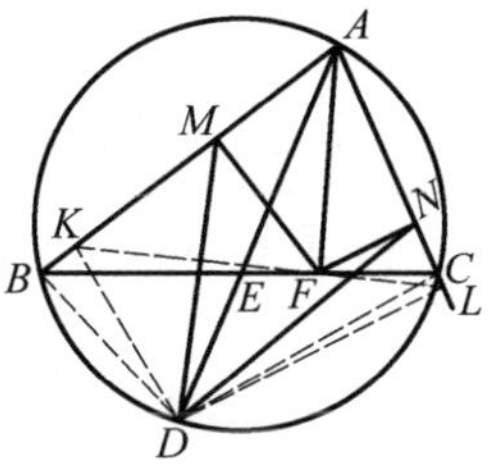

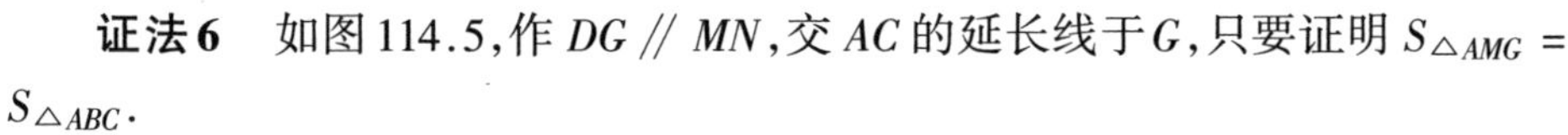

证法6 如图114.5,作 $DG/\!/MN$,交 AC 的延长线于 G,只要证明 $S_{\triangle AMG}=S_{\triangle ABC}$.

由于 $\angle AGD=\angle ANM=\angle AFM$,所以 $\triangle AGD\backsim\triangle AFM$,从而,$AD\cdot AF=AM\cdot AG$.又由于 $\triangle ABD\backsim\triangle AFC$,有

$$AD\cdot AF=AB\cdot AC$$

故 $$AM\cdot AG=AB\cdot AC$$

即 $$S_{\triangle AMG}=S_{\triangle ABC}$$

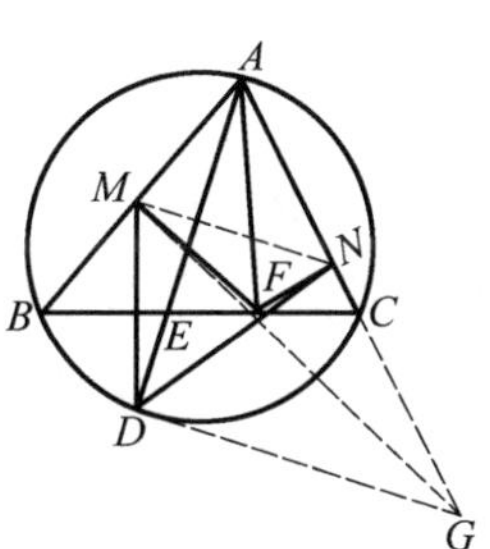

图 114.5

证法7 设 $\angle BAE=\angle CAF=\alpha,\angle EAF=\beta$,则由证法1知

$$S_{\text{四边形}AMDN}=\frac{1}{2}AD\cdot AF\sin(2\alpha+\beta)=\frac{AF}{4R}\cdot AD\cdot BC$$

又

$$S_{\triangle ABC}=\frac{1}{2}AB\cdot AF\sin(\alpha+\beta)+\frac{1}{2}AC\cdot AF\sin\alpha=\frac{AF}{4R}(AB\cdot CD+AC\cdot BD)$$

由托勒密定理 $AB\cdot CD+AC\cdot BD=AD\cdot BC$,故结论成立.

证法8 如图114.1,联结 MN,BD.因为

$$FM\perp AB, FN\perp AC$$

所以 A,M,F,N 四点共圆.所以

$$\angle AMN=\angle AFN$$

$$\angle AMN+\angle BAE=\angle AFN+\angle CAF=90^\circ$$

即 $MN\perp AD$,故

$$S_{\text{四边形}AMDN}=\frac{1}{2}AD\cdot MN$$

因为 $$\angle CAF=\angle DAB,\angle ACF=\angle ADB$$

所以 $$\triangle AFC\backsim\triangle ABD\Rightarrow\frac{AF}{AB}=\frac{AC}{AD}\Rightarrow AB\cdot AC=AD\cdot AF$$

又因为 AF 是过 A,M,F,N 四点的圆的直径,所以

$$\frac{MN}{\sin\angle BAC}=AF\Rightarrow AF\sin\angle BAC=MN$$

所以 $$S_{\triangle ABC}=\frac{1}{2}AB\cdot AC\cdot\sin\angle BAC=\frac{1}{2}AD\cdot AF\sin\angle BAC=$$
$$\frac{1}{2}AD\cdot MN=S_{\text{四边形}AMDN}$$

C 类题

115 在 $\triangle ABC$ 中,$\angle BCA$ 的角平分线与 $\triangle ABC$ 的外接圆交于点 R,与边 BC 的垂直平分线交于点 P,与边 AC 的垂直平分线交于点 Q,设 K 与 L 分别是边 BC 和 AC 的中点.证明:$\triangle RPK$ 和 $\triangle RQL$ 的面积相等.

(2007 年第 48 届 IMO)

证法 1 如图 115.1,设 $CB=a,CA=b$,联结 RA,RB,作 $RD\perp CA$ 于 D,$RE\perp CB$ 于 E.

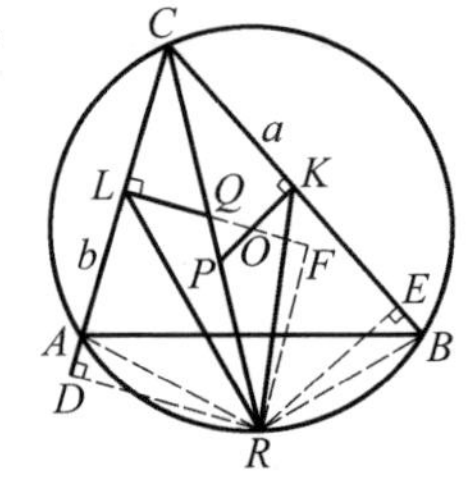

图 115.1

易证 $\mathrm{Rt}\triangle RDA\cong\mathrm{Rt}\triangle RBE$

则 $AD=BE$,又 $CD=CE$,可知

$$CD=\frac{1}{2}(a+b)$$

作 $RF\perp LQ$ 于 F,则 $RFLD$ 是矩形

$$RF=LD=CD-CL=\frac{a}{2}$$

又 $$LQ=CL\tan\frac{C}{2}=\frac{b}{2}\tan\frac{C}{2}$$

故 $$S_{\triangle RQL}=\frac{1}{2}LQ\cdot RF=\frac{1}{8}ab\tan\frac{C}{2}$$

同理 $$S_{\triangle RPK}=\frac{1}{8}ab\tan\frac{C}{2}$$

因此 $$S_{\triangle RPK}=S_{\triangle RQL}$$

证法 2 如果 $AC=BC$,则 $\triangle ABC$ 是等腰三角形,$\triangle RQL$ 和 $\triangle RPK$ 关于角平分线 CR 是对称的,结论明显成立.

如果 $AC \neq BC$，不妨设 $AC < BC$，用 O 表示 $\triangle ABC$ 的外心，注意到 $\mathrm{Rt}\triangle CLQ \backsim \mathrm{Rt}\triangle CKP$，得

$$\angle CPK = \angle CQL = \angle OQP$$

且

$$\frac{QL}{PK} = \frac{CQ}{CP} \quad ①$$

设 l 是弦 CR 的垂直平分线，则 l 过外心 O.

由于 $\triangle OPQ$ 是等腰三角形，所以点 P 和 Q 是 CR 上关于 l 对称的两点，于是，$RP = CQ$，且

$$RQ = CP \quad ②$$

由式 ①，② 有

$$\frac{S_{\triangle RQL}}{S_{\triangle RPK}} = \frac{\frac{1}{2}RQ \cdot QL \cdot \sin\angle RQL}{\frac{1}{2}RP \cdot PK \cdot \sin\angle RPK} = \frac{RQ}{RP} \cdot \frac{QL}{PK} = \frac{CP}{CQ} \cdot \frac{CQ}{CP} = 1$$

因此

$$S_{\triangle RQL} = S_{\triangle RPK}$$

证法 3 如图 115.2，联结 AR, BR, AQ, BP. 因

$$\angle ACR = \angle BCR$$

则

$$AR = BR$$

又

$$\angle QAC = \angle QCA = \angle BCR = \angle BAR$$

所以

$$\angle QAR = \angle CAB = \angle PRB$$

同理

$$\angle ARQ = \angle RBP$$

所以

$$\triangle ARQ \cong \triangle RBP, S_{\triangle ARQ} = S_{\triangle RBP}$$

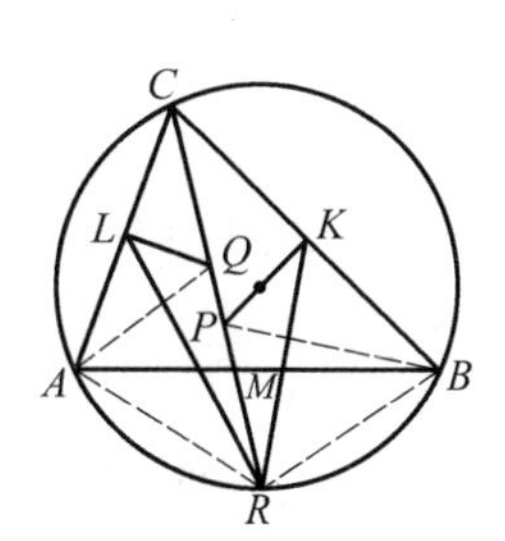

图 115.2

又

$$\frac{S_{\triangle RQL}}{S_{\triangle ARQ}} = \frac{LC}{AC} = \frac{1}{2}, \frac{S_{\triangle RPK}}{S_{\triangle RBP}} = \frac{KC}{BC} = \frac{1}{2}$$

故

$$S_{\triangle RQL} = S_{\triangle RPK}$$

证法 4 设 CR 交 AB 于 M，联结 AR，设 $CA = b, CB = a$. 因

$$S_{\triangle CAM} + S_{\triangle CBM} = S_{\triangle CAB}$$

则

$$\frac{1}{2}b \cdot CM\sin\frac{C}{2} + \frac{1}{2}a \cdot CM\sin\frac{C}{2} = \frac{1}{2}ab\sin C$$

从而

$$CM = \frac{2ab\cos\frac{C}{2}}{a + b}$$

易知

$$\triangle CAR \backsim \triangle CMB$$

于是

$$CR = \frac{ab}{CM} = \frac{a + b}{2\cos\frac{C}{2}}$$

又 $$CL=\frac{b}{2},CQ=\frac{b}{2\cos\frac{C}{2}}$$

故 $$S_{\triangle RQL}=S_{\triangle RCL}-S_{\triangle QCL}=\frac{1}{2}\cdot\frac{b}{2}\cdot\frac{a+b}{2\cos\frac{C}{2}}\sin\frac{C}{2}-\frac{1}{2}\cdot\frac{b}{2}\cdot\frac{b}{2\cos\frac{C}{2}}\sin\frac{C}{2}=\frac{1}{8}ab\tan\frac{C}{2}$$

同理 $$S_{\triangle RPK}=\frac{1}{8}ab\tan\frac{C}{2}$$

故 $$S_{\triangle RPK}=S_{\triangle RQL}$$

116 设凸四边形 $ABCD$ 的两条对角线 AC 与 BD 互相垂直，且两对边 AB 与 DC 不平行，点 P 为线段 AB 及 DC 的垂直平分线的交点，且在四边形 $ABCD$ 的内部. 证明：A,B,C,D 四点共圆的充分必要条件为 $\triangle ABP$ 与 $\triangle CDP$ 的面积相等.

（1998 年第 39 届 IMO）

证法 1 如图 116.1，设 E,F 分别为 AB,CD 的中点，AC,BD 相交于点 O，联结 OE,OF,EF.

先证必要性.

由 A,B,C,D 四点共圆，P 为线段 AB 及 CD 的垂直平分线交点，知 P 为 $ABCD$ 外接圆的圆心，从而

$$PA=PB=PC=PD$$

$$\angle BPE=\angle ACB,\angle CPE=\angle CBD$$

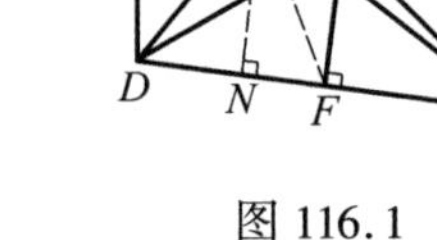

图 116.1

因为 $$AC\perp BD,PE\perp AB,PF\perp CF$$

所以 $$\angle BPE=\angle PCF$$

所以 $$\mathrm{Rt}\triangle BPE\cong\mathrm{Rt}\triangle PCF$$

因为 $$S_{\triangle ABP}=2S_{\triangle BPE},S_{\triangle CDP}=2S_{\triangle PCF}$$

所以 $$S_{\triangle ABP}=S_{\triangle CDP}$$

再证充分性.

由 $S_{\triangle ABP}=S_{\triangle CDP}$ 知

$$PE\cdot\frac{AB}{2}=PF\cdot\frac{CD}{2}$$

即 $$PE\cdot OE=PF\cdot OF\Rightarrow\frac{PE}{PF}=\frac{OF}{OE}$$

作 $OM \perp AB$ 于 M,$ON \perp CD$ 于 N.因为

$$\angle AOM = \angle ABO = \angle EOB$$

$$\angle DON = \angle DCO = \angle FOC$$

所以 $$\angle MON = \angle EOF$$

又因为 $$OM \parallel PE, ON \parallel PF$$

所以 $$\angle MON = \angle EPF$$

所以 $$\angle EPF = \angle EOF$$

所以 $$\triangle PEF \backsim \triangle OFE, \angle PFE = \angle OEF$$

所以 $OE \parallel PF$,又 $ON \parallel PF$,所以 E,O,N 三点共线.所以

$$\angle DCO = \angle DON = \angle EOB = \angle EBO$$

所以 A,B,C,D 四点共圆.

证法 2 如图 116.2,设 E,F 分别为 AB,CD 的中点,AC,BD 相交于点 O,连 OE,OF,EF.

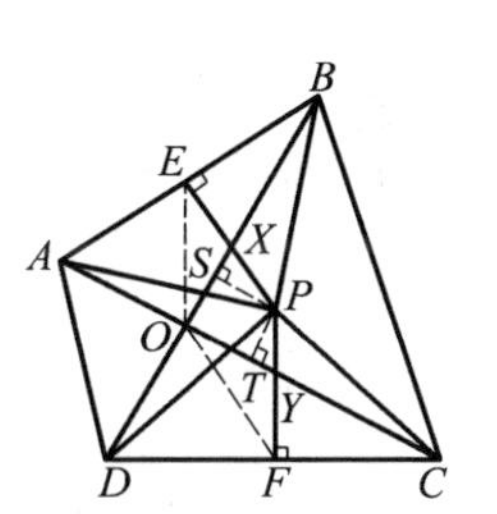

图 116.2

先证必要性.

由条件知 P 是 $ABCD$ 外接圆的圆心,从而

$$PA = PB = PC = PD$$

且 $$\angle APB + \angle CPD = 2\angle ACB + 2\angle CBD = 180^\circ$$

所以 $$\frac{1}{2}PA \cdot PB\sin\angle APB = \frac{1}{2}PC \cdot PD\sin\angle CPD$$

即 $$S_{\triangle ABP} = S_{\triangle CDP}$$

再证充分性.

由 $S_{\triangle ABP} = S_{\triangle CDP}$,知$\frac{PE}{PF} = \frac{OF}{OE}$.

作 $PS \perp BD$ 于 S,$PT \perp AC$ 于 T.因为

$$\angle BEP = \angle BSP = 90^\circ$$

所以 B,E,S,P 四点共圆,所以

$$\angle EPS = \angle EBS = \angle EOB$$

同理 $$\angle FPT = \angle FOC$$

易知 $$\angle SPT = 90^\circ = \angle BOC$$

所以 $$\angle EPF = \angle EOF$$

所以 $$\triangle PEF \backsim \triangle OEF$$

所以 $$\frac{PE}{OF} = \frac{PF}{OE} = \frac{EF}{EF} = 1$$

从而 $$PE = OF = DF, PF = OE = AE$$

所以 $$\text{Rt}\triangle PEA \cong \text{Rt}\triangle DFP$$

所以 $$PB = PA = PD = PC$$

故 A,B,C,D 四点共圆.

注:$\angle EPF = \angle FOE$ 还可按下法证明:如图 116.2,设 PE 交 BD 于 X,PF 交 AC 于 Y.在四边形 $OXPY$ 中,$\angle EPF = 360° - 90° - \angle PXO - \angle PYO = 270° - (90° - \angle EBX) - (90° - \angle FCY) = 90° + \angle EOB + \angle FOC = \angle EOF$.

证法 3 必要性证明同上.

下面用反证法证充分性.

如图 116.3,若 $PA \neq PD$,由对称性,无妨设 $PA > PD$.则可在 AO 上取点 F,使 $PF = PD$,在 BO 上取点 E,使 $PE = PC$.

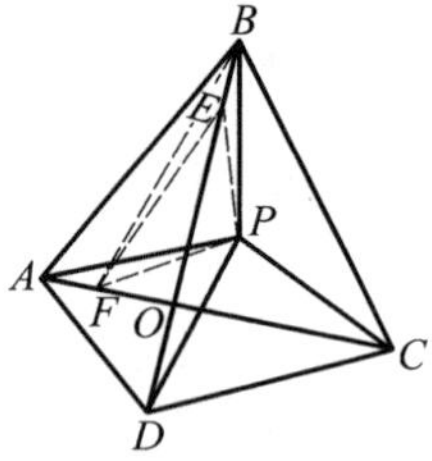

图 116.3

于是四边形 $DCEF$ 满足 D,C,E,F 四点共圆,且对角线 $DE \perp CF$,由前面必要性的证明可知

$$S_{\triangle EFP} = S_{\triangle CDP}$$

另一方面 $$S_{\triangle EFP} < S_{\triangle BFP} < S_{\triangle ABP}$$

所以 $$S_{\triangle ABP} > S_{\triangle CDP}$$

这与条件 $S_{\triangle ABP} = S_{\triangle CDP}$ 矛盾.

故必有 $PA = PD$.

所以 A,B,C,D 四点共圆.

评注 本题必要性较易,充分性稍难,故考虑用反证法证充分性.

本题用解析法证,也有方便之处.

117 在 $\text{Rt}\triangle ABC$ 中($\angle A = 90°$),设 $\angle B$ 和 $\angle C$ 的内角平分线交于点 I,分别交对边于 D 和点 E.证明:四边形 $BCDE$ 的面积是 $\triangle BIC$ 面积的两倍.

(1996 年伊朗数学奥林匹克第二阶段)

证法 1 如图 117.1,由角平分线的对称性,可将 $\triangle BIE$ 翻折至 $\triangle BIF$ 位置,将 $\triangle CID$ 翻折至 $\triangle CIG$ 位置.因为

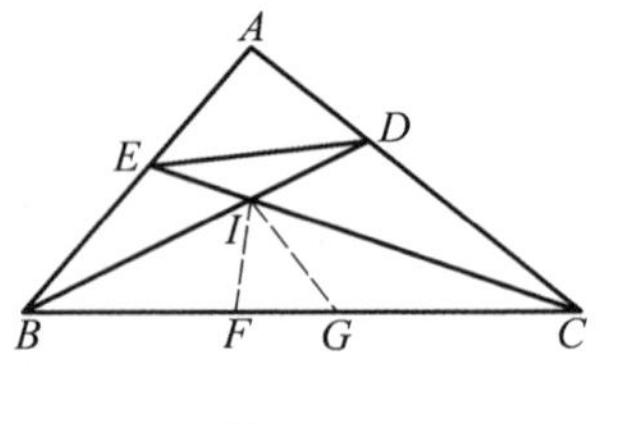

图 117.1

$$\angle EIB = \angle IBC + \angle ICB = \frac{1}{2}(\angle B + \angle C) = 45°$$

可知 $$\angle DIE = 135°, \angle FIG = 45°$$

又 $$IF = IE, IG = ID$$

所以 $$S_{\triangle DIE}=\frac{1}{2}IE\cdot ID\sin 135^\circ=$$

$$\frac{1}{2}IF\cdot IG\sin 45^\circ=S_{\triangle FIG}$$

故 $$S_{\triangle BIC}=S_{\triangle BIE}+S_{\triangle CID}+S_{\triangle DIE}\Rightarrow S_{四边形BCDE}=2S_{\triangle BIC}$$

证法 2 如图 117.2,过点 I 作 BI 的垂线交 AB,BC 分别于 F,G.联结 DF.则

$$\triangle BFI\cong\triangle BGI$$

易知 $$\angle CID=45^\circ=\angle CIG$$

有 $$\triangle CDI\cong\triangle CGI$$

从而 $$IF=IG=ID$$

$\triangle IFD$ 是等腰直角三角形.于是

$$\angle FDI=45^\circ=\angle EIB,IE\parallel DF$$

所以 $$S_{\triangle DEI}=S_{\triangle FEI}$$

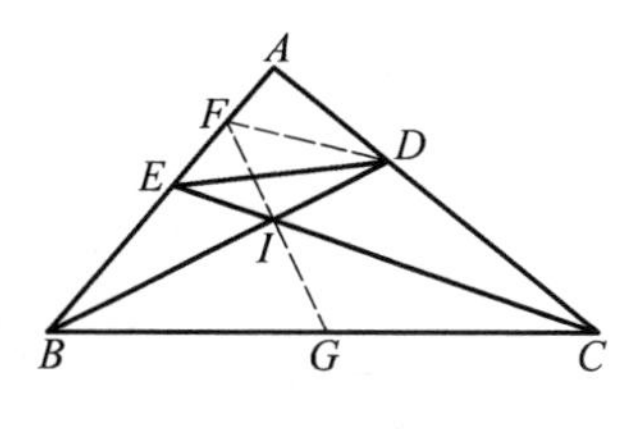

图 117.2

从而 $$S_{\triangle BDE}=S_{\triangle BFI}=S_{\triangle BGI}$$

又 $$S_{\triangle CDI}=S_{\triangle CGI}$$

所以 $$S_{\triangle BDE}+S_{\triangle CDI}=S_{\triangle BIC}\Rightarrow S_{四边形BCDE}=2S_{\triangle BIC}$$

证法 3 如图 117.3,作 $DF\perp CI$ 交 BC 于 F,联结 IF.

则 CI 是 DF 的中垂线

$$S_{\triangle CDI}=S_{\triangle CFI}$$

易知 $$\angle DIC=45^\circ$$

从而可知 $\triangle DIF$ 是等腰直角三角形.因为

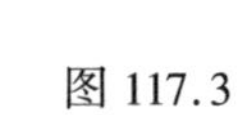
图 117.3

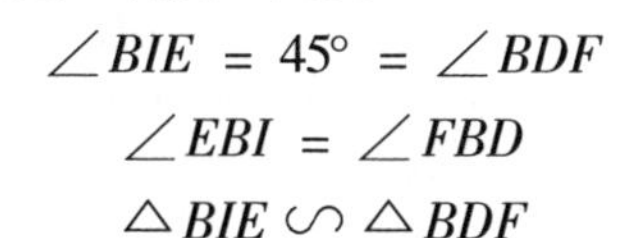

$$\angle BIE=45^\circ=\angle BDF$$

$$\angle EBI=\angle FBD$$

所以 $$\triangle BIE\backsim\triangle BDF$$

所以 $$\frac{BE}{BF}=\frac{BI}{BD}\Rightarrow BE\cdot BD=BF\cdot BI$$

所以 $$S_{\triangle BED}=\frac{1}{2}BE\cdot BD\sin\angle EBD=\frac{1}{2}BF\cdot BI\sin\angle FBI=S_{\triangle BIF}$$

于是 $$S_{\triangle CDI}+S_{\triangle BED}=S_{\triangle BIC}\Rightarrow S_{四边形BCDE}=2S_{\triangle BIC}$$

证法 4 设 $\triangle ABC$ 中 $\angle A$,$\angle B$,$\angle C$ 的对边分别为 a,b,c,则 $a^2+b^2+c^2$.

如图 117.4,作 $IH\perp BC$ 于 H.则

$$BH = \frac{1}{2}(a + c - b), CH = \frac{1}{2}(a + b - c)$$

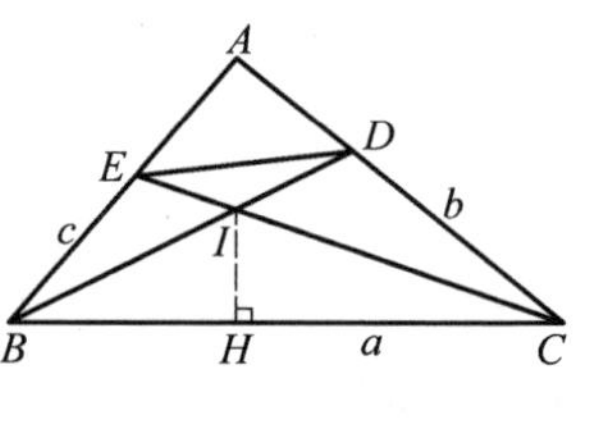

图 117.4

所以

$$BH \cdot CH = \frac{1}{2}(a + c - b) \cdot \frac{1}{2}(a + b - c) =$$

$$\frac{1}{2}bc = \frac{1}{2}AB \cdot AC$$

因为 $$\text{Rt}\triangle ABD \backsim \text{Rt}\triangle HBI$$

所以 $$\frac{BD}{BI} = \frac{AB}{BH}$$

同理 $$\frac{CE}{CI} = \frac{AC}{CH}$$

所以 $$\frac{S_{\text{四边形}BCDE}}{S_{\triangle BIC}} = \frac{\frac{1}{2}BD \cdot CE\sin \angle BIC}{\frac{1}{2}BI \cdot CI\sin \angle BIC} = \frac{AB \cdot AC}{BH \cdot CH} = 2$$

即 $$S_{\text{四边形}BCDE} = 2S_{\triangle BIC}$$

证法 5　设 $AB = c, AC = b, BC = a$.

由内角平分线性质,有$\frac{AE}{EB} = \frac{b}{a}$.

所以$\frac{AE}{c} = \frac{b}{a + b}, AE = \frac{bc}{a + b}, BE = c - AE = \frac{ac}{a + b}$.

所以 $$S_{\triangle CBE} = \frac{1}{2}BE \cdot b = \frac{abc}{2(a + b)}$$

又因为 $$\frac{CI}{IE} = \frac{a}{BE} = \frac{a + b}{c}, \frac{CI}{CE} = \frac{a + b}{a + b + c}$$

所以 $$S_{\triangle BIC} = \frac{a + b}{a + b + c} \cdot S_{\triangle CBE} = \frac{abc}{2(a + b + c)}$$

同理 $$AD = \frac{bc}{a + c}$$

所以 $$S_{\text{四边形}BCDE} = \frac{1}{2}bc - \frac{1}{2} \cdot \frac{bc}{a + b} \cdot \frac{bc}{a + c} = \frac{abc(a + b + c)}{2(a + b)(a + c)}$$

所以 $$\frac{S_{\text{四边形}BCDE}}{S_{\triangle BIC}} = \frac{(a + b + c)^2}{(a + b)(a + c)} =$$

$$\frac{a^2 + b^2 + c^2 + 2ab + 2bc + 2ac}{a^2 + ab + bc + ac} = 2(b^2 + c^2 = a^2)$$

即 $$S_{\text{四边形}BCDE} = 2S_{\triangle BIC}$$

证法 6　设 $AB = c, AC = b, BC = a, r$ 为 $\triangle ABC$ 的内切圆半径,则 $r =$

$$\frac{2S_{\triangle ABC}}{a+b+c}=\frac{bc}{a+b+c}.$$

由内角平分线性质,有

$$\frac{AE}{EB}=\frac{b}{a}$$

所以 $$\frac{AE}{c}=\frac{b}{a+b},AE=\frac{bc}{a+b}$$

同理 $$AD=\frac{bc}{a+c}$$

$$S_{\text{四边形}BCDE}=S_{\triangle ABC}-S_{\triangle ADE}=\frac{1}{2}bc-\frac{1}{2}\frac{(bc)^2}{(a+b)(a+c)}=$$

$$\frac{abc(a+b+c)}{2(a^2+ab+ac+bc)}=$$

$$\frac{abc(a+b+c)}{a^2+b^2+c^2+2ab+2ac+2bc}=(\text{因为 } a^2=b^2+c^2)$$

$$\frac{abc}{a+b+c}$$

又 $$S_{\triangle BIC}=\frac{1}{2}ar=\frac{abc}{2(a+b+c)}$$

所以 $$S_{\text{四边形}BCDE}=2S_{\triangle BIC}$$

10

几何不等式或极值

A 类题

118 如图 118.1,在 $\triangle ABC$ 中,$AD \perp BC$,D 在 BC 上,已知 $\angle ABC > \angle ACB$,P 是 AD 上的任一点.证明:$AC + BP < AB + PC$.

(1994 年第 7 届“祖冲之杯”数学邀请赛)

证法 1 如图 118.1,以 AD 为对称轴,取 B 的对称点 E.因 $AD \perp BC$,$\angle ABC > \angle ACB$,则 E 点在 DC 上.设 AE 交 CP 于 F.则有 $AE = AB$,$PE = BP$.

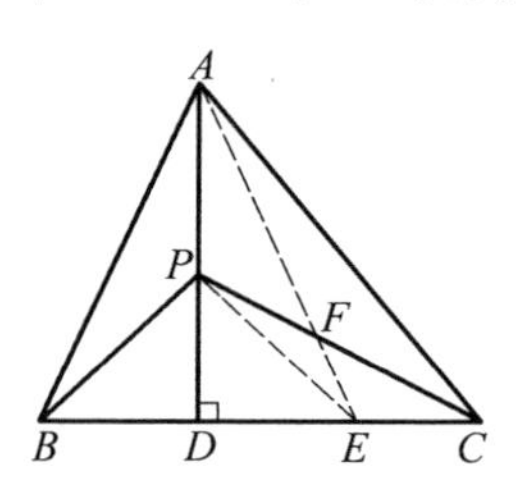

图 118.1

在 $\triangle AFC$ 中,$AC < AF + FC$.

在 $\triangle PFE$ 中,$PE < FE + PF$.

两式相加得

$$AC + PE < AE + PC$$

所以

$$AC + BP < AB + PC$$

证法 2 如图 118.2,由 $\angle ABC > \angle ACB$,知 $AC > AB$,$PC > BP$.在 AC 上取 $AE = AB$,在 PC 上取 $PF = BP$,连 AF,FE.

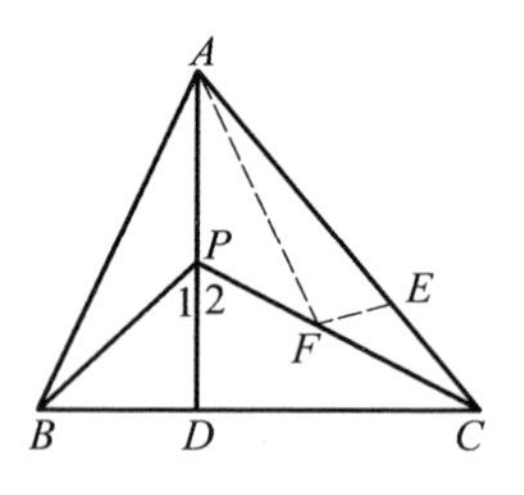

图 118.2

易知 $\angle 1 < \angle 2$,则 $\angle APB > \angle APF$,所以 $AB > AF$.从而 $AE > AF$.所以

$$\angle AEF < \angle AFE < \angle EFP$$

所以

$$\angle CEF > \angle CFE, CF > CE$$

从而

$$PC - BP > AC - AB$$

即

$$AC + BP < AB + PC$$

证法 3 如图 118.3,由 $\angle ABC > \angle ACB$,知 $AC > AB$,$PC > BP$.在 PC 上取 $PF = BP$,连 AF.

在 $\triangle ACF$ 中，$FC > AC - AF$. 因为

$$\angle 2 > \angle 1$$

知
$$\angle APF < \angle APB$$

所以
$$AF < AB$$

所以
$$AC - AB < AC - AF < FC$$

又
$$FC = PC - BP$$

所以
$$PC - BP > AC - AB$$

所以
$$AC + BP < AB + PC$$

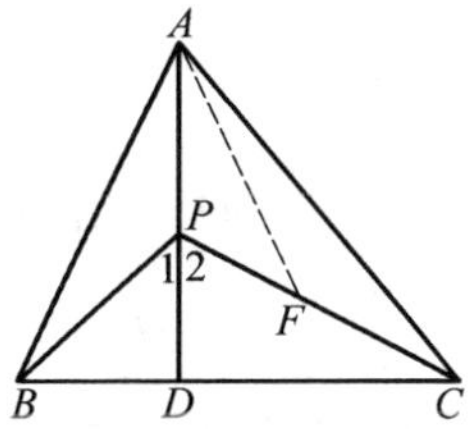

图 118.3

证法 4 因为 $AD \perp BC$，所以

$$AC^2 - AB^2 = DC^2 - BD^2 = PC^2 - BP^2$$

即
$$(AC + AB)(AC - AB) = (PC + BP)(PC - BP)$$

但
$$AC + AB > PC + BP \text{(因为 } P \text{ 在 } \triangle ABC \text{ 内)}$$

所以
$$AC - AB < PC - BP$$

即
$$AC + BP < AB + PC$$

119 在 $\triangle ABC$ 中，$BC = 5, AC = 12, AB = 13$，在边 AB, AC 上分别取点 D，E，使线段 DE 将 $\triangle ABC$ 分成面积相等的两部分. 试求这样线段的最小长度.

(1993 年全国初中数学联赛)

解法 1 如图 119.1，因为 $5^2 + 12^2 = 13^2$，所以 $\triangle ABC$ 是直角三角形，$\angle C = 90°$.

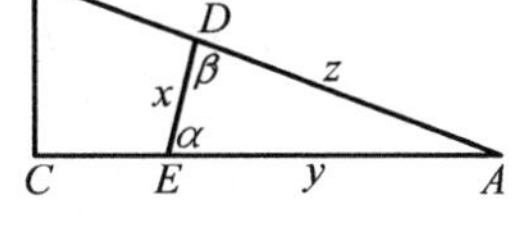

图 119.1

$$\sin \angle A = \frac{5}{13}, \cos \angle A = \frac{12}{13}$$

$$S_{\triangle ADE} = \frac{1}{2} S_{\triangle ABC} = \frac{1}{2} \times \frac{1}{2} \times 5 \times 12 = 15$$

设 $DE = x, AE = y, AD = z$. 则

$$\frac{1}{2} yz \sin \angle A = S_{\triangle ADE} = 15$$

所以
$$yz = 78$$

$$x^2 = y^2 + z^2 - 2yz\cos \angle A = y^2 + z^2 - \frac{24}{13} yz =$$

$$(y - z)^2 + \frac{2}{13} yz = (y - z)^2 + 12$$

当且仅当 $y = z$ 时，x 有最小值 $\sqrt{12} = 2\sqrt{3}$. 即 DE 的最小长度为 $2\sqrt{3}$.

解法 2 如图 119.2，延长 BA 至 F，延长 EA 至 G，使 $AF = AG$，且 $S_{\triangle AFG} =$

$\frac{1}{2}S_{\triangle ABC}$.则

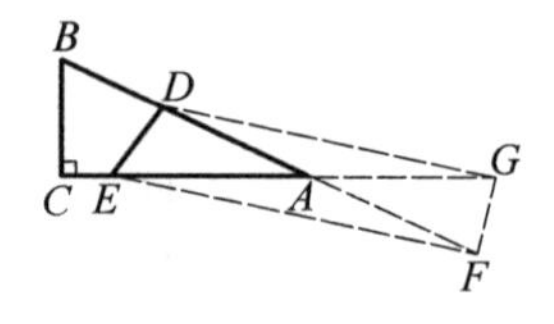

图 119.2

$$AF \cdot AG = \frac{1}{2}AB \cdot AC$$

所以 $$AF = AG = \sqrt{78}$$

显然 $\triangle ABC$ 是直角三角形,且 $\cos\angle A = \frac{12}{13}$.

$$FG = \sqrt{AF^2 + AG^2 - 2AF \cdot AG\cos\angle A} =$$
$$\sqrt{78 + 78 - 2 \times 78 \times \frac{12}{13}} = 2\sqrt{3}$$

因为 $$S_{\triangle ADE} = \frac{1}{2}S_{\triangle ABC} = S_{\triangle AFG}$$

所以 $$S_{\triangle DEF} = S_{\triangle GEF}$$

从而 $$DG \parallel EF$$

不妨设 $AE \geqslant AD$,

$$\angle AFG = \angle AGF = \theta$$

则 $$\angle ADE \geqslant \theta \geqslant \angle AED$$

$$AE \geqslant AF = AG \geqslant AD, \angle AFE \geqslant \angle AEF$$

所以 $$\angle GFE \geqslant \angle DEF$$

又 $\frac{DG}{EF} = \frac{AG}{AE} \leqslant 1$,即 $DG \leqslant EF$.

所以在梯形 $DEFG$ 中,有 $DE \geqslant FG$.

所以线段 DE 的最小长度为 $2\sqrt{3}$.

解法 3 设 $DE = x, AE = y, \angle AED = \alpha$.

易知 $S_{\triangle ADE} = \frac{1}{2}S_{\triangle ABC} = 15, \sin\angle A = \frac{5}{13}, \cos\angle A = \frac{12}{13}$.对 $\triangle ADE$,由正弦定理得

$$y = \frac{x}{\sin\angle A} \cdot \sin(\alpha + \angle A) = \frac{13}{5}x\sin(\alpha + \angle A)$$

所以 $$S_{\triangle ADE} = \frac{1}{2}xy\sin\alpha = \frac{13}{10}x^2\sin(\alpha + \angle A)\sin\alpha =$$
$$\frac{13}{20}x^2[\cos\angle A - \cos(2\alpha + \angle A)] =$$
$$\frac{13}{20}x^2\left[\frac{12}{13} - \cos(2\alpha + \angle A)\right]$$

所以 $$\frac{13}{20}x^2\left[\frac{12}{13} - \cos(2\alpha + \angle A)\right] = 15$$

$$x^2=\frac{300}{12-13\cos(2\alpha+\angle A)}$$

当且仅当 $\cos(2\alpha+\angle A)=-1$ 时,x 有最小值$\sqrt{\frac{300}{12+13}}=2\sqrt{3}$.

即 DE 的最小值为 $2\sqrt{3}$.

解法4 设 $DE=x,\angle AED=\alpha,\angle ADE=\beta$.

$$S_{\triangle ADE}=\frac{1}{2}x\cdot AE\cdot\sin\alpha=\frac{x^2\sin\alpha\sin\beta}{2\sin\angle A}=$$

$$\frac{x^2[\cos(\alpha-\beta)-\cos(\alpha+\beta)]}{4\sin\angle A}=$$

$$\frac{x^2[\cos(\alpha-\beta)+\cos\angle A]}{4\sin\angle A}$$

易知

$$S_{\triangle ADE}=\frac{1}{2}S_{\triangle ABC}=15$$

$$\sin\angle A=\frac{5}{13},\cos\angle A=\frac{12}{13}$$

所以

$$15=\frac{x^2\left[\cos(\alpha-\beta)+\frac{12}{13}\right]}{4\times\frac{5}{13}}$$

$$x^2=\frac{4\times\frac{5}{13}\times 15}{\cos(\alpha-\beta)+\frac{12}{13}}$$

仅当 $\cos(\alpha-\beta)=1$ 时,x 有最小值 $2\sqrt{3}$.

即 DE 的最小长度为 $2\sqrt{3}$.

解法5 如图119.3,由已知条件可建立直角坐标系.设 $A(12,0),B(0,5),D(a,b),E(c,0)$.

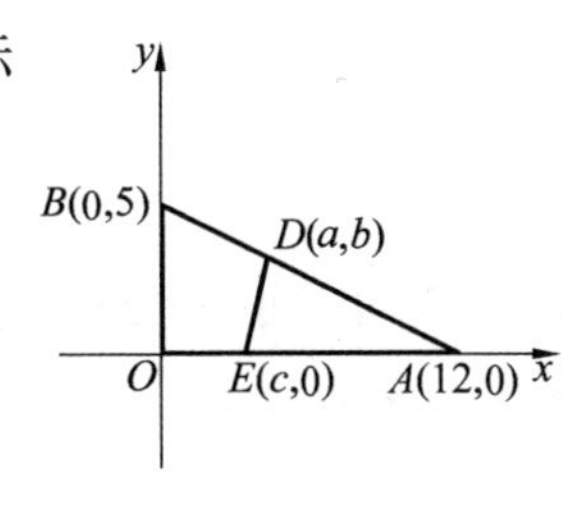

图119.3

依题意

$$S_{\triangle ADE}=\frac{1}{2}b(12-c)=\frac{1}{2}S_{\triangle ABC}=15$$

所以

$$c=12-\frac{30}{b}$$

又(a,b)适合直线 AB 的方程$\frac{x}{12}+\frac{y}{5}=1$,所以

$$a=12-\frac{12b}{5}$$

$$|DE| = \sqrt{(a-c)^2+b^2} = \sqrt{\left[\left(12-\frac{12b}{5}\right)-\left(12-\frac{30}{b}\right)\right]^2+b^2} =$$

$$\sqrt{\frac{90^{\circ}}{b^2}+\frac{169b^2}{25}-144} \geqslant$$

$$\sqrt{2\sqrt{\frac{900}{b^2}\cdot\frac{169b^2}{25}}-144} = 2\sqrt{3}$$

所以线段 DE 的最小长度为 $2\sqrt{3}$.

⑫⓪ 如图 120.1,$ABCD$ 是一个边长为 1 的正方形,U,V 分别是 AB,CD 上的点,AV 与 DU 相交于点 P,BV 与 CU 相交于点 Q,求四边形 $PUQV$ 面积的最大值.

(2000 年(弘晟杯)上海市初中数学竞赛)

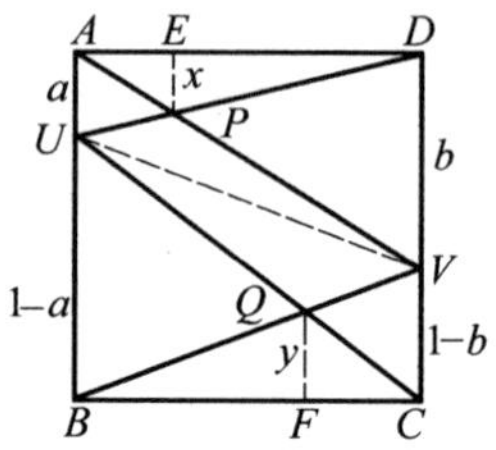

图 120.1

解法 1 联结 UV.因为

$$AU \parallel DV$$

所以
$$S_{\triangle PUV} = S_{\triangle PAD}$$

易证
$$S_{\triangle PUV}\cdot S_{\triangle PAD} = S_{\triangle PAU}\cdot S_{\triangle PDV}$$

所以
$$S_{\triangle PUV}+S_{\triangle PAD} \leqslant S_{\triangle PAU}+S_{\triangle PDV}$$

(两正数的积一定,当两数相等时两数的和最小)

同理
$$S_{\triangle QUV} = S_{\triangle QBC}$$

且
$$S_{\triangle QUV}+S_{\triangle QBC} \leqslant S_{\triangle QBV}+S_{\triangle QCV}$$

所以 $S_{\triangle PUV}+S_{\triangle QUV}+S_{\triangle PAD}+S_{\triangle QBC} \leqslant 1-(S_{\triangle PAD}+S_{\triangle QBC})-S_{PUQV}$

而
$$S_{PUQV} = S_{\triangle PUV}+S_{\triangle QUV} = S_{\triangle PAD}+S_{\triangle QBC}$$

所以
$$2S_{PUQV} \leqslant 1-S_{PUQV}-S_{PUQV}$$

即
$$S_{PUQV} \leqslant \frac{1}{4}$$

所以四边形 $PUQV$ 面积的最大值是 $\frac{1}{4}$.

解法 2 如图 120.1,联结 UV.因为

$$AU \parallel DV$$

所以
$$S_{\triangle DAU} = S_{\triangle VAU}$$

从而
$$S_{\triangle PUV} = S_{\triangle PAD}$$

同理
$$S_{\triangle QUV} = S_{\triangle QBC}$$

故
$$S_{PUQV} = S_{\triangle PAD}+S_{\triangle QBC}$$

作 $PE \perp AD$ 于 E，$QF \perp BC$ 于 F. 设 $PE = x$，$QF = y$，则

$$S_{PUQV} = \frac{1}{2}(x + y)$$

设 $AU = a$，$DV = b$，则

$$\frac{x}{a} + \frac{x}{b} = DE + AE = 1$$

所以
$$x = \frac{ab}{a + b}$$

同理
$$y = \frac{(1 - a)(1 - b)}{(1 - a) + (1 - b)} = \frac{(1 - a)(1 - b)}{2 - a - b}$$

则
$$S_{PUQV} = \frac{1}{2}\left[\frac{ab}{a + b} + \frac{(1 - a)(1 - b)}{2 - a - b}\right] = \frac{(a + b) - (a^2 + b^2)}{2(a + b)(2 - a - b)} =$$
$$\frac{2(a + b) - a^2 - b^2 - (a^2 + b^2)}{4(a + b)(2 - a - b)} \leqslant$$
$$\frac{2(a + b) - a^2 - b^2 - 2ab}{4(a + b)(2 - a - b)} =$$
$$\frac{(a + b)(2 - a - b)}{4(a + b)(2 - a - b)} = \frac{1}{4}$$

等号当且仅当 $a = b$ 时成立.

故四边形 $PUQV$ 面积的最大值是$\frac{1}{4}$.

解法 3 如图 120.2，分别过 P，Q 作 AB 的垂线 EF，GH. 因为

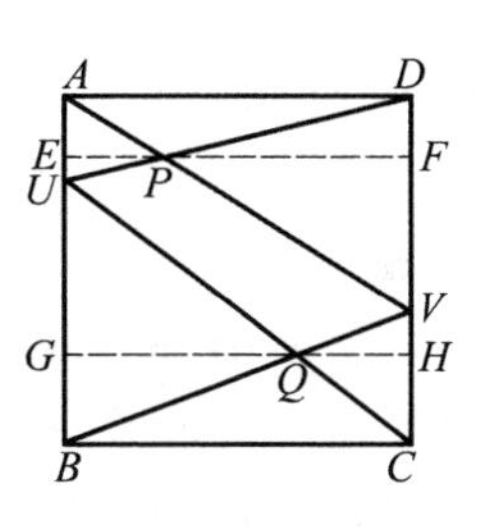

图 120.2

$$S_{\triangle ABV} = \frac{1}{2}S_{ABCD} = \frac{1}{2}$$

所以

$$S_{PUQV} = S_{\triangle ABV} - S_{\triangle PAU} - S_{\triangle QBV} = \frac{1}{2} - S_{\triangle PAU} - S_{\triangle QBV}$$

同理
$$S_{PUQV} = \frac{1}{2} - S_{\triangle PDV} - S_{\triangle QCV}$$

所以
$$2S_{PUQV} = 1 - S_{\triangle PAU} - S_{\triangle QBU} - S_{\triangle PDV} - S_{\triangle QCV}$$

设 $AU = a$，$DV = b$，$PE = x$，$QG = y$，则 $BU = 1 - a$，$CV = 1 - b$，$PF = 1 - x$，$QH = 1 - y$，所以

$$2S_{PUQV} = 1 - \frac{1}{2}ax - \frac{1}{2}(1 - a)y - \frac{1}{2}b(1 - x) - \frac{1}{2}(1 - b)(1 - y) =$$

$$\frac{1}{2}-\frac{1}{2}(a-b)(x-y)$$

因为 $\triangle PAU \backsim \triangle PDV$

所以 $\frac{a}{b}=\frac{x}{1-x} \Rightarrow x=\frac{a}{a+b}$

同理 $y=\frac{1-a}{2-a-b}$

所以
$$S_{PUQV}=\frac{1}{4}-\frac{1}{4}(a-b)\left(\frac{a}{a+b}-\frac{1-a}{2-a-b}\right)=$$
$$\frac{1}{4}-\frac{(a-b)^2}{4(a+b)(2-a-b)} \leqslant \frac{1}{4}$$

等号当且仅当 $a=b$ 时成立.

故四边形 $PUQV$ 面积的最大值是 $\frac{1}{4}$.

评注 由解法1知:题中正方形条件可以减弱为梯形,即有梯形 $ABCD$ 中,$AB \parallel CD$,则 $S_{PUQV} \leqslant \frac{1}{4}S_{ABCD}$.

121 AB 和 CD 是两条长度为1的线段,它们在点 O 相交,而且 $\angle AOC=60°$.试证:$AC+BD \geqslant 1$.

(1992年第19届全俄数学奥林匹克第一阶段九年级)

证法1 如图121.1,作 $\square ACDE$,联结 BE.因为

$$AE=CD=AB=1$$
$$\angle EAB=\angle AOC=60°$$

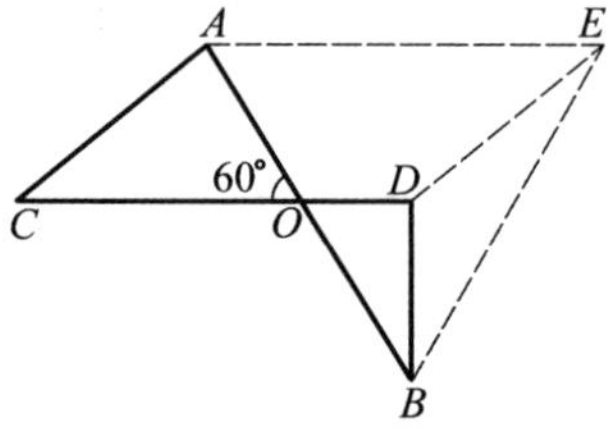

所以 $\triangle ABE$ 是正三角形,$BE=1$.又

$$DE+BD \geqslant BE, AC=DE$$

所以 $AC+BD \geqslant 1$

图121.1

证法2 先证一个引理.

引理 在 $\triangle ABC$ 中,$\angle A=60°$,则 $AB+AC \leqslant 2BC$.

证明 如图121.2,作 $\angle BAC$ 的平分线 AD,作 $BE \perp AD$ 于 E,$CF \perp AD$ 于 F.则

$$BE=\frac{1}{2}AB, CF=\frac{1}{2}AC$$

又 $BC=BD+DC \geqslant BE+CF$

所以 $$BC \geqslant \frac{1}{2}AB + \frac{1}{2}AC$$

即 $$2BC \geqslant AB + AC$$

由引理得 $$2AC \geqslant OA + OC$$

$$2BD \geqslant OB + OD$$

两式相加即可得结论.

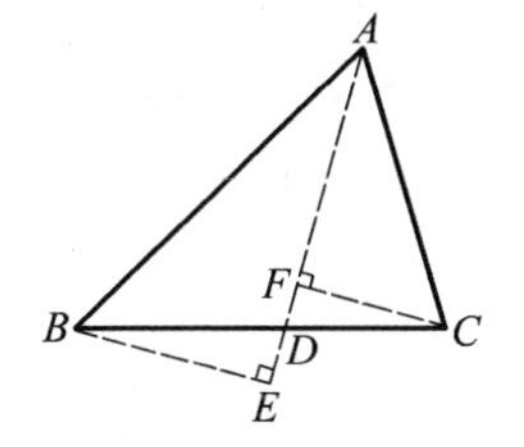

图 121.2

证法 3 如图 121.3,AC,BD 的垂直平分线相交于 E.因为

$$EA = EC, EB = ED, AB = CD$$

所以 $$\triangle EAB \cong \triangle ECD$$

所以 $$\angle EAB = \angle ECD$$

E,A,C,D 四点共圆.所以

$$\angle AEC = \angle AOC = 60^\circ$$

所以 $\triangle EAC$ 是正三角形,$EA = AC$.

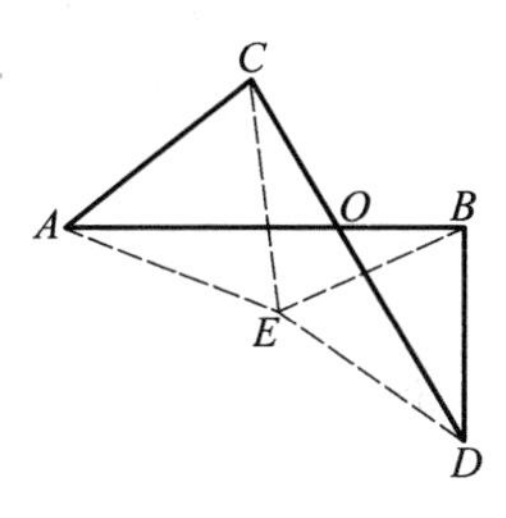

图 121.3

同理 $$EB = BD$$

因为 $$EA + EB \geqslant AB$$

所以 $$AC + BD \geqslant 1$$

B 类题

122 如图,设 $\triangle ABC$ 的外接圆 O 的半径为 R,内心为 I,$\angle B = 60^\circ$,$\angle A < \angle C$,$\angle A$ 的外角平分线交圆 O 于 E.证明

(1) $IO = AE$;

(2) $2R < IO + IA + IC < (1 + \sqrt{3})R$.

(1994 年全国高中数学联赛第二试)

证法 1 如图 122.1,联结 OA,OC,因 $\angle B = 60^\circ$,则 $\angle AOC = 120^\circ = \angle AIC$,所以 A,O,I,C 四点共圆.在 $\triangle AOC$ 中

$$\angle OAC = \angle OCA = 30^\circ$$

$$AC = \sqrt{3}R$$

(1) 作 $OD \perp AE$ 于 D,$OF \perp AI$ 于 F,则 $AD = \frac{1}{2}AE$.在 $Rt\triangle IOF$ 中,$\angle OIF = \angle OCA = 30^\circ$,所以 $OF = \frac{1}{2}IO$.

因为 $\angle DAF = 90°$，所以 $ADOF$ 是矩形．所以 $OF = AD$．故 $IO = AE$．

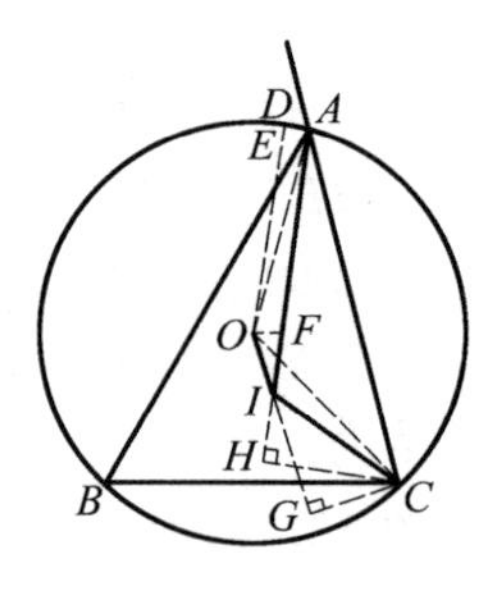

图 122.1

(2) 在 $\triangle IOC$ 中，$R = OC < IO + IC$．在 $\triangle AOI$ 中，因

$$\angle AOI > \angle AOC = 120° > \angle AIO$$

则
$$R = OA < IA$$

所以
$$2R < IO + IA + IC$$

作 $CG \perp OI$ 于 G，$CH \perp AI$ 于 H．因为

$$\angle CIG = \angle OAC = 30°$$

所以
$$IG = \frac{\sqrt{3}}{2}IC > \frac{1}{2}IC$$

因为
$$\angle CIH = 60°$$

所以
$$IH = \frac{1}{2}IC$$

因为
$$R = OC > OG = IO + IG > IO + \frac{1}{2}IC$$

$$\sqrt{3}R = AC > AH = IA + IH = IA + \frac{1}{2}IC$$

所以
$$(1 + \sqrt{3})R > IO + IA + IC$$

故
$$2R < IO + IA + IC < (1 + \sqrt{3})R$$

证法 2　如图 122.2，联结 OA，OC，因 $\angle B = 60°$，则 $\angle AOC = 120° = \angle AIC$，所以 A，O，I，C 四点共圆．在 $\triangle AOC$ 中，$\angle OAC = \angle OCA = 30°$，$AC = \sqrt{3}R$．

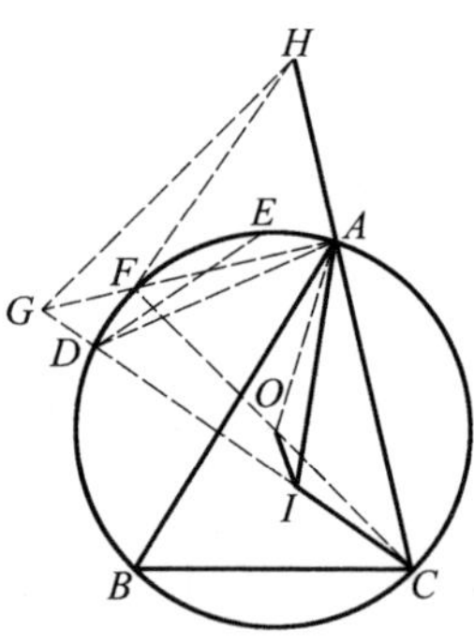

图 122.2

(1) 延长 CI 交圆 O 于 D，联结 AD，DE．因为

$$\angle ADI = \angle B = 60° = \angle AID$$

所以 $\triangle ADI$ 是正三角形．

从而 $IA = DA$．又

$$\angle OIA = \angle OCA = 30°$$

$$\angle EAD = \angle EAI - \angle DAI = 90° - 60° = 30°$$

则
$$\angle OIA = \angle EAD$$

又因为
$$\angle IOA = 180° - \angle ACI = \angle AED$$

所以
$$\triangle IOA \cong \triangle AED$$

所以
$$IO = AE$$

(2) 联结 CO 并延长交圆 O 于 F,联结 DF,AF.因为

$$\angle FAD = \angle FCD = \angle OAI$$

$$\angle AFD = 180° - \angle ACD = \angle AOI$$

又
$$AD = AI$$

所以
$$\triangle AFD \cong \triangle AOI$$

所以
$$DF = IO, AF = AO = R$$

延长 ID 至 G,使 $DG = DF = IO$,延长 CA 至 H,使 $AH = AF = R$,联结 FG,FH,GH.则

$$CG = IO + IA + IC, CH = (1+\sqrt{3})R$$

在 $\triangle CGF$ 中,因为

$$\angle FGC = \angle GFD < \angle GFC$$

所以 $CF < CG$.又 CF 是直径,$CF = 2R$,所以

$$2R < IO + IA + IC$$

在 $\triangle CIO$ 中,易知 $\angle OIC > \angle OCI$,所以

$$IO < CO = R$$

即
$$DF < AF$$

从而
$$FG < FH, \angle FHG < \angle FGH$$

又
$$\angle FGD = 45° = \angle FHA$$

所以
$$\angle GHC < \angle HGC$$

于是
$$CG < CH$$

即
$$IO + IA + IC < (1+\sqrt{3})R$$

故
$$2R < IO + IA + IC < (1+\sqrt{3})R$$

证法3 如图 122.3,联结 OA,OC.因 $\angle B = 60°$,则

$$\angle AOC = 120° = \angle AIC$$

所以 A,O,I,C 四点共圆. 在 $\triangle ADC$ 中, $\angle OAC = \angle OCA = 30°, AC = \sqrt{3}R$.

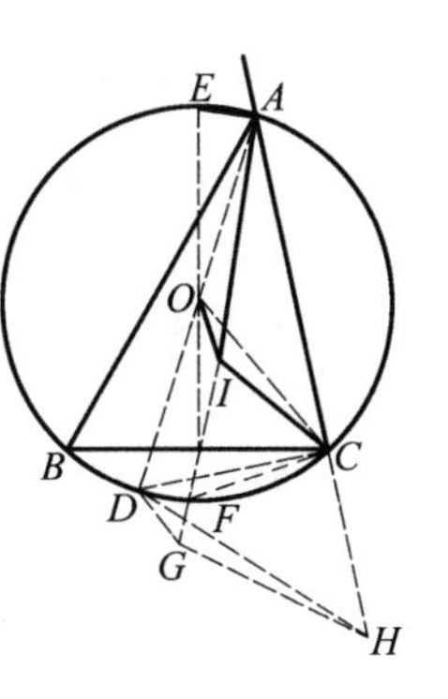

图 122.3

(1) 延长 AI 交圆 O 于 F,AO 交圆 O 于 D,联结 EF,DF,CF.因 $\angle EAF = 90°$,则 EF 为直径过点 O.因为

$$\angle ODC = \angle B = 60°, OD = OC$$

所以 $\triangle ODC$ 是正三角形.

因为
$$\angle IFC = \angle B = 60° = \angle CIF$$

所以 $\triangle IFC$ 是正三角形.

由 $CO=CD, CI=CF, \angle ICO=60^\circ-\angle DCI=\angle FCD$,得 $\triangle CIO\cong\triangle CFD$. 所以

$$IO=FD=AE$$

(2) 延长 AF 至 G,使 $FG=FD=IO$,延长 AC 至 H,使 $CH=CD=R$,联结 DH, DG, GH,则

$$AG=IO+IA+IC, AH=(1+\sqrt{3})R$$

因为
$$\angle AFD=\angle ACD=90^\circ$$
所以
$$\angle DGA=45^\circ=\angle DHA$$
所以 D, G, H, A 四点共圆.所以

$$\angle AGH=\angle ADH=\angle ODC+\angle CDH=60^\circ+45^\circ=105^\circ$$

从而在 $\triangle AGH$ 中,有

$$\angle AGH>\angle AHG$$

所以
$$AG<AH$$
即
$$IO+IA+IC<(1+\sqrt{3})R$$
在 $\triangle ADF$ 中

$$AD<FD+AF$$

即
$$2R<IO+IA+IC$$
故
$$2R<IO+IA+I<(1+\sqrt{3})R$$

证法 4 (1) 如图 122.4,联结 OA, OC. 延长 AI 交圆 O 于 F,联结 EF. 因 $EA\perp AF$,则 EF 为直径过点 O,作 $OM\perp AF$ 于 M,则 $OM=\frac{1}{2}AE$.

由证法 1 知 $OM=\frac{1}{2}IO$. 所以 $IO=AE$.

(2) 因为 $\angle CFI=\angle B=60^\circ=\angle CIF$,所以 $\triangle CIF$ 是正三角形.

可作 $\triangle CFN$ 使之以 IF 的中垂线为对称轴,关于 $\triangle CIO$ 对称. 因为

$$\angle AFC+\angle CFN=60^\circ+150^\circ>180^\circ$$

所以点 F 在 $\triangle ACN$ 内,从而

$$FN+FA<CN+CA$$

即
$$IO+IA+IC<(1+\sqrt{3})R$$
在 $\triangle AEF$ 中

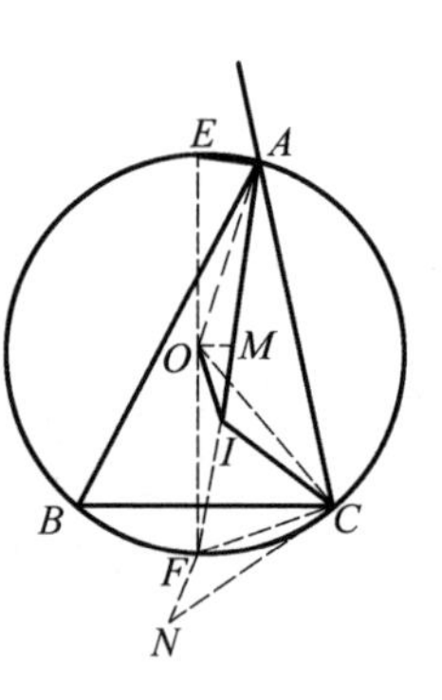

图 122.4

$$EF < AE + AF$$

即
$$2R < IO + IA + IC$$

故
$$2R < IO + IA + IC < (1+\sqrt{3})R$$

证法5 如图 122.5，联结 OA, OC, OE，易知 $\angle AIC = 120^\circ, AC = \sqrt{3}R, \angle AIO = 30^\circ$.

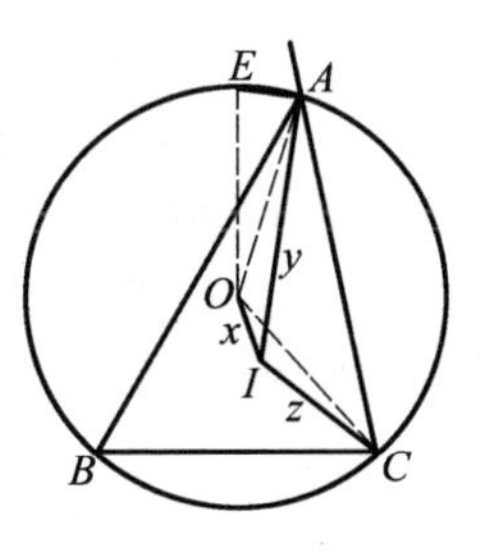

图 122.5

(1) 设 $\angle OAI = \alpha$，则

$$\angle EAO = 90^\circ - \alpha, \angle AOE = 2\alpha$$

在 $\triangle AOE$ 与 $\triangle AIO$ 中用正弦定理得

$$AE = \frac{R\sin 2\alpha}{\sin(90^\circ - \alpha)} = 2R\sin\alpha$$

$$IO = \frac{R\sin\alpha}{\sin 30^\circ} = 2R\sin\alpha$$

所以
$$IO = AE$$

(2) 设 $IO = x, IA = y, IC = z$. 在 $\triangle IOC$ 中

$$R^2 = x^2 + z^2 - 2xz\cos 150^\circ =$$

$$(x + \frac{1}{2}z)^2 + \frac{3}{4}z^2 + (\sqrt{3} - 1)xz > (x + \frac{1}{2}z)^2$$

所以
$$R > x + \frac{1}{2}z$$

在 $\triangle AIC$ 中

$$3R^2 = y^2 + z^2 - 2yz\cos 120^\circ = (y + \frac{1}{2}z)^2 + \frac{3}{4}z > (y + \frac{1}{2}z)^2$$

所以
$$\sqrt{3}R > y + \frac{1}{2}z$$

所以
$$(1+\sqrt{3})R > x + y + z$$

在 $\triangle IOC$ 中，$x + z > R$.

在 $\triangle AOI$ 中，易知 $\angle AOI > \angle AIO$，所以 $y > R$. 所以

$$x + y + z > 2R$$

故
$$2R < x + y + z < (1+\sqrt{3})R$$

123 锐角 $\triangle ABC$ 的三条高分别为 AD, BE, CF. 求证：$\triangle DEF$ 的周长不超过 $\triangle ABC$ 周长的一半.

(2002 年首届女子数学奥林匹克)

证法1 如图 123.1，作 $FG \perp BC$ 于 G, $EI \perp BC$ 于 I.

因 A,F,D,C 四点共圆,则

$$DG = DF\cos\angle FDG = DF\cos A$$

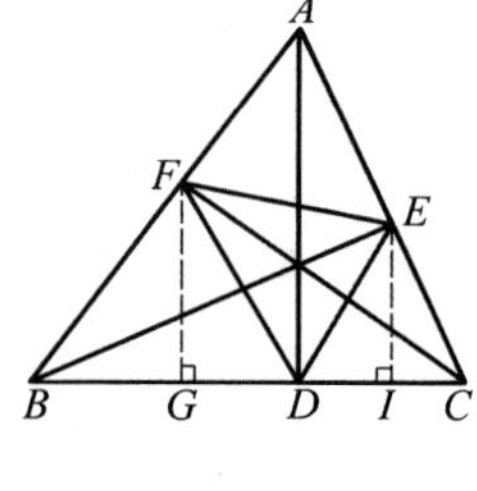

图 123.1

同理 $$DI = DE\cos A$$

易知 $$\triangle AEF \backsim \triangle ABC$$

所以 $$\frac{EF}{BC} = \frac{AE}{AB} = \cos A$$

即 $$EF = a\cos A$$

因为 $GI \leqslant EF$,即

$$DG + DI \leqslant EF$$

亦即 $$DF\cos A + DE\cos A \leqslant a\cos A$$

所以 $$DF + DE \leqslant a(\text{因为} \cos A > 0)$$

同理 $$DE + EF \leqslant b, EF + DF \leqslant c$$

将上述三式相加得

$$DE + EF + DF \leqslant \frac{1}{2}(a + b + c)$$

证法 2 因 D,E,A,B 四点共圆,且 AB 为该圆直径,根据正弦定理,可得

$$\frac{DE}{\sin\angle DAE} = AB = c$$

即 $$DE = c\sin\angle DAE$$

又 $$\angle DAE = 90° - C$$

所以 $$DE = c\cos C$$

同理 $$DF = b\cos B$$

所以

$$\begin{aligned}DE + DF &= c\cos C + b\cos B = (2R\sin C)\cos C + (2R\sin B)\cos B = \\ &R(\sin 2C + \sin 2B) = \\ &2R\sin(B + C)\cos(B - C) = \\ &2R\sin A \cdot \cos(B - C) = \\ &a\cos(B - C) \leqslant a\end{aligned}$$

同理 $$DE + EF \leqslant b, EF + DF \leqslant c$$

将上述三式相加,即知命题成立.

证法 3 如图 123.2,设 M 为 BC 中点,E' 为 E 关于 BC 的对称点,H 为 $\triangle ABC$ 的垂心.

因 B,D,H,F 四点共圆,则 $\angle 1 = \angle 4$. 同理 $\angle 2 = \angle 3$. 又 $\angle 1 = \angle 2$. 所以 $\angle 4 = \angle 3 = \angle 5$, F,D,E' 三点共线.

在 Rt△BCE 和 Rt△BCF 中,有

$$EM = FM = \frac{1}{2}BC$$

而 $$ME' = ME$$

所以

$$DE + DF = DE' + DF = E'F \leqslant MF + ME' = BC$$

同理 $$DE + EF \leqslant AC, EF + DF \leqslant AB$$

将上述三式相加,即知命题成立.

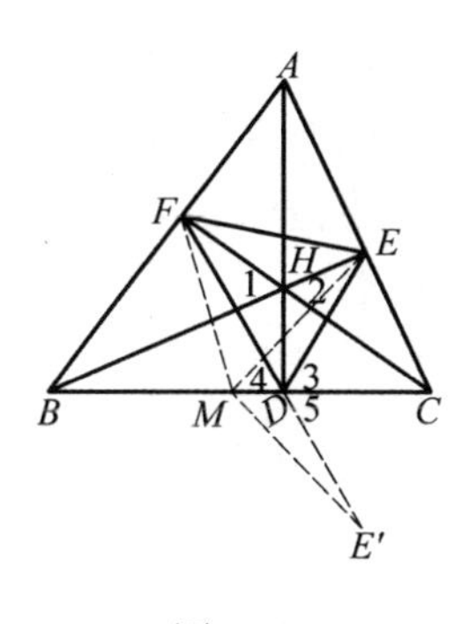

图 123.2

证法 4 如图 123.3,E' 为 E 关于 BC 的对称点.

由证法 3 知,F,D,E' 三点共线.

因为 $$\angle BFC + \angle BE'C = 90° + 90° = 180°$$

所以 B,F,C,E' 四点共圆,且 BC 为该圆直径.所以

$$DE + DF = DE' + DF = E'F \leqslant BC$$

同理 $$DE + EF \leqslant AC, EF + DF \leqslant AB$$

将上述三式相加,即知命题成立.

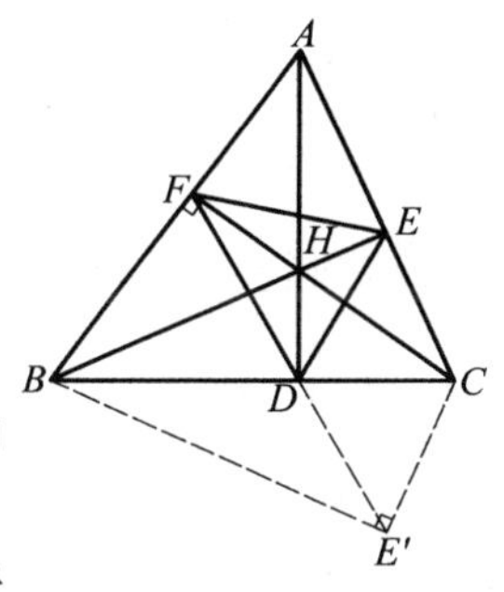

图 123.3

证法 5 先证 △DEF 是锐角 △ABC,所有内接三角形中周长最短的三角形.

如图 123.4,设 D' 是 BC 边上任一固定点,作 D' 关于 AB,AC 的对称点 D_1,D_2,联结 D_1,D_2 分别交 AB,AC 于点 E',F',则 △$D'E'F'$ 周长最短.

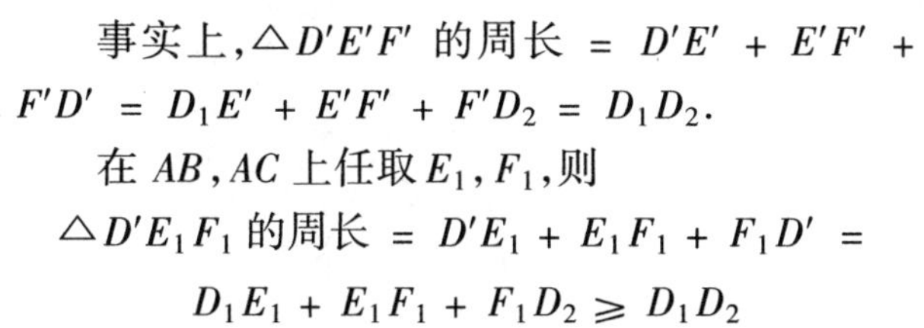
事实上,△$D'E'F'$ 的周长 $= D'E' + E'F' + F'D' = D_1E' + E'F' + F'D_2 = D_1D_2$.

在 AB,AC 上任取 E_1,F_1,则

$$\triangle D'E_1F_1 \text{ 的周长} = D'E_1 + E_1F_1 + F_1D' = D_1E_1 + E_1F_1 + F_1D_2 \geqslant D_1D_2$$

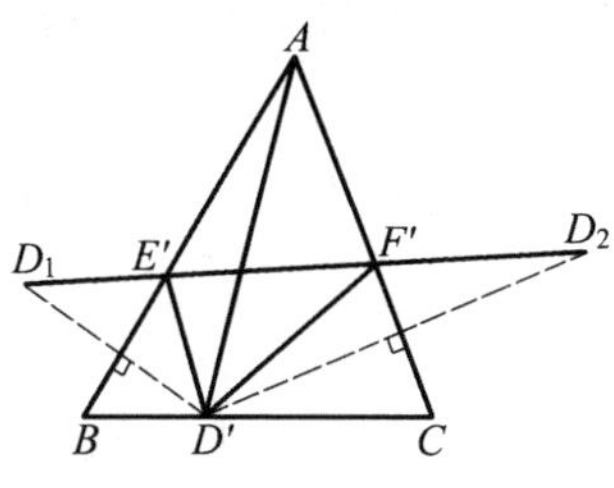

图 123.4

当且仅当 E_1,F_1 分别与 E',F' 重合时取等号.所以当 D' 固定时,上述 △$D'E'F'$ 周长最短.

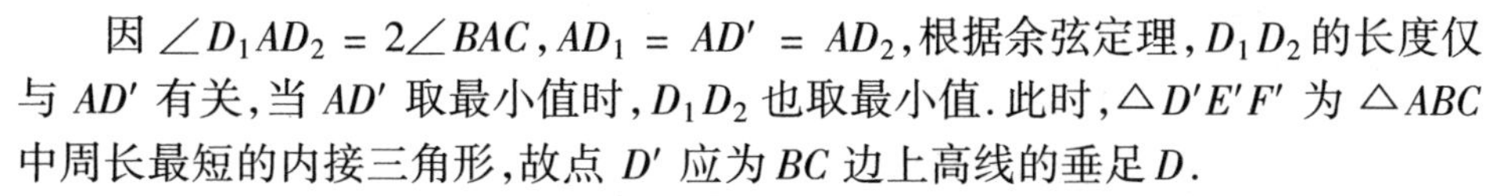
因 $\angle D_1AD_2 = 2\angle BAC, AD_1 = AD' = AD_2$,根据余弦定理,$D_1D_2$ 的长度仅与 AD' 有关,当 AD' 取最小值时,D_1D_2 也取最小值.此时,△$D'E'F'$ 为 △ABC 中周长最短的内接三角形,故点 D' 应为 BC 边上高线的垂足 D.

如图 123.5,△DEF 为 △ABC 的垂足三角形,则 △ABC 的三条高平分 △DEF 的内角,有

$$\angle AFE = \angle DFC = \angle CFD_2$$

从而，E,F,D_2 三点共线.

同理，D_1,E,F 三点共线.

综上所述，垂足 $\triangle DEF$ 为 $\triangle ABC$ 中周长最短的内接三角形.

分别在 $\triangle ABC$ 的三边上取中点 M,N,L，则

$$DE+EF+FD \leqslant MN+NL+LM=\frac{1}{2}(AB+BC+CA)$$

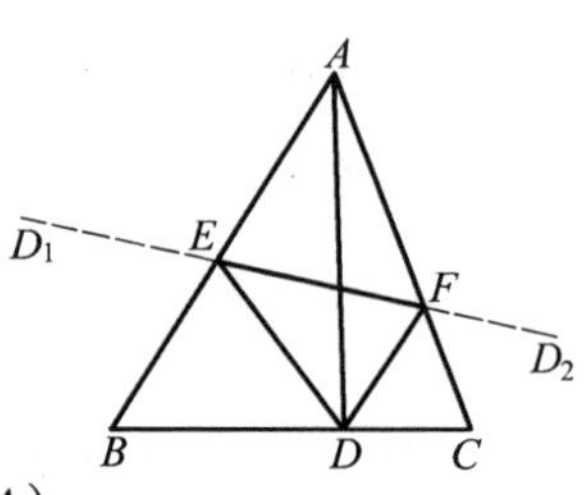

图 123.5

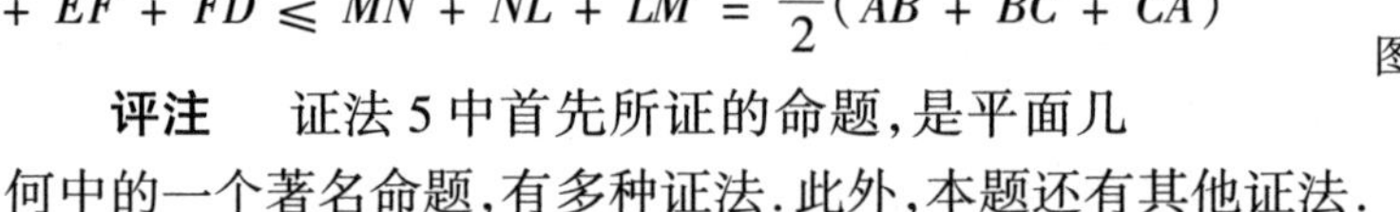

评注　证法 5 中首先所证的命题，是平面几何中的一个著名命题，有多种证法. 此外，本题还有其他证法.

C 类题

124 已知四边形 $A_1A_2A_3A_4$ 既有外接圆又有内切圆，内切圆与边 A_1A_2，A_2A_3，A_3A_4，A_4A_1 分别切于点 B_1,B_2,B_3,B_4. 证明：$\left(\frac{A_1A_2}{B_1B_2}\right)^2+\left(\frac{A_2A_3}{B_2B_3}\right)^2+\left(\frac{A_3A_4}{B_3B_4}\right)^2+\left(\frac{A_4A_1}{B_4B_1}\right)^2 \geqslant 8$.

(2004 年中国台湾数学奥林匹克)

证法 1　如图 124.1，有关线段的长度用小写字母标记. 易知

$$\triangle B_1A_2O \backsim \triangle B_4OA_4$$

则
$$r^2=yu$$

同理
$$r^2=xz$$

从而
$$r^4=xyzu$$

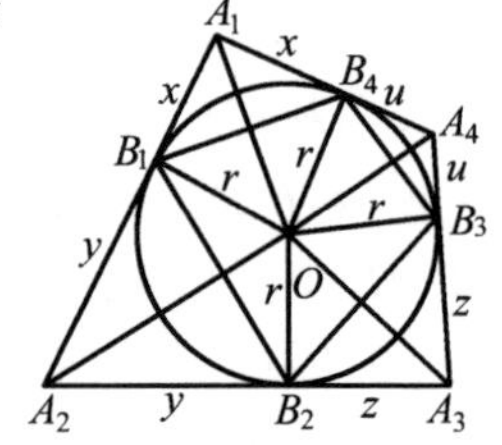

图 124.1

因 B_1,A_2,B_2,O 四点共圆，此圆直径为 OA_2，则 $B_1B_2 \leqslant OA_2$.

由托勒密定理得

$$2yr=B_1B_2\cdot OA_2 \geqslant B_1B_2^2$$

所以
$$\left(\frac{A_1A_2}{B_1B_2}\right)^2=\frac{(x+y)^2}{B_1B_2^2} \geqslant \frac{(x+y)^2}{2yr} \geqslant \frac{4xy}{2yr}=\frac{2x}{r}$$

同理
$$\left(\frac{A_2A_3}{B_2B_3}\right)^2 \geqslant \frac{2y}{r},\left(\frac{A_3A_4}{B_3B_4}\right)^2 \geqslant \frac{2z}{r},\left(\frac{A_4A_1}{B_4B_1}\right)^2 \geqslant \frac{2u}{r}$$

故 $$\left(\frac{A_1A_2}{B_1B_2}\right)^2+\left(\frac{A_2A_3}{B_2B_3}\right)^2+\left(\frac{A_3A_4}{B_3B_4}\right)^2+\left(\frac{A_4A_1}{B_4B_1}\right)^2\geqslant$$
$$\frac{2}{r}(x+y+z+u)\geqslant\frac{2}{r}\cdot 4\sqrt[4]{xyzu}=8$$

证法2 如图124.2,有关线段的长度用小写字母标记.

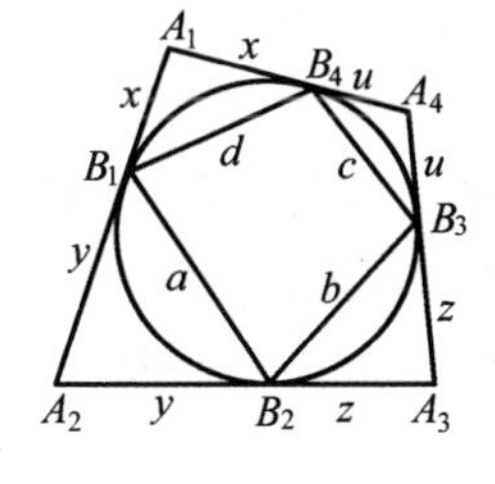

图124.2

由余弦定理得
$$a^2=2y^2-2y^2\cos A_2 \quad ①$$
$$c^2=2u^2-2u^2\cos(\pi-A_2) \quad ②$$
式 ① $\times u^2+$ ② $\times y^2$ 得
$$u^2a^2+y^2c^2=4y^2u^2$$
又 $$u^2a^2+y^2c^2\geqslant 2yuac$$
所以 $$ac\leqslant 2yu$$
$$\left(\frac{A_1A_2}{B_1B_2}\right)^2+\left(\frac{A_3A_4}{B_3B_4}\right)^2=\left(\frac{x+y}{a}\right)^2+\left(\frac{z+u}{c}\right)^2\geqslant$$
$$2\cdot\frac{(x+y)(z+u)}{ac}\geqslant 2\cdot\frac{2\sqrt{xy}\cdot 2\sqrt{zu}}{2yu}=4\frac{\sqrt{xz}}{\sqrt{yu}}$$
同理 $$\left(\frac{A_2A_3}{B_2B_3}\right)^2+\left(\frac{A_4A_1}{B_4B_1}\right)^2\geqslant 4\frac{\sqrt{yu}}{\sqrt{xz}}$$
故 $$\left(\frac{A_1A_2}{B_1B_2}\right)^2+\left(\frac{A_2A_3}{B_2B_3}\right)^2+\left(\frac{A_3A_4}{B_3B_4}\right)^2+\left(\frac{A_4A_1}{B_4B_1}\right)^2\geqslant$$
$$4\left(\frac{\sqrt{xz}}{\sqrt{yu}}+\frac{\sqrt{yu}}{\sqrt{xz}}\right)\geqslant 8$$

证法3 如图124.3,设内切圆半径为 r,有关角的值用拉丁字母标记.易知

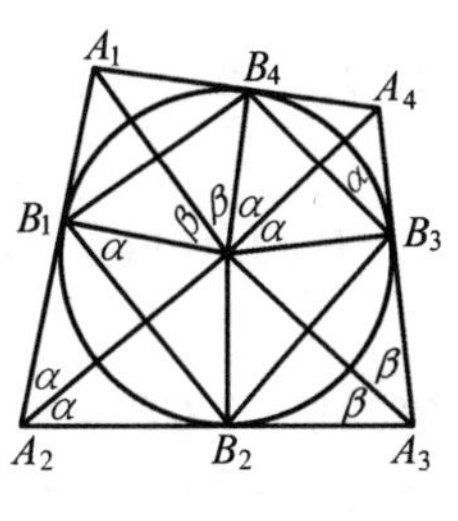

图124.3

$$A_1A_2=r\tan\beta+r\cot\alpha$$
$$B_1B_2=2r\cos\alpha$$
则 $$\left(\frac{A_1A_2}{B_1B_2}\right)^2=\left(\frac{r\tan\beta+r\cot\alpha}{2r\cos\alpha}\right)^2\geqslant$$
$$\frac{\tan\beta\cot\alpha}{\cos^2\alpha}=\frac{2\tan\beta}{\sin 2\alpha}\geqslant 2\tan\beta$$
同理 $$\left(\frac{A_3A_4}{B_3B_4}\right)^2\geqslant 2\cot\beta$$

所以 $$\left(\frac{A_1A_2}{B_1B_2}\right)^2+\left(\frac{A_3A_4}{B_3B_4}\right)^2\geqslant 2(\tan\beta+\cot\beta)\geqslant 4$$

同理 $$\left(\frac{A_2A_3}{B_2B_3}\right)^2+\left(\frac{A_4A_1}{B_4B_1}\right)^2\geqslant 4$$

以上两式相加即命题得证.

125 已知过锐角 $\triangle ABC$ 顶点 A,B,C 的垂线分别交对边于 D,E,F，$AB>AC$，直线 EF 交 BC 于 P，过点 D 且平行 EF 的直线分别交 AC,AB 于 Q,R，N 是 BC 上的一点，且 $\angle NQP+\angle NRP<180°$. 求证：$BN>CN$.

（1999 年第 8 届台湾数学奥林匹克）

证法 1 如图 125.1，取 BC 中点 M，只需证明 $\angle MRP+\angle MQP=180°$，即 R,M,Q,P 四点共圆.

因三角形的三高共点，由塞瓦定理和梅涅劳斯定理得

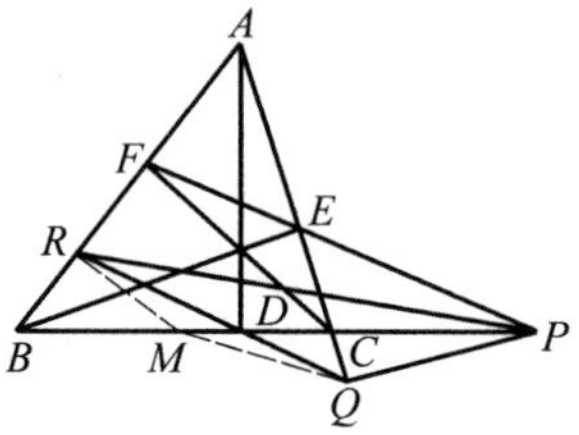

$$\frac{AF}{FB}\cdot\frac{BD}{DC}\cdot\frac{CE}{EA}=1=\frac{AF}{FB}\cdot\frac{BP}{PC}\cdot\frac{CE}{EA}$$

图 125.1

所以 $$\frac{BD}{DC}=\frac{BP}{PC}=\frac{BD+DP}{DP-DC}$$

即 $$BD\cdot DP-BD\cdot DC=BD\cdot DC+DC\cdot DP$$

$$2BD\cdot DC=(BD-DC)\cdot DP$$

易知 $$BD-DC=2DM$$

所以 $$BD\cdot DC=DM\cdot DP$$

又因为 B,F,E,C 四点共圆，$RQ\parallel FE$，所以

$$\angle RBC=\angle AEF=\angle CQR$$

所以 R,B,Q,C 四点共圆，所以

$$RD\cdot DQ=BD\cdot DC=DM\cdot DP$$

故 R,M,Q,P 四点共圆，即

$$\angle MRP+\angle MQP=180°$$

当 $N\in BC$ 且 $\angle NQP+\angle NRP<180°$，$N$ 必在 M 与 C 之间，故 $BN>CN$.

注：由此证法知，可把条件“过锐角 $\triangle ABC$ 顶点 A,B,C 的垂线分别交对边于 D,E,F.”减弱为：“在 $\triangle ABC$ 中，点 D,E,F 分别在 BC,CA,AB 上，AD,BE,CF 三线共点，且 B,F,E,C 四点共圆”.

证法 2 如图 125.2，取 BC 的中点 M，连 DE,ME. 易知

$$\angle CPE=\angle BCE-\angle CEP=\angle C-\angle B$$

$$\angle DEM = \angle DEB - \angle BEM = \angle DAB - \angle EBM =$$

$$(90^\circ - \angle B) - (90^\circ - \angle C) = \angle C - \angle B$$

所以 $\angle DEM = \angle CPE \Rightarrow EM^2 = MD \cdot MP$

又 $EM = BM = BD - MD$

$$EM = MC = MD + DC$$

则 $BD - DC = 2MD$

所以 $(BD - MD)(MD + DC) = MD \cdot (MD + DP)$

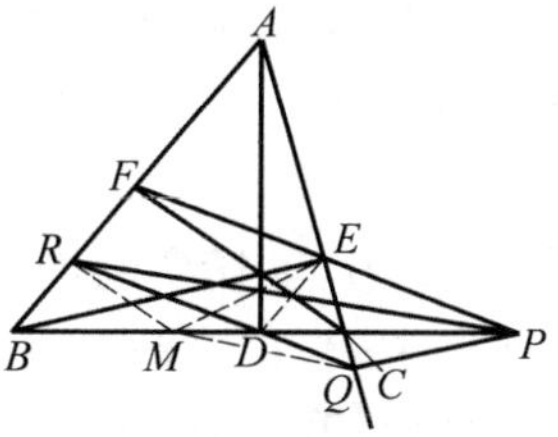

图 125.2

即 $BD \cdot DC + MD \cdot (BD - DC - MD) = MD^2 + MD \cdot DP$

亦即 $BD \cdot DC = MD \cdot DP$

以下同证法 1.

证法 3 如图 125.2,取 BC 的中点 M,连 DE.

易证 $\angle DEC = \angle B = \angle CEP$

$$\angle FEB = \angle FCB = \angle BED$$

由三角形内,外角平分线定理得

$$\frac{CP}{DC} = \frac{EP}{ED} = \frac{BP}{BD}$$

即 $$\frac{BD}{DC} = \frac{BP}{PC} = \frac{BD + DP}{DP - DC}$$

以下同证法 1.

证法 4 如图 125.2,取 BC 的中点 M,由欧拉圆(九点圆)得:M,F,E,D 四点共圆.又 B,F,E,C 四点共圆,所以

$$PD \cdot PM = PE \cdot PF = PC \cdot PB$$

即 $PD \cdot (PD + DM) = (PD - DC)(PD + BD)$

即 $PD^2 + PD \cdot DM = PD^2 + PD(BD - DC) - BD \cdot DC$

亦即 $BD \cdot DC = PD \cdot DM$(注意 $BD - DC = 2DM$)

以下同证法 1.

证法 5 如图 125.3,H 为 $\triangle ABC$ 的垂心,取 BC 的中点 M,易知 B,F,E,C 四点共圆,其圆心为 M.

过 P 作圆 M 的两条切线,S,T 为切点.

由 70 题知 S,H,T 三点共线,由 71 题知 A,S,T 三点共线,又 H 在 AD 上,则 A,S,H,D,T 五点共线.

因为 $MS \perp PS, MT \perp PT$

所以 M,S,P,T 四点共圆.所以

$$BD \cdot DC = DS \cdot DT = DM \cdot DP$$

以下同证法 1.

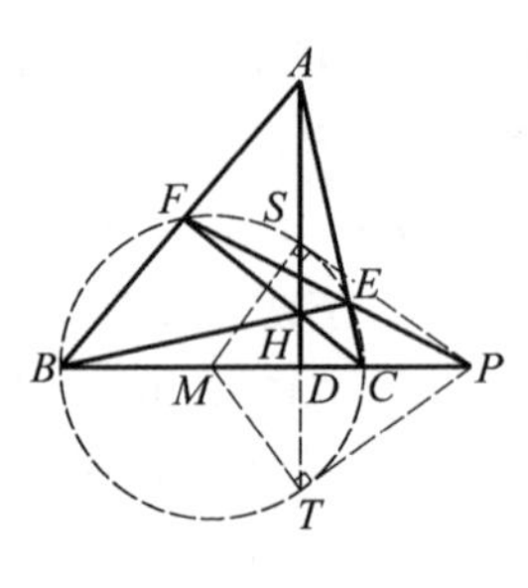

图 125.3

126 设 I 为 $\triangle ABC$ 的内心，P 是 $\triangle ABC$ 内部的一点，且满足 $\angle PBA + \angle PCA = \angle PBC + \angle PCB$. 证明：$AP \geqslant AI$，并说明等号成立的充分必要条件是 $P = I$.

（2006 年第 47 届 IMO）

证法 1 如图 126.1，作 $\triangle ABC$ 的外接圆，延长 AI 交外接圆于点 D，联结 DB, DP, DC, IB, IC.

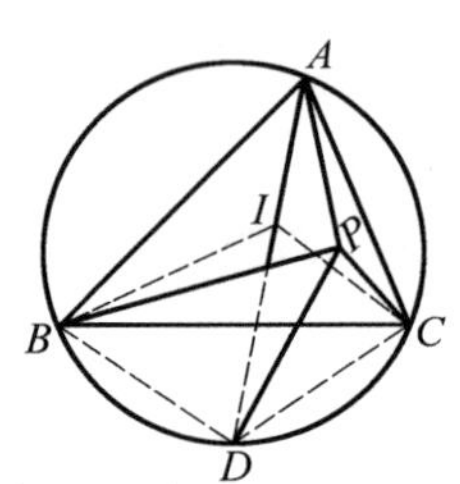

图 126.1

由 I 为 $\triangle ABC$ 的内心，可证得

$$DB = DI = DC$$

且易知

$$\angle IBC + \angle ICB = \frac{1}{2}(\angle ABC + \angle ACB)$$

又因

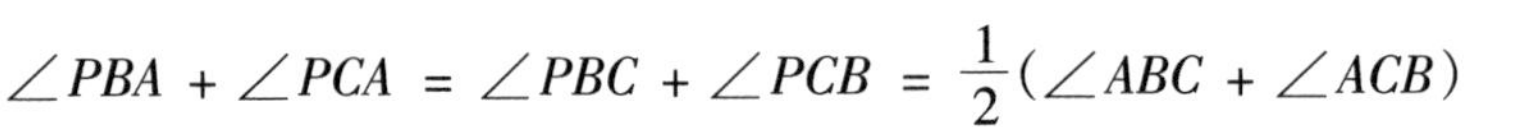

$$\angle PBA + \angle PCA = \angle PBC + \angle PCB = \frac{1}{2}(\angle ABC + \angle ACB)$$

故
$$\angle BIC = \angle BPC$$

B, I, P, C 四点共圆，圆心为 D，因此 $DP = DI$. 于是

$$AP + PD \geqslant AD = AI + ID, DP = DI$$

故 $AP \geqslant AI$. 等号当且仅当 $P = I$ 时成立.

证法 2 如图 126.2，由 I 为 $\triangle ABC$ 的内心，易知

$$\angle IBC + \angle ICB = \frac{1}{2}(\angle ABC + \angle ACB)$$

又因
$$\angle PBA + \angle PCA = \angle PBC + \angle PCB = \frac{1}{2}(\angle ABC + \angle ACB)$$

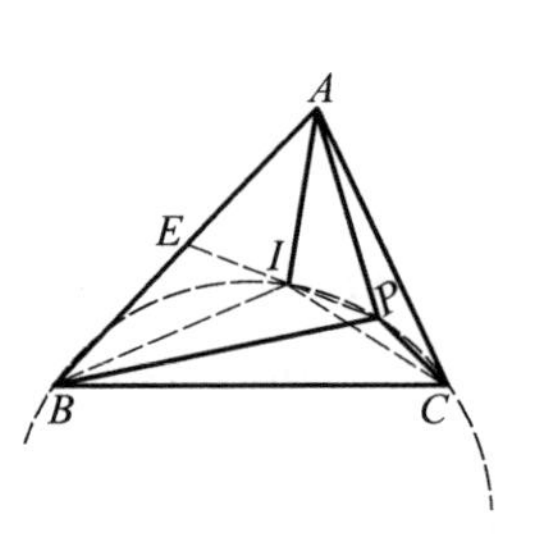

图 126.2

故
$$\angle BIC = \angle BPC$$

所以，B, I, P, C 四点共圆，记此圆为 ω，不妨设点 P 在圆 ω 之 $\overset{\frown}{CI}$ 上，设直线 PI 交 AB 于 E. 则

$$\angle AIP = \angle IAE + \angle AEI = \frac{1}{2}\angle A + \angle EBI + \angle BIE =$$

$$\frac{1}{2}\angle A + \frac{1}{2}\angle B + \angle BCP \geqslant \frac{1}{2}\angle A + \frac{1}{2}\angle B + \frac{1}{2}\angle C = 90^\circ$$

因此,在 $\triangle AIP$ 中,有 $AP \geqslant AI$,等号成立的充分必要条件是 $P = I$.

证法3 如图 126.3,延长 AI 交 $\triangle ABC$ 的外接圆于 D,联结 DB,DC.由 I 为 $\triangle ABC$ 的内心,可证得 $DB = DI = DC$,且易知

$$\angle IBC + \angle ICB = \frac{1}{2}(\angle ABC + \angle ACB)$$

又 $$\angle PBA + \angle PCA = \angle PBC + \angle PCB = \frac{1}{2}(\angle ABC + \angle ACB)$$

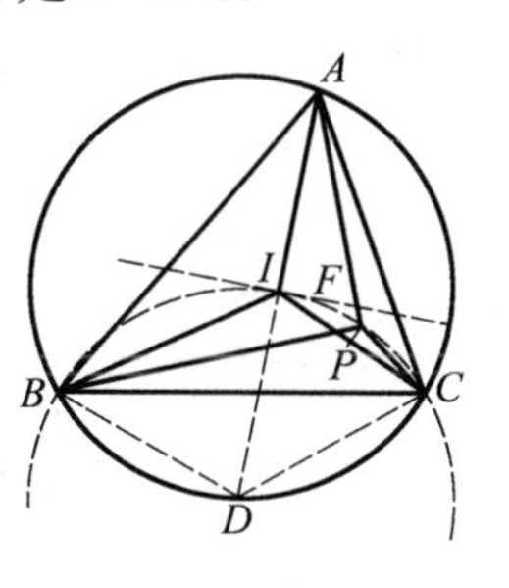

图 126.5

故 $$\angle BIC = \angle BPC$$

所以,B,I,P,C 四点共圆,且此圆圆心为 D.过 I 作圆 D 的切线交 AP 于 F,则 $AD \perp IF$,于是

$$AP \geqslant AF \geqslant AI$$

等号成立的充分必要条件是点 P,F 重合且均与 I 重合,即 $P = I$.

127 设锐角 $\triangle ABC$ 的外心为 O,从 A 作 BC 的高,垂足为 P,且 $\angle BCA \geqslant \angle ABC + 30°$.证明:$\angle CAB + \angle COP < 90°$.

证法1 如图 127.1,联结 OA,OB,作 $OD \perp AP$ 于 D,$OE \perp BC$ 于 E,则 $OEPD$ 为矩形.设 R 为 $\triangle ABC$ 的外接圆半径.

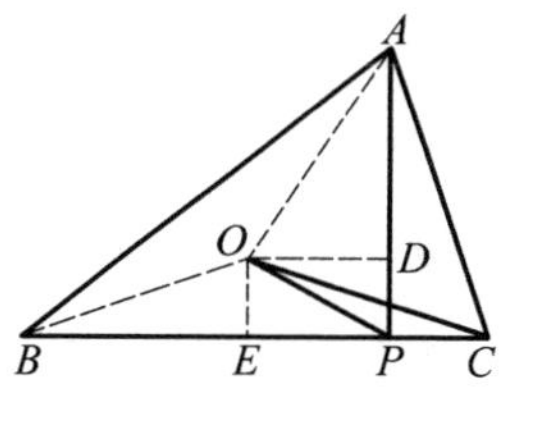

图 127.1

易知 $$\angle CAP = \angle OAB$$

又 $$OA = OB = OC = R$$

所以 $$\angle OAP = \angle OAC - \angle OAB = \angle OCA - \angle OBA = \angle BCA - \angle ABC \geqslant 30°$$

于是 $\mathrm{Rt}\triangle ADO$ 中,有 $OD \geqslant \frac{1}{2}R$.因为

$$EP = OD, EC < OC = R$$

所以 $$PC < \frac{1}{2}R$$

但 $$OP > OD \geqslant \frac{1}{2}R$$

所以 $OP > PC$.从而 $\angle PCO > \angle COP$.又因为

$$\angle CAB + \angle PCO = \angle EOC + \angle PCO = 90°$$

所以 $$\angle CAB + \angle COP < 90°$$

证法 2 如图 127.2,联结 OA,OB.易知

$$\angle OAP=\angle OAC-\angle PAC=$$
$$90^\circ-\angle ABC-(90^\circ-\angle ACB)=$$
$$\angle ACB-\angle ABC\geqslant 30^\circ$$

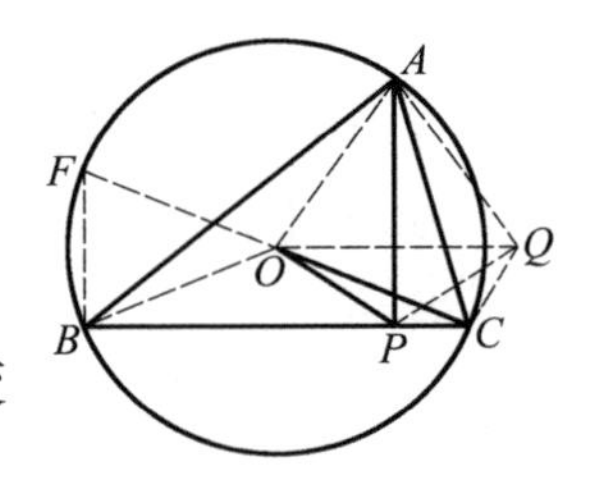

图 127.2

设 Q 为 O 关于 AP 的对称点,联结 QP,QC.延长 CO 交 $\triangle ABC$ 的外接圆于 F.

在 $\triangle AOQ$ 中,$\angle OAQ\geqslant 60^\circ$,$OA=QA=R$,所以

$$OQ\geqslant R=OC$$

所以
$$\angle OCQ\geqslant\angle OQC$$

从而
$$\angle PCQ>\angle PQC$$

所以
$$PO=PQ>PC$$

所以
$$\angle PCO>\angle COP$$

又
$$\angle CAB+\angle PCO=\angle F+\angle BCF=90^\circ$$

故
$$\angle CAB+\angle COP<90^\circ$$

证法 3 如图 127.3,作 $OD\perp BC$ 于 D,记外接圆半径 $OC=R$,$\triangle ABC$ 三个内角分别为 A,B,C,则有

$$\angle COD=A,\angle OCD=90^\circ-A$$
$$CD=R\sin A,OD=R\cos A$$

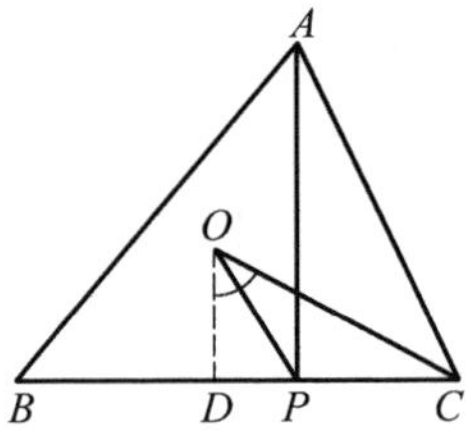

图 127.3

在 $\triangle ACP$ 中

$$CP=AC\cos C=2R\sin B\cdot\cos C=$$
$$R[\sin(B+C)-\sin(C-B)]$$

因为
$$90^\circ>C-B\geqslant 30^\circ$$

所以
$$CP\leqslant R(\sin A-\frac{1}{2})$$

$$PD=CD-CP\geqslant R\sin A-R(\sin A-\frac{1}{2})=\frac{R}{2}$$

$$OP^2-CP^2=OD^2+PD^2-CP^2\geqslant R^2[\cos^2A+\frac{1}{4}-(\sin A-\frac{1}{2})^2]=$$
$$R^2[\cos^2A+\sin A(1-\sin A)]>0$$

所以
$$CP<OP,\angle COP<\angle OCP=90^\circ-A$$

所以
$$A+\angle COP<90^\circ$$

❿128 设 I 为 $\triangle ABC$ 的内心,K,L,M 分别为 $\triangle ABC$ 的内切圆在边 BC,CA 及 AB 上的切点,已知通过点 B 且与 MK 平行的直线分别与直线 LM 及 LK 交于点 R

及 S.证明:$\angle RIS$ 是一锐角.

(1998 年第 39 届 IMO)

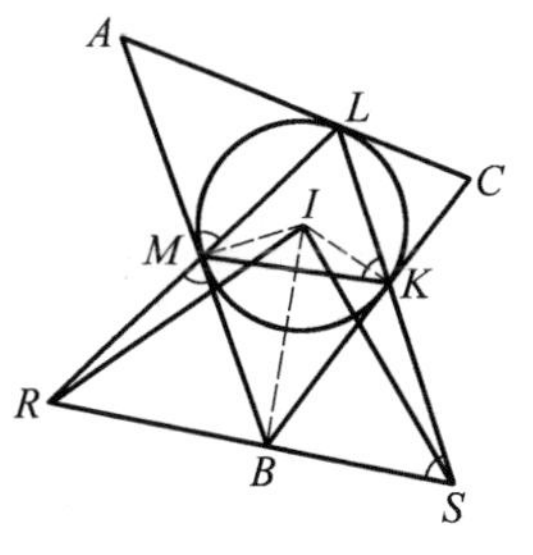

图 128.1

证法 1 如图 128.1,联结 IM, IB, IK,则 $IM \perp AB$, $IK \perp BC$, $IB \perp MK$ 且 IB 平分 $\angle ABC$. 由 $RS \parallel MK$ 得 $IB \perp RS$.

$\angle RIS$ 是锐角 $\Leftrightarrow \angle RIB < \angle ISB \Leftrightarrow \tan\angle RIB < \tan\angle ISB \Leftrightarrow \dfrac{BR}{IB} < \dfrac{IB}{BS} \Leftrightarrow BR \cdot BS < IB^2$.

因为
$$\angle BMR = \angle AML = \angle MKL = \angle BSK$$
$$\angle BRM = \angle KML = \angle LKC = \angle BKS$$
所以
$$\triangle RBM \backsim \triangle KBS, \Rightarrow \frac{BR}{BK} = \frac{BM}{BS}$$
所以
$$BR \cdot BS = BM \cdot BK = BM^2 = IB^2 - IM^2 < IB^2$$
故 $\angle RIS$ 是锐角.

证法 2 如图 65.1,$\angle RIS$ 是锐角 $\Leftrightarrow IR^2 + IS^2 > RS^2 \Leftrightarrow BR^2 + IB^2 + BS^2 + IB^2 > (BR + BS)^2 \Leftrightarrow IB^2 > BR \cdot BS$.

在 $\triangle BMR$ 中
$$\frac{BR}{\sin\angle BMR} = \frac{BM}{\sin\angle BRM}$$
在 $\triangle BSK$ 中
$$\frac{BS}{\sin\angle BKS} = \frac{BK}{\sin\angle BSK}$$
又
$$\angle BMR = \angle BSK, \angle BRM = \angle BKS, BM = BK$$
所以
$$BR \cdot BS = BM^2 = IB^2 - IM^2 < IB^2$$
故 $\angle RIS$ 是锐角.

129 已知 $\triangle ABC$,设 I 是它的内心,角 A, B, C 的内角平分线分别交其对边于 A', B', C'. 求证:$\dfrac{1}{4} < \dfrac{AI \cdot BI \cdot CI}{AA' \cdot BB' \cdot CC'} \leqslant \dfrac{8}{27}$.

(1991 年第 32 届 IMO)

证法 1 如图 129.1,记 $BC = a, CA = b, AB = c$. 易证
$$\frac{AI}{AI'} = \frac{b + c}{a + b + c} \cdot \frac{BI}{BB'} = \frac{a + c}{a + b + c}$$

$$\frac{CI}{CI'}=\frac{a+b}{a+b+c}$$

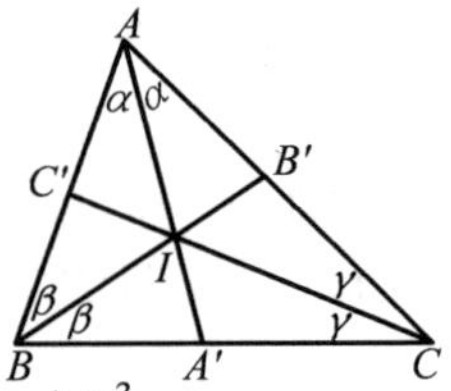

由平均不等式可得

$$\frac{AI\cdot BI\cdot CI}{AA'\cdot BB'\cdot CC'}=\frac{b+c}{a+b+c}\cdot\frac{a+c}{a+b+c}\cdot\frac{a+b}{a+b+c}\leqslant\left[\frac{1}{3}\left(\frac{b+c}{a+b+c}+\frac{a+c}{a+b+c}+\frac{a+b}{a+b+c}\right)\right]^3=\frac{8}{27}$$

图 129.1

另一方面,记 $x=\frac{b+c}{a+b+c}$,$y=\frac{a+c}{a+b+c}$,$z=\frac{a+b}{a+b+c}$.显然有 $x+y+z=2$,$x>\frac{b+c+a}{2(a+b+c)}>\frac{1}{2}$,一样地 $y>\frac{1}{2}$,$z>\frac{1}{2}$.由三角形两边之和大于第三边的性质可知

$$|x-y|<|1-z|$$

于是

$$\frac{AI\cdot BI\cdot CI}{AA'\cdot BB'\cdot CC'}=xyz>\frac{1}{2}\cdot\left(2-\frac{1}{2}-z\right)\cdot z=\frac{1}{2}\left[-\left(z-\frac{3}{4}\right)^2+\frac{9}{16}\right]$$

又 $\frac{1}{2}<z<1$,所以

$$\frac{AI\cdot BI\cdot CI}{AA'\cdot BB'\cdot CC'}>\frac{1}{4}$$

证法 2 易证 $\frac{AI}{AA'}=\frac{b+c}{a+b+c}$,$\frac{BI}{BB'}=\frac{a+c}{a+b+c}$,$\frac{CI}{CC'}=\frac{a+b}{a+b+c}$.则只需证明

$$\frac{1}{4}<\frac{(b+c)(a+c)(a+b)}{(a+b+c)^3}\leqslant\frac{8}{27} \quad ①$$

由平均不等式得

$$(b+c)(a+c)(a+b)\leqslant\left(\frac{b+c+a+c+a+b}{3}\right)^3=\frac{8}{27}(a+b+c)^3$$

从而式 ① 右边成立.

又
$$\frac{b+c}{a+b+c}>\frac{b+c+a}{2(a+b+c)}=\frac{1}{2}$$

同样 $$\frac{a+c}{a+b+c}>\frac{1}{2},\frac{a+b}{a+b+c}>\frac{1}{2}$$

可设 $$\frac{b+c}{a+b+c}=\frac{1+\alpha}{2},\frac{a+c}{a+b+c}=\frac{1+\beta}{2},\frac{a+b}{a+b+c}=\frac{1+\gamma}{2}$$

其中 α,β,γ 均为正数,且 $\alpha+\beta+\gamma=1$.于是

$$\frac{(b+c)(a+c)(a+b)}{(a+b+c)^3}=\frac{(1+\alpha)(1+\beta)(1+\gamma)}{8}>$$

$$\frac{1+\alpha+\beta+\gamma}{8}=\frac{1}{4}$$

证法3 这里再给出式①左边的一种证法.令

$$c=x+y,b=y+z,a=z+x$$

则 $$4(b+c)(a+c)(a+b)>(a+b+c)^3\Leftrightarrow$$

$$4(x+y+y+z)(z+x+x+y)(z+x+y+z)>8(x+y+z)^3\Leftrightarrow$$

$$(x+y+z)^3+(x+y+z)^2(x+y+z)+$$

$$(xy+xz+yz)(x+y+z)+xyz>z(x+y+z)^3$$

因为 $x,y,z>0$,所以上式显然成立.

证法4 设 $\triangle ABC$ 各内角的半角为 α,β,γ,内切圆半径为 r,则

$$\alpha+\beta+\gamma=\frac{\pi}{2}$$

$$AI=\frac{r}{\sin\alpha},IA'=\frac{r}{\sin(\alpha+2\beta)}$$

易得 $$\frac{AI}{AA'}=\frac{1}{2}(1+\tan\beta\tan\gamma)$$

同理 $$\frac{BI}{BB'}=\frac{1}{2}(1+\tan\gamma\tan\alpha)$$

$$\frac{CI}{CC'}=\frac{1}{2}(1+\tan\alpha\tan\beta)$$

易证 $$\tan\alpha\tan\beta+\tan\beta\tan\gamma+\tan\gamma\tan\alpha=1$$

由均值不等式可得

$$\frac{AI\cdot BI\cdot CI}{AA'\cdot BB'\cdot CC'}\leqslant\frac{1}{8}[\frac{1}{3}(1+1+1+\tan\alpha\tan\beta+$$

$$\tan\beta\tan\gamma+\tan\gamma\tan\alpha)]^3=\frac{8}{27}$$

另一方面

$$\frac{AI\cdot BI\cdot CI}{AA'\cdot BB'\cdot CC'}=\frac{1}{8}(1+\tan\beta\tan\gamma)(1+\tan\gamma\tan\alpha)(1++\tan\alpha\tan\beta)>$$

$$\frac{1}{8}(1+1)=\frac{1}{4}$$

130 设 P 是 $\triangle ABC$ 内一点,求证:$\angle PAB,\angle PBC,\angle PCA$ 至少有一个小于或等于 $30°$.

(1991 年第 32 届 IMO)

证法 1　假设 $\angle PAB,\angle PBC,\angle PCA$ 均大于 $30°$,则

$$\angle PAB+\angle PBC+\angle PCA>90° \quad ①$$

交换顶点字母 B,C,由假设可知

$$\angle PAC+\angle PCB+\angle PBA>90° \quad ②$$

式 ① + ② 得

$$\angle A+\angle B+\angle C>180°$$

这与三角形内角和定理矛盾,故假设不能成立,所以原命题成立.

证法 2　如图 130.1,假设 $30°<\angle PAB,\angle PBC,\angle PCA<120°$,则

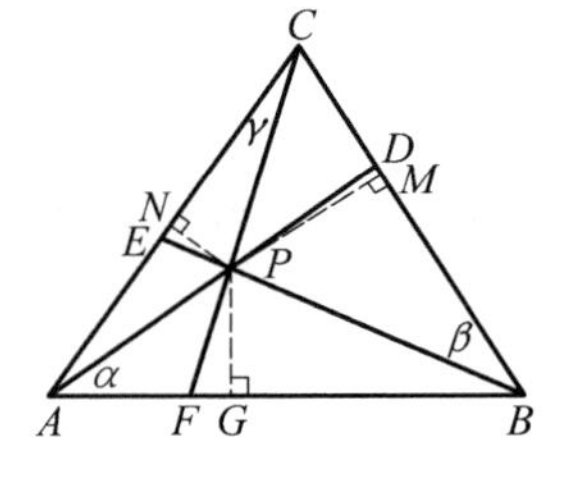

图 130.1

$$\frac{PG}{PA}=\sin\angle PAB>\sin 30°$$

即　$$2PG>PA$$

同理　$$2PM>PB,2PN>PC$$

于是　$$2(PG+PM+PN)>PA+PB+PC$$

这与艾尔多斯 – 莫迪尔(Erdös – Mordell) 不等式矛盾,故假设不成立.

假设 $\angle PAB,\angle PBC,\angle PCA$ 其中之一大于或等于 $150°$,则其中另两个角均小于 $30°$.

综上所述,命题获证.

证法 3　如图 130.1,$PA\sin\alpha=PG=PB\sin(B-\beta)$,$PB\sin\beta=PM=PC\sin(C-\gamma)$,$PC\sin\gamma=PN=PA\sin(A-\alpha)$ 三式的积有

$$\sin\alpha\sin\beta\sin\gamma=\sin(A-\alpha)\sin(B-\beta)\sin(C-\gamma)$$

由 $\ln\sin x$ 在 $[0,\pi]$ 内的凸性及 $\ln x$ 的单调不减性,有

$$\sin^2\alpha\sin^2\beta\sin^2\gamma=\sin\alpha\sin(A-\alpha)\sin\beta\sin(B-\beta)\sin\gamma\sin(C-\gamma)\leqslant$$
$$\sin^6\left(\frac{\alpha+A-\alpha+\beta+B-\beta+\gamma+C-\gamma}{6}\right)=\frac{1}{64}$$

所以　$$\sin\alpha\sin\beta\sin\gamma\leqslant\frac{1}{8}$$

于是 α,β,γ 中至少有一个不妨设为 α，满足 $\sin\alpha\leqslant\frac{1}{2}$，那么 $\alpha\leqslant 30^\circ$ 或 $\alpha\geqslant 150^\circ$，当 $\alpha\geqslant 150^\circ$ 时 β 与 γ 都小于 30°，命题获证.

证法 4　如图 130.1，有

$$\frac{PD}{AD}+\frac{PE}{BE}+\frac{PF}{CF}=\frac{S_{\triangle PBC}}{S_{\triangle ABC}}+\frac{S_{\triangle PCA}}{S_{\triangle ABC}}+\frac{S_{\triangle PAB}}{S_{\triangle ABC}}=1$$

$$\sin\alpha\sin\beta\sin\gamma\leqslant\frac{PF}{PA}\cdot\frac{PD}{PB}\cdot\frac{PE}{PC}=$$

$$\frac{PD}{PA}\cdot\frac{PE}{PB}\cdot\frac{PF}{PC}=y$$

记
$$\frac{PD}{AD}=x_1,\frac{PE}{AE}=x_2,\frac{PF}{CF}=x_3$$

则
$$x_1+x_2+x_3=1$$

并且
$$y=\frac{x_1}{1-x_1}\cdot\frac{x_2}{1-x_2}\cdot\frac{x_3}{1-x_3}=\frac{x_1x_2x_3}{(x_2+x_3)(x_1+x_3)(x_1+x_2)}\leqslant$$

$$\frac{x_1x_2x_3}{2\sqrt{x_2x_3}\cdot 2\sqrt{x_1x_3}\cdot 2\sqrt{x_1x_2}}=\frac{1}{8}$$

（当且仅当 $x_1=x_2=x_3=\frac{1}{3}$ 时取等号）

所以
$$\sin\alpha\sin\beta\sin\gamma\leqslant\frac{1}{8}$$

于是 α,β,γ 中至少有一个不妨设为 α，满足 $\sin\alpha\leqslant\frac{1}{2}$. 则 $\alpha\leqslant 30^\circ$ 或 $\alpha\geqslant 150^\circ$（此时 $\beta<30^\circ,\gamma<30^\circ$）.

当 $\sin\alpha\sin\beta\sin\gamma=\frac{1}{8}$ 时，点 P 既是 $\triangle ABC$ 的重心又是垂心，此时 $\triangle ABC$ 为正三角形，$\alpha=\beta=\gamma=30^\circ$.

131 已知 a,b,c 是 $\triangle ABC$ 的三边，S 是三角形的面积. 求证

$$a^2+b^2+c^2\geqslant 4\sqrt{3}s \qquad ①$$

（1961 年第 3 届 IMO）

说明：该题历史较长，其证法书刊中已报道很多种，这里不一一列举，仅介绍若干几何证法.

证法 1　如图 131.1，在 $\triangle ABC$ 形外作底角为 30° 的等腰 $\triangle ACD$，联结 BD，则

$$\frac{1}{2}AB \cdot AD + \frac{1}{2}BC \cdot CD \geqslant S_{\triangle ABD} + S_{\triangle BCD} \geqslant S + S_{\triangle ACD}$$

$$AD = CD = \frac{b}{\sqrt{3}}, S_{\triangle ACD} = \frac{b^2}{4\sqrt{3}}$$

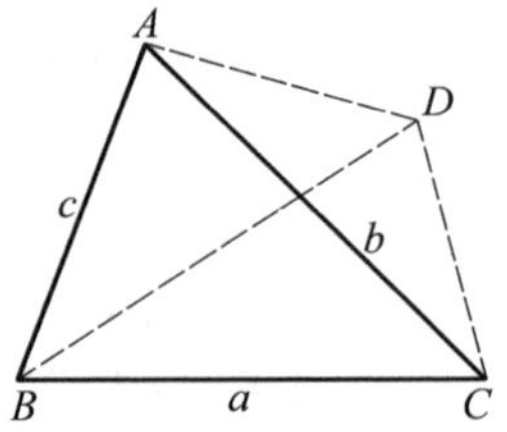

图 131.1

所以 $$\frac{1}{2}c \cdot \frac{b}{\sqrt{3}} + \frac{1}{2}a \cdot \frac{b}{\sqrt{3}} \geqslant S + \frac{b^2}{4\sqrt{3}}$$

整理得

$$2bc + 2ab - b^2 \geqslant 4\sqrt{3}S \quad ②$$

又 $$b^2 + c^2 \geqslant 2bc \quad ③$$

$$a^2 + b^2 \geqslant 2ab \quad ④$$

式 ② + ③ + ④ 即得 ①.

显然,当且仅当 $a = b = c$ 时不等式 ① 中的等号成立.

证法 2 如图 131.1,由托勒密不等式得

$$AB \cdot CD + BC \cdot AD \geqslant BD \cdot AC \geqslant 2S_{ABCD} = 2S + 2S_{\triangle ACD}$$

以下同证法 1.

证法 3 如图 131.2,在 $\triangle ABC$ 内作正 $\triangle ABD$,则

$$\angle DAC = |A - 60°|$$

$$DC^2 = b^2 + c^2 - 2bc\cos\angle DAC =$$
$$b^2 + c^2 - 2bc\cos|A - 60°| =$$
$$b^2 + c^2 - bc\cos A - \sqrt{3}bc\sin A =$$
$$b^2 + c^2 - \frac{b^2 + c^2 - a^2}{2} - 2\sqrt{3}S =$$
$$\frac{1}{2}(a^2 + b^2 + c^2 - 4\sqrt{3}S)$$

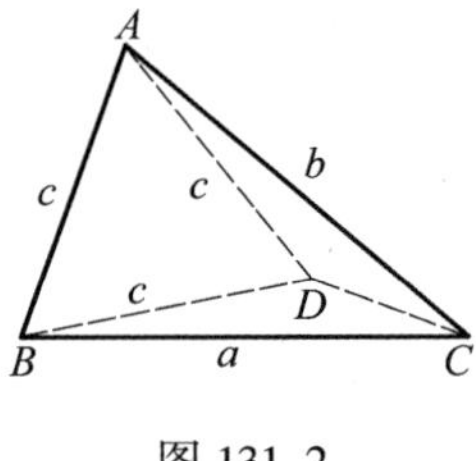

图 131.2

因为 $DC \geqslant 0$,所以

$$a^2 + b^2 + c^2 \geqslant 4\sqrt{3}S$$

证法 4 如图 131.3,在 $\triangle ABC$ 外作正 $\triangle ACD$,并作 $DE \perp AC$ 于 E,则 E 为 AC 的中点,连 BD,BE.

显然 $$BD \leqslant BE + DE$$

所以 $$BD^2 \leqslant (BE + DE)^2 \leqslant 2BE^2 + 2DE^2$$

于是 $$b^2 + c^2 - 2bc\cos(A + 60°) \leqslant$$
$$\frac{1}{2}(2a^2 + 2b^2 - c^2) + \frac{3}{2}b^2$$

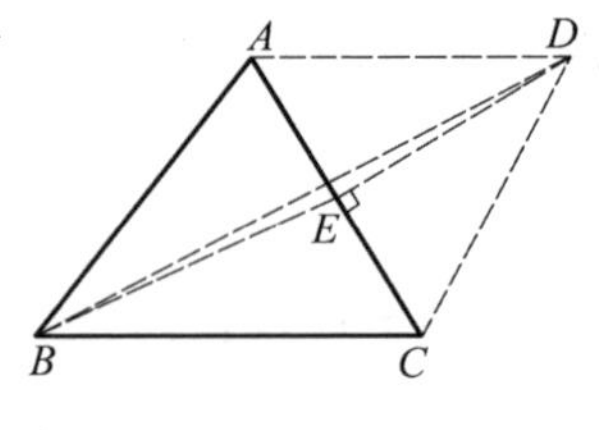

图 131.3

即
$$-2bc\cdot\frac{1}{2}\cos A+2bc\cdot\frac{\sqrt{3}}{2}\sin A\leqslant a^2$$
$$-\frac{b^2+c^2-a^2}{2}+2\sqrt{3}S\leqslant a^2$$
亦即
$$a^2+b^2+c^2\geqslant 4\sqrt{3}S$$

证法5 如图131.4,作 BC 的中垂线 DE,D 为 BC 的中点,$AE\ /\!/\ BC$.延长 CE 至 F,使 $EF=BE$,联结 AF.则
$$\triangle AEF\cong\triangle AEB,AF=c$$
$$DE=\frac{2S_{\triangle BCE}}{a}=\frac{2S}{a}$$

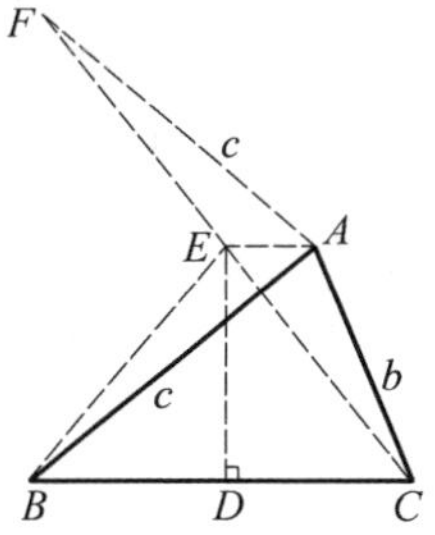

从而 $CF=2CE=2\sqrt{DE^2+CD^2}=2\sqrt{\frac{4S^2}{a^2}+\frac{a^2}{4}}$

图131.4

因为
$$AF+AC\geqslant CF$$
所以
$$(b+c)^2\geqslant 4\left(\frac{4S^2}{a^2}+\frac{a^2}{4}\right)$$
即
$$(b+c)^2-a^2\geqslant\frac{16S^2}{a^2}\qquad⑤$$
同理
$$(a+c)^2-b^2\geqslant\frac{16S^2}{b^2}\qquad⑥$$
$$(a+b)^2-c^2\geqslant\frac{16S^2}{c^2}\qquad⑦$$
式⑤+⑥+⑦得
$$(a+b+c)^2\geqslant 16S^2\left(\frac{1}{a^2}+\frac{1}{b^2}+\frac{1}{c^2}\right)\geqslant 16S^2\frac{3}{\sqrt[3]{a^2b^2c^2}}$$
两边开平方得
$$\sqrt[3]{abc}(a+b+c)\geqslant 4\sqrt{3}S\qquad⑧$$
因为
$$a^2+b^2+c^2\geqslant\frac{1}{3}(a+b+c)^2\geqslant\sqrt[3]{abc}(a+b+c)$$
所以式①成立.

证法6 如图131.5,延长 BC 至 D,使 $CD=a$.则
$$AD^2=a^2+b^2-2ab\cos(180^\circ-C)=$$
$$2a^2+2b^2-c^2$$
因为
$$\frac{1}{2}AB\cdot AD\geqslant S_{\triangle ABD}$$
即
$$c\cdot AD\geqslant 4S$$

所以 $$c^2(2a^2+2b^2-c^2)\geqslant 16S^2$$

即 $$2a^2c^2+2b^2c^2-c^4\geqslant 16S^2 \quad ⑨$$

同理 $$2a^2b^2+2b^2c^2-b^4\geqslant 16S^2 \quad ⑩$$

$$2a^2b^2+2a^2c^2-a^4\geqslant 16S^2 \quad ⑪$$

又 $$a^4+b^4+c^4\geqslant a^2b^2+b^2c^2+a^2c^2 \quad ⑫$$

式 ⑨ + ⑩ + ⑪ + 2 × ⑫,开平方即得式 ①.

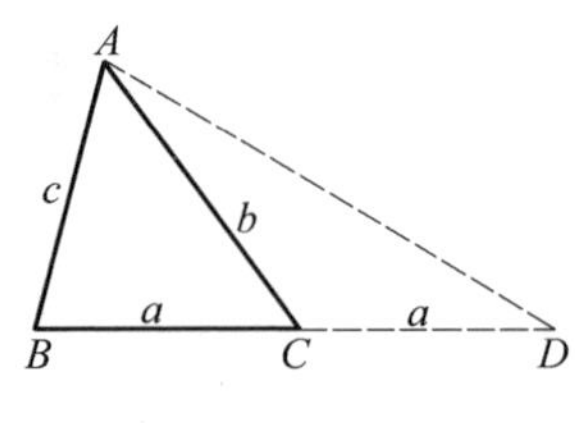

图 131.5

证法7 如图 131.6,可令 $A\geqslant B,C$,高 $AD=h$,$BD=m$,$CD=n$.则

$$a^2+b^2+c^2-4\sqrt{3}S=$$
$$(m+n)^2+(n^2+h^2)+(m^2+h^2)-$$
$$4\sqrt{3}\cdot\frac{1}{2}(m+n)h=$$
$$2[h^2-\sqrt{3}(m+n)h+m^2+mn+n^2]$$

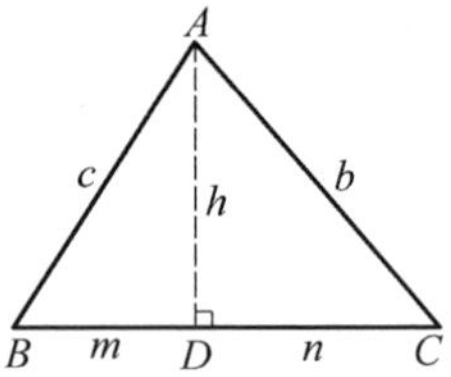

图 131.6

设 $y=h^2-\sqrt{3}(m+n)h+m^2+mn+n^2$ 为关于 h 的二次函数.因判别式

$$[\sqrt{3}(m+n)]^2-4(m^2+mn+n^2)=$$
$$-m^2-n^2+2mn\leqslant 0$$

所以 $y\geqslant 0$,从而 $a^2+b^2+c^2\geqslant 4\sqrt{3}S$.

证法8 如图 131.7,设 BC 上的中线 $AD=m$,$\angle ADC=\alpha$.则

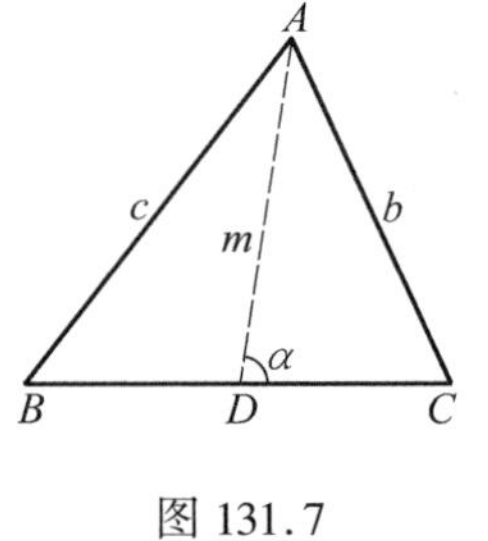

图 131.7

$$a^2+b^2+c^2-4\sqrt{3}S=$$
$$a^2+[m^2+(\frac{a}{2})^2-ma\cos\alpha]+$$
$$[m^2+(\frac{a}{2})^2+ma\cos\alpha]-4\sqrt{3}\cdot\frac{1}{2}ma\sin\alpha=$$
$$\frac{3}{2}a^2+2m^2-2\sqrt{3}ma\sin\alpha=$$
$$\left(\sqrt{\frac{3}{2}}a-\sqrt{2}m\right)^2+2\sqrt{3}ma(1-\sin\alpha)\geqslant 0$$

证法9 设 m_a,m_b,m_c 及 h_a,h_b,h_c 为三边上的中线及高.

因 $m_a\geqslant h_a,m_b\geqslant h_b,m_c\geqslant h_c$,则

$$a^2m_a^2\geqslant a^2h_a^2,b^2m_b^2\geqslant b^2h_b^2,c^2m_c^2\geqslant c^2h_c^2$$

又 $$a^2h_a^2=b^2h_b^2=c^2h_c^2=4S^2$$

所以 $$a^2m_a^2+b^2m_b^2+c^2m_c^2\geqslant 3\times 4S^2 \tag{13}$$

把 $$m_a^2=\frac{1}{2}b^2+\frac{1}{2}c^2-\frac{1}{4}a^2$$

$$m_b^2=\frac{1}{2}a^2+\frac{1}{2}c^2-\frac{1}{4}b^2$$

$$m_c^2=\frac{1}{2}a^2+\frac{1}{2}b^2-\frac{1}{4}c^2$$

代入式 ⑬ 中,整理得

$$4a^2b^2+4a^2c^2+4b^2c^2-a^4-b^4-c^4\geqslant 48S^2 \tag{14}$$

又 $$a^4+b^4+c^4\geqslant a^2b^2+a^2c^2+b^2c^2$$

式 ⑭ + 2 × ⑫,开平方即得式 ①.

注:利用 $m_a^2+m_b^2+m_c^2\geqslant h_a^2+h_b^2+h_c^2$ 也可推证出 ①.

证法 10 设 t_a,t_b,t_c 为三角的平分线,h_a,h_b,h_c 为三边上的高.因为

$$t_a\geqslant h_a,t_b\geqslant h_b,t_c\geqslant h_c$$

所以 $$t_at_bt_c\geqslant h_ah_bh_c$$

即 $$\frac{2}{b+c}\sqrt{bcp(p-a)}\cdot\frac{2}{a+c}\sqrt{acp(p-b)}\cdot\frac{2}{a+b}\sqrt{abp(p-c)}\geqslant\frac{8S^2}{abc}$$

(其中 $p=\frac{1}{2}(a+b+c)$)

上式左边 $\leqslant\sqrt{p(p-a)}\cdot\sqrt{p(p-b)}\cdot\sqrt{p(p-c)}=pS$.

所以 $pS\geqslant\frac{8S^3}{abc}$,即

$$\sqrt{3abc(a+b+c)}\geqslant 4\sqrt{3}S \tag{15}$$

又 $$a^2+b^2+c^2\geqslant\frac{1}{3}(a+b+c)^2=\frac{1}{3}(a+b+c)^{\frac{3}{2}}\cdot\sqrt{a+b+c}\geqslant \sqrt{3abc(a+b+c)}$$

所以 $$a^2+b^2+c^2\geqslant 4\sqrt{3}S$$

证法 11 基本约定同前.因为

$$at_a^2\geqslant ah_a^2,bt_b^2\geqslant bh_b^2,ct_c^2\geqslant ch_c^2$$

所以 $$at_a^2+bt_b^2+ct_c^2\geqslant ah_a^2+bh_b^2+ch_c^2$$

上式右边 $\leqslant ap(p-a)+bp(p-b)+cp(p-c)=$
$p[p(a+b+c)-a^2-b^2-c^2]\leqslant$
$\frac{1}{4}(a+b+c)(bc+ac+ab)$

$$\text{上式左边} = 4S^2\left(\frac{1}{a}+\frac{1}{b}+\frac{1}{c}\right) = 4S^2 \cdot \frac{bc+ac+ab}{abc}$$

所以

$$abc(a+b+c) \geqslant 16S^2$$

两边开平方,得

$$\sqrt{3abc(a+b+c)} \geqslant 4\sqrt{3}S \qquad ⑮$$

以下同证法 10.

132 已知四边形 $ABCD$ 是圆内接四边形. 证明: $|AB-CD|+|AD-BC| \geqslant 2|AC-BD|$.

(1999 年第 28 届美国数学奥林匹克)

证法 1 如图 132.1,设 AC 与 BD 相交于 E. 因为

$$\triangle ABE \backsim \triangle DCE$$

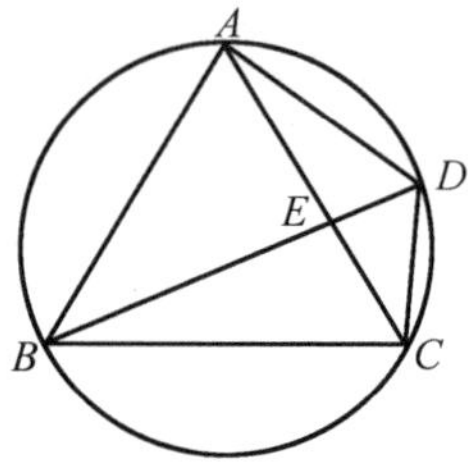

可设

$$\frac{AB}{CD}=\frac{BE}{CE}=\frac{AE}{DE}=k$$

所以 $AB=k\cdot CD, BE=k\cdot CE, AE=k\cdot DE$

$$\begin{aligned}|AB-CD|-|AC-BD| &= |k\cdot CD-CD|-|k\cdot DE+CE-k\cdot CE-DE| = \\ &|k-1|\cdot CD-|(k-1)\cdot DE-(k-1)\cdot CE| = \\ &|k-1|\cdot(CD-|DE-CE|) \geqslant 0\end{aligned}$$

图 132.1

($|k-1| \geqslant 0$,在 $\triangle CDE$ 中有 $CD > |DE-CE|$),所以

$$|AB-CD| \geqslant |AC-BD|$$

同理

$$|AD-BC| \geqslant |AC-BD|$$

所以

$$|AB-CD|+|AD-BC| \geqslant 2|AC-BD|$$

当且仅当 $AB=CD$ 且 $AD=BC$,即四边形 $ABCD$ 为矩形时,等号成立.

证法 2 首先证明 $|AB-CD| \geqslant |AC-BD|$.

(1) 若 $AB=CD$,则 $AC=BD$,所以上式等号成立.

(2) 不妨设 $AB>CD$.

如图 132.2,因为

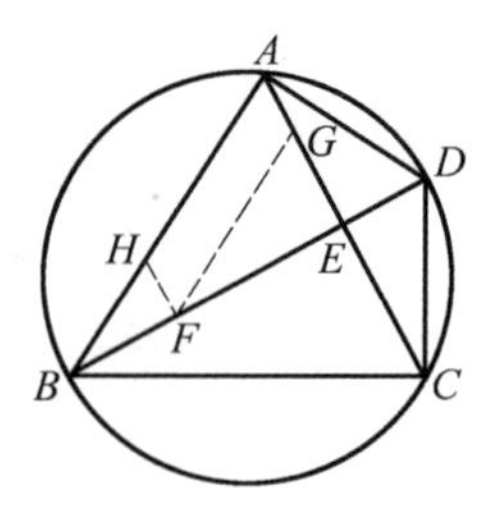

图 132.2

$$\triangle ABE \backsim \triangle DCE$$

所以

$$AE>DE, BE>CE$$

可在 AE 上截取 $EG=ED$,在 BE 上截取 $EF=EC$. 连 GF. 则

$$\triangle GEF \cong \triangle DEC, GF = DC$$

又 $$\angle EAB = \angle EDC = \angle EGF, AB \parallel GF$$

作 $FH \parallel AE$ 交 AB 于 H.则 $AHFG$ 是平行四边形.所以

$$AH = FG = CD, FH = AG$$

所以 $$AB - CD = BH > |FH - BF| = |AC - BD|$$

综合(1)与(2)知

$$|AB - CD| \geqslant |AC - BD|$$

同理 $$|AD - BC| \geqslant |AC - BD|$$

故 $$|AB - CD| + |AD - BC| \geqslant 2|AC - BD|$$

证法 3 若 $AB = CD$,则 $AC = BD$.所以

$$|AB - CD| = |AC - BD|$$

不妨设 $AB < CD$.则可在 BA 上截取 $BE = CD$,在 BD 上截取 $BF = AC$.① 若 $AC = BD$,显然 $AB - CD > AC - BD$;② 若 $AC < BD$,则 F 在 BD 上(图 132.3 甲);③ 若 $AC > BD$,则 F 在 BD 的延长线上(图 132.3 乙).

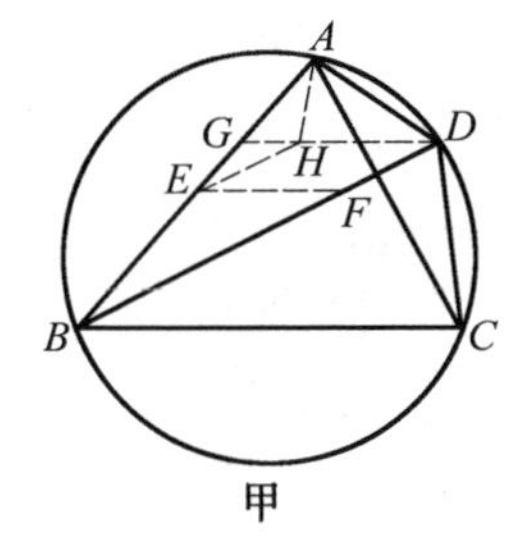

甲

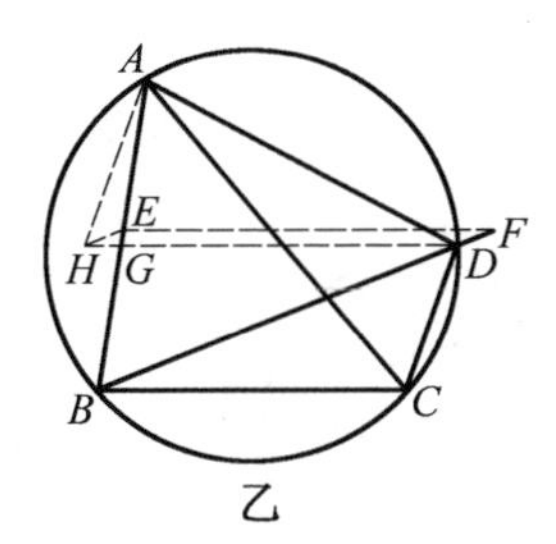

乙

图 132.3

联结 EF,因为 $$\angle ABD = \angle ACD$$

所以 $$\triangle EBF \cong \triangle DCA, EF = AD$$

作 $DG \parallel EF$ 交 AB 于 G, $EH \parallel BD$ 交 DG 于 H,则 $EFDH$ 是平行四边形,所以 $HD = EF = AD$.

如图 132.3 甲,在等腰 $\triangle ADH$ 中,$\angle AHD < 90°$,所以

$$\angle AHE > \angle AHG > 90°$$

所以在 $\triangle AEH$ 中有 $\angle AHE > \angle EAH$.

如图 132.3 乙,因为

$$\angle DAH = \angle DHA$$

又 $$\angle EHD = \angle F = \angle CAD < \angle EAD$$

所以在 $\triangle AEH$ 中也有

$$\angle AHE > \angle EAH$$

所以 $$AE > EH = DF$$

即 $$AB - CD > |AC - BD|$$

综上所述有 $|AB - CD| \geqslant |AC - BD|$.

同理 $$|AD - BC| \geqslant |AC - BD|$$

故 $$|AB - CD| + |AD - BC| \geqslant 2|AC - BD|$$

证法4 首先证明

$$|AB - CD| \geqslant |AC - BD| \quad ①$$

不妨设 $AB \geqslant CD$. 证式①只要证

$$AB - CD \geqslant |AC - BD| \quad ②$$

由 $AB \geqslant CD$,易知 $CD < AC, CD < BD$. 在 CA 上截取 $CF = CD$,在 BD 上截取 $BG = AB$,连 DF, AG.

因为 $\triangle CDE \backsim \triangle BAE$,所以有如下三种情形:

① 若 F 在 CE 上或与 E 重合,则 G 在 BE 上或与 E 重合(图132.4甲);

② 若 F 在 EA 上,则 G 在 ED 上(图132.4乙);

③ G 与 D 重合,或 G 在 ED 的延长线上.

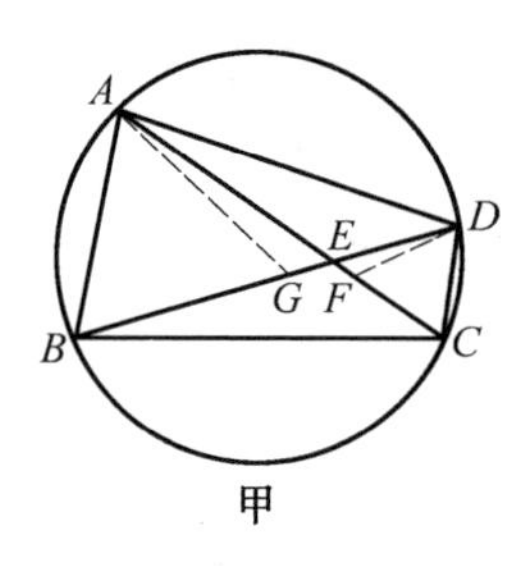

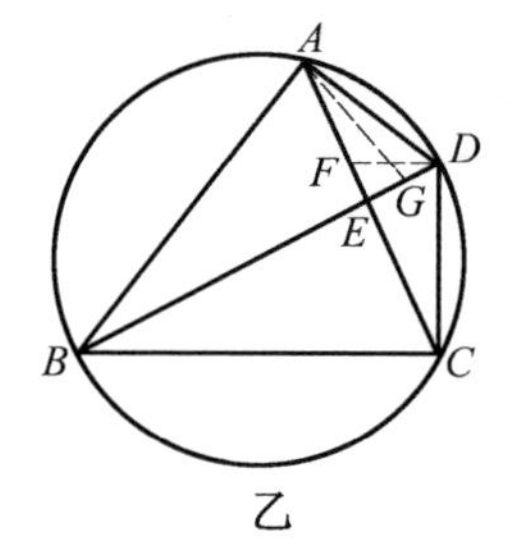

图132.4

对情形③,显然有

$$AC - CD \geqslant BD - AB \quad ③$$

对情形①与②,可统一证明③也成立:

因为等腰 $\triangle ABG \backsim$ 等腰 $\triangle DCF$,所以

$$\angle AGD = \angle AFD > 90^\circ$$

所以 A, G, F, D 四点共圆, $\angle FDG = \angle FAG$,由 $AB \geqslant CD$,知 $\angle ADB \geqslant DAC$,所以

$$\angle ADF \geqslant \angle DAG$$

在圆 $AGFD$ 中, $\angle ADF$ 与 $\angle DAG$ 都是锐角,所以 $AF \geqslant DG$,即式③成立.

变形式 ③ 得

$$AB - CD \geqslant BD - AC \quad ④$$

同理可证

$$AB - CD \geqslant AC - BD \quad ⑤$$

由式 ④ 与式 ⑤ 知式 ② 成立，从而式 ① 也成立. 同理

$$|AD - BC| \geqslant |AC - BD|$$

所以
$$|AB - CD| + |AD - BC| \geqslant 2|AC - BD|$$

证法 5 设 $\angle ACB = \angle ADB = \alpha, \angle BAC = \angle BDC = \beta, \angle DAC = \angle DBC = \gamma, \angle ACD = \angle ABD = \delta$，则 $\alpha + \beta + \gamma + \delta = \pi$. 设 d 为圆的直径.

由正弦定理得

$$AB = d\sin\alpha, CD = d\sin\gamma, AC = d\sin(\alpha + \beta), BD = d\sin(\beta + \gamma)$$

所以

$$\begin{aligned}
|AB - CD| - |AC - BD| = {} & |d\sin\alpha - d\sin\gamma| - |d\sin(\alpha + \beta) - d\sin(\beta + \gamma)| = \\
& 2d\left|\sin\frac{\alpha - \gamma}{2}\right| \cdot \left|\cos\frac{\alpha + \gamma}{2}\right| - 2d\left|\sin\frac{\alpha - \gamma}{2}\right| \cdot \\
& \left|\cos\left(\frac{\alpha + \gamma}{2} + \beta\right)\right| = \\
& 2d\left|\sin\frac{\alpha - \gamma}{2}\right| \cdot \\
& \left[\left|\cos\frac{\alpha + \gamma}{2}\right| - \left|\cos\left(\frac{\alpha + \gamma}{2} + \beta\right)\right|\right] = \\
& 2d\left|\sin\frac{\alpha - \gamma}{2}\right|\left(\left|\sin\frac{\beta + \delta}{2}\right| - \left|\sin\frac{\beta - \delta}{2}\right|\right) = \\
& 2d\left|\sin\frac{\alpha - \gamma}{2}\right| \cdot \left(\sin\frac{\beta + \delta}{2} - \sin\frac{\beta - \delta}{2}\right) = \\
& (\text{不妨设 } \beta > \delta) \\
& 2d\left|\sin\frac{\alpha - \gamma}{2}\right| \cdot 2\sin\frac{\delta}{2} \cdot 2\sin\frac{\delta}{2}\cos\frac{\beta}{2} \geqslant 0
\end{aligned}$$

所以
$$|AB - CD| \geqslant |AC - BD|$$

同理
$$|AD - BC| \geqslant |AC - BD|$$

所以
$$|AB - CD| + |AD - BC| \geqslant 2|AC - BD|$$

评注 证法 2 ~ 4 是截割法，必须对各种情形进行讨论，理清头绪颇为不易. 各证法中显然以证法 1 最佳，妙用相似比，避免了讨论，一气呵成. 证法 5 为三角法，也是处理此类问题的常用方法之一.

刘培杰数学工作室

已出版(即将出版)图书目录——初等数学

书　　名	出版时间	定　价	编号
新编中学数学解题方法全书(高中版)上卷(第 2 版)	2018－08	58.00	951
新编中学数学解题方法全书(高中版)中卷(第 2 版)	2018－08	68.00	952
新编中学数学解题方法全书(高中版)下卷(一)(第 2 版)	2018－08	58.00	953
新编中学数学解题方法全书(高中版)下卷(二)(第 2 版)	2018－08	58.00	954
新编中学数学解题方法全书(高中版)下卷(三)(第 2 版)	2018－08	68.00	955
新编中学数学解题方法全书(初中版)上卷	2008－01	28.00	29
新编中学数学解题方法全书(初中版)中卷	2010－07	38.00	75
新编中学数学解题方法全书(高考复习卷)	2010－01	48.00	67
新编中学数学解题方法全书(高考真题卷)	2010－01	38.00	62
新编中学数学解题方法全书(高考精华卷)	2011－03	68.00	118
新编平面解析几何解题方法全书(专题讲座卷)	2010－01	18.00	61
新编中学数学解题方法全书(自主招生卷)	2013－08	88.00	261
数学奥林匹克与数学文化(第一辑)	2006－05	48.00	4
数学奥林匹克与数学文化(第二辑)(竞赛卷)	2008－01	48.00	19
数学奥林匹克与数学文化(第二辑)(文化卷)	2008－07	58.00	36′
数学奥林匹克与数学文化(第三辑)(竞赛卷)	2010－01	48.00	59
数学奥林匹克与数学文化(第四辑)(竞赛卷)	2011－08	58.00	87
数学奥林匹克与数学文化(第五辑)	2015－06	98.00	370
世界著名平面几何经典著作钩沉——几何作图专题卷(共 3 卷)	2022－01	198.00	1460
世界著名平面几何经典著作钩沉——民国平面几何老课本	2011－03	38.00	113
世界著名平面几何经典著作钩沉——建国初期平面三角老课本	2015－08	38.00	507
世界著名解析几何经典著作钩沉——平面解析几何卷	2014－01	38.00	264
世界著名数论经典著作钩沉——算术卷	2012－01	28.00	125
世界著名数学经典著作钩沉——立体几何卷	2011－02	28.00	88
世界著名三角学经典著作钩沉——平面三角卷Ⅰ	2010－06	28.00	69
世界著名三角学经典著作钩沉——平面三角卷Ⅱ	2011－01	38.00	78
世界著名初等数论经典著作钩沉——理论和实用算术卷	2011－07	38.00	126
世界著名几何经典著作钩沉——解析几何卷	2022－10	68.00	1564
发展你的空间想象力(第 3 版)	2021－01	98.00	1464
空间想象力进阶	2019－05	68.00	1062
走向国际数学奥林匹克的平面几何试题诠释. 第 1 卷	2019－07	88.00	1043
走向国际数学奥林匹克的平面几何试题诠释. 第 2 卷	2019－09	78.00	1044
走向国际数学奥林匹克的平面几何试题诠释. 第 3 卷	2019－03	78.00	1045
走向国际数学奥林匹克的平面几何试题诠释. 第 4 卷	2019－09	98.00	1046
平面几何证明方法全书	2007－08	48.00	1
平面几何证明方法全书习题解答(第 2 版)	2006－12	18.00	10
平面几何天天练上卷・基础篇(直线型)	2013－01	58.00	208
平面几何天天练中卷・基础篇(涉及圆)	2013－01	28.00	234
平面几何天天练下卷・提高篇	2013－01	58.00	237
平面几何专题研究	2013－07	98.00	258
平面几何解题之道. 第 1 卷	2022－05	38.00	1494
几何学习题集	2020－10	48.00	1217
通过解题学习代数几何	2021－04	88.00	1301
最新世界各国数学奥林匹克中的平面几何试题	2007－09	38.00	14

刘培杰数学工作室

已出版(即将出版)图书目录——初等数学

书　　名	出版时间	定　价	编号
数学竞赛平面几何典型题及新颖解	2010—07	48.00	74
初等数学复习及研究(平面几何)	2008—09	68.00	38
初等数学复习及研究(立体几何)	2010—06	38.00	71
初等数学复习及研究(平面几何)习题解答	2009—01	58.00	42
几何学教程(平面几何卷)	2011—03	68.00	90
几何学教程(立体几何卷)	2011—07	68.00	130
几何变换与几何证题	2010—06	88.00	70
计算方法与几何证题	2011—06	28.00	129
立体几何技巧与方法(第2版)	2022—10	168.00	1572
几何瑰宝——平面几何500名题暨1500条定理(上、下)	2021—07	168.00	1358
三角形的解法与应用	2012—07	18.00	183
近代的三角形几何学	2012—07	48.00	184
一般折线几何学	2015—08	48.00	503
三角形的五心	2009—06	28.00	51
三角形的六心及其应用	2015—10	68.00	542
三角形趣谈	2012—08	28.00	212
解三角形	2014—01	28.00	265
三角函数	2024—10	38.00	1744
探秘三角形:一次数学旅行	2021—10	68.00	1387
三角学专门教程	2014—09	28.00	387
图天下几何新题试卷.初中(第2版)	2017—11	58.00	855
圆锥曲线习题集(上册)	2013—06	68.00	255
圆锥曲线习题集(中册)	2015—01	78.00	434
圆锥曲线习题集(下册·第1卷)	2016—10	78.00	683
圆锥曲线习题集(下册·第2卷)	2018—01	98.00	853
圆锥曲线习题集(下册·第3卷)	2019—10	128.00	1113
圆锥曲线的思想方法	2021—08	48.00	1379
圆锥曲线的八个主要问题	2021—10	48.00	1415
圆锥曲线的奥秘	2022—06	88.00	1541
论九点圆	2015—05	88.00	645
论圆的几何学	2024—06	48.00	1736
近代欧氏几何学	2012—03	48.00	162
罗巴切夫斯基几何学及几何基础概要	2012—07	28.00	188
罗巴切夫斯基几何学初步	2015—06	28.00	474
用三角、解析几何、复数、向量计算解数学竞赛几何题	2015—03	48.00	455
用解析法研究圆锥曲线的几何理论	2022—05	48.00	1495
美国中学几何教程	2015—04	88.00	458
三线坐标与三角形特征点	2015—04	98.00	460
坐标几何学基础.第1卷,笛卡儿坐标	2021—08	48.00	1398
坐标几何学基础.第2卷,三线坐标	2021—09	28.00	1399
平面解析几何方法与研究(第1卷)	2015—05	28.00	471
平面解析几何方法与研究(第2卷)	2015—06	38.00	472
平面解析几何方法与研究(第3卷)	2015—07	28.00	473
解析几何研究	2015—01	38.00	425
解析几何学教程.上	2016—01	38.00	574
解析几何学教程.下	2016—01	38.00	575
几何学基础	2016—01	58.00	581
初等几何研究	2015—02	58.00	444
十九和二十世纪欧氏几何学中的片段	2017—01	58.00	696
平面几何中考.高考.奥数一本通	2017—07	28.00	820
几何学简史	2017—08	28.00	833
四面体	2018—01	48.00	880
平面几何证明方法思路	2018—12	68.00	913
折纸中的几何练习	2022—09	48.00	1559
中学新几何学(英文)	2022—10	98.00	1562
线性代数与几何	2023—04	68.00	1633
四面体几何学引论	2023—06	68.00	1648

刘培杰数学工作室
已出版(即将出版)图书目录——初等数学

书名	出版时间	定价	编号
平面几何图形特性新析.上篇	2019-01	68.00	911
平面几何图形特性新析.下篇	2018-06	88.00	912
平面几何范例多解探究.上篇	2018-04	48.00	910
平面几何范例多解探究.下篇	2018-12	68.00	914
从分析解题过程学解题:竞赛中的几何问题研究	2018-07	68.00	946
从分析解题过程学解题:竞赛中的向量几何与不等式研究(全2册)	2019-06	138.00	1090
从分析解题过程学解题:竞赛中的不等式问题	2021-01	48.00	1249
二维、三维欧氏几何的对偶原理	2018-12	38.00	990
星形大观及闭折线论	2019-03	68.00	1020
立体几何的问题和方法	2019-11	58.00	1127
三角代换论	2021-05	58.00	1313
俄罗斯平面几何问题集	2009-08	88.00	55
俄罗斯立体几何问题集	2014-03	58.00	283
俄罗斯几何大师——沙雷金论数学及其他	2014-01	48.00	271
来自俄罗斯的5000道几何习题及解答	2011-03	58.00	89
俄罗斯初等数学问题集	2012-05	38.00	177
俄罗斯函数问题集	2011-03	38.00	103
俄罗斯组合分析问题集	2011-01	48.00	79
俄罗斯初等数学万题选——三角卷	2012-11	38.00	222
俄罗斯初等数学万题选——代数卷	2013-08	68.00	225
俄罗斯初等数学万题选——几何卷	2014-01	68.00	226
俄罗斯《量子》杂志数学征解问题100题选	2018-08	48.00	969
俄罗斯《量子》杂志数学征解问题又100题选	2018-08	48.00	970
俄罗斯《量子》杂志数学征解问题	2020-05	48.00	1138
463个俄罗斯几何老问题	2012-01	28.00	152
《量子》数学短文精粹	2018-09	38.00	972
用三角、解析几何等计算解来自俄罗斯的几何题	2019-11	88.00	1119
基谢廖夫平面几何	2022-01	48.00	1461
基谢廖夫立体几何	2023-04	48.00	1599
数学:代数、数学分析和几何(10-11年级)	2021-01	48.00	1250
直观几何学:5—6年级	2022-04	58.00	1508
几何学:第2版.7—9年级	2023-08	68.00	1684
平面几何:9—11年级	2022-10	48.00	1571
立体几何.10—11年级	2022-01	58.00	1472
几何快递	2024-05	48.00	1697

书名	出版时间	定价	编号
谈谈素数	2011-03	18.00	91
平方和	2011-03	18.00	92
整数论	2011-05	38.00	120
从整数谈起	2015-10	28.00	538
数与多项式	2016-01	38.00	558
谈谈不定方程	2011-05	28.00	119
质数漫谈	2022-07	68.00	1529

书名	出版时间	定价	编号
解析不等式新论	2009-06	68.00	48
建立不等式的方法	2011-03	98.00	104
数学奥林匹克不等式研究(第2版)	2020-07	68.00	1181
不等式研究(第三辑)	2023-08	198.00	1673
不等式的秘密(第一卷)(第2版)	2014-02	38.00	286
不等式的秘密(第二卷)	2014-01	38.00	268
初等不等式的证明方法	2010-06	38.00	123
初等不等式的证明方法(第二版)	2014-11	38.00	407
不等式・理论・方法(基础卷)	2015-07	38.00	496
不等式・理论・方法(经典不等式卷)	2015-07	38.00	497
不等式・理论・方法(特殊类型不等式卷)	2015-07	48.00	498
不等式探究	2016-03	38.00	582
不等式探秘	2017-01	88.00	689

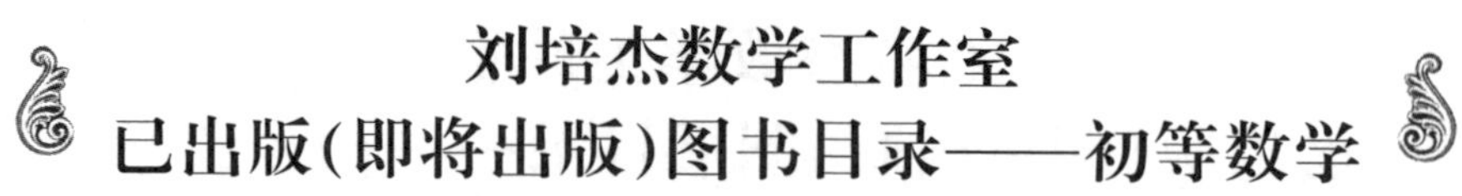

刘培杰数学工作室

已出版(即将出版)图书目录——初等数学

书　　名	出版时间	定　价	编号
四面体不等式	2017－01	68.00	715
数学奥林匹克中常见重要不等式	2017－09	38.00	845
三正弦不等式	2018－09	98.00	974
函数方程与不等式:解法与稳定性结果	2019－04	68.00	1058
数学不等式.第1卷,对称多项式不等式	2022－05	78.00	1455
数学不等式.第2卷,对称有理不等式与对称无理不等式	2022－05	88.00	1456
数学不等式.第3卷,循环不等式与非循环不等式	2022－05	88.00	1457
数学不等式.第4卷,Jensen不等式的扩展与加细	2022－05	88.00	1458
数学不等式.第5卷,创建不等式与解不等式的其他方法	2022－05	88.00	1459
不定方程及其应用.上	2018－12	58.00	992
不定方程及其应用.中	2019－01	78.00	993
不定方程及其应用.下	2019－02	98.00	994
Nesbitt不等式加强式的研究	2022－06	128.00	1527
最值定理与分析不等式	2023－02	78.00	1567
一类积分不等式	2023－02	88.00	1579
邦费罗尼不等式及概率应用	2023－05	58.00	1637
同余理论	2012－05	38.00	163
[x]与{x}	2015－04	48.00	476
极值与最值.上卷	2015－06	28.00	486
极值与最值.中卷	2015－06	38.00	487
极值与最值.下卷	2015－06	28.00	488
整数的性质	2012－11	38.00	192
完全平方数及其应用	2015－08	78.00	506
多项式理论	2015－10	88.00	541
奇数、偶数、奇偶分析法	2018－01	98.00	876
历届美国中学生数学竞赛试题及解答(第1卷)1950～1954	2014－07	18.00	277
历届美国中学生数学竞赛试题及解答(第2卷)1955～1959	2014－04	18.00	278
历届美国中学生数学竞赛试题及解答(第3卷)1960～1964	2014－06	18.00	279
历届美国中学生数学竞赛试题及解答(第4卷)1965～1969	2014－04	28.00	280
历届美国中学生数学竞赛试题及解答(第5卷)1970～1972	2014－06	18.00	281
历届美国中学生数学竞赛试题及解答(第6卷)1973～1980	2017－07	18.00	768
历届美国中学生数学竞赛试题及解答(第7卷)1981～1986	2015－01	18.00	424
历届美国中学生数学竞赛试题及解答(第8卷)1987～1990	2017－05	18.00	769
历届国际数学奥林匹克试题集	2023－09	158.00	1701
历届中国数学奥林匹克试题集(第3版)	2021－10	58.00	1440
历届加拿大数学奥林匹克试题集	2012－08	38.00	215
历届美国数学奥林匹克试题集	2023－08	98.00	1681
历届波兰数学竞赛试题集.第1卷,1949～1963	2015－03	18.00	453
历届波兰数学竞赛试题集.第2卷,1964～1976	2015－03	18.00	454
历届巴尔干数学奥林匹克试题集	2015－05	38.00	466
历届CGMO试题及解答	2024－03	48.00	1717
保加利亚数学奥林匹克	2014－10	38.00	393
圣彼得堡数学奥林匹克试题集	2015－01	38.00	429
匈牙利奥林匹克数学竞赛题解.第1卷	2016－05	28.00	593
匈牙利奥林匹克数学竞赛题解.第2卷	2016－05	28.00	594
历届美国数学邀请赛试题集(第2版)	2017－10	78.00	851
全美高中数学竞赛:纽约州数学竞赛(1989—1994)	2024－08	48.00	1740
普林斯顿大学数学竞赛	2016－06	38.00	669
亚太地区数学奥林匹克竞赛题	2015－07	18.00	492
日本历届(初级)广中杯数学竞赛试题及解答.第1卷(2000～2007)	2016－05	28.00	641
日本历届(初级)广中杯数学竞赛试题及解答.第2卷(2008～2015)	2016－05	38.00	642
越南数学奥林匹克题选:1962－2009	2021－07	48.00	1370
罗马尼亚大师杯数学竞赛试题及解答	2024－09	48.00	1746
欧洲女子数学奥林匹克	2024－04	48.00	1723
360个数学竞赛问题	2016－08	58.00	677

刘培杰数学工作室

已出版(即将出版)图书目录——初等数学

书　　名	出版时间	定　价	编号
奥数最佳实战题.上卷	2017－06	38.00	760
奥数最佳实战题.下卷	2017－05	58.00	761
解决问题的策略	2024－08	48.00	1742
哈尔滨市早期中学数学竞赛试题汇编	2016－07	28.00	672
全国高中数学联赛试题及解答:1981—2019(第4版)	2020－07	138.00	1176
2024年全国高中数学联合竞赛模拟题集	2024－01	38.00	1702
20世纪50年代全国部分城市数学竞赛试题汇编	2017－07	28.00	797
国内外数学竞赛题及精解:2018—2019	2020－08	45.00	1192
国内外数学竞赛题及精解:2019—2020	2021－11	58.00	1439
许康华竞赛优学精选集.第一辑	2018－08	68.00	949
天问叶班数学问题征解100题.Ⅰ,2016－2018	2019－05	88.00	1075
天问叶班数学问题征解100题.Ⅱ,2017－2019	2020－07	98.00	1177
美国初中数学竞赛:AMC8准备(共6卷)	2019－07	138.00	1089
美国高中数学竞赛:AMC10准备(共6卷)	2019－08	158.00	1105
中国数学奥林匹克国家集训队选拔试题背景研究	2015－01	78.00	1781

书　　名	出版时间	定　价	编号
高考数学核心题型解题方法与技巧	2010－01	28.00	86
高考数学压轴题解题诀窍(上)(第2版)	2018－01	58.00	874
高考数学压轴题解题诀窍(下)(第2版)	2018－01	48.00	875
突破高考数学新定义创新压轴题	2024－08	88.00	1741
北京市五区文科数学三年高考模拟题详解:2013～2015	2015－08	48.00	500
北京市五区理科数学三年高考模拟题详解:2013～2015	2015－09	68.00	505
向量法巧解数学高考题	2009－08	28.00	54
高中数学课堂教学的实践与反思	2021－11	48.00	791
数学高考参考	2016－01	78.00	589
新课程标准高考数学解答题各种题型解法指导	2020－08	78.00	1196
全国及各省市高考数学试题审题要津与解法研究	2015－02	48.00	450
高中数学章节起始课的教学研究与案例设计	2019－05	28.00	1064
新课标高考数学——五年试题分章详解(2007～2011)(上、下)	2011－10	78.00	140,141
全国中考数学压轴题审题要津与解法研究	2013－04	78.00	248
新编全国及各省市中考数学压轴题审题要津与解法研究	2014－05	58.00	342
全国及各省市5年中考数学压轴题审题要津与解法研究(2015版)	2015－04	58.00	462
中考数学专题总复习	2007－04	28.00	6
中考数学较难题常考题型解题方法与技巧	2016－09	48.00	681
中考数学难题常考题型解题方法与技巧	2016－09	48.00	682
中考数学中档题常考题型解题方法与技巧	2017－08	68.00	835
中考数学选择填空压轴好题妙解365	2024－01	80.00	1698
中考数学:三类重点考题的解法例析与习题	2020－04	48.00	1140
中小学数学的历史文化	2019－11	48.00	1124
小升初衔接数学	2024－06	68.00	1734
赢在小升初——数学	2024－08	78.00	1739
初中平面几何百题多思创新解	2020－01	58.00	1125
初中数学中考备考	2020－01	58.00	1126
高考数学之九章演义	2019－08	68.00	1044
高考数学之难题谈笑间	2022－06	68.00	1519
化学可以这样学:高中化学知识方法智慧感悟疑难辨析	2019－07	58.00	1103
如何成为学习高手	2019－09	58.00	1107
高考数学:经典真题分类解析	2020－04	78.00	1134
高考数学解答题破解策略	2020－11	58.00	1221
从分析解题过程学解题:高考压轴题与竞赛题之关系探究	2020－08	88.00	1179
从分析解题过程学解题:数学高考与竞赛的互联互通探究	2024－06	88.00	1735
教学新思考:单元整体视角下的初中数学教学设计	2021－03	58.00	1278
思维再拓展:2020年经典几何题的多解探究与思考	即将出版		1279
十年高考数学试题创新与经典研究:基于高中数学大概念的视角	2024－10	58.00	1777
高中数学题型全解(全5册)	2024－10	298.00	1778
中考数学小压轴汇编初讲	2017－07	48.00	788
中考数学大压轴专题微言	2017－09	48.00	846

刘培杰数学工作室

已出版(即将出版)图书目录——初等数学

书　　名	出版时间	定　价	编号
怎么解中考平面几何探索题	2019－06	48.00	1093
北京中考数学压轴题解题方法突破(第10版)	2024－11	88.00	1780
高考数学奇思妙解	2016－04	38.00	610
高考数学解题策略	2016－05	48.00	670
数学解题泄天机(第2版)	2017－10	48.00	850
高中物理教学讲义	2018－01	48.00	871
高中物理教学讲义:全模块	2022－03	98.00	1492
高中物理答疑解惑65篇	2021－11	48.00	1462
中学物理基础问题解析	2020－08	48.00	1183
初中数学、高中数学脱节知识补缺教材	2017－06	48.00	766
高考数学客观题解题方法和技巧	2017－10	38.00	847
十年高考数学精品试题审题要津与解法研究	2021－10	98.00	1427
中国历届高考数学试题及解答.1949－1979	2018－01	38.00	877
历届中国高考数学试题及解答.第二卷,1980—1989	2018－10	28.00	975
历届中国高考数学试题及解答.第三卷,1990—1999	2018－10	48.00	976
跟我学解高中数学题	2018－07	58.00	926
中学数学研究的方法及案例	2018－05	58.00	869
高考数学抢分技能	2018－07	68.00	934
高一新生常用数学方法和重要数学思想提升教材	2018－06	38.00	921
高考数学全国卷六道解答题常考题型解题诀窍:理科(全2册)	2019－07	78.00	1101
高考数学全国卷16道选择、填空题常考题型解题诀窍.理科	2018－09	88.00	971
高考数学全国卷16道选择、填空题常考题型解题诀窍.文科	2020－01	88.00	1123
高中数学一题多解	2019－06	58.00	1087
历届中国高考数学试题及解答:1917－1999	2021－08	118.00	1371
2000～2003年全国及各省市高考数学试题及解答	2022－05	88.00	1499
2004年全国及各省市高考数学试题及解答	2023－08	78.00	1500
2005年全国及各省市高考数学试题及解答	2023－08	78.00	1501
2006年全国及各省市高考数学试题及解答	2023－08	88.00	1502
2007年全国及各省市高考数学试题及解答	2023－08	98.00	1503
2008年全国及各省市高考数学试题及解答	2023－08	88.00	1504
2009年全国及各省市高考数学试题及解答	2023－08	88.00	1505
2010年全国及各省市高考数学试题及解答	2023－08	98.00	1506
2011～2017年全国及各省市高考数学试题及解答	2024－01	78.00	1507
2018～2023年全国及各省市高考数学试题及解答	2024－03	78.00	1709
突破高原:高中数学解题思维探究	2021－08	48.00	1375
高考数学中的“取值范围”	2021－10	48.00	1429
新课程标准高中数学各种题型解法大全.必修一分册	2021－06	58.00	1315
新课程标准高中数学各种题型解法大全.必修二分册	2022－01	68.00	1471
高中数学各种题型解法大全.选择性必修一分册	2022－06	68.00	1525
高中数学各种题型解法大全.选择性必修二分册	2023－01	58.00	1600
高中数学各种题型解法大全.选择性必修三分册	2023－04	48.00	1643
高中数学专题研究	2024－05	88.00	1722
历届全国初中数学竞赛经典试题详解	2023－04	88.00	1624
孟祥礼高考数学精刷精解	2023－06	98.00	1663
新高考数学第二轮复习讲义	2025－01	88.00	1808
新编640个世界著名数学智力趣题	2014－01	88.00	242
500个最新世界著名数学智力趣题	2008－06	48.00	3
400个最新世界著名数学最值问题	2008－09	48.00	36
500个世界著名数学征解问题	2009－06	48.00	52
400个中国最佳初等数学征解老问题	2010－01	48.00	60
500个俄罗斯数学经典老题	2011－01	28.00	81
1000个国外中学物理好题	2012－04	48.00	174
300个日本高考数学题	2012－05	38.00	142
700个早期日本高考数学试题	2017－02	88.00	752

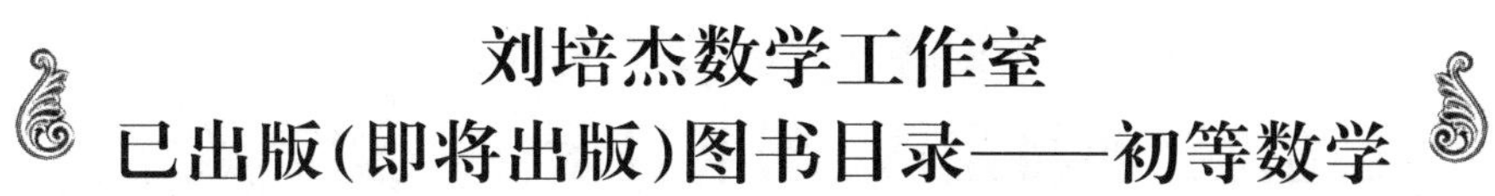

刘培杰数学工作室
已出版(即将出版)图书目录——初等数学

书　　名	出版时间	定　价	编号
500 个前苏联早期高考数学试题及解答	2012—05	28.00	185
546 个早期俄罗斯大学生数学竞赛题	2014—03	38.00	285
548 个来自美苏的数学好问题	2014—11	28.00	396
20 所苏联著名大学早期入学试题	2015—02	18.00	452
161 道德国工科大学生必做的微分方程习题	2015—05	28.00	469
500 个德国工科大学生必做的高数习题	2015—06	28.00	478
360 个数学竞赛问题	2016—08	58.00	677
200 个趣味数学故事	2018—02	48.00	857
470 个数学奥林匹克中的最值问题	2018—10	88.00	985
德国讲义日本考题. 微积分卷	2015—04	48.00	456
德国讲义日本考题. 微分方程卷	2015—04	38.00	457
二十世纪中叶中、英、美、日、法、俄高考数学试题精选	2017—06	38.00	783
中国初等数学研究　2009 卷(第 1 辑)	2009—05	20.00	45
中国初等数学研究　2010 卷(第 2 辑)	2010—05	30.00	68
中国初等数学研究　2011 卷(第 3 辑)	2011—07	60.00	127
中国初等数学研究　2012 卷(第 4 辑)	2012—07	48.00	190
中国初等数学研究　2014 卷(第 5 辑)	2014—02	48.00	288
中国初等数学研究　2015 卷(第 6 辑)	2015—06	68.00	493
中国初等数学研究　2016 卷(第 7 辑)	2016—04	68.00	609
中国初等数学研究　2017 卷(第 8 辑)	2017—01	98.00	712
初等数学研究在中国. 第 1 辑	2019—03	158.00	1024
初等数学研究在中国. 第 2 辑	2019—10	158.00	1116
初等数学研究在中国. 第 3 辑	2021—05	158.00	1306
初等数学研究在中国. 第 4 辑	2022—06	158.00	1520
初等数学研究在中国. 第 5 辑	2023—07	158.00	1635
几何变换(Ⅰ)	2014—07	28.00	353
几何变换(Ⅱ)	2015—06	28.00	354
几何变换(Ⅲ)	2015—01	38.00	355
几何变换(Ⅳ)	2015—12	38.00	356
初等数论难题集(第一卷)	2009—05	68.00	44
初等数论难题集(第二卷)(上、下)	2011—02	128.00	82,83
数论概貌	2011—03	18.00	93
代数数论(第二版)	2013—08	58.00	94
代数多项式	2014—06	38.00	289
初等数论的知识与问题	2011—02	28.00	95
超越数论基础	2011—03	28.00	96
数论初等教程	2011—03	28.00	97
数论基础	2011—03	18.00	98
数论基础与维诺格拉多夫	2014—03	18.00	292
解析数论基础	2012—08	28.00	216
解析数论基础(第二版)	2014—01	48.00	287
解析数论问题集(第二版)(原版引进)	2014—05	88.00	343
解析数论问题集(第二版)(中译本)	2016—04	88.00	607
解析数论基础(潘承洞,潘承彪著)	2016—07	98.00	673
解析数论导引	2016—07	58.00	674
数论入门	2011—03	38.00	99
代数数论入门	2015—03	38.00	448

刘培杰数学工作室
已出版(即将出版)图书目录——初等数学

书　　名	出版时间	定　价	编号
数论开篇	2012－07	28.00	194
解析数论引论	2011－03	48.00	100
Barban Davenport Halberstam 均值和	2009－01	40.00	33
基础数论	2011－03	28.00	101
初等数论 100 例	2011－05	18.00	122
初等数论经典例题	2012－07	18.00	204
最新世界各国数学奥林匹克中的初等数论试题(上、下)	2012－01	138.00	144,145
初等数论(Ⅰ)	2012－01	18.00	156
初等数论(Ⅱ)	2012－01	18.00	157
初等数论(Ⅲ)	2012－01	28.00	158
平面几何与数论中未解决的新老问题	2013－01	68.00	229
代数数论简史	2014－11	28.00	408
代数数论	2015－09	88.00	532
代数、数论及分析习题集	2016－11	98.00	695
数论导引提要及习题解答	2016－01	48.00	559
素数定理的初等证明. 第 2 版	2016－09	48.00	686
数论中的模函数与狄利克雷级数(第二版)	2017－11	78.00	837
数论:数学导引	2018－01	68.00	849
范氏大代数	2019－02	98.00	1016
解析数学讲义. 第一卷,导来式及微分、积分、级数	2019－04	88.00	1021
解析数学讲义. 第二卷,关于几何的应用	2019－04	68.00	1022
解析数学讲义. 第三卷,解析函数论	2019－04	78.00	1023
分析・组合・数论纵横谈	2019－04	58.00	1039
Hall 代数:民国时期的中学数学课本:英文	2019－08	88.00	1106
基谢廖夫初等代数	2022－07	38.00	1531
基谢廖夫算术	2024－05	48.00	1725
数学精神巡礼	2019－01	58.00	731
数学眼光透视(第 2 版)	2017－06	78.00	732
数学思想领悟(第 2 版)	2018－01	68.00	733
数学方法溯源(第 2 版)	2018－08	68.00	734
数学解题引论	2017－05	58.00	735
数学史话览胜(第 2 版)	2017－01	48.00	736
数学应用展观(第 2 版)	2017－08	68.00	737
数学建模尝试	2018－04	48.00	738
数学竞赛采风	2018－01	68.00	739
数学测评探营	2019－05	58.00	740
数学技能操握	2018－03	48.00	741
数学欣赏拾趣	2018－02	48.00	742
从毕达哥拉斯到怀尔斯	2007－10	48.00	9
从迪利克雷到维斯卡尔迪	2008－01	48.00	21
从哥德巴赫到陈景润	2008－05	98.00	35
从庞加莱到佩雷尔曼	2011－08	138.00	136
博弈论精粹	2008－03	58.00	30
博弈论精粹. 第二版(精装)	2015－01	88.00	461
数学 我爱你	2008－01	28.00	20
精神的圣徒　别样的人生——60 位中国数学家成长的历程	2008－09	48.00	39
数学史概论	2009－06	78.00	50

刘培杰数学工作室
已出版(即将出版)图书目录——初等数学

书　　名	出版时间	定　价	编号
数学史概论(精装)	2013－03	158.00	272
数学史选讲	2016－01	48.00	544
斐波那契数列	2010－02	28.00	65
数学拼盘和斐波那契魔方	2010－07	38.00	72
斐波那契数列欣赏(第2版)	2018－08	58.00	948
Fibonacci 数列中的明珠	2018－06	58.00	928
数学的创造	2011－02	48.00	85
数学美与创造力	2016－01	48.00	595
数海拾贝	2016－01	48.00	590
数学中的美(第2版)	2019－04	68.00	1057
数论中的美学	2014－12	38.00	351
数学王者　科学巨人——高斯	2015－01	28.00	428
振兴祖国数学的圆梦之旅:中国初等数学研究史话	2015－06	98.00	490
二十世纪中国数学史料研究	2015－10	48.00	536
《九章算法比类大全》校注	2024－06	198.00	1695
数字谜、数阵图与棋盘覆盖	2016－01	58.00	298
数学概念的进化:一个初步的研究	2023－07	68.00	1683
数学发现的艺术:数学探索中的合情推理	2016－07	58.00	671
活跃在数学中的参数	2016－07	48.00	675
数海趣史	2021－05	98.00	1314
玩转幻中之幻	2023－08	88.00	1682
数学艺术品	2023－09	98.00	1685
数学博弈与游戏	2023－10	68.00	1692
数学解题——靠数学思想给力(上)	2011－07	38.00	131
数学解题——靠数学思想给力(中)	2011－07	48.00	132
数学解题——靠数学思想给力(下)	2011－07	38.00	133
我怎样解题	2013－01	48.00	227
数学解题中的物理方法	2011－06	28.00	114
数学解题的特殊方法	2011－06	48.00	115
中学数学计算技巧(第2版)	2020－10	48.00	1220
中学数学证明方法	2012－01	58.00	117
数学趣题巧解	2012－03	28.00	128
高中数学教学通鉴	2015－05	58.00	479
和高中生漫谈:数学与哲学的故事	2014－08	28.00	369
算术问题集	2017－03	38.00	789
张教授讲数学	2018－07	38.00	933
陈永明实话实说数学教学	2020－04	68.00	1132
中学数学学科知识与教学能力	2020－06	58.00	1155
怎样把课讲好:大罕数学教学随笔	2022－03	58.00	1484
中国高考评价体系下高考数学探秘	2022－03	48.00	1487
数苑漫步	2024－01	58.00	1670
自主招生考试中的参数方程问题	2015－01	28.00	435
自主招生考试中的极坐标问题	2015－04	28.00	463
近年全国重点大学自主招生数学试题全解及研究.华约卷	2015－02	38.00	441
近年全国重点大学自主招生数学试题全解及研究.北约卷	2016－05	38.00	619
自主招生数学解证宝典	2015－09	48.00	535
中国科学技术大学创新班数学真题解析	2022－03	48.00	1488
中国科学技术大学创新班物理真题解析	2022－03	58.00	1489
格点和面积	2012－07	18.00	191
射影几何趣谈	2012－04	28.00	175
斯潘纳尔引理——从一道加拿大数学奥林匹克试题谈起	2014－01	28.00	228
李普希兹条件——从几道近年高考数学试题谈起	2012－10	18.00	221
拉格朗日中值定理——从一道北京高考试题的解法谈起	2015－10	18.00	197

刘培杰数学工作室

已出版(即将出版)图书目录——初等数学

书 名	出版时间	定 价	编号
闵科夫斯基定理——从一道清华大学自主招生试题谈起	2014-01	28.00	198
哈尔测度——从一道冬令营试题的背景谈起	2012-08	28.00	202
切比雪夫逼近问题——从一道中国台北数学奥林匹克试题谈起	2013-04	38.00	238
伯恩斯坦多项式与贝齐尔曲面——从一道全国高中数学联赛试题谈起	2013-03	38.00	236
卡塔兰猜想——从一道普特南竞赛试题谈起	2013-06	18.00	256
麦卡锡函数和阿克曼函数——从一道前南斯拉夫数学奥林匹克试题谈起	2012-08	18.00	201
贝蒂定理与拉姆贝克莫斯尔定理——从一个拣石子游戏谈起	2012-08	18.00	217
皮亚诺曲线和豪斯道夫分球定理——从无限集谈起	2012-08	18.00	211
平面凸图形与凸多面体	2012-10	28.00	218
斯坦因豪斯问题——从一道二十五省市自治区中学数学竞赛试题谈起	2012-07	18.00	196
纽结理论中的亚历山大多项式与琼斯多项式——从一道北京市高一数学竞赛试题谈起	2012-07	28.00	195
原则与策略——从波利亚"解题表"谈起	2013-04	38.00	244
转化与化归——从三大尺规作图不能问题谈起	2012-08	28.00	214
代数几何中的贝祖定理(第一版)——从一道 IMO 试题的解法谈起	2013-08	18.00	193
成功连贯理论与约当块理论——从一道比利时数学竞赛试题谈起	2012-04	18.00	180
素数判定与大数分解	2014-08	18.00	199
置换多项式及其应用	2012-10	18.00	220
椭圆函数与模函数——从一道美国加州大学洛杉矶分校(UCLA)博士资格考题谈起	2012-10	28.00	219
差分方程的拉格朗日方法——从一道 2011 年全国高考理科试题的解法谈起	2012-08	28.00	200
力学在几何中的一些应用	2013-01	38.00	240
从根式解到伽罗华理论	2020-01	48.00	1121
康托洛维奇不等式——从一道全国高中联赛试题谈起	2013-03	28.00	337
拉克斯定理和阿廷定理——从一道 IMO 试题的解法谈起	2014-01	58.00	246
毕卡大定理——从一道美国大学数学竞赛试题谈起	2014-07	18.00	350
拉格朗日乘子定理——从一道 2005 年全国高中联赛试题的高等数学解法谈起	2015-05	28.00	480
雅可比定理——从一道日本数学奥林匹克试题谈起	2013-04	48.00	249
李天岩-约克定理——从一道波兰数学竞赛试题谈起	2014-06	28.00	349
受控理论与初等不等式:从一道 IMO 试题的解法谈起	2023-03	48.00	1601
布劳维不动点定理——从一道前苏联数学奥林匹克试题谈起	2014-01	38.00	273
莫德尔-韦伊定理——从一道日本数学奥林匹克试题谈起	2024-10	48.00	1602
斯蒂尔杰斯积分——从一道国际大学生数学竞赛试题的解法谈起	2024-10	68.00	1605
切博塔廖夫猜想——从一道 1978 年全国高中数学竞赛试题谈起	2024-10	38.00	1606
卡西尼卵形线:从一道高中数学期中考试试题谈起	2024-10	48.00	1607
格罗斯问题:亚纯函数的唯一性问题	2024-10	48.00	1608
布格尔问题——从一道第 6 届全国中学生物理竞赛预赛试题谈起	2024-09	68.00	1609
多项式逼近问题——从一道美国大学生数学竞赛试题谈起	2024-10	48.00	1748
中国剩余定理——总数法构建中国历史年表	2015-01	28.00	430
沙可夫斯基定理——从一道韩国数学奥林匹克竞赛试题的解法谈起	2025-01	68.00	1753
斯特林公式——从一道 2023 年高考数学(天津卷)试题的背景谈起	2025-01	28.00	1754
外索夫博弈:从一道瑞士国家队选拔考试试题谈起	2025-03	48.00	1755
分圆多项式——从一道美国国家队选拔考试试题的解法谈起	2025-01	48.00	1786
费马数与广义费马数——从一道 USAMO 试题的解法谈起	2025-01	48.00	1794

刘培杰数学工作室
已出版(即将出版)图书目录——初等数学

书　　名	出版时间	定　价	编号
贝克码与编码理论——从一道全国高中数学联赛二试试题的解法谈起	2025—03	48.00	1751
拉比诺维奇定理	即将出版		
刘维尔定理——从一道《美国数学月刊》征解问题的解法谈起	即将出版		
卡塔兰恒等式与级数求和——从一道 IMO 试题的解法谈起	即将出版		
勒让德猜想与素数分布——从一道爱尔兰竞赛试题谈起	即将出版		
天平称重与信息论——从一道基辅市数学奥林匹克试题谈起	即将出版		
哈密尔顿一凯莱定理:从一道高中数学联赛试题的解法谈起	2014—09	18.00	376
艾思特曼定理——从一道 CMO 试题的解法谈起	即将出版		
阿贝尔恒等式与经典不等式及应用	2018—06	98.00	923
迪利克雷除数问题	2018—07	48.00	930
幻方、幻立方与拉丁方	2019—08	48.00	1092
帕斯卡三角形	2014—03	18.00	294
蒲丰投针问题——从 2009 年清华大学的一道自主招生试题谈起	2014—01	38.00	295
斯图姆定理——从一道“华约”自主招生试题的解法谈起	2014—01	18.00	296
许瓦兹引理——从一道加利福尼亚大学伯克利分校数学系博士生试题谈起	2014—08	18.00	297
拉姆塞定理——从王诗宬院士的一个问题谈起	2016—04	48.00	299
坐标法	2013—12	28.00	332
数论三角形	2014—04	38.00	341
毕克定理	2014—07	18.00	352
数林掠影	2014—09	48.00	389
我们周围的概率	2014—10	38.00	390
凸函数最值定理:从一道华约自主招生题的解法谈起	2014—10	28.00	391
易学与数学奥林匹克	2014—10	38.00	392
生物数学趣谈	2015—01	18.00	409
反演	2015—01	28.00	420
因式分解与圆锥曲线	2015—01	18.00	426
轨迹	2015—01	28.00	427
面积原理:从常庚哲命的一道 CMO 试题的积分解法谈起	2015—01	48.00	431
形形色色的不动点定理:从一道 28 届 IMO 试题谈起	2015—01	38.00	439
柯西函数方程:从一道上海交大自主招生的试题谈起	2015—02	28.00	440
三角恒等式	2015—02	28.00	442
无理性判定:从一道 2014 年“北约”自主招生试题谈起	2015—01	38.00	443
数学归纳法	2015—03	18.00	451
极端原理与解题	2015—04	28.00	464
法雷级数	2014—08	18.00	367
摆线族	2015—01	38.00	438
函数方程及其解法	2015—05	38.00	470
含参数的方程和不等式	2012—09	28.00	213
希尔伯特第十问题	2016—01	38.00	543
无穷小量的求和	2016—01	28.00	545
切比雪夫多项式:从一道清华大学金秋营试题谈起	2016—01	38.00	583
泽肯多夫定理	2016—03	38.00	599
代数等式证题法	2016—01	28.00	600
三角等式证题法	2016—01	28.00	601
吴大任教授藏书中的一个因式分解公式:从一道美国数学邀请赛试题的解法谈起	2016—06	28.00	656
易卦——类万物的数学模型	2017—08	68.00	838
“不可思议”的数与数系可持续发展	2018—01	38.00	878
最短线	2018—01	38.00	879
数学在天文、地理、光学、机械力学中的一些应用	2023—03	88.00	1576
从阿基米德三角形谈起	2023—01	28.00	1578

刘培杰数学工作室
已出版(即将出版)图书目录——初等数学

书　　名	出版时间	定　价	编号
幻方和魔方(第一卷)	2012—05	68.00	173
尘封的经典——初等数学经典文献选读(第一卷)	2012—07	48.00	205
尘封的经典——初等数学经典文献选读(第二卷)	2012—07	38.00	206
初级方程式论	2011—03	28.00	106
初等数学研究(Ⅰ)	2008—09	68.00	37
初等数学研究(Ⅱ)(上、下)	2009—05	118.00	46,47
初等数学专题研究	2022—10	68.00	1568
趣味初等方程妙题集锦	2014—09	48.00	388
趣味初等数论选美与欣赏	2015—02	48.00	445
耕读笔记(上卷):一位农民数学爱好者的初数探索	2015—04	28.00	459
耕读笔记(中卷):一位农民数学爱好者的初数探索	2015—05	28.00	483
耕读笔记(下卷):一位农民数学爱好者的初数探索	2015—05	28.00	484
几何不等式研究与欣赏.上卷	2016—01	88.00	547
几何不等式研究与欣赏.下卷	2016—01	48.00	552
初等数列研究与欣赏·上	2016—01	48.00	570
初等数列研究与欣赏·下	2016—01	48.00	571
趣味初等函数研究与欣赏.上	2016—09	48.00	684
趣味初等函数研究与欣赏.下	2018—09	48.00	685
三角不等式研究与欣赏	2020—10	68.00	1197
新编平面解析几何解题方法研究与欣赏	2021—10	78.00	1426
火柴游戏(第2版)	2022—05	38.00	1493
智力解谜.第1卷	2017—07	38.00	613
智力解谜.第2卷	2017—07	38.00	614
故事智力	2016—07	48.00	615
名人们喜欢的智力问题	2020—01	48.00	616
数学大师的发现、创造与失误	2018—01	48.00	617
异曲同工	2018—09	48.00	618
数学的味道(第2版)	2023—10	68.00	1686
数学千字文	2018—10	68.00	977
数贝偶拾——高考数学题研究	2014—04	28.00	274
数贝偶拾——初等数学研究	2014—04	38.00	275
数贝偶拾——奥数题研究	2014—04	48.00	276
钱昌本教你快乐学数学(上)	2011—12	48.00	155
钱昌本教你快乐学数学(下)	2012—03	58.00	171
集合、函数与方程	2014—01	28.00	300
数列与不等式	2014—01	38.00	301
三角与平面向量	2014—01	28.00	302
平面解析几何	2014—01	38.00	303
立体几何与组合	2014—01	28.00	304
极限与导数、数学归纳法	2014—01	38.00	305
趣味数学	2014—03	28.00	306
教材教法	2014—04	68.00	307
自主招生	2014—05	58.00	308
高考压轴题(上)	2015—01	48.00	309
高考压轴题(下)	2014—10	68.00	310

刘培杰数学工作室
已出版(即将出版)图书目录——初等数学 

书　　名	出版时间	定　价	编号
从费马到怀尔斯——费马大定理的历史	2013－10	198.00	Ⅰ
从庞加莱到佩雷尔曼——庞加莱猜想的历史	2013－10	298.00	Ⅱ
从切比雪夫到爱尔特希(上)——素数定理的初等证明	2013－07	48.00	Ⅲ
从切比雪夫到爱尔特希(下)——素数定理 100 年	2012－12	98.00	Ⅲ
从高斯到盖尔方特——二次域的高斯猜想	2013－10	198.00	Ⅳ
从库默尔到朗兰兹——朗兰兹猜想的历史	2014－01	98.00	Ⅴ
从比勃巴赫到德布朗斯——比勃巴赫猜想的历史	2014－02	298.00	Ⅵ
从麦比乌斯到陈省身——麦比乌斯变换与麦比乌斯带	2014－02	298.00	Ⅶ
从布尔到豪斯道夫——布尔方程与格论漫谈	2013－10	198.00	Ⅷ
从开普勒到阿诺德——三体问题的历史	2014－05	298.00	Ⅸ
从华林到华罗庚——华林问题的历史	2013－10	298.00	Ⅹ
美国高中数学竞赛五十讲. 第 1 卷(英文)	2014－08	28.00	357
美国高中数学竞赛五十讲. 第 2 卷(英文)	2014－08	28.00	358
美国高中数学竞赛五十讲. 第 3 卷(英文)	2014－09	28.00	359
美国高中数学竞赛五十讲. 第 4 卷(英文)	2014－09	28.00	360
美国高中数学竞赛五十讲. 第 5 卷(英文)	2014－10	28.00	361
美国高中数学竞赛五十讲. 第 6 卷(英文)	2014－11	28.00	362
美国高中数学竞赛五十讲. 第 7 卷(英文)	2014－12	28.00	363
美国高中数学竞赛五十讲. 第 8 卷(英文)	2015－01	28.00	364
美国高中数学竞赛五十讲. 第 9 卷(英文)	2015－01	28.00	365
美国高中数学竞赛五十讲. 第 10 卷(英文)	2015－02	38.00	366
三角函数(第 2 版)	2017－04	38.00	626
不等式	2014－01	38.00	312
数列	2014－01	38.00	313
方程(第 2 版)	2017－04	38.00	624
排列和组合	2014－01	28.00	315
极限与导数(第 2 版)	2016－04	38.00	635
向量(第 2 版)	2018－08	58.00	627
复数及其应用	2014－08	28.00	318
函数	2014－01	38.00	319
集合	2020－01	48.00	320
直线与平面	2014－01	28.00	321
立体几何(第 2 版)	2016－04	38.00	629
解三角形	即将出版		323
直线与圆(第 2 版)	2016－11	38.00	631
圆锥曲线(第 2 版)	2016－09	48.00	632
解题通法(一)	2014－07	38.00	326
解题通法(二)	2014－07	38.00	327
解题通法(三)	2014－05	38.00	328
概率与统计	2014－01	28.00	329
信息迁移与算法	即将出版		330

刘培杰数学工作室
已出版(即将出版)图书目录——初等数学

书　　名	出版时间	定　价	编号
IMO 50年.第1卷(1959—1963)	2014—11	28.00	377
IMO 50年.第2卷(1964—1968)	2014—11	28.00	378
IMO 50年.第3卷(1969—1973)	2014—09	28.00	379
IMO 50年.第4卷(1974—1978)	2016—04	38.00	380
IMO 50年.第5卷(1979—1984)	2015—04	38.00	381
IMO 50年.第6卷(1985—1989)	2015—04	58.00	382
IMO 50年.第7卷(1990—1994)	2016—01	48.00	383
IMO 50年.第8卷(1995—1999)	2016—06	38.00	384
IMO 50年.第9卷(2000—2004)	2015—04	58.00	385
IMO 50年.第10卷(2005—2009)	2016—01	48.00	386
IMO 50年.第11卷(2010—2015)	2017—03	48.00	646
数学反思(2006—2007)	2020—09	88.00	915
数学反思(2008—2009)	2019—01	68.00	917
数学反思(2010—2011)	2018—05	58.00	916
数学反思(2012—2013)	2019—01	58.00	918
数学反思(2014—2015)	2019—03	78.00	919
数学反思(2016—2017)	2021—03	58.00	1286
数学反思(2018—2019)	2023—01	88.00	1593
历届美国大学生数学竞赛试题集.第一卷(1938—1949)	2015—01	28.00	397
历届美国大学生数学竞赛试题集.第二卷(1950—1959)	2015—01	28.00	398
历届美国大学生数学竞赛试题集.第三卷(1960—1969)	2015—01	28.00	399
历届美国大学生数学竞赛试题集.第四卷(1970—1979)	2015—01	18.00	400
历届美国大学生数学竞赛试题集.第五卷(1980—1989)	2015—01	28.00	401
历届美国大学生数学竞赛试题集.第六卷(1990—1999)	2015—01	28.00	402
历届美国大学生数学竞赛试题集.第七卷(2000—2009)	2015—08	18.00	403
历届美国大学生数学竞赛试题集.第八卷(2010—2012)	2015—01	18.00	404
新课标高考数学创新题解题诀窍:总论	2014—09	28.00	372
新课标高考数学创新题解题诀窍:必修1～5分册	2014—08	38.00	373
新课标高考数学创新题解题诀窍:选修2—1,2—2,1—1,1—2分册	2014—09	38.00	374
新课标高考数学创新题解题诀窍:选修2—3,4—4,4—5分册	2014—09	18.00	375
全国重点大学自主招生英文数学试题全攻略:词汇卷	2015—07	48.00	410
全国重点大学自主招生英文数学试题全攻略:概念卷	2015—01	28.00	411
全国重点大学自主招生英文数学试题全攻略:文章选读卷(上)	2016—09	38.00	412
全国重点大学自主招生英文数学试题全攻略:文章选读卷(下)	2017—01	58.00	413
全国重点大学自主招生英文数学试题全攻略:试题卷	2015—07	38.00	414
全国重点大学自主招生英文数学试题全攻略:名著欣赏卷	2017—03	48.00	415
劳埃德数学趣题大全.题目卷.1:英文	2016—01	18.00	516
劳埃德数学趣题大全.题目卷.2:英文	2016—01	18.00	517
劳埃德数学趣题大全.题目卷.3:英文	2016—01	18.00	518
劳埃德数学趣题大全.题目卷.4:英文	2016—01	18.00	519
劳埃德数学趣题大全.题目卷.5:英文	2016—01	18.00	520
劳埃德数学趣题大全.答案卷:英文	2016—01	18.00	521

刘培杰数学工作室
已出版(即将出版)图书目录——初等数学

书　　名	出版时间	定　价	编号
李成章教练奥数笔记. 第 1 卷	2016—01	48.00	522
李成章教练奥数笔记. 第 2 卷	2016—01	48.00	523
李成章教练奥数笔记. 第 3 卷	2016—01	38.00	524
李成章教练奥数笔记. 第 4 卷	2016—01	38.00	525
李成章教练奥数笔记. 第 5 卷	2016—01	38.00	526
李成章教练奥数笔记. 第 6 卷	2016—01	38.00	527
李成章教练奥数笔记. 第 7 卷	2016—01	38.00	528
李成章教练奥数笔记. 第 8 卷	2016—01	48.00	529
李成章教练奥数笔记. 第 9 卷	2016—01	28.00	530
第 19～23 届"希望杯"全国数学邀请赛试题审题要津详细评注(初一版)	2014—03	28.00	333
第 19～23 届"希望杯"全国数学邀请赛试题审题要津详细评注(初二、初三版)	2014—03	38.00	334
第 19～23 届"希望杯"全国数学邀请赛试题审题要津详细评注(高一版)	2014—03	28.00	335
第 19～23 届"希望杯"全国数学邀请赛试题审题要津详细评注(高二版)	2014—03	38.00	336
第 19～25 届"希望杯"全国数学邀请赛试题审题要津详细评注(初一版)	2015—01	38.00	416
第 19～25 届"希望杯"全国数学邀请赛试题审题要津详细评注(初二、初三版)	2015—01	58.00	417
第 19～25 届"希望杯"全国数学邀请赛试题审题要津详细评注(高一版)	2015—01	48.00	418
第 19～25 届"希望杯"全国数学邀请赛试题审题要津详细评注(高二版)	2015—01	48.00	419
物理奥林匹克竞赛大题典——力学卷	2014—11	48.00	405
物理奥林匹克竞赛大题典——热学卷	2014—04	28.00	339
物理奥林匹克竞赛大题典——电磁学卷	2015—07	48.00	406
物理奥林匹克竞赛大题典——光学与近代物理卷	2014—06	28.00	345
历届中国东南地区数学奥林匹克试题及解答	2024—06	68.00	1724
历届中国西部地区数学奥林匹克试题集(2001～2012)	2014—07	18.00	347
历届中国女子数学奥林匹克试题集(2002～2012)	2014—08	18.00	348
数学奥林匹克在中国	2014—06	98.00	344
数学奥林匹克问题集	2014—01	38.00	267
数学奥林匹克不等式散论	2010—06	38.00	124
数学奥林匹克不等式欣赏	2011—09	38.00	138
数学奥林匹克超级题库(初中卷上)	2010—01	58.00	66
数学奥林匹克不等式证明方法和技巧(上、下)	2011—08	158.00	134,135
他们学什么:原民主德国中学数学课本	2016—09	38.00	658
他们学什么:英国中学数学课本	2016—09	38.00	659
他们学什么:法国中学数学课本. 1	2016—09	38.00	660
他们学什么:法国中学数学课本. 2	2016—09	28.00	661
他们学什么:法国中学数学课本. 3	2016—09	38.00	662
他们学什么:苏联中学数学课本	2016—09	28.00	679

刘培杰数学工作室
已出版(即将出版)图书目录——初等数学

书　　名	出版时间	定　价	编号
高中数学题典——集合与简易逻辑·函数	2016－07	48.00	647
高中数学题典——导数	2016－07	48.00	648
高中数学题典——三角函数·平面向量	2016－07	48.00	649
高中数学题典——数列	2016－07	58.00	650
高中数学题典——不等式·推理与证明	2016－07	38.00	651
高中数学题典——立体几何	2016－07	48.00	652
高中数学题典——平面解析几何	2016－07	78.00	653
高中数学题典——计数原理·统计·概率·复数	2016－07	48.00	654
高中数学题典——算法·平面几何·初等数论·组合数学·其他	2016－07	68.00	655
台湾地区奥林匹克数学竞赛试题.小学一年级	2017－03	38.00	722
台湾地区奥林匹克数学竞赛试题.小学二年级	2017－03	38.00	723
台湾地区奥林匹克数学竞赛试题.小学三年级	2017－03	38.00	724
台湾地区奥林匹克数学竞赛试题.小学四年级	2017－03	38.00	725
台湾地区奥林匹克数学竞赛试题.小学五年级	2017－03	38.00	726
台湾地区奥林匹克数学竞赛试题.小学六年级	2017－03	38.00	727
台湾地区奥林匹克数学竞赛试题.初中一年级	2017－03	38.00	728
台湾地区奥林匹克数学竞赛试题.初中二年级	2017－03	38.00	729
台湾地区奥林匹克数学竞赛试题.初中三年级	2017－03	28.00	730
不等式证题法	2017－04	28.00	747
平面几何培优教程	2019－08	88.00	748
奥数鼎级培优教程.高一分册	2018－09	88.00	749
奥数鼎级培优教程.高二分册.上	2018－04	68.00	750
奥数鼎级培优教程.高二分册.下	2018－04	68.00	751
高中数学竞赛冲刺宝典	2019－04	68.00	883
初中尖子生数学超级题典.实数	2017－07	58.00	792
初中尖子生数学超级题典.式、方程与不等式	2017－08	58.00	793
初中尖子生数学超级题典.圆、面积	2017－08	38.00	794
初中尖子生数学超级题典.函数、逻辑推理	2017－08	48.00	795
初中尖子生数学超级题典.角、线段、三角形与多边形	2017－07	58.00	796
数学王子——高斯	2018－01	48.00	858
坎坷奇星——阿贝尔	2018－01	48.00	859
闪烁奇星——伽罗瓦	2018－01	58.00	860
无穷统帅——康托尔	2018－01	48.00	861
科学公主——柯瓦列夫斯卡娅	2018－01	48.00	862
抽象代数之母——埃米·诺特	2018－01	48.00	863
电脑先驱——图灵	2018－01	58.00	864
昔日神童——维纳	2018－01	48.00	865
数坛怪侠——爱尔特希	2018－01	68.00	866
传奇数学家徐利治	2019－09	88.00	1110

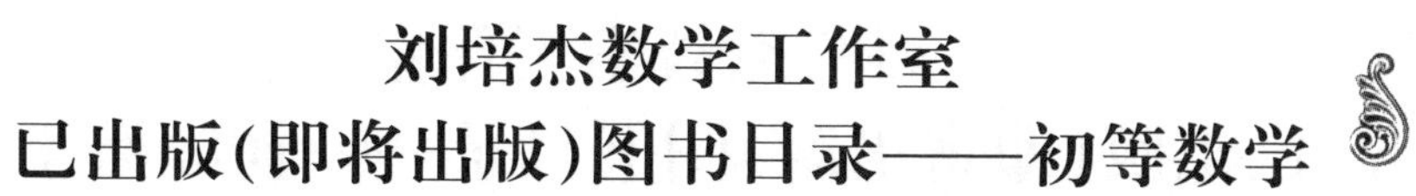

刘培杰数学工作室
已出版(即将出版)图书目录——初等数学

书　　名	出版时间	定　价	编号
当代世界中的数学.数学思想与数学基础	2019－01	38.00	892
当代世界中的数学.数学问题	2019－01	38.00	893
当代世界中的数学.应用数学与数学应用	2019－01	38.00	894
当代世界中的数学.数学王国的新疆域(一)	2019－01	38.00	895
当代世界中的数学.数学王国的新疆域(二)	2019－01	38.00	896
当代世界中的数学.数林撷英(一)	2019－01	38.00	897
当代世界中的数学.数林撷英(二)	2019－01	48.00	898
当代世界中的数学.数学之路	2019－01	38.00	899

书　　名	出版时间	定　价	编号
105个代数问题:来自AwesomeMath夏季课程	2019－02	58.00	956
106个几何问题:来自AwesomeMath夏季课程	2020－07	58.00	957
107个几何问题:来自AwesomeMath全年课程	2020－07	58.00	958
108个代数问题:来自AwesomeMath全年课程	2019－01	68.00	959
109个不等式:来自AwesomeMath夏季课程	2019－04	58.00	960
110个几何问题:选自各国数学奥林匹克竞赛	2024－04	58.00	961
111个代数和数论问题	2019－05	58.00	962
112个组合问题:来自AwesomeMath夏季课程	2019－05	58.00	963
113个几何不等式:来自AwesomeMath夏季课程	2020－08	58.00	964
114个指数和对数问题:来自AwesomeMath夏季课程	2019－09	48.00	965
115个三角问题:来自AwesomeMath夏季课程	2019－09	58.00	966
116个代数不等式:来自AwesomeMath全年课程	2019－04	58.00	967
117个多项式问题:来自AwesomeMath夏季课程	2021－09	58.00	1409
118个数学竞赛不等式	2022－08	78.00	1526
119个三角问题	2024－05	58.00	1726
119个三角问题	2024－05	58.00	1726

书　　名	出版时间	定　价	编号
紫色彗星国际数学竞赛试题	2019－02	58.00	999
数学竞赛中的数学:为数学爱好者、父母、教师和教练准备的丰富资源.第一部	2020－04	58.00	1141
数学竞赛中的数学:为数学爱好者、父母、教师和教练准备的丰富资源.第二部	2020－07	48.00	1142
和与积	2020－10	38.00	1219
数论:概念和问题	2020－12	68.00	1257
初等数学问题研究	2021－03	48.00	1270
数学奥林匹克中的欧几里得几何	2021－10	68.00	1413
数学奥林匹克题解新编	2022－01	58.00	1430
图论入门	2022－09	58.00	1554
新的、更新的、最新的不等式	2023－07	58.00	1650
几何不等式相关问题	2024－04	58.00	1721
数学归纳法——一种高效而简捷的证明方法	2024－06	48.00	1738
数学竞赛中奇妙的多项式	2024－01	78.00	1646
120个奇妙的代数问题及20个奖励问题	2024－04	48.00	1647
几何不等式相关问题	2024－04	58.00	1721
数学竞赛中的十个代数主题	2024－10	58.00	1745
AwesomeMath入学测试题:前九年:2006—2014	2024－11	38.00	1644
AwesomeMath入学测试题:接下来的七年:2015—2021	2024－12	48.00	1782
奥林匹克几何入门	2025－01	48.00	1796
数学太空漫游:21世纪的立体几何	2025－01	68.00	1810

刘培杰数学工作室
已出版(即将出版)图书目录——初等数学

书　　名	出版时间	定　价	编号
澳大利亚中学数学竞赛试题及解答(初级卷)1978～1984	2019－02	28.00	1002
澳大利亚中学数学竞赛试题及解答(初级卷)1985～1991	2019－02	28.00	1003
澳大利亚中学数学竞赛试题及解答(初级卷)1992～1998	2019－02	28.00	1004
澳大利亚中学数学竞赛试题及解答(初级卷)1999～2005	2019－02	28.00	1005
澳大利亚中学数学竞赛试题及解答(中级卷)1978～1984	2019－03	28.00	1006
澳大利亚中学数学竞赛试题及解答(中级卷)1985～1991	2019－03	28.00	1007
澳大利亚中学数学竞赛试题及解答(中级卷)1992～1998	2019－03	28.00	1008
澳大利亚中学数学竞赛试题及解答(中级卷)1999～2005	2019－03	28.00	1009
澳大利亚中学数学竞赛试题及解答(高级卷)1978～1984	2019－05	28.00	1010
澳大利亚中学数学竞赛试题及解答(高级卷)1985～1991	2019－05	28.00	1011
澳大利亚中学数学竞赛试题及解答(高级卷)1992～1998	2019－05	28.00	1012
澳大利亚中学数学竞赛试题及解答(高级卷)1999～2005	2019－05	28.00	1013
天才中小学生智力测验题.第一卷	2019－03	38.00	1026
天才中小学生智力测验题.第二卷	2019－03	38.00	1027
天才中小学生智力测验题.第三卷	2019－03	38.00	1028
天才中小学生智力测验题.第四卷	2019－03	38.00	1029
天才中小学生智力测验题.第五卷	2019－03	38.00	1030
天才中小学生智力测验题.第六卷	2019－03	38.00	1031
天才中小学生智力测验题.第七卷	2019－03	38.00	1032
天才中小学生智力测验题.第八卷	2019－03	38.00	1033
天才中小学生智力测验题.第九卷	2019－03	38.00	1034
天才中小学生智力测验题.第十卷	2019－03	38.00	1035
天才中小学生智力测验题.第十一卷	2019－03	38.00	1036
天才中小学生智力测验题.第十二卷	2019－03	38.00	1037
天才中小学生智力测验题.第十三卷	2019－03	38.00	1038
重点大学自主招生数学备考全书:函数	2020－05	48.00	1047
重点大学自主招生数学备考全书:导数	2020－08	48.00	1048
重点大学自主招生数学备考全书:数列与不等式	2019－10	78.00	1049
重点大学自主招生数学备考全书:三角函数与平面向量	2020－08	68.00	1050
重点大学自主招生数学备考全书:平面解析几何	2020－07	58.00	1051
重点大学自主招生数学备考全书:立体几何与平面几何	2019－08	48.00	1052
重点大学自主招生数学备考全书:排列组合・概率统计・复数	2019－09	48.00	1053
重点大学自主招生数学备考全书:初等数论与组合数学	2019－08	48.00	1054
重点大学自主招生数学备考全书:重点大学自主招生真题.上	2019－04	68.00	1055
重点大学自主招生数学备考全书:重点大学自主招生真题.下	2019－04	58.00	1056
高中数学竞赛培训教程:平面几何问题的求解方法与策略.上	2018－05	68.00	906
高中数学竞赛培训教程:平面几何问题的求解方法与策略.下	2018－06	78.00	907
高中数学竞赛培训教程:整除与同余以及不定方程	2018－01	88.00	908
高中数学竞赛培训教程:组合计数与组合极值	2018－04	48.00	909
高中数学竞赛培训教程:初等代数	2019－04	78.00	1042
高中数学讲座:数学竞赛基础教程(第一册)	2019－06	48.00	1094
高中数学讲座:数学竞赛基础教程(第二册)	即将出版		1095
高中数学讲座:数学竞赛基础教程(第三册)	即将出版		1096
高中数学讲座:数学竞赛基础教程(第四册)	即将出版		1097

刘培杰数学工作室

已出版(即将出版)图书目录——初等数学

书　　名	出版时间	定　价	编号
新编中学数学解题方法 1000 招丛书.实数(初中版)	2022—05	58.00	1291
新编中学数学解题方法 1000 招丛书.式(初中版)	2022—05	48.00	1292
新编中学数学解题方法 1000 招丛书.方程与不等式(初中版)	2021—04	58.00	1293
新编中学数学解题方法 1000 招丛书.函数(初中版)	2022—05	38.00	1294
新编中学数学解题方法 1000 招丛书.角(初中版)	2022—05	48.00	1295
新编中学数学解题方法 1000 招丛书.线段(初中版)	2022—05	48.00	1296
新编中学数学解题方法 1000 招丛书.三角形与多边形(初中版)	2021—04	48.00	1297
新编中学数学解题方法 1000 招丛书.圆(初中版)	2022—05	48.00	1298
新编中学数学解题方法 1000 招丛书.面积(初中版)	2021—07	28.00	1299
新编中学数学解题方法 1000 招丛书.逻辑推理(初中版)	2022—06	48.00	1300
高中数学题典精编.第一辑.函数	2022—01	58.00	1444
高中数学题典精编.第一辑.导数	2022—01	68.00	1445
高中数学题典精编.第一辑.三角函数·平面向量	2022—01	68.00	1446
高中数学题典精编.第一辑.数列	2022—01	58.00	1447
高中数学题典精编.第一辑.不等式·推理与证明	2022—01	58.00	1448
高中数学题典精编.第一辑.立体几何	2022—01	58.00	1449
高中数学题典精编.第一辑.平面解析几何	2022—01	68.00	1450
高中数学题典精编.第一辑.统计·概率·平面几何	2022—01	58.00	1451
高中数学题典精编.第一辑.初等数论·组合数学·数学文化·解题方法	2022—01	58.00	1452
历届全国初中数学竞赛试题分类解析.初等代数	2022—09	98.00	1555
历届全国初中数学竞赛试题分类解析.初等数论	2022—09	48.00	1556
历届全国初中数学竞赛试题分类解析.平面几何	2022—09	38.00	1557
历届全国初中数学竞赛试题分类解析.组合	2022—09	38.00	1558
从三道高三数学模拟题的背景谈起:兼谈傅里叶三角级数	2023—03	48.00	1651
从一道日本东京大学的入学试题谈起:兼谈 π 的方方面面	2025—01	68.00	1652
从两道 2021 年福建高三数学测试题谈起:兼谈球面几何学与球面三角学	2025—01	58.00	1653
从一道湖南高考数学试题谈起:兼谈有界变差数列	2024—01	48.00	1654
从一道高校自主招生试题谈起:兼谈詹森函数方程	即将出版		1655
从一道上海高考数学试题谈起:兼谈有界变差函数	即将出版		1656
从一道北京大学金秋营数学试题的解法谈起:兼谈伽罗瓦理论	2024—10	38.00	1657
从一道北京高考数学试题的解法谈起:兼谈毕克定理	即将出版		1658
从一道北京大学金秋营数学试题的解法谈起:兼谈帕塞瓦尔恒等式	2024—10	68.00	1659
从一道高三数学模拟测试题的背景谈起:兼谈等周问题与等周不等式	即将出版		1660
从一道 2020 年全国高考数学试题的解法谈起:兼谈斐波那契数列和纳卡穆拉定理及奥斯图达定理	即将出版		1661
从一道高考数学附加题谈起:兼谈广义斐波那契数列	2025—01	68.00	1662

刘培杰数学工作室

已出版(即将出版)图书目录——初等数学

书　　名	出版时间	定　价	编号
从一道普通高中学业水平考试中数学卷的压轴题谈起——兼谈最佳逼近理论	2024－10	58.00	1759
从一道高考数学试题谈起——兼谈李普希兹条件	即将出版		1760
从一道北京市朝阳区高二期末数学考试题的解法谈起——兼谈希尔宾斯基垫片和分形几何	即将出版		1761
从一道高考数学试题谈起——兼谈巴拿赫压缩不动点定理	即将出版		1762
从一道中国台湾地区高考数学试题谈起——兼谈费马数与计算数论	即将出版		1763
从 2022 年全国高考数学压轴题的解法谈起——兼谈数值计算中的帕德逼近	2024－10	48.00	1764
从一道清华大学 2022 年强基计划数学测试题的解法谈起——兼谈拉马努金恒等式	即将出版		1765
从一篇有关数学建模的讲义谈起——兼谈信息熵与信息论	即将出版		1766
从一道清华大学自主招生的数学试题谈起——兼谈格点与闵可夫斯基定理	即将出版		1767
从一道 1979 年高考数学试题谈起——兼谈勾股定理和毕达哥拉斯定理	即将出版		1768
从一道 2020 年北京大学“强基计划”数学试题谈起——兼谈微分几何中的包络问题	即将出版		1769
从一道高考数学试题谈起——兼谈香农的信息理论	即将出版		1770

代数学教程.第一卷,集合论	2023－08	58.00	1664
代数学教程.第二卷,抽象代数基础	2023－08	68.00	1665
代数学教程.第三卷,数论原理	2023－08	58.00	1666
代数学教程.第四卷,代数方程式论	2023－08	48.00	1667
代数学教程.第五卷,多项式理论	2023－08	58.00	1668
代数学教程.第六卷,线性代数原理	2024－06	98.00	1669

中考数学培优教程——二次函数卷	2024－05	78.00	1718
中考数学培优教程——平面几何最值卷	2024－05	58.00	1719
中考数学培优教程——专题讲座卷	2024－05	58.00	1720

联系地址:哈尔滨市南岗区复华四道街 10 号　哈尔滨工业大学出版社刘培杰数学工作室

邮　　编:150006

联系电话:0451－86281378　　13904613167

E-mail:lpj1378@163.com